技术技能培训

电力产业（火电）

燃料检修工

国家能源投资集团有限责任公司　组编

中国电力出版社
CHINA ELECTRIC POWER PRESS

内 容 提 要

本系列教材根据国家能源集团火电专业员工培训需求，结合集团各基层单位在役机组，按照人力资源和社会保障部颁发的国家职业技能标准的知识、技能要求，以及国家能源集团发电企业设备标准化管理基本规范及标准要求编写。本系列教材覆盖火电主专业员工培训需求，本教材的作者均为长期工作在生产第一线的专家、技术人员，具有较好的理论基础、丰富的实践经验。

本教材为《燃料检修工》分册，共十章，详细讲述了与燃料检修工有关的岗位概述、岗位安全职责、燃料系统设备检修基础知识、燃料设备结构及工作原理、岗位设备维护工作、燃料设备检修规程相关要求、燃料设备常见故障及处理、燃料设备检修危险源辨识与防范、应急救援与现场处置和职业危害因素及其防治等内容。

本教材既包含燃料设备检修基础知识理论，同时也结合现场实际详细介绍了岗位作业安全相关知识，可作为新上岗人员快速入门的自学教材，也可作为各级各类燃料检修专业相关岗位技术、管理人员学习、技术比武等参考用书。

图书在版编目（CIP）数据

燃料检修工/国家能源投资集团有限责任公司组编. 北京：中国电力出版社，2024.12.
--（技术技能培训系列教材）. -- ISBN 978-7-5198-9319-4

Ⅰ. TM621

中国国家版本馆 CIP 数据核字第 2024NL1616 号

出版发行：中国电力出版社
地　　址：北京市东城区北京站西街 19 号（邮政编码 100005）
网　　址：http://www.cepp.sgcc.com.cn
责任编辑：孙建英（010-63412369）　李　嫚
责任校对：黄　蓓　常燕昆　张晨荻
装帧设计：张俊霞
责任印制：吴　迪

印　　刷：三河市航远印刷有限公司
版　　次：2024 年 12 月第一版
印　　次：2024 年 12 月北京第一次印刷
开　　本：787 毫米×1092 毫米　16 开本
印　　张：35.75
字　　数：695 千字
印　　数：0001—1000 册
定　　价：160.00 元

技术技能培训系列教材编委会

主　任　王　敏
副 主 任　张世山　王进强　李新华　王建立　胡延波　赵宏兴

电力产业教材编写专业组

主　　编　张世山
副 主 编　李文学　梁志宏　张　翼　刘　玮　朱江涛　夏　晖
　　　　　李攀光　蔡元宗　韩　阳　李　飞　申艳杰　邱　华

《燃料检修工》编写组

编写人员　（按姓氏笔画排序）
　　　　　马连洪　王明喜　王忠宝　冯　刚　刘海军　祁　镭
　　　　　孙　勇　杨铁强　吴伟源　岑国晓　何史彬　张云武
　　　　　张海富　陈春辉　陈俊全　畅学辉　金太山　孟立军
　　　　　赵秀良　贾杰润　柴勇权　高春富　梁瑞庆　韩敦伟
　　　　　程通京　解奎元　管慧博　魏伟东

序　言

　　习近平总书记在党的二十大报告中指出，教育、科技、人才是全面建设社会主义现代化国家的基础性、战略性支撑；强调了培养造就更多大师、战略科学家、一流科技领军人才和创新团队、青年科技人才、卓越工程师、大国工匠、高技能人才的重要性。党中央、国务院陆续出台《关于加强新时代高技能人才队伍建设的意见》等系列文件，从培养、使用、评价、激励等多方面部署高技能人才队伍建设，为技术技能人才的成长提供了广阔的舞台。

　　致天下之治者在人才，成天下之才者在教化。国家能源集团作为大型骨干能源企业，拥有近 25 万技术技能人才。这些人才是企业推进改革发展的重要基础力量，有力支撑和保障了集团公司在煤炭、电力、化工、运输等产业链业务中取得了全球领先的业绩。为进一步加强技术技能人才队伍建设，集团公司立足自主培养，着力构建技术技能人才培训工作体系，汇集系统内煤炭、电力、化工、运输等领域的专家人才队伍，围绕核心专业和主体工种，按照科学性、全面性、实用性、前沿性、理论性要求，全面开展培训教材的编写开发工作。这套技术技能培训系列教材的编撰和出版，是集团公司广大技术技能人才集体智慧的结晶，是集团公司全面系统进行培训教材开发的成果，将成为弘扬"实干、奉献、创新、争先"企业精神的重要载体和培养新型技术技能人才的重要工具，将全面推动集团公司向世界一流清洁低碳能源科技领军企业的建设。

　　功以才成，业由才广。在新一轮科技革命和产业变革的背景下，我们正步入一个超越传统工业革命时代的新纪元。集团公司教育培训不再仅仅是广大员工学习的过程，还成为推动创新链、产业链、人才链深度融合，加快培育新质生产力的过程，这将对集团创建世界一流清洁低碳能源科技领军企业和一流国有资本投资公司起到重要作用。谨以此序，向所有参与教材编写的专家和工作人员表示最诚挚的感谢，并向广大读者致以最美好的祝愿。

2024 年 11 月

前　言

近年来，随着我国经济的发展，电力工业取得显著进步，截至 2023 年底，我国火力发电装机总规模已达 12.9 亿 kW，600MW、1000MW 燃煤发电机组已经成为主力机组。当前，我国火力发电技术正向着大机组、高参数、高度自动化方向迅猛发展，新技术、新设备、新工艺、新材料逐年更新，有关生产管理、质量监督和专业技术发展也是日新月异。现代火力发电厂对员工知识的深度与广度，对运用技能的熟练程度，对变革创新的能力，对掌握新技术、新设备、新工艺的能力，以及对多种岗位工作的适应能力、协作能力、综合能力等提出了更高、更新的要求。

我国是世界上少数几个以煤为主要能源的国家之一，在经济高速发展的同时，也承受着巨大的资源和环境压力。当前我国燃煤电厂烟气超低排放改造工作已全面开展并逐渐进入尾声，烟气污染物控制也由粗放型的工程减排逐步过渡至精细化的管理减排。随着能源结构的不断调整和优化，火电厂作为我国能源供应的重要支柱，其运行的安全性、经济性和环保性越来越受到关注。为确保火电机组的安全、稳定、经济运行，提高生产运行人员技术素质和管理水平，适应员工培训工作的需要，特编写电力产业技术技能培训系列教材。

本教材为《燃料检修工》分册，是以燃料检修工岗位概述、岗位安全职责、燃料系统设备检修基础知识、燃料设备结构及其工作原理、岗位设备维护工作、燃料设备检修规程相关要求、燃料设备常见故障及处理、燃料设备检修危险源辨识与防范、应急救援与现场处置和职业危害因素及其防治十个方面基础知识和规范标准为基础，结合现行有效的国家标准和行业标准，阐述了燃料检修管理过程中涉及的基本概念、基本标准以及需注意的问题，能够覆盖散料输送岗位相关专业需求。

本教材将标准、规范、基本知识、专业知识和现场故障处置有机地融合起来，对燃料检修工岗位技能、分析处理能力有很强的指导意义，也可作为从事散料输送行业相关工种专业技术人员的参考用书。

由于编写过程中时间紧，作者水平有限，错误和不足之处在所难免，敬请各使用单位和广大读者提出宝贵意见，便于后续修改完善，力求更好地服务于我国电力培训工作。

编写组

2024 年 6 月

目　录

第一章　燃料检修工岗位概述

第一节　岗位概述

一、职业定义

从事燃煤电厂卸煤、储煤和输煤机械设备检修工作人员。

二、职业能力特征

能够利用眼看、耳听、鼻嗅、手摸和专用检测仪器，分析判断卸煤、储煤和输煤设备的异常运行情况，及时、正确地处理设备缺陷和开展定期工作；具有领会、理解、应用设备检修规程、电业安全工作规程、反事故技术措施的能力；具有正确、清晰、精练应用行业特征术语进行联系、汇报、交流的表达能力；能正确统计分析设备劣化趋势，并能正确实施预防措施；能熟练完成定期维护工作；具有一定的数学计算能力；能进行所辖机械零部件识图、绘图。

三、岗位描述

火力发电厂燃料设备的检修对于保障发电厂的正常运行至关重要。燃料设备的检修主要是为了保证煤炭的正常接卸、储存和输送，以确保发电厂的正常运转。在进行维护检修之前，首先需要明确维护检修的质量目标和工期目标。维护和检修的目的一般是为了消除设备缺陷，防止设备损坏，延长设备的使用寿命，提高设备运行的可靠性。同时，还可以通过检修来优化设备的运行状态，提高工作效率，减少能源的消耗和环境污染。燃料检修工是卸煤、储煤和输煤设备的一线工作人员，其岗位主要是对卸煤、储煤和输煤设备进行日常巡检、定期维护、日常消缺、点检定修、等级检修，确保卸煤、储煤和输煤系统设备安全、经济、可靠和稳定地运行。

第二节　任职条件

一、身体素质要求

(1) 身体健康，视觉、色觉、听觉正常；

(2) 有良好的空间感和形体知觉；

(3) 手指、手臂、腿脚灵活，动作协调；

(4) 矫正视力 1.0 以上，无色盲；无冠心病、心律失常（频发性心室期前收缩、病窦）；

    （5）无传染性疾病；

    （6）没有妨碍本岗位工作的疾病。

二、基本知识及技能

    1. 机械制图和测量

    （1）熟悉机械制图基础知识，能识绘零件图；

    （2）熟悉公差与配合的相关知识，能根据手册资料判定公差配合的性质；

    （3）会使用游标卡尺、内外径千分尺等常用测量工具；

    （4）掌握齿轮齿厚、轴承游隙等常用测量技术。

    2. 机械零件装配

    （1）掌握螺纹及紧固件的相关知识；

    （2）掌握轴承的选型、质量鉴别、维护、测量和装配技术；

    （3）掌握齿轮的基础知识及装配技术；

    （4）掌握常用工器具（如砂轮机、手电钻、台钻、力矩扳手等）的正确使用方法；

    （5）掌握钳工的基本知识。

    3. 材料及相关知识

    （1）熟悉常用钢材的特性及使用场合；

    （2）熟悉热处理的相关知识；

    （3）熟悉气割、焊接的基础知识和质量标准，能正确选购焊条，能按图纸切割材料和焊接一般的金属结构；

    （4）熟悉钢结构和质量标准；

    （5）熟悉与输送带和托辊有关的橡胶知识，包括热硫化、胶黏剂黏接；

    （6）熟悉油漆防腐工艺。

    4. 起重基础知识

    （1）掌握钢丝绳和麻绳的种类、选型和使用维护知识；

    （2）掌握吊机、卷扬机、葫芦、千斤顶等使用维护知识；

    （3）掌握卸扣、绳夹等其他起重工具的使用维护知识；

    （4）掌握起重安全操作知识。

    5. 液压及润滑

    （1）熟悉液压系统的基本知识，能识读液压系统图；

    （2）熟悉润滑油、润滑脂及液压油等相关知识；

    （3）熟悉润滑系统、液压系统零部件的工作原理及一般的维修方法。

    6. 其他与本岗位有关的基础知识

    （1）了解电力生产过程的基本知识；

    （2）熟悉脚手架等特殊工种的基本知识。

三、专业知识及技能

1. 燃料主要设备检修知识

（1）掌握卸船机结构及工作原理；

（2）熟练掌握卸船机起升、开闭、小车张紧、牵引、悬臂钢丝绳更换的检修工艺、质量标准；

（3）掌握抓斗的维修方法及装配技术；

（4）掌握翻车机系统结构及其工作原理；

（5）掌握斗轮式堆取料机结构及工作原理；

（6）掌握圆形堆取料机结构及其工作原理；

（7）掌握燃料系统皮带机的构造、工作原理及工作特点；

（8）熟练掌握输送皮带胶带更换的工序、各种胶带的硫化胶接工艺、修补方法及质量标准；

（9）熟练掌握皮带机皮带跑偏的校正方法；

（10）熟练掌握皮带机滚筒的更换工艺及质量标准；

（11）掌握皮带机张紧装置工作原理及调整标准和方法；

（12）熟练掌握燃料系统设备的运行方式和运行特点，设备参数；

（13）掌握燃料系统设备检修规程和主要设备技术参数。

2. 燃料附属设备

（1）掌握碎煤机的构造、工作原理及工作特点；

（2）掌握滚轴筛的构造、工作原理及工作特点；

（3）掌握输煤系统犁煤器的构造、工作原理及工作特点；

（4）掌握除铁器结构及其工作原理；

（5）掌握皮带输送机清扫器的种类和各类清扫器的调整方法；

（6）掌握无动力除尘器结构和喷雾降尘系统结构及工作原理；

（7）掌握输煤系统取样装置的构造、工作原理及工作特点；

（8）掌握输煤系统皮带秤等沿线辅助设备的构造、工作原理及工作特点；

（9）掌握卸煤、储煤和输煤生产现场的自动消防设施，会报火警，会扑救初期火灾，会组织疏散逃生；

（10）掌握电气理论知识和热工知识。

3. 燃料系统单体设备检修知识

（1）掌握燃料系统中常用水泵、阀门的维修技术和盘根更换方法；

（2）熟练掌握燃料系统中联轴器的种类及各类联轴器找中心的方法、质量标准；

（3）熟练掌握燃料系统中各种制动器的调整方法；

（4）掌握减速机解体的工艺要点、装配技术、质量标准；

（5）掌握液力耦合器解体的工艺要点、装配技术、质量标准；

4

（6）熟练掌握钢丝绳梨形接头的浇铸工艺，掌握钢丝绳绳头的连接方法；

（7）掌握燃料系统设备的润滑理论知识和润滑油、润滑脂的更换周期和方法；

（8）掌握各类液压系统设备的解体工艺要点及装配技术；

（9）掌握燃料系统其他常用设备的维修技术、装配技术、调整方法。

四、其他相关知识及技能

1. 安健环知识

（1）熟悉《电业安全工作规程》《燃料检修规程》《压力容器安全技术监察规程》、国家能源局《防止电力生产事故的二十五项重点要求》；

（2）熟悉《电力设备典型消防规程》（DL 5027）燃料相关内容和应急救援知识；

（3）熟悉国家有关法律、法令、厂规和本部门管理制度；

（4）熟悉公司安健环管理的内容及有关制度要求。

2. 生产技术管理知识

（1）具备较强责任心和一定的组织协调能力；

（2）掌握办公软件使用技能及生产管理系统软件操作方法；

（3）能担任工作负责人并有效地对检修工作进行安全、质量、进度的控制；

（4）熟悉《缺陷管理制度》《等级检修管理制度》《技改管理制度》《点检定修管理制度》等；

（5）能在作业方案的指导下组织进行大型的设备安装、检修、调试工作；

（6）能对检修所得的数据进行记录、整理、填写；

（7）有较强的事故预想能力，能对各类检修工作提出风险分析和预防事故的措施。

第二章　燃料检修工岗位安全职责

第一节　燃料检修工安全生产责任

（1）认真学习并严格遵守本岗位作业规程及各项规章制度，对本岗位的安全生产工作负直接责任。

（2）按规定佩戴使用劳动防护用品，在施工过程中贯彻落实现场安全行为准则，做到"四不伤害"，同时有责任劝阻他人的违章作业行为。

（3）积极参与班前班后会，自觉学习职业健康、安全环保知识和操作技能，不断提高自身的安全生产意识和操作技能。

（4）发现异常情况及时处理和报告，正确分析、判断和处理各种事故隐患，做到及时消除。

（5）在发生事故时，保护现场，及时、如实地向上级报告。

（6）熟悉燃料区域各项设备检修工作流程及相关风险。

（7）熟悉燃料检修工作所需各类工器具的正确使用方法以及注意事项，开工前检查工器具是否符合要求，不合格工器具禁止进入生产现场。

（8）从事特种作业人员和技术工种人员应积极参加专业技能培训，掌握本岗位操作技能和安全技能，按要求持证上岗。

（9）对施工现场不具备安全生产条件的情况，有权建议改进；对违章指挥、强令冒险的行为，有权拒绝执行；对危害人身安全和身体健康的行为，有权越级检举和报告。

（10）对因违反相关管理制度，违章操作、盲目蛮干或不听指挥，造成他人或自己人身伤害事故或财产损失事故承担直接责任；对本人工作质量负责，对因本人工作质量引起的安全生产事故负责。

（11）履行"质量、健康、安全和环境"管理体系中的相关职责。

第二节　燃料检修工安全生产工作标准

（1）认真执行两票管理制度和作业规程，不准无票操作，或使用不合格的操作票操作。

（2）作业前要明确作业地点、作业范围、作业任务。

（3）认真落实工作任务风险预控流程标准化要求，参加作业前风险辨识、评估活动，按要求进行学习和讨论。

（4）参加班前班后会和作业前的安全交底，入场前认真填写人身安全风险预控本，在安全交底表签证，对风险管控措施的有效执行负责，是该项作业项目安全措施落实、风险管控的安全直接责任人。

（5）熟悉岗位要求，正确佩戴和使用劳动防护用品；要严格执行岗位作业规程，确保作业正确。

（6）发现事故隐患或者其他不安全因素时，立即向相关人员报告。

第三节　燃料检修工安全责任标准履职清单

为了有效落实燃料检修工的安全生产工作职责，避免工作有遗漏，特将检修工的日常工作及定期工作以清单的形式进行明确列示，详细清单如表 2-1 所示。

表 2-1　检修工日常工作及定期工作清单

序号	履职周期	安全责任内容	履职形式	完成期限
1	每周	参加每周一次班组安全活动，认真学习总结、分析安全生产中存在的主要问题和薄弱环节	参加班组安全活动，按要求学习相关内容	每周一次
2	日常	工作前认真学习作业安全措施，并根据工作危险点做好预防控制措施	在作业前的风险评估文件上签字	持续
3		在工作中严格执行"两票""作业指导书""安全控制措施卡"	按照"两票""作业指导书""安全控制措施卡"认真控制各风险点并及时签证	持续
4		参加班组班前、班后会，根据班长传达的生产早会精神，落实和明确生产工作的危险点及控制措施	认真汇报个人身体和精神状况，填写人身安全风险预控本	持续
5		开工前必须清楚工作负责人交代的安全注意事项，工作结束后，提醒工作负责人填写有关检修、调试等记录和台账	在安全风险交底表上签字	持续
6		熟悉岗位要求，按照岗位责任制履行职责	掌握岗位标准，严格履行职责	持续
7		工作前认真检查使用工器具的安全，安全工器具、个人工器具、劳动防护用品是否合格、适用。严禁不合格工器具进入施工现场	按要求佩戴和使用	持续
8		发现事故隐患或者其他不安全因素时，立即向相关人员报告。发现事故隐患或者其他不安全因素时，向相关人员报告	立即汇报	持续

第三章　燃料系统设备检修基础知识

第一节　燃料设备常用的材料

一、一般金属材料

（一）碳钢

碳钢的分类方法很多，常用的有四种。

1. 普通碳素结构钢

普通碳素结构钢是指普通质量的碳素结构钢，简称普碳钢。燃料最常用的牌号是 A3（即甲 3）和 A5（即甲 5）。

2. 优质碳素结构钢

优质碳素结构钢是指质量优良的碳素结构钢。这类钢既保证化学成分又保证机械性能，优质碳素结构钢一般是在热处理后使用，主要用来制造各种机械零件。10、15、20 和 25 钢，含碳量较低，强度低，塑性高，焊接性好，常用来制作冷冲压零件，如各种容器、管子、垫圈和焊接结构件等。15、20、25 钢等，经渗碳及其后的淬火、回火后，还可用来制造齿轮、凸轮、活塞销等要求耐磨的机器零件。35、40、45 和 50 钢，经调质（淬火和高温回火）处理后，具有良好的综合机械性能，常用来制造受力较大的零件，如紧固件、轴和齿轮等。60、65 钢，具有高的强度和弹性，常用来制造各种弹簧，如给料机支撑弹簧、碎煤机缓振器弹簧等。

3. 低合金结构钢

如 16Mn 钢，其综合力学性能良好，低温冲击韧性、冷冲压和切削加工性都好，焊接性佳，燃料系统应用较普遍。

4. 合金钢

如 40CrMo、42CrMo，一般在调质后使用，燃料系统的重要销轴一般选用 42CrMo。

（二）铸钢

1. ZG200-400

属低碳铸钢，韧性和塑性均好，但强度和硬度较低，低温冲击韧性大、脆性转变温度低，导磁、导电性能良好、焊接性好，但铸造性差。用于机座、变速箱体等受力不大，但要求韧性的零件。

2. ZG230-450

属低碳铸钢，韧性和塑性均好，但强度和硬度较低，低温冲击韧性大、脆性转变温度低，导磁、导电性能良好，焊接性好，但铸造性差。用于载荷不大、韧性较好的零件，如轴承盖、底板、阀体、机座、侧架、轧钢机架、铁道车辆摇枕、箱体、犁柱、砧座等。

3. ZG270-500

属中碳铸钢，有一定的韧性和塑性，强度和硬度较高，切削性良好，焊接性尚可，铸造性能比低碳钢好，应用广泛。用于飞轮、重车铁牛挂钩、轴承座、连杆、箱体、曲拐等。

4. ZG310-570

属中碳铸钢，有一定的韧性和塑性，强度和硬度较高，切削性良好，焊接性尚可，铸造性能比低碳钢好。用于重载荷零件，如联轴器、大齿轮、缸体、机架、抱闸轮、轴及翻车机平台支撑轮子等。

5. ZG340-640

属高碳铸钢，具有高强度、高硬度及高耐磨性，塑性韧性低，铸造焊接性均差，裂纹敏感性较大。用于斗轮堆取料机齿轮、联轴器、车辆、棘轮、叉头等。

（三）铸铁

1. 概述

通常将含碳量大于 2.11％的铁碳合金称为铸铁。铸铁具有较低的熔点，优良的铸造性能，高的减磨性和耐磨性，良好的消振性和低的缺口敏感性，其生产工艺简单，成本低廉，经合金化后还具有良好的耐热性和耐蚀性。因此，它被广泛地应用于燃料机械中。

2. 分类和应用

根据铸铁中碳的存在形式和断口颜色的不同，可分为：

（1）白口铸铁。碳除少量溶于铁素体外，其余全部以渗碳体形式存在，其断口呈白亮色，故称为白口铸铁。如轧辊、犁铧和球磨机的磨球等。

（2）灰口铸铁。碳全部或大部分以石墨形式存在，其断口呈灰暗色，故称为灰口铸铁。这类铸铁在工业上应用最广。

（3）麻口铸铁。碳一部分以渗碳体形式存在、另一部分以石墨形式存在，其断口呈黑白相间的麻点，故称为麻口铸铁、这类铸铁在工业上很少应用。

根据铸铁中石墨的形态不同，可分为：

（1）普通灰口铸铁。又称灰铸铁，其组织中的石墨呈片状。这类铸铁的机械性能不高，但它的生产工艺简单、价格低廉，在工业上应用最广。

（2）可锻铸铁。其组织中的石墨呈团絮状。可锻铸铁由白口铸铁经石墨化退火而获得，其强度较高，并具有一定的塑性，故习惯上称为可锻铸铁。

（3）球墨铸铁。其组织中的石墨呈球状。球墨铸铁是在铁水浇注前经球化处理而获得，这类铸铁的机械性能比灰口铸铁和可锻铸铁的都好，而且生产工艺比可锻铸铁简单，故应用日益广泛。

（四）铜合金

铜合金是人类历史上最先使用的合金之一，已有数千年的使用历史。铜合金是在纯铜的基础上加入锌、锡、镍、铝、铍等一种或多种元素所组成的合金，常以合金所呈现的颜色来命名，主要有纯铜、黄铜、青铜。在燃料系统中，一般选用黄铜管制作各种油管、绳轮铜套、铜棒等。

二、非金属材料

（一）燃料设备常用工程塑料

聚酰胺（PA）在商业上称尼龙或锦纶，是最先发现的能承受载荷的热塑性塑料，也是目前机械工业中应用较广泛的一种工程塑料。在燃料卸储煤设备中，许多传动部件用尼龙棒来连接，例如联轴器的尼龙柱销。

（二）燃料设备常用合成橡胶

橡胶也是一种高分子材料，高弹性，在较小的外力作用下，就能产生很大的变形，当外力取消后又能很快恢复到近似原来的状态。同时，橡胶有优良的伸缩性和可贵的积蓄能量的能力，是常用的弹性材料、密封材料、减振防振材料和传动材料。合成橡胶常用于燃料系统中带式输送机皮带、滚筒包胶、抱闸皮、液压系统中的高压油管、液力耦合器的传动连接橡胶件等。

（三）燃料设备常用胶黏剂

在工程上，连接各种金属和非金属材料的方法除焊接、铆接、螺栓连接之外，还有一种新型的连接工艺——胶接（又称黏接）。它是借助于一种物质在固体表面产生的黏合力将材料牢固地连接在一起的方法。用以产生黏合力的物质称为胶黏剂，被黏接的材料称为被黏物。输煤胶接皮带用胶黏剂时，要根据工作环境来合理经济选用，如普通胶、阻燃胶、防腐胶等。

三、润滑油

（一）油脂的分类

油脂的种类和牌号繁多，分类也有多种。按用途可分为润滑油、液压油、车轴油、机用油、电气用油；按制造方法不同可分为矿油基和合成基；按化学组成不同可分为烃类液体（包括矿油烃类和合成烃类）、碳酸酯、卤化物、有机硅化合物、有机含氧化合物、水基液等。随着石油工业的发展，越来越多油的品种将被人们发现，同时被使用。常用油脂的用途分类如下。

（二）燃料常用油脂

1. 润滑油类

（1）机械油。机械油是由天然石油润滑油馏分，经脱蜡及溶剂或（酸碱）精制并经白土接触处理制得的产品。

（2）汽轮机油（透平油）。汽轮机油是以石油润滑油馏分为原料，经酸、碱（或溶剂）精制和白土处理等工艺并加入抗氧化添加剂而制成的产品。燃料制动抱闸缸中冬季必须用汽轮机油。

（3）柴油机油。柴油机油是以石油润滑油馏分或脱沥青的残渣为原料，经脱蜡、硫酸（或溶剂）精制和白土等工艺过程，并加入多效添加剂而制成的产品。

（4）齿轮油。齿轮油根据用途分为齿轮油、双曲线齿轮油和工业齿轮油。齿轮油是用润滑油的中性酸渣或由抽出油、含硫直馏渣油再调入部分机械油而制成的产品。

（5）车轴油。车轴油是用石油减压蒸馏的重质馏分经脱蜡并加抗凝剂制成。

（6）抗磨液压油。抗磨液压油是一种经过特殊加工的石油基润滑油，加有改进黏度指数和提高润滑性能等的添加剂。

（7）变压器油。变压器油是以石油润滑油馏分为原料，经酸、碱（或溶剂）精制和白土处理并加入抗氧剂制成。它具有电气绝缘性能好、黏度小、流动性能好、散热快等特点。

2. 润滑脂类

润滑脂是一种凝胶状润滑材料，俗称黄油或干油。它是由 70%～90% 润滑油加一定的稠化剂（皂基）在高温下混合制成的黏稠的半固体油膏，实际上就是稠化了的润滑油。有的润滑脂还加有添加剂。

与润滑油比较，润滑脂具有不流失、不滑落、抗压好、密封防尘性好、抗乳化性好、防腐蚀性好的特点。因此，润滑脂适用于转速高，离心力大，使用润滑油无法保证可靠润滑的机械；低转速重负荷和高温工作时润滑油不易保持油膜层的机械；在低温下工作，而工作温度变动范围较大或不需要大量排热的机械；摩擦部分要求高度密封或要求密封又难以密封的机械；经常改变速度的机械；长期不更换润滑剂和不给油的机械。

润滑脂除作润滑剂外，还可保护金属表面不被锈蚀，是工业常用的防锈油膏。

（1）钙基润滑脂。钙基润滑脂简称钙基脂，是以动植物油钙皂和矿物油为原料，以水为稳定剂制得的耐水、中滴点的普通润滑油。

（2）钠基润滑脂。钠基润滑脂简称钠基脂，是以动植物油钠皂稠化矿物油制成的耐高温，但不耐水的普通润滑脂。

（3）锂基润滑脂。锂基润滑脂简称锂基脂，是以天然脂肪酸锂皂稠化中等黏度的润滑油，并加抗氧化添加剂等制成的一种多用途润滑脂，它具有一定的抗水性和较好的机械安定性。

（4）复合钙基润滑脂。复合钙基润滑脂简称复合钙基脂，是以醋酸钙复合的脂肪酸钙皂稠化机械油而制成的润滑脂。

（5）合成复合铝基润滑脂。合成复合铝基润滑脂是以低分子有机酸和合成脂肪酸制成的复合铝皂稠化矿物油润滑脂。

（6）锂钙合基润滑脂。锂钙合基润滑脂是一种多用途的润滑脂，具有钙基脂和锂基脂的优点。

（7）二硫化钼复合钙基润滑脂。它是在优质复合钙基润滑脂中添加了高纯度微颗粒二硫化钼的制品。

3. 选用润滑用油的一般原则

（1）两摩擦面相对运动速度愈高，其形成油楔的作用也愈强，故在高速的运动副上采用低黏度润滑油和针入度较大（较软）的润滑脂。反之在低速的运动副上，应采用黏度较大的润滑油和针入度较小的润滑脂。

（2）运动副的负荷或压强愈大，应选用黏度大或油性好的润滑油。反之，负荷愈小，选用润滑油的黏度应愈小。各种润滑油均具有一定的承载能力，在低速、重负荷的运动副上，首先考虑润滑油的允许承载能力。在边界润滑的重负荷运动副上。应考虑润滑油的抗压性能。

（3）冲击振动负荷将形成瞬时极大的压强，往复与间歇运动对油膜的形成不利，故均应采用黏度较大的润滑油。有时可采用润滑脂（针入度较小）或固体润滑剂，以保证可靠的润滑。

（4）环境温度低时运动副采用黏度较小、凝点低的润滑油和针入度较大的润滑脂，反之则采用黏度较大、闪点较高、油性好以及氧化安定性强的润滑油和滴点较高的润滑脂，温度升降变化大的，应选用黏温性能较好（即黏度比较小）的润滑油。

（5）在潮湿的工作环境里，或者与水接触较多的工作条件下，一般润滑油容易变质或被水冲走，应选用专用抗乳化能力较强和油性、防锈蚀性能较好的润滑剂。润滑脂（特别是钙基、锂基、钡基等），有较强的抗水能力，宜用潮湿的条件，但不能选用纳基脂。

（6）在灰尘较多的地点，密封有一定困难的场合，采用润滑脂以起到一定的隔离作用，防止灰尘的侵入。在系统密封较好的场合，可采用带有过滤装置的集中循环润滑方法。在化学气体比较严重的地方，最好采用有防腐蚀性能的润滑油。

（7）间隙愈小，润滑油的黏度应愈低，因低黏度润滑油的流动和楔入能力强，能迅速进入间隙小的摩擦面起润滑作用。

（8）表面粗糙时，要求使用黏度较大或针入度较小的润滑油脂。反之，应选用黏度较小或针入度较大的润滑油脂。

（9）表面位置在垂直导轨、丝杠上、外露齿轮、链条、钢丝绳上的润滑油容易流失，应选用黏度较大的润滑油。立式轴承宜选用润滑脂，这样可以减少流失，保证润滑。

4. 润滑用油的保管

为了确保润滑用油的质量，除生产厂商严格按工艺规程施工和质量检查外，润滑用油脂的储运也是一个重要的环节。储存过程中为防止变质、使用便利和防止污染，应注意：

（1）防止容器损坏、雨水、灰尘等污染润滑用油，运输中要做好防风雨措施。

（2）润滑脂要尽可能放在室内储存，避免日晒雨淋，油库内温度变化不宜过大。应采取必要措施，使库内温度保持在 10～30℃。温度过高会引起润滑脂胶体安定性变差。

（3）润滑脂的保存时间不宜过长，应经常抽查，变质后不应再使用，以防机械部件的损坏。

（4）润滑脂是一种胶体结构，尤其是皂基润滑脂，在长期受重力作用下，将会出现分油现象，使润滑脂的性能丧失；包装容积越大，这种受压分油现象越严重。因此，避免使用过大容器包装润滑脂。

（5）在使用时要特别注意润滑油不应与润滑脂掺合。因为这样做会破坏润滑脂的胶体安定性和机械安定性等性能，从而严重影响润滑脂的使用性能，故应尽量避免这类不正确的做法发生。

5. 冷却用油

机械设备运动一段时间后，一般都要发热，为了延长机械设备使用寿命，现在大多采用冷却液冷却（冷却油就是冷却液中的一种），同时采用冷却液对机械设备进行润滑。冷却油的种类很多，有高速机械油、机械油、汽轮机油、车轴油、变压器油、内燃机油及压缩机油等。

第二节　设备检修常用工器具

一、扳手的使用

扳手是拆卸连接螺栓必备的工具，种类较多，根据用途可分为普通扳手（包括活扳手、呆扳手等）、钩头锁紧扳手、扭矩扳手等。

活扳手结构及用法如图 3-1 所示，其具体使用注意事项如下所述。

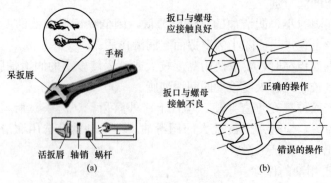

图 3-1　活扳手及用法（一）

（a）活扳手结构；（b）扳手操作示意（一）

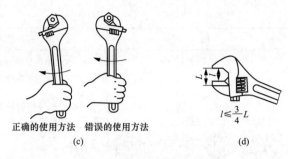

正确的使用方法　错误的使用方法
(c)　　　　　　　　　　　　(d)

图 3-1　活扳手及用法（二）

（c）扳手操作示意（二）；（d）扳手开度说明

（1）扳口的两内侧面应与螺母两对称侧面接触良好，否则不但不能将螺母松开或拧紧，而且易造成扳手损坏。若遇如图 3-1（b）所示情况，应先修整螺母对边达到平面度要求，再用扳手进行拧松或拧紧操作。

（2）使用扳手时，不允许用锤子锤击扳手手柄（敲击扳手除外），以冲击力松紧螺母；不允许加套管（专用呆扳手除外），以增加扳转力矩。

（3）使用活扳手时，扳口应将螺母两对称侧面夹紧，且扳转力的方向应朝向呆扳唇，如图 3-1（c）所示。

（4）活扳手的使用开度不得超过扳手最大开度的 3/4，如图 3-1（d）所示。

（5）扳动扳手手柄的力应由小到大，均匀施力；如需用较大的力量扳动扳手时，应将未工作手臂抓牢固定物，使身体保持平衡，不可没有依靠地用猛力扳动扳手，以防造成事故。

（6）扳手日常保养应保证组合件不变形、组合件无裂纹、可动部件灵活可靠，扳手整体无锈蚀，可动部件转动接触部分可以涂抹铅粉保证润滑。

其他常用扳手及使用方法见表 3-1。

表 3-1　其他常用扳手及使用方法

扳手名称	图例	使用方法
呆扳手 （开口扳手）		开口尺寸与螺母或外六角螺栓对边间距的尺寸相适应，并根据标准尺寸做成一套。常用六角螺母与呆扳手规格对照表如表 3-2 所示
整体扳手	(a) 单头扳手 (b) 敲击扳手 (c) 梅花扳手	（1）根据螺母形状制成，与螺母规格成套使用； （2）扳手本身具有强度大，转动螺母时施力均匀等特点； （3）螺母在转动过程中不易打滑、受损，尤其是梅花扳手更具此特点； （4）梅花扳手只要转过 30°，就可改变扳动方向，通常用于工作空间狭小的场合或拆装位于稍凹处的六角螺母或螺栓

续表

扳手名称	图例	使用方法
成套套筒扳手		套筒扳手适用于拧转位置十分狭小或凹陷很深处的螺栓或螺母。其使用方法： （1）根据被扭转件选扳手规格，将扳手头套在被扭转件上； （2）根据被扭转件所在位置大小选择合适的手柄； （3）扭转前，必须把手柄接头安装稳定后才能用力，防止打滑、脱落伤人； （4）扭转手柄时，用力要平稳，用力方向与被扭转件的中心轴线垂直
钩头锁紧扳手	(a) 钩头钳形扳手　(c) 冕形钳形扳手 (b) U形钳形扳手　(d) 镜头钳形扳手	钩头锁紧扳手又称为月牙形扳手，用于松开或紧固厚度受限制的扁螺母以及定位圆螺母等
内六角扳手		内六角扳手是成"L"形的六角棒状扳手，也是成套一组，适用于螺钉头部为内六角的场合，一般一套规格为 M4～M30
棘轮扳手	内六角套筒 棘轮　弹簧　反转 正转	拧紧螺母时，正转手柄，棘爪就在弹簧的作用下进入内六角套筒的缺口（棘轮）内，套筒便跟着转动；当反向转动手柄时，棘爪就从套筒缺口的斜面上滑过去，因而螺母（或螺钉）不会随着反转。将扳手翻转 180° 使用，即可松开螺母。棘轮扳手主要适用在拆装螺纹连接时，身体及两手不便同时用力的场合，如高处安装作业等，故在现场安装及检修工作中应用日益广泛
指示式扭力扳手	指针不受力 杆受力弯曲	指示式扭力扳手有一根长的弹性杆，其一端装有手柄，另一端装有方头或六角头，在方头或六角头套装一个可换的套筒并用钢珠卡住。在顶端上还装有一个长指针。刻度盘固定在柄座上，每格刻度值为 $1N$（或 $kg \cdot m/s^2$）。当要求一定数值的旋紧力，或几个螺母（或螺钉）需要相同的旋紧力时，则用这种指示式扭力扳手只能指示拧紧时的扭矩值，而不能控制用力的大小，即不能控制扭矩的大小

续表

扳手名称	图例	使用方法
扭矩扳手	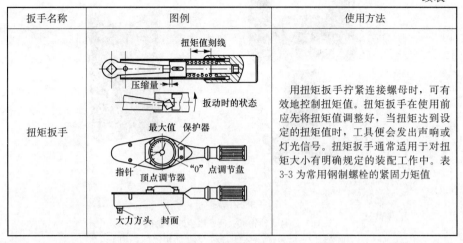	用扭矩扳手拧紧连接螺母时，可有效地控制扭矩值。扭矩扳手在使用前应先将扭矩值调整好，当扭矩达到设定的扭矩值时，工具便会发出声响或灯光信号。扭矩扳手通常适用于对扭矩大小有明确规定的装配工作中。表3-3为常用钢制螺栓的紧固力矩值

操作者应熟悉常用六角螺栓的对边距尺寸，只有这样才能快速判断所用扳手的规格。表 3-2 列举了常用六角螺栓与呆扳手规格对照表，表 3-3 为常用钢制螺栓的紧固力矩值。

表 3-2　常用六角螺栓与呆扳手规格对照表

螺栓规格	M5	M6	M8	M10	M12	M14	M16	M18	M20	M22	M24	M27	M30	M36	M42
呆扳手规格（mm）	10	12	14	17	19	22	24	27	30	32	36	41	46	55	65

表 3-3　常用钢制螺栓的紧固力矩值

螺栓规格	力矩值（N·m）	螺栓规格	力矩值（N·m）
M8	8.8～10.8	M16	78.5～98.1
M10	17.7～22.6	M20	98.0～127.4
M12	31.4～39.2	M24	156.9～196.2
M14	51.0～60.8	M30	458.8～589.6

二、磨削机的使用

（一）砂轮机

如图 3-2 所示为砂轮机，主要是用于修磨刀具和工具，一般可分为普通式砂轮机和吸尘式砂轮机两种。

砂轮机操作注意事项：

（1）检查砂轮机托架与砂轮片的间隙，最大不得超过 3mm；托架的高度应调整到使工件的打磨处与砂轮片中心处在同一平面上。

（2）检查砂轮机各零部件是否完好，电源线是否破损，螺钉、螺母是否紧固可靠，特别是砂轮是否有裂纹等缺陷。

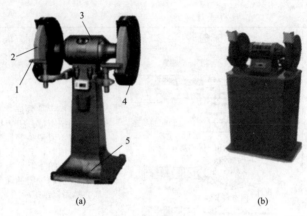

图 3-2 砂轮机

(a) 普通式砂轮机；(b) 吸尘式砂轮机

1—托架；2—砂轮片；3—电动机；4—防护罩；5—机座

（3）操作者应戴好防护眼镜。

（4）启动砂轮机并判断其运行情况，如有无异常声响；砂轮旋转起来后，观察砂轮转向是否正确；砂轮机各机件有无振动及砂轮有无振摆等，如有异常应立即停机处理。

（5）砂轮正面不准站人，操作者要站在砂轮的侧面，目的是防止砂轮破裂时飞出伤人。

（6）保持砂轮侧面与防护罩内壁间 20～30mm 以上的间隙。

（7）磨削操作时，用力不得过大，工具应拿稳，防止在砂轮片上跳动。

（8）砂轮机运转过程中，若发生异常，则应立即停机或切断电源。

（9）砂轮片的有效半径磨损到原半径的 1/3 时必须更换。

（二）砂轮切割机

如图 3-3 所示为砂轮切割机，其结构原理及操作方法都较为简单，但在使用过程中的安全事项要引起注意。

图 3-3 砂轮切割机

（1）操作盒或开关必须完好无损，并有接地保护措施。

（2）传动装置和砂轮的防护罩必须安全可靠，并能挡住砂轮破碎后飞出的碎片。端部的挡板应牢固地装在罩壳上，工作时严禁卸下。

（3）切割机底座上四个支承轮应齐全完好，安装牢固，转动灵活。

（4）使用时，将切割机放置于远离易燃源和爆炸源的空旷之处，周围应无人员往来，底座平稳地和地面接触，无悬空和晃动现象，且在切割时不得有明显的振动。

（5）被切割工件应完全放置于夹紧装置的槽中（与底座接触），且下垂的一端要用楔块垫起，确保被割物水平放置。

（6）夹紧装置应操纵灵活、夹紧可靠，手轮、丝杠、螺母等应完好，螺杆螺纹不得有滑丝、乱扣现象。手轮操纵力一般不大于 6kg。

（7）砂轮头架必须上下抬落自如，无卡阻现象。

（8）砂轮切割机不能反转，否则切割火花易灼伤操作者。

（9）操作者操纵手柄做切割运动时，用力应均匀、平稳，切勿用力过猛，以免过载使砂轮切割片崩裂。

（10）严禁用切割机切割黏度较大的金属，如铜、铝等材料。

（11）使用完毕，切断电源，整理放置好切割机。

（12）在更换砂轮切割片时，必须切断电源。新安装的砂轮切割片，要符合设备要求，不得安装有质量问题的割片，安装时要按安装程序进行。

（13）更换砂轮切割片后要试运行，检查是否有明显的振动，确认运转正常后方能使用。

（三）角向磨光机（或切割机）

角向磨光机（或切割机）的使用及维护：

（1）角向磨光机（或切割机）的结构组成如图 3-4 所示，电动角向磨光机（或切割机）是利用高速旋转的薄片砂轮以及橡胶砂轮、钢丝轮等对金属构件进行磨削、切削、除锈、磨光加工，也可用于切割小尺寸的钢材。安装上磨片是磨光机，安装上切割片时是切割机，注意两种片不能混用。

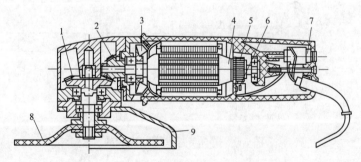

图 3-4　角向磨光机的结构

1—大锥齿轮；2—小锥齿轮；3—风扇；4—转子；5—整流子；6—电刷；
7—开关；8—砂轮片；9—安全罩

（2）角向磨光机（或切割机）的使用及维护如图 3-5 所示，在使用角向磨光机（或切割机）时，砂轮片应倾斜 15°～30°［如图 3-5（a）所示］，并按图 3-5（b）所示方向移动，以使磨削的平面无明显的磨痕，且电动机也不易超载，当用于切割小工件时，应按图 3-5（c）所示方法进行操作。

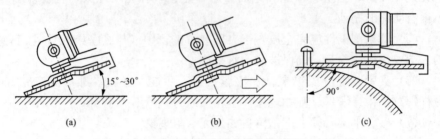

（a）　　　　　　　　（b）　　　　　　　　（c）

图 3-5　角向磨光机的使用

（a）磨光机工作角度；（b）磨光机工作移动方向；（c）切割小工件方法

（3）检查各零部件是否完好，电源线是否破皮，螺钉、螺母是否紧固可靠，特别是砂轮是否有裂纹等缺陷。

（4）操作者应戴好防护眼镜。

（5）磨削或切割操作时，用力不得过大，工具应拿稳，防止在砂轮片上跳动。

（6）更换磨片、切片或使用完毕，应切断电源，清理脏污物，整理放置好切割机。

三、常用量具的使用

（一）游标卡尺

1. 使用游标卡尺的注意事项

（1）游标卡尺在使用前要检查零线是否对齐，如图 3-6 所示。

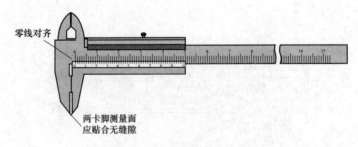

图 3-6　游标卡尺使用前应校准

（2）用游标卡尺测量后，进行读数时，应水平拿着，并朝着亮光的方向，使人的视线尽可能和卡尺的刻线表面垂直，以免由于视线的歪斜造成读数误差。

（3）游标卡尺使用时不得歪斜，如图 3-7 所示。

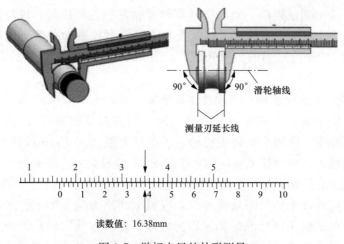

读数值：16.38mm

图 3-7　游标卡尺的外形测量

（4）如图 3-8 所示为用游标卡尺测量内孔时的注意事项。

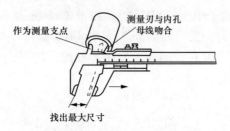

图 3-8　测量内孔的注意事项

2. 使用游标深度尺的注意事项

游标深度尺（如图 3-9 所示）的一般使用方法及注意事项如下：

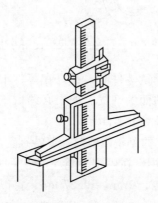

图 3-9　游标深度尺的使用方法

（1）将活动底座紧贴工件表面，贴触的测量表面擦拭干净。

（2）将尺框推下至被测底面，贴触的测量底面擦拭干净。

（3）旋紧紧固螺钉。

（4）读出测量数值，例如游标零刻度线对应主尺位置，该位置之前的整数读数为 10mm，游标尺上刻度线与主尺刻度线重合位置指示的游标尺上读数为 0.07mm，总的数值就是 10.07mm。

（二）千分尺

1. 外径千分尺的使用方法及注意事项

（1）使用前，应把外径千分尺的两个侧砧面及被测量表面擦拭干净，转动测力装置，使两个侧砧面接触（若测量上限大于 25mm 时，在两个侧砧面之间放入校对量杆或相应尺寸的量块），接触面上应没有间隙和漏光现象，同时微分筒和固定套管要对准零位。

（2）用外径千分尺测量零件时，应当手握测力装置的棘轮来转动测微螺杆，使侧砧面保持标准的测量压力，即听到"嘎嘎"的声音，表示压力合适，并可开始读数。绝对不允许用力旋转微分筒来增加测量压力，使测微螺杆过分压紧零件表面，致使精密螺纹因受力过大而发生变形，损坏外径千分尺的精度。

（3）使用外径千分尺测量零件时，如图 3-10 所示，要使测微螺杆与零件被测量的尺寸方向一致。如测量外径时，测微螺杆要与零件的轴线垂直，不要歪斜。测量时，可在旋转测力装置的同时，轻轻地晃动尺架，使侧砧面与零件表面接触良好。

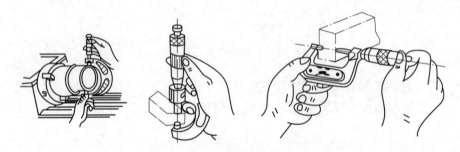

图 3-10　外径千分尺的使用方法

（4）用外径千分尺测量零件时，最好在零件上进行读数，放松后取出千分尺，这样可减少测砧面的磨损。如果必须取下读数时，应用锁紧装置锁紧测微螺杆后，再轻轻滑出零件。

在读取外径千分尺上的测量数值时，要特别留心不要读错。

例如，图 3-11（a）中，在固定套管上读出的尺寸为 8mm，微分筒上读出的尺寸为 27（格）×0.01mm＝0.27mm，将以上两数相加即得被测零件的尺寸，即 8.27mm；又如图 3-11（b）中，在固定套管上读出的尺寸为 8.5mm，在微分筒上读出的尺寸为 27（格）×0.01mm＝0.27mm，将以上两数相加即得被测零件的尺寸，即 8.77mm。

2. 内径千分尺的使用方法及注意事项

内径千分尺是测量工件内径或槽宽尺寸的微分量具，如图 3-12 所示为常用的两点内径千分尺，图 3-12（a）所示的千分尺用于测量 50~63mm 的内尺寸。为了扩大其测量范围，内径千分尺附有成套接长杆［如图 3-12（b）所示］连接时去掉保护螺母，把接长杆右端与内径千分尺左端旋合，可以连接多个接长杆，直到满足需要为止。

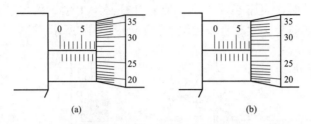

图 3-11　千分尺读数时的注意事项

(a) <0.5mm 的读数方法；(b) >0.5mm 的读数方法

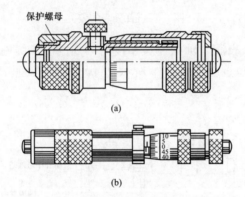

图 3-12　内径千分尺

（a）剖面图；（b）正视图

（三）百分表

（1）百分表（见图 3-13）一般装在专用的表架上，它在表架上的上下、前后位置均可调节。表架可放置在某一平整的位置上或依靠磁性座吸贴在某一相对位置上，夹持百分表对零部件的几何开关精度或位置误差进行测量。

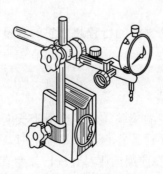

图 3-13　百分表结构

（2）在使用百分表进行测量之前，测杆、测头、表盘等要擦拭干净。

（3）使用前，应检查测杆活动的灵活性。即轻轻推动测杆时，测杆在套筒内的移动要灵活，没有轧卡现象，每次松开后，指针能回到原来的刻度位置（和游标卡尺校核零位相似）。

（4）测量时，表座必须吸牢，所有杠杆必须上紧、无晃动；指示表尽量竖直测量，测头必须垂直于被测表面，如图 3-14 所示。

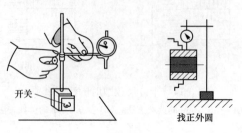

图 3-14　百分表的装夹

（5）当用百分表测量轴的有关精度时（如圆度、圆柱度、轴弯曲度等误差），百分表的位置应按图 3-15 所示放置，即测杆要垂直于轴线，其中心通过轴心。

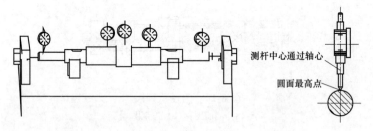

图 3-15　用百分表检测轴几何精度时的放置要求

（6）为了在测量时能够读出负值，应预留 0.3～1mm 的压缩量（有时也将小表针调到量程中间位置），为方便读数，在测量前一般都转动活动表圈，让大指针指到刻度盘的零位。

（7）不要使测头突然撞到工件上，也不要用百分表测量表面粗糙或有显著凹凸不平的工件。

（8）测量时，不要使测杆的行程超过它的测量范围，即在测量过程中测杆升降范围不能过大。

（四）水平仪

1. 水平仪的使用方法

（1）普通水平仪误差的检验。水平仪由于长期使用产生误差，使气泡的基准线不准确（即水平仪放在标准水平面上时，两端气泡基准线不处在对称的格线位置），因此在使用前应对其进行分度值校验。

方法一：将一分度值为 0.02mm/m 的水平仪放在 1m 的长平尺上。在右端垫起 0.02mm，平尺便倾斜一个角度，此时，水准器气泡移动距离正好为一个刻度，这表明此水平仪是精确的。

方法二：在精密平台上放置水平仪，并将其固定，观察其格数，然后原地旋转 180°，再观察其格数。如两次格数一样且偏移方向相同，则说明水平仪没有误差；反之有误差，在测量时应加以注意和消除。

如图 3-16 所示为用水平仪测量安装面的水平度，根据上述水平仪误差检测原理，若将水平仪放置于平尺上测量安装基面的水平度，则需将平尺与水平仪分别在原位掉头测量，共读数四次，四次读数的平均值即为安装基面水平度。对于使用精度符合要求的水平仪，水平仪可不用掉头，但平尺还需掉头一次。

（2）安装基面水平度的计算。

安装基面水平度的计算公式为被测基面水平度 H（mm）＝气泡整体偏离的实际格数×水平仪分度值×被测基面长度（m）。

如图 3-16 所示，如用分度值为 0.02mm/m 的水平仪测量安装基面的水平度，安装基面长度为 3500mm，气泡整体向右偏离的格数为 6 格，则安装基面的水平度值为 $H＝(0.02/1000×6×3500)$mm＝0.42mm。

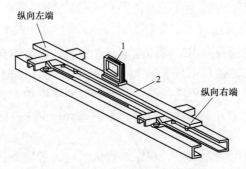

图 3-16　用水平仪测量安装面的水平度
1—水平仪；2—水平尺

计算结果说明，安装基面的纵向右端比纵向左端高出 0.42mm。

2. 使用水平仪的注意事项

（1）动作要稳、避免振动，尽可能用过渡垫铁，防止磨损。

（2）保证水平仪测量面与垫铁、被测面充分接触，被测面如有锈蚀、脏物，应立即清除。必要时可用细砂布，将被测面抛光，使用后应将水平仪底面抹油脂进行防锈保养。

（3）合理制订测量段。

（4）把水平仪轻轻地放在被测面上。若要移动水平仪时，则只能拿起再放下，不许拖动，也不要在原位转动水平仪，以免磨伤水平仪底面。

（5）观看水平仪的格数时，视线要垂直于水平仪上平面。第一次读数后，将水平仪在原位（用铅笔画上端线）掉转 180°再读一次，其水平情况取两次读数的平均值，这样即可消除水平仪自身的误差。

第三节　轴与轴承

一、轴的检修

（一）轴的磨损检查

轴在长期使用后会有磨损，其主要磨损形式有表面接触磨损及轴弯曲。对轴进行相应的清洁工作之后，可做如下的检查：

（1）检查轴外圆表面有无裂纹（可采用着色探伤）和锈蚀等缺陷。

（2）检查与其他零件配合的轴面是否有飞边、损伤、磨损，可用游标卡尺或千分尺测量。

（3）检查轴上的键槽、螺纹是否有损伤，可采用着色探伤。

（4）百分表检查轴弯曲变形的情况并分析处理分析。

（5）加工的新轴还应校核轴的各部位尺寸及精度是否符合要求。

（二）轴的检修工艺

制订轴检修工艺时，要同时分析轴的材质、尺寸及磨损情况，可采取如下工艺对轴进行相应修复。

1. 轴颈磨损时的修复

（1）镶套：当轴颈磨损严重而强度又允许时，可采用此方法。

（2）焊补：当轴颈局部磨损或圆周磨损不严重，且轴受力不大时，可采用此方法，但焊补后必须进行退火处理，以便于机加工。

（3）喷镀或刷镀：当轴颈磨损轻微（0.2mm 以内）时，可采用此方法，然后按图样进行加工。

注意：为了减少应力集中，在加工圆角时，一般应取图样规定的上限，只要不妨碍装配，圆角应尽量大些。

2. 轴的损坏形式及处理方法

（1）对于受力较大或重要的轴，当其弯曲变形超过允许值时，必须及时更换。

（2）发现轴上有裂纹时，应及时更换；对于受力不大的轴可进行焊补修复。

（3）发现键槽缺陷时，应及时修理，必须及时更换新轴。

3. 轴弯曲后的校直方法

（1）捻打直轴法。

（2）局部加热直轴法。

（3）热力机械直轴法。

（4）内应力松弛直轴法。

4. 轴的检修质量标准（以燃料设备减速机轴为例）

（1）轴的挠度不应超过 0.03mm/m。

（2）轴表面应无裂纹、飞边、刮伤和锈蚀等缺陷。

（3）轴上各部（包括轴面、键槽、螺纹等）应完好。

（4）轴（特别是轴颈处）的圆柱度公差不应超过 0.05mm。

（5）安装轴承时，重要部位的尺寸及配合公差必须加以校核并符合标准要求。

（6）轴颈的同轴度、径向圆跳动公差以被检修设备规定的技术要求为准。

（7）轴的表面粗糙度应符合相应的技术要求。

（8）大修后的传动轴，其直线度公差应当小于 0.2mm。

二、滚动轴承的检修与安装

滚动轴承的检修主要包括轴承检查、轴承拆装、轴承游隙检查及调整等。

（一）滚动轴承的检查

（1）轴承洗净擦干后检查其表面的粗糙程度，观察有无裂痕、锈蚀、脱皮等缺陷。

（2）检查滚动体的形状和彼此尺寸是否相同，以及保持架的松动情况。

（3）检查轴承旋转的灵活程度，用手拨动轴承旋转，然后任其减速自行停止。一个良好的滚动轴承在快速旋转时应转动平稳，无振动，略有轻微声响，停转后无倒转现象。

（二）滚动轴承的拆卸

拆卸轴承时，其拆卸力量及着力点都应直接加在待配合的内、外圈的端面上，而不能通过滚动体传递压力，这是拆卸轴承的基本原则。

1. 常规拆卸法（锤子拆卸、压力机拆卸、拉马拆卸）

（1）当轴承外圈与轴承座孔为紧配合时，在拆卸时可先将轴拉出，然后将轴承按装配相反的方向打出或压出（注意：此时着力点应为轴承外圈）。

（2）当轴承内圈与轴、外圈与壳体均为紧配合时，在拆卸时通常可将轴与轴承从轴承座孔中同时取出，然后再把轴承从轴上拆卸下来。

（3）通常减速机内圈与轴配合较紧，故拆卸力的着力点应在内圈端面上。

2. 油加热法拆卸轴承

若轴承内圈与轴颈配合很紧时，为了不损坏配合面，可用热油加热轴承内圈，即用油壶将 80～100℃ 的热油浇在轴承的内圈上，待内圈受热膨胀开始松动时，再用拆卸器将轴承卸下。

3. 破坏拆卸

若轴承已锈死，无法用常规拆卸法将其拆除时，只能用破坏法将其拆掉，如图 3-17 所示。

轴承内圈

开齿后撞击

图 3-17　用破坏法拆除轴承

（三）滚动轴承的装配工艺

1. 滚动轴承的装配原则

（1）若以外圈作支撑，内圈随轴一起转动时，则应先装内圈后装外圈。

（2）若以内圈作支撑，外圈随轴一起转动时，则应根据实际情况定顺序。

一般情况下，凡是配合比较紧、装配工作比较复杂且对下一工序的组装有利的，应先装。

2. 滚动轴承的装配

一般小型设备所用的滚动轴承均可在常温下安装。当轴承内圈与轴的配合有较大的过盈值，或大型轴承的安装，以及不能用压力安装的精密轴承时，都应采用加热安装。

轴承加热的方法一般采用热油加热。加热时，先将轴承浸入到装有矿物油的油桶中，加热时间一般为 15～20min，使轴承与油同时达到所需的温度（80～100℃）。轴承以钢丝悬吊在油的液面下，轴承与桶底不要接触，以免受热不均。除用油加热外，还可用高频发生器或恒温电热箱进行加热（加热温度不应超过 120℃）。切记，绝不允许用明火或不可控的热源进行加热。加热后，对准套装部位迅速推入，再用铜棒敲打轴承内圈，使其安装到正确位置。也可以采用轴端用液氮瞬间冷却再套装轴承的方法。

3. 推力球轴承的装配

安装推力球轴承时，除了应按一般装配原则之外，还必须检查轴承中不旋转的推力座圈（松圈）和壳体孔之间的游隙 a，如图 3-18 所示。这游隙主要是为了补偿零件加工和安装上的误差，因为当旋转的和不旋转的推力座圈中心线有偏移时，此游隙可以保证其自动调整，否则将会引起轴承严重磨损。游隙 a 的值一般为 0.2～0.3mm。

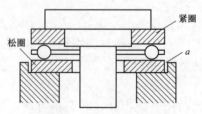

紧圈

松圈

a

图 3-18　推力球轴承的装配

4. 滚动轴承装配游隙的调整

滚动轴承装配游隙的作用是，保证滚动体的正常运转和润滑以及补偿热膨胀。滚动轴承装配游隙调整的正确与否，不仅影响轴承本身的正常工作和使用寿命，而且也影响整台机器的运转质量。

（1）径向游隙不可调整的向心轴承装配原则。游隙不可调整的滚动轴承有单列向心球轴承、调心球轴承、圆柱滚子轴承（注意：这些轴承的游隙在出厂时已确定好，不能对其进行调整）。

装配在轴两端的径向游隙不可调整，且轴的轴向位移是以两端盖限定的向心轴承时，其一端轴承紧靠端盖，另一端必须按随机技术文件留出轴向间隙 c（见图 3-19）；无规定时，留出的间隙应为 $0.2\sim0.4$mm。

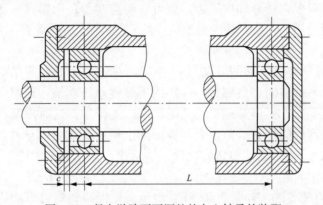

图 3-19　径向游隙不可调整的向心轴承的装配

（2）装配游隙调整方法。游隙可调整的滚动轴承有角接触球轴承、单列向心推力圆锥滚子轴承、推力球轴承、单向推力圆锥滚子轴承等。这些滚动轴承的游隙一般都在安装和使用时调整，各种游隙可调整的滚动轴承的轴向游隙数值见表 3-4。

表 3-4　各种游隙可调整的滚动轴承的轴向游隙数值

轴承内径（mm）	轴承宽度系列	轴向游隙（mm）		
		向心推力球	圆锥滚子轴承	双向推力球
<30	轻系列	0.02～0.06	0.03～0.10	0.03～0.08
	轻与中宽系列	—	0.04～0.11	—
	中与重系列	0.03～0.09	0.04～0.11	0.05～0.11
30～50	轻系列	0.03～0.09	0.04～0.11	0.04～0.10
	轻与中宽系列	—	0.05～0.13	—
	中与重系列	0.04～0.10	0.05～0.13	0.06～0.12
50～80	轻系列	0.04～0.10	0.05～0.13	0.05～0.12
	轻与中宽系列	—	0.06～0.15	—
	中与重系列	0.05～0.12	0.06～0.15	0.07～0.14

续表

轴承内径 （mm）	轴承宽度系列	轴向游隙（mm）		
		向心推力球	圆锥滚子轴承	双向推力球
80～120	轻系列	0.05～0.06	0.06～0.15	0.06～0.15
	轻与中宽系列	—	0.07～0.18	—
	中与重系列	0.06～0.15	0.07～0.18	0.10～0.18

注 1. 当要求有较高的转动精密度、工作温度较低或轴的长度较短时，取表中较小值。
　　2. 当转动精度较低、工作温度较高或轴的长度较长时，则取表中较大值。
　　3. 在比较重要的情况下，必须校验轴的受热伸长量，必要时可采用超过表中规定的最大轴向游隙值。当轴向游隙确定后，即可调整游隙。

游隙可调整的滚动轴承，因其轴向游隙和径向游隙之间有正比例的关系，所以，只要调整好轴向游隙，就可获得需要的径向游隙，而且它们一般都是成对使用的（装在轴的两端或一端），因此，只要调整一个滚动轴承的游隙即可。

1) 垫片调整法，如图 3-20（a）所示。先把端盖处原有的垫片全部拆除，然后拧紧端盖的调整螺钉，一端用手缓慢地转动轴，当感觉到轴转动发紧时，就停止拧紧调整螺钉，此时轴承内无游隙。这时用塞尺测量端盖与壳体端面间的间隙 K。最后在端盖处加上轴向游隙 c 的垫片，此时的垫片厚度为 $K+c$，拧紧调整螺钉之后，轴承便产生了轴向游隙 c（c 按装配技术要求确定）。

2) 螺钉调整法，如图 3-20（b）所示。先把调整螺钉上的锁紧螺母松开，然后拧紧调整螺钉的止推盘，使轴转动时感到发紧即可，最后，根据轴向游隙的要求将调整螺钉倒拧一定的角度，并把锁紧螺母拧紧以防调整螺钉松动。

3) 止推环调整法，如图 3-20（c）所示。先把具有外螺纹的止推环拧紧，至轴转动发紧时，然后根据轴向游隙的要求将止推环倒拧一定的角度，最后用止动片固定即可。

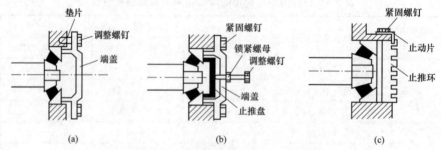

(a)　　　　　　　　　(b)　　　　　　　　　(c)

图 3-20　滚动轴承游隙的常用调整方法

（a）垫片调整法；（b）螺钉调整法；（c）止推环调整法

（四）滚动轴承的安装质量标准

1. 轴承安装质量标准

（1）轴承型号应符合设计要求，外观应无裂纹和锈蚀等缺陷，轴承的总游隙应符合设备技术文件的规定。

（2）轴承在轴颈上的装配紧力应符合设备技术文件的规定，内套与轴不得产生滑动，不得安装垫片。

（3）轴承外圈与外壳间轴向及径向的配合，应符合设备技术文件的规定；膨胀端轴承应留有足够的热膨胀间隙，其热膨胀值无规定时可按式 3-1 计算，即

$$l = \frac{1.2(t+50)L}{100} \tag{3-1}$$

式中　l——热伸长值，mm；

　　　t——轴周围介质最高温度，℃；

　　　L——轴承之间的轴长度，mm。

（4）用热油加热轴承时，油温不得超过 100℃，在加热过程中轴承不得与加热容器的底接触。

2. 安装轴承座应符合的要求

（1）轴承座应无裂纹、砂眼等缺陷，内外应无飞边及型砂。

（2）轴承座冷却水室或油室中的冷却水管在安装前必须经水压试验合格，试验压力应为冷却水最高压力的 1.25 倍。

（3）轴承座与台板的调整垫片，不应超过三片（绝缘片不在内），垫片的面积不应小于轴承座的支承面。

（4）轴与轴封卡圈的径向间隙应符合设备技术文件的规定，轴封应严密无渗漏。

（5）采用润滑脂润滑的滚动轴承的装油量，对于低速机械一般不大于整个轴承室容积的 2/3，对于 1500r/min 以上的机械不宜大于轴承室容积的 1/2。

（6）油位计应安装牢固，不得漏油；油位计上端应与大气相通；密闭油室的呼吸器应清洁畅通；机械设备上的各种油位计在安装时应对其标注刻度进行复测；滚动轴承的底部滚子应浸入油液中 1/3～1/2。

三、滑动轴承的检修与安装

（一）整体式向心滑动轴承（轴套）的检修工艺

1. 轴套的拆卸

现场对设备轴套进行检修时，首先将轴卸掉，用内径千分尺或内径百分表测量内孔变形及磨损情况，若轴套内表面在轴向有个别处拉毛，或在纵向有丝纹以及在周向有一处环状拉毛时，可用刮刀刮削或用研磨的方法修整。若轴套内表面周向环状磨损超过一处，一般都要更换。

轴套在拆卸前，应先清理机体内孔，疏通油道，然后仔细检查是否有紧定措施，如果有，则须先行解除。因为用作紧定的螺钉往往较小，且往往被油污、油漆等遮盖，不易发现，如果漏拆，在拆卸轴套时，会造成轴

29

套损坏。

现场有些设备的轴套由于受空间位置的限制，无法使用铜棒或锤子进行拆卸，可根据情况自行设计一些拉拔工具进行拆卸。图 3-21 所示为用拉拔工具拆卸轴套，拆卸此轴套可用一段内径略大于轴套外径，且长度长于轴套的套管和垫圈，搭成桥形拉头，中间插入螺栓，连接一块矩形板，旋紧螺栓将轴承拉出，轴套拉出后应检查尺寸，做好记录。

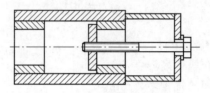

图 3-21 用拉拔工具拆卸轴套

2. 轴套的装配

通常采用压入法装配轴套，当装配精度要求不高或无压入设备时，可考虑用敲击方法进行装配。注意用锤子敲击时，应垫上软质材料（如软铜棒、铝棒等），且应对称、均匀及缓慢地敲击。

其压入装配法的具体步骤如下：

（1）更换新轴套时应先测量轴套尺寸，根据图样（或原配合）确定配合过盈值的大小。

（2）将新轴套和轴承孔除掉飞边，擦拭干净并在配合处涂润滑油，以防发生轴套外圈拉毛或咬死等现象。

（3）轴套的压装。压入轴套时，应用压力机压入或用拉紧夹具把轴套压入机体中，如图 3-22 所示。压入时，如果轴套上有油孔，则应与机体上的孔位对齐。

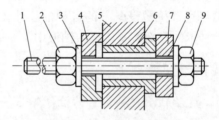

图 3-22 压轴套用拉紧工具

1—螺杆；2、9—螺母；3、8—垫圈；4、7—挡圈；5—机体；6—轴套

（4）轴套的定位。在压入轴套后，对负载较大的滑动轴套，还要用紧定螺钉或定位销等固定。

（5）轴套孔的修整。对于整体的薄壁轴套，在拆装后，内孔易发生变形，如内径缩小或呈椭圆形、圆锥形等，可用铰削、刮削、研磨（或珩磨）等方法，对轴套进行修整。

第四节 齿轮减速机

一、齿轮传动概述

齿轮传动机构与其他传动机构相比，具有传递运动准确可靠（即能保证恒定的传动比），传递速度范围较大，其最高圆周速度可达 300m/s，传动功率可达 105kW，使用效率较高，寿命长，结构紧凑等特点。电厂燃料设备驱动机构中基本上都采用齿轮传动（各类齿轮减速机）。掌握齿轮的有关传动知识，对齿轮传动机构的检修及齿轮的更换都具有十分重要的意义。

（一）常见齿轮传动的类型

常见齿轮传动的类型与传动的种类如图 3-23 所示。

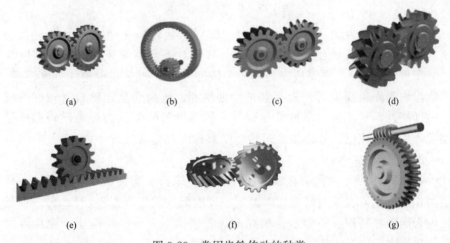

（a）   （b）   （c）   （d）

（e）   （f）   （g）

图 3-23 常用齿轮传动的种类

（a）外啮合直齿轮传动；（b）内啮合直齿轮传动；（c）外啮合斜齿轮传动；
（d）人字齿传动；（e）齿轮齿条传动；（f）两轴相交错的斜齿轮；（g）蜗杆传动

（二）对齿轮传动的基本要求

（1）制造及安装精度高于挠性件传动。

（2）齿轮在传动过程中，要求其瞬时传动比恒定不变。

（3）齿轮在传动过程中，要有足够的强度和刚度，能传递较大的载荷，且在使用寿命内不发生断齿、点蚀和过度磨损等现象。

（三）齿轮传动常见失效现象

1.疲劳点蚀

所谓疲劳点蚀，就是在靠近节圆（偏下）的齿面出现"麻坑"的现象。如图 3-24 所示的齿轮点蚀示意图，点蚀是由于轮齿表面的接触应力达到一定极限，加之齿轮材质和热处理等原因表面层产生一些疲劳裂纹，裂纹扩展出现小块金属剥落，形成小"麻坑"的现象。如果齿面硬度不适或接触应力过大，"麻坑"继续扩展就会造成齿面凹凸不平，从而引起振动和噪声，点蚀也因之加剧，最后使齿面失去传动能力，点蚀面积沿齿宽、齿高超过60%则应报废。在减速机齿轮传动中，疲劳点蚀是齿轮最常见的失效形式之一。为减少此现象的发生，在啮合齿轮的选择上，应注意齿轮的齿面硬度、相互啮合的齿轮的硬度差值以及加工精度。

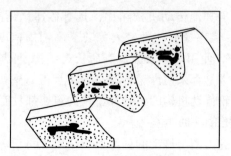

图 3-24 齿轮点蚀示意图

对于软齿面齿轮（齿面硬度≤350HBW的齿轮），一般应使小齿轮齿面硬度较大齿轮齿面硬度高出 20～50HBW。对于硬齿面齿轮（齿面硬度＞350HBW的齿轮），主要从提高其加工精度方面（如提高齿轮的分度精度、降低齿面表面粗糙度等）提高其抗点蚀性能。硬齿面齿轮除具有较好的抗点蚀性能外，其综合力学性能也较好，燃料设备的驱动装置中已较多地使用了硬齿面减速机，故设备的运转性能都有很大提高。

2. 齿面磨损

如图 3-25 所示为轮齿齿面磨损示意图。轮齿的磨损有两种情况：一种是两相啮合轮齿表面对研造成的磨损（硬度低的轮齿磨损较快）；另一种是轮齿表面磨粒磨损。一般运行机构的齿轮磨损后，齿厚不应小于原齿厚的70%，否则应更换齿轮。

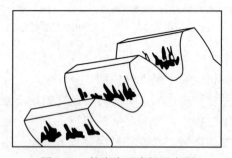

图 3-25 轮齿齿面磨损示意图

3. 齿面胶合

齿面胶合（见图 3-26）是由于重载高速、润滑不当或散热不良等原因，在齿面沿滑动方向形成的伤痕。产生胶合时齿轮啮合面间的油膜被破坏，油温升高，导致齿面金属直接接触，一个齿面的金属焊接在与之相啮合的另一个齿面上，又由于齿面间做相对滑动，结果就在齿面上形成一些垂直于节圆的划痕。齿面胶合严重时，会使齿轮丧失传动能力。为了防止胶合，在低速重载的齿轮传动中应采用高黏度润滑油，或适当提高齿面的硬度和降低表面粗糙度。

4. 轮齿塑性变形

对于较软的齿面，由于过载，线摩擦系数过大，可使齿面产生塑性变形，塑性变形使主动齿轮在节线附近产生凹坑，如图 3-27 所示，这种变形呈现皱纹线状，也称为塑皱。

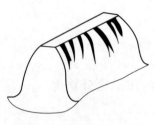

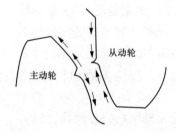

图 3-26　轮齿胶合示意图　　　　图 3-27　轮齿塑性变形示意图

5. 轮齿折断

当齿轮工作时，由于危险断面应力超过极限应力，轮齿就可能部分或整齿折断。冲击载荷也可能引起断齿，断齿齿轮不能继续使用。减少齿轮轮齿断裂的主要措施是，使用时应考虑齿轮的整体强度及韧性，使齿轮齿根面应力不能超过许用应力；工作时应避免较大载荷和冲击载荷；安装时应注意安装精度。

（四）常见齿轮几何参数的计算

渐开线标准直齿圆柱齿轮的几何参数见表 3-5。

表 3-5　渐开线标准直齿圆柱齿轮的几何参数

名称	参数	计算公式	说明
齿数	z		
模数	m	已标准化	反映齿轮尺寸大小和轮齿承载能力的参数，是计算齿轮尺寸的基本参数
压力角	α	已标准化，通常采用 20°	分度圆齿廓上的压力角
分度圆直径	d	$d=mz$	具有标准模数和标准压力角的圆称为分度圆，即与标准齿条相啮合时的节圆。在该圆上按齿距 $p=\pi m$ 等分齿
齿厚	s	$s=\dfrac{\pi m}{2}$	轮齿两侧在分度圆上所占的弧长
齿槽宽	e	$e=\dfrac{\pi m}{2}$	齿槽两侧在分度圆上所占的弧长
齿顶高	h_a	$h_a=m$	分度圆到齿顶的径向距离
齿根高	h_f	$h_f=1.25m$	分度圆到齿根的径向距离
全齿高	h	$h=2.25m$	齿顶到齿根间的径向距离

名称	参数	计算公式	说明
齿侧间隙	C_n		轮齿非工作表面间的法向距离，为储油和防止互相卡住用，由轮齿加工时的公差保证
中心距	a	$a=\dfrac{d_1+d_2}{2}=\dfrac{m}{2}(z_1+z_2)$	相啮合的一对齿轮轴心间的距离，标准齿轮在正确安装时即为两轮分度圆半径之和（标准中心距）

（五）常见齿轮传动轮系参数的计算

1. 轴线相互平行的定轴轮系

如图 3-28 所示为定轴轮系传动原理图，设 O_1 轴为主动轴，输出轴 O_5 为从动轴，齿轮齿数和转速分别为 z_1、z_2'、z_2、z_3、z_4、z_4'、z_5 和 n_1、n_2、n_2'、n_3、n_4、n_4'、n_5，单级齿轮传动的传动比分别为 i_{12}、i_{23}、i_{34}、i_{45}。此定轴轮系的总传动比为 i_{15}，于是有

$$i_{12}=\frac{n_1}{n_2}=-\frac{z_2}{z_1} \tag{3-2}$$

$$i_{2'3}=\frac{n_2}{n_3}=-\frac{z_3}{z_2'} \tag{3-3}$$

$$i_{34}=\frac{n_3}{n_4}=-\frac{z_4}{z_3} \tag{3-4}$$

$$i_{45}=\frac{n_4}{n_5}=+\frac{z_5}{z_4} \tag{3-5}$$

$$i_{15}=i_{12}\times i_{2'3}\times i_{34}\times i_{45} \tag{3-6}$$

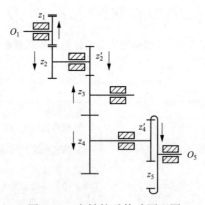

图 3-28 定轴轮系传动原理图

将以上各式两边连乘后得

$$i_{15}=(-1)^3\frac{Z_2Z_4Z_5}{Z_1Z_2'Z_4'} \tag{3-7}$$

上式表明，定轴轮系的传动比等于轮系中各对啮合齿轮传动比的连乘积，其数值等于轮系中所有从动轮齿数连乘积与所有主动轮齿数连乘积之比。其正负号取决于外啮合齿轮的对数，奇数对外啮合取负号，表示首末

两轮转向相反；偶数对外啮合取正号，表示首末两轮转向相同。

将以上情况推广，得出如下公式

$$i_{1k} = \frac{n_1}{n_k} = (-1)^m \frac{\text{所有从动轮齿数连乘积}}{\text{所有主动轮齿数连乘积}} \qquad (3-8)$$

式中　i_{1k}——定轴轮系总传动比；

　　　n_1——定轴轮系首轮转速；

　　　n_k——定轴轮系末轮转速；

　　　m——外啮合齿轮的对数。

二、圆柱齿轮减速机的检修

（一）测量工作

减速机各部件拆卸后，经过对零部件进行认真清洗及去飞边后，可进行各项精度的检查。通常包含轴承间隙、齿侧与齿顶间隙、轴承紧力、结合面接触精度、齿轮接触精度等，并可用压铅丝法一次性同时进行。即首先在齿面上薄而均匀地涂上红丹粉，然后分别在齿面上、箱体结合面上按要求对称地放置铅丝（铅丝直径为 0.5～2mm，长为 15～20mm），将减速机上盖扣上，对称地紧固螺栓，各螺栓的紧力应一致。按电动机转动方向，旋转减速机输入轴一整圈，打开上盖后做如下工作。

（1）减速机上、下箱体结合面间隙的测量：

1）用外径千分尺测量各铅丝的厚度，做好记录。

2）计算厚度差值，标出结合面最大间隙，如图 3-29（a）所示。

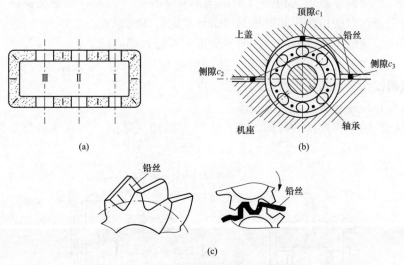

图 3-29　用压铅丝法测量间隙或接触精度

（a）用压铅丝法测量减速机结合面；（b）用压铅丝法测量轴承间隙；（c）用压铅丝法测量齿侧间隙

（2）如图 3-29（b）所示，根据压铅丝结果，分析箱盖对各轴承的紧力，如果过大或过小，则应对结合面刮研修整。轴承紧力公式如下：

$$\text{轴承紧力} = \text{顶隙} - c_1 - (c_2 + c_3)/2 \tag{3-9}$$

注意：修刮结合面时，应对结合面间隙和轴承紧力情况进行综合判断，以确定修刮部位及修刮余量。

（3）检查轮齿接触面积。

（4）用千分尺逐一测量铅丝被压扁之后的厚度值，并计算其平均值，即为圆柱直齿齿轮的齿侧间隙，如图 3-29（c）所示。

这里要强调的是，斜齿圆柱齿轮用上述方法测出的数值为端面侧隙，而检修质量标准中提的齿侧间隙为法向侧隙（见表 3-6），所以应将斜齿轮的端面侧隙变为法向侧隙，端面侧隙与法向侧隙的换算方法见式（3-9）。

表 3-6 中心距极限偏差

中心距（mm）	极限偏差（cm）	最小极限侧隙（cm）	中心距（mm）	极限偏差（cm）	最小极限侧隙（cm）
≤50	±60	85	200～320	±120	210
>50～80	±80	105	320～500	±160	260
>80～120	±9	13	500～800	±180	340
>120～200	±105	170	800～1250	±200	420

（二）零部件的检修

1. 齿轮与轴组件的检修

齿轮组件的检修可分为齿轮组件的检查测量与拆卸、零件检修及零件回装三个过程。

（1）清洗并检查齿轮、轴等表面磨损情况并做相应记录。

（2）用铜棒敲击法检查齿轮、键、轴等的配合情况，对磨损情况进行分析记录，以便检修。此项检修的重点是配合面的检查。

（3）测定齿轮的轴向和径向晃动度，并做好相应记录。

（4）用齿形样板检查齿形。按照齿廓制造样板，以光隙法检查齿形。根据测试结果判断轮齿磨损和变形程度。

（5）检查平衡重块有无脱落。

（6）轴上相配件的拆卸，推荐用拉力拆卸（见图 3-30）或局部加热法拆卸。

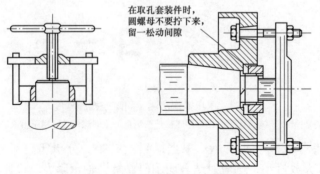

图 3-30 用丝杠拉取套装件的方法

在拆卸齿轮的过程中，当齿轮与轴的配合紧力过大时，可先使用螺旋压力机、液压千斤顶和拉马等工具进行预顶拆卸，并用装有约 120℃ 机油的油壶浇泼齿轮。为使大部分热油浇在齿轮上，可用石棉带等将轴裹盖严，然后使用长嘴油壶浇泼。

（7）拆卸后对轴及其相应配件做进一步测量和检查。检查测量部位主要包括：

1）轴有无变形和裂纹，螺纹、键及键槽、止推锁紧装置等处有无缺陷，键的硬度应低于键槽的硬度，键及键槽不应变形。

2）轴与轴承、齿轮、隔套及密封装置相配合的轴颈尺寸是否符合零件图的要求。

3）齿轮内孔及键槽尺寸是否符合零件图的要求。

（8）零件修复。

1）用油石、砂条、细砂布对局部表面进行修整。

2）对轴头因受力涨粗的部分进行修复。

3）轴的修复（包括配合尺寸及配合表面修复、轴的矫直、键槽的修复等）。

4）键与键槽的修复，即锉配键。

5）对齿轮去飞边、孔口及键槽进行修复。

6）轴承的清洗或更换，以及其他相应配件（如轴套、销子、顶丝、锁母等）的修复。

2. 箱体的检修

箱体的检修主要包括箱体的清理，缺陷认定及修复，箱体可疑裂纹的探伤检查，油封装置的检查与更换，箱体与箱盖接触精度的检查与修复。

（三）整体装配

在完成以上检修工作，用汽油洗净各部件后，即可进行齿轮箱的整体装配。

1. 装配的基本要求

（1）保证正确的传动比（速比），使传递的运动准确、可靠，达到规定的运动精度。

（2）保证传动时平稳，振动小，噪声小。

（3）保证齿轮工作面接触良好。

（4）保证规定的侧向间隙。

2. 装配方法和注意事项

装配时应按解体时的印记与解体相反的顺序依次就位，防止装反、装错。即应先装入转速最低的轴，然后依次装入转速高的轴。其具体装配过程如下所述。

（1）装好相应组件。

（2）按印记就位内部部件，就位时不得碰伤齿轮和轴承。

（3）根据装配印记所示轴承端盖位置和测记的轴向间隙值，对端盖内、外止口垫片厚度进行调整，以调整好轴向膨胀间隙和推力间隙。按如图 3-31 所示方法测量传动组件轴向间隙。

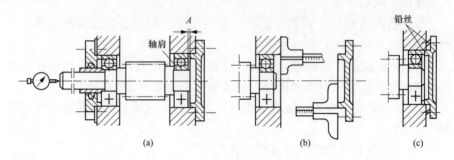

图 3-31　轴向间隙测量方法
(a) 用百分表测量；(b) 用游标深度卡尺测量；(c) 用压铅丝法测量

根据测量的轴向间隙的原始数据，减去计算出的轴向膨胀间隙值，再加上轴承工作游隙预留值（根据轴承工作游隙值确定），即为端盖垫片的厚度。

至于垫片应加在端盖的内止口，还是外止口，以及加多厚，均要根据具体计算差值及端盖结构而定。

（4）测量轴承（外圈）紧力，如不符合规定要求，可通过修整轴承座孔，或在结合面加垫片等方式进行调整至设备规定值。

（5）检查齿轮装配质量，复测及调整齿轮啮合间隙，使其径向圆跳动（以分度圆上弧长计算）和中心距在规定范围内。

（6）检查齿轮啮合质量：用色印法复查齿轮啮合情况。从接触痕迹的位置，判断齿轮组装质量；从接触痕迹的大小，判断齿面的啮合好坏。如不符合要求，可调整齿轮轴向位置。

（7）装好箱体上盖和轴承端盖，密封填料压在轴上的力要适中，过紧则运转时会使轴发热。最后用手盘动轮轴，其旋转应轻便灵活，咬合平稳，无冲击碰撞等异常声响。

（8）组装完毕和验收合格后，结合面应清理干净，在结合面上呈线状挤上密封胶。立即把清理干净的箱盖盖好，装上定位销，校正好上盖位置，然后对称地并且力量均衡地将全部螺栓紧固。

（9）最后加入润滑油，把油孔盖装好。

对没有润滑油槽的齿轮箱，其轴承在装配时，要加上 1 号钙钠基润滑脂，加油时应用手从轴承一侧挤入，另一侧挤出。为了保证热位移的自由，滚动轴承外圈与轴承壳体间的工作面上应涂些润滑脂。

（四）提高密封性的措施

为了增强法兰结合面的严密性，可在结合面上涂洋干漆、油或 601 密封胶，然后均匀对称地拧紧螺钉。若要在垫片上涂洋干漆密封，以增加其严密性时，应注意其厚度。垫在接触面上的垫片，厚度是已确定好的，不得随便增减。

三、圆柱齿轮减速机的检修及质量标准

（一）齿轮箱壳体和结合面的检修

（1）减速机安装底座平面的平面度公差为 $0.5\sim1mm$。减速机的结合面应平行于底座平面，底座平面与减速机结合面的平行度允许偏差应小于 $0.5mm/m$，结合面的表面粗糙度应不低于 $Ra6.3\mu m$。

（2）为了保证不漏油，上、下箱体结合面上任一处间隙用塞尺检测，不大于 $0.03mm$（螺栓拧紧后），结合面的表面粗糙度应不低于 $Ra6.4\mu m$。轴端法兰结合面应平整密合，无沟槽及伤痕，在自由状态下用 $0.05mm$ 的塞尺塞不过（螺栓拧紧前）。

（3）上、下箱体结合面应与孔系轴线在同一平面内，其平面度公差小于 $0.02mm$。

（4）结合面应平滑，其直线度、平面度公差不得超过表 3-7 所示数值。

表 3-7　减速机结合面的直线度和平面度公差

结合面长度（mm）	100~250	250~400	400~1000	1000~2500
公差（μm）	25~40	30~50	50~80	80~120

（5）结合面上的定位销与销孔接触面积应为 80% 以上。

（6）齿轮箱完整，不得有较大变形和裂纹。

（二）轴承盖的检修

（1）轴承盖应安装正确，回油孔畅通，螺栓紧力一致。

（2）端盖与轴的间隙应四周均匀（间隙为 $0.1\sim0.25mm$），密封圈与轴配合紧密，密封填料填压紧密且与轴吻合，运行时不得漏油。

（三）齿轮组件的检修

1. 齿轮质量

齿轮啮合部位及面积标准见表 3-8。

表 3-8　齿轮啮合部位及面积标准

齿轮精度等级		5	6	7	8	9	10
接触面积	不小于（%）（齿高方向）	55	50	45	40	30	25
	不小于（%）（齿长方向）	80	70	60	50	40	30

（1）齿面应光滑，不得有裂纹和飞边现象，各处几何尺寸应符合技术

39

要求。

（2）齿轮的外径和宽度应与图样规定的尺寸相符，偏差不得超过±0.5mm。可按图样做出样板（齿规）进行检查，要求齿形的偏差不大于0.1mm，经公法线千分尺检查，齿距偏差不大于0.2mm，必要时可按样板进行补修。

2. 齿轮啮合质量

（1）接触斑点的分布位置，应趋近齿面中部。齿顶和两端部棱边处不准接触，否则应重新修研。其齿轮啮合沿齿长和齿高的接触百分比为：齿轮啮合沿齿长不小于60%，沿齿高不小于45%。

（2）齿顶间隙为齿轮模数的0.25倍。

（3）齿轮轮齿的磨损量超过原齿厚的25%时，应更换新齿轮。

（4）齿轮节圆径向晃动与端面瓢偏（径向圆跳动量及轴向圆跳动量、齿轮与轴的装配情况）检查：

1）齿轮的中心与轴的中心线重合。

2）齿轮的端面与轴的中心线垂直。

3）齿轮轴向圆跳动和齿顶圆的径向圆跳动公差，应根据齿轮的精度等级、模数的大小、齿宽和齿轮的直径大小确定。其中一般常用6、7、8级精度，齿轮直径为80~800mm时，径向圆跳动公差为0.02~0.10mm；齿轮直径为800~2000mm时，径向圆跳动公差为0.10~0.13mm；齿宽为50~450mm的齿轮，轴向圆跳动公差为0.026~0.03mm。

（5）当齿轮加有平衡重块时，平衡重块不得有脱落和松动现象。

（6）齿轮与轴的配合质量，应根据齿轮的工作性质与设计的要求确定，一般的配合特性和使用范围可参考有关规定进行选用。齿轮应紧靠轴肩，无松动。

（7）当附有键连接时，键的配合应符合国家标准，键的顶部应有一定间隙（视其大小在顶部留有0.1~0.4mm的间隙），当键的顶部间隙过大时，键底不准加垫，必须换上合格的键。

（8）圆柱齿轮传动中心距极限偏差（沿齿轮的齿宽平面内，实际组装中心距与设计中心距之差）及齿轮啮合最小齿侧间隙数值见表3-6。

（四）轴承检修质量标准

（参见本章第三节）

（五）其他

（1）油位计指示清楚正确；通气孔、回油槽畅通。

（2）油杯等加油装置应齐全、完好。

四、减速机检修及质量标准

减速机检修项目、工艺步骤及质量标准见表3-9。

表 3-9　减速机检修项目、工艺步骤及质量标准

序号	检修项目	工艺步骤	质量标准
1	清理检查箱体及箱盖	拆卸减速机上盖，用柴油或煤油清洗	无裂纹和异常
		拆卸轴承端盖	装配印记
		拆除上盖螺栓和联轴器螺栓	螺栓有无残缺和裂纹
2	检查测量齿轮磨损及啮合情况，进行修理或调整	将齿轮清洗干净，检查齿轮啮合情况和齿轮的磨损情况	无裂纹、剥皮、麻坑或塑性变形现象
3	检查轴承磨损情况	用塞尺或压铅丝法测量各轴承间隙	
4	检查齿轮轴	使用千分表和专用支架，测量齿轮的轴向和径向晃度	
5	检查齿轮间隙	用塞尺或压铅丝法测量齿顶、齿侧的间隙，并作记录	
6	检查齿轮配合	用红丹粉检查齿轮的齿形及啮合面积	齿轮啮合沿齿长不小于 60%，沿齿高不小于 45%，其具体啮合要求见表 3-8
7	检查齿面	检查齿轮的磨损情况	齿轮的磨损程度不应超过允许的范围
8	轴的检查	轴的磨损及缺陷检查	轴应光滑完好，无裂纹及损伤现象，其椭圆度、圆锥度公差应视精度等级和轴颈大小确定
9	清理检查箱体	清理检查箱体的上、下机壳，先内后外全部清洗	
		使用酒精、棉布和细砂布清理上、下结合面的漆块，并检查结合面的平面度	
		吊起齿轮，装好轴承外套和轴承端盖，平稳就位，不得碰伤齿轮和轴承	
10	组装	按印记装好轴承端盖，并按要求调整轴承位置	
		检查齿轮的装配质量，用压铅丝法或用塞尺测量齿轮啮合间隙，使径向跳动和中心距在规定范围内	齿顶间隙符合 0.25 倍模数。齿轮啮合面积沿齿长和齿高标准符合表 3-8 的数值，接触斑点的分布位置趋近齿面中部。齿顶和两端部棱处不应接触
11	各接合面的检查和修复	在箱体结合面和轴承外圈上，用压铅丝法测量轴承紧力	
12	紧固螺栓	确认减速箱内无异物时，在结合面上呈线状涂上密封胶，然后立即将清理干净的箱盖盖好，装上定位装置，再对称地、力量均衡地将全部螺栓紧固	

第五节 联轴器

联轴器的作用是传递转矩、吸收振动、缓和冲击。联轴器种类较多，燃料设备中常用的高速联轴器有弹性柱销联轴器、梅花盘式联轴器、液力耦合器（YOX 型）等；低速联轴器有齿式联轴器和弹性柱销齿式联轴器（ZL 型）等。燃料设备常用联轴器的外形及结构如图 3-32 所示。

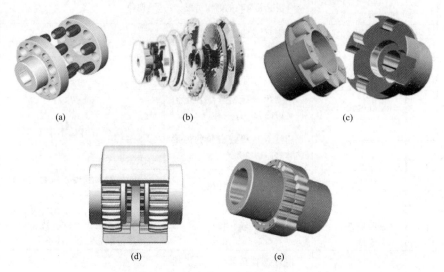

(a)   (b)   (c)

(d)   (e)

图 3-32 燃料设备中常用联轴器的外形及结构

(a) 弹性柱销联轴器（HL 型）；(b) 限矩型（YOX）液力耦合器；
(c) 梅花盘式联轴器（ML 型）；(d) 齿轮联轴器；(e) 弹性柱销齿式联轴器（ZL 型）

一、联轴器的检修与安装

联轴器运转时常出现的故障有转速不稳定，忽高忽低；转速过低，甚至出现闷车现象；运转时跳动量过大引起自身及设备的振动值过大、噪声过大；两半联轴器位置偏移；柱销变形或折断；弹性圈变形、断裂；连接齿磨损、胶合甚至折断；滑块磨损、胶合甚至折断；联轴器轴孔键连接失效；连接轴变形；连接轴孔磨损严重甚至胶合等。这些故障使运转设备振动加剧甚至超标，无法输出额定的转矩，甚至损坏设备。另外，联轴器损坏严重时，拆卸困难甚至无法拆卸。因此联轴器运转时要及时检查，定期检修。

1. 联轴器检修前的检查

（1）弹性柱销联轴器在检修前，主要检查弹性柱销（或弹性胶圈）的缺损情况，若损坏严重，则应及时更换。用游标卡尺测量销孔后，装入弹性柱销（或螺栓带弹性胶圈），其间隙值一般为 0.5～1mm，最大不应超过1.5mm。且全部弹性柱销应在一个方向均匀受力。若半联轴器的磨损严重，可进行孔的补焊，并在机床上进行孔加工。

（2）检查装于同一柱销上的弹性圈，其外径之差不应大于弹性圈外径偏差的 1/2（见表 3-10）。

表 3-10　弹性圈内外径

柱销圆柱部分 公称直径（mm）	联轴器孔的公称 尺寸（mm）	弹性圈内径 （mm）	弹性圈外径 （mm）
10	20	10	19
14	28	14	27
18	36	18	35
24	46	24	45
30	58	30	56.5
38	72	38	70.5
46	88	46	86.5

（3）用专用设备（如探伤仪等）检查半联轴器是否存在疲劳裂纹，日常检查维护时也可用锤子敲击，根据敲击声和油的浸润来判断裂纹部位，发现裂纹应及时更换新件。

（4）检查联轴器安装螺栓的稳固性，也可用锤子敲击根据声音判断，或用扭矩或指示式扭力扳手检查松紧度。

（5）齿轮联轴器螺栓不应松动、缺损，密封装置、挡圈等无损坏、老化现象。

2. 联轴器的拆卸注意事项

（1）从轴上拆卸联轴器应使用专用工具，如拉马或专用拉拔工具。使用锤子敲击时，要垫上紫铜棒等软材质传递力量，禁止直接敲击联轴器的端面。若拆卸困难，可用火焰加热拆卸，火焰加热温度一般在 250℃左右，齿轮联轴器应用矿物油加热到 80～100℃。注意，加热部位应是联轴器与孔配合的外套，加热时用石棉或其他防护材料将轴包裹。

（2）联轴器拆除后的检查与检修：

1）检查联轴器有无变形、飞边，以及各处尺寸是否符合图样要求。

2）可用砂布或细锉刀将轴头、轴肩等处的飞边清除掉，用细砂布将轴与联轴器内孔的配合面打磨光滑。

3）测量轴颈和联轴器内孔、键槽与键的配合尺寸，轴颈和内孔若不符合图样技术要求或质量标准，则应采取必要的检修手段：若轴有较大划伤，可采取研磨方法整修；孔内壁划伤但不影响配合时，也可采取研磨或刮削手段修复；若孔径扩大超过质量标准中的配合间隙要求，可采取喷镀和机加工的方法修复。键连接若不符合质量标准应重新锉配键。

4）检修齿轮联轴器时应检查齿形，其齿厚磨损超过原齿厚的 15％～30％时，应更换新件。

3. 联轴器的装配注意事项

（1）测量键与键槽尺寸，将键装入键槽检查，使其松紧程度符合质量标准；分别测量轴颈与孔尺寸，将轴试装入孔内并符合质量标准。装配时，注意轴颈和联轴器内孔表面应涂上少许润滑油。

（2）联轴器内孔和轴径配合过松时，不准用冲子打麻点、垫铜皮的方法解决。

（3）安装圆锥联轴器的斜度与轴颈的斜度应相符合，装配后应加紧锁片。

（4）装配联轴器时不准直接使用锤子敲击，应当垫上铜板等软质材料敲击，并对称施力。紧力过大时，应用压入法或温差法进行装配。

（5）安装联轴器时，应考虑机械的轴向窜动，其端面应根据对轮直径留出相应距离，见表3-11。

表 3-11 联轴器的端面间隙

标准型弹性柱销联轴器					
外径（mm）	120～140	170～220	260	330	410	500
端面间隙（mm）	1～5	2～6	2～8	2～10	2～12	2～15
轻型弹性柱销联轴器					
外径（mm）	105～145	170～200	240～290	350	440
端面间隙（mm）	1～4	1～5	2～6	2～8	2～10
尼龙柱销联轴器					
外径（mm）	90～150	170～220	275～320	340～390	560～610
端面间隙（mm）	1	2	3	4	5
带制动轮的尼龙柱销联轴器					
外径（mm）	200	300	400	500
端面间隙（mm）	2～2.4	2.4～3	3	3～4

（6）装配弹性柱销联轴器时还应当注意：

1）更换弹性圈时，不允许单个更换或部分更换弹性圈，而应全部更换。

2）弹性圈上紧后，不应鼓起，应在自由状态。

（7）一对新联轴器的圆周直径误差，应符合图样公差要求。两联轴器的连接孔应在一圆周上，孔距偏差应在±0°10′以内。

（8）齿式联轴器在装配时，应按内齿套及半联轴器（CLZ 型齿轮联轴器）上的加工定位线或定位孔进行装配，即定位线或定位孔必须重合，以保证装配后的传动精度。

4. 联轴器的装配质量标准

（1）弹性柱销联轴器的装配质量标准。弹性联轴器的安装质量要求如图3-33所示，半联轴器的径向圆跳动、轴向圆跳动及同轴度偏差见表3-12。

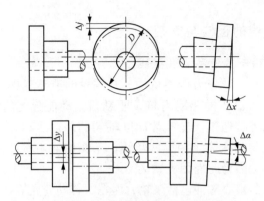

图 3-33　弹性联轴器的安装质量要求

表 3-12　半联轴器的径向圆跳动 Δj、轴向圆跳动 Δx、
同轴度偏差 Δy、轴线平行度偏差 $\Delta \alpha$　　　　　mm

直径 D	105、120、140、145、170	190、200、220、240、260	290、330、350	410、440、500
Δj	0.07	0.08	0.09	0.1
Δx	0.16	0.18	0.20	0.25
Δy	0.14	0.16	0.18	0.20
$\Delta \alpha$	40			

（2）齿轮联轴器的装配质量标准（CL 型和 CLZ 型齿轮联轴器）。

1）为了保证联轴器的正确装配，在装配两个内齿圈及半联轴器（CLZ 型齿轮联轴器）时，内齿圈和外齿轴套端面 A 或 B 对中心线的端面振摆公差应按表 3-13 中规定。

表 3-13　齿轮联轴器端面振摆公差　　　　　mm

直径 D	摆动量
40～100	≤±0.01
100～200	≤±0.02
200～400	≤±0.04
400～800	≤±0.08
800～1200	≤±0.12

2）齿轮联轴器两外齿套间的最小端面间隙见表 3-14。

表 3-14　齿轮联轴器两外齿套间的最小端面间隙　　　　　mm

外形最大尺寸	130	155	230	250	270	330	350	370
间隙	2	3	4	5	6	7	7	8
外形最大尺寸	410	470	510	570	650	730	760	880
间隙	10	10	10	12	12	15	15	20

二、液力耦合器的检修与安装

(一)液力耦合器传动装置概述

液力耦合器是一种液力传递机构,其涡轮的造型犹如一台离心泵和一个液压涡轮,随着输入的驱动力将泵驱动后,动能分配给耦合器中的油,在离心力的作用下,通过涡轮叶片向联轴器的外边运动,外部吸收了动能并产生一个总是与输入力矩相等的转矩,从而使输出端产生旋转,其摩擦力基本上等于零,因为此处无机械接触。

液力耦合器的核心部件包括泵轮、涡轮、转动外壳等,如图 3-34 所示。

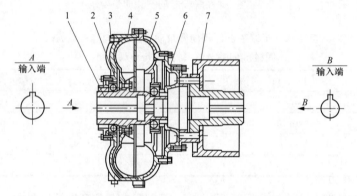

图 3-34 限矩型(YOX 型)液力耦合器结构图
1—主轴套;2—转动外壳;3—易熔塞;4—泵轮;5—涡轮;6—后铺室;7—制动轮

(1)泵轮体包括叶片、流道、连接螺纹孔及进油槽等,如图 3-35 所示。泵轮是传递功率的重要部件,两叶片及中间流道的加工精度要求较高,否则会影响循环油量及传递功率。连接螺纹孔有泵轮与转动外壳连接用的和泵轮与泵轮轴连接用的两种。进油槽的作用是使油从进油孔进入各流道的

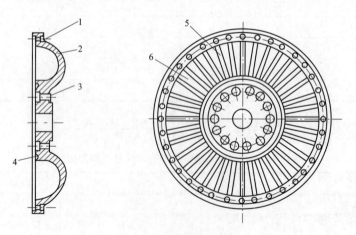

图 3-35 泵轮体结构图
1—转动外壳连接螺纹孔;2—型线;3—泵体轴连接螺纹孔;4—进油槽;5—叶片;6—流道

流量比较均匀一些。

（2）涡轮体　涡轮的结构基本与泵轮体结构相似，其上有排油孔、进排气孔、进油孔、进油槽、叶片、带型线的流道及与涡轮轴连接的螺纹孔（见图 3-36）。排油孔使排油室与循环圈内的压力平衡，在高滑差时，循环圆内液体迅速排出，以增加调速的机动性。通气孔是在调速过程中腔内油位升高或降低时供空气进出之用。涡轮叶片数量一般比泵轮叶片少或多 1～4 片，以免产生激振扰动。

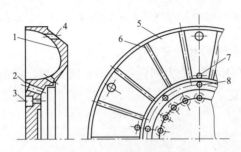

图 3-36　涡轮体结构图

1—型线；2—进油槽；3—涡轮轴连接螺纹孔；4—排油孔；
5—流道；6—叶片；7—进排气孔；8—进油孔

（二）液力耦合器的传动原理

液力耦合器采用了离心泵和涡轮机组合传动原理进行工作。泵轮像一台离心泵，使泵轮与涡轮之间形成的工作腔中的油，沿着泵轮叶片流道内缘向外缘流动，并高速冲击涡轮，使之如涡轮机一样旋转，然后工作腔中的油沿着涡轮叶片流道外缘向内缘流动，开始下一次循环（见图 3-37）。

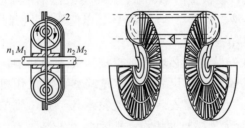

图 3-37　液力耦合器的传动原理

1—泵体；2—涡轮

液力耦合器的调速原理：当勺管径向滑移至外壳液压泵最大直径处，耦合器的工作腔不充油，输出轴以低转速旋转［见图 3-38（a）］；随着勺管径向内滑移，耦合器工作腔中充油渐多，输出轴转速逐渐增加［见图 3-38（b）］；当勺管沿径向滑移至外壳油环最小直径处时，此时输出轴转速达到最大［见图 3-38（c）］。故液力耦合器是通过勺管的径向滑移来实现输出轴的无级变速的。

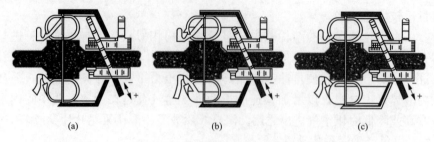

(a)　　　　　　　　　　(b)　　　　　　　　　　(c)

图 3-38　液力耦合器的调速原理

（a）输出轴以低转速旋转；（b）输出轴转速逐渐增加；（c）输出轴转速达到最大

（三）液力耦合器的检查、拆卸与安装

以限矩型（YOX 型）液力耦合器为例，液力耦合器的检修主要包括耦合器拆装与找正工艺、充油量的检查、易熔塞的更换等方面。下面就这些问题分别进行说明。

1. 液力耦合器的拆卸

（1）首先拆除电动机地脚螺栓，再将电动机连同主动半联轴器移离耦合器，然后检查弹性（梅花节）块磨损情况，必要时予以更换。

（2）将耦合器由工作机（减速机）输入轴端抽出，如果抽出困难时，可用专用的拆卸螺栓、螺母（其螺纹与耦合器轴中的拆卸螺孔配合）顶住从动机输出轴，把耦合器卸下来，或使用千斤顶和短轴等工具把其顶出。

（3）拆卸时不允许用工具敲打、挤压耦合器的铸铝表面。

（4）不允许用加热的方法拆卸耦合器。液力耦合器拆下后应检查其油位、油量及渗漏油情况，若检查出结合面、轴端等处渗漏油，应及时解决密封问题。但要强调的是液力耦合器尽量不解体，以免破坏其密封和零部件。

2. 液力耦合器的安装

液力耦合器在安装前，必须首先校核其输入轴和输出轴的孔径、键槽宽、键槽深、键槽长的公称尺寸，只有这些参数与工作机相适应后才能进行装配和安装。液力耦合器安装的关键技术环节是，轴的轴向固定及位置的找正，图 3-39 所示为燃料通用设备驱动装置安装示意图。通常的找正方法是：

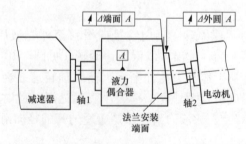

图 3-39　燃料通用设备驱动装置安装示意图

（1）先根据（输出机构如滚筒、斗轮等）找正减速机位置（定轴 1 位置），然后将电动机移开，使其与工作机之间留有足够安装液力耦合器的空间位置。

（2）把电动机和减速机上的键装好，并在轴上均匀涂抹润滑油。

（3）将液力耦合器平稳地装在减速机的输入轴上，耦合器与工作机（减速机）输入轴一般选用间隙配合或过渡配合（0～0.03mm），故借助耦合器轴上的螺纹孔，用相应螺钉就能将耦合器平稳地与工作机输入轴连接。不允许用压板、锤子敲打，也不允许热装，以免损坏元件和密封。然后再将后辅室、螺塞、O 形圈拆开后，应用相应螺钉安装。因工作机高速轴为 1∶10 锥度，安装时，要用专用固定螺母来固定，以防液力耦合器松脱。为防止工作机输入轴轴向窜动，可应用螺孔对轴进行周向固定。

（4）把液力耦合器主动联轴器装到电动机轴上（可热装），将其推入耦合器并连接，保证轴向间隙为 2～4mm。

（5）把电动机的地脚螺栓初步上紧后进行相应测量。

用钢直尺沿主动联轴器、从动联轴器的外圆处测量其接触间隙，在周围多测几处，看其间隙是否相等，也可以从主动、从动联轴器相应端面处安装间隙的均匀度判断其安装误差，或用塞尺直接在主动、从动联轴器端面间隙测出误差，然后通过垫片、斜铁或弹性板对电动机进行找正，并逐渐达到电动机与工作机同轴度、精度要求（见表 3-15），具体找正方法同联轴器找中心。

表 3-15　工作机与电动机的同轴度公差　　　　　　　　　　mm

转速（r/min）\型号	YOX150-320	YOX360-450	YOX500-660	YOX570-1150
<750	<0.5	<0.6	<0.8	<0.8
750～1200	<0.4	<0.5	<0.6	<0.7
1200～1500	<0.3	<0.4	<0.5	<0.6

注　角误差小于或等于 40′。

（6）安装完毕，还需用直角尺检查电动机和工作机的同轴度误差是否在公差范围内。同轴度误差可在弹性半联轴器的最大外径下测得，若要求精确，可用千分表测量。如超差，必须调整到误差范围内。

（7）对于回转精度要求较高的设备，还需用千分表找正圆跳动和端面圆跳动，如斗轮驱动装置要求这两项指标均小于 0.1mm，最后把电动机和工作机地脚螺栓拧紧。

3. 液力耦合器充油量及油质检查

液力耦合器工作油的性能，直接影响耦合器传递转矩的能力，液力耦合器对工作油的总体要求是：工作油要求黏度低，闪点高，密度大，腐蚀性小，抗老化性能强。液力耦合器内充油量必须与工作机的传动力矩相对应，且在耦合器总容积的 40%~80%。若充油过多，甚至充满，则液力耦合器在运转中会引起温升过高，且产生的压力会使耦合器损坏。若充油不足，则会使轴承得不到充分润滑而缩短使用寿命。推荐使用 HU-20 汽轮机油（22 号涡轮油）或 6 号液力传动油。

表 3-16 所示为不同类型的液力耦合器的充油量，用 80~100 目/cm² 的过滤网过滤，按总充油量 75% 的充油量注入工作油，不得带进任何杂质。

表 3-16　不同类型的液力耦合器的充油量　　　　　　　　　　　L

型号	YOX450	YOX500	YOX650	YOX750	YOX1000
总充油量	18.7	25.6	60	85	185
最小充油量	7.5	10.2	24	34	74
最大充油量	15	20.4	48	68	148

第六节　制动器

制动器是用来当转动设备停止运行时及时制动，防止设备因惯性继续运行或反转的一种设备。各种制动器的性能必须可靠，动作必须灵活、准确。燃料系统中广泛使用的制动器主要有 YWZ 系列电动液压推杆制动器、滚柱式逆止器和带式逆止器。

一、YWZ 系列电动液压推杆制动器

YWZ 系列电动液压推杆制动器主要由 YT 系列电动推杆、制动臂、拉杆、调节螺杆、闸瓦和底座等部件组成，如图 3-40 所示。电动液压推杆制动器工作原理：电机转动驱动离心泵轮旋转使压力油推动活塞、活塞上的推杆及杠杆机构一起上升压缩圆柱弹簧，使制动臂、闸瓦打开；电机失电停转时，泵轮也停止旋转、这样活塞杆在弹簧力的作用和本身自重的作用下向下降落，使制动器抱闸。

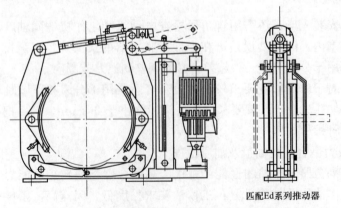

匹配Ed系列推动器

图 3-40　YWZ 系列电动液压推杆制动结构图

电动液压推杆制动器制动平稳、无冲击和噪声，但制动缓慢，使用受到一定限制。

（一）YWZ 电动液压推杆制动器检修项目

（1）检查制动架有无变形，各铰接点转动是否灵活。

（2）检查、更换制动瓦。

（3）检查、更换液压推杆密封。

（4）检查、更换液压缸内液压油、泵叶轮。

（5）检查、调整制动瓦松开时与制动轮的间隙。

（6）调整制动瓦与制动轮间的制动力。

（二）YWZ 系列电动液压推杆制动器检修工艺

1. YT1 型电动液压推杆的检修工艺及质量标准

（1）从制动器上拆下电动液压推杆，打开放油堵头，放净液压油。

（2）按顺序拆下横梁，取下电机，拆去缸盖的连接螺栓，取出叶轮与活塞。

（3）解体清洗后，检查各轴承应转动灵活，叶轮无轴向和径向晃动。

（4）叶轮若破损或腐蚀严重则需更换。

（5）全部零件清洗并核对后可进行安装，安装的顺序是：叶轮、活塞与上盖组装为一体，再将叶轮、活塞装入缸体，调整好上盖与缸体，再对称紧固螺栓，最后装复电机、横梁等。

（6）电动液压推杆装复后，叶轮应转动灵活。

（7）推杆与活塞上、下运动无卡涩。

（8）结合面密封良好无渗漏，壳体无变形、裂纹。

2. 制动架的检修工艺及质量标准

制动架包括制动轮、闸瓦及支架。其检修为：

（1）制动轮表面磨损了 1.5～2mm 时，必须重新车制，并表面淬火。

（2）制动轮车削加工后，壁厚不足原厚的 70% 时，即应报废更新。

（3）制动轮装配好后，其端面跳动量不得超过表 3-17 中的规定。

表 3-17 制动轮的端面跳动量   mm

制动轮直径	≤200	200～300	300～800
径向跳动	0.10	0.12	0.18
轴向跳动	0.15	0.20	0.25

（4）闸瓦片磨损不应超过原厚的 1/2，否则应更换。更换制动瓦时，应把石棉切成所需的尺寸，最好加热 100℃ 左右，弯压在闸瓦上，用铝铆钉铆接。闸瓦与瓦片接触面积应大于全部面积 75%，铆钉沉降头在瓦片上的沉降深度应大于瓦片厚度的 1/2。表 3-18 为制动器允许间隙。

表 3-18　制动器允许间隙　　　　　　　　　　　　mm

制动器型号	制动轮直径	制动瓦间隙
YWZ—300/25	300	0.7
YWZ—300/45	300	0.7
YWZ—400/90	400	0.8
YWZ—500/90	500	0.8

（5）制动轮中心与闸瓦中心误差不应超过 3mm，制动器松开时，闸瓦与制动器的倾斜度和不平行度不应超过制动轮宽的 0.1%。

（6）制动架各转动部分应灵活，销轴不能有卡阻；当销轴磨损超过原直径的 5% 或椭圆度偏差超过 0.5mm 时，即需更换。

（7）轴孔磨损超过原直径的 5% 时，需绞刀绞孔，并配置新轴。

（8）各转动部分的铰接点均需定期加润滑油。

（三）YWZ 系列电动液压推杆制动器的调整

制动器调整前，先检查制动轮的中心高度与制动器的中心高度是否相同，两制动臂是否与制动器安装平面相垂直。上述部件在调整符合要求后，才可对制动器进行全面调整，调整过程中，闸瓦及制动轮表面不得有油污。

（1）制动力矩的调整。通过旋转主弹簧螺母改变主弹簧长度的方法，可得到不同的制动力矩。在调整过程中，应以主弹簧架侧面的两条刻度线为依据，当弹簧位于两条刻度线之间时，即为额定制动力矩，如表 3-19 所示。超过刻度线或使螺母退回刻度线时，可使制动力矩增大或减小。调整时要特别注意拉杆的右端部不能与弹簧架的销轴接触或顶死，应留有一定间隙，如图 3-41 所示。

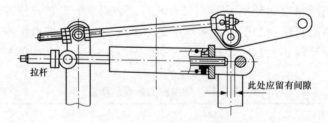

拉杆　　　　　　　　　　　　　　　　　　　　此处应留有间隙

图 3-41　制动力矩调整示意图

表 3-19　制动器主弹簧安装长度及制动力矩

制动器型号	弹簧安装长度（mm）	制动力矩（N·m）
YWZ—300/25	205	320
YWZ—300/45	180	630
YWZ—400/90	302	1600
YWZ—500/90	326	2500

52

（2）制动瓦（闸瓦）打开间隙的调整。制动瓦调整时，必须使两侧的制动瓦间隙保持相同，可通过调整螺钉的松紧来实现。若间隙较大时，应当旋紧该处的调整螺钉；若间隙较小时，旋松该侧的调整螺钉。

（3）补偿行程的调整。可通过调整杠杆的位置来得到较理想的补偿行程。具体方法是：旋动拉杆，使杠杆右侧连接推动器的销轴与拉杆左侧的销轴中心线在同一水平线上。当装上推动器后，应检查推杆是否被动升起，其升高不应大于10mm。

（4）当制动器松开时，须检查闸瓦与制动轮是否均匀离开，闸瓦与制动轮的间隙应当保持一致，否则应根据上述（2）的方法进行调整。新更换的闸瓦与制动轮的最大间隙应符合表3-19的规定。

二、滚柱式逆止器

1. 结构

滚柱式逆止器主要由星轮、外套、滚柱、压簧装置等组成，如图3-42所示。

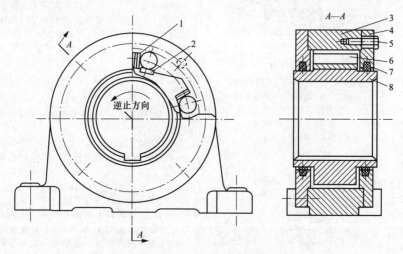

图 3-42　滚柱式逆止器结构

1—压簧装置；2—镶块；3—外套；4—挡圈；5—螺栓；6—滚柱；7—毡圈；8—星轮

2. 原理

滚柱逆止器的心轮为主动轮，与减速机连接在一起，当其按逆时针方向运转时，滚柱在离心力的作用下被推至槽的最宽处，心轮运转不受影响，此时输送机处于工作状态。当输送机停止时，在负载的重量作用下，输送带带动心轮反转，滚柱在摩擦力的作用下滚向槽的狭窄处，并被楔紧在心轮与外套之间，于是输送机被制动。

滚柱式逆止器结构紧凑，制动力矩大，工作噪声小，逆转距离短，安装在减速机低速轴端。

第七节　液压传动

一、常用流量控制阀的结构及工作原理

液压传动中，通常采用流量控制阀（节流阀或调速阀）来调节液压传动速度的快慢，其基本工作原理是：在阀两端压差一定的情况下，通过改变调节阀工作开口的大小来调节通过阀口的流量，进而达到调节运动部件运动速度的目的。常用流量控制阀的结构及工作原理见表 3-20。

表 3-20　常用流量控制阀的结构及工作原理

名称	图例	工作原理
节流阀	单向节流阀　可调节流阀　可调节流阀 1—阀芯；2—阀杆；3—调节手柄	节流通道呈轴向三角槽式。液压油从进油口 P_1 流入并经阀芯 1 左端的三角槽，从出油口 P_2 流出。调节手柄 3，并通过阀杆 2 使阀芯做轴向移动，以改变节流口的通流截面积来调节流量。阀芯在弹簧的作用下始终贴紧在阀杆上，这种节流阀的进出油口可互换此阀的调节性能受负载的影响较大，负载大时，速度会变慢，反之则变快，因此调节精度不高
	通用单向节流阀结构原理图　通用职能符号	单向节流阀是单向阀和节流阀并联而成的组合控制阀。 当液压油从图示"进"口流入，"出"口流出时，该阀起单向节流作用。当液压油从图示"反向进"流入时，液压油推动阀芯向下移动，两口连通，液压油从"反向出"流出，起单向阀作用。液压油节流口采用轴向三角槽式结构。旋转阀上部调节机构，可改变节流口通流截面积的大小，以调节流量由于单向节流阀只在一个方向起作用，故只能调节一个方向的速度，若要求调节反向速度，则要另接入一个单向节流阀，通过分别调节，可以得到不同的往复速度
	单向行程节流阀结构原理图　职能符号	单向行程节流阀实质上是由一个用机械力操纵的节流阀和一个单向阀组合而成的。这种阀可使油压执行元件获得三种不同的速度： （1）快进。阀芯未被压下，液压油从油口 P_1 流向 P_2，不经节流口，执行元件快进。 （2）慢进。当行程挡块压在滚轮上时，使阀芯向下移动一定距离后，阀芯即将两沉割槽间的油路大部分遮断，而由阀芯上的三角槽孔起节流作用，因此执行元件慢进。 （3）快退。液压油从油口 P_2 进入时，单向阀阀芯被推开，液压油直接从油口 P_1 流出，不经过节流口，因此执行元件快退

续表

名称	图例	工作原理
调速阀	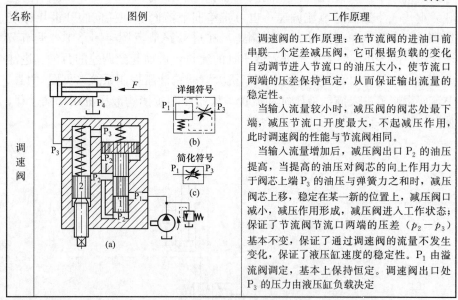	调速阀的工作原理：在节流阀的进油口前串联一个定差减压阀，它可根据负载的变化自动调节进入节流口的油压大小，使节流口两端的压差保持恒定，从而保证输出流量的稳定性。 当输入流量较小时，减压阀的阀芯处最下端，减压节流口开度最大，不起减压作用，此时调速阀的性能与节流阀相同。 当输入流量增加后，减压阀出口 P_2 的油压提高，当提高的油压对阀芯的向上作用力大于阀芯上端 P_3 的油压与弹簧力之和时，减压阀芯上移，稳定在某一新的位置上，减压阀口减小，减压作用形成，减压阀进入工作状态；保证了节流阀节流口两端的压差（$p_2 - p_3$）基本不变，保证了通过调速阀的流量不发生变化，保证了液压缸速度的稳定性。P_1 由溢流阀调定，基本上保持恒定。调速阀出口处 P_3 的压力由液压缸负载决定

二、调速回路

在电厂燃料设备中，液压调速回路有节流调速回路和容积式调速回路，它们都属于无级变速型调速回路。

（一）节流调速回路

节流调速回路的工作原理是：通过改变回路中流量控制元件的通流截面积的大小，来控制流入或流出执行元件的流量，以达到调节执行元件运动速度的目的。在电厂燃料设备中，常用的是定压式节流调速回路，即系统工作压力不随外界负载而变化。根据节流阀的安装位置，又可分为进油路节流调速和回油路节流调速两种。

1. 进油路节流调速

将流量阀装在执行元件的进油路上，称为进油路节流调速。图 3-43 所

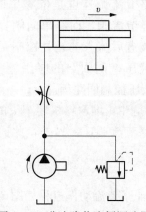

图 3-43　进油路节流阀调速原理

示是进油路节流调速原理，节流阀串联在液压泵的出口处，所以活塞前进和后退均属于进油路节流调速；也可将单向节流阀装在换向阀和液压缸进油腔之间，称为单向进油路节流调速。在进油路节流调速回路中，调节节流阀阀口的大小，便能控制进入液压缸的流量，进而起到调速的目的。进油路节流调速的应用实例是，重车调车机大臂摘钩液压控制系统（见图3-44）。节流阀限制了进入摘钩液压缸的流量，从而控制了摘钩液压缸活塞的动作，使摘钩更加平稳。

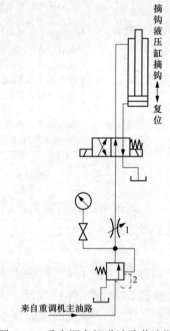

图 3-44 重车调车机进油路节流调速

2. 回油路节流调速

把节流元件装在定量液动机的回油路上，以进行调速的液压系统，称为回油路节流调速。回油路节流调速也是依靠单向节流阀来实现调速的，在进油过程中，液压油不经节流阀，而经单向阀直接进入液压缸，在回油过程中，液压油经节流阀节流后流入油箱，控制了液压缸的运动速度，回油路节流调速在燃料设备液压控制回路的应用较多，如翻车机液压压车、斗轮堆取料机尾车头升降液压控制回路等。

图3-45和图3-46所示是斗轮堆取料机尾车头的升降原理，它既含有进油路节流调速又含有回油路节流调速。另外，此回路还采用了液控单向阀的保压回路。

其具体工作过程如下：

（1）（尾车变幅升）回油路节流动作过程如图3-45中的箭头所示，当电动机启动后，液压泵开始向系统供油，此时各电磁阀均处于不通电状态，其液压油经三位四通电磁换向阀 1、2 中位直接回到油箱。当操纵开关处于尾车"变幅升"位置时，三位四通电磁换向阀 1 左侧的电磁铁通电，液压油经三位四通电磁换向阀 1、单向节流阀 4 右侧的单向阀及液控单向阀 3 进入变幅缸的无杆腔，使活塞杆伸出，有杆腔的液压油经右侧单向节流阀 4 中的节流阀、三位四通电磁换向阀 1、2 中位流回油箱。

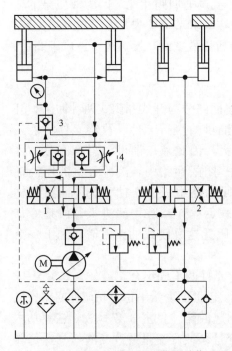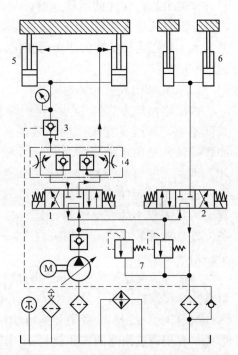

图 3-45 （尾车变幅升）回油节流动作过程　　图 3-46 （尾车变幅降）回油节流动作过程
1、2—三位四通电磁换向阀；　　　　　　　　1、2—三位四通电磁换向阀；3—液控单向阀；
3—液控单向阀；4—单向节流阀　　　　　　　4—单向节流阀；5—尾车变幅液压缸；
　　　　　　　　　　　　　　　　　　　　　6—尾车钩液压缸；7—溢流阀

（2）（尾车变幅降）回油路节流动作过程如图 3-46 中的箭头所示，当操纵开关处于尾车"变幅降"位置时，三位四通电磁换向阀 1 右侧的电磁铁通电，液压油经三位四通电磁换向阀 1 右侧、单向节流阀 4 左侧的单向阀进入变幅缸有杆腔，同时打开液控单向阀 3，使无杆腔的液压油经液控单向阀 3、左侧的单向节流阀 4 中的节流阀以及三位四通电磁换向阀 1、2 中位流回油箱。

（3）尾车钩液压缸动作过程当操纵开关处于"脱钩"位置时，三位四通电磁换向阀 2 右侧电磁铁通电，液压油接通尾车钩液压缸 6，并使液压缸伸出；当操纵开关处于"挂钩"位置时，三位四通电磁换向阀 2 左侧电磁铁通电，液压油经溢流阀流回油箱，而尾车钩液压缸与油箱相通，靠自重使液压缸缩回。

在该系统中，液控单向阀的作用是使尾车液压缸在任意位置停留。单

57

向节流阀的作用是回油路节流调速，从而使变幅缸平稳运行。两个溢流阀的作用是调压和起安全保护作用。

（二）容积调速回路

1. 容积调速回路的工作原理

容积调速回路的工作原理是：通过改变回路中变量泵或变量马达的排量，来调节执行元件的运动速度。与节流调速回路相比，因为液压泵的输出液压油直接进入执行元件，没有溢流损失和节流损失，所以功率损失小；并且其工作压力随负载的变化而变化，所以效率高，发热少，适应于高速、大功率的系统。

2. 开式和闭式容积调速回路

按回路循环方式的不同，容积调速回路分为开式和闭式两种回路。开式回路中，液压泵直接从油箱吸液压油供给执行元件，执行元件将液压油直接流回油箱，油箱的结构尺寸较大，因此液压油可以得到充分的冷却，但是，空气和脏物容易进入回路。闭式回路中，液压泵将液压油输出，进入执行元件，又从执行元件的回油路中吸液压油。这种回路结构紧凑，只需很小的补给油箱，且可以避免空气和脏物的进入，但是冷却条件差且泄漏较多（局部损失较大），因此这种闭式油路常需要加上一个补给液压缸。

容积调速回路按照动力元件与执行元件的不同组合，可分为变量泵-定量马达容积调速回路 [见图 3-47（a）]、定量泵-变量马达容积调速回路 [见图 3-47（b）]、变量泵-变量马达容积调速回路 [见图 3-47（c）] 三种基本形式。容积调速回路的实质就是采用变量泵改变流量或改变液压马达每转排量来实现调速的目的。

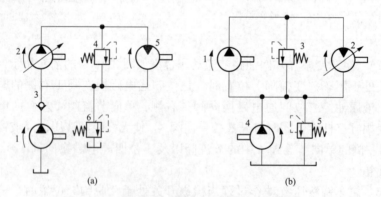

图 3-47 容积调速回路（一）

（a）变量泵-定量马达容积调速回路

1—定量泵（补油泵）；2—变量泵；3—单向阀；4—顺序阀；5—定量马达；6—溢流阀

（b）定量泵-变量马达容积调速回路

1—定量泵；2—变量马达；3—顺序阀；4—定量泵（补油泵）；5—溢流阀

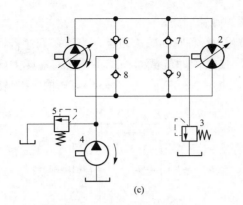

(c)

图 3-47　容积调速回路（二）

（c）变量泵-变量马达容积调速回路

1—双向变量泵；2—双向变量马达；3—溢流阀；4—定量泵（补油泵）；

5—溢流阀；6、8—左侧单向阀；7、9—右侧单向阀

三、减速回路

1. 利用行程阀和调速阀的减速回路

图 3-48 所示为利用行程阀和调速阀的减速回路，当二位四通电磁换向阀得电时，在活塞杆右端的撞块压下行程阀之前，液压缸 1 中的活塞快速向右运动。当行程阀 2 的阀芯被压下后，液压缸右腔的液压油只能经调速阀 3 流出，实现减速。当二位四通电磁换向阀断电时，活塞快速返回。

2. 利用单向行程节流阀的减速回路

图 3-49 所示为利用单向行程节流阀的减速回路，当三位四通电磁换向阀在左位，二位二通电磁换向阀得电时，液压缸为差动连接，液压缸活塞快速向右运动。需要说明的是，液压缸右腔的液压油会有一部分经过调速阀回油箱，影响快进速度。因此，调速阀的节流口需要开得小些。当液压缸活塞向右快进到设定位置时，二位二通电磁换向阀断电，活塞减速，变为工进。

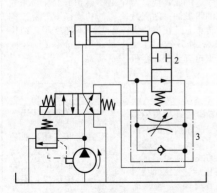 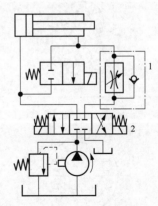

图 3-48　利用行程阀和调速阀的减速回路　　图 3-49　利用单向行程节流阀的减速回路

1—液压缸；2—行程阀；3—调速阀　　　　1—单向行程节流阀；2—三位四通电磁换向阀

59

3. 利用行程阀的减速回路

图 3-50 所示为利用行程阀的减速回路，当活塞到达行程终点前，撞块将行程阀的触头压下，使阀内通流截面积减小，活塞速度因此减慢。减速性能取决于撞块的设计；也可在阀芯上开一个轴向三角槽以提高减速和缓冲性能。

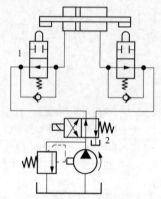

图 3-50　利用行程阀的减速回路
1—行程阀；2—二位四通阀

四、常用液压泵的检修

（一）典型液压泵的工作原理及主要结构特点

液压泵将电动机输出的机械能转换为液压油的压力能，驱动执行元件（液压缸、液压马达等）进行工作，即压力能再次转化为机械能。典型液压泵的工作原理及主要结构特点见表 3-21。

表 3-21　典型液压泵的工作原理及主要结构特点

类型	结构、原理示意图	工作原理	结构特点
外啮合齿轮泵	A B 吸油 排油	当齿轮旋转时，在 A 腔，由于轮齿脱开使容积逐渐增大，形成真空，齿轮泵从油箱吸油；随着齿轮的旋转，充满在齿槽内的油被带到 B 腔，在 B 腔，由于轮齿啮合，容积逐渐减小，把液压油排出	利用齿和泵壳形成的封闭容积的变化，完成泵的功能，不需要配流装置，不能变量，结构最简单、价格低、径向载荷大
内啮合齿轮泵	排油口 吸油口	当传动轴带动外齿轮旋转时，与此相啮合的内齿轮也随着旋转。吸油腔由于轮齿的脱开而吸油；油液经隔板后进入压油腔，压油腔由于轮齿啮合而排油	典型的内啮合齿轮泵主要由内齿轮、外齿轮及隔板等组成。利用齿和齿圈形成的容积变化，完成泵的功能。在轴对称位置上布置有吸、排油口。不能变量，尺寸比外啮合式略小，价格比外啮合式略高，径向载荷大

续表

类型	结构、原理示意图	工作原理	结构特点
叶片泵	叶片 排油口 4　3　吸油口 5　　　　2 转子 6　　　1 吸油口 7　8 排油口 定子	转子旋转时，叶片在离心力和液压油的作用下，尖部紧贴在定子内表面上。这样两个叶片与转子和定子内表面所构成的工作容积，先由小到大吸油后再由大到小排油	利用插入转子槽内的叶片间容积变化，完成泵的作用。在轴对称位置上布置有两组吸油口和排油口，径向载荷小，噪声较低，流量脉动小
柱塞泵	偏心轴 柱塞 弹簧 缸体 压油口 高压阀芯 工作容积腔 低压阀芯 吸油口 径向柱塞泵	柱塞泵由缸体与柱塞构成，柱塞在缸体内作往复运动，在工作容积增大时吸油，工作容积减小时排油，采用端面配油	柱塞的往复运动方向与缸体中心轴平行的柱塞泵

（二）齿轮泵的检修

图 3-51 所示为常用齿轮泵结构，其检修工艺与质量标准如下：

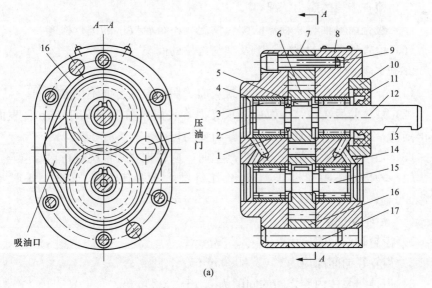

(a)

图 3-51　常用齿轮泵结构（一）

（a）CB-B 齿轮泵结构图

1—轴承外环；2—堵头；3—滚子；4—后泵盖；5—键；6—齿轮；

7—泵体；8—前泵盖；9—螺钉；10—压盖；11—密封环；12—主动轴；

13—键；14—泄油孔；15—从动轴；16—泄油槽；17—定位销

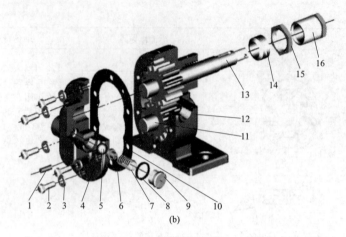

(b)

图 3-51　常用齿轮泵结构（二）

(b) 齿轮泵实物分解图

1—圆柱销；2—螺栓；3—垫圈；4—泵盖；5—钢珠；6—钢珠定位圈；

7—弹簧；8—小垫片；9—螺塞；10—垫片；11—从动齿轮轴；12—泵体；

13—主动齿轮轴；14—填料；15—锁紧螺母；16—填料压盖

1. 齿轮泵的检修项目

（1）检查处理结合面的漏油情况，更换磨损的骨架油封。

（2）检查轴承的磨损情况。

（3）检查泵体和前、后端盖的磨损情况。

（4）检查齿轮的磨损情况。

（5）检查齿轮轴与联轴器的配合情况，不符合要求的进行检修。

（6）检查处理联轴器的间隙及键与键槽的间隙。

2. 齿轮泵的检修质量标准

（1）外壳不得破裂，泵体、轴封及前、后端盖结合面不得渗漏油。

（2）泵体前后端盖结合面处要求光滑，表面粗糙度为 $Ra1.6\mu m$，表面不得划伤，泵体螺栓要对称紧固，紧力要均匀。

（3）轴承、侧板及齿轮等磨损严重时，应根据实际情况进行检修调整。

（4）轴挠度不得超过 0.04mm；滚针轴承不得有压伤、变形，滚针不得弯曲。

（5）齿轮泵的装配间隙。

1）齿轮轴向间隙应为 0.05～0.08mm。

2）齿轮径向间隙应为 0.03～0.05mm。

3）齿顶与泵体内腔之间的间隙为 0.15～0.20mm。

（6）键与键槽的配合。

1）键与轴上键槽的配合为 H9/h9 或 N9/h9，装配时可用铜棒轻轻打入，以保证一定的紧力。

2）键与轮毂槽的配合应为 D10/h9，装配时应轻轻推入轮毂槽。键装完后，键的顶部与轮毂的底部不能接触，应有 0.2mm 左右的间隙。

（7）齿轮泵外表面光洁，无油垢、粉尘。任何杂物不得落入体内。

（8）齿轮泵用手盘车，转动灵活，无紧涩现象。液压泵试转后，不得反转，运行平稳，无异常声响，振动不超过 0.03～0.06mm。

3. 齿轮泵的检修工艺过程

（1）齿轮的检修。齿轮泵使用较长时间后，齿轮各相对滑动面会产生磨损和刮伤。端面的磨损导致轴向间隙增大，齿顶圆的磨损导致径向间隙增大，齿形的磨损导致噪声增大。磨损拉伤不严重时可稍加研磨抛光再用；若磨损拉伤严重时，则需根据情况予以修理与更换。

1）齿形修理。用细砂布或油石去除拉伤或已磨成多棱形部位的飞边，再将齿轮啮合面调换方位适当对研（装在后盖上，卸掉前盖泵体），清洗后可继续再用。但对用肉眼观察能见到的严重磨损件，应予以更换。

2）端面修理。轻微磨损的，可将两齿轮同时放在 0 号砂布上打磨，然后再放在金相砂布上擦磨抛光。磨损拉伤严重时可将两齿轮同时放在平面磨床上磨去少许，再用金相砂布抛光。此时泵体也应磨去同样尺寸，两轮齿厚度差应在 0.005mm 以内，齿轮端面与孔的垂直度、两齿轮轴线的平行度都应控制在 0.005mm 以内。

3）齿顶圆检查及修理。齿轮泵的齿轮在径向不平衡力的作用下，一般会出现磨损。齿顶圆磨损后，对低压齿轮泵的容积效率（齿顶泄漏）影响不大，但对高中压齿轮泵，则应考虑电镀外圆或更换齿轮。

4）单个齿轮检修精度要求。齿形精度对于中高压齿轮泵为 6～7 级，中低压为 7～8 级。内孔与齿顶圆同轴度误差小于 0.02mm，两端面平行度误差＜0.007mm，内孔、齿顶圆、两端面的表面粗糙度为 $Ra0.4\mu m$。

（2）泵体的检修。泵体的磨损面主要是内腔与齿轮齿顶圆的接触面，且多发生在吸油侧。如果泵体属于对称型，可将泵体翻转 180° 后安装再用。

（3）前后盖的检修。前后盖与齿轮相对的接触端面可能存在磨损与拉伤，如磨损和拉伤不严重，可研磨端面修复。磨损拉伤严重的，可在平面磨床上磨去端面上的沟痕，若厚度减薄过大，应更换。

（4）泵轴（长、短轴）的修复。

1）齿轮泵泵轴的失效形式主要是与滚针轴承相接触处产生磨损，如果磨损轻微，可抛光修复（并更换新的滚针轴承）；如果磨损严重，则需用镀铬工艺修复。

2）长短轴上的键槽对轴心线有平行度和对称度要求，装在轴上的平键与齿轮键槽的配合游隙不能过大，若泵轴键槽损坏严重，应相隔 120° 重新开槽。

3）齿轮不得在泵轴上径向摆动，轴颈与安装齿轮内孔同轴度为 0.01mm，两轴颈的同轴度为 0.02～0.03mm。

（5）齿轮泵压盖与堵头的检修如图 3-52 所示，压盖与堵头一般无需修复，若在拆卸过程中，外径磨损小于要求的过盈量时，应重新加工，且压装后应达到配合过盈的精度要求，否则将会产生漏油故障。

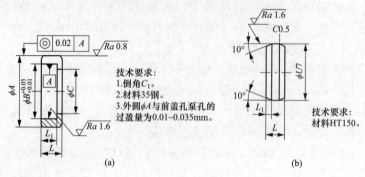

图 3-52　齿轮泵压盖与堵头
(a) 压盖；(b) 堵头

（6）齿轮泵的装配注意事项。

1）尽量保护原侧盖平面，若有损坏，应做出必要的测量记录，并在装配前恢复其精度要求。

2）清除各零件飞边，齿轮锐边用油石倒钝，但不能倒成圆角。禁忌用锉刀修磨，经磨削的零件要经退磁处理。所有零件经煤油仔细清洗后方可投入装配。

3）齿轮泵的轴向间隙由齿轮与泵体直接控制，泵体内壁与齿轮端面间隙一般为 0.02～0.03mm。轴向间隙过小，发热严重，机械效率降低；轴向间隙过大，容积效率降低。装配时一般不在泵体与前后盖之间加垫片。

4）滚针轴承的滚针直径公差不能超过 0.003mm，长度公差为 0.1mm，滚针须如数装满轴承座圈。

5）装配时调整齿轮泵的径向间隙达到上述检修质量标准。

6）装配时油口要一一对应，O 形密封圈要合适（进行必要的测量）。

7）齿轮泵前盖处装在长轴上的油封，其外端面应与法兰平齐，不可打入太深，以免堵塞泄油通道，造成困油，导致液压油从油封处泄漏。

8）齿轮泵的两定位销孔，一般液压件厂将其作为加工工艺基准。在齿轮泵维修装配时，如果在泵体和前、后盖这三个零件上先打入定位销，再拧紧 6 个压紧螺钉，往往会出现齿轮转不动的故障。正确的方法是：先对角交叉地拧紧 6 个压紧螺钉，一面用手转动长轴，若无轻重不一的现象，待转动灵活后，再配铰两销孔。

9）齿轮泵泵体不得装反，否则吸不上油，也容易将骨架油封冲翻。

（三）叶片泵的检修（以 YB1 型定量叶片泵为例）

1. 叶片泵工作原理

图 3-53 所示为 YB1 定量叶片泵结构，其检修工艺与质量标准如下：

如图 3-53 所示，转子 17 的外表面、定子 14 的内表面（由四段圆弧、四段过渡曲线组成）及两端面的前、后配油盘 5、9 组成一环形空间。叶片 19、20、21、22 将环形空间分为四个密闭的区域 abcd、cdef、efmn 和 mnab，它们通过配油盘上的窗口分别与吸油口及压油口相通。假定转子的旋转方向如图 3-53 所示，当叶片 20 沿内曲线外伸，使腔 abcd 容积增大，而叶片 19 沿内曲线内缩，使其容积减小，由于叶片 20 比叶片 19 伸出的长度长，两者之差使腔 abcd 容积增大，与该腔对应的 efmn 也是如此，该两腔便通过配油盘上的油窗口吸入油液。转子继续旋转，当相邻两叶片转至两油窗口之间时，其间的容积与吸、压油窗口都不沟通。转子再继续旋转，叶片 20、22 进入压油窗口区，由于内表面曲线的变化，使 cdef、mnab 两腔容积减小，油压增大，油液便通过压油窗口排出。这就是从吸油到排油的工作过程。转子继续旋转，便重复上述过程，产生连续的流量。

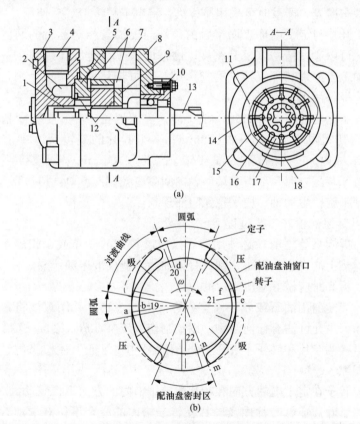

图 3-53 YB1 定量叶片泵结构
（a）叶片泵的内部结构；（b）叶片泵配油盘
1—滑动轴承；2—孔；3—泵盖；4—出油口；5、9—前、后配油盘；6—油窗口；
7—进油口；8—泵体；10—滚动轴承；11—销子；12—环形槽；13—传动轴；
14—定子；15—叶片；16—压油窗口；17—转子；18—流道；19、20、21、22—叶片

配油盘油窗口上的三角形槽称为卸荷槽，是当低压区向高压区过渡时，

用以消除液压冲击，避免噪声等。

2. 叶片泵的检修质量标准

(1) 叶片与槽间隙为 $0.01\sim0.02mm$，叶片在槽内应移动灵活、无卡阻。

(2) 叶片的高度差小于 $0.01mm$，表面粗糙度为 $Ra0.02\sim0.05\mu m$。

(3) 定子内孔表面粗糙度为 $Ra0.4\mu m$，端面平行度误差为 $0.002mm$，内柱面与端面垂直度误差为 $0.008mm$。

(4) 配油盘表面粗糙度为 $Ra0.8\sim0.4\mu m$。

(5) 转子端面平行度误差为 $0.003mm$，端面表面粗糙度为 $Ra0.4\mu m$，叶片槽表面粗糙度为 $Ra0.2\mu m$。

3. 叶片泵的检修技术要求

(1) 定子一般是曲线表面，吸油腔曲线表面的磨损大。轻微磨损时，可用细砂布抛光，严重时可采用换位法，将定子翻转 $180°$ 后使用。

(2) 叶片与定子内环表面接触的顶端与配油盘相对运行的两侧最易磨损，叶片可以通过精磨恢复其精度。磨修时，应将全部叶片装在一个夹具中同时加工。如果叶片仅顶端磨损严重，也可将其另一端换上来，磨损的一端作为根部使用。

(3) 装配前各零部件必须清洗干净，要求退磁。叶片在转子槽内应灵活移动，其间隙为 $0.013\sim0.018mm$。一组叶片的高度尺寸差应控制在 $0.008mm$ 以内。叶片的高度应低于转子高度 $0.005mm$。转子及叶片在定子中应保持原装配方向，不得装反，轴向间隙应控制在 $0.04\sim0.07mm$ 以内。装配后用手旋转主动轴，应平稳无阻滞现象。

4. 叶片泵的检修工艺过程

(1) 拆卸泵盖之前，必须用砂布（粒度较细的砂布或金相砂布）打磨泵轴上键槽上的飞边，以防止刮伤骨架油封，造成液压油泄漏。

(2) 拆卸时应做好对应部位的标记。

(3) 装配前用油石或砂条修整各零件上的飞边，并用煤油将各零部件清洗干净，不允许沾有任何污物，以免刮伤液压泵，造成装配故障。

(4) 检测叶片和转子上相配合的槽的尺寸，保证上述检修质量要求中的配合间隙。

(5) 转子在定子内的方向和叶片在转子槽内的方向不得装反。

(6) 子叶片在母叶片内及叶片在转子槽内的配合不得有卡涩现象，如个别配合松紧不均，可将叶片位置调换。

(7) 将转子组件装入泵腔后，应用手（或用呆板手卡住泵轴键槽）转动转子，仔细查看叶片在叶片槽内是否伸缩自如，同时检查叶片是否高出转子。若叶片高出转子，须打磨叶片，使之与转子等高或略低于转子。

(8) 安装时不应使泵轴承受弯矩和轴向撞伤。

(9) 装泵盖时，应先在铜套内涂少许润滑脂，以便装配和保护骨架油封，在旋拧螺钉时，应严格按照对角顺序分两次拧紧，每个螺钉的拧紧扭矩应基本一致，以免泵盖与泵体结合面密封不严。各连接螺栓紧固后，用手盘动转子时，转动受力应均衡，无卡紧阻滞现象。

（10）装联轴器时应采用热装，不能用力打击，以免损伤转子。

（四）轴向柱塞泵的检修

电厂燃料设备中常用到的轴向柱塞泵有斜缸式（摆缸式）和斜盘式（直轴式）两种，如斗轮堆取料机上所用到的 ZB3-732 型、ZBSC-F481 型等斜缸式轴向柱塞泵，ZBSVZBSV40 系列斜盘式轴向柱塞泵等。

1. 斜缸式轴向柱塞泵

斜缸式轴向柱塞泵的工作原理如图 3-54 所示，斜缸式轴向柱塞泵由柱塞缸体孔及配油盘构成密封的工作容积，后泵体及缸体相对球形盘（传动轴）有倾斜角；当传动轴旋转时，球形盘也随之旋转，进而使活塞带动缸体旋转。在旋转过程中，柱塞相对缸体孔产生轴向往复运动，引起工作容积的变化。再通过配油盘的吸压油完成容积式泵的工作循环。

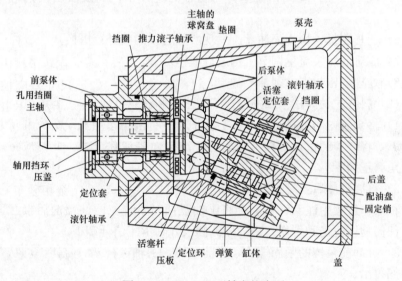

图 3-54　ZB3-732 型轴向柱塞泵

轴向柱塞泵都配有流量调节机构，不同型号的轴向柱塞泵流量调节机构有所不同，下面以斗轮堆取料机上用 ZB3-732 型斜缸式轴向柱塞泵为例，分析其流量调节原理。ZB3-732 型斜缸式轴向柱塞泵流量调节机构如图 3-55所示，该机构是液压操纵机构。其操纵过程如下：当控制油从油孔Ⅰ进入C 室时，在液压的作用下，先导滑阀右移，并压缩弹簧，D 室油由孔Ⅱ回流，此时与滑阀相连的曲柄杆回转，从而带动缸体回转来改变缸体的倾斜角度。当控制油从油孔Ⅱ进入 D 室时，滑阀反向运动，缸体反向偏转一个倾角。

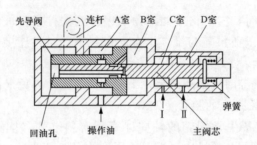

先导阀　连杆　A室　B室　C室　D室

回油孔　操作油　I　II　主阀芯　弹簧

图 3-55　ZB3-732 型斜缸式轴向柱塞泵油量调节机构

（1）斜缸式轴向柱塞泵的检修项目。

1）清洗检查泵体内全部零件，清除铜屑、铁屑等脏物。

2）对轴进行检查测量，尤其应对轴承配合处和对轮配合处进行检查。

3）清洗检查，测量前泵体支承轴承和推力滚子轴承。对损坏的轴承应进行更换。

4）检测柱塞、缸体孔的磨损情况，对不符合标准的应进行更换。

5）检查压板、垫圈、柱塞杆与主轴的连接情况，发现松动的应进行紧固。

6）认真测量、检查配油盘，发现严重磨损的应进行更换。

7）应对液压泵流量调节机构进行解体检查。

8）处理各密封点的漏油故障。

（2）斜缸式轴向柱塞泵的检修工艺过程和注意事项。

1）将泵壳内的油排尽，外部擦洗干净。将液压泵与系统分离并从泵架上卸下，将泵盖卸下，螺栓应保管好，结合面要清除干净。此时应将后泵体倾角调正为零。

2）将后泵体后盖螺栓卸下，将后盖卸下。

在操作过程中注意：可能会将配油盘同时带出，配油盘前后接触面不得与任何物体碰击和划伤。将缸体外侧滚针轴承定位环卸下。

3）拆卸前泵体的紧固螺栓，将前泵体、主轴、柱塞、缸体一同从泵壳的前部拉出。

在操作过程中注意：在缸体、主轴等和壳体分离时，一定要有专人在泵体的后盖处，用手紧紧推住缸体的后部，使缸体与柱塞、芯杆等不脱离。

4）从后泵体的后部，将滚针轴承、定位套一同卸下。

5）将拆卸下的前泵体及附件，放在干净的木板上，将缸体取下。

在操作过程中注意：芯杆上的弹簧一起带出。拆下压板上的固定螺钉，将压板、七个柱塞和垫圈一同从主轴球窝盘上卸下。

6）拆卸前泵体孔用挡圈（有的液压泵此位置是用螺栓固定的）将轴承压盖及轴封一起卸下。

7）将主轴和前泵体分离。具体的拆卸方法是：用铜棒敲击主轴的前泵体对轮侧，力量要均匀平稳，使其轴连同推力轴承一同从右侧卸下。全部零件拆卸以后，要按先后顺序排放，不得混乱、丢失。对柱塞及相配合的柱塞孔要打好标记，最好配合存放，以备安装时参考。

8）全部零件用汽油清洗，并认真进行检查测量，对磨损严重的配合零件应进行更换。在全部零件测量、清洗和更换的备件准备完毕后，方可进行安装。在安装过程中应按拆装的先后顺序和标记，将各零部件准确复位。如发现异常现象，应查明原因，不得盲目地安装。

9）组装时，首先将主轴、轴承压盖、轴承、滚针轴承、推力轴承、垫圈、柱塞、压板等零件与前泵体准确无误地装配在一起。并把O形胶环套入前泵体密封槽中。

10）把组装好的前泵体与后泵体结合时，应该做到：将泵壳放平，后泵体斜角摆正，滚针轴承的外套装入后泵体。将滚针轴承的内套定位在柱体上，并用挡圈锁死。柱体与七个柱塞装配在一起（柱塞装配以后应一直用手托住）。将装配在一起的前泵体、柱塞、缸体从泵壳的前部缓慢地送入后泵体；同时，在后泵体的后部应有人接应。

在操作过程中应注意：接者应用手轻轻推住缸体，不可用力拉，以免缸体滑下，缸体向后泵体运动的力应来源于前泵体。当缸体轴承与外套接触时，应转动主轴或缸体，使缸体顺利地滑进后泵体。前泵体与泵壳互相接触时，配合力可能较紧（此处有O形密封环），应用铜棒轻轻敲击前泵体的外侧，使其到位。

11）将配油盘、后泵体后盖安装到位，四周螺栓均匀紧固。

12）泵体与壳体用螺栓连接并均匀紧固。后壳盖与壳体用螺栓连接，并采用可靠的锁紧措施。

13）在全部操作过程中，工作人员禁止戴手套，不得将任何细小的杂物留在泵体内。

（3）斜缸式轴向柱塞泵的检修质量标准。

1）主轴应光滑无磨损，表面粗糙度值$Ra1.6\mu m$，轴不允许有裂纹、内伤等缺陷，轴的各段同轴度$\leqslant 0.01mm$。

2）球窝盘上的球窝与柱塞杆，芯杆球头接触面积不应小于球窝面积的60%。

3）柱塞杆的表面粗糙度值不应低于$Ra0.8\mu m$，柱塞杆与柱塞连接牢固，摆动灵活可靠但不得有轴向窜动。

4）柱塞外圆与缸体孔配合间隙为$0.025\sim0.035mm$。缸体柱塞孔、柱塞外表面无纵向划痕和任何磨损。缸体端面与配油盘接触面积$\geqslant85\%$。而且两个腰形孔间，不得有任何划痕。其表面粗糙度不应低于$Ra0.8\mu m$。

5）球轴承，滚针轴承，推力轴承内、外套，滚动体和保持架应无划痕、无斑点、无锈蚀，转动灵活无卡涩现象，轴承与轴配合间隙为$0.003\sim0.023mm$。

6）各端面、轴封处无漏油现象，泵体干净无污物。

7）流量调节机构转动灵活，能顺利完成流量的调节。

8）地脚螺栓均匀紧固，对轮找正同心度误差≤0.1mm，倾斜度≤10°，振动值≤0.06mm。

2. 斜盘式轴向柱塞泵

斜盘式轴向柱塞泵的工作原理见图3-56，图3-56（a）所示为 ZBSV40 型斜盘式变量柱塞泵结构原理图，传动轴和缸体同心，缸体随主轴转动，并通过柱塞带动斜盘转动；如此在旋转过程中，柱塞相对缸体也轴向运动，实现吸、压油。图3-56（b）所示是 ZBSV40 型斜盘式轴向柱塞泵流量调节机构原理图，其流量调节过程如下：液压泵出口的液压油经单向阀后，通过底部油孔进入 A 室。当调节变量机构使先导滑阀上移时，孔2和孔3连通，B室的液压油经孔3到孔2进入泵体而泄压。此时在 A 室的液压油作用下使随动滑阀也上移，上移同时关闭孔2、孔3通路，达到新的平衡。随动滑阀上移并带动油量斜盘偏转，油量减少。当先导阀向下移动时，孔4和孔1相通，此时，A室液压油经先导阀阀芯1、孔4进入B室，由于B室活塞面积大于 A 室活塞面积，在B室的液压油作用下，随动滑阀也向下移动，移动的同时关闭孔1和孔4的通路。随动滑阀下移并带动油量斜盘偏转，油量增大。

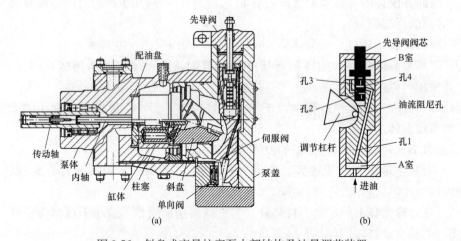

图 3-56　斜盘式变量柱塞泵内部结构及油量调节装置

(a) ZBSV40 型斜盘式变量柱塞泵结构；(b) ZBSV40 型斜盘式轴向柱塞泵流量调节机构

（1）斜盘式轴向柱塞泵的检修项目。

1）解体清洗检查泵体内全部零件，清除铜沫、铁屑等杂物。

2）清洗检查泵体支承轴承，液压缸体支承轴承，对损坏的轴承应进行更换。

3）检查测量柱塞、缸体孔的磨损情况，对不符合标准的应进行更换。

4）检查压盘、铰轴、滑块的连接情况和磨损情况。

5）检查测量配油盘的磨损情况。

6）测量检查传动轴的弯曲和花键处的磨损情况。

7）清洗检查流量调节机构，对易损件的斜盘应详细检查。

8）检查测量泵轴，轴径与对轮的配合情况，间隙过大的应进行调整、修复。

9）处理泵体各密封点的漏油故障。

（2）斜盘式轴向柱塞泵的检修工艺过程和注意事项。

1）将泵体内的油放净，外部擦洗干净。从传动轴内拧出拉紧螺栓。拆下后泵盖上面的 8 个螺栓。

2）将后泵盖从泵体上拆下。

在操作过程中应注意：拆后泵盖时应慢慢拿起后泵盖，防止斜盘从后泵盖上掉下，防止后泵盖上的两个 O 形密封环掉下。

3）从泵体内取出压盘及柱塞。从泵体内依次取出铰球、定位套、弹簧等。

在操作过程中应注意：铰球与定位套间装有调整垫，不要任意增减。

4）从泵体内将柱塞缸连同内轴一并取出。

在操作过程中应注意：取出柱塞缸时，有可能将配油盘一起吸附出，此时可以用汽油冲洗，然后慢慢滑移使其脱开。

5）在泵体内取出配油盘。

在操作过程中应注意：重新装配时应使配油盘与泵体贴平，两者之间不要涂机油。

6）拆卸手动伺服变量机构，将斜盘取出。

在操作过程中应注意：重新装配时，可用细钢丝（$\phi 1 \sim \phi 2$mm）从斜盘中间孔穿过，对正销子的小孔，便于斜盘插入销子。

7）拆卸上端盖的 4 个螺栓，取出活塞。拆卸下端盖的 4 个螺栓，将下端盖取下。

在操作过程中应注意：装配时不要忘记装两个单向阀弹簧及 O 形环，泵拆卸全部结束，应对全部零件进行清洗、检查、测量或修理。

在检修操作过程中还应注意：主要零件的工作表面，要防止碰击和划伤。对柱塞、缸体、配油盘、斜盘、压盘等都要认真检查测量，发现磨损严重，工作中出力损失过大的，应更换新配件。对发现轻微磨损、卷边、飞边等，可对其进行精加工（磨制）或用油石研磨，但必须保证其配合间隙和工作效率。柱塞缸、配油盘伤损后，应对其工作面进行研磨，但必须注意其平面度、表面粗糙度和平行度。修研后应重新调整垫圈的厚度，保证铰球与定位套在装配后有 0.2～0.5mm 的轴向间隙。

8）在泵回装过程中，应严格按拆卸的先后顺序和标记进行，将各零部件准确复位。如发现异常现象，应查明原因，不得盲目安装。

9）装配过程中操作人员禁止戴手套，不得将任何杂物留在泵内。

10）安装联轴器时，配合紧力不得过紧，不得用重锤将对轮打入。

（3）斜盘式轴向柱塞泵的检修质量标准。

1）泵体支承轴承和缸体支承轴承安装正确，间隙正常，转动灵活。

2）泵体内传动轴的弹簧压紧装置应完整、可靠，在转动中压板不得偏摆和歪斜。

3）柱塞与柱塞孔之间配合间隙为 0.02～0.04mm，柱塞与柱塞孔表面粗糙度不应低于 $Ra0.8\mu m$，而且不得有纵向划痕。柱塞在柱塞孔中伸缩自如，不得有紧涩现象。

4）配油盘与缸体，斜盘与滑块的接触面的表面粗糙度不应低于 $Ra0.8\mu m$，配油盘两个腰形孔之间不得有任何划痕。

5）柱塞、滑块、压板连接牢固，滑块的磨损程度应不影响其强度。

6）柱塞全部安装后，用手盘车，要求转动灵活，无卡涩现象。各端面、轴封处无渗漏油，泵体干净、无污物。

7）泵体用地脚螺栓紧固，联轴器找正后同轴度公差小于 0.1mm；振动幅度允许范围为 0.03～0.05mm，并无异常声响。

8）柱塞泵流量调节机构，传动轻松灵敏，能顺利完成流量调节（0 至最大），满足执行元件的流量及压力，检修结束后液压泵外表应涂油漆防锈。

五、常用液压马达的检修

液压泵的作用是将电动机输出的机械能转换为液压油的压力能，即输出高压力的液压油。反之，如果将高压力的液压油输入液压泵（如齿轮泵），则液压泵便可输出机械能（扭矩）而成为液压马达。即液压泵和液压马达原则上是可逆的，且结构上也有相似之处。

（一）齿轮液压马达的检修

和齿轮泵一样，齿轮液压马达由于密封性差、容积效率较低和低速稳定性差等缺点，一般多用于高转速低扭矩的场合。

关于齿轮液压马达的检修工艺及调整数据（如间隙、跳动量、窜动量等）与齿轮泵基本相同。齿轮液压马达检修后，还应符合以下参数要求：

（1）齿轮液压马达两齿轮修复后，齿轮两端面与齿轮轴中心孔的垂直度误差为 0.01mm，两端面的平行度误差为 0.005mm。

（2）齿轮端面的表面粗糙度为 $Ra0.4\mu m$，齿轮齿面的表面粗糙度为 $Ra0.6\mu m$，壳体修复后，壳体内壁的表面粗糙度为 $Ra0.8\mu m$，壳体内壁孔两端面的平行度误差为 0.005mm，端面的表面粗糙度 $Ra0.8\mu m$。

（二）轴向柱塞液压马达的检修

如图 3-57 所示，轴向柱塞液压马达不但转速较高，而且其变速范围较宽，且能和变量泵组成开式或闭式液压系统，在工程机械上有广泛的应用。

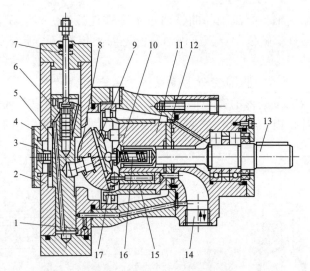

图 3-57　轴向柱塞液压马达

1—单向阀；2—变量壳体；3—变量活塞；4—刻度盘；5—销轴；6—伺服活塞；7—拉杆；
8—变量头；9—回程盘；10—外套；11—缸体；12—配油盘；13—传动轴；14—进口或出口；
15—柱塞；16—弹簧；17—滑靴

　　轴向柱塞液压马达的检修工艺包括拆装工艺、零部件修复工艺及设备安装工艺三部分，其中大部分检修工艺与轴向柱塞泵基本相同，故在此重点介绍零部件的检修标准。

　　（1）回程盘表面研磨及抛光处理后，其平面度误差为 0.005mm；表面粗糙度为 $Ra0.4\mu m$。

　　（2）柱塞磨损后经无心外圆磨床磨削后经电镀，再与柱塞孔相配研磨，二者配合游隙为 0.01～0.025mm。

　　（3）缸体：①缸体柱塞孔圆柱度及圆度误差不大于 0.005mm，表面粗糙度为 $Ra0.4\mu m$；②与配油盘相配面的平面度误差不大于 0.005mm，表面粗糙度为 $Ra0.2\mu m$；③与配油盘相配面对轴线垂直度误差不大于 0.01mm；④缸体柱塞孔对轴线平行度误差不大于 0.02mm，等分误差不大于 $10'$，柱塞外圆圆柱度、圆度误差均不得超过 0.005mm，表面粗糙度为 $Ra0.2\mu m$。

　　（三）径向柱塞液压马达的检修

　　径向柱塞液压马达为低转速大扭矩液压马达。低转速液压马达按其每转作用次数，可分为单作用式和多作用式。

　　（1）单作用连杆型径向柱塞液压马达（又称曲柄连杆低转速大扭矩液压马达）。

　　该马达结构如图 3-58 所示，其外形呈五星状（或七星状）的壳体内均匀分布着柱塞缸。柱塞与连杆的一端铰接，连杆的另一端与曲轴偏心轮外圆接触。高压油进入部分柱塞缸头部，高压油作用在柱塞上的作用力对曲轴旋转中心形成转矩。另外部分柱塞缸与回油口相通。

曲轴为输出轴。配流轴与曲轴通过十字键连接在一起,配流轴随曲轴同步旋转,各柱塞缸依次与高压进油和低压回油相通(配流套不转),保证曲轴连续旋转。

如图 3-58 所示,曲轴在图示位置按图示方向旋转时,Ⅰ缸准备进油,Ⅳ、Ⅴ缸的活塞在进入的高压油作用下向内移动,推动偏心轴转动。与此同时,Ⅱ、Ⅲ缸内与配流轴的回油口接通,活塞在曲轴作用下向外移动,进行排油。

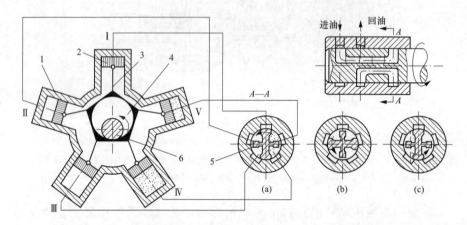

图 3-58 单作用连杆型径向柱塞液压马达结构示意图

(a) 工作原理;(b) 曲轴逆时针旋转 90°;(c) 曲轴逆时针旋转 180°

1—壳体;2—柱塞;3—连杆;4—偏心轮;5—配流轴;6—曲轴

由此可见,传动轴转一圈时,对于每一个活塞来讲,往复运动一次。因此,此种液压马达称为单作用径向柱塞液压马达。

当改变系统的流量时,马达的转速也随着改变;当改变马达的进出油口的方向时,由于高压柱塞作用在曲轴的另一个方向上,即可改变马达的转向。

优点:结构简单,工作可靠。缺点:体积大、重量大,低转速稳定性较差。

单作用与多作用检修项目与工序基本一致,可参考后续多作用检修步骤。

(2) 多作用内曲线径向柱塞液压马达。

1) 结构和原理。

该马达结构示意图如图 3-59 所示,缸体与输出轴通过螺栓连成一体,柱塞、横梁、两个滚轮组成柱塞组件,放于缸体径向孔中,配流轴(配油轴)固定不动。柱塞底部油腔的进、排油由配流轴控制,配流轴上有两组配油窗口,每组的窗口数同导轨曲线段数相同,两组配油窗口的位置应分别与导轨曲线上的工作区段和排油区段位置严格对应。

如图 3-59 所示,转子体上有 10 个带滚轮的柱塞,定子体是由正弦曲线组成的八角形曲面。当高压油由配流轴的进油口通过配流轴的配油窗口分配到位于进油区段内的柱塞缸底部时,柱塞在油压的推动下,通过横梁传

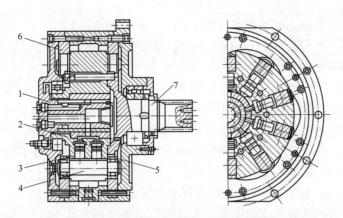

图 3-59　多作用内曲线径向柱塞液压马达结构示意图
1—配流轴；2—缸体；3—柱塞组；4—横梁；5—滚轮；6—定子；7—输出轴

递给横梁两端的滚轮，使滚轮紧压在导轨曲面上，导轨曲面作用在滚轮上的反作用力分解出来的切向力，通过横梁侧面作用在转子缸体上，推动缸体并带动输出轴绕轴线旋转，从而输出转矩，将液压能转换为机械能。

2）多作用内曲线径向柱塞液压马达的结构特点如下：

a. 当改变系统的流量时，马达的转速也随着改变，即通过调节液压泵的排量来实现无级调速，且启动时间不受限制，可按照要求的加速度启动。

b. 与变频电动机比较，启动转矩大，调速方便，且电动机功率可减小，对电网冲击小。

c. 可快速、频繁启停；当改变马达的进出油口的方向时，由于高压柱塞作用在曲轴的另一个方向上，即实现马达的正反转。

d. 可以节省机械减速箱，可直接安装在被驱动轴上，体积紧凑、重量轻、惯性小。

e. 设计平衡无死区，多点驱动，全滚动，无线性摩擦，效率高，噪声低。

f. 马达惯性小，抗冲击载荷。

3）多作用内曲线径向柱塞液压马达的检修项目。

a. 处理设备漏油，更换各部密封件。

b. 检查轴承的损坏情况，对不符合标准的应进行更换。

c. 检查缸体、柱塞、滚轮的磨损情况。

d. 检查导轨的磨损情况。

e. 检查测量配流轴、配流轴套的磨损情况。

f. 清洗液压马达内全部零件，清除铜屑、铁屑等异物。

4）多作用内曲线径向柱塞液压马达的检修工艺。

a. 将液压马达放置在有吊装设备的场地，配流轴一侧朝上，将液压马达输出轴一侧（轴承压盖处）垫以木块。要将马达摆放平稳，不得歪斜。木块不得垫在输出轴上，马达内的残油要排尽，清洗马达外部箱体。

b. 拆卸配流轴侧的轴承压盖螺栓,将轴承压盖取下。

注意:轴承压盖要打好标记,并且不要损坏配流轴上的 O 形密封圈和密封垫,以备更换时参考。

c. 将配流轴取下,取配流轴时应边转动边向外拉。如紧力较大,应在配流轴端面处焊制吊装环或利用出入孔螺纹安装吊装环,用导链向外拉。

d. 配流轴组拆卸后,如没有特殊情况,配流轴组后密封盖和配流轴套可不拆卸,如必须拆卸时,则应做好标记,解除各处连接螺栓和固定销,将密封盖和配流轴套卸下。

注意:配流轴套外圆不允许被任何金属器械敲击或划伤。

e. 将马达体后盖锁紧螺栓卸下,然后用三个吊装环均匀分布在后盖体螺孔中,用导链缓慢、平稳将后盖吊下,如紧力较大时可用铜棒敲击后盖外圆,将其卸下。

注意:后盖拆卸前一定要打好标记,以备安装时参考。

f. 马达解体到该步骤时,内部的转子(缸体、轴承、滚轮组、柱塞、导轨)已基本暴露在外面,这时可用吊装设备将转子吊出。如转子的紧力较大,则是马达输出轴端、轴承压盖处的 O 形密封圈和轴承紧力所致,所以应设法消除这种紧力。当转子从壳体内吊出时,滚轮组及柱塞一定要有专人看护,严禁滚轮及柱塞散落在地上。拆卸后的滚轮组、柱塞应和相对的缸体孔打好标记,不得混乱。

g. 拆卸转子(缸体)上两侧的轴承,轴承的拆卸应用专用工具进行,而且作用力应施加在内套上。如果轴承紧力过大,应采用 $100\sim120℃$ 的热油浇在内套上,使其膨胀后将轴承卸下。

h. 定子、转子分解后,认真检查导轨的内曲面,如情况良好,导轨应不予拆卸,否则,应把导轨卸下,进行修整,拆卸导轨时应严格地打好标记,而且各结合面不得被任何金属器械敲打或划伤,以免组装后漏油。

i. 对滚轮组进行检查,发现损坏的应进行拆卸,拆卸工艺是:首先拆卸轴用挡圈,取下外挡圈,将滚轮取下,同时滚针也一同卸下。

注意:滚轮中的滚针不要丢失。

j. 全部零件分解后,应用汽油认真地清洗、检查,对损坏不严重的,尚可以修复的零件,应进行修复。如轴承压盖、密封盖、滚轮等。对损坏较严重、直接影响马达效率的高精度配合件,应予报废,所更换的新配件必须由生产厂家提供,如配流轴、配流轴套、轴承、缸体、柱塞、导轨等。

注意:如果马达重要部件大面积损坏,并且还有修复价值,最好将马达整体返回生产厂家修理。

k. 在马达回装过程中,应严格按拆装顺序和标记进行,不得漏装、错装,在检修马达操作过程中,不得用铁器直接敲打液压件的表面,也不得在重要的结合面处打标记。在拆装过程中,如发现紧涩现象,应查明原因,否则拆装不得继续进行。

5）多作用内曲线径向柱塞液压马达的检修质量标准。

a. 滚轮外表面光滑无飞边，表面粗糙度应小于 $Ra1.6\mu m$，滚动转动灵活，无紧涩现象，滚轮两侧锁紧胀圈牢固可靠，滚针轴承径向间隙为 0.045～0.09mm，滚轮在转动时无轴向滑动现象。

b. 柱塞表面光滑，表面粗糙度应小于 $Ra0.8\mu m$，柱塞外圆柱度误差为 0.01mm，圆度误差为 0.01mm，柱塞外表面不得有纵向划痕，柱塞底部堵板黏结剂（环氧树脂）不得开裂。

c. 缸体各柱塞孔表面粗糙度不超过 $Ra0.8\mu m$，柱塞孔圆度、圆柱度误差不大于 0.01mm。

柱塞孔内表面不允许有纵向划痕。

d. 柱塞孔与柱塞配合游隙为 0.025～0.05mm，柱塞在柱塞孔内伸缩自如。

e. 马达转子（缸体）上的轴承内孔与缸体配合过盈量为 0.035～0.05mm。轴承和轴的间隙以纸垫调整，其间隙为 0～1mm。轴承内外圈、滚动体、保持架要求无损坏、无裂纹、无斑点和无锈蚀。

f. 内曲线马达检修中，配流轴的外表面与内衬表面经过配研，其间隙为 0.02～0.04mm。

g. 配流轴的外表面与配流盘内衬表面，应光滑接触，无飞边和沟痕，配合圆柱的圆柱度与圆度误差均不大于 0.02mm，两者转动自如。

h. 内曲线马达检修中，配流轴的外表面与内衬表面经过配研，其间隙为 0.02～0.04mm。

i. 马达壳体与两侧导轨应可靠地连为一体，并用销轴固定，各结合面不得有渗油现象。

j. 所有部件的安装，应准确可靠地按标记、序号进行。各螺栓连接部位，应均匀坚固，并采取可靠的锁紧措施。马达装配后，应灌满液压油，经过 24h 的静压测试，各密封点应没有漏油现象。

k. 马达试转，应运行平稳无噪声，而且经过调整较易达到额定转数与输出力。

六、控制阀的检修

（一）液压控制阀的检修项目

（1）检查测量阀芯与阀体的磨损情况。

（2）检查阀体内弹簧的损坏情况。

（3）清洗阀体、阀芯、通道及阻尼孔，清除内部金属粉末及其他杂物。

（4）检查更换已磨损断裂的胶环和其他密封件，达到不漏油的目的。

（二）液压控制阀的检修质量标准

（1）阀体所有密封环无老化、无变形、无裂纹，各密封点无泄漏。

（2）流通部分的磨损面积不大于阀内的总通流面积的 1/3。

（3）阀体内无杂物，各连接油孔、油路无堵塞。

（4）阀体内部及阀芯工作面无沟槽、无麻坑。

（5）针形先导阀顶部无倒钝、掉块现象。

（6）各通流口，阻尼小孔畅通。

（7）阀杆不得弯曲变形，应运动自如、无卡涩现象，电磁铁行程符合规定。

（8）阀芯与阀孔配合精度通常在 0.008～0.025mm 范围内。

（9）阀体与阀芯的间隙不大于 0.1mm。

（10）调节弹簧及复位弹簧无锈蚀、无斑点、无裂纹、无变形、无刚度下降，对称复位弹簧性能一致。

（11）调节机构的锁紧装置可靠，在任何状态下无松动。

（12）在额定压力下，阀的内泄量不大于 15～20mL/min 或不得超过额定流量的 1%。

（三）液压控制阀的检修工艺过程和注意事项

各类控制阀都是由阀体、阀芯和操纵机构三部分组成，仅结构与形状有区别，但检修工艺过程基本相同。

1. 液压控制阀的拆卸工艺过程及注意事项

（1）当拆卸、检修节流阀时，必须采取防止大臂突然下降的措施，以防设备损坏和人员伤亡。

（2）对检修和检查的阀，在系统解列之前，要进行认真地检查、清洗，并对检修前的状况进行记录。

（3）将阀从阀座或连接管路上拆下。

注意：阀底处的密封件或连接螺纹处的纯铜垫、石棉垫等不要丢失，以备安装更换时参考。

（4）将阀从阀座或连接螺纹处卸下后，应将阀座孔或管路螺纹用白布包扎好或堵住，不得将任何细小的杂物落入系统。

（5）拆卸阀体、阀盖之前，应认真做好标记，拆下的部件，应按先后顺序摆好，不得混乱和丢失。

（6）在抽出阀芯时，用力方向与阀芯的轴心线应重合，不得歪斜，不得划伤密封面。抽出换向阀的阀芯时应记住阀芯的工作位置和方向。对于针形阀的顶尖部位要特别保护，不得将针形阀顶尖损伤。

（7）零件全部拆卸后，要认真清洗。清洗阀体通道及阀芯平衡沟槽的油垢及杂物，清洗时要用干净的细白布擦洗，以免划伤配合面，单件清洗完后用压缩空气吹净。仔细清洗阻尼孔道并用压缩空气吹净。

（8）拆卸后的检查及装配前的准备工作。

1）检查密封圈是否破损等，不合格的要更换。发现阀体、阀芯磨损严重，间隙大于 0.2mm；壳体裂纹漏油；阀芯弯曲变形，运动受阻；弹簧断裂、变形等都应报废，更换新的零件或整体更换。

2）单向阀拆开后应检查阀口的严密性。

3）液控阀拆开后，应仔细检查阀芯与阀座、导阀和主阀的锥形阀口是否漏油，通常用汽油做压力试验，如有泄漏必须进行研磨处理。

4）节流阀阀口如有泄漏，应研磨处理。

5）检查弹簧是否断裂或变形，小孔是否畅通无堵。清理阀内各处的飞边、油垢、锈蚀。

6）将弹簧两端面磨平，使两端面和中心线垂直。

7）在检修阀类元件的过程中，检修人员不得戴手套，不得用金属器械敲打或划伤阀座、阀芯及接触面和结合面，而应采用橡胶锤或垫以木板等进行操作。

2. 液压控制阀的装配工艺过程

（1）对无损坏的零件，在清洗测量后应进行回装。在回装时应按先后顺序和标记进行，不得漏装、错装和反装。

（2）装配时各配合面涂以干净的机油。注意换向阀油口不要对错，密封圈要装好，紧固螺栓的紧力要均匀一致。

（3）阀体安装完毕后，应及时回装在系统上，否则，应将阀体内灌满液压油，并用布或螺塞将阀体上所有孔洞封死，以避免阀体内锈蚀和杂物侵入。

（4）装配后应保证阀在阀体内的配合间隙应符合要求，在全行程上移动应灵活、无阻，若不能达此要求应重新查找原因并检修处理。

七、液压缸的检修

如图 3-60 所示是常见的燃料设备用液压缸结构，其检修工艺如下所述。

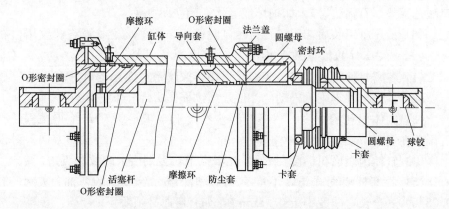

图 3-60　常见的燃料设备用液压缸结构

（一）液压缸检修安全措施及注意事项

（1）被拆卸液压缸泄压时，必须观察设备有无变化，如有变化应立即停止作业，防止不当泄压造成人身和设备伤害事故。

（2）起吊液压缸的钢丝绳在捆绑时应在油管附近加垫方，防止油管损坏。

（3）在运输过程中，应将液压缸用垫方垫好，防止脱落。

（4）当起吊活塞杆时，对活塞杆进行成品保护，避免将活塞杆划伤。

（5）拔出活塞杆时，应平稳进行，防止将活塞杆碰伤。

（6）拆卸液压缸上部的销轴和高处起吊作业过程中，必须系安全带。

（7）液压缸在地面试压时，应注意平衡点发生的变化，防止液压缸翻倒。

（8）如果液压缸销轴因锈蚀或其他原因过紧而使得拆卸困难需要加热，必须严格控制加热温度。防止液压缸因加热变形和活塞的密封件损坏。

（二）液压缸的检修项目

（1）初步检查缸体漏油情况，并详细记录。

（2）检查各部螺栓连接，对于不符合使用要求的要予以更换。

（3）检查液压缸外接胶管、接头并进行耐压检测，依据检查结果和检修标准予以更换。

（4）拆卸并检查液压缸上、下铰座的连接情况以及关节轴承，依据检查结果和检修标准予以检修或更换。

（5）液压缸解体检查。

1）检查并测量缸体内壁，针对磨损情况参照缸体标准精度，制订修理方案（涂镀及桁磨等）。

2）检查并测量导向套的磨损情况，必要时进行更换。

3）检查并测量缸体、活塞杆及防尘套、活塞及活塞环等，依据检查结果和检修标准予以检修或更换。

4）检查液压缸上部密封（组合橡胶密封、骨架油封、O形密封圈、缸口法兰铝垫、石棉垫等）。如损坏或老化，应立即更换。

（6）液压缸组装后，应进行打压试验。

（三）液压缸的检修质量标准

（1）各密封件密封良好，无裂纹损伤，橡胶密封件无老化变质。

（2）各连接件牢固无松动、变形及裂纹损伤，焊缝不得有裂纹。

（3）缸体内孔的圆度、圆柱度误差不大于 $0.01\sim0.02$mm，轴线直线度误差在 500mm 长度上不大于 0.04mm。

（4）缸体内表面粗糙度在 $Ra0.8\mu$m 以下，无划痕、裂纹和飞边。

（5）活塞杆表面光滑，不准有飞边和深槽。活塞杆的弯曲度应小于 $0.03/500$（全长弯曲度小于 0.15mm），如有弯曲必须矫正。

（6）活塞皮碗不得有裂纹及纵向沟槽，磨损量不大于 1mm；当皮碗失去原形时，要更换新皮碗。皮碗和缸体的紧力不可过大，以皮碗套在压盖上能用力推入缸筒为宜。

（7）活塞杆防尘套完整无破损。

（8）起导向作用的轴套表面粗糙度要求在 $Ra0.8\mu$m 以下。

（9）活塞杆与轴套之间为间隙配合，其最大间隙为 0.11mm，最小间隙为 0.04mm。

（10）活塞无飞边、沟槽及裂纹损伤。

（11）活塞对缸体内孔的同轴度小于外径公差的 1/2，活塞圆柱度与圆度误差不大于外径公差的一半。活塞端面对中心线的垂直度误差不大于 0.04mm。

（12）活塞和活塞杆装配后，必须检查直线度和同轴度。活塞和活塞杆同轴度误差应小于 0.04mm，若经调整仍达不到同轴度要求，则必须更换新的活塞。活塞组件固定及锁紧应牢固。活塞组件的松动会造成内泄漏，一旦脱出，会将活塞和活塞杆损坏。

（13）活塞上的密封圈损坏容易造成高、低压油互通，应更换新密封圈。

（14）活塞泄油孔必须畅通，装配后运动部件运动灵活、无振动、无卡涩现象，充液压油后无内、外泄漏。

（15）缓冲器内部弹簧不准有裂纹和变形，安装后不许有径向和轴向的移动，缓冲器各回油孔应畅通无堵塞。

（16）缓冲器充满液压油后，各密封点均无漏油现象。

（17）缓冲器就位后应和设备可靠地连为一体，不得有任何松动现象。液压缸上、下铰孔与铰轴为间隙配合，配合间隙 0.20～0.30mm。应转动灵活。

（18）液压缸的缸头安装时应使用力矩扳手，力矩符合要求。

（19）液压缸的连接胶管无老化和损伤。

（20）液压系统各部管子无变形和损伤。

（21）在缸筒全长上反复移动活塞，不得有阻滞现象。

（22）安装完后，用两倍使用压力往复运行五次应无泄漏。

（四）液压缸的检修工艺过程

1. 液压缸的拆卸工艺过程及注意事项

（1）关闭被拆卸液压缸与液压站连接管的阀门，并使液压缸回路中的油压降为零；拆卸进出油管，安装拆卸工具，将销轴拆卸下来，将液压缸从设备上整体吊下。拆卸液压缸缸头螺栓，放尽缸内的存油。

（2）缸体下部垫以适当高度的枕木后将液压缸水平放置于干净的检修场地上。要求摆放平稳，并做好防止滚动的措施。

（3）拆除卡套上的六角头螺栓，拆除液压缸上部防尘密封罩，清理活塞杆露出部位上的灰尘与杂物。

（4）松开锁紧圆螺母，将球头铰销及圆螺母从活塞杆上拆下清洗、检查，并检查密封环有无损坏及变形。

（5）拆除液压缸上的法兰螺母，将上法兰拆下。取出导向套，清洗检查导向套上的各种油封。

（6）在拆除活塞杆和活塞时，不能硬性将活塞杆组件从缸筒中拉出，应设法保持活塞杆组件和缸筒的轴心在一条线上缓慢拉出。其具体做法是：将球头铰销装回到活塞杆上，采用导链将活塞杆（柱塞杆）抽出，抽活塞杆时移动方向与缸体轴心线重合，以免造成活塞对缸内壁或导向套的擦伤，注意在拆卸活塞时应用特制的扳手。活塞杆头部应安装挂环或将头部绑扎，悬挂起来，以免弯曲变形。

（7）取出活塞杆后，将密封铜套、O形密封圈、V形组合密封圈，从缸体内依次取出。将密封圈的安装方向作以标记，以备安装时参考。

（8）液压缸全部解体以后，应进行全面的清洗（可配以空压气泵吹洗）、检查、测量。对缸内壁和活塞杆凹槽处，应用面团粘擦，以清除污泥、铁屑、铜屑等。

（9）拆除、检查、更换液压缸各部位密封圈时，不得采用有可能将油封损坏的工具，拆下后应做好标记，以便安装。

2. 液压缸的组装工艺过程及注意事项

组装液压缸的工序与拆卸工序相反。

（1）安装前，必须检查轴端、孔端等处的加工质量，倒角要清除飞边，然后用煤油清洗干净并用压缩空气吹干。

（2）活塞上的密封圈损坏容易造成高、低压油互通，应更换新密封。

（3）液压缸密封圈不能装得太紧，特别是V形密封圈，如果太紧，活塞杆的运动阻力会增大。

（4）在活塞杆回装过程中，应将缸体直立起，活塞杆吊起后应和缸体处于同一轴线上。活塞杆下落时应缓慢，当活塞密封圈与缸壁接触时，要特别小心，不得将密封圈翻背或划伤。装配时缸内壁应涂润滑油。

（5）装配时要注意调整密封圈的压紧装置，使之松紧合适，保证活塞杆能用手来回拉动，而且在使用时不能有过多泄漏（允许有微量的泄漏）。

（6）当缸体不能直立时，应将活塞杆用两个导链吊起，其活塞杆轴心线与倾斜的缸体轴心线应一致，然后将活塞杆缓慢推入缸体。

注意：装入缸体时，不要忘记缸盖处的铝垫或石棉垫、防尘罩等。

（7）螺栓的紧固。在压紧液压缸上盖时，螺栓一定要均匀紧固，不得歪斜，紧力也不可太大，以不漏油为原则，螺栓应有防止松动的措施。

（8）安装液压缸上、下油管与液压站连接、注油、试压，合格后拆卸连接油管，并将液压缸上、下油口用油堵头（螺塞）旋紧，然后进行液压缸吊装。

（9）在液压缸拆、装过程中，不得用铁器直接敲打和划伤缸内壁、活塞及活塞杆。在装配过程中，不允许任何杂物落入缸内。

3. 液压缸试运行标准

液压缸安装合格后可进行如下试运行：

（1）运行时液压泵无异常振动，无异声，运转平稳。

（2）试运行时，液压缸动作无卡涩，运行平稳，无爬行，各连接处无泄漏。

（3）油管和连接软管一起做压力试验，2h 无泄漏。

（4）液压系统在压力试验时不得漏油，系统 30min 不泄压。

八、常用液压装置的检修与安装

（一）液压系统设备检修通则

（1）液压系统在检修前必须将全部油压卸掉。

（2）液压管道出现严重变形、裂纹及划痕深度超过 0.5mm 时应更换。

（3）管子的弯曲半径一般应为管子外径的 3 倍。

（4）用滤油机抽油及向油箱加油时，应保证油质合格及滤网（或滤纸）等的清洁。加油油位应在高、低油位之间，且系统运行后不得低于最低油位。

（5）不同厂家和牌号的液压油，不得混用。

（6）定期检查液压油的水分、杂质，酸碱性等清洁度指标，如超标应重新过滤，或更换新油。

（7）各类阀的安装方向应与系统的运行方向一致，液压泵的旋转方向应与说明书所标注的一致。

（8）液压系统在检修时，一般都应更换新的合格密封件。

（9）定期检查蓄能器的压力是否在规定范围内，若未达到规定压力应及时补充。

（二）液压系统设备安装通则

（1）安装前，要准备好适用的通用工具如专用工具，严禁诸如用螺钉旋具代替扳手、任意敲打等不符合操作规程的装配操作。

（2）装配前，应合理确定拆卸顺序，逐步拆除管道备油口的密封件，以防止污物从油口进入元件内部。

（3）对装入主机的液压件和辅件需经过严格清洗，去除污物及防锈剂。

（4）充分保证油箱盖、管口和空气过滤器的密封效果，以防未过滤的空气进入液压系统。

（5）在油箱上或近油箱处，应提供说明油品类型及系统容量的铭牌。

（6）保证设备所用液压油在注入系统前的清洁度。

（7）严格执行装配技术要求，确保液压机构与执行机构的配合精度及密封性能。

（8）联轴器在安装后其径向和轴向圆跳动量应达到规定的技术要求。

（三）液压泵和液压马达的安装工艺与技术要求

（1）斜轴式轴向柱塞泵在额定或超过额定转速使用时，应能保证液压泵进油口压力为 0.2～0.5MPa，在降速使用的场合，允许自吸进油，此时油箱的液面应高于液压泵入口 0.5m 以上。安装时尽量靠近油箱油面，以防出现吸油不足现象。

（2）安装使用前先将高处的泄油孔接上油管，使壳体内的内漏油能畅通并泄回油箱。手动伺服变量结构的液压泵，调整壳体内油压低于0.15MPa，在此基础上把两个泄漏口均接上油管，低处输入冷却油，高处回油箱以保证起到冷却作用。

（3）联轴器与输出轴的配合尺寸应合理选择，安装时不得使用铁锤敲击。

（4）泵轴与电动机连接的联轴器安装不良是噪声和振动产生的根源，因而安装时一定要保证同轴度误差在0.1mm以内，且两轴线倾角不大于1°，一般多采用挠性连接（如采用弹性联轴器）。

（5）液压泵和液压马达安装时，要尽量避免用V带或齿轮直接带动泵轴转动（单边受力），如必须用带轮等传动时，应设托架支承，以免液压泵承受过大的径向力。

（6）液压泵与液压马达支架或底板应有足够的强度和刚度，防止产生振动。

（7）泵吸油管不得漏气，以免空气进入系统，产生振动和噪声。

（四）液压缸的安装工艺与技术要求

（1）液压缸安装时，先要检查活塞杆是否弯曲，特别对长行程液压缸。活塞杆弯曲会造成缸盖密封损坏，导致泄漏、爬行和动作失灵。并且加剧活塞的偏磨损。

（2）对行程较长的液压缸，活塞杆与铰支座的连接应保持浮动（以球面副相连），以补偿安装误差产生的应力和热膨胀。

（五）阀类元件的安装工艺与技术要求

安装前首先应参阅有关资料了解该元件的用途、特点和安装注意事项。其次要检查购置的液压件外观质量，如内部锈蚀情况，检查是否为合格品，必要时返回制造单位修复或更换，一般不要自行拆卸。其安装步骤如下：

（1）安装前，先用干净煤油或柴油（忌用汽油）清洗元件表面的防锈剂及其他污物，此时注意不可将塞在各油口的塑料螺塞拔掉，以免异物进入阀内。

（2）对自行设计制造的专用阀应按有关标准进行性能试验、耐压试验等。

（3）安装板式阀的元件时，要检查各油口的阀是否漏装或脱落，是否突出安装平面而有一定的压缩余量，各种规格同一平面上的密封阀突出量是否一致，需安装O形圈进行密封的阀，其油口密封连接处的沟槽是否拉伤，安装面是否碰伤等，做处置后再进行装配。O形圈涂上少许润滑脂可防止脱落。

（4）板式阀的安装螺钉（多为四个）要对角逐次均匀拧紧，不要单钉独进，这样会造成阀体变形及底板上的密封阀压缩余量不一致，造成漏油和冲出密封阀的故障。

（5）板式阀中的流量阀进、出油口对称，进、出油口易装反。压力阀中，阀安装底面各类阀外形相似，容易出现将溢流阀装成减压阀之类的错误。

（6）对管式阀，为了安装与使用方便。往往有两个进油口或两个回油口，安装时应将不用的油口用螺塞堵死或作其他处理，以免运转时喷油或产生故障。

（7）电磁换向阀一般宜水平安装，垂直安装时电磁铁一般朝上（两位阀），设计安装板时应做重点考虑。

（8）溢流阀（先导式）有一遥控口，当不采用远程控制时，应用螺塞堵住。

（六）其他辅助件的安装工艺与技术要求

液压系统中的辅助元件，包括管路及管接头、过滤器、油冷却器、密封、蓄能器及液位计类仪表，它们的安装好坏也会影响到液压系统的正常工作，不容许有丝毫的疏忽。在设计中，就要考虑好这些元件的正确位置及配置，尽量考虑到使用、维修和调整上的方便，并注意整齐美观，下面着重介绍油管的安装。

1. 液压管路的安装

管路的安装质量关系到漏油、漏气、振动和噪声以及压力损失的大小，并由此会产生多种故障，管路的安装应注意下列事项：

（1）液压管路安装前必须进行酸洗，高压管路应经过耐压试验，试验压力推荐用 2 倍的工作压力。安装液压管路和液压元件时，须严格保持清洁，管路内不得有任意游离状的杂物，特别防止有一定硬度的颗粒状杂物。液压马达允许在满负荷工况下启动，但在液压系统中应设有安全阀，其调定压力不应超过液压马达的最高压力。

（2）管路安装时不允许管路之间，管路与液压泵、液压马达之间存在应力，以防止接头漏油和损坏设备。

（3）管路的敷设位置，应便于连接和检修，并应靠近设备的基础。管道的敷设应横平竖直，尽量避免交叉布置、倾斜布置，以利整齐美观。

（4）在系统中，任何一段管路或管件，应能自由拆装，所以在系统中应合理布置三通和接头。

（5）平行及交叉的管道间距，要求 10mm 以上，防止相互干扰及因振动引起管道的相互敲击、碰擦现象。

（6）在满足连接的前提下，管道尽可能短，避免急拐弯，拐弯的位置越少越好，以减少压力损失。

（7）施工中在确定油管长度时，可先用钢丝模拟所需折弯的形状，再展直决定油管长度。完全按设计图的尺寸易导致长度误差大。经实测后，系统中的管道如果过长，应装支架加固，以防振动。30mm 以下的钢管，最大支架距离为 200mm；70mm 以下的钢管，最大支架距离为 1000mm。

（8）敷设软管时，其弯曲半径应大于或等于软管外径 10 倍。软管应有一定的长度余量，使其能较容易地变形和弯曲，而不应受到任何拉力。

（9）油管可采用冷弯（钢管），热弯后的管子应将管内氧化皮去掉。

（10）管路在安装时，管路和铁板不可直接接触，在两者之间应垫木块或橡胶垫等，以此消除振动。

（11）吸油管宜短、粗些，一般吸油腔管路入口都装有过滤器，过滤器要求至少在油面下 200mm，对于轴向柱塞泵的进油管，推荐管口不装滤油口，可将管口处切成 45°斜面，斜面孔朝向箱壁，这样可减少进油口处的雷诺数并防止杂质吸入液压泵。

（12）液压系统的回油管尽量远离吸油管，并应插入油面之下，可防止回油飞溅而产生气泡并很快被吸入泵内，回油管口应切成 45°斜面以扩大通流面积，改善回油流动状态以及防止空气反灌进入系统内。

（13）在闭式油路中，管路最高处应装有排气孔，用以排出管路中的空气，避免产生噪声及振动。

（14）溢流阀的回油为热油，应远离吸油管，这样可避免热油未经冷却又被泵吸入系统，造成温升。

（15）细管道应沿着设备的主体及管路的主体布置。

2. 油箱的安装

在开式液压系统中，油箱的容积量应不小于液压泵 3～5min 中的流量。在闭式液压系统中应不小于补油泵 3～6min 中的流量，同时须使散热面积足够大，使油温在规定范围之内，必要时应采取冷却油温措施。

（七）液压装置的性能试验范围

1. 液压泵的性能试验

（1）在额定压力下工作时，能达到规定的输油量。

（2）压力从零逐渐升到额定值，各部位不准有漏油。

（3）正常运行状态下液压泵噪声、温升及振动控制在规定范围内。

（4）在额定压力工作时，其压力波动值不得超过定值（详见液压泵铭牌）。

2. 液压缸的性能试验

（1）在规定压力下，观察各结合处是否有渗漏。

（2）往复运动是否有卡涩、爬行现象，运动速度是否正常。

（3）正常运行状态下噪声、温升及振动控制在规定范围内。

3. 液压控制阀的性能试验

（1）试验前尽可能全部松开压力调节螺钉，在试车时，缓慢调整压力调节螺钉，从最低数值稳步升高至系统所需的工作压力，压力波动不得超过±0.15MPa。

（2）当液压控制阀在设备中做循环试验（或调定压力阀工作压力）时，必须观察其运动部件换向时机构的平稳性，即工作机构应无显著的冲击和噪声。

（3）在调试状态下，不允许结合处有漏油现象，达最大工作压力时，不允许结合处有渗油现象。

（4）溢流阀在卸荷位置时，其压力不超过 0.15～0.25MPa。

（八）液压系统的安全调试通则

液压系统调试前的准备：

（1）液压元件及管路的全面清洁。

（2）加油口及运动副加油润滑。

（3）液压泵及附件、控制阀及附件、液压缸、液压马达、管路及接头等连接是否正确、可靠。

（4）电器元件的连接是否安全可靠。

（5）各手柄动作切换位置（启动、停止、前进、后退、卸荷等）是否正确且切换自如；行程挡铁位置是否合适、可靠。

（6）旋松溢流阀手柄，适当拧紧安全阀手柄，使溢流阀调至最低工作压力，流量阀调至最小流量。

（7）合上电源。

（九）液压系统的调试工作

1. 分系统调试原则

（1）先调整补油系统。待补油系统的压力、流量正常后，方可进行各单元闭式液压系统的调整。

（2）变量液压泵的流量必须从零开始，从小到大逐渐调整流量，直到流量满足工作需要为止。

（3）溢流阀的压力调整，必须从小到大逐步升高，直到满足系统工作压力为止。调压前将压力阀调节手柄旋松，才能启动液压泵。

（4）节流阀的调整，可根据系统的要求从大到小进行调整直到满足工作速度为止。

（5）液压元件各调整手轮的变化，必须一点一点地进行。

（6）液压系统全部调整工作结束后，必须将各调整手轮卸掉，并将各元件所调整的位置，采取可靠的措施锁紧。

2. 液压系统的调试步骤

（1）点动试车。点动液压泵开关，观察液压泵转向是否正确，若电源接反，马上纠正。待液压泵声音及振动值符合要求、无漏油并连续输出油液时，方可投入连续运转和进行空载调试。

（2）空载试运。在无负荷（不连接外部负载）的情况下，低速空运转，时间不超过 30min。

（3）调压升速。逐渐均匀升压、加速，具体操作方法：反复拧紧又立即旋松溢流阀、流量阀等的压力或流量调节手柄数次，并以压力表观察压力的升降变化情况和执行元件的速度变化情况，液压泵的发热、振动和噪声等状况，若发现问题，应有针对性地分析解决。

（4）单动循环。按照动作循环表，结合电气、机械部件，先调试各单个动作，再转入循环动作调试，检查各动作是否协调。对在调试过程中出现的复杂问题，如移动部件振动过大与爬行，换向阀无换向等问题，通常求助厂家解决。

（5）满负荷调试。按液压设备的技术要求，进行最大工作压力和最（大）小工作速度试验，检查功率、发热、噪声、振动、调整冲击、低速爬行等方面的情况，检查各部分的漏油情况，空载时不漏油的部位在压力增高时有可能漏油，若有此情况发生，应及时排除，并做出书面记录。

（6）系统严密性试验的试验压力应为工作压力的 1.5 倍。

（7）各种仪表均应检验合格。

（十）液压系统试运具体要求

（1）液压泵启动时，油温不得低于 0℃，低于 0℃ 时应先加热，达到正常油温才能启动，如无加热器，则应启动一会儿，停一下。应设有安全阀，其调定压力不应超过液压马达的最高压力。

（2）液压系统工作时，噪声应不大于 2dB，如有超出应停止运行，待油温正常时再运行。液压泵进口油温不得大于 60℃，油液温度应小于 40℃。

（3）第一次启动电动机时应点动，确定旋转方向正常后，才能正式运转。

（4）液压马达允许在满载荷工况下启动，但需在液压系统中采取一些抗扰动的屏蔽措施。

（5）整个系统应有可靠的自动控制或人工控制。

（6）各种阀的压力应从小到大逐步调整到正常工作压力。

（7）各种阀的试验压力为工作压力的 1.5 倍，并保压 3min 不得泄漏，试验应从小到大分挡进行，每挡间隔 3MPa。

（8）溢流阀仅作为溢流阀使用时（如补油系统），系统工作压力即为调定压力。溢流阀作为安全阀使用时，其调定值一般按说明书规定，如说明书未做具体规定，必须使调定压力不得超过元件和管路所能承受的最大压力。如果系统工作压力远低于元件和管路的最大承受压力时，其调定值可按系统工作压力的 1.2～1.5 倍考虑。

（9）整个系统运行前，如有手动操作模式，应先手动操作，待一切动作顺序符合要求时再进行空转试验，空运转试验 10～20min。

（10）整个系统运行时不得泄漏，若有异常响声，应停止运行并进行处理。

第八节　转动机械找中心

一、找中心的意义

找中心也叫找正，是指对各零部件间的相互位置的找正、找平及相应的调整。一般机械找中心主要指调整主动机和从动机两轴的中心线位于一条直线上，从而保证运转平稳。实现这个目的，是靠正确测量及调整安装在主、从动轴上的两个半联轴器的相对位置来达到的（将两个半联轴器调整到同心并互相平行）。

二、机械装配中找正的程序与内容

（一）找正的程序

（1）按照装配时选定的基准件，确定合理的、便于测量的校正基准面。

（2）先校正机身、壳体、机座等基本件在纵横方向的水平或垂直。

（3）采取合理的测量方法和步骤，找出装配中的实际位置偏差。

（4）分析影响机器运转精度的因素，考虑应有的补偿，决定调整偏差及其方向。

（5）决定调整环节及调整方法，根据测得的偏差进行调整。

（6）复校，达到要求后，定位紧固。

（二）基准的选择

在选择校正基准时优先考虑下列基准面作为校正基准：

（1）有关零部件几个装配尺寸链的公共环。

（2）零部件间的主要结合面。

（3）加工与装配一致的基准面。

（4）精度要求高的面。

（5）最便于作为测量基准用的水平面或垂直面。

（6）装配调整时修刮量最大的面。

（三）合理决定偏差及其方向

一般的机器在静态时进行校正即能满足运转要求。但某些机器在运转时常由于受力变形、热变形、磨损及其他因素的影响，使精度下降，超出允许偏差而不能正常运转，或接近允许偏差极限而缩短了使用寿命。因此，在决定偏差及其方向时应考虑下列因素的影响：

（1）机器附件装置重量及装置的影响。

（2）机器运转时作用力的影响。

（3）机器或部件因温度场不匀引起各部分不同热变形的影响。

（4）零件磨损的影响（即对有相对运动的摩擦面，应将其间隙校正到技术条件给定的下限，使装配后有较多的精度储备，以延长使用寿命）。

（5）摩擦面间油膜厚度的影响。

（四）测量方法和工具的选择

应根据校正的项目及要求校正的精度选择适当的测量方法和使用工具。

（五）调整环节和调整方法的选择

1. 调整环节的选择原则

选作调整环节的零件称为调整件，其选择原则为：

（1）选单配件不选互换件。

（2）选小件不选大件。

（3）选精度低或结构简单的零件，不选精度高或结构复杂的零件。

（4）选不影响其他尺寸链的单一环，不选几个装配尺寸链的公共环。

2. 调整方法

调整方法常用的有调整法和修配法两种。

（1）调整法主要是自动调整，采用调整件（如垫片、垫圈、斜面、锥面等）调整，改变装配位置，使误差抵消。

（2）修配法。即在尺寸链的组成环中选定一环，预留修配量作为修配件，而其他组成零件的加工精度则适当降低，也有将误差集中在一个零件上进行综合加工消除的。

三、联轴器找中心

输煤机械和电动机的连接，直接按联轴器来找中心就能得到满意的结果。所谓按联轴器找中心就是在装好的机器中心或减速器安装就位中心正确的情况下，以机器或减速器为准，来找正电动机轴的中心，联轴器找中心原理及实例如图 3-61、图 3-62 所示。在以联轴器找中心之前，必须具备下列条件：

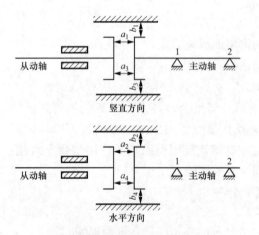

图 3-61 联轴器找中心原理

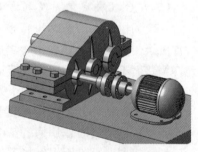

图 3-62 联轴器找中心实例

（1）机器或减速器中心必须正确。

（2）联轴器一般都按原配对使用，若其中一侧的半联轴器必须经过精确测量，并符合加工图纸的精度、表面粗糙度及其他技术条件。

（3）各半联轴器及与之相配装的轴径、键槽、键都应进行测量并确认正确。

（4）影响测量值的各个面必须圆滑平齐，不得有凹凸不平。

（5）电动机的基准面应低于机械侧，并有前、后、左、右移动调整的余地。

（一）百分表法找中心工艺

用百分表法找中心精度高，一般要求有专用桥规或支撑架，是大型转动设备现场采用的找中心方法。

1. 找中心前的准备工作

（1）在开始找中心前，应先调整好两对轮的端面间隙，一般为 2～3mm，允许偏差不大于 1mm。

（2）拆除对轮上的附件及连接螺栓，并清除对轮上的油垢、锈蚀。在对轮上按原始位置对称装上两只活动销子（用百分表测量时，也可用两个桥规代替；用塞尺测量时，若其中一个用桥规代替，则只需对称穿一个活动销子即可）。检查两转子是否处于自由状态，并准备好转子盘动装置。

2. 用百分表法找中心的方法及步骤

用百分表法找中心常用桥规及表架的安装形式如图 3-63 所示。安装桥规及表架时应注意：

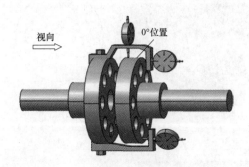

图 3-63　常用桥规及表架的安装形式

（1）桥规及表架要固定在非调整侧转子的对轮上，以减少推理上的错误。例如，减速器对轮找正时，应将桥规固定在减速器侧对轮上。

（2）桥规要装牢固，并不影响对轮的转动和自由状态。

（3）为保证桥规的测位准确，可在靠近轴承的轴表面刻画四条等分线，并在轴承端面上划一定位线，使每次转动角度一致。

（4）调节三块百分表的指针，即小针调到 2～3 之间，大针对准 50。

（5）转动设备，每转一等分，记录下三块百分表的读数，并填入相应的表中。

（6）三块百分表重新回到起始位置时，测量外圆的百分表读数应为 50；测量端面值的两表的读数差为 0。

（7）检验测量数据的准确性。

（8）将检测状态分为水平方向及竖直方向（即是后续垫铁厚度的计算和调整），分别测记数值，画出原始状态图并可计算偏差（见表 3-22）。

表 3-22 检测状态及计算公式

状态	测量图例	状态图	计算偏差
竖直上下方向		b_1 a_1' $0°$ a_3' a_1'' $180°$ a_3'' b_3	1. 端面张口 $a_1 = \dfrac{a_1' + a_1''}{2}$ $a_3 = \dfrac{a_3' + a_3''}{2}$ $a_{13} = a_1 - a_3$ 2. 外圆高低 $b_{13} = \dfrac{b_1 - b_3}{2}$
水平左右方向		a_4' $\ 90°\ $ a_2' b_2 b_4 a_4'' $\ 270°\ $ a_2''	1. 端面张口 $a_2 = \dfrac{a_2' + a_2''}{2}$ $a_4 = \dfrac{a_4' + a_4''}{2}$ $a_{24} = a_2 - a_4$ 2. 外圆高低 $b_{24} = \dfrac{b_2 - b_4}{2}$

（9）画中心偏差图，如图 3-64 所示。

（10）计算调整量。现以图 3-65 为例，说明加垫厚度的计算方法，即计算公式为

$$\frac{\Delta y}{a_{13}} = \frac{l}{D} \quad \Delta x = \frac{l_1}{D} a_{13}$$

$$\frac{\Delta x}{a_{13}} = \frac{l_1}{D} \quad \Delta y = \frac{l}{D} a_{13} \tag{3-10}$$

x 处的垫铁厚度为 $b_{13} + \Delta x$；

y 处的垫铁厚度为 $b_{13} + \Delta y$。

此例为竖直方向上张口的实例，其他情况计算方法与此类似。

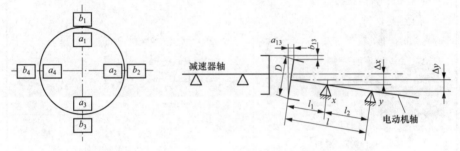

图 3-64　中心偏差图　　　　　　图 3-65　垫片厚度的计算方法

3. 中心状态与计算方法

竖直方向状态图及计算公式见表 3-23。

表 3-23　竖直方向状态图及计算公式

图例	中心状态	计算公式
电动机低上张口		$\Delta_{前} = \dfrac{\Delta a}{2} + \dfrac{l_1 \times \Delta b}{D}$ $\Delta_{后} = \dfrac{\Delta a}{2} + \dfrac{(l_1 + l_2) \times \Delta b}{D}$
电动机高上张口		$\Delta_{前} = \dfrac{-\Delta b}{2} + \dfrac{l_1 \times \Delta b}{D}$ $\Delta_{后} = \dfrac{-\Delta b}{2} + \dfrac{(l_1 + l_2) \times \Delta a}{D}$

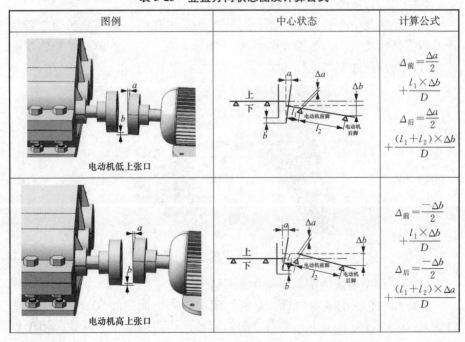

续表

图例	中心状态	计算公式
电动机低下张口	上 下 电动机后脚 电动机前脚	$\Delta_{前}=\dfrac{\Delta b}{2}$ $-\dfrac{l_1\times\Delta a}{D}$ $\Delta_{后}=\dfrac{\Delta b}{2}$ $-\dfrac{(l_1+l_2)\times\Delta a}{D}$
电动机高下张口	上 下 电动机前脚 电动机后脚	$\Delta_{前}=-\dfrac{\Delta b}{2}$ $-\dfrac{l_1\times\Delta a}{D}$ $\Delta_{后}=-\dfrac{\Delta b}{2}$ $-\dfrac{(l_1+l_2)\times\Delta a}{D}$

注 1. $\Delta_{前}$—电动机前脚所需垫层；$\Delta_{后}$—电动机后脚所需垫层；Δa—张口差数；Δb—电动机高低的差数；D—对轮直径；l_1—电动机侧联轴器轮端面至电动机前脚孔中心距离；l_2—电动机前脚孔中心至后脚孔中心距离。

2. 水平方向状态图及计算方法和竖直方向一样，不同之处在于水平方向的找正是用千斤顶或螺栓进行调整的。

（二）塞尺法找中心的方法

用塞尺法找中心的方法步骤与百分表法基本相同，但是要切记二者测得的数值是相反关系，如图 3-66 所示。测记方法、中心的调整及垫铁厚度的计算，均按前述方法进行。

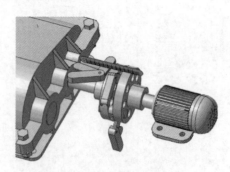

图 3-66　塞尺法找中心原理

1. 简易找中心法的基本原理及方法概述

简易找中心法的基本原理，是利用两对轮外圆面的高低误差，通过透射的光线来进行对轮上下、左右方向的调整，达到两轴中心一致。用于对中心要求不太严格的设备，或用于其他找中心法的粗找。在找中心前，先检查联轴器两对轮的瓢偏与晃动，以及安装在轴上是否松动，若不符合要求则应及时修理；然后将修理好的设备安装在机座上，并拧紧设备上的地脚螺栓。找中心时，用直尺平靠两对轮外圆面，用塞尺测量外圆及对轮端面四个方向的间隙，如图 3-67 所示。每转动 90°测量一次（两对轮同时转动），测记方法、中心的调整及垫铁厚度的计算，均按前述方法进行。调整时，一般先调整径向再调整轴向，且原则上是调整电动机的机脚，调整用的垫子（铁皮）应加在紧靠设备机脚的地脚螺栓两侧，最好是将垫子做成 U 形，让地脚螺栓卡在垫子中间。

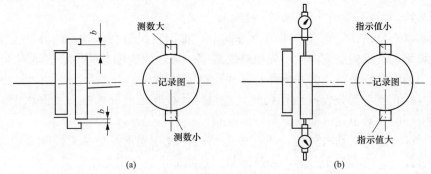

图 3-67　百分表测量与塞尺测量具有相反的指示值

（a）塞尺测量；（b）百分表测量

垫子垫好后，设备的四角和机座之间均应无间隙。切不可只垫对角两方，留下另一对角不垫紧，用调整地脚螺栓松紧的方法来调整联轴器的中心。

2. 简易找中心的方法（见图 3-68）

（1）选用直角尺、钢直尺或锯条等较薄较直的量具。

（2）将钢直尺靠在两个对轮的外圆面上，通过两个对轮之间的光线来调整两端对轮的高低。

（3）左右的调整方法同上下一样。

（4）两个对轮端面之间的距离可借助塞尺来调整。

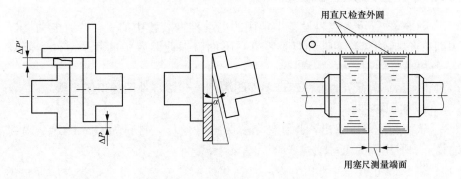

图 3-68　简易找中心的方法

3. 找中心过程中的注意事项

（1）使用此法找中心前，一定要知道该联轴器的中心标准是否能用此法。

（2）在用塞尺和刀口形直尺找正时，联轴器径向端面的表面上都应该平整、光滑、无锈、无飞边。

（3）量具要平直；光线不足时可用手电。

（4）左右移动时要考虑输入、输出轴的长度。

（5）对于最终测量值，电动机的地脚螺栓应完全紧固，无一松动。

（6）由于减速器的找正并没有完全具备良好的条件和工具，所以用调整垫调整时，每次加、减调整垫都应考虑电动机螺栓的松紧状况及其余量。

（三）联轴器中心误差的调整

（1）分别在竖直和水平两个方向上，将钢直尺放在联轴器的外圆上进行观测，找出偏差方向后，先粗略地调整一下，使联轴器的中心接近对准，两个端面接近平行，为联轴器精确找正奠定基础。

（2）装上千分表或用塞尺及其他附件，在联轴器外圆柱面及端面上测量中心的相对位置（简易测量可用直角尺、钢直尺及塞尺）。

（3）固定从动机位置，再调整电动机，改变支承点处垫片或调整电动机位置，使中心趋于一致，经过调整，达到标准，固定好电动机。

（4）根据经验，找正时先调整端面后调整中心，比较方便迅速，熟练以后端面和中心的调整可以同时进行。

第九节　机械制图基础知识

一、零件图识图的基本要求

（1）了解零部件、零件图与装配图之间的关系。

（2）明确零件在部件中的位置、作用以及与其他零件的配合关系。

（3）明确各个零件的形状、结构和设计、加工要求。

二、零件图的识图步骤

图 3-69 所示为燃料设备中常用的电动推杆装置中的一种，此电动推杆中主要包括轴套类零件和盘类零件，下面就以此装置中的几个零件为例来分析机械零件识图方法及步骤。

以图 3-69 所示的推杆丝母零件图为例，介绍零件图的识图步骤。

1. 初识零件图

从标题栏可以看出，此零件名称为推杆丝母，材料为 QSn4-4-4（锡青铜）。图形比例为 1 : 1。

2. 视图分析

从电动推杆实物装配图（见图 3-69）中可以看出，推杆丝母左端与推

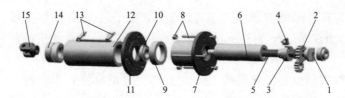

图 3-69 电动推杆实物装配图

1—凸缘联轴器；2—减速传动齿轮；3—推杆丝母；4—推杆行程限位装置；5—推杆丝杠；
6—推杆活动套筒；7—右法兰盘；8—螺栓与螺母；9—推杆推力座圈；10—向心推力轴承；
11—左法兰盘；12—推杆固定套筒；13—推杆行程限位开关；14—推杆丝杠支承座圈；15—推杆接头

杆活动套筒内孔紧配合成一体，推杆丝杠转动，推杆丝母和推杆活动套筒一起移动，完成推杆的前进与后退。

（1）表达方法分析。为清晰地表达推杆丝母各部分形状及尺寸，此零件图采用了全剖主视图，按加工位置轴线水平放置。另外，还采用了局部剖视表达销孔位置（销孔与推杆活动套筒配钻）。

（2）结构分析。推杆丝母的基本形状为台阶圆柱，其外圆柱实体部分开有方槽，如图 3-70 所示，此槽内放置推杆行程限位装置。推杆丝母外圆上均布三个 M5 的定位孔，对推杆丝母进行定位和紧固，起辅助紧固连接作用（推杆丝母的定位及推杆丝母与推杆活动套筒的紧固连接）。

（3）尺寸分析。推杆丝母以水平轴线作为径向尺寸基准，由此标出径向各部尺寸 $\phi40j11$、$Tr32\times6$、$\phi65mm$。从实物装配图上可知 $\phi40j11$ 与推杆活动套筒采用过渡配合，且表面粗糙度较低，为 $Ra3.2\mu m$。

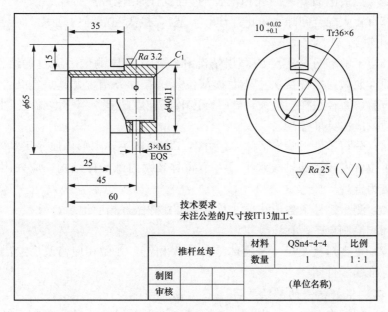

图 3-70 推杆丝母零件图

选择推杆丝母的左端面为 $\phi65$mm 长度方向尺寸标注的基准，标注出 $\phi65$mm 外圆柱面的长度 25mm、M5 的中心位置 45mm 和推杆丝母总长度 60mm。

推杆行程限位装置安装槽 10mm 公称尺寸的标注：以推杆丝母左端面为长度基准，标注长度尺寸 35mm。

以推杆丝母外圆上素线为高度方向辅助基准，标注杠杆安装槽的高度尺寸 15mm，其宽度尺寸（与限位装置配合）在左视图中标注。

三、零件图的测绘

在设备检修工作中，常要修配或加工损坏的零件，而由于条件限制，有些零件需要检修人员自己绘制零件图。因此，绘制零件图成为对检修人员技能素质的基本要求之一。

下面以推杆接头为例分析零件图的绘制过程。

（一）零件图的测绘步骤

（1）确定名称、材料、用途及与其他零部件的装配关系。推杆接头（见图 3-69）一端用螺纹和推杆丝杠相连接，另一端用销轴与执行件（如挡板、犁煤器活动连杆等）形成活动铰接，传递运动和动力。

（2）结构形状、工艺要求及技术要求。图 3-71（a）所示为推杆接头实物，推杆接头右端为方形，左端为圆柱形，二者用球面圆弧过渡连接。由于推杆接头在设备运行时受到较大的拉应力和扭转力矩的作用，故在连接部位采用了球面过渡连接。接头右端开有方槽，并加工有圆柱销孔，这两部位是与挡板侧面安装凸缘相配合的，且均采用间隙配合，方槽与安装凸缘方榫有较大配合间隙（防止工作时卡塞）。接头左端是内孔螺纹，与推杆丝杠相连接。

（3）了解和分析零件的磨损情况和缺陷，具体测量后进行测绘工作，切忌原样照搬。推杆接头主要磨损部位是销孔和方槽，尤其是销孔，长时间运行后，直径往往会变大，导致圆度和圆柱度超差（俗称磨偏）。因此在测绘后，应按标准标注。

（4）分析零件、确定形体表达方案。推杆接头基本形体属于叉类零件，按加工位置安放，即轴线水平，为了同时兼顾内外形体结构，应采用半剖视图较为合理。

（5）测量零件上各形状尺寸及位置尺寸并做好相应记录。

（6）绘制草图，标注尺寸。

（7）复查形状及尺寸与实体零件是否相符，并做相应修改后绘出符合制图标准的零件图。

（二）推杆接头的测绘步骤

（1）用钢直尺、游标卡尺、深度尺测量以下尺寸并做好相应记录［见图 3-71（b）］。

1）接头左端圆柱体长度、接头总长度、方槽长度。

2）接头外圆柱体直径、右端方槽宽度。

3）右端外形（长方体高度），方形内槽高度。

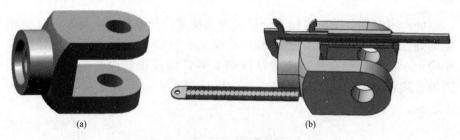

(a) (b)

图 3-71 推杆接头有关尺寸的测量

（a）推杆接头实物；（b）接头各尺寸测量方法

（2）画出主、俯视图中心线和接头左端外圆柱面的投影外形，画出右端局部轮廓主俯视图线条，如图 3-72 和图 3-73 所示。

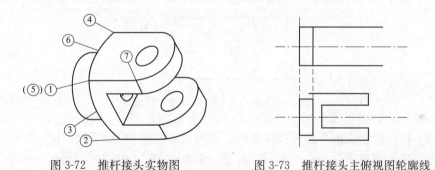

图 3-72 推杆接头实物图   图 3-73 推杆接头主俯视图轮廓线

（3）如图 3-74（a）、（b）所示，用拓印法确定零件上某些关键点的投影位置（如图 3-72 中的点①~⑦，其中点①和点⑤重合）。

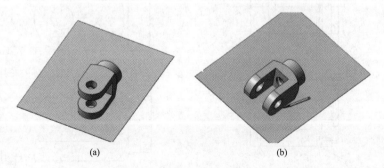

(a) (b)

图 3-74 用拓印法确定推杆接头投影点的位置

（a）拓印法一；（b）拓印法二

（4）拓印法一：将被测表面涂上红印泥或紫色印泥，将其拓印在白纸上，得出零件投影图，并标出图 3-72 中关键点的位置，曲线的规律。

拓印法二：将被测表面的曲线部分平放在白纸上，用铅笔描出轮廓，并标出图 3-71 中关键点的位置。

（5）用三点画弧法做出连接直线和连接圆弧，关键点①～⑨如图 3-75 所示。

（6）用游标卡尺、内径千分尺、内卡钳等测量推杆接头与推杆套筒相配的螺孔尺寸（螺纹孔直径、螺纹孔深度、台阶孔直径和深度）并做好相应记录；画出螺孔线，测量推杆接头的铰销连接孔内径。注意，由于铰销连接孔已磨损，故在测量后，应按标准件圆整，画出铰销连接孔的中心线。

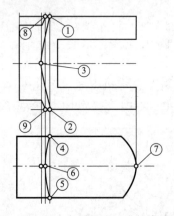

图 3-75　用三点划弧法画出轮廓线图

（7）绘制成形的推杆接头草图，关键点①～⑨如图 3-76 所示。

（8）将草图改为半剖视图，并擦去多余线条，如图 3-77 所示。

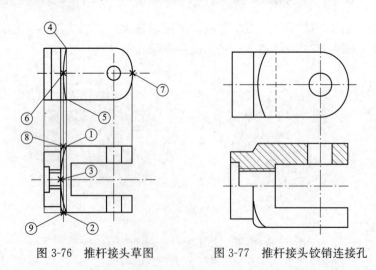

图 3-76　推杆接头草图　　　　图 3-77　推杆接头铰销连接孔

（9）根据以上测绘过程可画出如图 3-78 所示的推杆接头零件图并标注尺寸。

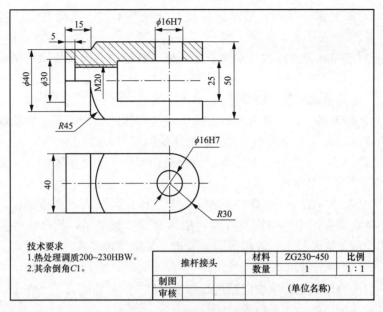

<table>
<tr><td rowspan="2">推杆接头</td><td>材料</td><td>ZG230-450</td><td>比例</td></tr>
<tr><td>数量</td><td>1</td><td>1:1</td></tr>
</table>

技术要求
1.热处理调质200~230HBW。
2.其余倒角C1。

制图		
审核		(单位名称)

图 3-78 推杆接头零件图

四、装配图的识图

（一）概括了解

（1）从标题栏了解装配体的名称。从装配体的名称联系生产实践知识，可以知道装配体的大致用途。例如：台虎钳一般是用于夹持工件的；减速器是在传动系统中起减速作用的；各种泵则是在气压、液压或润滑系统中产生一定压力和流量的装置等。

（2）从标题栏了解绘图比例。通过比例，即可大致确定装配体的大小。

（3）从明细栏中可了解零件的名称和数量，并在视图中找出相应零件所在的位置。

（4）浏览所有视图、尺寸和技术要求，初步了解该装配图的表达方法及各视图间的大致对应关系，以便为进一步看图打下基础。

（二）详细分析

1. 装配体分析

分析装配体的工作原理、装配连接关系、结构组成及润滑、密封等情况。

2. 零件的结构形状分析

（1）零件结构分析的基本思路对照视图，按零件的序号，将零件逐一从复杂的装配关系中分离出来，想象其结构形状。

（2）零件的分离方法。

1）利用剖视图中剖面线的方向或间隔的不同，以及零件间互相遮挡时的可见性规律来区分零件。

2）对照投影关系时，借助三角板、分规等工具，提高看图速度和准确性。

3）对于传动件，可按传动路线逐一分析其运动方向、传动关系及运动范围。

（3）由简单到复杂分析零件。

1）从标准件、常用件方面，大致了解装配体的结构概况。如从螺栓连接、销定位、键连接等入手，观察装配体的组成关系。

2）简单零件的分析。轴套类、轮盘类和其他一些简单零件，一般通过1～2个视图分析其结构。

3）复杂零件的分析。复杂零件可根据零件序号指引线所指部位，分析出该零件在该视图中的范围及外形，然后对照投影关系，找出该零件在其他视图中的位置及外形，并进行综合分析，想象出该零件的结构形状。

（三）归纳总结

一般可按以下几个主要问题进行归纳总结：

（1）装配体的功能及传动路线。

（2）装配体中各零部件的连接形式。

（3）装配体中各配合件的配合性质。

（4）为实现装配技术要求，装配图中的尺寸公差标注及几何公差标注特点。

（5）装配图中各视图的表达重点。

上述识读装配图的方法和步骤仅是一个概括的说明。在实际读图时，几个步骤往往是平行或交叉进行的。因此，读图时应根据具体情况和需要灵活运用这些方法，通过反复地识图实践，逐渐掌握其中的规律，提高识读装配图的速度和能力。下面以圆柱齿轮（斜齿轮）减速器为例进行分析。

五、装配图识图实例

（一）概括了解

图 3-79 所示为圆柱齿轮减速器的装配图。

由装配图的标题栏和明细栏可知，减速器由 25 种主要零件组成，其中标准件十几种，主要零件是轴、齿轮、箱盖和箱体等。

减速器装配图采用主视图、俯视图两个基本视图，以及局部视图来表达减速器的内外结构和形状，清晰简明。按工作位置选择的主视图主要表达部件的整体外形特征，但不能表达主要装配关系。主视图上几处局部视图表示箱盖 8 和箱体 9 的结合情况，箱盖上其他零件的连接情况，以及油池盖 4、油堵头 11 等部位的局部结构。俯视图是沿箱体与箱盖结合面剖切的剖视图，集中反映了减速器的装配关系和工作原理。

主、俯视图上所标主要尺寸如下：

（1）减速器的总体尺寸为 150、335、740mm。

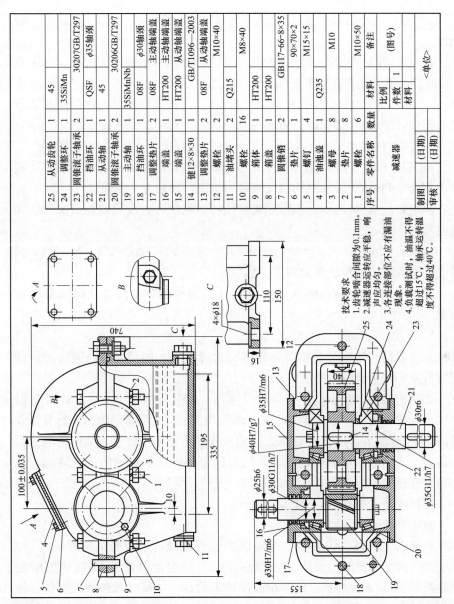

序号	零件名称	数量	材料	备注（图号）
25	从动齿轮	1	45	
24	调整环	1	35SiMn	
23	圆锥滚子轴承	2		30207GB/T297
22	挡油环	1	QSF	φ35轴颈
21	从动轴	1	45	
20	圆锥滚子轴承	2		30206GB/T297
19	主动轴	1	35SiMnNb	
18	挡油环	1	08F	φ30轴颈
17	调整垫片	2	08F	主动轴端盖
16	端盖	1	HT200	主动轴端盖
15	端盖	1	HT200	从动轴端盖
14	键12×8×30	2		GB/T1096—2003
13	调整垫片	2	08F	从动轴端盖
12	螺栓	2	Q215	M10×40
11	油堵头	2		M8×40
10	螺栓	16		GB117-66-8×35
9	箱体	1	HT200	
8	箱盖	1	HT200	90×70×2
7	圆锥销	2		M15×15
6	垫片	1		
5	螺钉	4		
4	油池盖	1	Q235	
3	螺母	8		M10
2	垫片	8		
1	螺栓	6		M10×50
序号	零件名称	数量	材料	备注（图号）

减速器　　比例　件数　1　材料　＜单位＞

制图（日期）
审核（日期）

技术要求
1. 齿轮啮合间隙为0.1mm。
2. 减速器运转应平稳，响声应均匀。
3. 各连接部位不应有漏油现象。
4. 负载测试时，油温运转温度不得超过15℃，轴承运转温度不得超过40℃。

图3-79　圆柱齿轮减速器的装配图

（2）减速器中心距的规格尺寸为（100±0.035）mm。

（3）减速器基座的安装尺寸为110、195mm。

（4）减速器主要尺寸。

1）主动轴组件。

$\phi25h6$：主动轴输入端（与输入半联轴器配合）尺寸，基轴制6级精度。

$\phi30G11/h7$：轴颈$\phi30mm$与挡油环之间形成基轴制间隙配合，基准轴7级精度，轴套配合孔精度等级为11级。

$\phi30H7/m6$：前后轴颈$\phi30mm$与30206圆锥滚子轴承内圈形成基孔制过盈配合（两处）。轴承内孔精度等级为7级，轴精度为6级。

2）从动轴组件。

$\phi35H7/m6$：前后轴颈$\phi35mm$与30207圆锥滚子轴承内圈形成基孔制过盈配合（两处）。轴承内孔精度等级为7级，轴精度为6级。

$\phi40H7/g7$：从动轴与齿轮形成基孔制间隙配合，齿轮内孔与配合轴颈精度均为7级。

$\phi35G11/h7$：轴颈$\phi35mm$与挡油环形成基轴制间隙配合。基准轴7级精度，轴套配合孔精度等级为11级。

$\phi30r6$：从动轴输出端轴颈（与执行机构相配合）尺寸，精度等级为6级。

（二）工作原理

减速器是通过一对或数对齿数不同的齿轮啮合传动，将高速旋转运动变为低速旋转运动的减速机构。

该减速器为单级传动圆柱齿轮减速器，即只有齿轮啮合传动。外部动力传递到主动轴19（齿轮轴），主动轴齿轮旋转带动从动齿轮25旋转，并通过键14将动力传递到从动轴21。由于主动齿轮的齿数比从动齿轮的齿数少得多，所以主动轴的高速转动，经齿轮传动降为从动轴的低速转动，从而达到减速的目的。

（1）减速器主要结构分析。

减速器有两条主要装配干线：

一条以主动轴（齿轮轴）的轴线为公共轴线，小齿轮（斜齿轮传动）居中，由两个圆锥滚子轴承20、挡油环18、轴端密封装置及两个端盖16、调整垫片17等装配而成。由于小齿轮的齿数较少，所以与轴做成整体，称为齿轮轴。

另一条主要装配干线是以与大齿轮配合的从动轴的轴线为公共轴线，大齿轮居中，由两个端盖、两个滚动轴承、一套轴封装置和一个调整环装配而成。调整环的主要作用是通过改变其轴向尺寸（环的厚薄）使两传动齿轮获得正确的啮合位置。

（2）支承轴承形式。由于该减速器采用斜齿圆柱齿轮传动，主动轴及从动轴两端都采用了一对圆锥滚子轴承，用以承受斜齿轮传动过程中的径向载荷及轴向载荷。在减速器中，轴的轴向位置是靠轴承、端盖及调整垫片等零件共同确定的。从俯视图中可看出，齿轮轴上装有滚动轴承、挡油环等零件，轴承端盖分别顶住两个滚动轴承的外圈，滚动轴承的内圈靠紧在轴肩上，实现轴向定位。为了避免齿轮轴在高速旋转中因受热伸长而将滚动轴承卡住，在端盖与滚动轴承外圈之间必须预留间隙（0.2～0.3mm），间隙的大小可通过增、减调整垫片的厚度来控制。

（3）减速器中各运动零件的表面需要润滑，以减少磨损，因此，在减速器的箱体中装有润滑油。为了防止润滑油渗漏，在一些零件或零件之间要有起密封作用的结构和装置。大齿轮应浸在润滑油中，其深度一般为两倍齿高，可用油标测定。齿轮旋转时将润滑油带起，引起飞溅和雾化，不仅润滑齿轮，还散布到各部位，这是一种飞溅润滑方式。从俯视图中可看出，端盖及毡圈等都能防止润滑油沿轴的表面向外渗漏。挡油环的作用是借助其旋转时的离心力，将环面上的油甩掉，以防飞溅的润滑油进入滚动轴承内而稀释润滑脂。

（4）从主视图中还可看出，箱盖 8 与箱体 9 用螺栓 12 连接，以使轴径向固定，并通过压紧密封垫，保证减速器的密封性。圆锥销 7 使箱盖与箱体在装配时能准确定位对中。油池盖上装有油窗孔，由四个螺钉 5 加垫片 6 固定在箱盖上，通过油窗孔可观察油位，打开油池盖可加注润滑油。润滑油必须定期更换，卸下油堵头 11，污油通过放油孔排出。

（三）零件的结构分析

零件是组成机器或部件的基本单元，零件的结构形状、大小和技术要求，是根据该零件在装配体中的作用以及与其他零件的装配连接方式，由设计和工艺要求决定的。

从设计要求考虑，零件在机器或部件中通常是起容纳、支承、配合、连接、传动、密封及防松等作用，这是确定零件主要结构的因素。

从工艺要求考虑，为了加工制造和安装方便，零件通常有倒圆、退刀（越程）槽、倒角等结构，这是确定零件局部结构的因素。图 3-80 是减速器主动轴（高速轴）零件图，其中 ϕ30mm 前后轴颈分别与轴承 30206 内孔配合（如前所述），ϕ25mm 带键槽轴端与减速器动力输入端（如电动机及联轴器等）连接。

图 3-81 是减速器从动轴（低速轴）零件图。其中 ϕ35mm 前后轴颈分别与轴承 30207 内孔配合（如前所述），ϕ30mm 带键槽轴端与减速器动力输出端（即执行机构）连接。ϕ40mm 带键槽轴颈与从动齿轮内孔配合。

图 3-82 是减速器箱体零件图，减速器箱体的主要作用是容纳、支承轴和齿轮，并与箱盖连接。

对照主、俯及局部视图可看出：箱体中间的长方形空腔是为了容纳齿轮和润滑油；箱体左面凸台上的圆孔可观察油池内润滑油的高度，下面凸

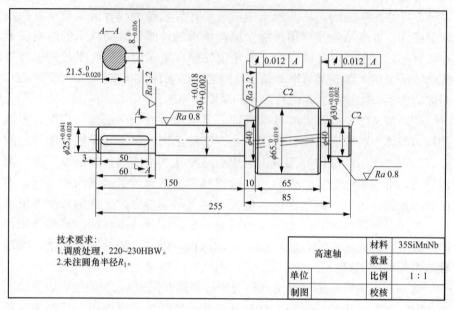

技术要求：
1.调质处理，220~230HBW。
2.未注圆角半径R_1。

高速轴	材料	35SiMnNb
	数量	
单位	比例	1：1
制图	校核	

图 3-80　减速器主动轴（高速轴）零件图

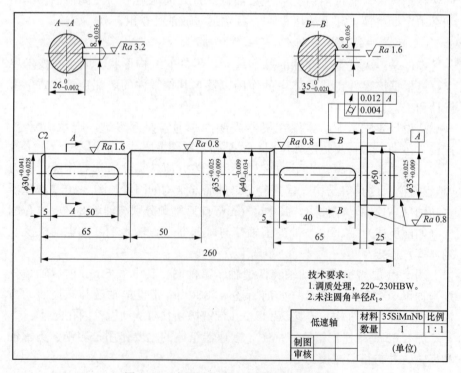

技术要求：
1.调质处理，220~230HBW。
2.未注圆角半径R_1。

低速轴	材料	35SiMnNb	比例
	数量	1	1：1
制图			
审核		（单位）	

图 3-81　减速器从动轴（低速轴）零件图

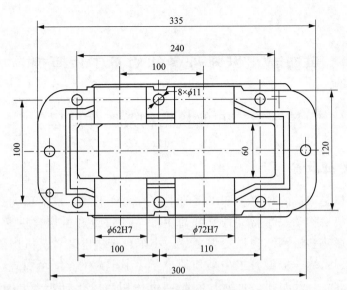

图 3-82 减速器箱体零件图

台上的螺孔则是放油孔；箱体前后的半圆弧内圆柱面（$\phi62H7$ 和 $\phi72H7$）分别用于安装主动轴轴承和从动轴轴承及其轴承端盖。

箱体与箱盖的连接面上加工有定位销孔和螺栓孔，箱体底板上有四个安装孔，在主视图上还可以看到左右两个小半圆孔，这是为了便于吊装而设置的挂绳用孔。

第四章　燃料设备结构及工作原理

第一节　卸船机结构及工作原理

一、卸船机概述

卸船机是港口的主要设备，目前主要有两种形式，机房移动式和机房固定式。机房移动式卸船机悬臂载荷由抓斗起重量和机房自重叠加而成，荷载重，影响整机钢结构强度和寿命，小车自带供电装置。机房固定式卸船机的牵引系统一般配有主小车和副小车，小车为钢丝绳牵引式，其特点为抓斗的起升、开闭和小车横移的驱动机构均固定在后大梁上的机房里，小车不带供电装置，自重较轻，走轮不会打滑，在抓斗横移运动时，所设的副小车能对主小车的运动起到有效的补偿平衡作用，卸船机整机稳定性好。采用小车钢丝绳牵引式与机房小车自行式相比，卸船机整机总重可减少 20％。

卸船机的工作环境条件较差，为保证良好的工作状态，机械件的润滑十分重要。主要润滑件，即轴承、减速机和钢丝绳的润滑方式如下：轴承采用集中和分散手动润滑，润滑脂可用国产 I 型极压锂基润滑脂 1 号；主要驱动设备减速机为封闭油浴润滑，可用国产 N220 号硫磷型极压工业齿轮油，定期更换；钢丝绳需定期涂刷专用钢丝绳黑油加以润滑保护。

二、抓斗卸船机

（一）总体结构

抓斗卸船机主要由行走大车，海、陆侧支腿门框，料斗梁，料斗，斜撑、悬臂、大梁，大梁顶架，前拉杆，后撑杆，机房，主/副小车，抓斗，司机室和电梯等结构组成，图 4-1 为抓斗卸船机结构示意图。

（1）行走大车主要包括行走装置、锚定装置、夹轨器及海、陆侧支脚门框等部件。

在卸船机行走轨道两侧各有两套行走装置。每套行走装置有八只走轮组成四组台车，配两台驱动设备，各台车通过中、上平衡梁（鞍形架）轴铰联成一体形成一个支承点，以减少行走过程中的不平衡影响。上平衡梁与海、陆侧门框采用焊接和法兰连接，保证整体结构的安全可靠。

海、陆侧支腿门框为钢板焊接的箱形结构，均分为三段，采用高强度螺栓连接。两侧门框由料斗梁及斜撑连接，共同支承大梁及上述设备。

锚定装置分别焊在两侧门框的下横梁中部，各自拖带一套液压夹轨器。

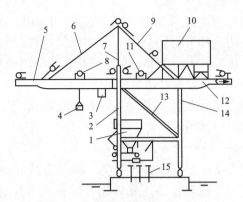

图 4-1　抓斗卸船机结构示意图

1—料斗；2—海侧门框；3—司机室；4—抓斗；5—悬臂；6—主小车；
7—大梁顶架；8—前拉杆；9—后撑杆；10—机房；11—副小车；12—大梁；
13—斜撑；14—陆侧门框；15—码头面皮带机

（2）料斗上梁位于门框支腿中段的上横梁处，为钢板焊接的箱形结构，与两侧门框用高强度螺栓连接；料斗下梁采用 H 型号焊接钢梁，分别与料斗上梁和侧门框用高强度螺栓连接。料斗上、下梁共同支承料斗及洒水、除尘、消防和皮带机等设备。

料斗悬空支承在料斗梁上，配有由四套测力传感器组成的料斗秤。在料斗内壁，受煤流冲击较大处，衬有合金钢板，煤流冲击较小处，为不锈钢钢板，分别由沉头螺栓和点焊固定。在料斗上口位置铺有格栅，用以除掉大块石块、木头等杂物；在格栅的两个角上还设有检修人孔。

（3）卸船机大梁为钢板焊接的箱形结构，后部为变截面设计。大梁与陆机侧门框采用销轴铰接，与海侧门框采用高强度螺栓连接。

悬臂位于海侧，为钢板焊接的箱形结构，头部为变截面设计。悬臂根部与大梁铰接，前端由两根前拉杆与大梁顶架相连，以保持悬臂呈水平状态。

（4）主/副小车平面呈"I"字形，构架采用箱形截面和工字形截面，中间装有滑轮组。两组通过抓斗起升、开/闭、小车横移、补偿等钢丝绳连成一体，并靠大梁后侧的小车钢丝绳拉紧装置保持其相对位置。小车行走轨道固定在与大梁和悬臂焊接成一体的"T"形结构钢上。作业时，主小车上的抓斗通过起升/开闭和小车横移等动作将船舱内的原煤抓入料斗。

（5）移动式司机室悬挂在大梁、悬臂的右侧下方专用的工字梁轨道上。司机室装有窗式空调器、工业电视显示屏、通信呼叫系统，司机可在此进行"半自动"或"手动"的卸煤操作。

（6）为便于工作人员上、下，在陆侧支腿门框上设置一专用电梯。电梯为钢丝绳曳引，有上、下两个出入口。

（7）卸船机机房通过底盘底座安装在大梁后部，为钢板焊接件，其内部又分为机械设备房和电气房两部分。房顶配有维修行车一台。机房中部由前向后依次排列布置有悬臂俯仰、抓斗起升、抓斗开闭和小车横移四大驱动机构；机房左边头部开有检修口，采用活动地板封闭，中间安装电动机—发电机机组，后部放置变压器。位于机房右边的电气房为全封闭结构，卸船机上的电气控制设备安装在内。

（8）卸船机的大车行走轨道两端，设有锚定座及千斤顶基础预埋板供卸船机大风和检修时停放用。

（二）主要设备及辅助设备结构及原理

卸船机的主要设备包括大车行走装置、料斗总成、皮带机系统、抓斗起升和开闭设备、小车横移设备、悬臂起升设备、司机室行走装置等。现分序如下。

1. 大车行走装置

卸船机每套行走装置由两组从动台车和两组驱动台车，经平衡梁连成一体。驱动台车由电动机经减速机、一对开式齿轮直接驱动一个走轮，并由一个小齿轮传动给另一个走轮。电动机与减速机间通过带制动轮毂的弹性联轴器连接，整套驱动可由电动推杆制动器制动。

轨道两侧的行走装置各配有一套手动、配重式锚定装置和一台液压夹轨器。当外界风力大于或等于30m/s（相当于11级大风）时，应将卸船机行至轨道端部的锚定位置，通过扳动手柄将锚定杆插入锚座中，以固定卸船机。夹轨器为常闭式，通过主弹簧收缩使夹钳夹紧轨道；大车行走前，通过油泵将压力油注入油缸，克服主弹簧力后，带动楔块滑出，并由两根副弹簧收缩致使夹钳松开轨道。为使夹轨动作准确可靠，夹轨器前后设有导向滚轮，滚轮与行走轨道间隙为15mm。

2. 料斗总成设备

料斗总成设备主要包括测力传感器型料斗秤、料斗振动器、料斗门落煤回收装置和挡风板卷扬装置，每台卸船机均设有料斗秤，用于计算料斗内的装煤量。

位于料斗下出口旁边的料斗门，可通过调节螺杆来调整其开口大小，进而达到调节其输出煤煤流深度的目的。而在料斗上开口后侧设有活动挡风板，通过电动绞盘，既可升起挡风板，以防止卸煤时被风吹散在料斗外，也可放平挡风板以利抓斗从码头面起吊推扒机出入船舱的作业。

在卸船机海侧装有落煤回收装置，它由落煤挡板和回收皮带机组成，用于回收作业时洒落在船舶和码头间的原煤。落煤挡板通过销轴与挡板俯仰机构，可以使挡板在与水平呈75°～45°范围内俯仰。回收皮带机配有清扫器和螺栓接紧装置。

3. 皮带机系统

卸船机皮带机系统主要包括给料皮带机、配料皮带机、装船皮带机。

（1）给料皮带机。给料皮带机位于料斗下方，为水平布置，皮带上方设有全封闭导料槽，通过单驱动将原煤从料斗转送至配料皮带机。图4-2为卸船机给料皮带机布置图。

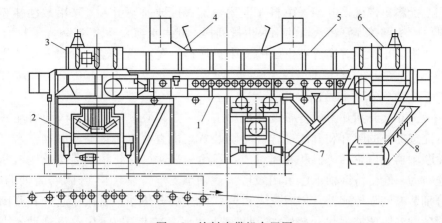

图 4-2 给料皮带机布置图

1—给料皮带机；2—配料皮带机；3—头部落煤筒；4—料斗门；5—导料槽；
6—尾部落煤管；7—装船中转皮带机；8—螺旋拉紧装置

驱动装置由滑差电动机、弹性联轴节、减速机、齿轮联轴节和驱动滚筒组成，其特点是电动机可在增加负荷的情况下增大转速，即可以根据实际煤流的需要，在 20%～100% 范围内调节皮带机运行速度。

给料皮带机的驱动滚筒均采用焊接结构，外面包有橡胶覆盖层，并分别开有人字形槽和菱形槽，以增大驱动滚筒的摩擦力，并便于排除卡入胶带和滚筒间的异物。同时，菱形槽又利于皮带机反向运行。

在料斗口位置，给料皮带机采用六组橡胶缓冲平托辊，可减少落煤时对胶带的冲击，而在回程侧设有调心托辊一只，以防止皮带机跑偏。

给料皮带机的拉紧装置为螺旋式，水平布置在皮带机尾部。给料皮带机两侧设有行人道，并分别装有跑偏开关和供紧停用拉线开关；在头、尾部滚筒处还装有胶带清扫器；落煤管上装有防堵煤开关和手动翻板，以防止堵塞和调节落煤点位置。

为防止承载侧煤流溢出，影响皮带机运行，在承载平托辊下方均装有落煤挡板。

（2）配料皮带机。配料皮带机位于卸船机右侧，与给料皮带机垂直布置。它配有四只行走轮，可在专用轨道上行走。行走装置由电动机、齿轮、齿条组成。

配料皮带机带有头、尾两只落煤管，依靠行走装置，并通过限位开关可停靠三个位置；当尾部落煤管与给料皮带机头部落煤管正对时，原煤由皮带机输送出去；否则，依所停位置不同，原煤经头部落煤管分别送至皮带机上。配料皮带机械的驱动装置由电机、齿轮减速机、联轴器和覆有人字槽橡胶层的驱动滚筒组成。驱动滚筒配有胶带清扫器；尾部滚筒处装有跑偏开关，这些安全装置用于检测皮带的打滑、跑偏等运行情况。头部落煤管上装有手动翻板和防堵开关，可改变落煤点和防止落煤管堵塞，并装

111

有喷淋装置以抑制煤尘飞扬。

配料皮带机采电装置由料斗上梁中部通过导向架引入，采用柔性挂缆供电；头部落煤管喷水点的水源也按同样方式由水缆并排输入。

为防止承载侧煤流溢出影响皮带机运行，在承载托辊下方均安装落煤挡板。

4. 抓斗起升和开闭设备

抓斗起升和开闭设备布置在机房中部，由其通过相应的钢丝绳滑轮系统完成抓斗的起升和开闭动作。驱动装置均由直流电机、电磁制动器、齿轮联轴器、齿轮减速机和卷筒组成，卷筒一端通过卷筒联轴器与减速机相连，另一端由铸钢轴承座采用鼓形滚柱轴承支承。在起升/开闭卷筒轴端，分别装有同步传感器，均通过一对开式齿轮啮合传动，由抓斗起升和开闭设备共同协调控制起升/闭合电机的速度大小；在起升/闭合电机制动器引伸轴上，经橡胶盘联轴器直接装有直流测速发电机，负责将各自的速度反馈到计算机，还装有限速器，以防止起升/开闭过速。

图 4-3 为起升和开闭钢丝绳的穿绕系统示意图。滑轮由轧制钢制成，采用双列圆柱滚动轴承支承。起升/开闭钢丝绳卷筒侧绳端采用压板固定，抓斗侧绳端采用楔块和轧头固定。值得指出的是，开闭绳分为上、下两段，下段穿过抓斗滑轮组后与上段采用快速接头（带锁连接环）相连，这种设计既能节约钢丝绳，又可减少维修工作量。考虑到开闭绳这种结构的特殊性，对主小车上的开闭绳滑轮也采取了相应措施，即除开设正常绳槽外，还加大了轮缘开挡尺寸（由原开口 88mm 增大至 210mm），以利于快速接头。另外，主、副小车的滑轮均装有护套，以防钢丝绳跳槽。

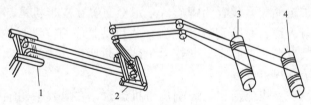

图 4-3　起升和开闭钢丝绳穿绕示意图
1—主小车；2—副小车；3—起升卷筒；4—开闭卷筒

5. 小车横移设备

小车横移设备布置在机房后部的下侧，其包括直流电机、电磁制动器、齿轮联轴器、齿轮减速机和卷筒。卷筒有左、右旋两组绳槽一端通过卷筒联轴器与减速机相连，另一端由铸钢轴承座，采用鼓形滚柱轴承支承。该轴承通过滚子链传动、装有同步传感器在电机制动器轴端，经橡胶盘联轴器直接装有直流测速发电机，负责将速度反馈给计算机。另外，在小车轨道的两侧，从悬臂头部至大梁尾部依次装有极限限位、二级减速检测、一级减速检测、半自动开始点（悬臂侧）/料斗位置、减速检测和极限限位（大梁侧）等限位开关。

除以上限位开关外，主、副小车上还装有液压缓冲器，并在其行走轨道两端装有撞针。为避免横移时啃轨，主、副小车在轨道内侧四个脚上均设有一只水平导向轮，该导向轮偏心设计，偏心距为10mm，可根据实际需要，手动调节轨道与轮子之间的间隙。

图4-4为小车横移钢丝绳卷绕系统示意图，滑轮由轧制钢制成，采用双列圆柱滚动轴承支承。主、副小车横移牵引钢丝绳共四根，均绕在同一卷筒上，主小车牵引绳对称布置在卷筒的外侧，出绳点在上方，副小车牵引绳对称布置在卷筒的内侧，出绳点在下方，四根绳端在卷筒上均采用压板固定；另一端则采用楔块和轧头分别固定在主小车平衡梁和大梁平衡梁。

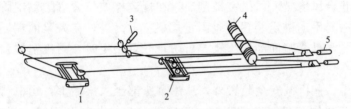

图4-4 小车横移钢丝绳卷绕系统示意图
1—主小车；2—副小车；3—补偿绳弹簧拉紧装置；4—小车横移卷筒；5—液压拉紧装置

卸船机抓斗利用主、副小车，将起升、开闭、小车横移等钢丝绳及补偿绳连成一体，并通过相应的驱动和同步传感器的协调控制而完成抓斗的全过程。为了使抓斗运行过程中主、副小车间具有一定的位置，并使牵引钢丝绳维持一定的张力，在海侧腿顶部、大梁尾部分别设有补偿绳弹簧拉紧装置和牵引绳液压拉紧装置。液压拉紧装置由电机、液压泵、蓄能器液压缸、油罐和有关阀门、油管及压力开关等组成。该装置通过三个电磁控制阀的控制，可以完成钢丝绳张紧、张力保持、悬臂俯仰以及松绳等各种工况的动作，使主、副小车运行安全可靠。

6. 悬臂起升设备

悬臂起升设备位于机房前部，驱动装置包括直流电机、电磁制动器、齿式联轴器、减速机、卷筒和带式制动器。卷筒另一端由铸钢轴承座、采用鼓形滚柱轴承支承，并装有带式制动器，以保证悬臂俯仰时的绝对安全。带式制动器采用电动推杆松闸，平衡对重块制动，制动器为卷筒本体延伸部分。为使悬臂俯仰动作可靠安全，在卷筒轴端通过滚子链传动装有同步传感器，而在减速机第二传动轴上装有过速开关。

悬臂俯仰动作是通过其起升设备驱动相应的钢丝绳滑轮系统来完成的。滑轮由轧制钢制成，采用双列圆柱轴承支承。钢丝绳卷筒侧绳端采用压板固定，平衡梁侧采用楔块和轧头固定，该平衡设在顶架顶部位置。另外，在其顶部还安装了一套悬臂锁定装置，该装置由电动液压推杆驱动通过带平衡的杠杆机构带动挂钩提起，在悬臂起升到82°时，限位开关动作，挂钩

113

放下，将悬臂予以锁定。悬臂起升过程中为减少撞击，在顶架上与悬臂保持架正对位置装有橡胶缓冲器。

7. 司机室行走装置

司机室行走驱动装置布置在司机室顶上，为双机双驱动式（即四个走轮全为驱动轮），由两台感应电机、盘式制动器、高速轴滚子链联轴器、减速机、低速轴滚子链联轴器和走轮等组成。走轮为单轮缘，圆锥踏面结构，采用鼓形滚柱轴承支承。在四个走轮旁安装四套司机室行走保护架，护架与工字钢轨道腹板间隙一般为 25mm，可手动调节；司机室与行走驱动架间设有橡胶防震器，并在行走架两端装有橡胶止挡器，以减轻撞击。

为防止台风情况下司机室被刮走，在规定停放位置（陆侧支腿中心附近）设有一套手动锚定装置，以固定司机室；另外，在大梁前端还设有机械挡块，它与悬臂俯仰动作连锁，可防止悬臂锁定时，司机室被台风刮走跌落。

除以上一些机械安全装置外，从悬臂头部至大梁后部，司机行走轨道旁还依次有极限限位、末端限位（悬臂侧）/与悬臂起升连锁、末端限位、极限限位（大梁侧）等限位开关。

8. 辅助设备

（1）除尘装置。为抑制煤飞扬，减少环境污染，卸船机配有干式和湿式除尘装置。

干式集尘装置布置在卸船机右侧料斗上梁上，负责收集给料皮带机至配料皮带机的粉尘，它主要由布袋式集尘器、抽风机、螺旋输送机、回转阀和空压机等组成。

湿式除尘装置即为喷淋装置，水位由水位开关和电磁阀控制水槽内的水经卸船机供水泵打入水箱，然后洒水泵向以下各点喷水。

为抑制抓斗卸煤时的煤灰飞扬，料斗上口有两条洒水线，可根据煤飞扬情况进行组合选择。而且该洒水作业与抓斗运动进行连锁，当抓斗接近料斗时洒水开始，并由时间继电器自动停止洒水。

（2）换绳卷扬装置。为了方便地更换钢丝绳，机房后部设有两套电动绞盘，采用悬垂式按钮操纵，并有两个扣绳滑轮配合使用。

（3）电梯。卸船机在陆侧门设有电梯，通过钢丝绳曳引传动，为自操作按钮式控制。为使电梯使用可靠，还设有以下一些安全装置：调速器、上限安全限位、调速器限位开关、门限位开关、门自动锁定装置、紧停开关和下部缓冲弹簧等。

三、螺旋卸船机

（一）概述

螺旋卸船机是一种高效的机械化卸料装置，主要用于卸煤、焦炭、碎石、砂、矿粉等散装物料，具有较高的卸煤效率，可大大减少人工和降低工人的劳动强度。它被广泛用于大中型火力发电厂、冶金、化工、码头、车站、货场的卸料作业。螺旋卸船机是非自卸载煤敞车进行卸煤作业的理想设备。

（二）种类

螺旋卸船机的型式按金属架构和行走机构分为桥式、门式、r式三种。

1. 桥式螺旋卸船机

桥式螺旋卸船机的工作机构布置在桥上，桥架可在架空的轨道上往复行走。其特点是铁路两侧比较宽敞，人员行走方便，结构设计较为紧凑。

2. 门式螺旋卸船机

门式螺旋卸船机的特点是工作机构安装在门架上，门架可以沿地面轨道往复行走。

3. r式螺旋卸船机

r式螺旋卸船机是门式卸船机的一种演变形式，通常用于场地有限、条件特殊的工作场所。r式螺旋卸船机按螺旋旋转方向可分为单向螺旋卸船机和双向螺旋卸船机两种。

目前国内使用的大多是双向螺旋卸船机，火力发电厂一般选用桥式螺旋卸船机。

（三）技术参数

桥式螺旋卸船机的型号按其跨度可分为 6.7、8、13.5m 三种，按螺旋卸船机的升、降臂分为链条传动和钢丝绳传动两种，见表 4-1。

表 4-1 LX 系列螺旋卸船机技术参数

型号		LX-6.7	LX-8	LX-13.5
大车运行机构	综合卸煤能力（t/h）	350～400	350～400	350～400
	运行速度（推荐）（m/min）	13.4	13.4	14.44
	车轮直径（mm）	350	350	500
	最大轮压（kN）	58.0	61.5	89.0
	轨道类型（推荐）（kg/m）	24	24	38
小车运行机构	运行速度（推荐）（m/min）			13.3～14
	车轮直径（mm）			350
	最大轮压（kN）	37	37	62
	轨道类型（推荐）（kg/m）			24
螺旋旋转机构	螺旋速度（推荐）（r/min）	100	100	100
	螺旋直径（推荐）（mm）	900	900	900
	螺旋长度（推荐）（mm）	2000	2000	2000
	螺旋头数	3	3	3

续表

型号		LX-6.7	LX-8	LX-13.5
螺旋升降机构	升降速度（推荐）（r/min）	7.84	7.84	7.84
	升降高度（m）	4.5	4.5	4.5
	卷筒直径（推荐）（mm）			400
	卷筒长度（推荐）（mm）			800
	卷筒头数			2
外形尺寸（mm×mm×mm）		7120×5900×4100	8351×5900×4100	14000×5272×4600
质量（t）		17	19	23

（四）结构

桥式螺旋卸船机由螺旋回转机构、螺旋升降机构、行走机构、金属架构和司机室等组成，如图4-5所示，设备各部件的操作集中在司机室内完成。

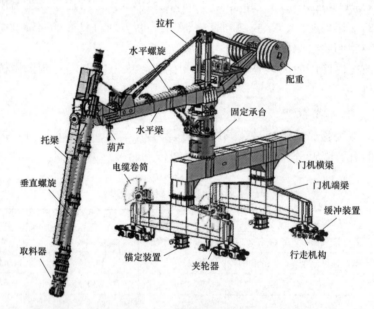

图4-5 桥式螺旋卸船机结构

1. 螺旋回转机构

螺旋回转机构由螺旋本体、螺旋机架和传动装置等组成，螺旋本体包括叶片、主轴和两端的轴承座、轴承及链轮。

螺旋叶片有单向和双向制粉，长度为1900～2000mm，常用设备长度为2000mm；螺旋直径一般为600～1000mm，常用的为900mm；叶片的螺距为200～350mm，螺旋角一般为20°，螺旋头数一般为3头。

螺旋叶片由钢板冲压而成，焊接在主轴上。螺旋本体两端的轴承座，用螺栓固定在支架上。因工作条件较差，轴承座与轴之间的密封要求使用较可靠的密封方式。

螺旋回转机构的传动装置主要由电动机、联轴器、链轮和套筒滚子链等组成。传动装置有两套，分别独立操纵两个螺旋，两个螺旋可以同高，也可以一高一低，垂直升降。

为了防止螺旋在卸料过程中因卡涩而出现过载，造成驱动装置或电动机损坏，一般采用摩擦过载式联轴器。

链条传动方式有单侧传动、双侧传动和中间传动三种形式。中间传动可以增加螺旋的有效工作长度，以尽量减少车底余煤。如果两套螺旋单侧传动，若采用中心不对称布置，可达到增加有效工作长度、减少车底余煤的目的。工作时，电动机通过减速机把扭矩传递给链轮，链轮通过链条把扭矩传递给螺旋本体，实现螺旋转动，从而达到卸下物料的目的。

2. 螺旋升降机构

螺旋升降机构安装在金属构架的升降平台上，由两套独立的传动装置组成。升降机构的驱动部分由电动机、减速机、齿轮联轴器、链轮、传动轴、轴承座和制动器等组成，如图 4-6 所示。电动机输出扭矩，通过减速机、链轮传递给链条，由链条带动螺旋臂架，实现螺旋升降。螺旋由上至下运动时，可将敞车中的煤从侧门卸出。

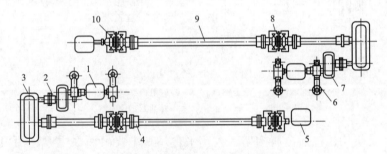

图 4-6　螺旋卸船机的升降机构
1—电动机；2、4—齿轮联轴器；3、7—减速机；5—限位开关；
6—液压推杆制动器；8—链轮；9—传动轴；10—轴承座

按照螺旋机架行走轨迹来分，升降方式可分为圆弧升降、垂直升降和混合升降三种。

（1）绕固定轴摆动圆弧升降，一般采用钢丝绳提升。这种升降方式较少使用。

（2）沿垂直轨道升降，可采用钢丝绳或链条传动。

（3）由以上两种形式组合使用实现升降。这是较为普遍的一种。螺旋机构在链条的传动下，沿垂直圆弧轨道上升和下降。工作时，螺旋大都是垂直升降，螺旋臂是垂直的，当到达圆弧轨道后，螺旋机构的运动轨迹则变为曲线，上升到轨道最顶部时，螺旋臂处于水平位置。当卸料结束，螺旋臂应提升至最顶部并处于水平位置，停机备用。

升降机构可将螺旋下降到车厢中的某一高度，逐层卸下物料，根据物料的振实程度、水分大小等情况调整合适的吃料深度。在一个卸煤位作业完毕后，该机构将螺旋装置升起到超过车厢的高度，然后大车行走装置启动，将整机运行到下一个卸煤位置。

3. 行走机构

行走机构包括大车行走机构和小车行走机构，目前除 13.5m 跨度桥式螺旋卸船机上安装有小车行走机构外，其余均只有大车行走机构。

（1）大车行走机构。

1）组成。大车行走机构主要由电动机、减速机、联轴器、制动器、轴承座、行走轮等组成。采用分别驱动方式，即布置在两侧的主动车轮各有一套驱动装置，如图 4-7 所示。

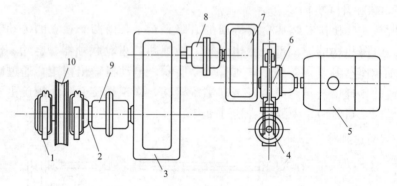

图 4-7　大车行走机构

1—角型轴承箱；2—行走轴；3、7—减速机；4—液压推杆制动器；
5—电动机；6—制动轮；8、9—联轴器；10—行走轮

行走机构还包括金属构架、大车平台，其主要由两根主梁、两根端梁及主梁两侧的走台组成，每根主梁的端部与端梁焊接在一起，在主梁的上盖板上设置小车行走轨道；大车行走传动装置固定在端梁上，安装在平台上，平台为各机构的检修及检查提供方便，保证人员安全。

2）工作原理。大车行走机构采用四轮双驱动，主动车轮与减速机低速轴相连，电动机通过液压推杆制动器、联轴器与减速机高速轴相连。当螺旋卸煤机移动时，启动两套驱动装置电动机，制动器连锁打开，驱动主动车轮转动；当卸煤机大车行走停止时，电动机电源切断，同时制动器电动机失电，抱闸片抱住制动轮，从而制动大车机构。

（2）小车行走机构。

1）组成。小车行走机构主要由电动机、减速机、制动器和车轮组等组成。

2）用途。由于 13.5m 跨度桥式螺旋卸船机多用于双线缝隙煤槽上，煤槽上方可并排停放两列重车，小车行走机构将螺旋臂做水平移动，使螺旋由一条重车线移动到另一条重车线上进行作业。

用于单线缝隙煤槽上的螺旋卸船机则不需要布置小车行走机构。

3）工作原理。电动机通过减速机驱动主动轮转动，使螺旋活动臂架和小车机构整体沿主梁做水平运动，同时也使螺旋臂架沿圆弧轨道做上、下移动。

4. 金属架构

桥式螺旋卸船机主桥梁由钢板焊接而成的箱形主梁和两根梁组成。端梁与主梁以焊接方式连接在一起。

每根主梁两侧腹板用连接角钢与端梁腹板焊接，以增加连接处的强度。两根箱形端梁为倒马鞍形，端梁端部焊接有直角弯板，行走轮组的角形轴承箱用螺栓固定在端梁端部。

起重平台为焊接框架结构，用于安装螺旋升降机构及检修维护使用。螺旋支承立柱上装有直线导轨，作为螺旋运动的支承导向架，它与升降平台的下部用螺栓固定，并且焊接加固。侧向支承板用于加强螺旋支承立柱，提高螺旋在运动中的稳定性。

（五）工作原理

螺旋卸船机虽然形式多样，但其工作原理是相同的。它利用正、反螺旋旋转产生推动力，物料在此推力作用下沿螺旋通道由车厢中间向两侧运动，从而达到将物料卸出车皮的目的。同时大车沿车厢纵向往复移动，螺旋升降，大车移动与螺旋升降协同作用，将物料不断地卸出车厢。同时，可通过移动小车找正卸煤位置。

（六）卸煤过程

当重车在重车线就位后，人工将车厢侧门全部打开。操作人员在操作室启动大车行走，将螺旋卸煤机开至车厢的末端，按大车行走停止按钮，大车停止运动；启动螺旋升降机构和螺旋回转机构，螺旋开始旋转卸下物料；启动大车行走机构，大车沿车厢纵向移动。螺旋升降机构有上下限位，在下降过程中不会"啃"车厢底部，一般留 100mm 左右的底料，以保护车底，这部分剩余物料由人工清理。当卸完一节车厢时，启动螺旋升降机构，将螺旋提起，越过车厢，开动大车，同样进行其他车厢的卸煤作业。

螺旋卸煤机卸煤，需要人工开、关车门，清理车底余料等作业。因此，螺旋卸煤机只能在一定程度上提高劳动生产效率和降低工人的劳动强度。

第二节　翻车机系统结构及工作原理

一、翻车机简介

（一）类型

翻车机是用来翻卸铁路敞车散料的大型机械设备。

翻车机通常根据其转子结构、传动方式、靠车方法、压车形式进行分类。

（1）按翻车机转子结构（或翻卸形式）分类，分为转子式、侧倾式。转子式按转子端面形状又分为 O 型和 C 型转子式翻车机。

转子式翻车机被翻卸的车辆中心基本上与翻车机转子的回转中心重合，车辆与转子回转 170°左右，将煤卸到翻车机下面的受料斗中。

侧倾式翻车机被翻卸的车辆中心远离翻车机回转中心，使车厢内的煤倾翻到车辆一侧的受料斗内。

目前习惯按翻卸形式（结构型式）来分类，在改型及新电厂中多使用 C 型翻车机。

（2）按翻车机的传动方式分类，分为齿轮传动、钢丝绳传动（已淘汰）两种，而齿轮传动可分为开式齿轮传动和开式销齿传动两种。

（3）按压车形式分类，分为机械压车和液压压车两种，其中液压压车又有扁担梁式液压压车两侧压车梁式液压压车、车厢四角钩状压车装置。

（4）按靠车方式分类，分为液压靠车、平台移动靠车。

（5）按翻转节数分类，分为单翻、双翻、三翻。双翻、三翻大多数应用于港口，国内电厂相对选用较少。

翻车机一般技术参数如表 4-2 所示。

表 4-2　翻车机技术参数

项目	O 型转子式	侧倾式	C 型转子式
最大翻转质量	100t	110t	110t
最大翻转角度		175°	
翻转周期		≤60s	
电机功率	2 台×75kW	2 台×110kW	2 台×45kW
调速方式		双速电机或定子调压，直流、变频调速	
传动方式	销齿传动、齿轮传动	销齿传动、齿轮传动	销齿传动、齿轮传动
压车方式	液压压车	机械压车	液压压车
靠车方式	液压靠车（早期为平台移动靠车）	平台移动靠车	液压靠车
设备重量	149t	141t	109t

（二）结构简介

1. 转子式翻车机

转子式翻车机由一个设置在若干组支承滚轮上的转子构成。当车辆被送入转子内的平台以后，通过压车机构压紧车辆并和转子同步旋转，将散货卸出。

（1）O 型转子式翻车机属早期翻车机产品，其特点是设备结构较复杂，整体刚性好，翻转轴线靠近其旋转轴线的重心，驱动功率较大。压车形式最初为机械压车（如钢丝缉锁钩式压车、四连杆摇臂机构压车），靠车方式则为平台移动靠车,因其结构复杂现已淘汰。目前多采用液压压车和靠车(见图 4-8)。

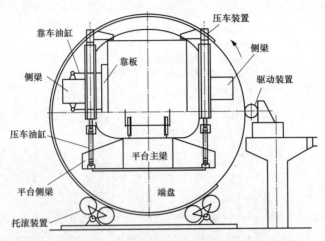

图 4-8　O 型转子式翻车机端面结构示意图

O 型转子式翻车机翻卸过程:车辆在定推平台(含定位器和推车器)上定位后,启动翻车机低速旋转,待车辆与靠板接触后,双速电动机自动切换到高速旋转,翻车机旋转的同时,夹钩(或压车压头)也慢慢下降,当夹钩与车辆侧板接触时即可锁住重车,此时翻车机翻转角度不大于 70°。振动器的振动箱借助于平台的连杆与车辆墙板接触,当转到 160°时振动器振动,翻转到 175°停转,然后回翻到 150°振动器停止,回翻到 90°夹钩开始上升至极限位,回翻至 20°时双速电动机切换到低速运行至 5°左右,平台回零位,完成车辆卸车作业过程。

(2)C 型转子式翻车机。采用 C 型端盘,平台固定,液压靠板靠车,液力压车,采用双速电动机拖动,消除了车辆和设备的冲击,降低了压车力。根据液压系统特有的控制方式,使卸车过程车辆弹簧能量有效释放。结构轻巧,加之翻转轴线靠近其旋转轴线的重心,故驱动功率小,但结构受力不如 O 型翻车机。

(3)从结构型式及调车系统上看,由于 O 型转子式翻车机端面结构为 O 型端环,无法让调车机的大臂通过,调车的作业被分为推送重车进入翻车机和将空车牵出翻车机并送入迁车台两部分,分别由重车调车机(早期采用重车铁牛)和翻车机平台上的推车器来完成,而且车辆是靠调车设备的推送力溜进翻车机内,故平台还需定位器及缓冲器,使之结构及系统复杂。C 型翻车机的 C 型端环可以让调车机的大臂通过,调车作业只配备一个重车调车机即可完成调车、定位、推空车,不会对翻车机产生冲击,同时使系统变得简单。

2. 侧倾式翻车机

侧倾式翻车机(见图 4-9)主要由一个偏心旋转的平台和压车机构组

成。当车辆被送到平台上以后，压车机构压住车辆、平台旋转，将散货卸到侧面的漏斗里。

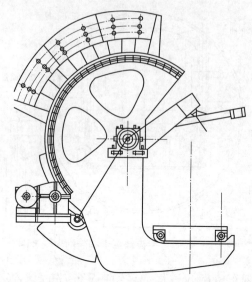

图 4-9　CFH-1 侧倾式翻车机结构示意图

侧倾式翻车机在结构上具有结构简捷、刚性强，采用机械压车和锁紧，平台移动靠车，无液压系统，转动部件少，并且同 C 型翻车机一样调车作业只需配备重车调车机。但由于整机自重大，工作线速度较高，翻车轴线位于敞车的侧上方，对旋转系统重心的配置不利，因而功率消耗很大。

二、翻车机卸车线系统简介

1. 概述

翻车机系统是通过多个工作单元协同工作，完成对铁路敞车车皮内的散装物料进行翻卸，并对敞车车皮实施调度的一套系统。

翻车机系统随着技术的进步也发生了重大的变化，如过去许多作业都无法实现自动作业，现在基本上都能进行，并随旋转车钩的出现还实现了不摘钩翻卸。老翻车机由于采用机械式压车，对车辆的损害比较严重，新式的翻车机采用液压方式压车，可靠性比老产品有非常大的提高。

随着翻车机本身变化，其辅助设备也发生了变化，翻车机系统更加安全可靠、操作简单。现行翻车机卸车系统主要由翻车机（优选 C 型）、重车调车机、夹轮器、空车调车机止挡器、迁车台等设备组成。

翻车机系统主要设备的作用为：重车调车机（简称重调机，又称拨车机）牵引重车车辆和推送翻卸后的空车进入空车线或迁车台。空车调车机（简称空调机，又称推车机）将迁车台上的空车车辆推出送到规定位置，进行空车集结。迁车台用于将翻卸后的空车车物横移到空车线路上。夹轮器用于固定重车定位。

火力发电厂因所处的地形、地质条件不同，系统的布置型式和设备的组成也不相同，根据布置型式，翻车机系统可分为贯通式翻车机系统、折返式翻车机系统两种（又称贯通式卸车线、折返式卸车线）。折返式翻车机系统需要折回，因而相对贯通式其路线布置及所需设备较多，但两种系统基本原理相同，其主要区别点在于折返式翻车机需配备迁车台。由于受厂区限制，当前在电厂中多采用折返式翻车机系统。

2. 贯通式卸车线

贯通式系统是指重车从某一个方向进入翻车机系统进行翻卸作业，之后从同方向离开翻车机系统（见图 4-10）。此形式的重车线和空车线与翻车机布置在同一线路上，由于少了空车通过迁车台调车这一环节，系统简单、易于维护，系统翻卸效率高，若与采用旋转车钩的不解体车辆（C80）配合使用，其效率更高。但系统占地面积大，一般适合于港口码头等效率要求高、占地面积限制小的用户。

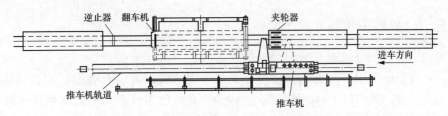

图 4-10　贯通式翻车机卸车系统布置形式

贯通式翻车机卸车系统的作业过程如下：假设 1 号车已翻卸完毕并停留在翻车机平台上，这时拨车机大臂下降并后退与重车列联挂（同时被夹 2 号车前轮松开），牵引重车列前进，当 3 号车前车轮至夹轮器处停车夹紧，人工或自动摘开 2 号车与 3 号车之间的车钩。拨车机牵引 2 号车前进至翻车机内并同时推出 1 号车，2 号车定位后拨车机与 2 号车自动摘钩，拨车机将 1 号车推出过逆止器。翻车机进行 2 号车翻转且返回原位后，拨车机大臂收起并高速返回至 3 号车，进入下一循环作业。

3. 折返式卸车线

折返式系统是指重载车皮从一个方向进入翻车机系统翻卸作业，从反方向离开翻车机系统，如图 4-11 所示。这种卸车线的布置又可分为两种，一种是有迁车台的布置形式；另一种是没有迁车台（或称驼峰式布置形式）。没有迁车台（驼峰式）的卸车线布置形式最大的缺点是用人工对驼峰溜车制动，不仅劳动强度大，而且不安全，故在大型行业不予采用。具有迁车台折返式系统整体布置紧凑、占地面积小、安全可靠，适用于火力发电厂、钢厂等对系统的占地面积限制较高，效率要求相对较低的用户。

折返式翻车机卸车系统的作业过程如下：假设 1 号车已翻卸完毕并停留在翻车机平台上，这时翻车机大臂下降并后退与重车列联挂（同时被夹 2 号车前轮松开），牵引重车列前进，当 3 号车前车轮至夹轮器夹紧，人工或

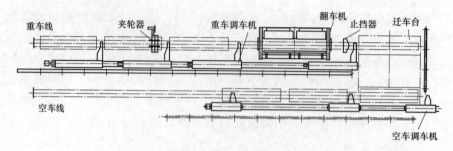

图 4-11　折返式翻车机卸车系统布置形式

自动摘开 2 号车与 3 号车之间的车钩。拨车机牵引 2 号车前进至翻车机内定位摘钩并同时推出 1 号车至迁车台定位，然后大臂拾起，拨车机高速返回原位，翻车机同时翻卸 2 号车后返回零位，迁车台载着 1 号车横移至空车线对位。推车机将 1 号车推出空车线上的止挡器以外。迁车台返回原位。至此一个工作循环完毕进入下一个工作循环。

三、C 型转子式翻车机

1. C 型转子式翻车机型号及技术参数

由于该类型翻车机是目前使用发展主要方向，其型号较多，但其结构基本一致，其中以 FZ15 及 FZ1-2（或 3）系列使用较多，下面以 FZ15-100 型为主进行分析。

（1）型号含义。

型号：FZ15-100。

FZ—转子式翻车机 C 型。

1—每次翻一节（单翻）。

5—设计序号。

100—额定载重量 100t。

FZ1-2A 型号含义与其基本相同。

（2）主要技术参数（FZ15-100 型、FZ1-2A 型）。

1）适用车型：C60、C61、C62、C64、C70 型铁路敞车。

2）额定翻卸重：不小于 100t（最大载重量 110t）。

3）正常翻转角度：165°。

4）最大翻转角度：175°。

5）翻转周期：不大于 60s。

6）最大效率：32 节/h（系统综合翻能力一般为 2225 节/h）。

7）驱动功率：2×37kW（FZ1-2A 型为 2×45kW）。

8）翻车机最大回转速度：1.04r/min。

9）振动器型式：激面式。

10）振动器击振力：0～18kN。

11）总重量：106.5～109.4t。

12）翻转传动方式：齿轮传动。

13）调速方式：变频调速。

14）压车机构：液压压车。

15）靠车方式：液压靠车。

2. C 型转子式翻车机结构

C 型转子式翻车机主要由回转框架、驱动装置、液压压车机构、液压靠板振动装托辊（支托轮）、支承框架、导煤板、电缆支架、插销装置、液压系统、除尘装置等组成，如图 4-12 所示。

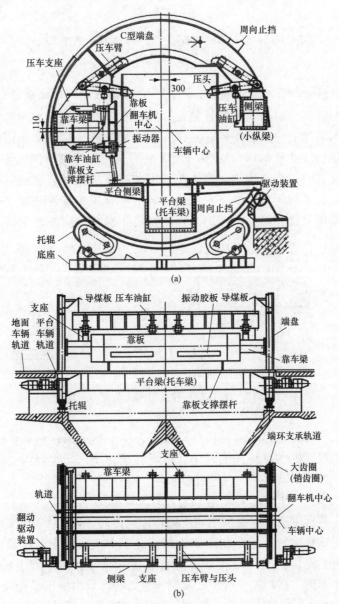

图 4-12　C 型翻车机（FZ15-100 型）结构示意图（一）

(a) 正剖图；(b) 侧剖图

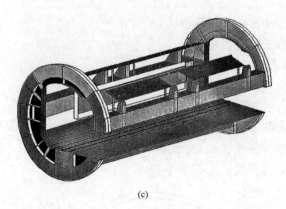

(c)

图 4-12　C 型翻车机（FZ15-100 型）结构示意图（二）

（c）整体框架图

（1）回转框架（又称回转体）由两个 C 型端盘和三根箱形梁（托车梁、靠车梁、小纵梁）用高强螺栓连接成一体，并通过两端盘上的轨道置于托辊上。在两端盘上除轨道外还安装有齿条（或销齿），用以驱动回转框架做往返回转运动（见图 4-13）。在托车梁上装有轨道以停靠车辆，并用来作为靠板振动装置的一个支承点。在靠车梁上装有靠板振动装置油缸支座、压车装置油缸支座和压车臂支座。在小纵梁上装有压车装置油缸支座和压车臂支座。端环上设有周向止挡，其作用是防止翻车机回位和翻转最大角度时越位脱轨。

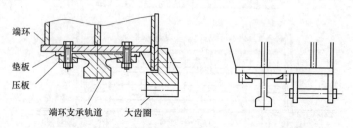

端环
垫板
压板
端环支承轨道　　大齿圈

图 4-13　端盘上的环形支撑轨道与大齿圈（或销齿圈）

（2）驱动装置是翻车机翻转的动力源，用于驱动回转框架作往返回转运动，以实现车机在翻转范围内任意角度的翻转动作。主要由交流变频电动机、减速机、制动器、小齿轮及轴承系统等组成［见图 4-14（a）］，共两套，独立工作。对于双车翻车机和有些单车车机，为了从机械上保证转子同步驱动，两台驱动装置还采用同步轴连接，传动形式如 4-14（b）所示。

（3）压车机构的作用是在翻车机翻转过程中实现车皮的压紧。为不损坏车帮，压车制压头与车帮接触部分装有缓冲橡胶。压车臂由油缸驱动，翻卸前压住车辆，在翻卸过程中，车辆弹簧力的释放由液压系统补偿。

常用的液压压车机构有上下移动式、摆动拉杆式、摆动压杆式三种型式，

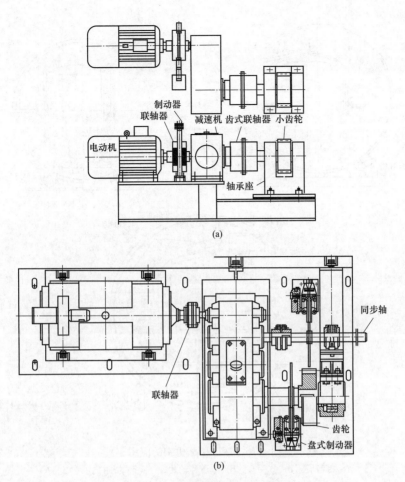

图 4-14 驱动装置传动简图

（a）主视图与俯视图；（b）俯视剖面图

如图 4-15 所示。上下移动式用于 O 型和部分 C 型翻车机 ［见图 4-16 （b）］，摆动拉杆式多用于 C 型车翻车机 ［见图 4-12 （a）］，摆动压杆式则多用于双车翻车机 ［见图 4-16 （a）、（c）］。

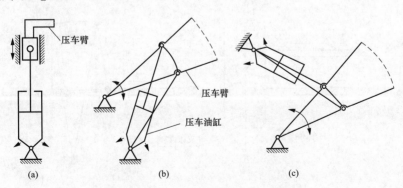

图 4-15 液压压车机构原理示意图

（a）上下移动式；（b）摆动拉杆式；（c）摆动压杆式

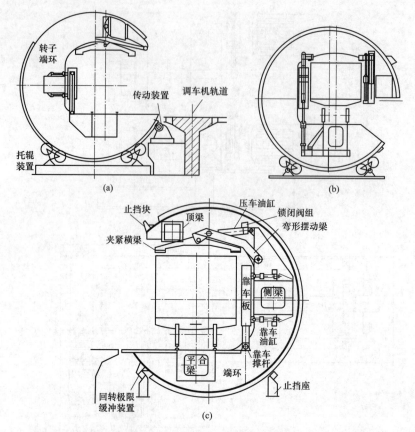

图 4-16 液压压车机构的应用
(a) 摆动压杆式 (一); (b) 上下移动式; (c) 摆动压杆式 (二)

(4) 靠车机构又称靠车装置,通常由靠板、撑杆、支座、油缸及振动器组成,故也称为靠板振动装置。靠车机构形式有双油缸型式、单油缸型式 (见图 4-17)。双油缸结构复杂、机构完整,靠板行程大。单油缸结构简单,机构不完整,靠板行程受限制。C 型单车翻车机采用双油缸结构,双车翻车机有采用单油缸结构的。

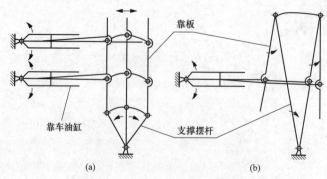

图 4-17 靠车机构原理示意图
(a) 双油缸型式; (b) 单油缸型式

在图 4-17 中，靠板装置共有两组，每组装有两个振动器、两个撑杆、两个油缸，振动器主要由振动电动机、振动体、缓冲弹簧、橡胶缓冲器等组成，其中靠板的重量由撑杆支承。油缸用来推动靠板靠车以托住翻卸车辆，为保护车辆，在靠板面及振动器振动板上铺缓冲橡胶。

（5）支托轮是用来承载回转体及翻卸车辆的重量并让其回转的支撑装置。每一个端盘下面设有两组托辊，每组装有两个滚轮，两个滚轮由可以摆动的平衡梁连接，以保证每个滚轮与轨道接触，其中进车端的滚轮必须有双轮缘（见图 4-18），以限制回转框架的轴向窜动。

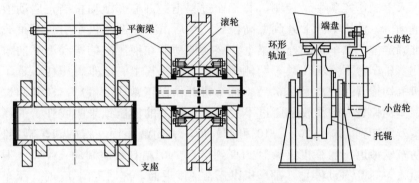

图 4-18　支托轮结构示意图

（6）支承框架（又称底座）是一个矩形的箱形梁框架，它支承着传动装置、托辊及整个回转体。四周由水平拉杆紧固于基础上，下部支撑着四个承重的传感器。

（7）端部滚动止挡共两组，每一组端部止挡由一个止挡座和一个滚轮组成，安装在翻车机两端的端盘与基础侧墙之间（见图 4-19），以限制翻车机转子轴向窜动，特别是在驱动装置托辊装置移位情况下起到最后保护作用。有些型号翻车机还在传动底座上设有下部滚动止挡座，通过端环同样限制其转子轴向窜动。

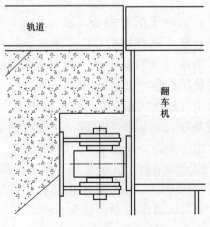

图 4-19　端部滚动止挡

（8）导煤板安装在两端环内侧，以防止物料在翻卸中溢出坑外和撒落在托辊装置上。

（9）电缆支架用于支撑翻车机上的动力电缆和控制电缆，安装在进车端盘的翻卸侧。

（10）翻车机液压系统用于完成翻卸过程中的压车机构和靠车机构的动作，其组成、原理见本章液压系统。

3.C 型转子式翻车机工作过程

C 型转子式翻车机可与卸车线上其他配套设备联动实现自动卸车。也可由人工操作实现手动控制，其工作过程是：首端部滚动止挡先启动液压站电动机，使压车臂上升到最高位置，然后由重车调车机牵引一节重载敞车准确定位于翻车机的拖车梁上。靠板振动器在液压缸的推动下靠向敞车一侧。压车臂下落压住敞车两侧车帮。当靠板靠上、压车臂压住、重车调车机摘钩抬臂并驶出翻车机后，翻车机开始以正常速度翻卸，在翻卸过程中，车辆弹簧力的释放是通过不关闭液压缸上的液压锁来吸收弹簧的释放能量。翻卸到 100°（90°～110°可调）后，关闭液压锁，将翻卸车辆锁住，以防车辆掉道。翻车机继续翻卸直到接近 160°左右减速制动、停车、振动器投入，3s 后振动停止，翻车机以正常速度返回，离回零位 30°时，压车臂开始抬起，快到零位时减速，对轨停机。停机后靠板后退，插销插入。当压车臂上到最高位、靠板退到最后位、插销完全插到位后，重车调车机落臂牵引第二节满载敞车进入翻车机并顺便推出已翻卸的空车，翻车机就完成了一个工作循环。

4.C 型转子式翻车机的主要特点

（1）端盘为 C 型结构，便于重车调车机将重车在翻车机本体内准确定位和自动化作业。

（2）端盘采用箱形截面结构，利用箱形截面的抗弯、抗扭的优点弥补了采用 C 型结构的不足。另外，由于采用了箱形截面，端盘直径小于原来的 O 型翻车机。

（3）采用固定平台、液压活动靠板、液压压车。重车进入翻车机后，活动靠板向重车一侧托住车辆侧墙板，压车梁向下压住车帮，靠、压车完成后才旋转卸车。采用液压释能系统使弹簧力随荷载的释放而释放，此翻车机对车辆的作用力是所有翻车机中最小的。

（4）压车和靠车是在静止状态下完成，使损车率大大降低。正翻到位、回翻到零位对轨过程是在低速运行中完成，其余过程采用高速运行，这样大大减小了运行过程中的冲击，又保证了对轨精确。

（5）由于采用了固定式平台，无论宽车、窄车，其重心只有上下变动，重心变化范围小。同时回转中心与其重心偏差较小（<300mm），回转半径小，驱动功率比其他型号的翻车机小，仅为 2×45kW（O 型为 2×75kW），可配称量装置。

（6）翻车机设有最大翻转角度、纵向的限位装置及恢复零位时的定位装置。设有平台与基础轨道对准及车辆在平台上就位和车辆离开翻车机的安全设施。平台上的钢轨设有限制纵向窜动的稳定措施。

（7）当驱动装置发生故障时，制动装置保证转子能可靠地停留在任何位置，并能手动控制回零位。当翻车机制动装置故障时，翻车机设有保护自锁功能。

（8）设有机械及电气连锁装置，并与重车调车机有连锁保护。翻车机还与输煤系统连锁，设备检修时或其他原因亦可解除连锁。翻车机与煤斗下部给煤机连锁，只有当给煤机启动后，翻车机才可启动，但翻车机停止以后，给煤机不停。

（9）翻车机本体连锁要求：

1）在 0°时，重车就位，靠车梁到位，压车梁压紧，重调机退出后，翻车机方可启动。

2）当翻转到 70°时，抑尘装置开始喷水；回翻至 45°时，停止喷水；当翻转到 145°时振动器启动；回翻至 130°时，振动器停止。

3）翻车机回零位后完成对轨，迁车台与重车线对轨正确，重调机方可启动推空车。

5. C 型转子式翻车机的维护和保养

（1）托辊上滚轮轴承应定期加油，视情况每月一次。

（2）制动器工作可靠与否关系到整台设备的安全运行，应定期检查制动器工作是否可靠和闸瓦的磨损情况。

（3）运行一定时间后，应检查压车和靠车油缸的活塞密封情况。如果压车臂在静止时自动下落、靠板在翻卸时松动，则说明油缸内泄严重，应更换油缸密封件。

（4）翻车机翻转是靠行程开关控制，行程开关动作可靠与否关系重大，应经常检查行程开关的可靠度，确保设备的安全。

（5）油箱中的液压油应定期过滤，新机运行 24h 后过滤一次，72h 后再过滤一次，以后每隔两个月过滤一次，过滤时应配合清洗滤网和油箱。液压油每年更换一次。凡是加入油箱中的液压油均应用过滤精度为 $100\mu m$ 的滤油器过滤。

（6）对各润滑点应及时注油，各润滑点可参照表 4-3。

表 4-3　翻车机本体润滑一览表

润滑部位	润滑方式	润滑油	润滑制度
减速机	飞溅润滑	中负荷工业齿轮油 L-CKC220	每 1500h 换一次
靠板支撑铰点	压力充填	3 号通用锂基润滑脂	每月一次
夹紧油缸铰点	压力充填	3 号通用锂基润滑脂	每月一次
靠板油缸铰点	压力充填	3 号通用锂基润滑脂	每月一次

续表

润滑部位	润滑方式	润滑油	润滑制度
托辊装置辊子	压力充填	3号通用锂基润滑脂	每月一次
托辊装置平衡梁铰轴	人工涂抹	3号通用锂基润滑脂	安装或检修时涂抹
齿形联轴器	压力充填	3号通用锂基润滑脂	每月一次

四、齿轮传动重车调车机

1. 概述

重车调车机（简称重调机，又称拨车机、定位车）作为翻车机卸车作业配套设备，其作用是将整列重车或单节重车牵引到位，同时将翻卸完毕的空车推出翻车机到迁车台上（或至贯通式卸车系统的空车线）。

重调机按其驱动方式分为齿轮齿条传动、钢丝绳传动两种，其中齿轮齿条传动效果最好。

作为一种重车调车设备，与老式牵车设备和推车器相比有以下特点：

（1）既能牵引整列重车，又可将单节重车在翻车机的平台上直接定位，同时还可将翻卸完的空车推出翻车机。

（2）拨车机返回的同时可进行翻车机的翻卸作业，提高了生产效率。

（3）不用设置机房和牵车槽，以及钢丝绳穿越铁轨的设施，使土建施工简化。

（4）适用于 C 型转子式翻车机和侧倾式翻车机。

2. 齿轮传动重车调车机基本技术参数

（1）拖动方式：立式驱动单元。

（2）牵引列车吨位：2400t。

（3）返回速度：1.2m/s。

（4）调速方式：变频调速。

（5）摘钩方式：液压摘钩。

（6）连锁装置：机械或电控。

（7）安装形式：齿轮齿条传动。

（8）调车工作速度：0.6m/s。

（9）挂钩速度：0.2m/s。

（10）调车臂起落方式：液压俯仰。

（11）供电方式：挂缆滑车。

（12）声讯设施：旋转警灯声光报警。

3. 重调机结构

齿轮齿条传动重车调车机主要由车体、行走车轮、导向轮、调车臂、行走传动装置、缓冲器、液压系统、润滑系统、电气系统、调车机轨道、位置检测机构等组成（见图 4-20）。

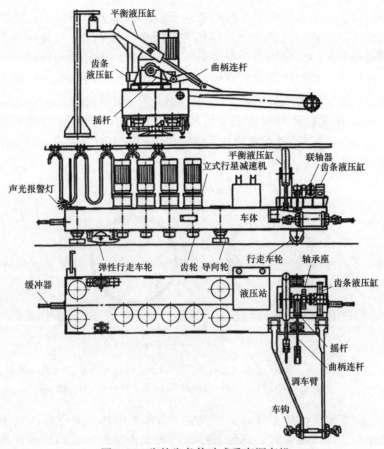

图 4-20　齿轮齿条传动式重车调车机

（1）车体由一个有足够刚度的大型钢结构件组成，其上有足够的空间能装下传动机构、行走机构、臂架、液压系统等。

（2）调车机共装有四个行走车轮（车轮不带轮缘），每个行走车轮都通过支架固定在车架的端部。为了保证四个车轮踏面同时和轨道接触，四个行走车轮中有一个为弹性行走车轮其余三个为固定行走车轮（见图 4-21），并且这种布置还可通过调节保持车体水平，以确保传动小齿轮与地面齿条啮合时为线啮合。

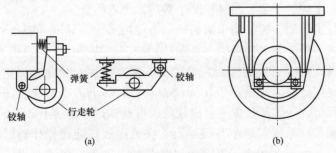

图 4-21　重车调车机行走车轮示意图

（a）两种不同的弹性行走车轮；（b）固定行走车轮

133

（3）由于调车机与车辆平行布置，当调车机牵引车辆时，必然产生一个较大的扭矩使调车机有一个转动趋势，因此，在车体装有导向轮，导向轮可借助导向块的反作用力以保证调车机在运行时不发生偏转掉道，另外通过导向轮克服牵引车辆时所产生的扭矩。导向轮共有四个，均竖直安装在车体上，导向轮轴相对导向轮支架中心线有一定的偏心（其偏心量为20或15mm），通过转动导向轮支架可以调整导向轮和导轨之间的间隙（见图4-22），同时还可调整驱动齿轮和地面齿条的安装距及侧隙。导向轮检修时只需将压铁取下，即可吊起导向轮。

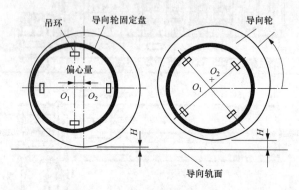

图 4-22　偏心导向轮固定安装盘在不同旋转角度时与导向轨的间隙示意图

O_1—导向轮固定盘中心；O_2—导向轮中心；H—导向轮与导向轨间隙

（4）调车臂又称拨车臂，俗称大臂，调车臂的抬落采用齿条液压缸带动一个曲柄连杆机构完成，具体有配重式和平衡缸两种机构（两种调车臂俯仰机构具体组成和动作原理详见本章第九节重车调车机液压系统）。

车臂头部两端装有车钩，用来牵引或推送车辆，车钩头内腔装有橡胶缓冲器，在重车调车机与车辆接钩时起减震和缓冲作用；车钩头部还装有提销装置，提销装置为一个液压缸推动机械装置，其提销动作（抬、落）由调车机液压系统控制，从而实现与车辆的自动脱钩。同时车钩上还设有提销检测装置、钩舌检测装置，用于检测钩销是否提起和检测钩舌的开闭位置（见图4-23）。

当调车机在原位处，车钩处于提销位，钩舌打开。当调车机车钩与车辆相撞时，车钩销子落，同时检测车钩钩舌是否闭合。

（5）行走传动装置。调车机的牵引力是由多个齿轮（一般4~6个）合在地面上的一根齿条上获得的，驱动单元愈多，功率愈大，牵引力也愈大。每个驱动单元是由立式交流变频电动机、摩擦限矩安全联轴器、液压盘式制动器、立式行星齿轮减速机、传动轴及传动轴上的小齿轮组成。每个行走驱动单元自成一体，其中一台出故障时可整体拆下推换上备用的。

（6）调车机车体末端装有缓冲器，在机械故障或误操作时，产生调车机失控并与地面止挡相碰，以吸收过量的冲击能量，使调车机能够平稳地停止下来。

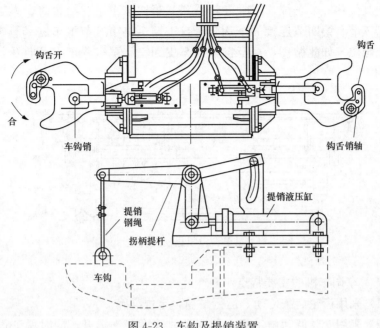

图 4-23　车钩及提销装置

（7）调车机轨道由两部分组成。

1）带有调节板的 50kg/m 钢轨。供调车机行走用。

2）导向块及齿条。导向块起导向作用，齿条与调车机传动小齿轮啮合，在使用过程中应经常检查固定齿条和导向块的螺栓是否有松动现象，若有松动，应随时加以紧固。

（8）位置检测装置由光电编码器和传动部分组成。整套装置安装在驱动电动机前部的一个金属壳体内，由盘状齿轮与齿条啮合，通过驱动轴驱动编码器，实现位置控制。同时采用限位开关对其进行限位保护。

（9）液压系统用来提供大臂俯仰、提销动力和制动器制动动能。

4．重车调车机运行过程

由机车将整列重车皮推送到自动卸车区段，机车摘钩离去，放气。当系统发出允许翻车信号后，重车调车机启动接车，到停车落臂处停车落臂并开钩，落臂到位后继续前行与第一节车皮联挂，牵引重车列前进，当第二节车皮的前转向架处于夹轮器位置夹住第二节车皮前车轮，人工或自动将第一节与第二节车钩摘掉，重调机将第一节重车皮牵引到翻车机平台上定位，重调机自动摘钩、抬臂，翻车机翻转。重调机返回到第二节车前，落臂后钩与第二节车挂钩，同时夹轮器松开，重调机牵引整车列位移一个车位，夹轮器夹紧第三节重车皮前轮，人工或自动将第二节与第三节车钩解开，重调机将第二节重车牵到翻车机平台上定位，并同时用前钩将空车推出翻车机。重调机自动摘钩退出翻车机，并将空车推进迁车台，重调机摘钩、抬臂返回与第三节重车皮挂钩，同时夹轮器松开，重调机将整列牵动，使其位移一个车位，同时夹轮器夹紧第四节重车皮前轮时，人工或自动将第三节和第四节连接的车钩解开，重调机将第三节重车皮牵至翻车机平台上定位。如此循环，直至将整列车皮卸完。重车调车机导向及行走见图 4-24。

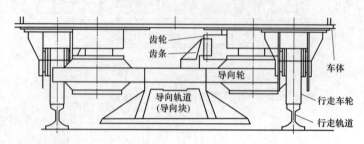

图 4-24　重车调车机导向及行走示意图

5. 重车调车机的主要特点

（1）采用齿轮齿条传动，运行平稳，定位准确。

（2）采用变频调速电动机，使启动时速度缓慢提升，同时保证设备启动转矩大和停机时速度缓慢降低并准确定位停车，减小了对车钩的冲击。

（3）重车调车机的前、后钩设置了提销和钩舌检测装置，以完成挂钩、摘钩动作并准确发出信号。

（4）各驱动单元均采用摩擦限矩安全联轴器、液压制动器，可保证负载均衡、制动可靠，并起到过载保护。

（5）为保证其安全、可靠运行，设有以下保护装置和连锁关系：

1）设有清轨器和限位装置。

2）设有机械制动装置，当驱动装置发生故障或失电时，调车机能可靠地进行制动。

3）设有机械或电控的安全连锁装置，调车机在调车时拨车臂不会提销，在回原位时拨车臂不会落臂。

4）设有超载及断相保护装置，并设有声光报警装置。

5）只有翻车机本体回零位，迁车平台对准重车线时，重调才可牵车。

6. 重车调车机维护和保养

（1）对于液压系统，在运行时应经常观察压力表，在压力超过所规定值时应适当调整压力，查找原因并及时消除故障，以免损坏设备。如设备有液压油泄漏的现象，应找出原因并及时消除泄漏。

（2）检查过滤器堵塞指示器，根据要求更换或清洗滤芯。泵站液压油应严格保证每半年更换一次，并彻底地清洗油箱并更换滤芯，注入的液压油必须过滤。

（3）定期检查齿条固定螺栓是否有松动现象，如有松动应及时拧紧。

（4）经常检查导向轮与导轨踏面间隙、齿轮齿条的啮合情况，并及时按要求调整。

（5）在长期停用期间，每隔一段时间（不超过一周）启动一次液压系统，并在维护模式下操作所有液压装置至少3min，确保系统得到充分润滑。

（6）电缆小车使用一段时间后（通常1年左右），应将轴承部分拆下洗净并重新加润滑脂。

（7）重调机驱动装置采用的片式制动器是一种弹簧制动液压释放型摩擦片式制动器，其结构如图4-25所示，它由活塞、油缸、动/静摩擦片（即内齿圈式/外齿圈式摩擦片）、滑脂、外花键齿轮（该齿轮内孔与驱动轴也为花键连接）、内花键外壳、制动弹簧等构成。动摩擦片与外花键齿轮啮合，静摩擦片与内花键外壳啮合。电动机不工作时，压力油卸掉、活塞受弹簧力作用将动/静摩擦片压紧在一起，制动器处于制动状态；工作时，压力油推动活塞克服弹簧力使摩擦片放松，解除制动状态。这种制动器响应快、安全平稳、可靠、操作简便。

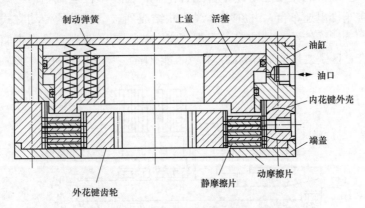

图 4-25　片式摩擦制动器结构示意图

使用期间应根据制动器的工作频繁程度进行维护：

1）定期检查摩擦片的磨损情况，由于磨损面造成的摩擦片总释放间隙不应大于8mm。

2）当制动器工作次数超过105次时应更换弹簧。

3）当排孔出现连续排油现象时，应更换密封圈。

（8）减速机在运转中，应随时观察有无渗漏、噪声。新减速机工作150h后换油一次，以后每工作1500h或一年后，应换一次润滑油。重调机其他部位的润滑应参照表4-4进行。

表 4-4　重调机润滑一览表

部件名称	零件名称	润滑方式	润滑剂	润滑制度
驱动装置	开式齿轮	人工涂抹	中负荷工业齿轮油 L-CKC220	每半年一次
	减速机	飞溅润滑		每1500h换一次

续表

部件名称	零件名称	润滑方式	润滑剂	润滑制度
固定轮、弹性轮、导向轮	滚动轴承	压力充填	3 号通用锂基润滑脂	每半年一次
大臂机构	各部位轴套车钩滑道	压力充填		每月一次
位置检测装置	开式齿轮	人工涂抹		每半年一次
	驱动轴上轴承	人工涂抹		安装和检测时涂抹

注 对固体自润滑轴承则不需要日常加油。

五、空车调车机

空车调车机（简称空调机）是集结空车的推送设备，又称推车机，是折返式翻车机作业线的主要设备之一，也是与贯通式翻车机作业线不同的一个区别点。空调机的作用是与迁车台配合作业，当迁车台运载空车进入空车线后，将空车推出迁车台，并在空车线上联结成列。空调机的传动方式也有齿条传动和钢丝绳传动，其结构也同重调机一样，其区别之一是行走驱动单元只有两套；区别二是推车臂为固定式（不能升降）。空车调车机结构见图 4-26。

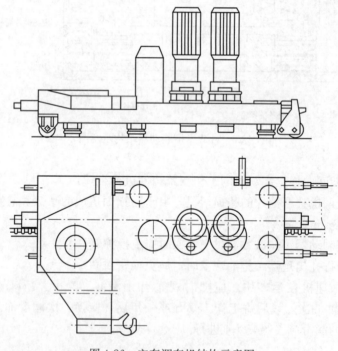

图 4-26　空车调车机结构示意图

空调机主要技术参数：

（1）传动方式：齿轮齿条传动。

（2）推力：100t。

（3）工作行程：40m。

（4）往返运行速度：0.175～0.7m/s。

（5）挂钩速度：0.15m/s（＜0.3m/s）。

（6）空车调车机工作过程：推车（此时迁车平台对准空车线）→推过止挡器→停止返回到起始位置。在工作中与迁车台设有连锁。

六、迁车台

1. 概述

迁车台是一种将翻卸后的空车从重车线平移到空车线的转向设备，是折返式翻车机作业线的主要设备之一，也是与贯通式翻车机作业线不同的根本区别点。

因为现在均采用调车机与之配合作业，所以与早期迁车台不同的是车上没有推车器（该推车器只能推送空车），空车从迁车台上推出是由空车调车机完成的。

迁车台驱动方式有地面销齿传动、摩擦传动、钢丝绳传动。现多采用小齿轮与地面销齿啮合、交流变频调速方式，使迁车台行走平稳，对轨准确，到位时无冲击。迁车台基本参数：

（1）载重量：正常工作30t，事故工作（物料未卸完）110t。

（2）传动形式：销齿传动。

（3）调速方式：变频调速。

（4）运行速度：0～0.7m/s。

（5）功率：2×7.5kW。

（6）供电方式：电缆滑车。

2. 迁车台的结构

迁车台主要由车架、驱动装置、行走装置、夹轮装置、对位装置、端部滚动止挡、地面止挡装置、缓冲装置、电缆支架等组成（见图4-27）。

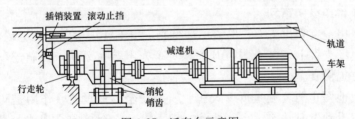

图 4-27 迁车台示意图

（1）车架为整体结构，上面铺设有钢轨，供车辆转换、停放。

（2）行走装置（车轮装置）由对称安装于车架下边的四组独立车轮组成，通过地面道支承迁车台行走，其中迁车台车轮带轮缘，以起行走导向作用，并保持迁车台与地面安装轨道的间隙。

（3）传动装置采用销齿传动，由电动机、减速机、制动器、传动轴、齿轮、地面销齿系统等组成，由电动机驱动，通过齿轮与销齿的啮合，达到迁车台左右往复行走的目的。采用两排销齿条平行布置，保证了传动过程中车体不发生扭转。

电动机采用变频调速，最大运行速度可达 0.71m/s，对位时（指迁车台上钢轨与地面基础钢轨对准状态）速度逐渐降至零，保证准确对轨，使设备停止时平稳、无冲击。

（4）为使迁车台上钢轨和基础上钢轨对准，在迁车台的两端设有对位装置。对位装置主要由液压缸、插销、插座组成，故又称插销装置。在空车线或重车线附近，迁车台演速、延时制动后，插销插入坑内基础上的插销座内，从而使迁车台上钢轨和基础上钢轨对位准；迁车台开始运行之前，插销收回。

（5）夹轮装置的作用是防止车皮在迁车台上前后窜动，起到安全保护作用。实际多采用涨轮器形式（见图 4-28），工作时，由油缸推移左右两侧平行四连杆机构上的夹轮板从车皮轮对的内侧涨夹车轮，使车皮定位；当迁车台至空车线上，涨轮器打开，空车在空车调车机推送下顺利出台。

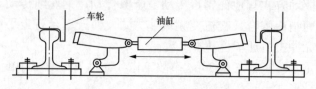

图 4-28　夹轮机构示意简图

（6）在车辆均装有缓冲装置，其种类有弹性缓冲器（即聚氨酯缓冲器）和液压缓冲器两种。正常工作条件下，对位装置对位后聚氨缓冲器与基础上橡胶垫板接触但无缩量。在重载车皮或其他非正常情况下，缓冲器压缩而起到缓冲作用。

（7）端部滚动止挡由轴承座、轴及滚轮组成，安装于车架两端。滚轮与台坑两端基础上预埋钢板间留有一定间隙。当迁车台行走时，滚动止挡防止迁车台作纵向窜动。

（8）电缆支架由支架、电缆小车组成，用于迁车台电动机电缆的滑行。同时在电缆支架上安装有限位开关和一个光电装置系统，控制迁车台的停止位置并提供安全连锁。

（9）地面止挡装置是折返式作业线的安全辅助设备，作用是防止车皮在迁车台没到位时从空、重车线溜入地坑内。它有单向止挡器、双向止挡器和逆止器三种形式。

单向止挡器（又称安全止挡器，见图 4-29）。安装在翻车机室与迁车台地坑连接处的地面上。由止动块、轴承座、底座、弹簧及推杆组成。当迁车台移动至重车线时，迁车台上的端头斜板推移地面止挡器推杆头上的滚轮，然后通过连杆拨倒止动块，此时车皮才可以在重调机推动下进入迁车台；当迁车台离开重车线后，推杆在弹簧力的作用下，恢复止动块，以防止翻车机上的车皮由于误动作被推入迁车台地坑，安全隔离作用。

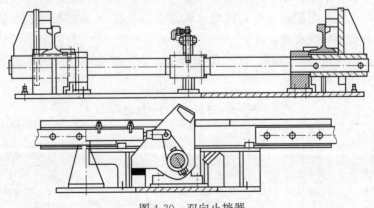

图 4-29　单向止挡器

当止挡器安装在空车线与迁车台地坑连接处的地面上时，同样起到防止空车在迁车台离开状态下车皮溜入迁车台地坑。

双向止挡器（见图 4-30）是利用液压油缸或电动推杆驱动止挡装置上下活动。当不允许车皮通过时，使止挡高于轨道面，阻止车皮车轮通过；当允许车皮通过时，使止挡回收位于铁轨面以下，车皮车轮通过。

图 4-30　双向止挡器

（10）为了保证安全运行，迁车台还设有机械或电控的对轨安全连锁装置及机械制动装置，如图 4-31 所示，当驱动装置发生故障或失电时，迁车台能可靠地进行制动。

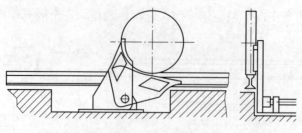

图 4-31　逆止器

3. 迁车台动作过程

迁车台可以联动也可以单独动作，迁车台的工作循环如下：当翻车机一个工作循环完毕，停于其上的车辆（包括事故时物料未卸出的车辆）由重调机推动经过地面安全止挡器进入迁车台上定位、摘钩并退出。当车辆驶入迁车台并到达设定位置后，涨轮器涨紧；对位装置插销拔出，启动行走电动机，制动器打开，迁车台开往空车线，同时重车线地面安全止挡器复位止挡；接近空车线时，迁车台减速，在变频器的调速作用下，迁车台速度从 0.6m/s 减至零并同时制动，对位装置进行对位，插销插入基础上的插座内，同时空车线地面止挡器打开；涨轮器打开，空调机将空车推出迁车台直至最后车轮经过地面止挡器后返回；当空车经过止挡器后，对位装置插销收回，迁车台离开空车线，同时空车线地面止挡器复位；当接近重车线时，迁车台行走减速、定位、制动，对位装置进行对位（即插销插入基础上的插座内），同时重车线地面止挡器打开，进入下一个工作循环。

4. 迁车台维护与保养

（1）在迁车台使用过程中，要定期检查各部分夹轮、插销、止挡的动作情况。

（2）应定期维护电气的各限位开关，保持动作的可靠性。

（3）电缆小车使用一段时间后（通常 1 年左右），应将轴承部分拆下清理干净并重新加润滑脂。

（4）减速机、联轴器、轴承等润滑点，应定期按要求注入足够的润滑油或润滑脂（见表 4-5）

表 4-5　迁车台润滑一览表

部件名称	零件名称	润滑方式	润滑剂	润滑制度
行走装置	滚动轴承	压力充填	3 号通用锂基润滑脂	每半年一次
对位装置	插座插销	人工涂抹		每月一次
滚动止挡	滚动轴承	压力充填		每半年一次
涨轮器	铰点	压力充填		每月一次
地面止挡	轴承、铰点	压力充填		每月一次
齿轮联轴器		压力充填		每半年一次
驱动装置	减速机	飞溅润滑	中负荷工业齿轮 L-CKC220	每 1500h 换一次

七、夹轮器

夹轮器设在翻车机入口端之外的重车线上。夹轮器用于在调车机牵引重车到位后，夹住第二节车的前轮，防止整列重车滑动而退出重调机调车位置，影响系统正常作业。

夹轮器由夹轮装置、液压系统两部分组成，其夹轮装置由夹轮板、杠杆臂、曲柄、工作轴、液压缸组成。工作时，液压缸伸或缩，带动工作轴转动，使杠杆臂内靠或外张，从而使夹轮板夹紧或松开车轮，见图4-32。

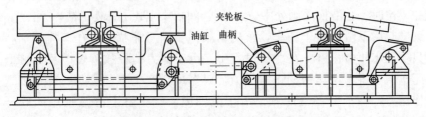

图 4-32　JLQ1 型夹轮器的夹轮装置

夹轮器按其工作组数有两组、三组之分（一组夹轮板夹一对车轮），其安装型式均为浅坑型。

JLQ-1 型夹轮器基本参数：

（1）每对夹轮数：4 个。

（2）动作时间：3s。

（3）适用轨道型号：50kg/m。

（4）液压系统工作压力：13MPa。

（5）夹紧力：＞600kN。

（6）最大张开角度：36°。

（7）允许进车速度：0.2m/s。

（8）工作介质：HM46。

夹轮器润滑点润滑见表4-6。

表 4-6　夹轮器润滑点润滑表

润滑点	润滑方式	润滑油	润滑制度
销轴	压力充填	3 号通用锂基润滑脂	每月一次
缸头	压力充填	3 号通用锂基润滑脂	每月一次

八、翻车机液压系统

翻车机液压系统的作用是控制翻卸过程中的压车机构和靠车机构的动作，下面以 FZ15-100 型翻车机的液压系统为例进行介绍。

1. 液压系统技术参数

（1）系统压力：5MPa（压车梁压力），3.5MPa（靠车板压力），5MPa（控制回路压力）。

（2）油泵排量：85mL/r（大泵），56mL/r（次级泵），16mL/r（小泵）。

（3）电动机：Y180I-4W，22kW，1470r/min。

（4）油箱容积：850L。

（5）液压油：LHM46。

2. 液压系统原理及动作

下面仅对其压车机构液压系统进行简单分析：

C 型转子式单车翻车机压车液压缸为双作用单杆活塞式液压缸，其原理如图 4-33 所示。1DT 通电，压车梁压车，2DT 通电，压车梁松压；翻车机在零位时，电液换向阀处中位，液控单向阀封闭（即液压锁），可防止压车梁升起后下滑。对于重车，车皮承载弹簧呈压缩状态。压车完毕后，车帮只受压车压力；重车在翻卸过程中，由于弹力的释放弹簧的反作用力加上压车压力将超过车帮的正常受力，对车皮会产生不利影响。为抵消这一反作用力，翻车机在翻卸 0°～100°范围内，压车缸上的液控单向阀开启（控制口 X 供给压力），压车缸有杆腔液压油通过单向顺序阀进入平衡油缸有杆腔，平衡油缸活塞杆缩回；同时，平衡油缸无杆腔液压油补充到压车缸无杆腔中，压车缸活塞杆伸出，压车梁松压距离由单向顺序阀压力设定。翻车机在继续翻卸或回翻时，压车缸上的液控单向阀关闭，压车缸被锁紧，

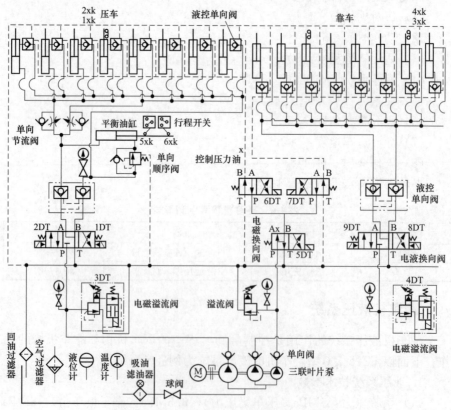

图 4-33　C 型转子式单车翻车机液压系统图

压车梁也处于不动状态；翻车机在 0°位时，压车梁松压，压车缸活塞杆伸出，同时平衡油缸活塞杆伸出进行复位。

C 型转子式单车翻车机压车机构液压系统能同时完成多缸动作，采用液控单向阀锁紧 u 回路，用顺序阀、液压缸组成平衡回路。

翻卸过程中，弹簧的释放由 5xk 控制。

翻车机在翻卸过程中，一般都有压车和靠车两个工作过程，其动作顺序如下：

(1) 启动电动机，空转几分钟后，待达到系统内循环平衡。

(2) 重车在翻车机上定位后，1DT、3DT 得电，压车梁开始压车。1xk 发信号，压车梁压紧到位，1DT、3DT 失电。

(3) 4DT、9DT 得电，靠板开始靠车，4xk 发信号，靠板靠紧到位，4DT、9DT 失电。

(4) 翻卸开始，5DT、6DT 得电，释放弹簧的弹性势能，待翻车机转到 110°时或平衡油缸有杆腔缩回，碰限位开关 5xk 时，5DT、6DT 同时失电。压车油缸旁液控单向阀立即锁闭。

(5) 翻车机回翻到零位后，4DT、8DT、5DT、7DT 得电，靠板开始松开，3xk 发信号，靠板松靠到位，4DT、8DT、5DT、7DT 失电。

(6) 2DT、3DT、5DT、6DT 得电，压车梁开始松压。2xk 发信号，压车梁松压到位，2DT、3DT、5DT、6DT 失电。同时压力油进入平衡油缸，有杆腔伸出，碰限位开关 6xk 发信号（该信号为翻车机翻转连锁信号）。

(7) 重车调车机推空车，进入下一个循环。

3. 液压系统的调试

(1) 油箱注油至油标上限，约为油箱容积的 2/3（注：液压油必须经油网过滤后方可注入油箱）。

(2) 将进油口、回油口管路球阀打开，将所有溢流阀均调到开口最大状态。

(3) 检测电动机绝缘应大于 1MΩ，接通电源，点动电动机，观察电机旋转方向（从电动机风叶端处看应为顺时针方向旋转）。

(4) 启动电动机，空载运行 5～10min（注意此时为排系统内空气）检测电动机电流（空转电流约 15A），判断油泵有无异常噪声、振动以及各阀件管路连接处是否有漏油现象，否则应停机进行处理。

(5) 调整压车回路、靠车回路、控制回路压力至参考压力值。调整控制回路压力时需要让电磁换向阀处于工作状态，否则无法调定。

(6) 待系统压力调整至正常后，进行平衡油缸回路单向顺序阀压力调整，其压力设定高于压车回路压力 2MPa 左右。

(7) 所有压力调整过程中，应使压力均匀上升至调定值。

(8) 调整压力完毕后，再通电进行调试。

(9) 调压完毕，在整机空载运转前，应对液压系统先试运转。点动升降液压装置，调整行程开关上限、下限位置，固定行程开关。试运转中应无局部发热、压力不稳定、管道振动等异常现象。

（10）所有油缸在运动中均应无卡涩、冲击、爬行现象，才可认为动作正常。

（11）手动控制进行不少于 3～5 次空车翻转试验，确认翻转正常，各部件动作安全可靠，然后进行重车翻转试验。

（12）各项试车合格后，交由运行人员使用。如未能达到要求，应由检修人员处理完毕后，继续按上述要求做试验，直至达到投用要求。

注意：①不要随意改动各压力值。②平衡油缸起着释放车辆弹势能的作用（车辆卸完物料后，由于重量减轻，被压缩的弹簧将有一个向上的反弹力），在正翻 0°～110°区间，每个压车油缸将释放 20mm 左右，相应平衡油缸活塞杆将回退 80mm 左右距离。在正翻 0°～100°区间如平衡油缸无回退动作或在翻卸前压车过程中平衡油缸有回退动作，属于不正常现象，必须迅速停机处理，否则将导致压车油缸断裂或油管爆裂等严重事故。

九、重车调车机液压系统

重车调车机液压系统主要完成以下三个任务：抬落臂、摘钩、制动。其中根据大臂俯仰机构的不同其抬落臂液压系统有所差异外，对摘钩、制动则相同。

1. 重调机大臂俯仰机构

重调机大臂俯仰机构主要有两种形式：配重式和平衡缸式（分别见图 4-34 和图 4-35），两种机构的大臂起落主要靠齿条液压缸驱动（见图 4-36）。齿条液压缸通过摇杆（即驱动臂）连接曲柄连杆，曲柄连杆又与大臂连接构成驱动连杆机构（见图 4-37）。落臂时，压力油进入齿条液压缸的右腔，左腔回油，齿条向左运动，驱动齿轮轴带动摇杆顺时针转动，使调车机大臂下落。抬臂过程正好相反。

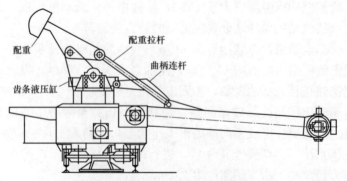

图 4-34　配重式大臂俯仰机构示意图

配重式大臂俯仰机构大臂与配重臂通过配重拉杆相连接，构成平行连杆式活动配重机构，其特点是大臂在任何位置都处于平衡状态，液压系统

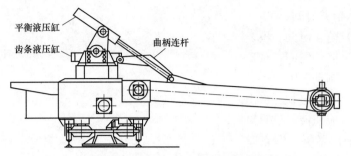

图 4-35　平衡缸式大臂俯仰机构图

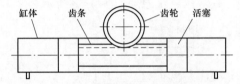

图 4-36　齿条液压缸结构简图

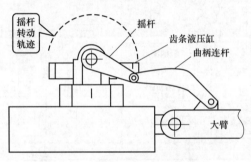

图 4-37　大臂驱动连杆机构简图

提供的驱动力只需克服各铰点的摩擦阻力就可以驱动俯仰运动。

平衡缸式大臂俯仰机构与配重式的区别是用平衡液压缸替代配重和配重拉杆。平衡压缸为单作用方式，在抬臂时蓄能器提供辅助动力以平衡大臂自重，落臂时由大臂自重动活塞反向运动，同时对蓄能器蓄能，并由平衡液压缸的背压来平衡大臂自重引起下落速度。

下面以平衡缸式大臂俯仰机构为例介绍一下重调液压系统动作原理及调试。

2. 液压系统主要性能参数

（1）系统额定压力：16MPa。

（2）系统流量：57L/min（大泵），18L/min（小泵）。

（3）起落臂工作压力：10～12MPa。

（4）制动工作压力：4MPa。

（5）摘钩工作压力：2MPa。

（6）充氮压力：4.5MPa。

（7）电动机功率：15kW。

（8）电动机转速：1460r/min。

(9) 抬臂时间：10s。

(10) 落臂时间：8s。

(11) 摘钩时间：<2s。

(12) 制动时间：<1s。

(13) 有效容积：605L。

(14) 液压液：L-HM46。

3. 液压系统工作原理

该液压系统主要由电动机、双联叶片泵、换向阀、执行机构、油箱、蓄能器等装置组成，其液压系统原理如图 4-38 所示。

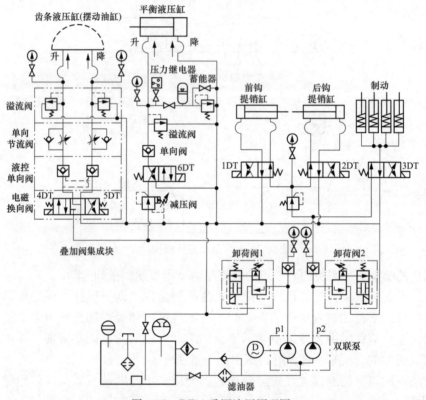

图 4-38　DZ11 重调液压原理图

双联系通过弹性联轴器从电动机得到机械能后，经滤油器从油箱吸油，然后从两个泵出口分别输出压力油 p1、p2。p1、p2 的压力分别由卸荷阀 1 和卸荷阀 2 调定。压力油 p1 经卸荷阀 1 分两路，一路至齿条液压缸；另一路经减压阀至平衡液油缸，摆动油缸、平衡液缸联动，完成大臂抬落。压力油 p2 经卸荷阀 2 分两路，分别完成提销和制动。

在齿条液压缸回路中，液控单向阀用于保证调车臂在系统断电情况下，停留在任意角度，起自锁作用；单向节流阀为调速阀，用于调整抬落臂的速度；溢流阀为安全阀，当负载突然增大时，起卸荷作用。

在平衡液压缸回路中，溢流阀用于调整蓄能器液压油的最高压力值；在车臂下落时，车臂的重力势能通过平衡液压缸在蓄能器储存起来；在抬臂时，蓄能器通过平衡液压缸将该能量释放出来，起辅助动力源作用。在落臂位时，当蓄能器内油压低于设定值时，压力继电器会发出报警信号，并同时让卸荷阀1、6DT通电，然后压力油经过本回路减压阀、单向阀进入蓄能器，进行充油升压。达到压力后，压力继电器发出信号，卸荷阀1、6DT断电。

动作过程：

（1）重调机行走、摘钩。

1）启动电动机，卸荷阀2、3DT得电，制动器打开，重调机行走。卸荷阀2、3DT失电，制动器制动。

2）卸阀2、2DT得电，提后钩销；卸荷阀2、1DT得电，提前钩销。

（2）臂动作过程。

1）抬臂：卸荷阀1、4DT得电，压力油经电磁换向阀、液控单向阀、单向节流阀进入齿条液压缸的左腔，实现抬臂。同时平衡液压缸的活塞杆在蓄能器压力油的作用下逐渐缩回，给抬臂提供辅助动力，随着平衡液压缸有杆腔容量的扩大，蓄能器压力慢慢低，其提供的辅助力越来越小，当抬臂到位时达到最小值。

2）落臂：卸荷阀1、5DT得电，压力油经过电微换向阀、液控单向阀、单向节流阀进入齿条液压缸的右腔，实现落臂。平衡液压缸的活塞杆在大臂自重的带动下，逐渐伸出，给大臂的落臂提供背压，在一定程度上平衡了大臂自重，以及避免了齿条液压缸产生负压。随着平衡液压缸有杆腔容量的缩小，蓄能器压力逐渐增高，其提供的背压越来越高，当落臂到位时达到最大值。

4. 液压系统调试

液压系统的调节步骤为：

（1）泵站接通电源。

（2）取下泵站空气滤清器，由此口向油箱注入清洁工作油，至油位计上限。

（3）拧松（不拧下）整个液压系统中最高一处或几处管道连接螺纹，作液压系统排空气用。

（4）将泵站卸荷阀、溢流阀、节流阀全开（即逆时针转动手柄至极限位置），此时泵站输出油压力最小、流量最大。

（5）启动电动机，泵站投入运行。待放气处的螺纹有油泄出后，则将该螺纹拧紧。

（6）巡视检查液压系统各部件及管道是否有泄漏，观察泵站运转是否有异常。

（7）系统空载运行15min左右停车，再往油箱内注入与上次相同牌号的油液，并达到油位计上限（由于管道长，原注入的油液进入管道及油缸后，油位必定下降应补油）。

（8）向蓄能器内充氮气（注：关闭蓄能器与回油管间截止阀）。

（9）重新启动泵站进行压力调节。

1）调节压力时，卸荷阀 1、卸荷阀 2 得电，顺时针缓慢旋动卸荷阀、溢流阀手轮，应注意尽量使油压力从低到高变化，逐步调节达到设计工作压力。

2）调节压力时，应同时调节压力表进口节流阀开关的开口度，使表针振摆最小。

（10）系统速度调试：调试应逐个回路进行，在调试时电磁换向阀宜用手动操纵，在调试过程中所有元件及管道应无泄漏和异常振动，执行元件应准确、灵敏、可靠。

1）通过减压阀调整制动系统压力，通过节流阀调整摘钩速度。

2）调试车臂升降速度时，应先以低速进行，起停最好用"点动"使之平稳，无冲击振动、无卡涩现象。然后逐级提高速度，使之达到规定要求。

十、迁车台液压系统

迁车台液压系统由夹轮器控制回路和插销控制回路两部分组成，下面以 QK14 迁车台液压系统为例进行分析。

1. 主要技术参数

（1）系统压力：4MPa。

（2）油泵排量：16.5mL/r。

（3）电动机：型号 Y132S-6W、功率 $P=3kW$、转速 $n=1000r/min$。

（4）液压油代号：L-HM46。

2. 液压系统原理及动作说明

QK14 迁车台液压系统原理如图 4-39 所示，动作如下：

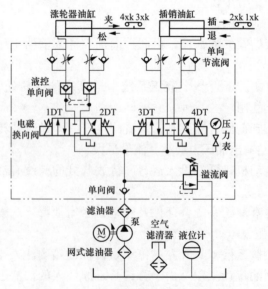

图 4-39　QK14 迁车台液压系统原理图

（1）启动电动机。

（2）3DT 得电，插销油缸动作，插销伸出，1xk 发信号，3DT 失电。

（3）1DT 得电，涨轮器油缸动作，车轮被夹紧，3xk 发信号，3DT 失电。

（4）4DT 得电，插销油缸动作，插销缩回到位，2xk 发信号，4DT 失电。

（5）迁车台迁向空车线。

（6）重复（2）动作。

（7）2DT 得电，涨轮器油缸动作，涨轮器松开到位，4xk 发信号，2DT 失电，空车调车机推车。

（8）重复（4）动作。

（9）迁车台迁向重车线，做下次工作循环。

3. 系统调试

（1）油箱注油至油标上限。（注：液压油必须经小于 20pm 滤网过滤，方可注入油箱。）

（2）将溢流阀调节手轮逆时针全开，系统无压力。

（3）检测电动机绝缘应大于 1M，接通电源，点动电动机，注意电动机旋转方向（从电动机风叶端处看应为顺时针旋转）。

（4）启动电动机，空载运行 5～10min（注：此时应排空气。），检查电动机、油泵是否有异常噪声与振动，管路连接处是否有漏油现象。

（5）当油泵正常运转后，调节系统工作压力。首先将溢流阀设定在 0.5～1.5MPa 的压力下，使其连续运转 10～30min，然后断续增加负荷，观察泵的运转声音、压力、温度，检查各部件和管路的振动、漏油情况。如无异常，设定泵工作压力 4MPa，并将溢流阀锁紧螺母拧紧。

（6）系统调整完成后，手动换向阀，使油缸来回动作 3～5 次，无卡涩、无冲击、无爬行现象，即可认为动作正常。

（7）按动作说明接通各电磁铁电源，通电操作正常后即可投入运行。

（8）考虑液压油循环因素，系统工作以后，液压油进入油缸和管路内部，油箱的油面下降，应向油箱补油，保证油面到液位计最高刻度。

注：断电停泵后，不允许瞬间启动，应将压力降至零方可启动。

十一、夹轮器液压系统

下面以 JLQ1 夹轮器液压系统为例进行分析。

1. 主要技术参数

（1）系统压力：6MPa。

（2）油泵排量：16.5mL/r。

（3）电动机：型号 Y112M-4B5、功率 $P=5.5kW$、转速 $n=1440r/min$。

（4）油箱容积：370L。

（5）液压油代号：YA-N46。

2. 系统原理及动作说明

JLQ1夹轮器液压系统原理如图4-40所示，其动作为：

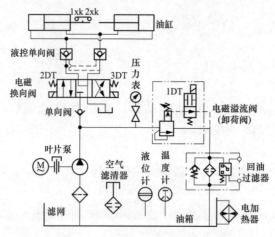

图 4-40　JLQ1夹轮器液压系统原理图

（1）启动电动机，1DT、2DT得电，油缸活塞杆伸缩（松开），2xk发信号，2DT失电。

（2）车辆到位后，1DT、3DT得电，油缸活塞杆伸缩（夹轮），Ixk发信号，IDT失电。

（3）做下次工作循环。

3. 系统调试

（1）～（4）步与"迁车台液压系统"调试相同。

（5）1DT得电，顺时针调节电磁溢流阀手轮，将压力调至2MPa，运行5～10min，无异常后，再调至系统工作压力（6MPa）即可。

（6）～（8）步与"迁车台液压系统"调试相同。

第三节　斗轮堆取料机结构及工作原理

一、斗轮堆取料机概述

斗轮堆取料机是在斗轮挖掘机的基础上发展起来的一种大型、连续高效的散料装卸机械，广泛应用于矿山、港口、电厂等。

斗轮堆取料机的形式很多，按行走机构的形式可分为履带式、轮胎式及轨道式三种；按结构型式分类分为悬臂式、桥形、门形、圆形和r形五种，其中悬臂型应用最为广泛，其次为圆形，余下几种均为专用斗轮堆取料机。电厂采用较多的是轨道式悬臂斗轮堆取料机，型号主要有DQ和DQL两种。

如 DQL.1000/1500.32 型，其含义分别为：D—堆料，Q—取料，L—轮斗，1000—取料额定出力（t/h），1500—堆料额定出力（t/h），32—斗轮堆取料机构的斗轮中心到设备回转中心的悬臂长（即悬臂回转半径 32m）。

二、悬臂式斗轮堆取料机结构及工作原理

1. 整体结构

悬臂式斗轮堆取料机按照整体结构分为主机和尾车两大部分，主要由上部金属构架悬臂胶带机、斗轮堆取料机构、仰俯机构、回转机构、行走机构、尾车、电气系统和其他辅助装置（液压系统、润滑系统、洒水系统、电缆卷筒装置、限位和检测装置、中部料斗）等组成（见图 4-41）。

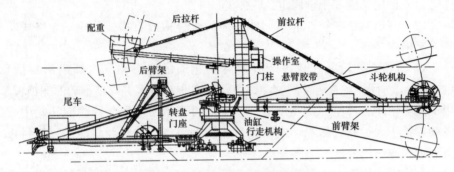

图 4-41　斗轮堆取料机基本结构

2. 工作原理

取料时，安装于悬臂胶带机的前端斗轮堆取料机构，与悬臂胶带机一同升降，以适应挖取不同高度的煤，再经悬臂上的胶带输送机输送到下部煤场带式输送机。

当存煤或混煤时，煤场带式输送机反向旋转，煤通过尾车运至反向旋转的悬臂胶带机，由悬臂胶带机头部落至煤场上部，完成堆料过程。配合大车沿轨道长度方向行走，悬臂胶带机的上仰和下俯可实现高、低位的堆取料。臂架回转实现左右料场及料场宽度的堆取料；取料作业是按分层取料的工艺进行的，必要时也可以进行斜坡取料。

斗轮堆取料机的控制采用可编程逻辑控制器（PLC）进行程序控制。控制方式有 PLC 半自动程序控制（机上半自动）和集中手动控制，所有的连锁关系通过 PLC 来实现，并设有监控系统。

三、斗轮堆取料机各机构及部件介绍

（一）斗轮堆取料机构

斗轮堆取料机构是取料的工作机构，由斗轮及其驱动装置构成。它位于斗轮臂架的前端，随前臂架一起俯仰和回转，以此来挖掘不同高度和角

度的物料。工作时，通过驱动装置使斗轮转动，斗子切入料堆挖取物料。斗中的物料由旋转的斗轮提升，进入卸料区，靠物料的自重由斗中卸出，再经由溜料板落到悬臂皮带机上。斗轮堆取料机构只在取料时工作，在堆料时处于停止状态。

斗轮堆取料机构主要由斗轮、斗轮轴、轴承座、圆弧挡料板、溜料装置、斗轮驱动装置、斗轮轴润滑系统等组成。

1. 斗轮

斗轮是由铲斗和斗轮体组成的，数个铲斗均匀分布在圆形斗轮体的圆周上。

（1）铲斗是用来直接挖取物料的金属斗子，由斗齿、斗刃（斗唇）、斗体等组成，用螺栓和销轴固定到轮体上。

（2）一定形状的铲斗和不同斗轮体的组合构成有格式斗轮、无格式斗轮、半格式斗轮。

1）有格式斗轮是在轮体上开有互不相通的扇形格子（即扇形斜槽）（如图 4-42 所示），并延伸到铲斗的斗轮，在非卸料区有固定不动的侧挡板。当铲斗随轮体旋转至一定高度后，斗中散料开始沿扇形斜溜槽向斗轮中心滑动，铲斗到达卸料区后，由于没有侧挡板阻挡，散料经斜溜槽、卸料板滑到带式输送机上。

有格式斗轮特点：结构刚性好，挖掘力大，较适宜挖取薄层冻煤；采用斗轮体本身扇形斜溜槽卸料，斜溜槽内衬板磨损后更换容易；斗轮转速较低，不适合挖掘黏性物料；出力小，回料较多。

2）无格式斗轮的轮体上无扇形格子，铲斗延伸至轮体内圈（如图 4-39 所示）。在非卸料区设有固定圆弧挡板，圆弧挡板通过调整丝杠固定在臂架的端部，用于堵住斗中散料。在卸料区内装有一个固定的斜溜槽。当铲斗随轮体旋转至卸料区时，斗中物料在自重作用下经斜溜槽滑到带式输送机上。

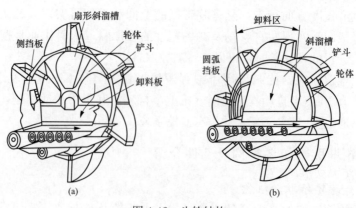

图 4-42　斗轮结构

（a）有格式斗轮；（b）无格式斗轮

无格式斗轮的特点：斗子之间在轮辐方向不分格，卸料区间大可达130°，卸料快适合于挖掘黏性物料，同时可采用较高斗轮转速，比有格式斗轮出力大；结构简单，但刚度较差；圆弧挡板磨损严重时更换相对困难。

无格式斗轮轮体还有辐条式结构（见图 4-43），用钢板焊接而成，有足够的强度和刚度，可最有效地避免积料和磨损。

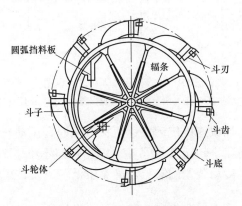

图 4-43　辐条式结构的轮体

3）半格式斗轮是轮体上有一段扇形的格子，铲斗延伸至轮体内圈，结构与无格式相似，也有固定的圆弧挡板和斜溜槽的斗轮。当斗子挖取物料时，不但物料可以装到斗子里，而且可以装进环形框架构成的空间，使斗子装载物料的有效容积增加，此种型式结合有格和无格两种方式的优点。

（3）圆弧挡板和斜溜槽的工作面都装有便于更换的耐磨衬板，其厚度不小于 12mm，衬板均用沉头螺栓连接，并易于更换。圆弧挡板安装在轮体圆周内侧，与轮体之间留有 5～10mm 间隙，不宜过大，否则易夹料发生故障。溜料板与水平面的夹角宜为 60°，最小不得小于 55°。

2. 斗轮驱动装置

斗轮驱动装置分为行星传动、低转速大扭矩液压马达直接传动、液压马达加减速机传动、销齿传动等形式，所有驱动装置布置形式均为侧置式。

（1）行星传动如图 4-44（a）所示，行星减速机高速轴侧采用独立强制润滑系统，在斗轮驱动电动机启动前，应先启动润滑油泵电动机对减速机进行润滑。减速机润滑系统设有压力开关，对润滑油泵进行保护。

此种传动形式运行平稳，设有电气、机械双重保护，但由于采用电动机作为动力，液力耦合器作为连接，且伞齿轮在啮合中易发热升温并需一台齿轮泵单独进行局部强制润滑，故总体外形尺寸和质量较大。

（2）低转速大扭矩液压马达直接传动如图 4-44（b）所示，液压马达由液压泵站驱动液压系统，采用闭式回路。此种传动型式可通过调节液压泵的排量实现无级调速，且质量轻，马达惯性小，抗冲击载荷，可快速、频繁启停和正反转，驱动泵站可置于远离马达的回转平台上，减少头部质量；但液压故障维修困难，且液压马达和轴向柱塞泵价格高。

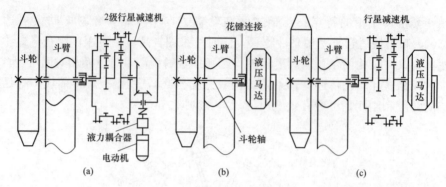

图 4-44　斗轮驱动方式示意图

(a) 行星传动；(b) 低转速大扭矩液压马达直接传动；(c) 液压马达加减速机传动

（3）液压马达加减速机传动又称机械液压联合驱动，如图 4-44（c）所示，该传动采用高速小转矩液压马达（输出转速不小于 70r/min）＋行星减速机，既解决行星传动装置的缺点，又克服低转速大转矩液压马达的不足，但传动系统复杂。

（4）销齿传动如图 4-45 所示，该方式的驱动单元采用支架布置在斗臂侧上方，通过与减速机输出轴相连接的销齿轮驱动斗轮上的大销齿圈，从而带动斗轮转动进行取料，其优势造价低，运行平稳，易于检修。

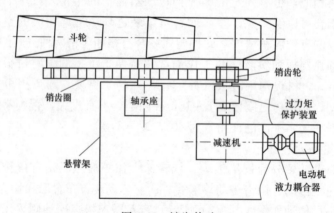

图 4-45　销齿传动

3. 斗轮支承布置型式

斗轮支承布置型式有以下两种：

（1）长轴布置型式，该方式通过一根长轴及两个轴承座连接，其结构受力平均，但对斗轮溜料槽角度、轮体直径及斗轮轴布置方式有影响，一般在小于 1600mm 胶带机上常用。

（2）短轴布置型式，该布置方式结构受力不均，但对斗轮溜料槽角度、轮体直径及轮轴布置有好处，一般在大于 1600mm 胶带机上常用。

（二）上部金属结构

悬臂式斗轮堆取料机的上部金属结构根据前臂架变幅型式分为整体俯

仰和臂架俯仰（又称非整体俯仰）两种结构型式。整体俯仰结构是当俯仰机构在运动时，设备的门柱、悬臂、配重体绕回转平台上同一个中心的两个铰轴一起俯仰同样的角度。非整体俯仰结构是一个多连杆系统，在俯仰过程中同样不随俯仰角度发生变化，悬臂的俯仰角度变化和配重的角度变化的角度不同，其运动由连杆连接来完成。

（1）整体俯仰式的上部金属结构如图 4-46 所示，由前架、门柱、平衡架（配重架），以及前、后拉杆等组成，各构件之间用铰轴、卡板连接，构成一个整体结构。

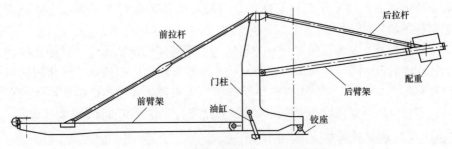

图 4-46 整体俯仰式的上部金属结构

上部结构通过支承铰座和两个油缸固定在转盘上，支承铰座的上端与门柱尾部铰接支承铰座的下端与转盘上平面焊接。通过转盘与门柱之间的液压缸作用，绕支承铰座铰点实现上部结构的整体俯仰。

整体俯仰结构具有连接点少、安全性高等特点。除立柱与回转平台的主铰点以及俯仰油缸铰点外，上部结构没有活动铰点，因而整体刚性很强。

（2）臂架俯仰式的上部金属结构如图 4-47 所示，由前架、门柱、后臂架、斜支架、三角平衡架、配重箱及拉杆等组成，各构件之间用销轴连接，销轴由卡板固定。前臂架、前拉杆和斜支撑组成一个固定的前部活动部分，前臂架后部与门柱之间由销轴铰接（A 点）。通过钢丝绳卷扬机构牵引位于斜支撑架上部的动滑轮组带动前臂架俯仰。三角平衡架与后臂架铰接（点 D）并可绕 D 点上下转动。前臂架活动部分与三角平衡架上铰点通过上部拉杆连接（B 和 C 点），从而构成由 A、B、C、D 四铰点组成的四边形连杆臂架俯仰上部结构。

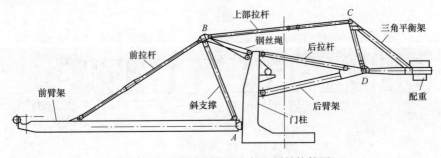

图 4-47 臂架俯仰式的上部金属结构简图

（3）配重是为了平衡前部悬臂的质量，使整个旋转部分的质量比较均衡地压在回转支承装置上，从而保证回转部分稳定。配重用钢筋混凝土制成，分固定配重块和调整配重块，调整配重块用来调整斗轮接地力值。

（4）门柱（又称立柱）是回转平台上部的核心构件，通过它将前后臂架连接成一个整体，同时通过它把上部荷载传至回转平台上。此外，门柱还要承受来自各个方向的力和力矩。大多采用较厚的钢板焊接成两个大截面箱体立柱，再用横梁和拉杆将两者连成一个固定的整体。门柱与回转平台连接方式一般有两种情况：对整体仰俯的，门柱通过后座支在平台上；对非整体仰俯，如采用三脚架仰俯，门柱与回转平台制成一体，这样可增加整机的稳定性。

（5）转盘（又称回转平台）为箱形的大型整体式钢结构件，它是立柱和回转支撑装置之间的连接体，它既承受斗轮堆取料机上部载荷，又为回转用刚性平台。在转盘上面固定着整体俯仰结构支承铰座或非整体俯仰结构的立柱、回转机构的回转驱动装置、俯仰液压站及悬臂胶带机的驱动装置等。

（三）悬臂胶带机

为适应斗轮堆取料机的堆料和取料要求，悬臂胶带机为双向运行方式，并可满负荷启动。悬臂胶带机正转运行时，可以将进料输送机运来的煤通过其头部抛洒到煤场，完成料作业。当斗轮从煤场中取煤时，悬臂胶带机反向运转，将斗轮取到的煤经其尾部的中心落煤筒落到煤场地面主胶带机上，完成其取料工作。如图 4-48（a）为悬臂胶带机布置简图。

悬臂胶带机其结构和一般胶带输送机相同，并设有相同的保护装置。驱动装置如图 4-48（b）所示，驱动装置底座通过一摆杆铰接在回转平台上，保证驱动装置始终处于水平状态。但也有少数小功率的采用风冷电动滚筒驱动。拉紧装置大多采用垂直重锤拉紧，但个别也有采用液压拉紧的。

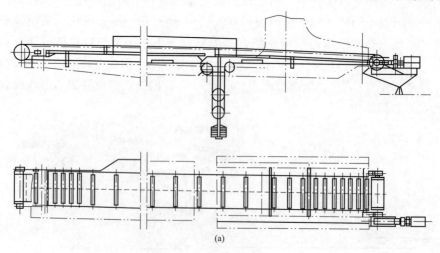

(a)

图 4-48 悬臂胶带机（一）

（a）悬臂胶带机布置简图

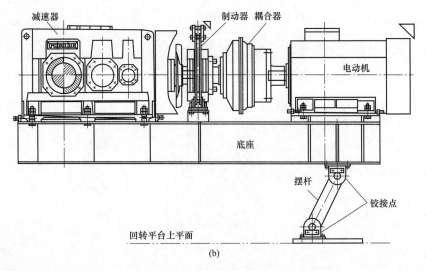

图 4-48　悬臂胶带机（二）

（b）悬臂胶带机驱动装置图

（四）俯仰机构

俯仰机构也称为变幅机构。悬臂式斗轮堆取料机俯仰机构的作用是支撑斗轮和臂架并通过前臂架的俯仰运动，实现斗轮在不同高度上堆料和取料。斗轮堆取料机俯仰机构有液压和机械两种方式。

1. 液压变幅

液压变幅由液压变幅机构和俯仰液压系统两大部分构成。

液压变幅机构由俯仰液压缸、带关节轴承的铰座、变幅信号发生器等组成（见图 4-49）。俯仰液压缸有两种结构，一种是采用只受压力的单作用油缸，另一种是受拉压双作用油缸。目前多采用两个双作用差动式液压油缸来实现臂架的仰俯。臂架设有安全连杆（支撑架），维修或更换油缸时，利用安全连杆固定臂架，保证检修时的安全。变幅信号发生器装在转台销轴上，由臂架带动使其发出变幅信号。

俯仰液压系统为开式液压系统，由俯仰液压站和管路附件等组成。在俯仰液压系统的驱动下，通过液压缸伸缩实现前臂架等上部变幅构件进行整体俯仰。

液压变幅具有体积小、结构简单、维修量小、动作平稳无冲击、工作可靠等优点而被广泛采用，但维修较困难。

（1）液压泵站由油箱、液压泵、电动机、阀等组成。液压泵采用恒压变量泵。液压泵站完成液压系统的启动、停止、卸荷超压保护控制，并通过平衡回路使液压缸在任意位置停留及保持，其系统的压力、流量可在允许的范围内任意调节；在环境温度过低时，可对油液加温；当超温、超压及滤油器堵塞时，可提供报警信号和安全保护。

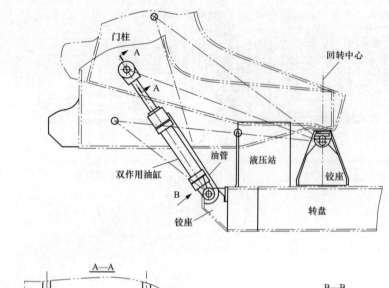

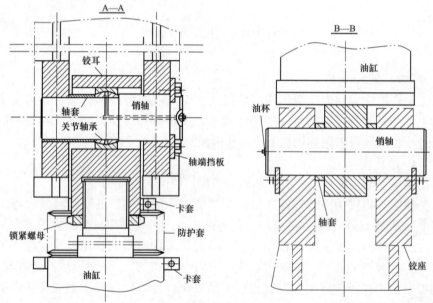

图 4-49 整体液压俯仰机构

(2) 俯仰液压系统工作原理 (见图 4-50)：当电动机启动后，柱塞泵开始向系统供油，此时各电磁换向阀均处于失电状态，压力油经换向阀 1 中位直接回到油箱。当操纵开关处于"变幅升"位置时，1DT、3DT、4DT 同时得电，压力油经换向阀 1、单向节流阀、液控单向阀进入变幅缸的无杆腔；有杆腔的油经液控单向阀、单向节流阀，最后经换向阀 1 回油箱当操纵开关处于"变幅降"位置时，2DT、3DT、4DT 同时得电，其油液流动方向与"变幅升"相反。

(3) 液压系统中各元件的作用。

液控单向阀 (双向液压锁) 的作用是使液压缸在任意位置停留。作为保压回路，当换向阀 1 处于中位时，两个液控单向阀的液控口都与油箱接

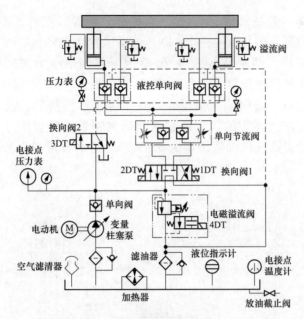

图 4-50　俯仰液压原理图

通，使两阀互锁，保证液压缸上下两腔的压力不变。

换向阀 2 的作用是在液压缸上升或下降时打开液控单向阀，停止时将液控单向阀的控制油卸荷，从而关闭液控单向阀使变幅缸停留。

单向节流阀的作用是回油节流调速（调节通过节流开口量实现），控制两个双作用差动式油缸上升和下降速度，使变幅平稳。

换向阀 1 采用 M 型中位机能，既能使系统保压，又能使液压泵卸荷，系统在非工作状态时电动机不必停止，避免了电动机频繁启动。

电磁溢流阀的作用是控制系统的压力。如有意外超压，则电接点压力表发信号，使电磁溢流阀通电处于卸荷状态，从而起到安全阀的作用。

轴向柱塞泵为手动变量油泵，可根据变幅速度要求，通过手动调节油泵的伺服变量机构改变油泵斜盘工作倾角，实现调节油泵排出流量的目的。

单向阀的作用是隔离泵与系统，以防非常情况下由于负载压力变化而影响液压泵。

在泵进出油路上和液压系统总回路上均设置滤油器，当滤油器堵塞鸣响报警时，利用滤油器旁并联的单向阀，可在不停机的情况下及时更换滤油器。

在油箱上装有液位控制器、温度控制器、电加热器等液压辅件。液位控制器用于监测油箱的液位情况，以防止液压泵因吸空而损坏；温度控制器、电加热器和风冷却器与电气连锁，以控制整个液压系统的油温在许可的范围之内。

2. 机械变幅

变幅机构安装在门柱上，变幅机构为机械卷扬式，主要由动滑轮、定滑轮、钢丝绳、卷扬装置、拉杆及平衡安全装置（摆杆、平衡三脚架、配重块、限位器）组成（见图 4-51）。卷扬装置由电动机、减速机、制动器、卷筒等组成，制动器多采用 Ed 型带下降阀的电力液压推动器（如 YWZ5 型液压推杆制动器，也有采用涡流制动器、电磁制动器），调整下降阀可使推动器下降时间无级延长，减少冲击。卷筒的正反转是通过改变电动机的转向来实现的，并依靠制动器来制动。配重块与悬臂梁头部重量相比，悬臂梁应比配重块重 1.5～3.5t，这部分重量由俯仰装置钢丝绳来承担。

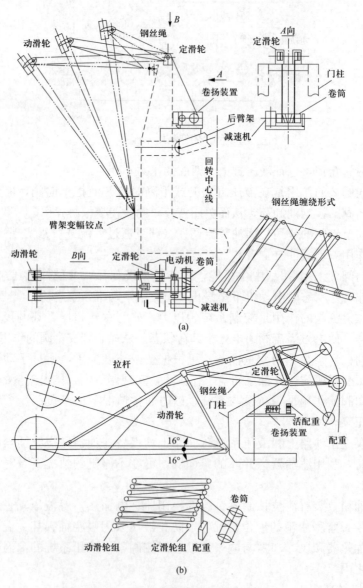

图 4-51　机械变幅机构示意图

（a）无活配重的机械变幅机构；（b）具有活配重的机械变幅机构

变幅机构工作时，斗轮堆取料机的悬臂梁以门柱的支撑点为轴心，通过卷扬装置上的钢丝绳卷绕或放出，牵引动滑轮组带动前臂架一起实现俯仰动作，达到安全运行的目的。

为了保证设备俯仰动作的安全可靠，变幅机构还设置如下安全辅助装置和措施：卷扬系统设平衡杆，使两侧钢丝绳受力均衡，保证在一绳断裂的紧急情况下，前臂架不会落；钢丝绳采用双绳缠绕系统，双钢丝绳相互独立，如果一根断开，另一根可维持机器平衡；其绳头固定在平衡上，以自动调整两根钢绳的长短，使其受力相同，同时系统还设置有防钢绳脱槽的措施、断绳保护装置和极限限位。

钢丝绳卷扬俯仰装置设有两个常闭式制动器，见图 4-52，并在电气线路上和电动机连锁。在启动时，控制两个制动器同时打开；制动时一个先制动，另一个延时几秒后制动，以保证俯仰装置的安全和定位准确可靠。

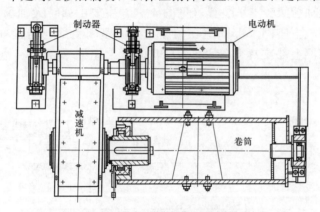

图 4-52　卷扬俯仰装置示意图

（五）回转机构

悬臂式斗轮堆取料机的回转机构安装在门座和转盘之间，由连接门座和转盘的回转支承装置和安装在转盘上的回转驱动装置两大部分组成。其作用：一是支撑上部回转体；二是实现堆料和取料时前臂架的回转运动并同时起到对中、防倾作用；三是连接门座和转盘使下部行走机构与上面回转钢结构成为一体。

1. 回转支承装置

回转支承装置是用来将堆取料机的上部回转体支持在行走门架之上，它承受着堆取料机各种载荷所引起的垂直力、水平力与倾覆力矩。回转支承装置有回转大轴承支承、圆锥滚轮支承、回转台车式支承三种型式。

（1）回转大轴承又称转盘轴承，按其是否带齿及轮齿的分布部位又分为无齿式、外齿式或内齿式。臂式斗轮堆取料机常用的回转支承轴承是单排交叉滚柱式和三排滚柱式，所用转盘轴承为外齿式（见图 4-53）。交叉圆柱滚子转盘轴承相邻滚子的轴线互相垂直，滚子长度比直径小 1mm。三排圆柱滚子组合转盘轴承，其中两排滚子承受轴向载荷，一排承受径向载荷。

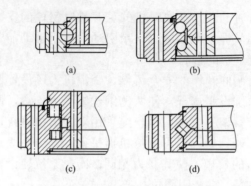

图 4-53　外齿式转盘轴承结构型式

（a）四点接触球转盘轴承；（b）四排四点接触球转盘轴承；

（c）三排圆柱滚子组合转盘轴承；（d）交叉圆柱滚子转盘轴承

　　回转大轴承回转支承装置（见图 4-54）主要由回转大轴承、上座圈、下座圈等组成下座圈下部固定在门座上，下座圈上部与转盘轴承外齿圈相连；上座圈上部支撑着转盘（或门柱），上座圈下部与转盘轴承内圈相连。

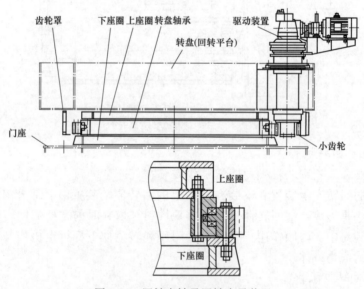

图 4-54　回转大轴承回转支承装置

　　回转大轴承支撑方式特点：

　　1）转盘轴承能够同时承受较大的轴向负荷、径向负荷和倾覆力矩等综合载荷，集支承、旋转、传动、固定等多种功能于一体，自身带有安装孔、润滑孔和密封装置。

　　2）结构紧凑，支承高度最低，使斗轮堆取料机整机高度降低，从而降低设备总质量。

3）承载能力大，防倾翻能力最好，且允许回转部分的重心超出滚动体滚道直径。

4）轴承精度高，轴向间隙小，工作平稳，旋转阻力小，磨损也小，日常维护工作量少。轴承中央可以作为通道，便于总体布置。

5）装配与维护简单，并且由于回转轴承自带大齿轮，这样可减少连接环节。但安装后不易拆卸，更换用时较长。

（2）回转台车式支承装置又称台车式回转支承、轨道台车式、台车轨道支承式，如图4-55所示，主要由垂直支承、水平支承和防倾翻装置三部分组成。

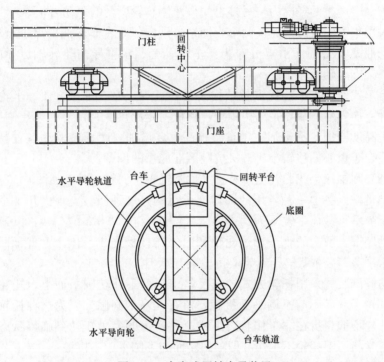

图 4-55　台车式回转支承装置

垂直支承部分由固定在回转平台（转盘）上的四组台车和固定在门座上的圆形台车轨道组成，圆形回转轨道直径与地面轨道跨度相同，这也是防止倾翻的最佳选择，回转轨道铺设在座圈上，座圈与门座相连，座圈上有销齿并与小齿轮配合，实现上部回转。水平支承部分由固定在回转平台上的四个水平导向轮和固定在门座上的水平圆形轨道组成，为了方便调整导向轮与导向轨道间隙，其导向轮为偏心轴设计。防倾翻装置采用防倾翻托辊（可参见圆锥滚轮式回转支承装置的托轮装置，见图4-56）。

台车车轮与普通行走车轮没有本质区别，只是每对车轮的轴线都能过圆形轨道的中心。

一般台车式回转支承采用双驱动对称布置方式，一是抵消开式齿轮或

165

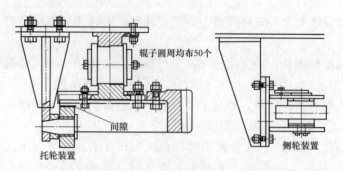

图 4-56　圆锥滚轮式回转支承装置

销齿传动时产生的径向力，另外也使得两侧车轮所受的驱动力相等。

采用集中润滑方式，由两个干油站分别向每个台车轮润滑点进行补充。每个干油站支持的润滑点分布为：车轮轴套、水平导向轮转轴、导向轮、外平衡架支撑轴两端。

台车式回转支承的优点是结构简单、直观，检查维修方便，车轮组等易损件更换容易。缺点是结构笨重，整机行走跨度大；由于台车组高度大，使整机高度增加、重量加重、重心提高，多增加一套回转驱动装置。台车支承适合于重心偏移较小、整机抗倾覆性能小的设备。

（3）圆锥滚轮式回转支承装置又称圆锥辊子回转支承，如图 4-56 所示，是大型机械设备中一种常用的回转支承机构，这种回转支承由几十个圆锥辊子承受垂直载荷，辊子为圆锥体（大端直径在 200mm 左右），以避免附加滑动摩擦，所有的辊子通过轮轴和内外连接板连成一体。垂直于回转轴线的水平载荷是依靠若干个定心侧轮装置承担。

防倾翻装置采用托轮方式，它反勾于下部不回转圆平面上。托轮在安装时其轮子表面不与下圆平面接触，留有几毫米间隙，因为这种托轮是为臂式斗轮堆取料机在非工作状态下或意外产生倾翻力矩达到临界状态而设计。正常状态下托轮不工作（即随回转而与下圆平面不接触）。

圆锥滚轮式支承型式的特点：

1）上滚道只是在上部回转钢结构的前部与后部，两侧不设滚道，造成设备上部并没有全圆周压在所有轮子上，因此更换滚轮方便。

2）在运行中只是滚轮上下受压，而滚轮轴与轴承几乎不受力，因此不需严格的润滑。

3）与台车式回转支承相比，圆锥辊子式回转支承本身高度较低，使整机高度也低。

4）回转滚道直径可做得较大，使滚轮增多，减少了轮压和旋转阻力，增强对负荷适应性。

5）制造成本低，但由于密封不好，容易磨损，日常维护工作量较大。

三种回转支承特点比较见表 4-7。

表 4-7 三种回转支承特点比较

名称	摩擦阻力	设备高度	设备质量	驱动功率	维修
圆锥辊子回转支承	较小	较低	较小	较小	方便
台车式回转支承	大	高	大	大	方便
回转大轴承回转支承	小	低	小	小	不方便，需有润滑装置

随着斗轮堆取料机出力的增大，斗轮堆取料机越来越庞大，为了保证其安全运行，并通过上述分析，回转支承装置多采用回转大轴承支撑方式。

2. 回转驱动装置

回转驱动装置一般安装在转盘尾部或侧部，回转驱动的数量根据设备需要可采用1～3组驱动。通过安装在减速机输出轴上的驱动齿轮与转盘轴承的外齿（对于圆锥滚轮支承回转台车式支承则为下座圈上的销齿或大齿圈）相啮合，实现转盘相对于门座的回转。

回转驱动机构分为机械驱动、液压驱动两种类型，机械驱动可分为定轴传动和行星传动，目前以行星传动应用较为广泛。行星传动由电动机、立式行星减速机、制动器、限矩联轴器、机座等组成。电动机调速方式采用IVVVF变频速，回转速度按 $1/\cos\beta$ 无级调速，以实现等量取料功能，消除月牙形取料损失。

电动机与减速机之间采用安全型限距联轴器，当回转阻力矩超过安全阻力矩时，限矩联轴器上的行程开关动作，切断回转电源，同时限矩联轴器上的摩擦片打滑，实现机械划载保护。限力矩的大小可由螺母和压紧弹簧调节。

制动器采用液压推杆式制动器。

回转机构还设有回转角度检测装置和限位。当回转角度达到堆、取料+10°～+110°或反向回转-10°～-110°时（根据储料场场地情况调整），电气限位开关起作用，使回转机构停转。在回转角度极限位置设有终端撞块支架，起到超转保护作用。

回转润滑采用电动润滑泵、双线给油器等组成的集中润滑方式，但往电动润滑泵中加润滑脂需用手动加油泵（参见圆形煤场堆取料机）。

为保证大小齿轮的啮合，减速机壳体安装中心线和减速机轴中心线偏心布置，以便调整啮合间隙。

（六）门座与行走机构

1. 门座

（1）门座（又称门座架）是连接行走机构和回转部件的承载结构。门座的上面连接回转机构的下座圈，下面支腿连接行走机构的平衡梁铰座。

（2）门座既要承受回转平台以上的重量，又要承担工作时所受到的反作用力和力矩，门座通常制成矩形或环梁支腿形，对大型斗轮堆取料机则多制成箱体截面，反之制成工字形截面。

（3）悬臂堆取料机门座有三支腿和四支腿两种型式，其中三支腿门座又分为侧三支腿和正三支腿。行走机构布置形式与门座的型式是相对应的关系，也分为四点支承和三点支承。

行走机构布置型式与门座的型式是相对应的关系，也分为四点支承和三点支承。

1）四支腿门座及四点支承行走机构（见图4-57）是悬式斗轮堆取料机应用最多的一种型式，多用于中小型斗轮堆取料机。这种型式具有刚性好、抗倾翻力矩大的优点，缺点是四支点为超静定结构，对轨道精度的要求比较高。

2）侧三支腿门座及侧三点支承行走机构（见图4-58）为使用地面系统输送机双路布置而采用的一种型式，特点是回转中心与地面系统的其中一条带式输送机中心重合，此种门座为静定结构，腿压分配合理，三点支承受力均衡。

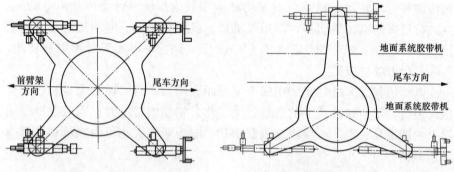

图4-57 四点支承行走机构布置　　　　图4-58 侧三支腿门座行走机构布置

3）正三支腿门座及四点支承行走机构如图4-59所示，该门座体后梁后部与一个有二支腿横梁铰接，形成三点支撑四支腿型门座。此种门座为静定结构，四支腿下的轮压分配比较均匀，在大型斗轮堆取料机上广泛采用。

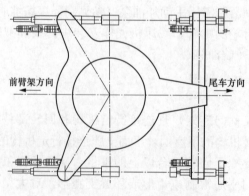

图4-59 正三支腿门座行走机构布置图

2. 行走机构

行走机构安装在门座支腿下部，用来承受整机的各种载荷，并根据作业要求驱动整个斗轮堆取料机和尾车沿着轨道往返行走。行走机构由行走驱动装置、行走支承装置、安全与检测装置三大部分组成（见图 4-60）。驱动装置用来驱动车轮使设备沿轨道移动，由电动机、联轴器、减速机、制动器等组成；支承装置用来将自重和载荷传递到轨道上，由均衡梁（又称平衡梁）、车轮、台车架、销轴卡板等构成；安全与检测装置包括夹轨器、锚定装置、清轨器、缓冲器、行走限位等。

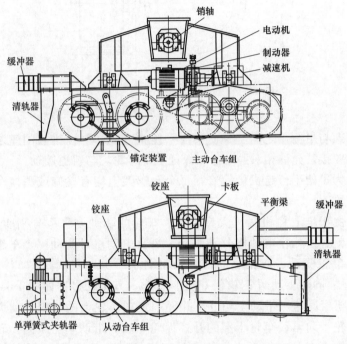

图 4-60　行走机构

（1）车轮组（简称车轮）由车轮、轴与轴承座装配在一起所构成，为使门座的每一支腿下的各车轮轮压相等，行走机构根据轮压情况采用多车轮布置型式，并通过台车架、均衡梁将各个车轮组合在一起构成台车组（简称台车）。不同车轮数的组合情况如图 4-61 所示。

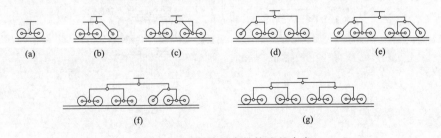

图 4-61　不同数量车轮构成的台车

(a) 双车轮；(b) 三车轮；(c) 四车轮；(d) 五车轮；(e) 六车轮；(f) 七车轮；(g) 八车轮

169

行走机构的所有车轮规格都完全相同，车轮直径一般为 630mm，均为双轮缘车轮，其中驱动车轮数一般不少于总轮数的 50%。

为方便车轮和轴承的更换，每个车轮采用角型轴承座（见图 4-62）或 45°剖分式轴承座与台车架或均衡梁的连接。

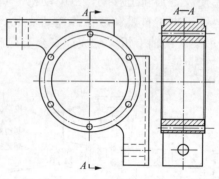

图 4-62　角型轴承座

台车架与平衡梁之间、平衡梁与平衡梁之间、平衡梁与门座之间均采用销轴式铰接，允许相对摆动，以保证全部车轮均与轨道接触。

同时为了便于行走机构检修，每个台车架上均有检修或更换车轮组时的顶起位置。

（2）由于堆取料机属于大型设备，车轮的驱动多采用分别驱动方式。分别驱动就是由几台电动机分别驱动，每台电动机可驱动一个车轮或两个车轮，即单轮驱动、双轮驱动。双轮驱动是单电动机通过中间过渡齿轮（又称惰轮）同时驱动两个车轮（见图 4-63），其传动过程如图 4-63（a）所示，电动机经减速机带动车轮Ⅱ，并经固定在车轮上的开式传动齿轮和中间过渡齿轮带动驱动车轮Ⅰ上的开式齿轮，从而带动车轮Ⅰ同步转动。这种方式结构复杂，中间过渡齿轮承受扭矩较大，且开式齿轮润滑条件差，

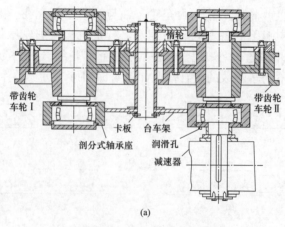

(a)

图 4-63　双轮驱动台车齿轮传动系统（一）

（a）直接驱动单轮的双轮驱动原理

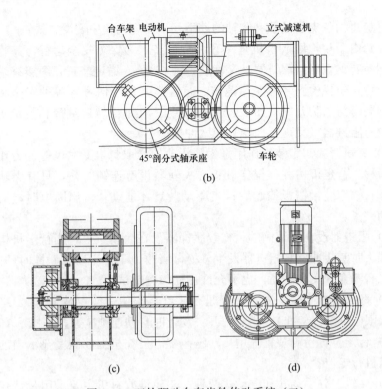

图 4-63　双轮驱动台车齿轮传动系统（二）

（b）直接驱动单轮的双轮驱动外观图；（c）直接驱动中间过渡齿轮的双轮驱动结构图；
（d）直接驱动中间过渡齿轮的双轮驱动外观图

目前随着三合一减速机使用而逐渐减少。

单电动机驱动单车轮的结构如图 4-64 所示。减速机采用立式硬齿面三合一减速机并通过减速机空心轴直接套装在主动车轮轴上，用键或收缩盘连接。为防止驱动装置在反扭矩作用下自由转动，采用扭力臂将驱动装置锁定在台车架上，以抵消反扭矩。整个驱动装置靠主动车轮轴支撑，扭力臂仅承受驱动产生的反扭矩。

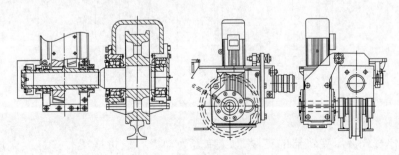

图 4-64　单轮单电机直接驱动

台车的行走速度采用变频调速，通常工作速度不大于 7m/min，调车速度不大于 30m/min。

行走机构各支承轴承和铰轴的润滑均采用电动集中润滑方式。

（3）由于斗轮堆取料机是一套大型设备，为保障安全运行，其行走机构还配备有夹轨器、清轨器（又称轨道清扫器）、锚定装置、两级终端限位开关、行走位置检测装置、风速仪、行走声光报警信号等各种安全和检测装置，同时为以防万一（如限位开关失灵），在地面轨道端部和行走机构上分别设有阻进器（又称止挡器）和缓冲器。

1）夹轨器和锚定装置作用是为防止斗轮堆取料机受大风等外力作用时产生滑移。行走机构并与锚定装置、夹轨器设有连锁关系，只有夹轨器完全松开、锚定装置锚板抬起后行走驱动装置才能动作；当断电时，夹轨器会自动夹紧。

2）阻进器设在轨道两端，橡胶缓冲器设在台车架上，当行走机构行至轨道端头时其缓冲器与阻进器发生碰撞，吸收由于行走装置碰撞时的能量。通常二者不允许发生碰撞，也不允许做任何碰撞试验。

3）两级终端限位开关：一级是行走终点限位（终点减速），二级是行走极限限位（终点停止）。当限位开关动作时自动连锁减速、停机。

4）行走位置检测装置采用旋转编码器，可在机上控制室显示当前斗轮堆取料机行走位置。

5）夹轨器分手动式和电动式两种。斗轮堆取料机主要采用弹簧式液压夹轨器（见图 4-65）。

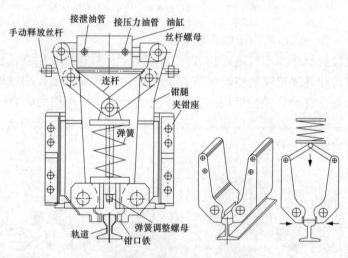

图 4-65 弹簧式液压夹轨器

弹簧式液压夹轨器的夹紧是以弹簧为动力，通过横梁、连杆、夹钳和钳口铁来实现钢轨的夹紧；夹钳的张开靠其自身的液压系统完成。液压夹轨器与操作室电源连锁，轮机控制电源送电后夹轨器的夹钳完全张开，斗轮堆取料机其他操作才能进行，当斗轮堆取料机控源停电后，自动夹轨。

在机械露天作业，为防止被风吹动，夹轨器抗风能力为 20m/s。

6）锚定装置的结构及动作过程如图 4-66 所示，并沿轨道设有若干个定座，在堆料机为非工作状态时，将锚定板插入锚定座内起到固定作用；工作时将锚定板抬起，到位并触动行程开关动作。锚定板的抬起和落下均采用手动操作。

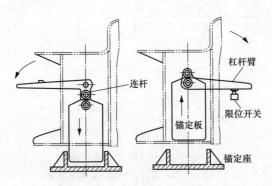

图 4-66　锚定装置的结构及动作过程

为防止斗轮堆取料机在非工作状态时被大风刮走，锚定装置的抗风能力为 55m/s。

（七）尾车

尾车是斗轮堆取料与燃料主系统相互连接的桥梁，它将系统胶带机运来的物料输送到斗轮堆取料机悬臂胶带上，将斗轮从煤场取来的物料运回到系统胶带机。

尾车按功能分为固定式、折返式、通过式三大类型。按尾车数量分为单尾车和双尾车。按结构不同，大体可以分为固定尾车、全趴折返尾车、半趴折返尾车、交叉折返尾车、全功能双尾车、头部分流尾车、尾部分流尾车等。根据煤场布局和工艺流程不同，所采用尾车也不同，但所有尾车大体结构基本相同，每种尾车主要由主梁、底梁、支腿、落料斗、从动车轮组和车杆组成，对于变幅型尾车（半趴折返尾车）还设有钢丝绳卷扬变幅机构或液压变幅装置，对于双尾车中的一个尾车还具有单独的胶带机；同时尾车尾部设有压带轮（又称防飘轮），以防止地面胶带启动时跳起。尾车胶带机最大倾斜角度不得大于 16°。

尾车跨在地面胶带机线上，用连杆或挂钩装置与大车连接，其行走靠大车牵引。

1. 固定式尾车

固定式尾车为单尾车，其结构见图 4-67（a），它与地面共用一条胶带，胶带驱动装置设在地面胶带机上，胶带单向运行，只能实现同向堆、取料。堆料时，地面胶带送来的物料经尾车落到主机悬臂胶带机上，由悬臂胶带机抛洒到料场上。斗轮取上来的物料经悬臂胶带机、中心落料管到地面胶带机上，且只能向前方输送，见图 4-67（b）。

173

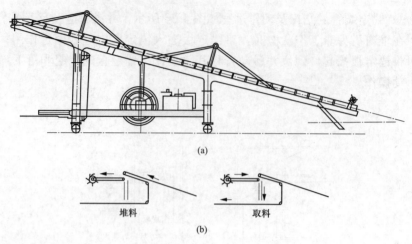

(a)

(b)

图 4-67　固定式尾车结构及堆料、取料示意图
(a) 固定式尾车；(b) 堆料、取料示意图

2. 折返式尾车

折返式尾车是堆料时物料从何方来，取料时可原路反向返回的尾车装置，地面系统胶带机为双向运行，可实现单向堆、取料。

折返式尾车按结构形式不同可分为变幅和交叉两种型式尾车。

（1）变幅式折返尾车按尾车胶带机参与变幅范围的程度不同又分为半趴式和全趴式尾车。全趴式是整个尾车胶带变幅［见图 4-68（a）］，半趴式仅是一部分尾车胶带机变幅而变幅式折返尾车变幅机构和斗轮堆取料机类似，其中全趴式尾车常采用钢丝绳卷扬装置进行，另一部分为固定的。

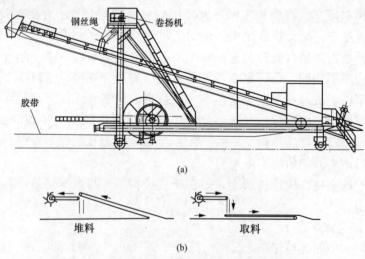

(a)

(b)

图 4-68　全趴折返式尾车及堆料、取料示意图
(a) 全趴折返式尾车；(b) 堆料、取料示意图

变幅半趴式尾车则采用液压油缸变幅方式，半趴折返式和全趴折返式尾车均属单尾车，其工作原理相同，尾车与地面共用一条胶带，堆料时，

尾车变幅机架仰起，将系统胶带机来料通过中部料斗转运到悬臂胶带机上；取料时变幅机架俯下，斗轮挖取的物料经悬臂胶带机、中心落料管落到与尾车胶带机上物料输送向设备的后方，见图 4-69。半趴式尾车在活动的中间段采用了铰链式过渡节。尾车胶带机变幅时，尾车与主机之间的挂钩脱开，主机前进，尾车胶带机变幅，然后主机后退，通过挂钩与尾车连接在一起。

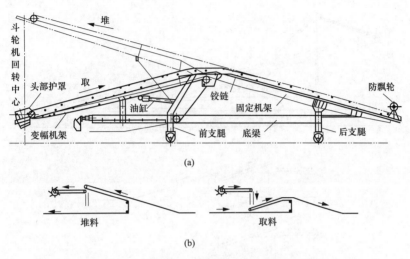

图 4-69　半趴折返式尾车及堆料、取料示意图

（a）液压变幅；（b）堆料、取料示意图

（2）交叉折返式尾车为双尾车结构，主要由具有独立驱动装置的主尾车（其胶带只用于堆料，且偏心布置）、副尾车（与地面胶带机共用一条胶带，其结构与固定单尾车相同）、连接主副尾车的倾斜落料管组成，主副尾车并联在一起，均属固定式，其简化结构如图 4-70 所示。

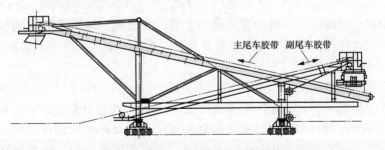

图 4-70　交叉折返式尾车简化结构

堆料时，地面胶带机输送来的物料经副尾车胶带机和落料管落到主尾车胶带机上，再经主尾车胶带机和悬臂胶带机将物料抛洒到料场上；取料时，斗轮挖取的物料经悬管胶带机和中心落料管落到地面胶带机上，由地面胶带机运往主机的前方。

3. 全功能双尾车

全功能双尾车又称折返通过式全能双尾车，如图 4-71 所示，主要由固定不动的主尾车、主尾车胶带机、可变幅的副尾车三部分组成，其中副尾车与地面共用一条胶带，且可正反转；主尾车胶带单向运行，只用于堆料，主尾车与大车的连接是不可摘开的连杆接。可实现单向堆料、折返取料、双向通过，适合于双向取料布置料场。

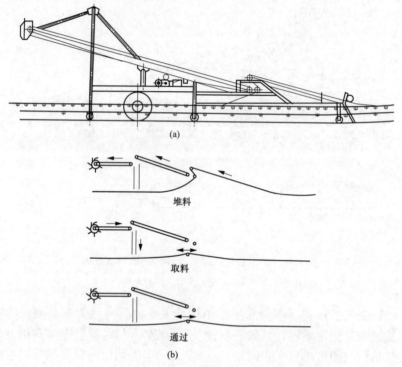

(a)

堆料

取料

通过

(b)

图 4-71 全功能双尾车及堆料、取料、通过示意图
(a) 全功能双尾车；(b) 堆料、取料、通过示意图

副尾车变幅由卷扬机构或液压油缸驱动来实现，堆料作业时副尾车升起并用挂钩挂住；取料作业时，松开钩子，副尾车下俯并置于主尾车上。

4. 头部分流尾车

头部分流尾车又称直通固定式单尾车，它与固定式单尾车结构相同，区别在于头部采用分流落料斗（即三通落煤管）。通过分流落料斗，可将来煤进行分流，使一部分来煤通过悬臂胶带机送到煤场进行堆煤，另一部分来煤直接通过地面胶带机送至上煤系统。可实现同向堆料、取料，适合于通过、分流式布置料场。分流落料斗安装位置如图 4-72 (a) 所示。

5. 尾部分流尾车

尾部分流尾车又称固定式双尾车、固定叉式漏斗双尾车，主副尾车均为固定式单尾车，在两个尾车的中间设有一个叉式分流三通料斗，通过改变三通内挡板位置可以使物料流向主尾车进行堆料，也可以使物料直接通

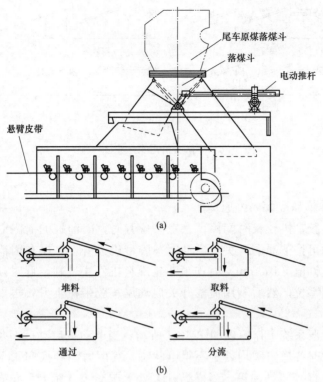

图 4-72　头部分流尾车

（a）分流装置布置图；（b）功能示意图

过副尾车、三通流向地面胶带机向前输送，或者使部分物料流向地面胶带机，部分流向主尾车。此种尾车的机构比较简单，尾车和大车的连接也是由不可摘下的连杆连接。可实现同向堆料、取料、通过，如图 4-73 所示。适合于通过、分流式布置料场。

6. 尾车机构的选择

当需具有物料直通功能时可选择全功能双尾车、分流尾车；当取料时地面胶带机的运行方向和堆料时地面胶带机运行的方向相反时可选择折返式尾车、全功能双尾车；当需要主机取料时回转角度达到约±165°可选择全趴或半趴式尾车。

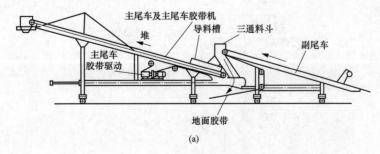

图 4-73　尾部分流尾车示意图（一）

（a）主副尾车

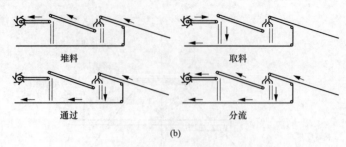

图 4-73　尾部分流尾车示意图（二）

（b）功能示意图

7. 尾车液压变幅系统原理

当尾车胶带机较长时间停留在上升位置时，因油缸的泄漏而下降一段距离，此时可按下泄漏开关，启动尾车胶带机上升。如尾车因泄漏而下降距离超过允许值（100mm）时连锁斗轮堆料机停止堆料，此时须先把堆料控制器回到零位，然后利用泄漏开关启动尾车胶带机上升，再重新启动堆料机构。

尾车液压系统工作原理如图 4-74 所示，当电动机启动后，泵开始向系统供油，此时各换向阀均处于不得电状态，其压力油经换向阀 1 中位和换向阀 2 中位直接回到油箱。当操纵开关处于尾车"变幅升"位置时，2DT得电，压力油经换向阀 1 单向节流阀、液控单向阀进入变幅缸的无杆腔，有杆腔的油经单向节流阀、换向阀 1、换向阀 2 中位流回油箱。当操纵开关处于尾车"变幅降"位置时，1DT 得电，压力油经换向阀 1 和单向节流阀

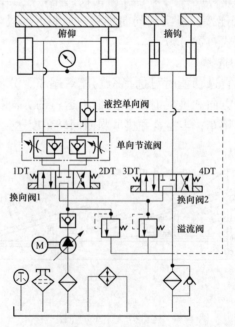

图 4-74　DQ1000/2000.25 尾车俯仰液压系统原理图

进入变幅缸有杆腔，同时打开液控单向阀，使无杆腔的油经液控单向阀、单向节流阀、换向阀 2 中位流回油箱。

当操纵开关处于"脱钩"位置时 4DT 得电压力油接通脱钩油缸使油缸伸出；当操纵开关于"挂钩"位置时，压力油经溢流阀流回油箱，而脱钩油缸与油箱相通，靠自重使缸缩回。

在该系统中，液控单向阀的作用是可以使尾车油缸在任意位置停留。单向节流阀的作用是回油节流调速，从而使变幅缸平稳运行，两个溢流阀的作用是调压和起安全保护作用。

（八）中部料斗

（1）中部料斗设在主机的回转中心线上，上口与尾车处于堆料工况时尾车头部落煤斗及悬臂胶带机驱动滚筒处导料槽衔接；下口则与半趴式和全趴式尾车处于取料工况时尾车头部胶带衔接或与地面胶带衔接（此种取料时为防止落料冲击，在中心落煤管下设置悬挂缓冲装置，其地面胶带在上面通过，见图 4-75）。

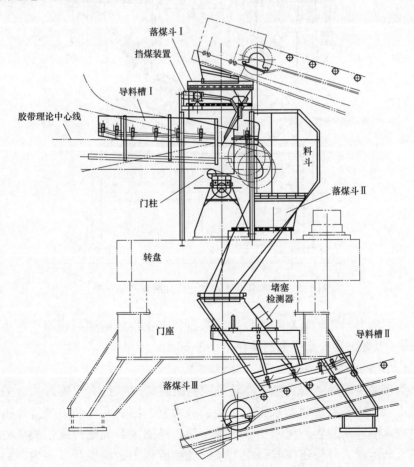

图 4-75　DQ1000/2000·25 斗轮堆取料机中部料斗

（2）中部料斗主要由落煤斗（Ⅰ、Ⅱ、Ⅲ）、支架、挡煤装置、导料槽（Ⅰ、Ⅱ）、料斗、堵塞检测器等及尾车料斗组成（见图4-75）。

（3）中部料斗中的落煤斗（Ⅰ、Ⅱ）、料斗固定安装在回转平台上，随主机回转；落煤斗Ⅲ及下部导料槽固定安装在门座架上。尾车料斗固定安装在主尾车胶带机头部。

（4）中部料斗的落煤斗Ⅰ由落煤斗、导料槽、挡煤板等组成。挡煤板设在导料槽尾部，在堆料作业时，挡板挡住尾车转运下来的物料，防止物料落入下面料斗，如图4-76所示。取料时，电动推杆收回挡板，使悬臂胶带机上的物料落入料斗。

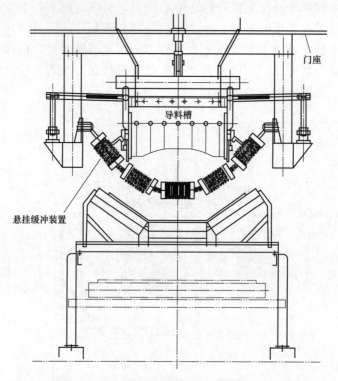

图 4-76　中部料斗下部悬挂缓冲装置及导料槽

（5）所有料斗和落料斗冲刷面均衬以便于更换的耐磨衬板厚度不小于12mm，其倾斜面与水平面的夹角不小于60°。

（九）洒水除尘系统

为了减少对环境的污染，斗轮堆取料机各转运点设有水雾除尘，采用定点上水。喷雾系统包括水管、水箱、洒水泵、控制元件和喷嘴等。由水管（或水缆卷筒装置）将水引入机上水箱，经洒水泵加压再通过喷嘴喷洒到各个转运点。另外还在管路中增设三处喷管作为清洗胶带、斗轮、料斗等装置用。

洒水点包括：

（1）悬臂胶带机头部抛料点（堆料时洒水喷雾抑尘）。

（2）主尾车头部料斗（堆料时洒水喷雾抑尘）。

（3）悬臂胶带机后导料槽（堆料时洒水喷雾抑尘）。

（4）斗轮卸料槽（取料时洒水喷雾抑尘）。

（5）中部料斗缓冲托架（取料、分流时洒水喷雾抑尘）。

（6）中部料斗分流管（分流时洒水喷雾抑尘）。

气温低于 0℃时，停止洒水，如长期不用则将水放尽。

（十）电缆卷筒

电缆卷筒用于电缆的收放，它分为动力用和控制用的电缆卷筒装置，分设在斗轮堆取料机的两侧，动力电缆卷筒为机上提供动力电源（供电电压一般为 6kV，也有一部分电压为 10kV，供电频率为 50Hz），控制电缆卷筒为机上提供通信联络和控制信号。

电缆卷筒具有足够的缠绕力矩，可防止收放电缆时缠绕紊乱，能连续运行而不堵转还设有软启停功能、防止堵转和电缆张力极限保护装置（即过张力保护装置）。动力电缆可采用扁电缆、圆电缆型式，控制电缆不少于20芯。

电缆卷筒多采用磁滞式恒力矩电缆卷筒（简称磁滞式电缆卷筒），如图 4-77 所示，它主要由电缆卷盘、减速箱、磁滞联轴器、滑环集电箱和电动机组成。

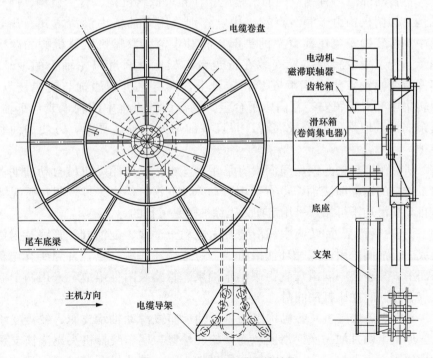

图 4-77 磁滞式电缆卷筒结构

磁滞式电缆卷筒的工作原理如图 4-78 所示，工作时由电动机将动力传至磁滞联轴器再经减速后，将放大的力矩传至卷盘。电动机始终向收缆方向旋转。当放缆时，通过对电缆拖拽，克服磁滞联轴器的磁场扭矩，磁滞联轴器两盘之间产生滑差，把卷盘上的电缆放开；当收缆时，对电缆的拖拽力消除，电缆卷筒朝设定收缆方向卷取收缆。在放缆时，电缆产生的拉力要克服磁耦合力使卷筒向反方向运行，使用中电缆受拉力较大，降低了电缆的使用寿命。另外，磁滞式电缆卷筒经实践证明不适合长期工作。

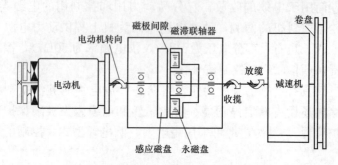

图 4-78　磁滞式电缆卷筒工作原理示意图

（十一）润滑系统

各转动部位均有相应的润滑措施，斗轮堆取料机构、行走机构、回转机构、仰俯机构由于润滑点较集中，分别采用干油集中润滑方式。斗轮集中润滑装置安装在前臂架的头部，润滑斗轮堆取料机取料机构的两个轴承；行走集中润滑装置安装在行走台车架上，润滑车轮轴上的轴承，俯仰及变幅铰点集中润滑安装在转盘上，润滑主机俯油缸与变幅铰点。回转集中润滑装置安装在门座平台上，润滑回转机构中的轴承或台车轴。其余润滑点均为手动分散润滑，并且在加油处设置了平台，方便加油和维护。

机械俯仰机构的钢丝绳润滑有采用钢丝绳运动来驱动机械自动加油器向工作中的钢丝绳滴油，也有采用自动喷油润滑，但由于堆取料机工况恶劣自动润滑均不可靠，采用定期人工涂油也是可行的。

俯仰、行走、回转集中润滑装置由电动干油泵、配油阀、管路及附件组成。配油阀采用逐点循环润滑方式，每个循环润滑一点，直到所有点全部润滑。斗轮集中润滑装置由手动干油泵、管路及附件组成，采用两个润滑点管路同时加压打油润滑。

斗轮、各胶带机、各机构中的每个轴承座或滑动轴承支承、铰接支承处，原则上每月加一次润滑脂。而斗轮、悬臂与尾车胶带机头尾滚筒支承轴承原则上每天加一次。转盘轴承每班加一次。减速机要随时观察油位原则上定期更换新油。开式齿轮处每周涂一次润滑脂。

第四节　圆形煤场堆取料机结构及工作原理

一、圆形煤场堆取料机概述

圆形煤场堆取料机是专门为圆形煤场而设计的堆煤、取煤机械，具有堆煤、取煤分开独立作业的能力。

圆形煤场堆取料机主要由中心柱及下部圆锥料斗、悬臂堆料机、刮板取料机、液压系统、润滑系统和电气系统等部分构成。

进入圆形煤场系统带式输送机穿过钢结构网架屋盖，并支撑于料场中心柱顶部，利用安装在中心柱上段可回转的悬臂堆料机时段性旋转实现物料的"锥—壳"堆积作业，但由于地面通道和地面紧急上料口的限制，取料机是一台绕中心柱回转的仰俯型刮板取料机，通过取料机臂架上往复运动的刮板，沿料堆的内表面开始一层层刮取物料后送到中心柱下部圆锥料斗内，经给料机和地下带式输送机将物料输出。

由于堆料机与取料机不能互相超越（二者之间必须相距 $35°$，不同型号其角度有所差别），当堆料机需要实现一个方向上的无限制回转时，取料机也需同方向回转。当取料机位置不动时，堆料机相对取料机的回转角度被限制在 $290°$ 范围内。

封闭圆形煤场堆取料机优缺点：

（1）优点：

1）圆形煤场为全封闭结构，对外部环境污染小，景观好。

2）单位面积储煤量大（约 $13t/m^2$ 以上），占地面积小，场地利用率高。

3）自动化程度高、运行安全可靠、检修维护量小、抗恶劣天气能力强。

4）煤场回取率约 100%，基本无需堆煤机辅助作业。

5）总储煤量大，一个直径 120m 的圆形煤场的储煤量可达到 15 万 t 以上。

6）煤场管理方便。

（2）缺点：

1）全封闭式圆形煤场的设备及土建和配套设施造价偏高。

2）对燃煤自燃处理较为不便。

3）来煤从高处倾泄，虽然有抑尘措施，但场内环境不理想。

二、圆形煤场堆取料机主要结构及工作原理

（一）中心柱

堆取料机的中心柱位于圆形煤场的中心（见图 4-79），为堆取料机的重要钢结构件，既承受着各主要部件及输入栈桥的载荷，又是各部件的安装中心和回转中心，中心柱上设有用来支撑堆料机和取料机回转用的转盘轴承。

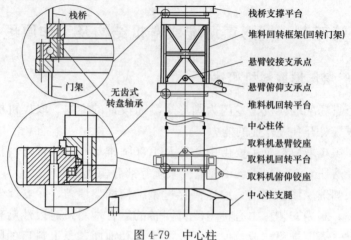

图 4-79　中心柱

中心柱的顶部为堆料机回转门架，回转门架上安装有落煤管，落煤管与系统输送机的头部落料斗套接，下接悬臂胶带机的导料槽，同时门架的回转平台也是堆料机支撑平台和堆料机回转驱动装置的安装平台。门架上部通过无齿式转盘轴承与栈桥支撑平台相接，如图 4-80 所示，并作为系统输送机栈桥荷载的支承点。门架下部通过外齿式转盘轴承与中心柱体相连接。栈桥支撑平台与系统输送机栈桥之间通过球形铰支座（或支撑轮）固定，使系统输送机栈桥可以在栈桥支撑平台上产生纵向相对滑动，以保证中心柱稳定性。

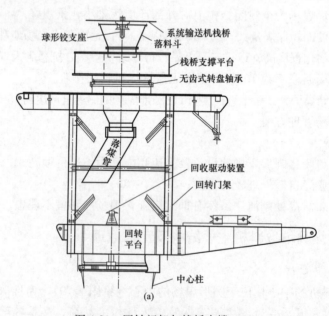

图 4-80　回转门架与栈桥支撑（一）

（a）回转门架与落煤管、栈桥支撑平台

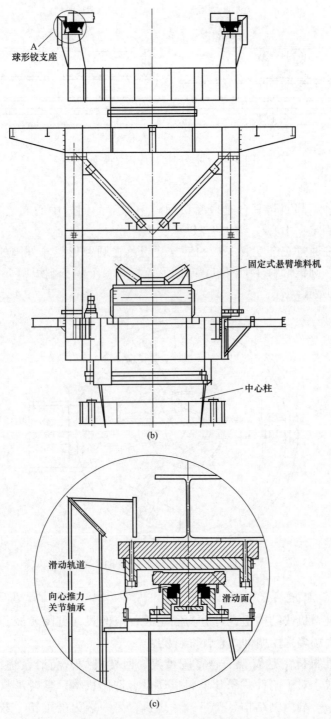

图 4-80　回转门架与栈桥支撑（二）
（b）回转门架与栈桥支撑平台、悬臂皮带机；（c）球形铰支座

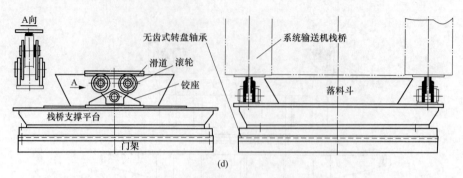

图 4-80　回转门架与栈桥支撑（三）

（d）栈桥支撑平台

中心柱下部回转平台是取料机回转俯仰部的回转中心和铰接支承点，该平台由固定在中心柱上的转盘轴承支承。

中心柱通过三个互成 120°的钢支腿坐落在圆锥形料斗外围的钢筋混凝土基础上，圆锥形料斗上面布置有圆形盖板和一个用于刮板铲下行的开口，如图 4-81 所示。

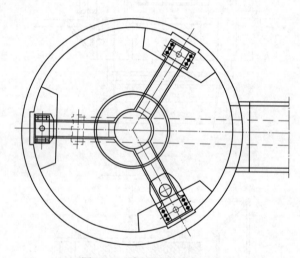

图 4-81　中心柱支腿布置图

（二）悬臂堆料机

悬臂堆料机按结构型式可分为固定式、俯仰式（见图 4-82、图 4-83）。大型圆形料场多采用俯仰式悬臂堆料机。

悬臂堆料机由悬臂架、悬臂胶带机、回转机构、润滑系统、落煤管、配重等组成，对于俯仰式悬臂堆料机还设有仰俯机构。悬臂堆料机以中心柱为中心，一端为钢结构悬臂带式输送机，另一端为配重箱。悬臂堆料机坐落在门架回转平台上，回转平台通过外齿式转盘轴承与中心柱连接，并在回转驱动装置作用下进行回转（该回转机构与斗轮堆取料机悬臂堆料机回转机构相同）。固定式悬臂堆料机优点是结构简单、成本低，缺点是堆料

186

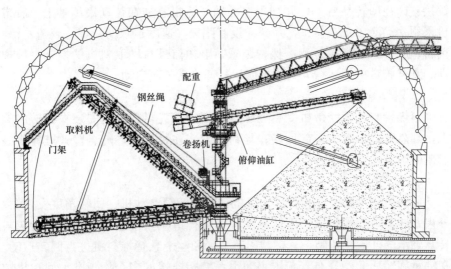

图 4-82 固定式堆料机和悬臂式刮板式取料机

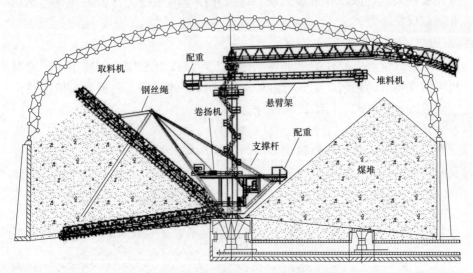

图 4-83 俯仰式堆料机和门架式取料机

机下部无料堆或料堆较低时，落差较大，料场内物料粉尘飞扬较严重（即使有喷雾降尘的情况）。

俯仰式悬臂堆料机采用液压油缸俯仰方式，其优点是悬臂可根据堆料高度上下俯仰减少物料落差，避免粉尘飞扬，同时可适当降低中心柱高度；缺点是结构相对复杂些。

1. 悬臂架、悬臂胶带机

俯仰式悬臂堆料机的悬臂架通过铰座和俯仰油缸与堆料回转门架连接（对于固定式悬臂堆料机的悬臂架则直接固定在中心柱上部的回转门架上），其上布置胶带机并随悬管加起在堆料过程中进行俯仰回转。

悬臂胶带机的结构与普通带式输送机相同，胶带机驱动装置通过机座

187

铰接支撑在回转平台上，并利用空心轴减速机悬挂在传动滚筒轴上。胶带机采用手动液压张紧装置，并同样设有跑偏、速度、双向拉绳、料流检测、堵料、胶带纵向撕裂检测等保护装置，上述信号与堆取料机的控制系统连锁。悬臂胶带机的运行方式为单向运行，可满负荷启动。

2. 落煤管

落煤管与悬臂胶带机受料处导料槽衔接。落煤管固定安装在回转门架上，随悬臂式堆料机一起回转；导料槽安装在臂架上，随悬臂式堆料机一起俯仰。

3. 回转机构

回转机构主要由立式行星减速机、制动变频电动机、回转角度发生器、外齿式转盘轴承等组成。回转电动机通过行星减速机输出轴上的小齿轮与转盘轴承的外齿轮相啮合，带动回转平台和整个悬臂堆料机进行回转运动。在轴承旋转环上还分布着与中央润滑系统相连接的多个润滑孔。回转机构采用变频调速，保证在带载启动、运行和停车时平稳无冲击，并设有制动和过载保护装置。

（三）刮板取料机

取料机位于中心柱的下部煤场地面上，并以中心柱为回转中心。取料机可实现 360°的回转，同时可进行 $-5°\sim+39°$ 的俯仰。刮板取料机按结构型式可分为悬臂式、门架式两种型式。

1. 取料机概述

（1）门架式刮板取料机主要由门架钢结构、双链条刮板机、俯仰机构及回转机构组成，如图 4-84 所示。门架（见图 4-85）是取料机回转、俯仰

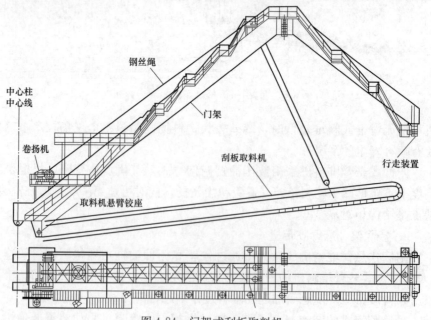

图 4-84　门架式刮板取料机

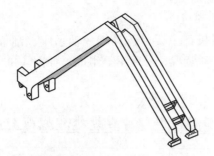

图 4-85　门架钢结构

和载荷支承的主要构件，门架为焊接箱体结构，其外部为双腿，以便中心布置的刮板机能自由通过。门架一端通过铰接支撑在中心立柱下部回转平台上，该平台通过无齿式转盘轴承与中心柱相连，另一端通过回转驱动装置支撑在挡料墙上部的圆形轨道上，取料机的回转通过门架沿着挡煤墙上的圆形轨道行走实现。

（2）悬臂式刮板取料机主要由配重、支撑杆、双链条刮板机、俯仰机构及回转机构组成，如图 4-82 所示。悬臂式刮板取料机坐落在回转平台上，其中一端为钢结构链条刮板式取料机，另一端为配重箱。回转平台与中心柱采用带外齿圈的转盘轴承连接，通过坐落在回转平台上的回转驱动装置输出轴端的小齿轮与转盘轴承啮合实现取料机回转。

（3）两种刮板取料机的俯仰均通过设在中心柱附近的卷扬机带动钢丝绳收放实现的。

（4）通过图 4-82 和图 4-83 比较，两种结构型式取料机的特点是：

1）门架式取料机结构型式合理，门架的大部分重量由挡料墙承受，使得中心柱受力状态明显改善，运行更平稳；而悬臂式取料机的负荷全部传递给中心柱，对中心柱的要求较高，稳定性较差。

2）门架式取料机结构紧凑，不需要设计平衡配重，堆料机下面设备占用空间少，堆、取料机之间交叉关系少。而悬臂式取料机设有尺寸较大的配重机构，还需避免配重机构与料堆及堆料机间的相互干涉。

3）门架式取料机需在挡料墙上增设圆形轨道，并需设置人员检修通道，需适当加宽挡料墙上部宽度和钢结构网架屋盖的直径，增加土建费用和铺设圆形轨道的相关费用（但不会增加墙主体尺寸）。悬臂式取料机及其配重载荷全部集中作用于中心柱下部基础，使中心柱基础土建费用加大。

4）门架式取料机回转驱动在圆形轨道的行走车轮上，回转支承轴承不带外齿圈，只承受部分载荷。悬臂式取料机的回转支承轴承要承受全部载荷，且带外齿轮，尤其对大出力堆取料机，因为齿圈传递扭矩较大，所以齿圈尺寸也要大。

综合比较，门架式结构型式适用于大出力、大直径料场取料机；悬臂式结构型式适用于大出力、小直径料场取料机。

2. 双链条刮板取料机

链条刮板式取料机其主要由传动轴、轴承座、刮板、链轮、刮板驱动装置、链条、链条张紧装置、悬臂梁等组成，如图 4-86 所示。

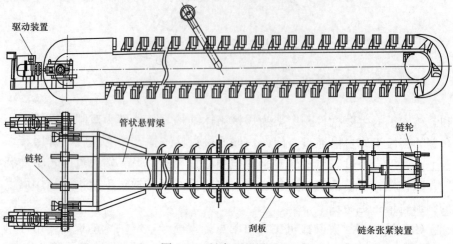

图 4-86　链条刮板取料机

悬臂梁支撑在中心柱端下部旋转平台上。悬臂梁可采用架式、圆筒式或箱型结构上面布置两条耐磨导轨来支撑链条（如图 4-87 所示），刮板通过螺栓固定于双链条机构上，每两节链条连接一组刮板。在取料机头部改向链轮处设有液压弹簧式张紧装置，如图 4-86 所示。

刮板采用两侧前倾的弧形板结构（折板结构），由耐磨钢板焊接而成。刮板两侧带有刮齿，如图 4-88 所示，这种结构可最有效地侧向切取物料，且刮板不粘料，无回料。板齿与刮板体用螺栓连接，便于更换，并有防脱落措施。刮板体与滚子链采用高强度螺栓连接，检修拆卸方便。

刮板机通过尾部的双电机驱动链轮，如图 4-89、图 4-90 所示，由双链条牵引带动刮板运行，在运行同时刮板机绕中心柱回转，完成侧向取料工

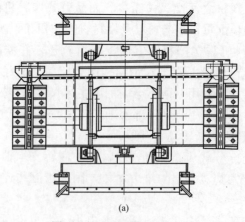

(a)

图 4-87　悬臂梁与刮板（一）

（a）箱型圆筒式悬臂梁与刮板

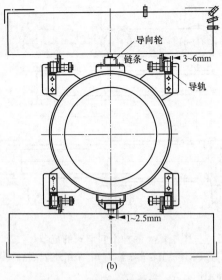

(b)

图 4-87　悬臂梁与刮板（二）

（b）圆筒式悬臂梁与刮板

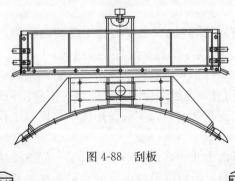

图 4-88　刮板

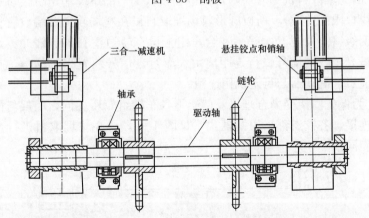

图 4-89　刮板链条驱动装置

作，再由刮板将物料刮入到中心柱下部的圆锥形料斗内。这是集取料和运料于一体的取料方式。

在取料机中部靠近前端位置的两侧设有高低位置不同的两组物料探头，其作用是确定取料机的位置是否符合取料范围的要求。

191

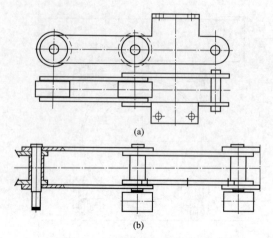

图 4-90　两种不同形式的链节

(a) 直接采用链节轮作滚轮；(b) 采用外置滚轮的链节

3. 取料机回转机构

（1）悬臂式取料机回转机构采用与堆料机回转机构相同机械传动、变频调速方式。

（2）门架式取料机回转机构由中心柱下部转盘轴承与回转平台、挡料墙上圆形轨道门架、驱动车轮组及台车架等组成。

1）为更好地分布行走轮的载荷，每两个行走轮组成一个轮架，共两个轮架，每个车轮组均有一车轮为驱动轮，以便于回转门架双向运动的要求。

2）车轮组采用变频调速，以实现行走两个速度（工作行走速度和快速行走速度）。

3）因为堆取料机为非 360°堆、取物料（受上部系统输送机栈桥和下部应急上煤口限制造成），所以圆形料场堆取料机在料场轨道两端设有行走阻进器、两级终端限位开关等。在台车组上设有轨道清扫器、缓冲器，并备有行走灯光、音响信号。行走距离由大车行走信号装置采集信号，在司机室仪表显示。制动器与行走机构连锁。

4）为保证门架受力合理以及门架下各车轮组轮压相同，门架与两车轮组为铰连接，各铰点都采用销轴式（见图 4-91，与斗轮堆取料机行走机构车轮组相同）。

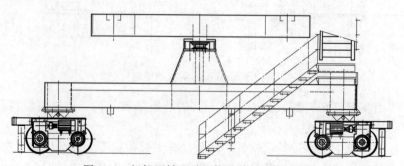

图 4-91　门架回转驱动机构及其与门架的连接

5）行走机构各支承轴承和铰轴的润滑均采用油脂集中润滑方式。

4. 刮板取料机俯仰机构

（1）俯仰机构由驱动装置、钢丝绳卷筒、滑轮、钢丝绳及俯仰电气检测控制系统等组成，通过钢丝绳变幅机构来完成刮板取料机的俯仰动作，从而达到分层取料的目的。

（2）俯仰机构采用单卷筒双缠绕的工作方式，并且绳速始终保持不变，并配有压绳机构，使得钢丝绳缠绕不乱绳。可使刮板机梁在任何需要的位置停留工作，且不会发生自由坠落。

（3）俯仰机构的驱动装置采用变频调速机械驱动，通过控制变幅量，从而控制取料量的变化，为了俯仰机构的安全和定位准确可靠，驱动装置采用双制动系统。

（4）对于门架式取料机，其取料臂通过钢缆式卷扬机左右两侧的钢丝绳悬挂在门架钢结构上；钢丝绳上设有张力检测装置，可在线监测钢丝绳的张力，并起到钢丝绳过松或过紧保护。

俯仰机构与斗轮堆取料机机械俯仰机构相同。

（四）液压系统

圆形料场堆取料机的液压部分由三个独立成套的液压系统组成，分别为堆料机悬臂俯仰液压系统、取料机链条手动张紧液压系统和堆料胶带张紧液压系统。

1. 堆料机悬臂俯仰液压系统

堆料机悬臂俯仰液压机构用于调节堆料臂的高度，由油泵电机、风冷却器、油箱、控制阀组、油缸和液压管路等组成（见图4-92），油缸采用双

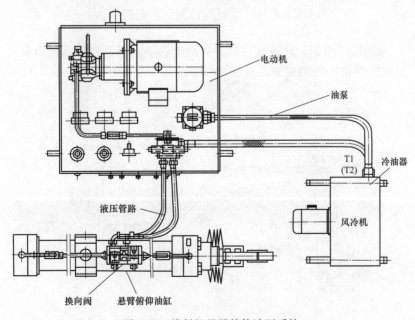

图 4-92 堆料机悬臂俯仰液压系统

作用差动式单油缸，以避免采用双油缸不同步工作问题的发生。油缸的活塞端铰接于回转平台支座上，活塞杆端铰接于悬臂架下部支座上，通过油缸的行程变化来调整悬臂架的高度，以满足堆料或跨越的要求。俯仰角度由变幅信号发生器采集信号。堆料机悬臂俯仰液压系统原理可参考斗轮堆取料机悬臂俯仰液压系统。

2. 取料机链条手动张紧液压系统

为保证悬臂梁上的双链条有一定的张紧度，在刮板机悬臂梁的头部链轮设置一个链条张紧装置，如图4-93所示。链条张紧装置为一液压缸，液压缸通过充注润滑油达到张紧的效果。张紧装置设置压力监视开关，在现场有压力数值显示，同时压力信号送到堆取料机的PLC控制系统。在张紧装置的移动张紧托架上设置两个链条改向链轮，张紧托架由特殊杯形弹簧组所支撑。张紧力由相应的减压阀进行调节。

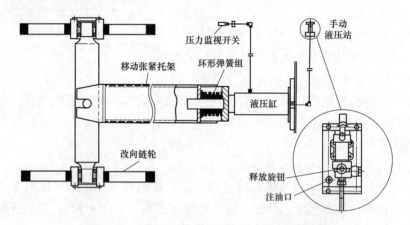

图4-93　取料机链条手动张紧装置及液压系统

3. 堆料胶带张紧液压系统（以悬臂胶带机手动张紧液压系统为例）

悬臂胶带机手动张紧液压系统为双油缸张紧液压系统（见图4-94）。

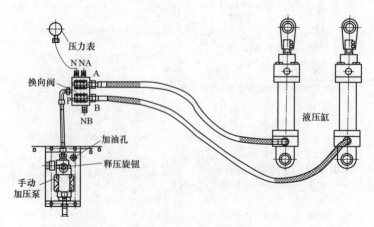

图4-94　悬臂胶带机手动张紧液压系统

（五）堆取料机的润滑系统

堆取料机各转动部位均有相应的润滑措施，其润滑方式分为脂润滑和油润滑，并根据其润滑点的疏密程度采用集中润滑和分散润滑。例如：对于行走机构、回转支撑机构、仰俯机构、链传动机构等处由于润滑点较集中，采用集中润滑方式；胶带机滚筒轴承、钢丝绳滑轮、刮板机改向链轮轴承及刮板机驱动链轮轴承等处，则采用手动分散润滑。

集中润滑部位包括：转盘轴承（包含回转齿圈）、堆料机变幅油缸铰点、堆料管铰点。

刮板机门架铰座轴承、链轮机构传动轴承及取料行走机构的车轮轴承。润滑系统为自动递进式混联集中润滑系统，自动工作方式，采用 PLC 控制，滴油量可调，润滑的间隔和工作时间可预先设定（如润滑脂泵运行10min，停止 50min，如此反复）。

润滑系统由油泵、油管及分配器组成，如图 4-95 和图 4-96 所示。

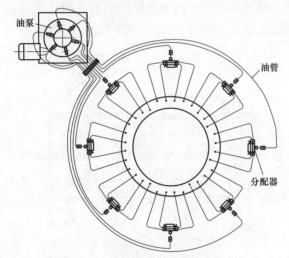

图 4-95 回转润滑系统管路分配图

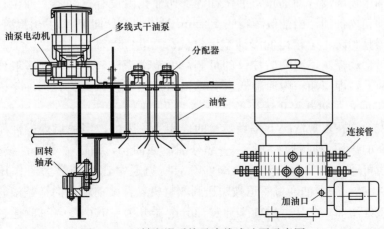

图 4-96 回转润滑系统及多线式油泵示意图

油泵为多线式油泵（又称多点电动油泵），如油泵为 8 线油泵，则油泵有8 个出口，每个出口分接一根油管。多线式油泵由油桶、电动机、涡轮蜗杆减速机构、偏心轮和压油泵等组成。电动机驱动蜗杆涡轮减速转动，蜗轮轴带动偏心驱动轮低速转动，由驱动轮的拉盘带动压油泵的工作活塞做往复吸压油运动，从各压油泵的给油口向外排出润滑剂。泵随回转机构启动而连锁启动。油泵出口的每根管路上设有压力安全阀，当管路堵塞、压力增大时，油脂可从压力安全阀泄出。通过压力安全阀可判断供油管路是否堵塞。

分配器为递进式油量分配器，该分配器能将一定量的润滑脂按一定的顺序从出油口依次逐个注出并输送至润滑点。

链润滑油系统：

链条传动的润滑采用自动滴油润滑系统，它是利用油的重力作用实现输送链的油润滑。

链润滑油系统（见图 4-97）的润滑油采用废油，滴油量可调。系统通过 PLC 控制电磁阀的通断从而控制链条的润滑时间，通过调节节流阀可以控制润滑油的流量。

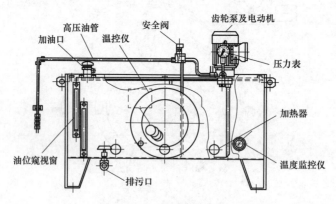

图 4-97　链润滑油系统

油箱顶部设有加油口、油位计等，加油孔内设有过滤器。油位计用于监视油箱内部油，当油位距箱底 100mm 时，油位计向 PLC 发出报警信号。加热器是为防止油箱内润滑油温度过低、黏度过大，不易输送。加热器的投运可自动控制，温度监控仪的可调温度范围为 $-50 \sim 50℃$，一般设置在 $18 \sim 30℃$，即当油箱内油温低于 18℃ 时，加热器投入运行，当油箱内油温达 30℃ 时，加热器停止运行。

安全阀在正常情况下是靠弹簧的作用力关闭的，当油口处的油压力超过弹簧的作用力时把球顶起，一部分油流回油箱，油压力不会继续升高。弹簧力可通过调节螺钉调整，阀的开启压力通常比系统最大工作压力大 $8\% \sim 10\%$。润滑油通过管道被输送到取料机悬臂梁前端，向链条滚轮及链条连接处滴油。在悬臂梁前端通过油分配器分为左右两侧，每侧通过油分配器分为四个加油点，如图 4-98 所示。

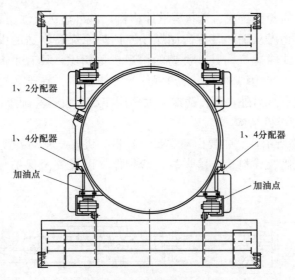

图 4-98 链润滑加油点示意图

链润滑油系统的启停与链驱动启停连锁，即取料机链驱动启动后，连锁润滑油泵启动，向取料机链条滴油；链驱动停止，则连锁润滑油泵停止运行。在链驱动运行期间，润滑油泵按程序设定的运行时间、间歇时间，间歇向链条滴油（如润滑脂泵运行 10min，停止 50min，如此反复），并可根据实际润滑情况进行调整。

（六）喷水抑尘系统

喷水抑尘系统由水箱、加压泵、管道、过滤器、手动阀、电动阀、止回阀、自动泄水阀、压力表、流量计、水位表和喷嘴组等构成。喷水由电磁阀控制，并与堆取料机运行信号和料位开关连锁。

主要喷嘴组的位置和作用如下：

（1）悬臂堆料机头部料斗下口外侧周围，喷嘴组喷水形成伞状水幕，将堆料产生的粉尘控制在水幕内。

（2）悬臂堆料机的受料密闭导料槽内，喷嘴组喷水将粉尘控制在密闭导料槽内。

（3）中心立柱下部的圆锥形料斗内，喷嘴组喷水将粉尘控制在密闭料斗内。

第五节 输煤皮带机结构及工作原理

一、带式输送机概述

（一）带式输送机简介

带式输送机是火电、化工、煤炭、冶金、建材、轻工、造纸、石油、粮食及交通运输等部门广泛使用的连续运输设备。适用于输送松散密度为

0.5～2.5t/m 的各种粒状、粉状等散体物料，也可输送成件物品。

在火电厂将煤从翻卸装置向储煤场或锅炉原煤仓输送的设备主要是带式输送机。带式输送机同其他类型的输送设备相比，具有生产率高、运行平稳可靠、输送连续均匀、运行费用低、维修方便、易于实现自动控制及远方操作等优点。另外，刮板输送机大多用作给煤设备和配煤设备。

1. 带式输送机结构

如图 4-99 所示，它主要由输送带、托辊、机架、驱动装置、拉紧装置、制动装置、滚筒、导料槽、落煤管、清扫器，以及安全保护装置、防尘护罩等组成。

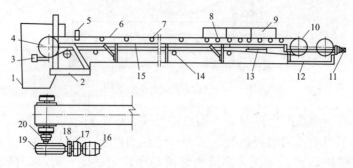

图 4-99　带式输送机整体结构

1—头部漏斗；2—机架；3—头部清扫器；4—传动滚筒；5—安全保护装置；6—输送带；7—承载托辊；8—缓冲托辊；9—导料槽；10—改向滚筒；11—拉紧装置；12—尾架；13—空段清扫器；14—回程托辊；15—中间架；16—电动机；17—液力耦合器；18—制动器；19—减速机；20—联轴器

2. 带式输送机工作原理

带式输送机是由挠性输送带作为物料承载体和牵引件的连续设备，输送带经传动滚筒和尾部的改向滚筒形成一个无极的环形带，上下两段输送带都支承在托辊上，拉紧装置给胶带以正常运转所需的张紧力。带式输送机工作时，传动滚筒通过它与输送带之间的摩擦力带动输送带运行，煤等物料装在输送带上与输送带一起运动，实现输送物料的目的。

3. 带式输送机应用

目前普通带式输送机在火力发电厂燃料系统中应用的型号主要是：TD62 型（T—通用；D—带式输送机）、TD75 型和 DTⅡ型（DT—带式输送机通用型代号）。

普通带式输送机是在重工业生产中应用相当广泛的定型设备，为了制造、使用与维修通用化，随着技术的进步与生产能力的扩大，到目前为止，我国普通带式输送机已完成了三次定型改进，其中 TD62 型是 1962 年的定型皮带机，技术上引用了大部分苏联的数据，这种皮带机主要在部分老电厂还在使用。TD75 型（T—通用；D—带式输送机）皮带机是在 1975 年由我国自行完全改进的皮带机，从结构上看和 TD62 型皮带机是基本相同的，所不同的是设计参数的选取及个别部件的尺寸有所改变。在运行阻力、结构、制造和功率消耗等方面，TD75 型比 TD62 型皮带机更先进。TD75 型皮带机托辊槽角为 30°，而 TD62 系列托辊槽角为 20°。TD75 型输送机托辊可使胶带的输送量提高 20% 左右，并能使物料运行平稳，不易撒落。由于输送量的提高，在相同出力的情况下，可使胶带宽度下降一级，因而用 TD75 型槽形托辊可节约胶带费用。DTⅡ型（DT—带式输送机通用型代号）皮带机是在 TD75 典型结构的基础上于 1994 年改进的更为实用的全系列普通带式输送机，属于我国普通带式输送机的第二代自行定型的设备，故称之为Ⅱ型。DTⅡ型皮带机的结构更为合理，其中好多部件结构的强度和合理性得到更好地完善，TD75 型及 DTⅡ型固定式带式输送机都是通用系列设备，可输送 $500\sim2500\mathrm{kg/m^3}$ 的物料。

TD75 型通用固定式带式输送机（简称 TD75 型）由于输送量大、结构简单、维护方便、成本低、通用性强等优点而广泛用于输送散状物料或成件物品。根据输送工艺的要求可以单机输送，也可多机或与其他输送机组成水平或倾斜的输送系统。

DTII 型固定式带式输送机均按部件系列进行设计，机架采取了结构紧凑、刚性好、强度高的三角形机架，机架部分、中间架和中间架支腿全部采用螺栓连接，便于运输和安装。DTII 型固定式带式输送机是通用型系列产品，和 TD75 型一样，固定式带式输送机适用的工作环境温度一般为 $-25\sim+40℃$。对于在特殊环境中工作的带式输送机如要具有耐热、耐寒、防水、防爆、易燃等条件，应另采取相应的防护措施。

普通带式输送机的技术规范主要包括带宽、带速、头尾中心距、提升角、额定出力和电动机功率等。带宽 $500\sim2400\mathrm{mm}$ 的带式输送机的带速 v、带宽 B 与输送能力 Q 的匹配关系如表 4-8 所示。各种带宽适用的最大块度如表 4-9 所示。

表 4-8 带式输送机最大输送量 Q $\mathrm{m^3/h}$

带宽 B (mm) ＼ 带速 v (m/s)	0.8	1.0	1.25	1.6	2.0	2.5	3.15	4.0	4.5	5.0
500	69	87	108	139	174	217				
650	127	159	138	254	318	397				
800	198	248	310	397	496	620	781			
1000	324	405	507	649	811	1014	1278	1622		
1200		593	742	951	1188	1486	1872	2377	2674	2971
1400		825	1032	1321	1652	2065	2602	3304	3718	4130
1600					2186	2733	3444	4373	4920	5466
1800					2795	3494	4403	5591	6291	6989
2000					3470	4338	5466	6941	7808	9676
2200							6843	8690	9776	10863
2400							8289	10526	11842	10159

注 输送量是在物料容重 $1\mathrm{t/m^2}$、输送机倾角 $0°\sim7°$、物料堆积角 $30°$ 的条件下计算的。

表 4-9 各种带宽适用的最大块度

带宽（mm）	500	650	800	1000	1200	1400	1600	1800
最大块度（mm）	100	150	200	300	350	350	350	350

4. 带式输送机类型

（1）按胶带种类的不同，可分为普通带式输送机、钢丝绳芯带式输送机和高倾角花纹带式输送机等。

（2）按驱动方式及胶带支撑方式的不同，可分为普通带式输送机、气垫带式输送机、钢丝绳牵引带式输送机、中间皮带驱动皮带机、密闭带式输送机和管带机等。

（3）按托辊槽角等结构的不同，可分为普通槽角带式输送机和深槽形带式输送机。

（4）按机架与基础的连接形式，可分为固定式带式输送机和移动式带式输送机。

（5）按支承装置的结构形式，可分为托辊支承式输送机、平板支承式输送机和气垫支承式输送机。

胶带一般用天然橡胶作胶面，棉帆布或维尼龙布作带芯制成。以棉帆布作带芯制成的普通型胶带，其纵向扯断强度为 56kN/（m·层），一般用于固定式和移动式输送机；以维尼龙作带芯制成的强力型胶带，其纵向扯断强度为 140～400kN/（m·层），用于输送量大，输送距离较长的场合，出力更大的皮带机要用钢丝绳芯胶带，其扯断强度为 650～4000kN/（m·层）。普通胶带的主要几何参数有宽度、帆布层数、工作面和非工作面覆盖胶厚度等。

胶带按带芯织物的不同，可分为棉帆布型、尼龙布型、维尼龙布型、涤尼龙布型、钢丝绳芯型。按胶面性能的不同，可分为普通型、耐热型、耐寒型、耐酸型、耐碱型、耐油型等。目前，电厂燃料系统中常用的胶带是普通帆布胶带、普通尼龙胶带和钢丝绳芯胶带。

5. 带式输送机布置

（1）布置形式。通用固定式带式输送机和钢丝绳芯带式输送机的基本布置形式有水平、倾斜向上、带凸弧曲线段、带凹弧曲线段、同时带凹凸弧曲线段及中间卸料等输送方式，如图 4-100 所示。对于长距离的复杂路线输送，可由这几种基本形式组合而成。

（2）布置原则。带式输送机可支撑水平运输或倾斜运输，但倾斜有一定的限制，在通常情况下，倾斜向上运输的倾斜角不超过 18°，一般斜升倾角宜采用 16°。对运送碎煤，最大允许倾角可到 20°，若必须采用大倾角时，可用花纹胶带，最大倾角达 25°～30°；用于向下倾斜运输时，一般允许倾角为向上运输的 80%。也可以弯成凹弧形或凸弧形运输。同一台输送机根据需要，可以正向或逆向运行。

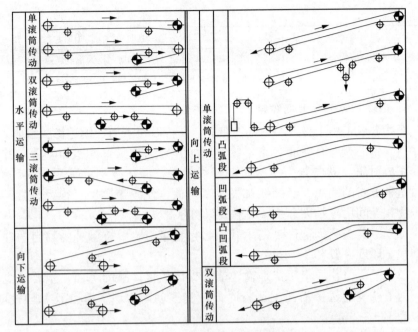

图 4-100 带式输送机典型布置

（3）特点。与其他类型的输送设备相比，具有优良的性能。在连续装载的情况下，能够连续运输，生产效率高，运行平稳可靠，输送连续均匀，工作中噪声小，结构简单，能量消耗小，运行维护费用低，维修方便等优点，尤其在电厂燃料方面得到广泛应用。

二、带式输送机的组成部件及工作原理

（一）输送带（胶带）

在带式输送机中，输送带既是承载构件，又是牵引构件，用来载运物料和传递牵引力。它贯穿带式输送机的全长，用量大、价格高，是带式输送机中最重要的部件。

目前常用的输送带主要为织物芯胶带和钢丝绳芯胶带，它们的抗拉体（芯层）材料有 CC（棉帆布）、NN（尼龙帆布）、EP（聚酯帆布）、ST（钢丝绳芯），输送带种类及强度如表 4-10 所示。

表 4-10 输送带种类及强度

	棉帆布芯 560N/（cm·层）
	尼龙布芯 1500～4000N/（cm·层）
按带芯织物分	维尼纶布芯、涤纶布芯 1400N/（cm·层）
	钢丝绳芯 6500～40000N/（cm·层）
按覆盖胶的性能分析	普通型、耐热型、耐寒型

续表

	尼龙 NN 分层（纵向和横向均为尼龙）
按分层织物分	帆布 CC 分层（纵向和横向均为棉或涤棉）
	聚酯 EP 分层（纵向为聚酯，横向为尼龙）

1. 织物芯胶带（普通胶带）

织物芯胶带由上橡胶覆盖面、带芯、下橡胶覆盖面、侧边橡胶组成。

（1）带芯材料有帆布、维尼纶、尼龙、聚酯物（聚酯帆布）等，并相互交织成衬里。纵向张力由衬里的经线承受，而纬线主要承受横向张力，通过这种方式的编织，经纬线都发生了弯曲，使胶带产生了很大弹性。多层织物相互间用橡胶黏合在一起形成织物芯。

（2）上覆盖胶是输送带的承载面，它直接与物料接触并受物料的冲击和磨损，厚度一般在 3～6mm。

（3）下覆盖胶的作用：是输送带与支撑托辊接触的一面，主要承受压力。为了减少输送带沿托辊运行时的压陷滚动阻力，下覆盖胶一般较薄，一般为 1.5～2mm。

（4）当输送带跑偏，侧面与机架相接触时，侧覆盖胶保护带芯边缘不受机械损伤。织物芯胶带按纵向扯断强度分为普通型胶带、强力型胶带。普通型胶带是指棉帆布胶带，带芯为尼龙、聚酯帆布、尼龙-聚酯交织布芯等输送带统称为强力型胶带，如表 4-11 所示。

表 4-11 织物芯输送带规格及技术参数（参考值）

抗拉体材料	输送带型号	扯断强度[N/(mm·层)]	每层厚度(mm)	每层质量(kg/m²)	定负荷伸长率（%）	带宽范围(mm)	层数范围
棉帆布	CC-56	56	1.5	1.36	1.5～2	500～1400	3～8
尼龙帆布	NN-100	100	1.0	1.02	1.5～2	500～1200	2～4
	NN-150	150	1.1	1.12	1.5～2	650～1600	3～6
	NN-200	200	1.2	1.22	1.5～2	650～1800	3～6
	NN-250	250	1.3	1.32	1.5～2	650～2200	3～6
	NN-300	300	1.4	1.42	1.5～2	650～2200	3～6
聚酯帆布	FP-100	100	1.2	1.22	1.5	500～1000	2～4
	EP-200	200	1.3	1.32	1.5	650～2200	3～6
	EP-300	300	1.5	1.52	1.5	650～2200	3～6

2. 钢丝绳芯胶带

随着长距离、大运量带式输送机的出现，一般的织物芯带强度已不能满足需要，取而代之的是用一组平行放置的高强度钢丝绳作为带芯的钢丝绳芯胶带。钢丝绳芯胶带是由上下覆盖胶、芯胶（嵌入胶）、以一定距离纵向排列在芯胶中的高强度钢丝绳做带芯及边胶所组成。

钢丝绳一般由七根直径相等的钢丝顺绕制成，中间的钢丝较粗，以便于橡胶透进钢丝绳。芯胶的材料可稍次于面胶，但必须具有较好的浸透性和黏合性。钢丝绳的排列采用左绕和右绕相间，以保证胶带的平整。

对于钢丝绳芯胶带，钢丝绳之间有一定的间距，可以容纳另一端的钢丝绳端头排列其间，且保证相互间留有间隙，以便中间有足够的橡胶来传递剪力。接头的长度应能保证张力从一端的钢丝绳通过周围的胶芯传递给另一端的钢丝绳。接头的动载强度大约为胶带强度的 $40\%\sim60\%$，钢丝绳芯输送带规格及技术参数如表 4-12 所示。

表 4-12 钢丝绳芯输送带规格及技术参数（参考值）

规格（mm）	630	800	1000	1250	1600	2000	2500	3150	4000	4500	5000
纵向拉伸强度（N/mm）	630	800	1000	1250	1600	2000	2500	3150	4000	4500	5000
钢丝绳最大直径（mm）	3.0	3.5	4.0	4.5	5.0	6.0	7.5	8.1	8.6	9.1	10
钢丝绳间距（mm）	10	10	12	12	12	12	15	15	17	17	18
带厚（mm）	13	14	16	17	17	20	22	25	25	30	30
上覆盖胶厚度（mm）	5	5	6	6	6	8	8	8	8	10	10
下覆盖胶厚度（mm）	5	5	6	6	6	6	6	8	8	10	10
带宽（mm）	钢丝绳根数										
800	75	75	63	63	63	63	50	50	—	—	—
1000	95	95	79	79	79	79	64	64	56	57	53
1200	113	113	94	94	94	94	76	76	68	68	64
1400	113	113	111	111	111	111	89	89	79	80	75
1600	151	151	126	126	126	126	101	101	91	91	85
1800	—	171	143	143	143	143	114	114	103	102	96
2000	—	—	159	159	159	159	128	128	114	114	107
2200	—	—	176	176	176	176	141	141	125	125	118
2400	—	—	192	192	192	192	153	153	136	136	129
输送带质量（kg/m²）	19	20.5	23.1	24.7	27	34	36.8	42	49	53	58

（1）钢丝绳芯胶带与织物芯胶带相比有以下优点：

1）抗拉强度高，可满足长距离大输送量的要求。由于带芯采用钢丝绳，其破断强度很高，胶带的承载能力有较大幅度的提高，可以满足大输送量的要求。单机长度可达数公里，出力达 $4000\sim9000t/h$。

2）胶带的伸长量小，钢丝绳芯胶带由于其带芯刚性较大，弹性变形较帆布要小得多，因此拉紧装置的行程可以很短，这对于长距离的胶带输送机非常有利。

3）成槽性好，钢丝绳芯胶带只有一层芯体，并且是沿胶带纵向排列的，因此能与托辊贴合得较紧密，可形成较大的槽角，有利于增大运输量，同时能减少物料向外飞溅，还可以防止胶带跑偏。

4）使用寿命长，钢丝绳芯胶带是用很细的钢丝捻成钢丝绳作带芯，所以有较高的弯曲疲劳强度和较好的抗冲击性能。

（2）钢绳芯胶带缺点：

1）芯体无横丝，横向强度很低，容易引起纵向划破。

2）胶带的伸长率小，当滚筒与胶带间卷进煤块、矸石等物料时，容易引起钢丝绳芯拉长，甚至拉断。

3）接头和修理的工作量大。

钢绳芯胶带接头的强度是由接头部位钢丝绳和胶带拔出的强度确定的，所以接头中钢丝绳应有一定的搭接长度，以使接头处钢丝绳芯与胶带的黏着力大于钢丝绳芯的破断拉力。

接头的形式种类有三种：①三级错位搭接；②二对一搭接；③一对一搭接。根据带宽的不同，接头长度 1.2～2.8m，三级错位搭接，接头长度 1.2～1.4m，强度可达原带的 95% 以上；一对一搭接接头长度 1.7～1.9m，强度是原带的 85%；二对一搭接接头长度 2.8m，强度是原带的 75%。

（二）托辊

1. 托辊的作用

托辊是用来承托胶带并随胶带的运动而作回转运动的部件，托辊的作用是支撑胶带，减小胶带的运动阻力，使胶带的垂度不超过规定限度，保证胶带平稳运行。托辊是带式输送机的主要部件，其造价占整机的 30% 以上。

2. 托辊的结构

托辊主要由辊体、轴、轴承座、轴承、轴向迷宫式密封装置、压紧垫圈（轴承挡圈）、防护盖（盖板）组成。

3. 托辊分类

托辊组按使用情况不同可分为：承载托辊组、回程托辊组两大类。按其用途不同可分为：槽形托辊、平行托辊、缓冲托辊、调心托辊。

用于有载段的为承载上托辊，包括槽形托辊组、缓冲托辊组（用于落煤管受冲击的部位）、过渡托辊组、前倾托辊组、自动调心托辊组等多种。

用于空载段的为回程下托辊，包括平形回程托辊、V 形回程托辊、清扫托辊（胶环托辊）等。

4. 槽形托辊

（1）槽形托辊主要用作带式输送机的有载分支上托辊，支撑承载段胶带和物料。托辊通常是由三节刚性短托辊组成，三个托辊呈槽形布置，槽角有 20°、30°、35°、45°。一般常用 30°、35°槽形托辊（DTⅡ型带式输送机槽角选用 35°)。增大槽角可以提高输送量，物料输送平稳，不易撒落，同时由于输送量的增大，在相同出力的情况下，有可能使胶带宽度下降一级，节约费用。一般情况下，在落料管处，为了使物料集中，避免物料外撒，也有部分采用 45°槽形托辊的。

槽角是托辊组中最外侧倾斜托辊与水平轴线之间的夹角。槽角大小是决定运输物料的重要参数。对于三节式槽形托辊，当槽角增大时，胶带成槽的弯曲阻力和物料对胶带的侧压力也相应增大，使输送带运行阻力增加，同时当皮带槽角较大并在长度方向凸段曲率半径较小时会发生皮带中部起拱，所以不能随意增大槽角来增大堆积面积。目前国际上公认槽角为 35°时为最佳状态。

（2）槽形前倾托辊作用同槽形托辊，同时前倾使输送带的对中性好，不易跑偏，在新的带式输送机上被普遍采用，但应注意不能用于双向运行输送机上。DTI 型 35°槽形托辊的侧辊朝运行方向前倾 1.5°，在燃料系统承载托辊均采用槽形前倾托辊；TD75 型 30°槽形托辊的侧辊朝运行方向前倾 2°，见图 4-101。

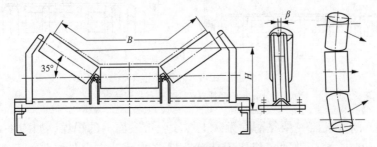

图 4-101　35°槽形前倾托辊

前倾托辊组纠偏原理是：当胶带跑偏时，跑偏的胶带与一侧辊的摩擦力增大，与另一侧辊摩擦力减小，而胶带运行方向与侧辊的线速度方向有一夹角及前倾角，使胶带产生一个向心的纠偏力，但辊子前倾也会对胶带产生一定运行阻力，故侧辊前倾很小。

（3）过渡托辊布置在头部或尾部滚筒至承载段第一组槽形托辊之间，使输送带由平形逐步成槽形或由槽形逐步展平，以降低输送带边缘张力，防止突然摊平时撒料。过渡托辊有 10°、20°、30°三种槽角和可调槽角形过渡托辊（10°±5°、20°±5°）。现场多采用的是 10°、20°过渡托辊各一组，如图 4-102 所示，端部滚筒中心线与过渡托辊之间的距离一般不超过 800～1000mm。

5. 回程托辊组

回程托辊组主要用作胶带输送机的无载分支下托辊，支撑空载段胶带，同时有的兼有除去或减少回程段胶带工作表面上的粘煤，有的兼有防跑偏作用。

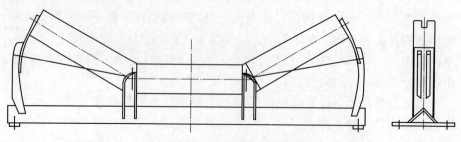

图 4-102　可调槽角形过渡托辊

　　随着带式输送机的不断发展，回程段托辊除了有普通平形托辊外，还有 V 形、V 形前倾型、反 V 形等，同时托辊辊体表面还有多种形状（如螺旋形、胶圈形、梳形、胶环形）。

　　(1) 平行托辊一般为一个长托辊，其中平行胶环托辊还可减少托辊粘煤。

　　(2) 梳形托辊作用同胶环托辊一样，可减少托辊的粘煤，同时还可对胶带粘煤具有一定清除作用，如图 4-103 所示。

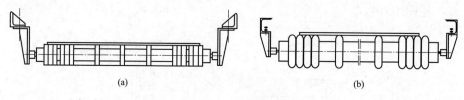

図 4-103　回程托辊
（a）平行胶环托辊；（b）平行梳形托辊

　　(3) 螺旋托辊主要是清除无载支撑段胶带表面上的积煤。如图 4-104 所示，运动时，胶带带动螺旋托辊转动，螺纹的运动方向与胶带的运动方向有一偏角，使得左右方向各有一个摩擦力，这一对摩擦力大小相等、方向相反，在运动时把胶带上的积煤清除掉，故又称自清回程托辊。螺旋托辊一般可从回程胶带起始点开始连续设置 3~5 组。

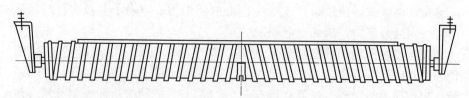

图 4-104　平行螺旋托辊

　　(4) V 形前倾托辊由两节组成，每节托辊向上倾斜 10°呈 V 形，同时向前再倾斜 2°，此种托辊对防胶带跑偏有明显效果。V 形和 V 形前倾下托辊用于较大带宽，可使空载输送带对中，如图 4-105、图 4-106 所示，V 形与反 V 形组装在一起防偏效果更好。一般每 10 组托辊安排 4 个 V 形前倾回程托辊组和 6 个平形托辊组。

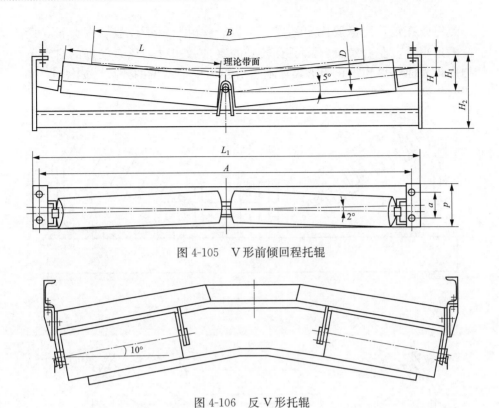

图 4-105　V形前倾回程托辊

图 4-106　反 V 形托辊

V 形梳形托辊靠胶带的自重使胶带的中心自动向中间移动来防止跑偏，同时减少托辊的粘煤。

6. 缓冲托辊组

缓冲托辊组是用来在受料处减少物料对胶带的冲击，以保护胶带不被硬物撕裂，一般安装在导料槽段。对于大块较多的电厂为了更有效地避免胶带纵向断裂，在落煤点可加密装设多组缓冲托辊或用弹簧板式缓冲床，可以减少物料对胶带的冲击损坏。

缓冲托辊可分为橡胶圈式、弹簧板式和弹簧板胶圈式、可调式弹簧缓冲托辊、槽形接料板缓冲床式、弹簧橡胶块式和防撕裂重型缓冲托辊组合式等多种。

（1）弹簧板式缓冲托辊。弹簧板式缓冲托辊由三个托辊连成一组，两侧支架用弹簧钢板制成，调整两弹簧板的间距和托辊轴的固定螺母，使中间的托辊贴紧皮带，使其能有效起到支撑托冲作用，落差较高时，要在落煤点多装几组，以提高使用效果，防止弹簧钢板脆断损坏，见图 4-107。这种缓冲托辊结构简单，是较早期的皮带机部件。根据其使用托辊形式的不同，可分为弹簧板式普通缓冲托辊、弹簧板式环胶缓冲托辊和钢板式双螺旋热胶面缓冲上托辊等，环胶缓冲托辊比普通缓冲托辊的效果好，但胶环容易磨损脱落；双螺旋热胶面缓冲上托辊两侧的槽托辊分别是正反螺旋形的热铸胶托辊，将原橡胶圈辊子或光面辊子改用一次成形热铸胶托辊，比橡胶圈更结实、牢固、弹性好、不脱胶、寿命长。两侧槽形辊子呈左右螺旋，除了有较好的缓冲效果外，还有较好的自动清扫皮带表面粘煤和防止因落煤点不正引起的皮带跑偏的效果，如图 4-108 所示。

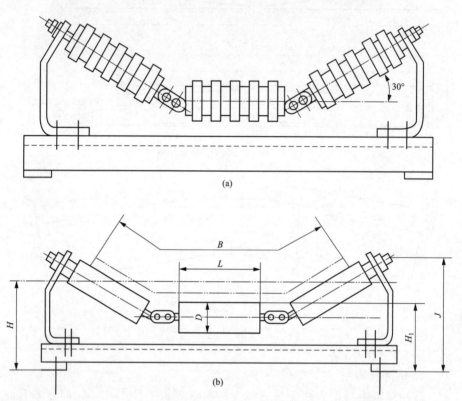

图 4-107　弹簧板式缓冲托辊

（a）弹簧板式环胶缓冲托辊；（b）弹簧板式普通缓冲托辊

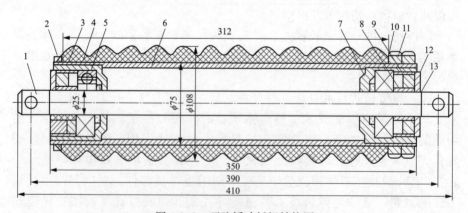

图 4-108　环胶缓冲托辊结构图

1—轴；2、13—挡圈；3—橡胶圈；4—轴承座；5—轴承；6—管体；

7—密封圈；8、9—内、外密封圈；10、12—垫圈；11—螺母

（2）可调式弹簧缓冲托辊。可调式弹簧缓冲托辊组结构由三联组托辊和活动式可分拆托辊支撑架组成（见图 4-109），支撑架由底梁和活动三角形支柱两大部分组成，活动三角形支柱由活动支腿、压力弹簧、导向支柱总成组成，与底梁活动连接。导向支柱总成既是弹簧的导向柱，又是中托辊下止点的支撑柱。调整支柱上的压紧螺母可使托辊组在一定范围内任意选择槽角和缓冲弹力。使处于任何节段包括滚筒附近过渡节段受料胶带有一个合适的依托。达到保护胶带，延长使用寿命的目的。

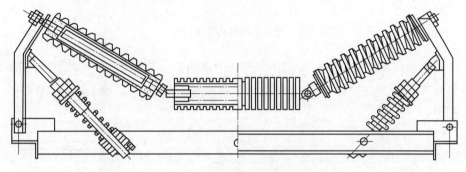

图 4-109　可调式弹簧缓冲托辊组

托辊组以压力弹簧为缓冲力源，利用压力弹簧被压缩时会随着高度的降低而弹力递增的性能，使托辊组可随着所受冲力的增大而缓冲弹力递增，能有效地抵消物料下落的冲击力，起到保护胶带的作用。托辊组的活动三角形支柱使作用在托辊支柱上的冲击力得以分解，可有效地增加托辊组耐冲击能力，延长使用寿命。

侧边托辊支架用铰链连接于机架横梁上，两托辊间由螺旋弹簧、轴销等组成的支撑架连接，弹簧预紧力可调，托辊上装有橡胶缓冲圈，具有双重缓冲性。当上方胶带受大块物料冲击时，这一冲击主要由螺旋弹簧缓冲，橡胶缓冲圈起辅助缓冲作用。调整支柱上的压紧螺母可改变螺旋弹簧预紧力的松紧，使托辊组槽角变化进而使托辊组紧贴皮带，以适应不同物料块度的实际工况；也能使滚筒附近过渡节段的受料胶带得到足够的缓冲弹力。因此这种缓冲托辊组具有承载能力大、灵活适用性能好等的优点。

这种托辊支架同样可装上双螺旋热胶面缓冲上托辊，当托辊受到物料的冲击时，使弹簧压缩缓冲，同时使支架受力增大槽角，达到良好的缓冲聚中效果。

7. 防撕裂重型缓冲托辊组（减震器）

弹簧钢板托辊组合块式缓冲床结构如图 4-110 所示，其特点为：橡胶块连接的托板与机架横梁之间，由螺旋弹簧和轴组成的支撑架连接，螺旋弹簧预紧力可调，也具有双重缓冲性，且承受缓冲力度大，运行平稳。缓冲器上螺旋弹簧预紧力的松紧，安装时可根据物料块度的实际情况随时调节。

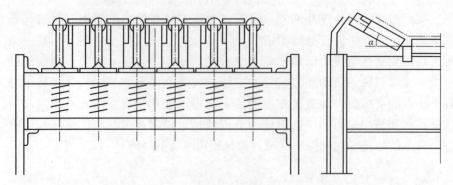

图 4-110　弹簧钢板托辊组合块式缓冲床

另一种弹簧钢板与托辊组合的缓冲床如图 4-111 和图 4-112 所示，这些缓冲床都用于皮带机尾部接料点处，对皮带有很好的缓冲和防撕裂保护作用。

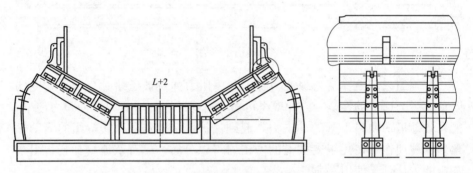

图 4-111　弹簧橡胶块式缓冲床（一）

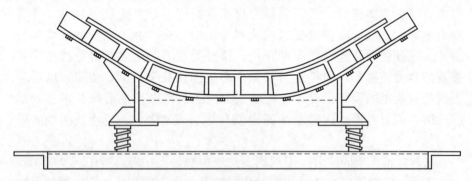

图 4-112　弹簧橡胶块式缓冲床（二）

8. 自动调心托辊组

各种形式的皮带机，在运行过程中由于受许多因素的影响而不可避免地存在程度不同的跑偏现象。为解决这个问题，除了在安装、检修、运行中注意调整外，还应装设一定数量的自动调心托辊。当输送带偏离中心线时，调心托辊在载荷的作用下沿中轴线产生转动，使输送带回到中心位置。

调心托辊的特征在于其具有极强的防止输送带损伤和跑偏的能力。对于较长的输送机来说必须设置调心托辊。

自动调心托辊按使用部位分槽形自动调心和平形自动调心两大类，槽形自动调心托辊又分为单向自动调心（立辊型）和可逆自动调心（曲面边轮摩擦型）等多种。按具体的结构原理可分为摩擦可逆自动调心、摩擦平形下调心、V形下调心、联杆式上调心、联杆式下调心、单向调偏、带调偏器的自动调心等。

（1）锥形双向自动调心托辊。锥形双向自动调心托辊结构如图 4-113 所示，两槽托为锥形托辊，小径朝外、大径朝内安装，两侧支腿上各有一小轮，使锥形托辊能沿其转轴左右摆动。运行当中托辊大径朝内与皮带滚动接触，外圈小径与皮带有相对摩擦运动。如果皮带向右跑偏时，相对摩擦力偏大，强迫右面锥形托辊向前倾，带动左侧锥形托辊向后倾（轴销下有连杆），右侧托辊与皮带在载荷的作用下沿中轴线产生运动，使皮带自动调整，跑偏量大时，左侧锥形托辊能自动向上立，增大了槽角，减少了撒煤。这种调心托辊的结构特点是皮带向心力大。其作用原理如下：

调心托辊两侧的锥形托辊竖轴的下端用连杆相连，保证了两个锥形托辊能同时工作，利用每个锥形托辊与胶带产生的摩擦力进行胶带跑偏调整。

如图 4-114 所示表示了胶带与锥形托辊的接触关系。可认为在托辊大端附近的 O 点处，托辊表面与胶带速度相同，此点的相对滑动量等于零，而小端方向上滑动量逐渐增加，在胶带处于正常位置时，两侧的摩擦力相等（$H=I$），因而处于平衡状态，两托辊处于 CD 线上。当胶带在运行中跑偏至左侧时，左右锥形托辊的摩擦力的平衡状态就受到了破坏，仅是在有 H 与 I 摩擦力差的左侧胶带处于拉伸状态，这时左右锥形托辊由于有连杆相连将同时动作，就成为图 4-114 中 C'、D' 所示的位置。在跑偏状态时，托辊表面的 O 点给胶带的力 OL 可分解为 OM 及 ON、胶带由于 ON 分力的作用，就回到了原来的正常位置。如果胶带回到 A 的原来的位置，锥形托辊的摩擦力方向是大小相等方向相反的，摩擦力处于平衡状态。

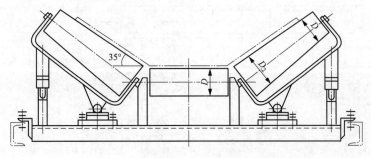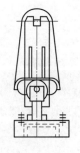

图 4-113　锥形双向自动调心托辊

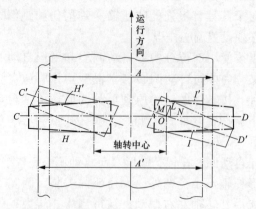

图 4-114　锥形双向自动调心托辊作用原理图

（2）锥形下调心托辊。锥形下调心托辊结构如图 4-115 所示，用于二层回空皮带的调偏，其作用原理同锥形双向自动调心托辊的一样。

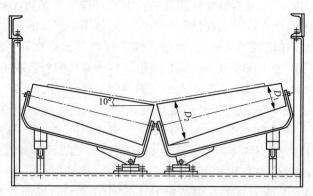

图 4-115　锥形下调心托辊

（3）单向强力挡辊式调偏托辊组。强力挡辊式调偏托辊组的结构如图 4-116 所示，由托辊组和牵引器两大部分组成。托辊组与平常调心托辊组相同，牵引器用螺栓固定在中间架上，通过拉杆与调心托辊组相连。

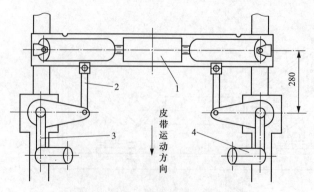

图 4-116　强力挡辊式调偏托辊组（一）
1—调心托辊；2—拉杆；3—杠杆；4—挡辊

当皮带跑偏时，皮带偏移一侧的挡辊向外侧移动，同时牵引杠杆向输送带运行方向转动，通过拉杆带动调心托辊组的活动支架偏转，这时托辊转动方向与输送带运行方向不一致，产生相对速度，从而对输送带产生纠偏作用。这种强力挡辊式调偏托辊组只能安装在单向运行输送机上。当皮带跑偏时，偏移这一侧的调偏挡辊被皮带接触压紧，使挡辊被迫向外移（同时转动），挡辊移动带动杠杆转动又使拉杆带动托辊回转架偏转，回转架便受到一力耦矩的作用，使回转架绕回转中心转过一定角度，从而达到自动调心的目的促使皮带还原正位。其动作过程为：皮带跑偏→托辊移动→杠杆动作→拉杆动作→托辊偏转→皮带复原。

近年来推广研发了多种强力有效的皮带自动调偏器，另外双回转中心的强力挡辊式调偏器结构形式如图 4-117 和图 4-118 所示，从原理上讲，托辊分两个回转中心，且在机架内用连杆互连，当胶带向一侧跑偏时，该侧托辊迅速纠偏，另一侧也同时参加纠偏。该设备的优点是减少了回转半径，回转角增大，促使调偏力大且灵敏、迅速。

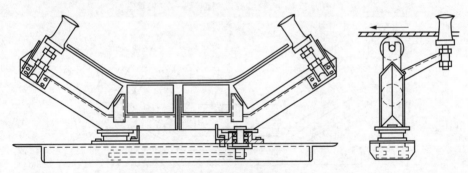

图 4-117　强力挡辊式调偏托辊组（二）

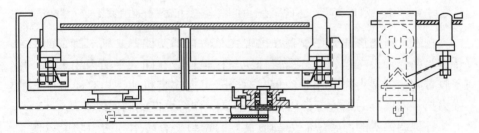

图 4-118　强力挡辊式调偏托辊组（三）

传统的挡辊式单向自动调偏器结构如图 4-119 所示，这种调偏器结构简单，但调偏力较小。

（4）可逆自动调心托辊。可逆自动调心托辊用于双向运转的皮带机上，传统的曲线轮摩擦式调心托辊结构如图 4-120 所示，是通过左右两个曲线辊与固定在托辊上的固定摩擦片产生一定的摩擦力，来使支架回转的。皮带跑偏时，皮带与左曲线辊或右曲线辊接触，并通过曲线辊产生一个摩擦力，使支架转过一定角度，以达到调心的目的。

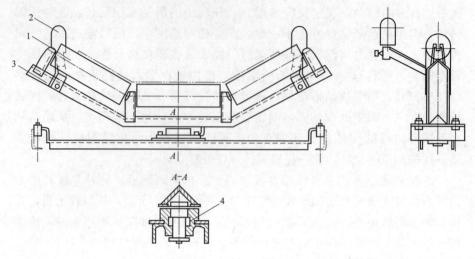

图 4-119　单向自动调偏器

1—槽形托辊；2—立辊；3—回转架；4—轴承座

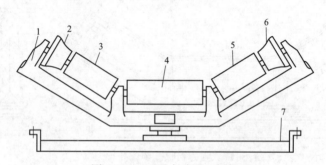

图 4-120　可逆自动调心托辊

1—支架；2—左曲线盘；3—左托辊；4—中托辊；5—右托辊；6—右曲线盘；7—槽钢梁

挡辊可逆槽形调心托辊是在挡辊式单向自动调偏器基础上改善的，其特点是两侧皆设有挡辊，且挡辊轴线与托辊轴线在同一平面内相垂直，接受胶带跑偏的推力完全用于纠偏，适合于可逆皮带机使用；双回转中心的强力挡辊调偏器的挡辊置于托辊轴线时，一样有更好的调偏效果。

各种调偏器的回转中心处都应良好的密封，有防水和防尘功能以便于用水冲洗。

以上介绍的这些自动调偏托辊组，都是利用皮带跑偏产生足够大的偏转力矩之后，带动调心托辊架自动偏转，使皮带在继续运行当中逐渐自动聚中。实际应用中这种事后调节的方式较难起到"自动调偏"的作用，多是以人工调整的方式强制调偏的，如果调整不及时，将会造成严重的皮带侧边磨损和撒煤堵煤等故障。因机架或落煤点不正引起的跑偏，一般应将跑偏点后侧（逆运行方向）10～30m 远的调心托辊架根据跑偏趋势在跑偏侧顺运行方向强制调整后用拉绳固定住回转架，使其提前产生强制预偏力，才能有效地起到防偏作用。所以在大型皮带机自动控制中有必要在皮带沿线容易跑偏的部位多安装几个防跑偏开关，在每个自动调偏托辊架上安装一个电动推杆，用跑偏开关控制其后部 10～30m 之间相应的电动推杆，如有跑偏开关动作，延时几秒后在其后部的电动推杆就根据指令调整一下调偏托辊架的偏转量，等待几秒后，再根据信号指令调一下，如果调到限位后还有跑偏指令，则可转到再后一个调偏架继续调整，直到无指令为止。一般皮带在大修期间应对机架、托辊、皮带接头和落料点等进行必要的找正，以避免其有过大的跑偏，减少自动调偏控制的点数。

9. 清扫托辊组

清扫托辊组用于清扫输送带承载面的黏滞物。分为平形梳形托辊组、V形梳形托辊组和平形螺旋托辊组。

一般在头部滚筒回程空段皮带托辊绕出点，设一组螺旋托辊，接着布置 5～6 组梳形托辊。

（1）胶环平形下托辊。普通平形托辊在运行过程中存在着粘煤、转动部分重量较大，拆装不便等问题。大跨距胶环平形下托辊（简称胶环托辊）的结构如图 4-121 所示，其辊体采用无缝钢管制成，胶环是用天然橡胶硫化成型，胶环与辊体的固定采用氯丁胶黏剂。胶环托辊具有转动部分重量轻、运行平稳、噪声小、防腐性能好、粘煤少等优点，在胶带运行中还能使胶带自定中心，预防跑偏，很好地保护皮带。

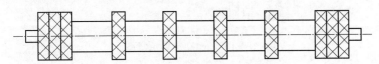

图 4-121　胶环平形下托辊

（2）平形双向螺旋胶环托辊。平形双向螺旋胶环托辊结构如图 4-122 所示。这种托辊对皮带具有更好的自动清扫效果。即使湿度较大、粘性较强的物料也难以粘住胶带和托辊，特别是在北方地区，冬季气候寒冷，下托辊粘煤现象严重，采用胶环托辊能有效清除粘煤。

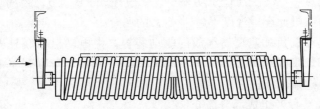

图 4-122　螺旋清扫托辊

（三）驱动装置

1. 驱动装置的种类及布置形式

驱动装置是带式输送机的动力来源，电动机通过联轴器、减速机带动传动滚筒，借助于滚筒与胶带之间的摩擦力牵引输送带运转，并根据需要可以布置于带式输送机的头部、中部、尾部。

驱动装置按电动机数目可以分为单电机驱动装置、双电机驱动装置和多电机驱动装置；按驱动滚筒的数目可以分为单滚筒驱动、双滚筒驱动及多滚筒驱动。按中心线分可分为垂直式布置和平行式布置。

在火力发电厂燃料系统中，通用固定式带式输送机多采用单电机单滚筒驱动，驱动装置布置在机头卸载端。当功率大（输送距离长、输送量大的带式输送机）时，采用双电机双滚筒驱动以降低胶带的张力。

2. 带式输送机的驱动装置组合方式

（1）电动机和减速机组成的驱动装置，又称为开式驱动装置，这种组合由电动机、减速机、液力耦合器、联轴器、制动器、逆止器、传动滚筒等组成（见图 4-123）。这种组合其功率大，是输送机最主要的驱动组合方式。

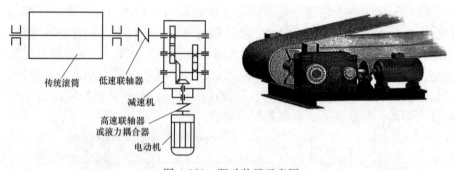

图 4-123　驱动装置示意图

（2）电动滚筒驱动装置。该驱动装置的电动机、减速机（或行星减速机）都装在滚筒壳内，又称为闭式驱动装置。根据壳体内的散热方式可分为风冷式电动滚筒和油冷式电动滚筒两种，其中风冷式为非防爆型，油冷式有防爆型与非防爆型两种。

这种驱动装置与开式驱动装置相比，具有结构紧凑、占地面积小、外观整齐等优点。电动滚筒适于功率小（一般在 55kW 下）、距离短的单机驱动的带式输送机，环境温度不超过 40℃ 的场合。

（3）电动机和减速滚筒组成的驱动装置，由电动机、联轴器和减速滚筒（又称外装式电动滚筒）组成。因为电动机外置，所以利于电动机的冷却、散热、检修、维护。

3. 驱动装置各组成部分简介

（1）燃料系统的带式输送机，由于环境条件差，一般采用 Y 系列全封闭扇冷鼠笼式三相异步电动机，传动型式与传递功率的关系如表 4-13 所示。这种电动机具有高效、节能、启动力矩大、性能好、振动小、噪声低、可靠性高、使用维护方便的特点，功率为 2.2～315kW，它的启动转矩大、启动电流小，对输送机满载起动的工况比较适应，当功率较大时，可配以液力耦合器，使启动平稳。

表 4-13　传动型式与传递功率的关系

传动型式	功率范围（kW）	备注
弹性联轴器直接传动	2.2～37	功率≤200kW 时电压为 380V；功率＞200kW 时电压为 6kV
Y 系列电机＋液力耦合器	45～315	
电动滚筒直接传动	2.2～55	
绕线式电动机＋液力耦合器	220～800	

对于功率较大的输送机及系统设备（如长距离且出力较大的输煤胶带、碎煤机、斗轮堆取料机），为减少损耗和避免过大的电压降造成启动困难，可选用 YKK（鼠笼型空—空冷却封闭式异步电动机），YR（绕线式异步电动机）、YRKK（绕线型空—空冷却封闭式异步电动机）系列，6kV 高压三相异步电动机采用绕线式电动机具有以下优点：

1）在转子回路中串联电阻，可解决带式输送机各传动滚筒之间功率平衡的特殊问题，不致使个别电动机烧坏，或因超负荷被迫停车。

2）启动时可减少对电网的负荷冲击，同时又可以按所需要的电动机加速力矩值调整时间继电器的切换时间，使带式输送机平稳启动。

大功率的电动机均设有电阻式温度监测器；为防止电动机停运时内部潮湿和凝露，在电动机内部设有加热器。

（2）目前带式输送机常用的减速机为硬齿面圆锥齿轮减速机，如 DCY 型（三级）、DBY 型（二级）、SS 型，FLENDER（弗兰德）B3SH 系列、SEW 产品等，并要求减速机额定功率不小于电动机功率的 150%，启动扭矩大于电动机的最大扭矩。

（3）带式输送机常用的联轴器按所连接的设备分为高速联轴器、低速联轴器两大类。高速联轴器有弹性柱销联轴器、尼龙柱销联轴器、梅花盘式联轴器、液力耦合器、挠性联轴器等。

低速联轴器有十字滑块联轴器、齿轮联轴器、弹性柱销齿式联轴器等。

当电动机功率不大于 37kW 时，减速机高速轴采用尼龙柱销联轴器时，减速机低速轴与传动滚筒之间的连接采用十字滑块联轴器（SL 型）。

当电动机功率不小于 45kW 时，减速器高速轴采用限矩型液力耦合器时，减速机低速轴与传动滚筒之间的连接采用弹性柱销齿式联轴器（zL 型）。

（四）滚筒

滚筒是带式输送机的重要部件，根据其位置具有驱动、张紧和改向等功能。

滚筒结构型式有组合的，也有由钢板焊成或铸铁铸成的，新型带式输送机的传动滚筒均为钢板焊接结构，轮毂与轮轴之间采用胀套方式连接或键连接，滚筒筒体长度比胶带宽度大 200mm。滚筒轮廓外形有鼓形和圆形两种，鼓形滚筒可使运转胶带具有对中能力。对于处于除铁器的作用区域内的滚筒，应采用防磁滚筒（其材料为 1Cr18Ni9Ti）。

滚筒一般分为驱动滚筒（传动滚筒）和改向滚筒两大类。

1. 驱动滚筒

驱动滚筒是传递牵引力给输送带的主要部件。

（1）驱动滚筒按筒面分为光面和胶面两种。在功率不大、环境温度小的情况下，可采用光面滚筒。在功率大、环境潮湿、易造成胶带打滑的情况下，应采用胶面滚筒。胶面滚筒具有摩擦系数大、不易粘煤的优点。

（2）滚筒胶面分为包胶和铸胶。包胶滚筒的胶面易脱离，螺钉头露出刮伤输送带，优点是可现场更换胶面。铸胶滚筒胶面厚而耐磨，使用寿命长，缺点是价格高，使用者不能自行浇铸新胶。驱动滚筒表面胶层厚度不得小于 14mm。

（3）胶面表面又有光胶面、人字形及菱形花纹橡胶面，如图 4-124 所示。人字形沟槽胶面滚筒是将事先硫化成型的人字形沟槽橡胶板用黏接剂黏贴在滚筒表面上形成的，它具有较高的摩擦系数，因此可减少胶带的张力，延长胶带的使用寿命，因沟槽可截断水膜，在特别潮湿的场所也能获得良好的驱动性能，但有方向性，只能单向运行，安装运行时人字形尖端应与胶带运行方向一致，以利于沟槽内脏物排出。对可逆运行的带式输送机，要采用菱形沟槽胶面驱动滚筒。

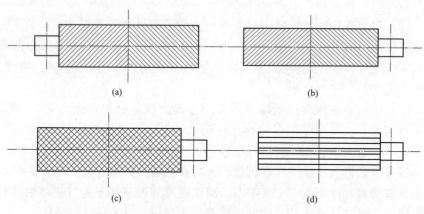

图 4-124　驱动滚筒包胶形式

(a)"人"字形左装；(b)"人"字形右装；(c)菱形包胶；(d)平行包胶

（4）DTI 型驱动滚筒根据承载能力分轻、中、重三种型式，滚筒直径有 500、630、800、1000、1250mm，同一种滚筒又有几种不同的轴径和中心跨距供选用。轻型的轴承孔径为 80～100mm，轴与轮毂为单键连接，滚筒为单幅板焊接结构，单向出轴；中型的轴承孔径为 120～180mm，轴与轮毂为胀套连接，有单向出轴和双向出轴两种；重型的轴承孔径为 200～220mm，胀套连接，铸焊筒体结构，如图 4-125、图 4-126 所示。

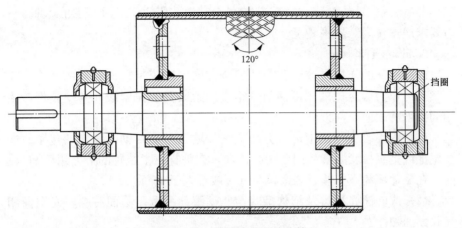

图 4-125 菱形胶面驱动滚筒

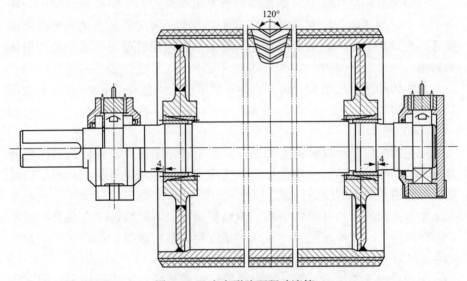

图 4-126 人字形胶面驱动滚筒

（5）带式输送机是靠绕滚筒张紧的胶带与滚筒之间的摩擦力而运转的。因此，胶带与驱动滚筒接触面之间必须有足够的附着力，才能将牵引力传递给胶带，否则输送机运转时，胶带在驱动滚筒上会发生打滑现象。为防止驱动滚筒与胶带之间打滑，必须满足以下条件：

1）增大胶带在驱动滚筒上的包角。带式输送机因受布置限制，为增大包角可设改向滚筒或压紧滚筒，要求包角为 $200° \sim 240°$。

2）增大胶带与滚筒之间的摩擦系数。光面滚筒的摩擦系数为 $0.2 \sim 0.25$，胶面滚筒的摩擦系数为 $0.25 \sim 0.4$，为增大摩擦系数采用在滚筒表面包胶或铸胶。根据大量的实践经验证明，驱动滚筒的摩擦系数与胶带和滚筒的单位压力有关，当压力超过一定值以后，摩擦系数的降低十分明显。

3）增大胶带的初张力。胶带需有一定的初张力，才能压紧在滚筒上，这要求通过拉紧装置来满足。

2. 改向滚筒

改向滚筒的作用是改变胶带的缠绕方向，使胶带形成封闭的环形。改向滚筒可作为输送机的尾部滚筒，组成拉紧装置的拉紧滚筒并使胶带产生不同角度的改向。

（1）用于改变输送带运行方向或增加输送带在传动滚筒上的包角。如在尾部或垂直拉紧装置处用于 180°改向，在垂直拉紧装置的上方用于 90°改向，在驱动滚筒下方用于增大包角（一般不大于 45°）。

（2）改向滚筒种类及结构型式与驱动滚筒一致，覆面有裸露光钢面和光胶面两种。

3. 胶带滚筒直径的选择

胶带的使用条件随着滚筒直径的增大而得到改善，即防止胶带产生疲劳损坏。但当其他条件相同时，滚筒直径增大，将使它的重量和整个驱动装置的重量都增大，因此滚筒直径不应大于为确保胶带正常使用条件所需的数值。

最小传动滚筒直径 $D=cd$，d 为芯层厚度或钢丝绳直径，mm；c 为系数，棉织物为 80，尼龙为 90，聚酯为 108，钢丝绳芯为 145。

（五）逆止器

逆止器是提升运输设备上的安全保护装置，能防止设备停机后因负荷自重力的作用而逆转。适用于提升带式输送机、斗式提升机、刮板提升输送机等有逆止要求的设备。提升倾角超过 4°的带式输送机带负荷停机时会发生输送带逆向转动甚至断裂或其他机械损坏，因此为防止重载停机时发生倒转故障，一般要设置逆止器或制动装置。燃料系统常用的制动装置有刹车皮（带式逆止器）、机械式逆止器和制动器等。

制动器的主要作用是控制皮带机停机后继续向前的惯性运动，使其能立即停稳，同时也减小了向下反转时的倒转力。

机械式逆止器结构紧凑，倒转距离小，物料外撒量小，制动力矩大，一般装在减速机低速轴的另一端，也有安装在中速轴和高速轴上的，与带式逆止器配合使用效果更好。

逆止器是一种特殊用途的机械式离合器，分为带式逆止器、滚柱式逆止器和楔块式逆止器三种。

1. 带式逆止器

带式逆止器的结构如图 4-127 所示，皮带正常运转时，逆止带在回程皮带的带动下放松，不影响皮带运行；当皮带停机发生倒转时，回程皮带带动逆止带反向卷入驱动滚筒与回程皮带中间，直到把逆止带拉展从而阻止了皮带机的逆转。为保证正常运转时，逆止带不反转，安装时注意要调整止退器的位置。

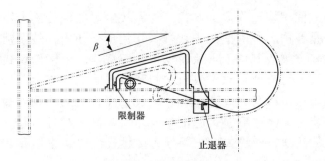

图 4-127 带式逆止器结构

2. 滚柱式逆止器

滚柱式逆止器结构如图 4-128 所示,是由星轮、滚柱、外圈组成的,滚柱与转块之间有弹簧片或弹簧。

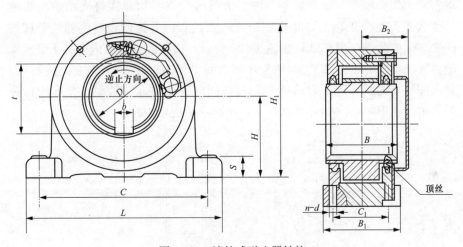

图 4-128 滚柱式逆止器结构

其星轮为主动轮并与减速机轴连接。当其顺时针回转时,滚柱在摩擦力的作用下使弹簧压缩而随星轮转动,此时为正常工作状态,逆止器内圈空转。当胶带倒转即星轮逆时针回转时,滚柱在弹簧压力和摩擦力作用下滚移向空隙的收缩部分,楔紧在星轮和外套之间,这样就产生了逆止作用。

滚柱式逆止器内部无轴承,安装时星轮与外圈座间隙不好调整,容易造成各滚柱受力不均甚至卡死,给皮带机再启动造成更大的困难,所以这种逆止器正逐渐被楔块式逆止器所代替。

3. 接触式楔块逆止器

楔块式超越离合器是随速度或旋转方向的变化而能自动接合或脱开的离合器,作为防止逆转的机构时,又称作楔块式逆止器或单向轴承。

楔块式逆止器主要由内圈、外圈、凸轮楔块、蓄能弹簧、密封圈、端盖等组成。楔块按一定规律排在内圈和外圈形成的环形轨道之间,由蓄能弹簧的加载使楔块工作表面与内、外圈接触，确保传递力矩时的瞬时啮合，力矩是在内、外圈间的楔块楔入作用下，使内、外圈锁紧并将力矩传递到防转支座或基础上，从而承担力矩载荷。由于楔块式逆止器在内、外圈间装了两组球轴承有效地控制了内外圈的同心度，从而确保了锁紧元件均匀承担载荷和高速运行，延长了离合器的使用寿命。使用时整体自由安装，不存在滚柱式逆止器内外圈调整不好时引起的受力不均使滚柱卡死的问题。楔块式逆止器分为接触式楔块逆止器和非接触式楔块逆止器两种。

接触式楔块逆止器适用于大转矩，中、高速传动工况，当用于高速工况时常采用稀油润滑及特殊结构和材料的楔块。一般极限转速为 $400\sim 1500r/min$。在普通皮带机的使用中一般安装于减速机的低速轴上，与普通滚柱式逆止器、棘轮式逆止器相比，在传递相同逆止力矩的情况下，具有重量轻、传力可靠、解脱容易、安装方便等优点。其允许最大扭矩通常能达到数十万牛·米以上，是大型带式输送机和提升运输设备上的一种理想的安全保护装置。内部结构如图 4-129 所示，接触式逆止器内有若干个这样的异形楔块按一定规律排列在内外圈之间。当内圈向非逆止方向旋转时，异形楔块与内圈和外圈轻轻接触；当内圈向逆止方向旋转时，异形块在弹簧力的作用下，将内圈和外圈楔紧，从而承担逆止力矩。

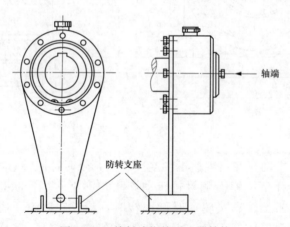

图 4-129　接触式楔块逆止器结构

4. 非接触式楔块逆止器

非接触式楔块逆止器是安装在皮带机减速机高速轴或中间轴轴伸上的逆止装置，用于较高超越极限转速（$800\sim 2500r/min$），传递中等转矩（$31.5\sim 4500N\cdot m$），是利用特殊形状楔块的离心力及其与外环之间的特殊几何关系以实现"超越"传动的，当内环转速达到 $310\sim 420r/min$ 时，楔块与内、外环滚道非接触、无磨损运转。其特点是单向自锁可靠，反向解脱轻便，结构如图 4-130 所示。非接触式逆止器用内圈装于主机的安装轴伸上，靠键和轴伸连接在一起，装在内圈上的两个单列向心球轴承托持着外圈同时又作为端盖和防转盖的定位止口，外圈用内六角螺钉和防转端盖紧固在一起。防转端盖通过固定在其柄上的销轴用防转轴座固定，内圈工作面和外圈之间的楔块装配如图 4-130 所示，楔块装配上有若干个楔块。复位弹簧分别套在楔块两端的圆柱上，弹簧的一端插入楔块端面的小孔中，另一端靠在挡销上。楔块装配的外端面装有两个外凸的止动环，止动环分别嵌入楔块装配两边的挡环和固定挡环的缺口中，固定挡环和挡环分别装在内圈上并紧靠在内圈中间台阶的两边，在内圈与防转端盖之间装有一套迷宫密封，端盖的前端装有盖，用以防尘和固定标牌。

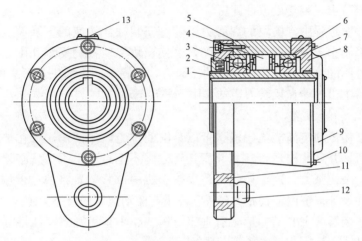

图 4-130　非接触式楔块逆止器结构图

1—内圈；2—密封圈；3—固定挡环；4—楔块；5—外圈；6—向心球轴承；7—挡环；
8—端盖；9—盖；10—螺钉；11—防转端盖；12—销轴；13—转向指示牌

当输送设备正常运行时，带动楔块一起运转，当转速超过非接触转速时，楔块在离心力转矩作用下，与内外圈脱离接触，实现无摩擦运行，因而降低了运转噪声，提高了使用寿命；当输送设备载物停机内圈反向运转时，楔块在弹簧预加扭矩作用下，恢复与内、外圈接触，可靠地进入逆止工作状态，使上运输送机在物料重力作用下，不会有后退下滑故障的发生。

非接触式楔块逆止器具有逆止力矩大、工作可靠、重量轻、安装方便和维护简单的优点，老式减速机改装时只需在机座上合适的位置安装防转支座销孔便可，新式专用结构的减速机与逆止器组合安装成为一体，将其固定销直接安放在减速机器壳体的销孔上。

逆止器作为一个独立的零件使用，座圈处于中心位置，并且有自己的润滑装置，使用中其优点还表现在以下几方面：

（1）在输送设备运行过程中，当逆止器发生故障或逆止器与减速机轴卡紧损坏，且输送设备不允许停止运行，而逆止器在短时间内又无法拆下时，只需拆除防转支座便可实现输送机在无逆止状态下安全平稳的运行，不会影响正常生产。

（2）在带式输送机更换胶带时，无需拆下逆止器，只需拆下防转支座，便可实现传动滚筒正、反两个方向自由旋转（即可使带式输送机的胶带沿反方向运行），对更换胶带非常方便、快捷。

（3）在新安装的带式输送机调试过程中，当电动机正反转无法确定时，只需拆除防转支座，便可接通电源。避免了带式输送机首次接通电源时，必须先拆下逆止器的重复装配工作，使设备的调试更方便。

（4）如果希望改变允许的转动方向，可以使内环带着止挡翻转。将内环和止挡拉出，翻转后放回即可。

在停车过程中，楔块的离心力矩随着安装轴伸转速的下降而迅速地下降，当降到小于弹簧的转矩时，弹簧又使楔块在轭板的支承孔中往回偏转恢复与外圈的接触，并给以初始的压紧力，给停车逆止提供了可靠的保证，停车时，主机轴伸在反转力矩的作用下是转不动的。

（六）拉紧装置

为了使传动滚筒能给予输送带以足够的拉力，保证输送带在传动滚筒上不打滑，并且使输送带在相邻两托辊之间不至过于下垂，就必须给输送带施加一个初张力，这个初张力是由输送机的拉紧装置将输送带拉紧而获得的。在设计范围内，初张力越大，皮带与驱动滚筒的摩擦力越大。

拉紧装置的主要结构形式有垂直重锤式、小车重锤式、线性导轨垂直式、螺杆式、液压式、卷扬绞车式等。

1. 拉紧装置的作用

（1）保证输送带紧贴在传动滚筒上，使它的绕出端具有足够的张力，使所需的牵引力得以传递。使滚筒与胶带之间产生所需的摩擦力，防止输送带打滑。

（2）限制输送机胶带各点的张力不低于一定值，以防止皮带在各托辊之间过分地松弛下垂而引起撒料和增加运行阻力。

（3）补偿输送带由于受拉的塑性伸长和过渡工况下弹性伸长的变化。

（4）为输送带重新接头提供必要的余量。

2. 拉紧装置的布置要求

（1）拉紧装置应尽可能布置在皮带张紧力最小处，对于长度在 300m 以上的水平或坡度在 5％以下的倾斜皮带机，拉紧装置应设在紧靠传动滚筒的无载分支上；对于距离较短坡度在 5％以上的皮带机，拉紧装置应设在皮带机的尾部。

（2）应使胶带在拉紧滚筒的绕入和绕出分支方向与滚筒位移线平行，而且施加的张紧力要通过滚筒中心。

3. 常用的几种拉紧装置及特性

（1）小车重锤式拉紧装置。小车重锤式拉紧装置由等边角钢与型钢组焊成的支架及拉紧小车两部分组成，适用于机长大于 300m 的输送机、功率较大的情况下使用，把带式输送机尾部的拉紧滚筒安装在小车上，小车设置在沿水平或下倾导轨移动，小车通过钢丝绳和导向滑轮系统以重垂拽拉胶带，利用重垂的自重产生张紧力，能够达到胶带的自动调整，保证皮带在各种负载状态下有恒定的张紧力，如图 4-131 所示。

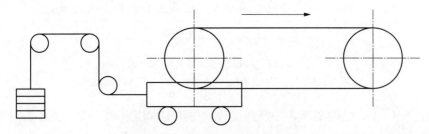

图 4-131　小车式张紧装置示意图

小车重锤式拉紧装置适应的皮带机较长，拉紧行程不受限制，功率较大，结构简单可靠，同时也能自动保持预紧力。

（2）垂直重垂式拉紧装置。垂直重锤式拉紧装置一般挂在皮带张力最小的部位，在倾斜输送机上多采用垂直拉紧装置，将其设置在输送机走廊的空间位置上。重锤能给皮带提供恒定的初张力，而且能自动上、下移动，不会因皮带长度的收缩而降低张紧效果；除此之外，还对皮带机的长度有一定的调节余量，如图 4-132 所示。

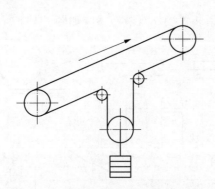

图 4-132　垂直重垂式拉紧装置示意图

重垂式拉紧装置由两个改向滚筒，一个张紧滚筒组成，可以安装在皮带机回程胶带的任何位置，拉紧滚筒及滑动框架在重垂的作用下，一起沿垂直导轨移动。

（3）自控液压拉紧装置。自控液压拉紧装置由液压泵站、拉紧油缸、蓄能站、隔爆兼本安控制箱及附件组成。拉紧油缸通过动滑轮、钢线绳与拉紧小车相连，如图 4-133 所示。

1）自控液压拉紧装置特点：

a. 启动时拉紧力和正常运行时拉紧力可根据胶带输送机张力的需要任意调节（调节范围根据所选型号）。完全可以达到启动时拉紧力比正常运行

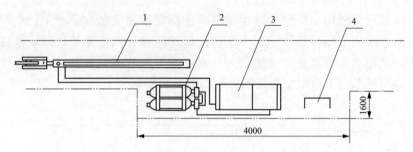

图 4-133 自控液压拉紧装置示意图

1—拉紧油缸；2—蓄能站；3—液压泵站；4—隔爆兼本安控制箱

时大 1.4～1.5 倍的要求，一旦调定后，按预定程序自动工作，保证胶带在理想状态下工作。

响应快，胶带输送机启动时，胶带松边突然松弛伸长，该机能立刻缩回油缸，及时补偿胶带的伸长，对紧边冲击小，从而使启动时平稳可靠。避免断带事故的发生。

b. 具有断带时自动停止带式输送机和打滑时自动增高拉紧力等保护功能。

c. 结构紧凑，安装空间小。

d. 可与集控装置连接，实现对该机的远距离集中控制，还可实现微机控制。

2）自控液压拉紧装置操作（液压系统如图 4-134 所示）。

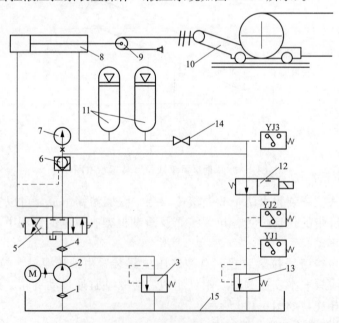

图 4-134 自控液压拉紧站液压系统

1—粗过滤器；2—液压泵站；3、13—溢流阀；4—精过滤器；5—手动换向阀；6—液控单向阀；7—压力表；8—油缸；9—动滑轮；10—拉紧小车；11—蓄能器；12—电磁换向阀；14—截止阀；15—油箱

a. 打压拉紧操作：先送上电源，将控制开关切换至手动、近控，启动油泵，此时操作手柄应置于中位。待运行正常后，再将开关切换至远控及自动，将手柄置于拉紧位置（即左边），压力正常即可。

b. 泄压松绳：将开关切换至手动、近控，启动油泵，待运行正常后，将手柄置于松绳位置（即右边），操作时应缓慢，有一定的间断，以免压力波动太大影响液压系统的运行。

3）巡回检查注意事项：

a. 转换开关处在自动位置。

b. 手柄处在拉紧位置。

c. 压力值在设定上、下限之间（允许有±1MPa的偏差）。

d. 电源指示灯亮。

e. 压力正常指示灯亮。

f. 故障指示灯不亮。

g. 运行指示灯亮（注意：如果出现停电情况，当电重新送过来后，运行指示灯不会亮，此时需再按下启动按钮，使运行指示灯变亮，否则泵站无法实现自动工作）。

（七）清扫器

1. 清扫器的作用

皮带运输机在运行过程中，细小煤粒往往会黏结在胶带上。黏结在胶带工作面上的小颗粒煤，通过胶带传给下托滚和改向滚筒在滚筒上形成一层牢固的煤层，特别是冬季室外皮带机上的光面滚筒，因钢质滚筒的热导率块，极易使黏在皮带上的小湿煤粒快速冻结在滚筒表面，而且越积越厚，使得滚筒表面高低不平，严重影响皮带机的正常运行。胶带上的煤撒落到回空的二层皮带而黏结于拉紧滚筒表面，甚至在传动滚筒上也会发生黏结。这些现象将引起胶带偏斜，影响张力分布的均匀，导致胶带跑偏和损坏。同时由于胶带沿托辊的滑动性能变差，运动阻力增大，驱动装置的能耗也相应增加。因此皮带运输机上安装清扫器装置是十分必要的。

2. 清扫器的种类

清扫器种类较多，按其清扫方法主要分为刮板式、水力清扫、带条翻转清扫、辊刷式清扫。在电厂中主要采用刮板式清扫器。

刮板式清扫器根据在输送机上安装位置可分为头部清扫器、空段清扫器。头部清扫器用来清理胶带工作面上的黏着物；空段清扫器用来清理非工作面上的黏着物和杂物。

清扫器刮板（刮刀片）材料有橡胶、硬质合金橡胶、聚氨酯复合材质橡胶、耐磨橡胶、弹性合金橡胶。当胶带粘煤严重时可选用硬质合金刀片或高耐磨陶瓷刮刀。

刮板压紧方式有弹簧式、弹性橡胶块式、重式（又称配重式）。

（1）弹簧清扫器。弹簧清扫器是利用弹簧压紧刮煤板，把胶带上的煤刮下的一种装置。刮板的工作件是用胶带或工业橡胶板做的一个板条，通常与胶带一样宽，用扁钢或钢板夹紧，通过弹簧压紧在胶带工作面上。弹簧清扫器一般装于头部驱动滚筒下方如图 4-135 所示，可将刮下来的粘煤直接排到头部煤斗内，安装焊接前应调整压簧的工作行程为 20mm 左右。

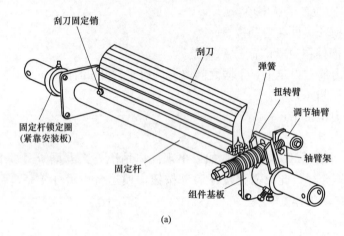

(a)

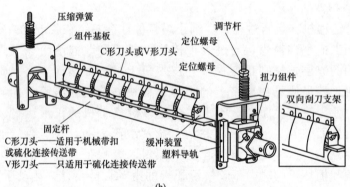

(b)

图 4-135　弹簧清扫器

（a）一级弹簧清扫器（一体式聚酯复合材质橡胶刮刀）；（b）二级弹簧清扫器

（2）硬质合金橡胶清扫器。硬质合金橡胶清扫器代替了传统的胶皮弹簧清扫器，在专用的胶块弹性体上固定了钢架清扫板，清扫板与皮带接触上端部镶嵌有耐磨粉末合金，主要由固定架、螺栓调节装置、横梁座、横梁、橡胶弹性体刮板架和多个刮板组成。所以这种清扫器接触面比较耐用，不易磨损，弹性体吸振作用较好，一定程度上提高了使用寿命和清扫效果。

这种清扫器的优点在于结构紧凑，刮板坚实平整，与输送机滚筒圆周实体接触，对输送皮带产生恒定的预压力，清扫器效果好，对清除成片黏附物具有特殊效果。使用时皮带冷粘口或其他工作面部位起皮后若发现不及时，会加快皮带和清扫头的损坏，清扫板弹性体上煤泥板清理不及时会影响吸振效果，机头落煤筒堵煤发现不及时也会损坏清扫器。

硬质合金清扫器的结构种类与安装的部位如下：

a. H 形-头部滚筒，其结构如图 4-136 所示。

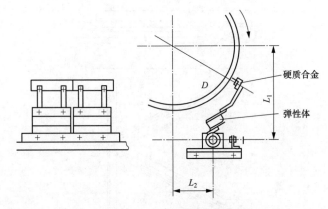

图 4-136　H 型清扫器

b. P 形-头部滚筒，二道清扫，其结构如图 4-137 所示。

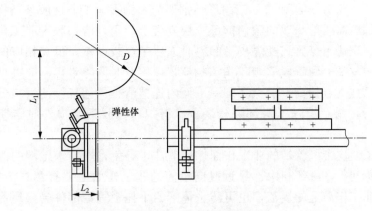

图 4-137　P 形清扫器

c. N 形-水平段、承载面（适应于正反转的皮带），其结构如图 4-138 所示。

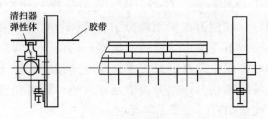

图 4-138　N 形清扫器

d. O形-三角清扫器，二层皮带非工作面沿线重锤前及尾部，其结构如图 4-139 所示。

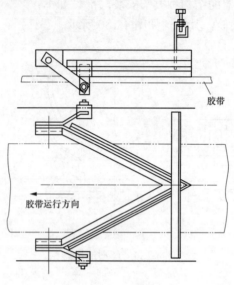

图 4-139　O形清扫器

空段三角清扫器用 V 形三角形角钢架与扁钢夹紧工业橡胶条结构，平装于尾部滚筒或重锤改向滚筒前部二层皮带上，用以清扫胶带非工作面上的粘煤。有些犁煤器式配煤皮带卸料时二层带煤较严重，可在相应的犁煤器下二层皮带上回程段安装三角清扫器，以便及时清除带煤。改进型三角清扫器悬挂支点抬高，三点在同一平面内连挂清扫器连杆，使清扫器能与皮带平行接触，消除了头部翘角现象。清扫器橡胶条磨损件应定期检查更换。

为了使皮带机胶带的非工作面保持清洁，避免将煤带入尾部的改向滚筒和重锤间，在尾部和中部靠近改向滚筒的非工作面上装有犁式清扫器，以清除非工作面上的煤渣，也可防止掉落的小托辊等零部件卷入尾部滚筒或重锤处。三角清扫器的下方前后，最好多装一组平行托辊，以保证清扫器与皮带接触的平整性与严密性。

（3）刮板清扫器。刮板清扫器结构由双刮刀板、弓式弹簧板、支架、横梁和调节架五部分组成，其外形结构和硬质合金橡胶清扫器类似，弓式弹簧支架板代替了弹性胶块，反弹力强，通过螺栓与清扫双刮刀板连接，另一端与横梁固定。双刮刀板采用高分子合成弹性材料，其耐磨度高于合金钢，且具有弹性，不伤皮带。通过调整螺栓的调节，双刮刀板与胶带弹性紧贴，振动小，不变位。双刮刀板在弹簧支架板的支撑下，因具有双重弹性，当遇到硬性障碍物时，刮刀板能迅速跳越，再复位清扫，经过双刮刀板双重清扫，使清扫后的胶带干净无痕。

（4）重锤式橡胶双刮刀清扫器。重锤式橡胶双刮刀清扫器结构如图 4-140

所示，用于皮带机头部刮除卸料后仍黏附在胶带上的粘煤物料，采用特种橡胶制成的刮板，用重锤块压杆的方式使刮板紧压胶带承载面。

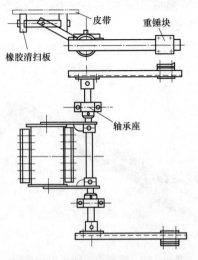

图 4-140　重锤式橡胶双刮刀清扫器

　　其主要特性与使用注意事项有：使用过程中刮板与胶带接触均匀、压力保持一致，能够自动补偿刮板的磨损，减少调整和维修量；当刮板的一侧磨损到一定程度时，翻转刮板，可使用另一侧，待两侧均磨完后再换；适用于带速不大于 5m/s 的带式输送机，正反运转均可；橡胶刮板与输送机胶带摩擦力小，对皮带损伤较小可延长胶带使用寿命。

　　这种清扫器安装于头部卸料滚筒下胶带工作面上，固定清扫器轴座的位置可以移动，根据设备的具体情况，可以安装在煤斗侧壁，也可以安装于头架或中间的两侧，安装时尽量要使重锤杠水平放置、刮板贴紧胶带，刮板对胶带的接触工作压力为 50～60N，然后用顶丝将挡环固定在轴上，在保证清扫效果的情况下，尽量使重锤靠近支点，以减少橡胶磨损。

　　轴座上两油杯要在开机前注油，每日注 30 号机油 1～2 次，这是确保清扫器正常有效工作的重要因素。头部料斗堵煤发现不及时，会扭曲损坏清扫架。

三、管状带式输送机

（一）结构

　　管状带式输送机（简称管带机）是在普通带式输送机的基础上研制的，于 20 世纪 90 年代从日本引进的一种新型带式输送机，由沿线机架上很多的六边形辊子组强制将胶带裹成边缘互相搭接的圆管形状，这样将物料裹在胶带管内部来完成输送，如图 4-141 所示。其具有密封环保性好、输送线空间布置灵活、输送倾角大，复杂地形单机运输距离长和建造成本低（可露天建造）等优点。适用于各种复杂地形条件下多种散状物料的输送，普通胶带工作环境温度为 $-25 \sim +40℃$；耐热、耐寒、防水、防腐、防爆、阻燃等胶带的工作环境温度为 $-35 \sim +200℃$。根据不同张力等条件的要求，输送带可采用尼龙织物芯层和钢丝绳芯带等形式，可首选应用于长距离大功率的电力输煤等行业。管带机运输距离长（单机可达 7000m 以上），运量大（每小时运量可达 7000t），如表 4-14 所示。

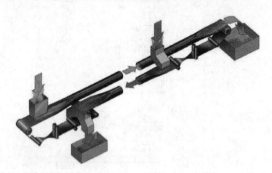

图 4-141　管状带式输送机示意图

管带机主要由头部滚筒、尾部滚筒、改向滚筒、驱动和拉紧装置、托辊组、机架、桁架走台支架和胶带等部分组成。

管带机使用的胶带主要有尼龙、聚酯织物芯和钢丝绳芯胶带。管带机胶带平放时与普通胶带外形无区别，但不能保证输送带在成管后的密封性、稳定性，因此要求胶带要有适当的弯曲刚度，主要调整橡胶的配方和厚度以及调整贯穿嵌入胶带边缘的帆布，以获得良好的管状保持性和密封性。胶带的弹性和抗疲劳性能要求更高，以保证其使用寿命达到和超过普通运输带。

管状带式输送机的头部驱动滚筒、改向滚筒、拉紧装置、头架、尾架、受料点、卸料点、输煤槽、漏斗、头部清扫器、空段清扫器等部件的结构和位置与普通带式输送机结构完全一致。沿线将皮带被呈六边形布置的辊子强行裹成管状。输送带在尾部过渡段受料后，将皮带由平形向槽形、深槽形逐渐过渡最后裹起来卷成圆管状卷进行物料密闭输送（此距离很短），到头部过渡段（或中部卸料点）时再逐渐展开直至卸料。

（二）工作原理

管带机是将散状物料包裹在强制形成管状胶带内进行输送的一类特殊的带式输送机，适用于解决物料输送过程中和转运点处的粉尘飞扬及沿途遗撒所造成的环境污染。其输送原理与普通带式输送机完全相同，即通过输送胶带作为传力和物料的输送媒体，由转动灵活的托辊作为输送物料胶带的支撑，经滚筒的改向和传动，由驱动装置驱动滚筒使输送机胶带靠滚筒与胶带的摩擦使输送物料的胶带进行周圈转动进而输送物料，如图 4-142 所示。所不同的是，普通带式输送机物料在形成平形或槽形截

面的胶带上进行输送，而管状带式输送机使物料在形成管状截面的胶带
内进行输送，由于物料被皮带严密包裹，彻底解决了输送过程中的物料
撒落和扬尘。

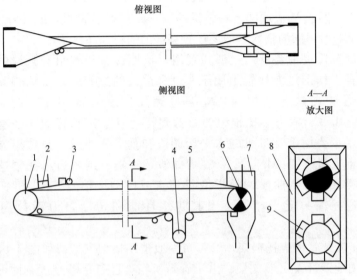

图 4-142　管状带式输送机结构简图
1—尾部滚筒；2—导料槽；3—压轮；4—拉紧装置；5—改向滚筒；
6—驱动滚筒；7—头部漏斗；8—窗式托辊架；9—辊子

（三）特点

（1）适合在复杂地形条件下连续输送密度为 2500kg/m 以下的各种散
状物料，管带机可实现立体螺旋状弯曲布置，可水平转弯，可由一条管带
机取代一个普通胶带输送机运输系统，节省转运站造价和多驱动的成本并
减少故障点和设备运行及维护费用。

（2）由于输送物料被包围在圆管胶带内密闭输送，所以隔绝了输送物
料对环境的污染，同时也避免了环境对物料的污染，而且物料不会撒落和
飞扬，也不会受刮风、下雨的影响。

（3）与普通胶带机相比，由于胶带被六只托辊强制卷成圆管状，不存
在输送带跑偏的麻烦，更换托辊时只需将固定托辊的螺栓拆掉即可，无须
停机。现场保洁工作只需清扫输送机的头部和尾部两个地方，清扫工作
量少。

（4）由于形成圆管输送，其圆管部分的横断面宽度只有普通输送机的
1/2，在长距离输送的情况下，可大大降低栈桥费用。且由于管带机自身需
要足够刚度，可自带走廊和防止雨水对物料的影响，因此，使用管状带式
输送机可减少占地和费用，不再建栈桥。

（5）由于胶带形成圆管状而增大了物料与胶带间的摩擦，故管状带式

胶带机的输送角度可达 30°，如果胶带工作面改进后倾角可达 40°，在提升高度不大的情况下，甚至可垂直提升，从而减少了胶带机的输送长度，节省了空间位置，降低了设备造价。

（6）胶带的回程段也与承载段相同，一般也是卷成圆管状，根据要求也可采用平形或 V 形返回。管带机的回程段包裹形成圆管形，可用以反向输送与承载段不同的物料（但要设置特殊的加料和卸料装置）。

管带机托辊主要有六边形托辊组、槽形过渡托辊组和弧段的纠偏托辊组三种。槽形过渡托辊组用于头部和尾部的过渡段，其结构和布置间距与普通带式输送机相同，根据过渡段长度可选用 10°、20°、30°、45°、60° 几种。六边形托辊组的布置间距与管带机圆管的直径有关。纠偏托辊组主要用于管带机的水平弯曲段和垂直弯曲段，其选用方法在六边形托辊数量不变的情况下，在弯曲段，每隔一组六边形托辊选择一组纠偏托辊（即在弯曲段的托辊数量为直线段的 2 倍）。管带机托辊的外形与普通托辊的辊子相同，但其防水性能和转动阻力系数优于普通托辊。

为了安装管带机托辊架，管带机一般选用桁架支架，如图 4-143 所示，支撑选用圆钢管人字形支架、由于管带机桁架已有足够刚度，即可在两边另加人行通道和检修通道，从而取代输送机栈桥。若管带机沿地面布置或已有栈桥时，无需再装支架。这也是管带机节省造价的原因之一。

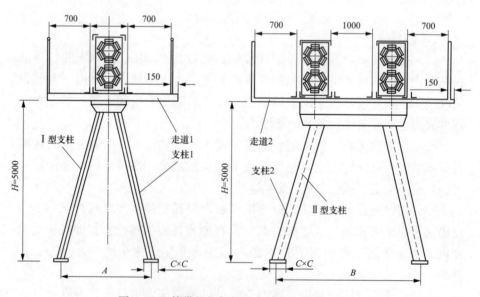

图 4-143 管带机机架的基本结构（单位：mm）

管带机输送能力对照见表 4-14，不同管径对应的带宽、断面积和许用块度见表 4-15。

表 4-14　管带机输送能力对照表

带速（m/s）＼输送量（m³/h）＼管径（mm）	100	150	200	250	300	350	400	500	600	700	850
0.8	17	37	66	118	138						
1.0	21	47	83	148	173	238					
1.25	26	59	104	185	216	297	482	688			
1.6	33	75	132	232	276	380	616	881	1238	1616	2327
2.0	42	94	166	296	346	472	770	1100	1548	2022	2909
2.5			208	370	432	594	964	1376	1935	2528	3636
3.15				460	543	748	1213	1734	2438	3185	4581
4						950	1540	2200	3096	4044	5818
5							1928	2750	3870	5056	7212

表 4-15　不同管径对应的带宽、断面积和许用块度

管径（mm）	带宽（mm）	断面积100%（m²）	断面积75%（m²）	最大块度（mm）	对应普通输送机带宽（mm）
150	600	0.018	0.013	30～50	300～400
200	750	0.031	0.023	50～70	500～600
250	1000	0.053	0.04	70～90	600～750
300	1100	0.064	0.048	90～100	750～900
350	1300	0.09	0.068	100～120	900～1050
400	1600	0.147	0.11	120～150	1050～1200
500	1800	0.21	0.157	150～200	1200～1500
600	2200	0.291	0.218	200～250	1500～1800
700	2550	0.3789	0.2842	250～300	1800～2000
850	3100	0.5442	0.4018	300～400	2000～2400

注　体积输送量值按水平输送，填充率按 $\psi=75\%$ 考虑。

管带机的曲线布置水平或垂直转弯半径 R 及过渡段长度 L 如下：

1）尼龙帆布输送带：$R\geqslant$ 管径×300，$L\geqslant$ 管径×25；

2）钢丝绳芯输送带：$R\geqslant$ 管径×600，$L\geqslant$ 管径×50。

管带机安装胶带时需将输送带的头部固定在机具中，然后塞入环形托辊内，再牵引安装。胶带硫化一般在输送机的头部或尾部展平进行。

第六节　碎煤机结构及工作原理

一、碎煤机概述

碎煤机是火电厂燃料系统中重要的辅机设备，它承担煤流进锅炉前进行破碎加工的任务。由于国内生产的煤都为粗煤，含较多的大煤块及煤矸石，此种燃煤若直接进入煤仓，将损坏给煤机并影响磨煤机的出力，故火力发电厂燃料系统须设计、安装碎煤机。燃煤经破碎机破碎加工为合格的燃料后，再输往煤仓。

碎煤机的种类主要有环锤式、反击式、颚式、锤式、辊式，目前在火电厂中应用较普遍是环锤式和反击式碎煤机，下面重点介绍环锤式碎煤机的检修工艺要求。

二、碎煤机结构

主要由机体、转子、筛板架、筛板调节机构等构成，如图 4-144 所示。

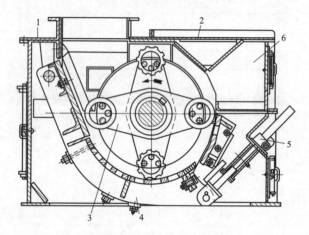

图 4-144　环式碎煤机结构图
1—机体；2—机盖；3—转子；4—筛板架；5—筛板调节器；6—除铁室

（1）机体。碎煤机的机体由钢板组焊而成，箱体盖板上焊有反击板，上面是进料口及拨料器，下面是落料口；机体的左右两侧为主轴孔及护板；机体前面为除铁室、检查门，后面有观察门。整个外部箱体材料为 A3 钢，内部的衬板、护板、反击板的材料为 Mn13。

（2）转子。转子由主轴、圆盘、摇臂、隔套、环轴、锤环、平键、轴承及轴承座等组成。

转子上各组摇臂由隔套分开，均布在主轴上，每组摇臂垂直交叉布置，通过平键与主轴连接；齿环锤、光环锤通过环轴间隔地安装在圆盘间。

转子两端的主轴承一般采用双列向心球面滚柱轴承，轴承座固定在机体两侧的基础平台上。主轴与电动机通过弹性联轴器或蛇形弹簧联轴器连接。

主轴为 45 号优质钢制而成，锤环用 ZGMn13 铸造而成。

（3）筛板架。筛板架是采用 40mm 钢板和角钢焊接而成。支架上部焊有悬挂轴，挂在机体上的轴座内，由卡板限位。支架下部的耳孔与筛板调节器的丝杆相连。破碎板、大筛板、小筛板通过沉头螺钉固定在筛板架上。

破碎板、大筛板、小筛板的材质为 ZG40Mn 耐磨材料。

（4）筛板调节机构。筛板调节机构一般有两种形式，一种是布置在机体前侧的由 U 形座、丝杠及蜗轮传动箱等组成的调节器；另一种是布置在机体后侧的由弧形支座、丝杆、六角螺母、密封罩、调节支架等组成的调节器。

三、碎煤机工作原理

碎煤机工作时，转子高速旋转，煤流受到转子及环锤的高速碰撞、冲击，完成第一次破碎。经过第一次破碎后的煤块迅速进入破碎板、大筛板、小筛板弧面处，受到环锤与破碎板、大筛板、小筛板的进一步的挤压、剪切和碾磨，完成第二次破碎。

由于筛面滚落的大块煤及各种硬的杂物不断受到转子及环锤的高速碰撞、冲击，大块煤经过破碎板、大筛板、小筛板后基本被撞碎、剪切、挤碎而落入下级胶带机。同时，硬的杂物及铁块继续随转子向前运动，并在小筛板的出口沿转子切线飞出，撞击到碎煤机盖板内侧的反击板上后弹回到除铁室，所以环式碎煤机具有一定的排除硬的杂物及铁块的能力。

碎煤机在工作过程中，当硬的杂物及铁块和环锤发生强烈碰撞，由于环式碎煤机转子上的环锤穿套在环轴上，环轴与环锤孔间有很大间隙，环锤受到撞击后，在径向可自由前后进退，避免发生硬性碰撞，保护环锤免受损伤，所以环式碎煤机对各种煤具有很强的适应性。

特点：

（1）结构简单、体积小、重量轻。

（2）环锤磨损小，维护量小，更换易损件方便。

（3）能排除杂物，对煤种的适应性强。

（4）出力大，不易堵煤。

第七节 筛煤设备结构及工作原理

一、滚轴筛

1. 概述

火电厂的燃煤在进入磨煤机前须经过碎煤机破碎，而燃煤在进入碎煤机前，一般需要经过筛煤机筛分，大煤粒落入碎煤机内，小煤粒直接落到下一级胶带机上。特别是现代的大型火电厂，燃料系统中都设计布置有筛煤设备来提高碎煤机的效率，实现节能降耗。通常将筛煤机与碎煤机布置在同一个转运站内的第四、三层，此转运站统称为筛碎机室。燃料系统中常用的筛煤设备是煤筛，煤筛根据其结构不同可分为固定筛、振动筛、滚筒筛、滚轴筛、链条筛、共振筛和概率筛等，本节主要介绍滚轴筛。

2. 结构特点

滚轴筛的传动机构由电动机、联轴器、减速机等组成，筛机本体由筛箱、筛轴和筛片组成，如图 4-145 所示。每根筛轴上均装有几片耐磨性能良好的筛片，相邻两筛轴上的筛盘交错排列，形成滚动筛面。筛片是套装在筛轴上的，为铸钢件，形状主要有梅花形和指形等，磨损严重的可单独进行更换，筛轴由电动机驱动转动。

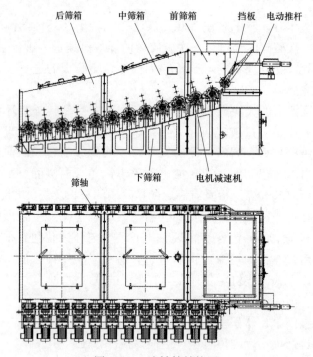

图 4-145　滚轴筛结构图

（1）筛轴、筛片等易损件容易更换；筛片采用梅花状筛片，并且交错布置，不仅有利于煤料的输送，而且能减小相邻筛轴形成的死角，避免卡塞，适用于烟煤、无烟煤、褐煤、煤矸石等物料。

（2）每个筛轴均由电机减速机单独驱动，即每一组筛轴均设有一套驱动装置；减速机与滚轴筛联轴器采用弹性柱销联轴器连接；任一组筛轴发生故障燃煤可在前一筛轴推动下越过故障筛轴继续前进，设备可以照样运行。各筛轴同向等速旋转，且有过载能力。各转动部件转动灵活，没有卡阻现象。

（3）筛轴多角度合理布置，在设备入口段筛轴和水平夹角为 15°，中间段筛轴和水平夹角为 10°，在出口段筛轴和水平夹角为 5°，使煤料进入设备先经初步粗筛后再进行二次细筛，可有效地提高筛分效率并防止堵煤。

（4）设备箱体两侧设有耐磨衬板，避免物料和箱体的直接接触，大大提高设备的使用寿命；并且耐磨衬板和箱体使用螺栓连接，更换方便。

（5）在机内入口处设有用电动推杆切换的挡板，可在滚轴筛检修时使煤料直接进入下层皮带而不影响系统的运行；煤挡板置于入料口的下方，设备在工作状态时挡板处于打开筛煤机入口位置，筛煤机进煤；当煤的粒度≤30mm 不须筛分或设备出现故障而输煤线不能停机时，可启动电动推杆将煤挡板转到关闭筛煤机入口位置，这时煤流可直接落入下游运输皮带中。挡板用耐磨钢板制作而成，有均匀布料功能，使煤料均匀平铺在整个筛面上，起到更好的筛分效果。

3. 工作原理

煤料从入料口进入筛箱后，由于前 4 根筛轴和水平成 15°大夹角，煤料开始在自重和筛片转动的双重作用下以较快速度向下移动同时进行筛分，此为初步粗筛分阶段。大部分物料经此阶段后被筛分完毕并平铺在整个筛面上；当物料进入中间 4 根筛轴和后 4 根筛轴以后，由于筛轴排列近乎水平，筛轴和水平分别成 10°、5°，物料前进速度减慢，此为筛分的精筛阶段，物料经此阶段后小于 30mm 的粒度已被筛下，大于 30mm 的物料经出料口被送入碎煤机进行下一步破碎。

二、概率筛

随着大型火电厂的不断发展，对输煤系统设备的出力要求也越来越大，老式的筛煤设备越来越难以适应生产的需要。经过我国有关科研单位的不断研究探索，研制生产出一种单位面积生产量大、筛分效率高、工作可靠、维修量小及维护方便的新型筛分设备——概率筛。根据概率筛的结构差异，可分为自同步概率筛、概率等厚筛、惯性共振筛等。

（一）自同步概率筛

1. 结构及组成

ZGS 系列自同步概率筛的结构主要由筛机体、减振系统、前罩和底罩等部分组成。

（1）筛机体。

筛机体由筛箱、激振器（振动电机）和筛面等组成。

筛箱是概率筛的工作主体部件，它由侧板、顶板、加强横梁和加强筋等部件构成。筛箱外壳采用板式焊接结构，在筛箱外部焊有加强筋，以保证在激振力的作用下钢板有足够的刚性，并减少钢板的二次振动所产生的噪声。此外在筛箱侧板内侧嵌有厚度为 10～14mm 的橡胶防磨板或橡胶涂层，以减少噪声的产生和侧板的磨损。

激振器（振动电机）是筛机的振动源，两台特性相同的振动电机牢固地安装在筛箱上部，并使两台振动电机激振力的合力作用线通过筛箱的重心，以保证筛箱各部位的振幅均衡。

两台轴端带有偏心块的振动电机，其等速、反向旋转产生的激振力在水平方向上的分力互相抵消，在垂直方向的力合成后使概率筛实现直线振动。根据自同步理论，在两台电机完成启动后，可将其中的任意一台电机停止供电，仍可保证同步振动，而振幅几乎不变。因此，在运行过程中可采用此种方法，达到提高电机使用寿命和节省电能的效果。

筛面是筛煤机的主要磨损部件，一般分为三层，采用焊接或螺钉连接的方式与筛箱固定。筛面的角度自上而下递增，而筛孔的尺寸自上而下递减。筛条一般采用直径 20mm 或 30mm 的圆钢制成。实际使用中，由于圆钢刚度不够，故常常需进行焊接加强处理或选用轨道钢加工。

（2）减振系统。

减振系统由四组减振器组成，并将筛机体吊挂在特制的支架上，使筛机体（振动部分）与其他固定部分处于自由状态，不与其他固定部件接触，以免影响振动效果和产生不必要的噪声。

每一组吊挂的减振器由减振弹簧、钢丝绳和调整用螺栓等组成。

（3）前罩和底罩。

为了便于检修，出料口端设计成开口式，在筛箱前部加一固定罩子，以便使筛上物集中到前端罩（即前罩）内以进入碎煤机。

另外，筛箱下部也设计为开口式，筛下物可直接落入到煤管而进入下一条胶带，这样可以避免由于筛箱底板上易于粘煤而造成的堵塞现象。

同时前罩和底罩与筛机体之间采取软连接密封结构，使筛机的密封性能良好。

2. 筛分原理

概率筛进行筛分的原理是：根据入料粒度等级组成的不同，相应地采用多种不同筛距的筛面上下重叠组成筛体。筛面的倾斜角度从上至下逐层增加，而筛孔的尺寸则逐步减少，筛孔尺寸比实际分离粒度大 2～10 倍。由于概率筛是由多层筛面组成，能使物料按粒度等级迅速分离。其透筛率高，物料在筛面上的停留时间短，通过向透筛方向的重复筛分，以达到某一筛分粒度。按照入料的粒度组成，调整筛面的倾角，同时适当地选择各层筛面筛条孔尺寸，便可实现理想筛分效果。

概率筛的这种结构和筛分原理可根据实际需要，一次筛分出两种以上的产品，同时在一定条件下还可达到非常高的粒度要求。

但是，由于概率筛的筛面层数多，筛孔尺寸又大于物料分级粒度的尺寸，所以不可避免地有些大于分级粒度的物料混入筛下，因此概率筛属于近似筛分。

（二）惯性共振概率筛

1. 结构及组成

GGS 系列惯性共振概率筛的结构主要由筛机体、减振系统、激振总成、密封罩等组成，如图 4-146 所示，筛机体由筛箱、筛面及进料口组成，减振系统由四组减振弹簧组成（同自同步概率筛），筛机的振动是由装于平衡质体中间的单轴惯性激振器发生的。激振器主要由电机、三角带、带轮、带偏心块的转盘组成，密封罩同自同步概率筛。

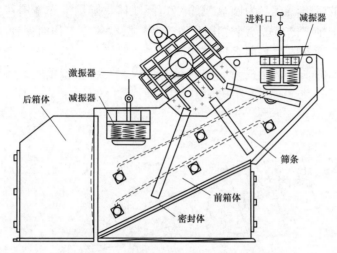

图 4-146　惯性共振概率筛的结构示意图

2. 工作原理

电动机得电工作后，通过三角带驱动单轴上带偏心块的（双质体）两转盘做旋转运动，两转盘上的偏心块产生的离心力便是工作所需的激振力。此双质体振动系统，在近共振状态下工作，它的工作频率略低于主振系统的固有频率，且通常为隔振系统固有频率的 3 倍以上，获得了良好的隔振效果。筛箱的运动轨道是接近于直线的椭圆。

三、摆动筛

SBS 型梳式摆动筛，是我国专为输煤研制的首个具有独立自主知识产权粗筛，始用于 20 世纪 90 年代。投用后，技术性能和使用效果一直处于粗筛上位。不但在新建工程得到广泛采用，早在 20 世纪末就开始在一些电厂被选为替代拆除劣筛的改造用筛。

现在 SBS 型梳式摆动筛，已经创新升级为 SBS. x 型耦合式梳式摆动筛，技术性能获得以下重大突破：①筛分效率高达 90％以上；②具有强力破解粘煤及杂物堵塞；③筛分粒度受控，开创粗筛煤机粒度达标新纪元。

1. 结构组成

梳式摆动筛主要核心机构为筛网和驱动机构两大部分。

（1）筛网。

筛网面布置与梳式摆动筛煤机相同，由数个平行轴组从入料口向出料口呈平面下倾斜布置。

每根轴组由单轴和等距数个带齿筛盘（无齿也可，但是有齿效果最佳）串装组成。

每相邻两轴组齿筛盘错位互插排列，盘缘互近对方轴边，形成齿筛盘耦合。

　　筛网的带齿筛盘，为圆盘或约 270°圆缺体，圆周上布置有一定数量推料齿。每个轴上的齿筛盘取相同位置安装。圆缺体位工作时摆动于 3、4 象限两位。筛面整体组装时，同取相同象限位置进行，不可两个象限位置混搭。筛网面的平行轴组的奇、偶两级，结构、安装和布置关系各自完全相同，以便筛分动作一致，结构如图 4-147 所示。

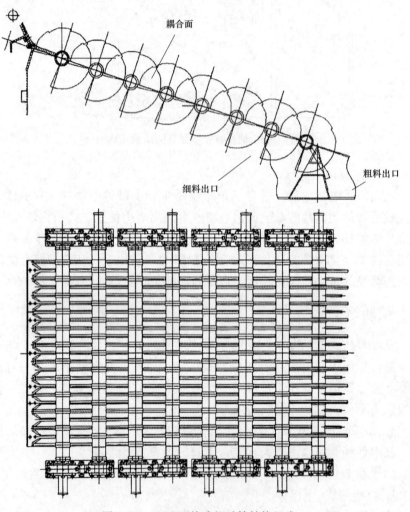

图 4-147　SBS 型梳式摆动筛结构组成

　　新型梳式筛煤机，梳齿采用交错布置，组成筛孔的两片梳齿运动方向相反，可保证任何时候筛孔通畅，梳齿间不被异物缠绕，不粘煤。

　　（2）驱动机构。

　　梳式筛煤机驱动机构组成与曲柄布置不同，筛取两个曲柄左右对称布置，如图 4-148 所示。

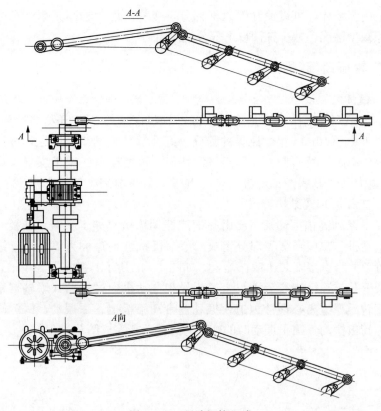

图 4-148　驱动机构组成

　　驱动机构的功能是实现筛煤时，两种轴组以 90°相同旋转角度，一起同步"顺、逆"变换摆动。

　　驱动机构采用电动机驱动，经联轴器驱动减速器，再经两侧联轴器带动传动轴，通过轴承座驱动曲柄。两侧同位的两个曲柄，各带动一侧主、从动连杆，分别对同侧轴组进行驱动，实现整个筛面各个轴组同步反复"顺、逆"摆动。

　　2. 筛分原理

　　梳式摆动筛筛分作业时，筛网轴组以相同频率、同步反复"顺、逆"摆动。进入筛煤机的原煤，以一定速度冲向最高位轴组，进入齿筛盘后在固定梳齿配合齿筛盘作用下，受到筛分并将筛上余煤推向后路。

　　凡是进入到前、后两轴间的细煤，以其自身能量借助耦合齿筛盘反复"顺、逆"作用，顺利透筛，未透筛的筛上煤被推向后路。无论煤质干燥或者黏湿，在耦合齿筛盘反复"顺、逆"作用下，被筛分原理是相同的，效果自然也无区别。筛盘上的单向齿，具有冲击筛上煤向出口运动功能，提高排煤块和杂物效果。

　　梳式摆动筛的另一个特点，为了防止耦合出现自堵卡锁死事故，把耦合动作设计成反复"顺、逆"变换方式，不但有利安全运行而且降低功耗。

采用圆缺体，可以使筛面以下部分，交替出现两轴间无耦合和筛盘耦合面积减少情况，减少筛面以下部分透煤阻力。

四、高幅振动筛

1. 概述

GFS 系列高幅振动筛是为解决湿黏物料深度筛分而研发的筛分设备，特别对于小于 10mm 湿黏原煤的筛分较好地解决筛网堵孔问题，该设备具有筛分效率高、噪声低、使用经济等特点。该振动筛适用于煤炭（粒度分级）、电力（CFB 锅炉细颗粒筛分）、冶金（粒度分级）等行业。

2. 工作原理及结构特点

GFS 系列高幅振动筛主要由筛槽式振动输送机架、筛箱、筛板、激振器、电动机、减振弹簧等部分组成，该筛机特点是筛板为单根筛丝纵向排列布置，并且直接安装于激振器上，如图 4-149 所示。激振器为单轴式安装于筛架上并与筛箱进行分离，由三相异步电动机通过轮胎式联轴器带动旋转，旋转后产生离心惯性力迫使振动器带动筛板上、下振动，两侧筛箱则不参与筛板振动。筛子振动时的轨迹为圆振动来完成筛分过程。

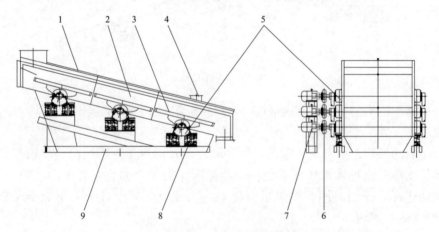

图 4-149　高幅振动筛结构图
1—密封罩；2—筛箱；3—筛板；4—除尘口；5—激振器；
6—软连接装置；7—电动机；8—减振弹簧；9—底托

GFS 系列高幅振动筛是采用大振幅、大振动强度、较低振频和自清理筛面来完成湿黏物料的筛分过程，其结构和特点如下：

（1）分段筛分、筛机整体不参与振动，内部装配的筛网振动筛分。高幅振动筛和传统的圆振动筛不同，它不是整体参与振动的，筛机的侧板、顶盖、底座都是固定部分，只有筛网和激振器总成参与振动。

（2）筛机采用自清理筛面。高幅振动筛的筛网由定制钢棒条和框架组成，棒条呈纵向排列，除了整块筛网在振动以外，每根棒条也存在着活动间隙，并做二次振动，解决消除湿黏原煤对筛网的黏结问题。

（3）整机采用封闭结构制作。高幅振动筛应用在燃煤电厂的工矿条件下，一般都做成封闭结构，使得粉尘不能外泄，从而响应环保上的要求。

（4）较大的振幅和较小的动负荷。高幅振动筛由于采用了筛体不振动而筛网振动的工艺特点，所以筛机动态应力可以降低，故振幅可以大幅提高，动负荷却可以明显降低。

（5）较小的功率参数。由于高幅振动筛的运动部件少，参振质量小，所以它的功率可以降低。与传统筛机相比，可降低一倍功率以上。

（6）成熟合理的 PLC 控制系统。高幅振动筛一般采用 1～6 台电机驱动，每台电机启动时间间隔为 6～8s，顺向开机，逆向停机达到空车启动的目的。筛机上不存料，以更利于观测检修。

（7）维护上简单便捷。高幅振动筛参振的部件很少，只有筛网和激振器总成参与振动，所以把它做成模块化、标准化部件，以便整体快速更换，地面检修，大幅缩短在线维修时间，为生产赢得一定时间。

（8）整机运行成本较低，参振部件质量小，功率也很小。高幅振动筛的运行成本较传统筛机低，高幅振动筛能为用户节省企业成本。

第八节　给配煤设备结构及工作原理

一、给煤机

（一）电动机振动给煤机

电动机振动给煤机（又称自同步惯性振动给煤机）为惯性振动给料的一种，装于料仓下部，它可以均匀连续地将煤仓中的煤送给带式输送机。

1. 结构及工作原理

（1）电动机振动给煤机由槽体、激振装置、减振装置等组成，如图 4-150 所示。

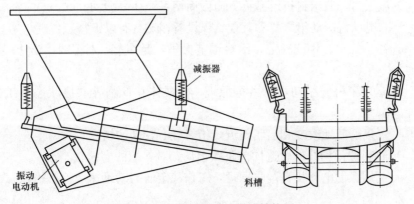

图 4-150　惯性振动给煤机结构图

a. 槽体：料槽（有内衬）、支承板和电动机机座组成。料槽有封闭型、敞开型。安装形式有吊挂式和座式。

b. 激振装置：给煤机的激振源，由两台规格和特性相同振动电动机组成。其振动电动机为双出轴，每端出轴均有一个固定偏心块和一个可调偏心块。调节可调偏心块和固定偏心块之间的夹角大小，便可改变激振力的大小，从而改变给煤机的给煤量。

c. 减振装置：由金属螺旋弹簧（或橡胶弹簧）、吊钩及吊挂钢丝绳等组成。

d. 底盘（座式安装才有底盘）：由型钢和钢板焊接而成。

（2）工作原理如图 4-151 所示，安装在槽体后下方的两台振动电动机产生激振力，使给料槽体做强制高额直线振动，煤从给煤机的进煤端进入后，在激振力的作用下，物料连续以操作的振动频率向前跳跃，达到给料目的。

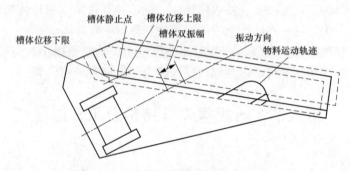

图 4-151　电动机振动给煤机工作过程图

电动机振动给煤机为单质体强迫定向振动系统，两振动电动机之间无强迫联系。根据两台振动电动机异向自同步理论，启动中两台振动电动机反方向自动追踪同步，自动达到偏心块同相位。工作时，两台振动电动机反向自同步运转，其偏心块惯性力在中心连线方向相互抵消，使给煤机左右不振，而在中心线的垂直方向上的惯性力相互叠加，形成单一的沿抛掷方向的激振力，使给料机沿抛掷方向做周期直线往复振动。

（3）电动机振动给煤机和其他给煤设备相比具有以下特点：

a. 结构简单、性能稳定，给料调节灵敏，重量轻、体积小，维护保养方便。

b. 运用了机械振动学的共振原理，使质体在低临界共振状态下工作，消耗电能少。

c. 可以瞬间地改变和启闭料流，给料量有较高的精度。

d. 物料按抛物线的轨迹向前跳跃运动，对料槽的磨损较小。

e. 利用振动电动机自同步原理，工作稳定、启动迅速、停车平稳。

2. 出力调节

（1）利用调频调幅控制器或变频器，实现不停机无级调节出力。

（2）通过停车调整振动电动机偏心块的夹角来改变激振力，使槽体振幅得以改变，从而达到给煤量调节。

（3）调节料仓门的开度，改变给煤量，达到调节给煤机出力目的。

（4）调整给煤机（槽体）倾斜角度可调节出力，但最大不超过15°，以防自流。

（二）活化振动给煤机

活化振动给煤机（简称活化给煤机、活化机）属于仓下给煤设备，它集活化物料和给料功能于一体，是专为防止堵煤而设计的给煤机，广泛应用于火力发电厂输煤系统，也适用于其他行业的物料输送系统，对各种物料适应性强，特别适用于布置在电厂煤斗下方（如煤场、筒仓、翻车机煤斗下方，自卸汽车、汽车煤斗下方），是皮带给煤机、叶轮给煤机、环式卸煤机等给煤设备的理想替代产品。

1. 结构及工作原理

活化振动给煤机主要由料箱（含活化块）、激振体、振动电机、激振弹簧、减振弹簧（又称支撑弹簧、隔振弹簧）、螺栓和防松螺母、变频器和电机控制箱、进出料口密封装置等部件构成，如图4-152所示。

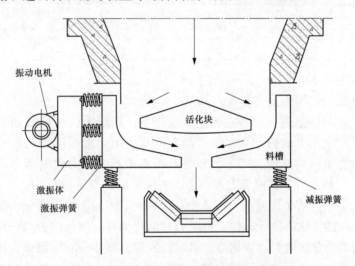

图 4-152　活化给煤机结构及原理示意图

活化振动给煤机采用双质体亚共振原理设计。工作时，振动电机（一级振动源）带动一个较小的激振体振动（二级振动体），再通过激振弹簧组带动给煤机料箱振动（三级振动体），这样就能利用较小的振动源通过级级放大和反馈放大产生较大的激振力，驱动给煤机料箱振动。该过程换之为双质体亚共振振动。

活化振动给煤机料槽采用曲线结构，在料箱里设置有拱形或楔形导料板（又称活化块、分流板、出料板）。工作时导料板的振动高效地传递给顶部的物料，给煤机上部的物料由于重力的作用和导料板的振动捣松作用会自动滑落到料槽内，通过料槽两侧的曲线槽被传输到下部出口，从而实现物料的连续不断下落给料。落料口开口朝下正对输送胶带，保证了落料畅通。导料板和出料口之间的相对位置，保证在工作时正常落料，停机时物料自锁。

2. 技术参数

活化振动给煤机主要技术参数见表 4-16。

表 4-16　活化振动给煤机主要技术参数

设备型号		UC1800（美国 GK 公司）	UC11x11（美国 GK 公司）
额定出力		900～1800t/h（可调）	300～1500t/h
振动电机	型号	00-1800-0901-002	10-04-28-15
	功率	9.33kW	9.33kW
	供电电源	380V、50Hz	380V、50Hz
	转速	最大 1500r/min	750r/min（同步转速）
	振动频率	1500 次/min	750 次/min
	振动电机数量（单台套配）	1 台	
最大负荷功率（＝装机总功率）		9.33kW	
设备总质量		10.2t	8.2t
控制方式		程控及就地	

3. 结构性能

活化振动给煤机的主要优点如下：

（1）亚共振原理，设备功率小、能耗低、振幅大。电机振动力通过弹簧放大，产生很大的振动力，使该活化给煤机出力大而所需功率小；工作点在亚共振范围内，即利用了设备在共振点附近激振力大的特点，又避开了共振点，使设备工作时无共振现象，极大降低了设备损耗。

（2）特殊的活化块设计，活化物料区域大，出料顺畅。活化给煤机料槽内采取特殊的活化块设计，将下料部分和活化部分有机地结合与分离，使给煤机上部的活化区域大，活化可达给煤机入口上方 3～4m，保证在该高度范围内不堵煤，下料部分不受料仓物料的压力，结合专门设计的曲线料槽，保证活化后的物料自由通畅下落，即使是黏度较高的煤种也能顺利出煤。

（3）无需闸门，可带负荷启动。活化给煤机内部特殊设计的活化块和下料曲线槽，可保证在电机停止振动或断电时，仓内物料自动锁死停止下滑。

（4）料槽采用方形大开口，避免起拱现象。活化机入料口采用方形大开口（与所处煤斗出口尺寸匹配），在增大下料面积的同时，将方形的两个单边尺寸最大化，同时出料口沿输送机纵向尽量放大，使活化机与料仓或筒仓的接口面积要远远大于叶轮给煤机、皮带给煤机、环式给煤机等其他形式给煤机，如 750t/h 出力活化给煤机的上口面积为 3.05m×3.05m，1500t/h 出力活化给煤机的上口面积为 3.35m×3.35m，避免筒仓起拱的可能性。

（5）设备出力可无级连续调整。可远程或就地通过变频调节振动电机的转速实现无级调节振动电机激振力，从而无级调整设备出力，也可通过机械方法调整振动电机两边的偏心块夹角来调整振动电机的激振力。

（6）对中下料，胶带不跑偏。活化给煤机采用均匀对中下料设计，物料经活化给料。

（7）安装高度低，可极大节省基建投资。活化给煤机的大开口结构，可减少料仓收缩段的高度；独特地对中下料形式，又可大大减少给煤机高度，这样可大幅降低料仓和筒仓高度或隧道深度，节省昂贵的土建费用。

（8）密封好，漏粉尘小。活化给煤机的上部与料仓采用密封软连接（即柔性密封结构），其进料口和排料口均自带密封装置，出煤口距带式输送机很近，极大地改善作业环境。

（9）活化给煤机所采用的振动电机功率很低，电机产生的动载荷很小，对基础要求低，设备可安放在简单的设备支架上。

（10）保证下料量大于活化量，不会出现由于下料不及时造成活化下来的物料在出料口形成堆积、结块，从而堵塞通道。

（11）活化给煤机的各相关运行部件之间、活化给煤机与输送机及运煤程控之间都设置连锁，防止设备的误动作。活化给煤机可由下列连锁来跳闸：①驱动装置地过负载、过电流保护。②紧急和保护跳闸系统。③就地和远方手动跳闸装置。

（三）叶轮给煤机

给煤机安装在料仓出口下边，是给输送机械供煤的设备。

叶轮给煤机是长缝隙式煤沟中专用的给煤设备，其种类有桥式叶轮给煤机、门式叶轮给煤机、双侧叶轮给煤机和上传动叶轮给煤机等多种，能连续均匀地把煤拨落到运输皮带上。叶轮给煤机的常用布局形式，根据缝隙式煤斗结构的不同有单线中间、单线单缝、单线双缝三种，如图 4-153 所示。

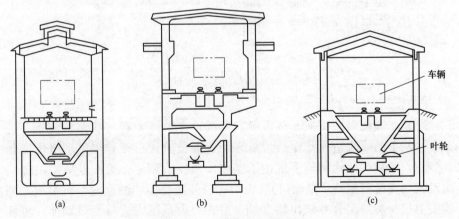

图 4-153　缝隙煤槽的断面类型
（a）单线中间缝隙煤槽；（b）单线单缝隙煤槽；（c）单线双缝隙煤槽

双侧叶轮给煤机结构与单侧叶轮给煤机结构是一样的，如图 4-154 所示，主要是出料部分和封尘装置有所不同，从检查维护和使用方便的角度来看，使用比较普遍的是普通的单侧叶轮给煤机。

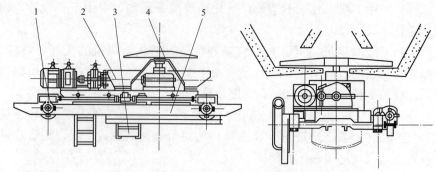

图 4-154　双侧叶轮给煤机

1—行走机构；2—煤斗；3—电控箱；4—拨煤机构；5—机架

主传动机械部分的结构部件与通用的驱动部件基本相同，主要由主电动机、安全联轴器（或电磁调速离合器）、减速机、十字滑块联轴器、伞齿轮减速机、叶轮等组成，如图 4-155 所示，核心部件是一个绕垂直轴旋转的叶轮伸入长缝隙煤槽的缝隙中，叶片工作面的一面是圆弧状的，也有特殊曲面（如对数螺线面、渐开线面等），故又称叶轮拨煤机。用其放射状布置的叶片（也称犁臂），将煤沟底槽平台上面的煤拨落到叶轮下面安装在机器构架上的落煤斗中，煤经落煤斗被送到皮带上。

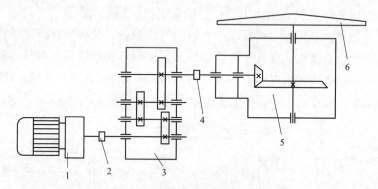

图 4-155　叶轮给煤机主传动部分结构图

1—主电动机；2—安全联轴器；3—减速机；4—十字滑块联轴器；5—伞齿轮减速箱；6—叶轮

叶轮给煤机多采用拖车或电缆卷筒受电，另外装有过载保护装置。近几年来新上的或改造的叶轮给煤机多用普通鼠笼式三相异步电动机配变频器调速，早期的叶轮调速系统由滑差电动机完成调速，滑差电动机由拖动电动机（交流三相异步电动机）、无滑环滑差离合器和测速发电机组成，测速发电机与滑差离合器输出轴共轴。可在出力范围内进行无级调速，可随时连续调整给煤量，能在原地或前后行走中拨煤，无空行程，可就地操作或远方自动控制。

叶轮给煤装置装在一个可以沿煤沟纵向轨道行走的小车上，如图 4-156 所示，除门式叶轮给煤机以外，其他各种叶轮给煤机行走部分的结构基本上是相同的，行走传动部分由联轴器、减速机、车轮组和弹性柱销联轴器等组成。行走只有固定的速度，并由行车电动机通过传动系统使机器在轨道上往复行走。小车行走机构和叶轮拨煤机构各自相对独立。

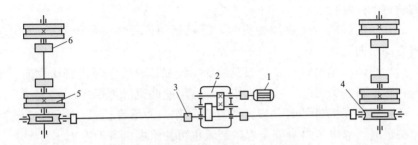

图 4-156　叶轮给煤机行走部分结构图

1—行车电动机；2—减速机；3—齿轮联轴器；4—蜗轮减速机；5—车轮；6—套筒联轴器

QSG-1500 型叶轮给煤机出力可从 100～1500t/h 方便连续地进行调整，技术参数如表 4-17 所示。

表 4-17　QSG-1500 型叶轮给煤机技术规范

指标	参数	指标	参数
生产能力	100～1500t/h（可调）	行走速度	3.74m/min
叶轮直径	3000mm	叶轮电动机功率	30kW
叶轮转速	4～12r/min	调速方式	变频调速
粒度	≤300mm	物料容重	0.9t/m³

为了检查维护更为方便，新系列叶轮给煤机主传动机构采用上传动方式，这种给煤机结构更为合理，如图 4-157 所示，在现场空间合适的情况下，有必要进行推广应用。

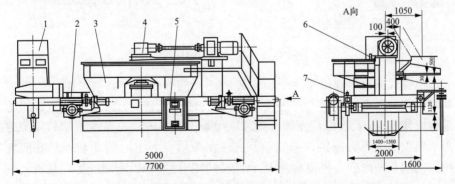

图 4-157　上传动叶轮给煤机（单位：mm）

1—除尘装置；2—行走机构；3—拨煤机构；4—换向齿轮；5—电控箱；

6—机架提升装置；7—安全保护装置

251

叶轮给煤机的工作过程如下：

（1）叶轮给煤机的叶轮伸入长缝隙煤槽的缝隙中，叶轮转动把煤从轮台上拨送到下面的皮带机上。主电动机（通过电磁调速离合器）带动叶轮顺时针转动，并在转速范围内进行无级调速可调整煤量大小。

（2）行走只有固定的速度，并由行车电动机通过传动系统使机器在预定的轨道上往复行走。

（3）当给煤机行至煤沟端头时，靠机侧的行程终端限位开关动作使给煤机自动反向行走。

（4）当两机相遇时，靠给煤机端部行程限位开关使两机自动反向行走；当行程限位开关失灵时，给煤机的缓冲器可使两机避免相撞。

（5）当给煤机过载时，安全离合器动作，使给煤机自动停止。安全离合器失灵时，靠电气自身安全保护装置也可使给煤机自动停止。

（6）通过除尘系统排除叶轮拨煤过程中产生的粉尘。

（四）电磁式振动给煤机

1. 结构与原理

电磁式振动给煤机由料槽、电磁激振器和减振器三大部分组成，料槽由耐磨钢板焊接而成，电磁激振器由连接叉、板弹簧组、铁芯、线圈和激振器壳体组成；减振器由吊杆和减振螺旋弹簧组成，如图4-158所示。减振器又分前减振器和后减振器两部分。

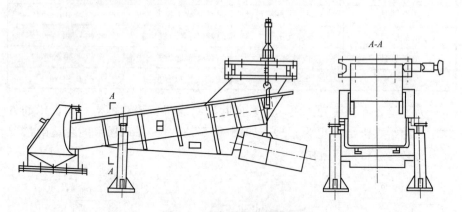

图 4-158　电磁振动给煤机

电磁式振动给煤机是一个由电磁力驱动的双质点定向强迫振动的机械共振系统，是由给煤槽、连接叉、衔铁和料槽中物料的 10%～20% 等的质量构成质点 M1；激振器壳体、铁芯、线圈等质量构成质点 M2。M1 和 M2 两个质点用板弹簧连接在一起，形成一个双质点的定向振动系统。根据机械振动的共振原理，将电磁振动给煤机的固有频率调得与磁激振力的频率相近，使其比值达到 0.85～0.90，机器在低临界共振的状态下工作，因而电磁式振动给煤机具有消耗功率小，工作稳定的特点。

电磁式振动给煤机工作稳定，无转动部件，无润滑部位，物料在料槽上能连续均匀地跳跃前进。无滑动，料槽磨损很小，维护工作量小，驱动功率小，可以连续调节给煤量，易于实现给煤的远方自动控制，安装方便等优点。其缺点是初调整及检修后调整较复杂，若调整不好，运行中噪声增大，出力减小。

电磁式振动给煤机可采用调整料槽倾斜角的方法，来调节给煤量的大小，但料槽倾角不得大于允许值，倾角太大，煤会发生自流。由于给煤量随振幅的大小而变，而振幅的大小随通过电磁线圈中电流的大小而变，故可通过控制晶闸管整流器导通的方式来控制电磁线圈中电流的大小，从而达到连续均匀地调节给煤量。也常采用调整仓斗出料口的大小和改变料槽中料层的厚度来调节给煤量。

因为电磁激振器的电磁线圈由单相交流电源经整流后供电，在正半周内有半波电压加在电磁线圈上，电磁线圈有电流通过，在衔铁和铁芯之间便产生脉冲电磁力而相互吸引，料槽向后运动，此时板弹簧变形储存一定的势能。在负半周时整流器不导通，电磁线圈无电流通过，电磁力逐渐消失，借助板弹簧储存的势能，衔铁与铁芯向相反的方向移开，料槽向前移动。所以，电磁式振动给煤机的槽体以交流电源的频率 3000 次/min 往复振动。

这种电磁式振动给煤机属于较早期的给煤设备，由晶闸管给煤单元调整出力振幅，由于固有频率高、噪声大，已逐渐不再使用。

2. 使用与维护

（1）控制箱不应放置在具有剧烈振动的场合，可挂在给煤机旁的建筑物上，也可坐放在给煤机附近。多台电磁式振动给煤机的集中操作控制箱也可做成组合屏式结构，以便于安装和控制，箱内部应保持清洁。

（2）使用前应首先检查控制装置的内部接线是否松动脱落，如有松动或脱落应按原理图接好，晶闸管管壳与散热器应接触良好，保证元件工作时散热正常。给煤机启动前的检查内容有：

1）检查电动机引线有无变色、断裂，地脚有无松动、脱落、损坏。

2）检查料槽吊架各处连接牢固完整。

3）检查料槽及落煤筒不应被杂物卡住，料槽内有粘煤时须在启动前清理干净。

4）检查皮带上连锁开关位置应在连锁位置。

5）检查弹簧板及压紧螺栓无松动断裂。

（3）电磁式振动给煤机的运行维护与注意项目：

1）斗内有煤时方可启动给煤机，启动前应将电位器调整到最小位置，接通电源后转动电位器，逐渐地使振幅达到额定值。应经常监视给煤机给煤量，煤斗走空，立即停止给煤机运行，禁止空振。

2）运行中随时注意观察电流，如发现电流变化较大，则须检查原因。①板弹簧压紧螺栓松动；②板弹簧断裂；③电磁铁芯和衔铁之间气隙增大。

给煤机运转的稳定性和可靠性，取决于板弹簧顶紧螺栓和铁芯固定螺栓的紧固程度。要定期检查电磁铁与衔铁之间的气隙，同时要注意气隙中有无杂物。规定一周内隔一天检查并拧紧一次，直至给煤机运转稳定时为止。

3）在运行过程中应经常检查振幅及电磁振动器的电流及温度情况，发现异常现象应立即停机处理。

4）电磁铁和铁芯不允许碰撞。如听到碰撞声，须立即减小电流，调小振幅，停机后检查并调整气隙。

5）煤质变化会影响出力的变化，可以调节给煤槽倾角。下倾角最大不宜超过15°，否则易出现自流。

6）电源电压波动不宜过大，可以在±5％范围内变化。

7）料槽内粘煤及料槽被杂物卡塞都对给煤机出力有较大影响，运行人员应随时检查。

3. 常见故障及原因

（1）接通电源后机器不振动。原因有：①熔丝断了；②绕组导线短路；③引出线接头断了。

（2）振动微弱、调整电位器，振幅反应小，不起作用或电流偏高。原因有：①晶闸管被击穿；②气隙、板弹簧间隙堵塞；③绕组的极性接错了。

（3）机器噪声大，调整电位器，振幅反应不规则，有猛烈的撞击。原因有：①弹簧板有断裂；②料槽与连接叉的连接螺钉松动或损坏；③铁芯和衔铁发生冲击。

（4）机器受料仓料柱压力大，振幅减小。原因有：料仓排料口设计不当，使料槽承受料柱压力过大。

（5）机器间歇地工作或电流上下波动。原因有：绕组损坏，检查绕组层或匝间有无断路现象和引出线接头是否虚连，可据此修理或更换绕组。

（6）产量正常，但电流过高。原因有：气隙太大，调整气隙到标准值2mm。

（7）电流达到额定而给煤量小。原因有：料槽内粘煤过多。

（8）使用中的电气控制方面的常见故障及产生的原因：

1）调节电位器电振机无电流。原因有：电位器损坏；插口接点接触不良；三极管或单结晶体管坏；晶闸管控制极断路等。

2）快速熔断器熔断。原因有：振动器线圈接地；振动器两线圈接反；气隙过大。

3）电流大没有振幅。原因有：晶闸管击穿，交流电通过振动器线圈。

4）有触发脉冲，但晶闸管不触发。原因有：同步电压接反；晶闸管损坏。

二、槽角可变电动犁煤器

1. 概述

犁煤器用于电厂配煤，可实现胶带输送机的中途卸料。犁煤器全称是犁式卸料器，一般有固定式和可变槽角式两种，固定式是一种老式犁煤器，可变槽角式是一种新式犁煤器。目前电厂主要使用的是可变槽角式犁煤器，又可分单侧犁煤器和双侧犁煤器。它可直接安装在胶带输送机的中间架上，实现将胶带机上的物料在固定地点均匀、连续地卸入漏斗并流到需料的场所。

2. 结构

槽角可变电动犁煤器主要由机座、电动推杆、驱动杆、拉杆、主犁刀、犁头、副犁刀、框架、滑动架、滑轮、滑轮支座、定位轴、长辊、短辊、边辊、中辊、门架和连接梁等组成，如图 4-159 所示。

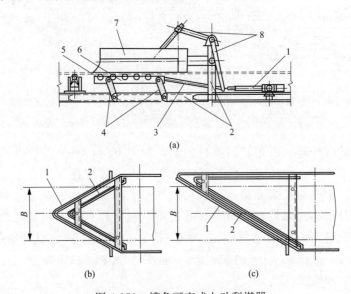

图 4-159　槽角可变式电动犁煤器

（a）连杆托架式犁煤器机构

1—电动推杆；2—机架；3—连杆；4—双曲柄；5—托辊；6—滑块；

7—犁刀；8—曲柄

（b）单侧组合犁刀

1—主犁刀；2—副犁刀

（c）双侧组合犁刀

1—主犁刀；2—副犁刀

3. 基本原理

电动机启动后，通过一对齿轮带动螺杆转动，与螺杆相啮合的螺母，沿固定在导套内壁上的导轨移动，推杆与螺母用螺钉连接在一起，螺母前移将推杆推出，反之当电动机反转时，推杆被收回，同时，电动推杆内装有滑座、弹簧、拨杆及安全行程开关等组成的过载保护装置，在外部载荷超出了弹簧载荷或推杆行程达到了极限位置时，弹簧因变形量增加，通过滑座、顶销触动行程开关，使推杆自动停机，达到超载保护作用，避免了电动机及构件的损坏。

犁头固定在主犁刀上，主犁刀与门架通过拉杆和电动推杆相连接。电动推杆可布置在支架中间，也可布置在支架的单侧，电动推杆结构如图 4-160 所示。

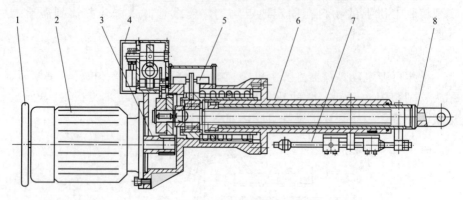

图 4-160　电动推杆的基本结构

1—手轮；2—电动机；3—减速机；4—内置行程开关组件；5—过载保护开关；
6—导套组件；7—外置行程开关组件；8—推杆

当电动推杆电动机正转时推杆推出，犁刀下落，驱动杆带动滑动框后移，边托辊落下，使托架上的托辊成水平状态，胶带在犁煤机上截面处于水平状态，犁刀与胶带面接触、紧贴，处于工作状态，来煤通过犁刀卸入料斗，部分细小的煤留在胶带上，通过副犁刀将煤末卸入料斗；当电动推杆电动机反转时，此时推杆返回，犁刀抬起，驱动杆带动滑动框架前移，边托辊升起，使托架上的托辊成槽形，胶带上的煤流便正常通过，不被卸落，也不向外溢煤。

燃料系统中的配煤工作，除对电气部分有较高的要求外，同时还对犁煤器的机械驱动机构有较高的要求。犁煤器的机械驱动机构常用的有电动推杆式和液压推杆式两种，对程序配煤来说，必须要保证机械部分灵活、无卡涩，犁刀的抬、落速度能够满足现场要求且可靠到位。

三、卸料小车

1. 概述

皮带输送机卸料小车属于皮带输送机单独的一个部件，皮带输送机卸料小车属于卸料装置的一种，主要应用在对皮带输送机有卸料要求的场合使用。其作用跟卸料器相同，只是可以实现多点布料和不同地点布料。带有钢轨，能轻松移动。根据需要可以分别设计成三通（中间和两侧，但是不可以中间和两侧同时卸料）、二通（两侧或中间和单侧）和单侧卸料。轻型卸料小车适用于堆积密度<1600kg/m³ 的物料，重型卸料小车适用堆积密度≥1600kg/m³ 的物料。与主皮带机相配套共分 TD75 和 DTIIA 型卸料车。

2. 结构

卸料小车主要由车架、滚筒组、托辊组、驱动装置、行轮组、溜槽、漏斗等组成，如图 4-161 所示。

图 4-161　卸料小车结构图

（1）行走轻轨：行走轻轨是架设在输送机上面，作为行走钢轮的支撑和运行轨道使用。

（2）受料漏斗：物料经由输送带运输到受料漏斗里，然后存积分散到溜槽。

（3）溜槽：跟所有头部溜槽一样，卸料小车的溜槽包括双侧卸料和单侧卸料。

（4）行走驱动结构：卸料小车因为可以自行移动，因此需要安装行走驱动结构。行走驱动结构由电动机、减速机组成。

3. 工作原理

工作原理是卸料车串联在带式输送机上，根据不同物料的堆积角，使物料随卸料车角度提升一定高度，然后通过三通向单侧、两侧或中间卸料，物料的流向及流量通过各路的闸板阀（或翻板阀）控制。输送带通过前后滚筒改向，使其重回前方。卸料车在带式输送机轨道上可以前后移动，实现多点卸料。轻型卸料小车：卸料车是通过车上的电动机经减速机、链条带动行走轮使小车可在输送机机架的导轨上来回移动，输送机输送的物料到达小车位置后落入小车的卸料漏斗中，从而达到在输送机中部任意点卸料的目的。

第九节　除铁器结构及工作原理

一、除铁器概述

我国供发电厂燃用的燃料都为未经加工的初级燃料—原煤，其中常常夹杂着各种不同形状、大小的金属物（包括磁性的和非磁性的金属物）。这些金属物若进入燃料系统的碎煤机或制粉系统，都将会造成设备的严重损坏事故。特别是装有中速磨、风扇磨的制粉系统，对金属杂物更为敏感。

同时，这些金属杂物在输送的过程中若不能及时除去，也将会给采样机、给煤机、输煤皮带等设备带来严重威胁，尤其是一旦纵向划破胶带，将给燃料系统造成重大经济损失，甚至威胁到向锅炉的正常供煤。因此，合理地设置、及时维护好除铁设备是保证燃料系统正常、安全运行的一项重要工作。

目前国内燃煤火电厂采用的除铁设备大致有两种：电磁除铁器、永磁除铁器。由于永磁除铁器采用永磁系统，能保持恒定的磁场无需励磁线圈，无需冷却系统，省电节能，可靠性显著提高，能适用于任何恶劣的环境，所以越来越得到广泛应用。由于带式电磁除铁器结构较为复杂，涵盖了其他除铁器的检修内容，下面重点介绍带式电磁除铁器的检修。

二、除铁器工作原理

当电磁铁线圈通入直流电后，磁极间隙中便产生非均匀磁场。输送带上的物料经过电磁铁下方时，混杂在物料中的铁磁性物质，在场力的作用下向电磁铁方向移动并被吸附到除铁器的胶带上，并随胶带一同运转。当运行到无磁区时，铁块在重力的作用下，随惯性甩出，从而达到除铁的目的。

电磁铁与永磁铁的结构及磁场。

（1）电磁铁是电磁除铁器的核心，它由电磁磁系和硅整流装置两部分构成。电磁磁系由励磁线圈、铁芯、填充材料、外壳、底板、接线盒、控制箱等组成；硅整流装置用于将交流电整流成直流电，见图 4-162。当电磁铁的励磁线圈通入直流电后，由于励磁线圈的布置不同，如图 4-163 所示，磁力线更多地集中在除铁器的下方，电磁铁便产生恒定的非均匀强磁场，从而产生吸铁作用。

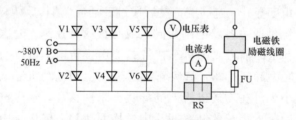

图 4-162　硅整流装置原理图

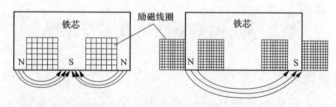

图 4-163　电磁除铁器的磁场分布

（2）永磁铁采用稀土永磁材料铁硼和铁氧体组合，磁系由环氧树脂整体浇铸，各磁钢排列后形成的磁场同电磁铁的磁场一样，其磁力线也最大限度集中在除铁器下部（见图 4-164）。

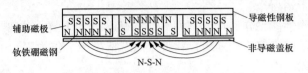

图 4-164 永磁铁结构示意及磁场分布

三、除铁器主要结构

电磁除铁器的主要结构包括励磁系统、传动系统和冷却系统。其中励磁系统包括励磁线圈、导磁铁芯、磁板以及接线盒等。电磁铁通常采用铸钢铁芯及特殊加工的铜或铝绕组经过高温绝缘处理制成，耐温等级为H级。当配有金属探测器时，还可经探测器自动进行常励磁和强励磁的切换。非导磁部分常采用不锈钢板，从而提高整机性能。

1. 带式除铁器结构

带式除铁器由磁铁箱、弃铁机构、机架、悬挂装置四部分组成（见图 4-165），其中磁铁箱内可以是电磁铁也可以是永磁铁，采用永磁铁比采用电磁铁具有以下的优点（目前在带式除铁器多采用永磁铁）：

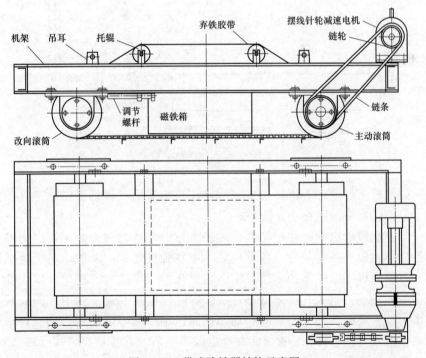

图 4-165 带式除铁器结构示意图

（1）永磁铁无需电磁铁的整流装置和励磁线圈，因此无温升、无电磁污染、无需冷却、省电节能。

（2）永磁箱属于无维修设计，结构简单，维修量小，控制简单（只需控制弃铁胶带运行）。

（3）工作性能稳定。因为磁场恒定、无温升，杜绝了电磁铁随着温度的提高而磁场强度下降的现象，并且永磁芯退磁率 8 年内不大于 5％，所以除铁效果可靠。

（4）安全可靠性好。因为无整流装置，所以不存在绝缘、耐压、电器元件和线圈老化等问题，同时弃铁机构配上防爆电动机可成为防爆除铁器。

（5）不会因停电而失去磁场。

但相对来说，永磁铁也有不足之处：只适用于带式除铁方式，存在铁件吸附在永磁箱上而难以清除问题及检修安全问题。

2. 盘式除铁器结构

盘式除铁器由电磁铁、悬挂装置、电动行走小车和控制柜等组成（见图 4-166）。

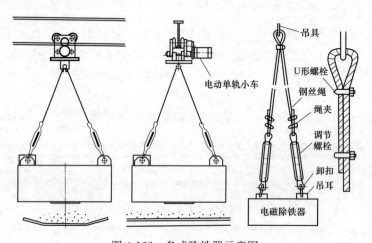

图 4-166　盘式除铁器示意图

除铁器工作原理不论是盘式除铁器还是带式除铁器，工作原理是相同的，它们的主要区别在于弃铁方式。

当输送带所送物料经过除铁器磁铁下方的非均匀强磁场时，因为煤中的铁磁性物质有一定尺寸、各部位处的磁场强度不同，被磁化的强度也不同，在原磁场强度较强的一端，物体被磁化的强度也大，磁化强度大的一端所受的磁场力也大，反之就小，所以铁磁性物质两端受到不相同的两个磁场力，它就向受力大的方向移动，从而达到从煤中除铁的目的。对于带式除铁器，当铁磁性物质被吸附在弃铁胶带上后，在弃铁胶带连续转动下，铁磁性物质被带到磁系边缘，依靠重力和惯性力将其抛落在弃铁处，从而达到自动连续弃铁。对于盘式除铁器，因为无连续弃铁功能，必须依靠两个盘式除铁器交替移动至弃铁处进行断电弃铁。

第十节 除尘器结构及工作原理

一、除尘器概述

由于燃煤在火电厂燃料系统的输送过程中因落差而产生大量煤尘，污染了燃料系统的环境，威胁、损害了燃料运行和检修人员的身体健康。同时煤尘进入控制箱、配电柜后，容易造成电气元件的腐蚀和引起误动作。特别是高挥发分煤尘积聚后，还会引起爆炸和自燃，故燃料系统中安装除尘设备非常必要。

燃料系统的除尘设备一般布置在胶带机尾部所在的转运站里，即在尾部落煤点处的导煤槽上布置吸尘罩、循环风管，也有在煤仓间或翻车机室多点布置吸尘罩进行除尘。煤尘经除尘器收集后经二级回收煤管落入系统胶带或由排污系统排到污水池中沉淀后再回收，如图 4-167 所示。

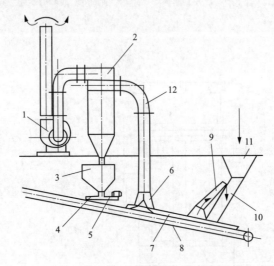

图 4-167 转运站通风除尘示意图

1—排风机；2—除尘器；3—尘斗；4—水管；5—卸尘机；6—吸尘罩；7—导煤槽；
8—带式输送机；9—循环风管；10—落煤管；11—落煤斗；12—风管

随着科技的发展及制造技术的进步，除尘器的技术性能也日渐成熟。燃料系统中常见使用的除尘器主要有布袋式除尘器、冲击水浴式除尘器、电除尘器等。

二、常用除尘器结构及工作原理

（一）布袋式除尘器

布袋式除尘器是一种利用有机纤维或无机纤维制成的过滤袋将气体中的粉尘过滤出来的净化除尘设备，属于干式除尘器。它主要是在除尘器的机体内悬吊多条纤维织物制作成的滤袋来过滤含尘气体，随着滤袋上的积尘增厚，气体的通流阻力增大，当压力达到 1500Pa 时，就要进行清理吸附的尘粒落入尘斗。按其过滤方式可分为内滤和外滤两种，按清尘方式可分为机械振打和压缩空气冲击式。

布袋式除尘器的优点：除尘效率高，高达 99.9%，能捕捉的粒径范围广，可以小到 0.0025um，在粒径 0.003~0.5um 以内，捕捉的效率为 99.7%，其除尘效率不受煤尘化学成分变化的影响，效率稳定。当除尘器阻力在 100Pa 以下时，入口含尘浓度即使有较大的变化，对除尘器的阻力和效率影响也不大。

布袋式除尘器的缺点：滤袋的寿命短，更换布袋的费用高。当布袋被湿灰堵塞，高速气流冲蚀或布袋承受不了温度变化而变质时都会降低其使用寿命。

1. 布袋式除尘器结构

布袋式除尘器的结构主要由主风机、箱体、滤袋框架、滤袋、压缩空气管、排尘装置、脉冲阀、控制阀、脉冲控制仪、U 形压力计等组成，如图 4-168 所示。

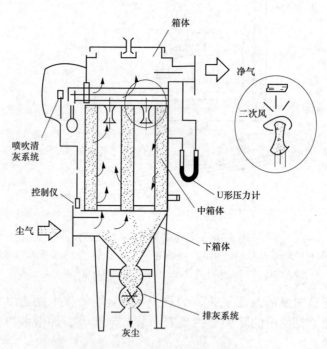

图 4-168　布袋式除尘器的结构示意图

滤袋是布袋式除尘器的主体部分。含尘气体的净化是通过滤袋的功能来实现的，因此布袋式除尘器的净化效率、处理能力等基本性能在很大程度上取决于过滤材料的性质。这就要求滤袋必须具有过滤效果好、容尘量大、透气性好、耐腐蚀、机械强度高、抗皱褶性好、吸湿小、不黏性好、耐高温等性能。

2. 布袋式除尘器除尘的基本原理

（1）利用重力沉降作用。当含尘气体进入布袋除尘器后，颗粒大、密度大的煤尘在重力作用下首先沉降下来。

（2）筛滤作用。当含尘气体在风机的抽吸作用下通过滤袋时，直径较滤料纤维的网孔间隙大时，则气体中的煤尘便被阻留下来，称之为筛滤作用。当滤袋上煤尘积聚过多时，筛滤作用增强，但降低布袋式除尘器的出力。

（3）惯性力作用。含尘气体通过袋时，气体可透过纤维的网孔而较大的煤尘颗粒在惯性力的作用下，仍沿原方向运动，当与滤袋相撞时而被捕获。

（4）热运动作用。质轻体小的煤尘（1mm 以下），随气流以近似于流线运动时，往往能穿过纤维。但当它们受到热运动的气体分子碰撞后，改变了运动方向，这就增加了煤尘与滤袋纤维的接触机会，使煤尘被捕获。

3. 脉冲式布袋除尘器的基本原理

脉冲式布袋除尘器安装了周期性向滤袋反吹压缩空气装置以清除滤袋积灰。

（1）脉冲式布袋除尘器的工作原理。含煤尘气体进入除尘器后，分散至各个滤袋，煤尘被阻留在滤袋外侧，气体穿过滤袋即被净化，再通过喇叭管进入上部箱体，然后从出口管排出。积附在滤袋外侧的煤尘，一部分在自重的作用下落入集尘箱，尚有少部分黏附在滤袋上，这样使滤袋的透气阻力增加，降低除尘器的出力。故应定时向滤袋内反吹一次压缩空气，将积附在滤袋外侧的煤尘吹落。

脉冲式布袋除尘器按其不同规格，装有几排到几十排滤袋，每排滤袋有一个执行喷吹清灰的脉冲阀。由控制元件控制脉冲阀，按程序自动进行喷吹，每对滤袋进行一次喷吹工作即为脉冲。每次喷吹时间为脉冲宽度，约 0.1s，一条滤袋上两次脉冲的间隔时间称为脉冲周期 T，约为 30～60s，喷吹压力约为 0.6～07MPa。

（2）脉冲喷吹清灰（集尘）的原理。从喷嘴瞬间喷出压缩空气通过喇叭口时，从周围吸引了几倍于喷出空气量的二次气体与之混合，而后冲进滤袋，使滤袋急剧膨胀，引起一次振幅不大的冲击振动。同时瞬间内产生由内向外的逆向气流，将积附在滤袋外侧的煤尘振落下来。

脉冲式布袋除尘器的脉冲控制器可分为机械脉冲控制器、无触点脉冲控制仪和气动脉冲控制仪等几种控制方式。

机械脉冲控制器是利用机械传动装置，直接逐个触发脉冲阀进行喷吹。其优点是工作可靠，维护方便，脉冲宽度较易调节，不受温度影响；缺点是脉冲周期固定，不能调整。

无触点脉冲控制仪由晶体管电路构成。其优点是脉冲宽度和周期可随意调节，适用性好，使用可靠，调节容易，并可实现远距离控制；缺点是要求维护管理水平高，受环境影响大。一般温度在 $-20\sim55℃$，相对湿度在 85% 时比较合适。

气动脉冲控制仪是由气动脉冲组合仪表组成。其优点是脉冲宽度和周期可随意调节，易于实现自动化；缺点是周期和宽度在使用一段时间后就要变化，维修量大。

（二）冲击水浴式除尘器

冲击水浴式除尘器是利用含尘气体与水、水雾接触后，其中煤尘与水滴黏附而沉降下来，使气体得到净化的一种除尘设备。早期的冲击水浴式除尘器一般都是用砖石砌筑水池，用钢板现场制作。这是一种结构简单、造价低廉的除尘设备。进入 20 世纪 90 年代后，这种除尘器得到了进一步发展和完善，其除尘效率得到进一步提高（可达 95% 以上）。下面着重介绍 CCJ/A-GZ 型冲击水浴式除尘器。

1. 冲击水浴式除尘器结构

CCJ/A-GZ 型冲击水浴式除尘器主要由通风部分、进水部分、反冲洗部分、箱体部分、排污部分组成。通风部分由进气管、S形通道、净气分雾室、净气出口、风机组成，进水部分由进水手动总阀、过滤器、磁化管、进水管、供水浮球阀、电磁阀组成，反冲洗部分由进水管、电磁进水阀、手动门组成，箱体部分由外部壳体、内部上叶片和下叶片、挡水板机架部分组成，排污部分由溢流管、排污门、排污管组成，具体结构如图 4-169 所示。

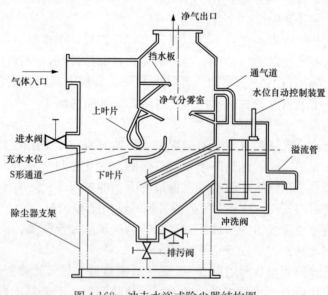

图 4-169 冲击水浴式除尘器结构图

2. 冲击水浴式除尘器工作原理

打开供水总阀后，浮球阀和液位自动控制器给出低水位信号，于是电磁进水阀打开自动进水。当自动充水至工作水位时，风机启动含尘气体由入口进入除尘机组内，气流转向冲击水面，部分较大的煤尘颗粒被水吸收。当含尘气体以 18～35m/s 的速度通过上下叶片间的 S 形通道时，激起大量水花，于是含尘气体与水充分接触，绝大部分微细尘粒混入水中，使含尘气体得以充分净化。经由 S 形通道后，由于离心力的作用，获得尘粒的水又回到灰斗。净化后的气体由分雾挡水板除掉水滴后经净气出口排出机体外。老式的冲击水浴式除尘器灰斗里的污水一般是由特制排污系统定期排放，新型的冲击水浴式除尘器则在风机停下后由虹吸排污系统自动进行排污。新水再由浮球和液位自动控制器重新补充。

（三）电除尘器

近年来，电除尘器发展很快，种类繁多。下面介绍一种在燃料系统中使用比较成熟的新型除尘器，即 MZ 系列煤粉专用电除尘器。该除尘器采用了恒功率脉冲电源和电磁卸灰系统，解决了常规电除尘器在常温、高湿、低比电阻的煤粉工况下，易发生闪络、破坏绝缘、堵灰等故障，提高了电除尘器的抗短路性能和安全性能，其除尘效率可达 99.6% 以上。

1. 电除尘器结构

MZ 系列电除尘器结构型式有两种，卧式和立式，其本体结构主要包括壳体、阳极系统、阴极系统、阴阳极系统振打装置、进出口喇叭、气流均布装置、绝缘子箱、灰斗等。下面对 MZW 型（式）和 MZL 型（立式）电除尘器两种本体主要结构分别进行重点介绍。如图 4-170 为 MZW 型电除尘器壳体示意图。

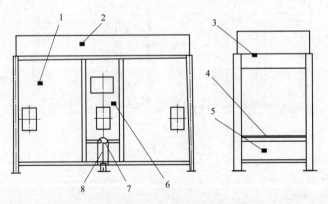

图 4-170　MZW 型电除尘器壳体示意图
1—侧板；2—顶板系统；3—上端板；4—进出口走道；5—下端板；
6—立柱；7—中部走道；8—下部承压件

MZL 型电除尘器壳体由前端板、侧板、顶板、中隔板等部件组成，如图 4-171 所示。

265

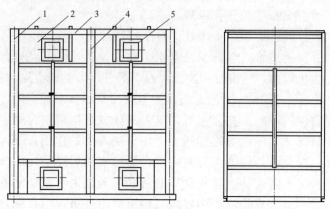

图 4-171　MZL 型电除尘器壳体示意图

1—前端板；2—侧板；3—顶板；4—中隔板；5—人孔门

（1）壳体。

壳体是电除尘器的工作室，里面容纳阴、阳极系统。具有足够的强度、稳定性，以及良好的密封性能。为避免气流短路而降低除尘效率，壳体还设有侧部、上部阻流板及下部阻流板。

（2）阳极系统。

MZW 型电除尘器的阳极系统由阳极板排、振打梁及防摆装置等组成，如图 4-172 所示。板排主要由阳极吊板、极板、限位板、防摆叉、振打杆组成。阳极板的外形与 C 形板相似，采用耐磨性能好的 SPCC 板轧制成腹部为平板，两侧纵向轧有防风沟，刚性较好。每排阳极板排通常用 3～4 块板构成，组件出厂。

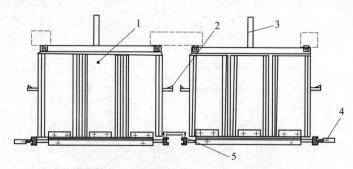

图 4-172　MZW 型电除尘器阳极系统图

1—阳极板排；2—定位耙；3—振打梁（用顶部电磁振打）；
4—振打杆（用侧部电磁振打）；5—防摆装置

阳极板排采用上吊下垂方式悬挂，上部通过两点铰接自由悬挂在壳体顶梁底部的吊耳上，下部设置防摆导向机构，仅允许阳极板排在热胀冷缩时上下自由伸缩。阳极板排振打清灰方式采用侧部电磁振打或顶部电磁振打。振打器设置于壳体之外，一般每个振打器控制一排至三排阳极板排，振打力通过振打杆传递到极板排上，如图 4-173 所示。

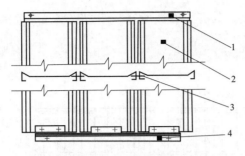

图 4-173 阳极板排
1—吊板；2—极板；3—限位板；4—防摆叉

MZL 型电除尘器阳极系统和阴极系统做成一个整体框架，由阳极板防摆装置、阴极线、绝缘吊挂、阴极线吊管、电场顶框、阴极线吊梁、电场支撑弹簧、阴极线下横管、限位块等组成。其阴阳极系统的振打方式采用顶部电机整体振打，如图 4-174 所示。

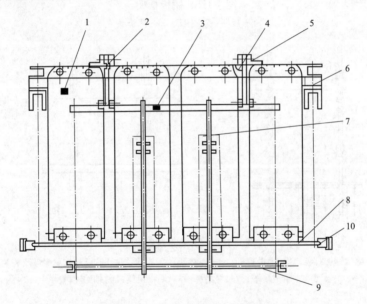

图 4-174 MZL 型电除尘器结构图
1—阳极板；2—绝缘吊挂；3—阴极线吊管；4—电场顶框；5—阴极线吊梁；
6—电场支撑弹簧；7—阴极线；8—防摆装置；9—阴极线下横管；10—限位块

（3）阴极系统。

阴极系统是电除尘器的另一个主要部件。MZW 型电除尘器的阴极系统由电晕线、上下横管、阴极吊梁、阴极悬挂系统及防摆机构组成。电阻线与上下横管、传导杆组成阴极框架。传导杆上端与阴极吊梁固接，振打杆焊在吊梁上，振打力通过吊梁传递到电晕线上。阴极悬挂系统由承压绝缘子、支承盖、支承螺母、悬吊杆组成，如图 4-175 和图 4-176 所示。阴极系统采用顶部振打方式清灰，振打绝缘轴为刚玉瓷材料制成，两端采用竖向锥套与连接套连接，具有绝缘性能好、传力效率高、装卸方便和使用寿命长的优点。

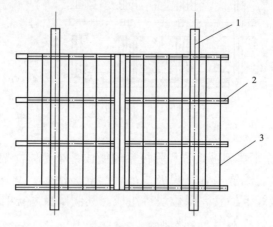

图 4-175　阴极框架
1—竖杆；2—横管；3—阴极线

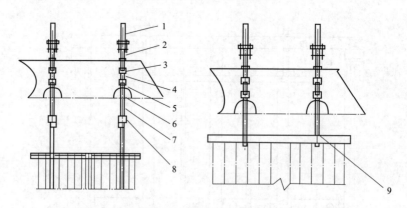

图 4-176　阴极系统结构图
1—电磁锤振打器；2—上振打杆；3—连接套；4—锥形绝缘轴；5—支承螺母及法兰；
6—支承绝缘子；7—悬吊杆；8—阴极吊梁；9—阴极框架

MZL 电除尘器的阴极系统如图 4-176 所示，其振打方式采用顶部电机振打方式清灰，具有结构简单、传力效率高、装卸方便和使用寿命长的优点。

（4）进（出）口喇叭。

MZW 型电除尘器进（出）口喇叭的结构形式有两种：一种是常规的水平进（出）气式喇叭；另一种为垂直进（出）气式喇叭，其中垂直进（出）气多为下进气为主。

MZL 型电除尘器进（出）口喇叭的结构，进口喇叭内设置有导流板和 1～2 层气流均布板。常规的水平进（出）气方式气流均布性较好，但占用空间较大；下进（出）气方式气流均布性较差，但占用空间较小，适合小场地布置；出口喇叭内设置槽型板，具有辅助收尘及改善电场气体均布的作用。

（5）灰斗。

MZ 系列电除尘器的灰斗为锥形台式结构，下部与卸输灰装置连接（如图 4-177 所示）。除尘器收集下来的粉尘，通过灰斗和卸输灰装置送走。实际中由于排灰不畅影响设备正常运行的情况时有发生，因此，灰斗设计时应注意以下问题：

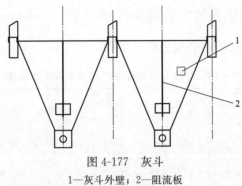

图 4-177　灰斗
1—灰斗外壁；2—阻流板

1）灰斗具有一定的容量，能满足除尘器运行 2～4h 的储灰量。以备排、输灰装置检修时，起过渡料仓的作用。

2）排灰通畅。斗壁应有足够的溜角，一般保证溜角不小于 70°，四棱形灰斗壁内交角处加圆弧形过渡板或设计为顶方底圆形式，以保证灰斗内粉尘的流动。为避免烟尘受潮结块或搭拱造成堵灰，配置专用电磁卸灰阀，保证卸灰顺畅。为了方便灰斗的清灰，每个灰斗设有密封性能良好的带盖帽清通管。

3）灰斗中部设阻流板，以防烟气短路。

4）库顶上使用的 MZ 系列电除尘器由于直接罩在库顶上，所以不需要灰斗。

2. 电除尘器工作原理

电除尘器是利用电晕放电，使粉尘带上电荷，在静电引力的作用下被集尘电极所捕获，从而达到净化空气的目的。由于它的除尘效率高，特别是对其他除尘器难以捕集的极微细，而且又对人体危害很大的微颗粒飘尘捕集力特别强，它捕集粉尘的颗粒度范围很宽，为 0.01～100pm，除尘效率可达到 99.5％以上，且压力损失小，一般只损失 20～40mm 水（196～392Pa），故其电耗比沉降除尘以外其他所有的除尘器都低。此外温度、湿度对它的正常运行影响小，维护管理方便，使其成为当代的先进除尘手段。

第十一节　含煤废水处理设备及工作原理

一、含煤废水处理系统概述

含煤废水处理系统用于处理燃料区域含煤废水，包括煤场雨水及输煤系统冲洗水，设计出水悬浮物含量≤10mg/L，处理后色度≤50度（稀释倍数法），其余项目指标执行各地排放标准。含煤废水系统由含煤废水泵、含煤废水处理设备、反洗及清水提升泵、加药系统（计量泵及药液制备及储存装置）、混凝剂储罐、系统内所有阀门、管道混合器、管道等设备及附件组成。含煤废水处理设备一般使用集成式污水净化器。

二、含煤废水处理系统中各设备技术参数

含煤废水处理系统中各设备技术参数见表 4-18。

表 4-18　含煤废水处理系统中各设备技术参数

设备名称	项目	参数	设备名称	项目	参数
含煤废水处理设备（煤水净化器）	型号	DGMS-50	混凝剂计量泵	型号	LI4CL
	出力	50m³/h		型式	隔膜式
	结构型式	立式		流量	315L/h
	反冲洗强度	30m³/(h·m²)		扬程	1.0MPa
	反洗水流量	159m³/h		电动机功率/电压	0.75kW/220V
	反洗水压（进口处）	0.10MPa		投加浓度	2%
	反洗时间	5min		制造商	米顿罗
	反洗周期	48h	助凝剂计量泵	型号	LI4CL
	设备内废水总停留时间	45min		型式	隔膜式
	设备空载总重	8.8t		流量	315L/h
	设备运行总重	45t		扬程	1.0MPa
	排泥方式	电动门自动排泥		电动机功率/电压	0.75kW/220V
含煤废水提升泵	型号	100WFB-C2		投加浓度	0.1%
	流量	50m³/h		制造商	米顿罗
	扬程	0.19MPa	混凝剂溶液箱	容量	2m³
	电动机功率/电压	11.0kW/380V		直径	1500mm
反洗及清水提升泵	型号	150WFB-AD 型		电动搅拌装置型号	BLD11-11-1.5
	流量	168m³/h		搅拌装置叶轮转速	50r/min
	扬程	0.4MPa		电动搅拌装置材质	钢衬胶
	功率	22kW		电动搅拌装置功率	1.5kW
	最小吸深	≥5m		液位计型号	UZ-1，L=1500mm
助凝剂溶液箱	容量	2m³		液位计材质	UPVC
	直径	1500mm		液位计制造商	深圳高科
	电动搅拌装置型号	BLD11-11-1.5			
	搅拌装置叶轮转速	50r/min			

续表

设备名称	项目	参数	设备名称	项目	参数
助凝剂溶液箱	电动搅拌装置功率	1.5kW	沉淀池桥式抓斗起重机	起重机跨度	10.5m
	电动搅拌装置材质	钢衬胶		起重量	3t
	液位计型号	UZ-1，$L=1500mm$		抓斗有效容积	0.75m³
	液位计材质	UPVC		操作方式	地面操作
	液位计制造商	深圳高科		起重高度	6m
混凝剂储罐	储罐	$V=10m^3$，$D=1.8m$，$L=4.75m$	卸药泵	泵	$Q=10m^3/h$，$H=0.29MPa$
				电机	Y100L-2，3kW
	液位计	0～160cm		压力表	0～1.6MPa

三、主要设备介绍及工作原理

（一）含煤废水处理装置（净化器）

1. 设备介绍

含煤废水处理设备包含混凝反应、离心分离、重力沉降、过滤、污泥浓缩等功能的一体化设备。每台处理设备可实现自动反洗，自动排泥。含煤废水处理设备的进水母管上设置1套流量监测装置，并有瞬时和累计流量显示功能。出水母管上设有1套在线浊度仪。两组含煤废水处理设备的进水母管上设置1套管道混合器，混合器采用优质玻璃钢材质，其上设有助凝剂及混凝剂投加口。当设备正常运行一段时间后，滤层阻力增大导致进出水压差达到设定值时，发出反洗信号，联动各电动阀门和反洗水泵进行反洗。排泥的时间根据运行经验，定时排泥。排泥及反洗水排到就近排污沟，然后流到煤水沉淀池。

2. 工作原理（以DG-MS50净化器为例）

集成式污水净化器利用直流混凝、微絮凝、离心分离、动态过滤和压缩沉淀的原理，将污水净化中的混凝反应、重力沉降、离心分离、过滤、污泥浓缩等处理技术有机组合集成在一起，在同一罐体内短时间（20～28min）完成污水的多级净化。

直流混合与微絮凝原理：DG-MS一体化煤水净化器通过在提升泵出水直流管道上用计量泵定量加入有机混凝剂，通过管道混合器混合，快速完成混合过程，并在水力作用下微絮凝，避免在管道内形成大的絮凝体。

絮凝反应工作原理：完成直流混凝和微絮凝后的废水进入净化器中心管，产生旋流，在压缩双电层、吸附电中和、吸附架桥、沉淀和网捕等混凝反应机理作用下，絮凝体快速变大，形成较大絮凝体。

重力分离工作原理：大絮凝体形成后，质量大的颗粒（大于 $20\mu m$）随下向流及自身重力下滑到锥形泥斗区沉淀浓缩，质量小的微粒则在上升过程中及药剂作用下继续通过压缩双电层、吸附电中和、吸附架桥、沉淀和网捕等混凝反应机理先脱稳后形成较大絮体（矾花），并逐渐在不断增加的重力作用下沉淀至煤渣泥浓缩区。

斜管分离原理：由于斜管可提高沉淀效率，促进小颗粒絮凝体的凝并和沉降，在 DG-MS 一体化煤水净化器中合成了斜管沉淀技术，利用斜板沉淀原理，有效增加沉淀效果，减小过滤装置的负荷，为有效延长过滤装置的过滤周期创造条件。

动态过滤原理：煤水经絮凝沉淀净化后尚有一些质量小的颗粒随初级净化水进入过滤区，过滤区采用无阀滤池，使粒径在 $5\mu m$ 以上的颗粒基本被截留，实现煤水的二级净化。小颗粒絮凝体被滤料表面吸附、拦截，当吸附拦截的颗粒物不断堆积、堵塞滤料颗粒之间的过水通道，引起过滤阻力增加并达到一定程度，无阀滤池则通过虹吸原理实现自动反冲洗，有效保证出水的水质要求。

污泥浓缩原理：通过重力沉降分离的煤渣泥进入锥形泥斗区，泥斗区中上部渣泥在聚合力作用下，颗粒群体结合成一整体，各自保持相对不变的位置共同下沉。在泥斗区中下部，煤渣泥浓度相对较高，颗粒间距离很小，颗粒互相接触、互相支承，在罐体内水及上层颗粒重力作用下，下层颗粒间隙中的液体被挤出界面，固体颗粒被浓缩压密，含水率降至 95％左右。

（二）成套加药装置

加药装置由加混凝剂及加助凝剂装置组成一体化加药装置。

混凝剂加药装置、助凝剂加药装置都是由 2 箱 2 泵组成，并且都带电动搅拌装置，溶液箱总容积至少满足 24 小时加药量（一天配药一次）。混凝剂、助凝剂溶液箱带有搅拌器、溶解过滤装置、必要接管及附件。箱顶装设有带铰链的箱盖，溶液箱本体材质为钢衬胶，溶液箱设有进水、出液、排污及溢流等接口。搅拌器、叶轮和轴的材料为能适应搅拌介质的金属材料，并能实现定时开关。溶解装置为活动式溶解筐，材质为 316SS，滤网易于取出清洗。溶液箱体外配侧装式磁翻板液位计及耐相应介质腐蚀隔离阀，用于就地显示，同时可采用 4～20mA 标准信号远传至水处理系统控制室。

加药装置中计量泵为隔膜泵，自动冲程调节，其流量调节范围 30％～100％。计量泵采用原装进口产品，其泵头采用高性能双隔膜结构。若发生泵头隔膜破损情况能被及时检测，发出报警信号，避免药剂泄漏。计量泵内设置压力释放阀，在管路偶然关闭或意外堵塞的情况下，压力释放阀应自动打开，将液压油旁路回泵体油箱内，避免过压损坏隔膜及其他部件。计量泵进口配有 Y 形过滤器，出口带压力表、单向止回阀、脉动阻尼器、安全阀等，并且出口在线压力表配有气—液脉冲减震器、管道混合器、其他各类阀门及管道等配件。

（三）混凝剂储罐

配套两个混凝剂储罐，每个容积 $10m^3$，其进药管道均为 DN80，出液管道均为 DN50。正常情况下使用混凝剂运药车上的卸药泵打入卸药管道，当压力不足或运药车卸药泵故障时才启动储罐卸药泵。每个储罐均可以往含煤废水处理系统 1、2 号混凝剂搅拌箱加药，需要加药时开启相应储罐出液截止阀和搅拌箱进液截止阀。混凝剂储罐装有工业水进水阀、排空阀和溢流口，排空和溢流的液体均流入废水处理系统污水沉淀池内。

第五章 燃料设备维护工作

第一节 燃料设备巡检内容

一、卸船机巡检内容

卸船机巡检内容包括对卸船机起升开闭、小车机构、俯仰机构、大车行走机构、移动司机室、料斗机构以及给料机构等部位进行检查，巡检类型和巡检状态的标识，巡检类型：日检—R；专检—Z；精检—J；巡检状态：○—运行中巡检；△—停止中巡检。见表5-1～表5-6。

表5-1 卸船机起升开闭、小车机构巡检标准

序号	巡检项目	巡检内容	巡检周期	巡检方法	巡检标准	巡检类型	巡检状态
1	减速箱	箱体温度外观	1周	目测、测温仪测温	温度低于85℃，外观无裂纹等异常	Z	○
2		各轴承温度（减速机箱体轴承）	1周	测温仪测温	低于85℃	Z	○
3		油位	1周	目测	在高油位和中油位刻度范围内	Z	○
4		泄漏	1周	目测	无泄漏	Z	○
5		异声	1周	耳听	无异声	Z	○
6		钢丝绳	1周	目测	钢丝绳润滑良好，断丝数小于一截距内总丝数的10%	Z	△
7		强制润滑装置	1周	目视	无堵塞，油路畅通，无泄漏，温度≤85℃、减速箱顶部压力表读数0.5MPa以上	Z	○
8	制动器	各活动销润滑情况	1周	目测	润滑良好	Z	△
9		工作动作情况	1周	目测	正常，无摩擦火花或冒烟等现象	Z	○
10		制动弹簧	1周	目测	无锈蚀卡涩	Z	○
11	液压装置	液压站	1周	目视	无泄漏、压力表读数在高、低压之间	Z	○
12		应急制动器	1周	目视	动作平稳、灵活	Z	○
13	行走小车	轴承座轴承温度	1周	测量	小于70℃	Z	○
14		万向轴	1周	目视	无异响和径向跳动	Z	○
15		小车行走轮	1周	目测	无啃轨	Z	○
16		小车轨道	1周	目测	轨道压板及连接板无松动、摩擦	Z	○

表 5-2　卸船机俯仰机构巡检标准

序号	巡检项目	巡检内容	巡检周期	巡检方法	巡检标准	巡检类型	巡检状态
1	减速箱	箱体外观	1周	目测	无渗漏油	Z	○
2		油位	1周	目测	在刻度范围内	Z	○
3	制动器	各活动销润滑情况	1周	目测	润滑良好	Z	△
4		制动瓦磨损情况	1周	测温仪测温	在允许范围内	Z	△
5		工作动作情况	1周	目测	运行正常，无摩擦火花或冒烟等现象	Z	○
6		制动弹簧	1周	目测	无损坏	Z	○

表 5-3　卸船机大车行走机构巡检标准

序号	巡检项目	巡检内容	巡检周期	巡检方法	巡检标准	巡检类型	巡检状态
1	减速箱	箱体温度外观	1周	目测、测温仪测温	温度低于85℃，外观无裂纹等异常	Z	○
2		各轴承温度	1周	测温仪测温	低于85℃	Z	○
3		油位	1周	目测	高速轴观察窗处油位正常	Z	○
4		泄漏	1周	目测	无泄漏	Z	○
5		异声	1周	耳听	无异声	Z	○

表 5-4　卸船机移动司机室巡检标准

序号	巡检项目	巡检内容	巡检周期	巡检方法	巡检标准	巡检类型	巡检状态
1	减速箱	箱体温度外观	1周	目测、测温仪测温	温度低于85℃，外观无裂纹等异常	Z	○
2		各轴承温度	1周	测温仪测温	低于85℃	Z	○
3		泄漏	1周	目测	无泄漏	Z	○
4		异声	1周	耳听	无异声	Z	○
5	行走装置	行走轮	1周	目测	行走轮润滑良好，无啃轨铁粉	Z	△
6	制动器	制动瓦	1周	目视	完好、无严重磨损	Z	△
7	机构托架	钢结构	1周	目视	完好、无锈蚀	Z	△
8	被动车轮	车轮	1周	目视	完好、车轮无变形、破损	Z	△

275

表 5-5　卸船机料斗机构巡检标准

序号	巡检项目	巡检内容	巡检周期	巡检方法	巡检标准	巡检类型	巡检状态
1	接料板减速箱	箱体温度外观	1周	目测、测温仪测温	温度低于85℃、外观无裂纹等异常	Z	○
2		各轴承温度	1周	测温仪测温	低于85℃	Z	○
3		油位	1周	目测	在刻度范围内	Z	○
4		泄漏	1周	目测	无泄漏	Z	○
5		异声	1周	耳听	无异声	Z	○
6	漏斗	隔栅	1周	目视	无严重磨损	Z	△
7		衬板	1周	目视	无严重磨损	Z	△
8		铰支承	1周	目视	无卡阻	Z	○
9		斗门	1周	目视	无卡阻	Z	○
10		电动推杆	1周	目视	无卡阻，动作稳定	Z	○
11		振动给料器	1周	测量	振动不超过规定值	Z	○

表 5-6　卸船机给料机构巡检标准

序号	巡检项目	巡检内容	巡检周期	巡检方法	巡检标准	巡检类型	巡检状态
1	机内皮带减速箱	箱体温度外观	1周	目测、测温仪测温	温度低于85℃、外观无裂纹等异常	Z	○
2							
3		各轴承温度	1周	测温仪测温	低于85℃	Z	○
4		油位	1周	目测	在刻度范围内	Z	○
		泄漏	1周	目测	无泄漏	Z	○
5		异音	1周	耳听	无异声	Z	○
6	滚筒	轴承温度	1周	测温仪测温	小于70℃	Z	○
7		包胶	1周	目视	不脱胶	Z	△
8	清扫器	刮煤效果	1周	目视	刮煤效果正常	Z	○
9	皮带	跑偏情况	1周	目视	不跑偏	Z	○
10		打滑情况	1周	目视	不打滑	Z	○
11		损伤情况	1周	目视	无损坏	Z	△
12	皮带头部落煤管	粘堵情况	1周	目视	无严重粘煤	Z	○
13		磨损情况	1周	目视	无异常磨损	Z	△
14	移动机构	齿轮、齿条	1周	目视	无异常磨损，啮合紧凑，传动平稳	Z	○

二、翻车机系统巡检内容

翻车机系统巡检包括对翻车机本体驱动装置、翻车机本体平台、液压系统及行走机构等部位进行检查，见表 5-7。

表 5-7 翻车机系统巡检标准

序号	巡检项目	巡检内容	巡检周期	巡检方法	巡检标准	巡检类型	巡检状态
1	减速箱	箱体温度外观	1周	目测、测温仪测温	温度低于85℃、外观无裂纹等异常	Z	○
2		各轴承温度	1周	测温仪测温	低于85℃	Z	○
3		油位	1周	目测	在刻度范围内	Z	○
4		泄漏	1周	目测	无泄漏	Z	○
5		异声	1周	耳听	无异声	Z	○
6	制动器	各活动销润滑情况	1周	目测	润滑良好	Z	△
7		拉杆有无损坏	1周	目测、测温仪测温	无损坏	Z	○
8		制动瓦磨损情况	1周	测温仪测温	在允许范围内	Z	○
9		闸瓦与闸轮间隙	1周	塞尺测量	开放间隙均匀、在1±0.2mm范围内均匀接触	Z	○
10	小齿轮	运转状态	1周	耳听	运转灵活、无异声	Z	○
11		外观	1周	目测	外观平整、无破损	Z	△
12	联轴器	联轴器弹性柱销螺栓	1周	目视	胶圈无损坏，柱销螺母无松动	Z	△
13		联轴器外观	1周	目视	表面平整、无损伤	Z	△
14		齿轮联轴器	1周	目视	表面平整、连接螺栓无松动	Z	△
15	支托轮	支托轮转动情况	1周	目视	支托轮转动灵活，无犯卡	Z	△
16		支托轮轴承温度	1周	目视、测温仪测温	＜50℃	Z	○
17		轴承挡套松动情况	1周	目视	挡套无松动，变形	Z	△
18	转子	转子构架	1周	目视	外观平整、无破损	Z	△
19		导轨磨损	1周	目视	≤3mm	Z	△
20		导轨固定情况	1周	目视	卡板螺栓固定无松动	Z	△
21		连接部位螺栓松动	1周	目视	各部位螺栓无松动	Z	△
22	翻车机本体平台	轨道	1周	目视	轨道无裂纹	Z	△
23		轨道螺栓	1周	目视	螺栓无松动现象	Z	△
24		平台体	1周	目视	构架无裂纹、断裂现象	Z	△

续表

序号	巡检项目	巡检内容	巡检周期	巡检方法	巡检标准	巡检类型	巡检状态
25	靠车板	靠车板油缸	1周	目视	防护套无损坏，油缸无渗漏，铰座螺栓无松动；液压软管无卡磨、老化现象	Z	△
26		靠车板缓冲块	1周	目视	缓冲块无损坏，固定螺栓无松动	Z	△
27		压车梁	1周	目视	构架无裂纹、断裂现象	Z	△
28		油缸	1周	目视	防护套无损坏，油缸无渗漏，铰座螺栓无松动；液压软管无卡磨、老化现象	Z	△
29		缓冲块	1周	目视	缓冲块无损坏，固定螺栓无松动	Z	△
30		转子端坏	1周	目视	构架无裂纹、断裂现象，各部位螺栓无松动现象	Z	△
31	大臂液压缸	活塞杆检查	1周	目视	活塞杆无划痕	Z	△
32		密封部位	1周	目视	无渗漏现象	Z	△
33		铰接部位	1周	目视	转动灵活，无犯卡现象	Z	○
34	液压站	油泵出口压力	1周	目视	压力保持在16MPa	Z	○
35		停运盘车	1周	手动盘车感觉	盘车灵活，有两圈惰走，无犯卡现象	Z	△
36		阀组	1周	目视	密封面无渗漏，螺钉无松动	Z	△
37		检查密封面	1周	目视	密封面无渗漏，螺钉无松动	Z	△
38	液压管路	管路支架固定情况	1周	目视	软管无损伤，无渗漏油现象	Z	△
39		管路液压缸软管损坏情况	1周	目视	软管无损伤，无渗漏油现象	Z	△
40	重车调车机车钩	钩头	1周	目视	牛钩伸缩灵活、润滑良好，提销自如	Z	△
41		钩头固定螺栓	1周	目视、耳听	螺栓紧固	Z	△
42	行走机构	行走轮	1周	目视	运转状态	Z	○、△
43		行走轨道	1周	目视	外观	Z	△
44		提销钢丝绳	1周	目视	外观	Z	△
45		导向轮	1周	目视、耳听	外观、运转状态	Z	○、△
46	制动器	制动器制动轮	1周	目视	制动轮无变形	Z	△
47		制动架	1周	目视	制动器各部位动作灵活	Z	△
48		推力罐	1周	目视	无异声，无渗漏现	Z	△

三、斗轮堆取料机巡检内容

斗轮堆取料机巡检包括对斗轮堆取料机大车行走机构、斗轮堆取料机构、回转机构、悬臂皮带机、俯仰机构、电缆卷筒等部位进行检查，见表 5-8～表 5-14。

表 5-8　斗轮堆取料机大车行走机构巡检标准

序号	巡检项目	巡检内容	巡检周期	巡检方法	巡检标准	巡检类型	巡检状态
1	减速箱	箱体温度外观	1周	目测、测温仪测温	温度低于85℃、外观无裂纹等异常	Z	○
2							
3		各轴承温度	1周	测温仪测温	低于85℃	Z	○
4		油位	1周	目测	在刻度范围内	Z	○
5		泄漏	1周	目测	无泄漏	Z	○
		异声	1周	耳听	无异声	Z	○
6	制动器	闸瓦与闸轮间隙	1周	塞尺测量	开放间隙均匀、在1±0.2mm范围内均匀接触	Z	△
7	开式齿轮	齿轮磨损情况	1周	目测	无破齿、磨损	Z	△
8	行走轮	轮体	1周	目测	无龟裂、异常磨损	Z	△
9		轴承	1周	耳听、手摸	无异声、温度不超过允许范围<70℃	Z	○、△

表 5-9　斗轮堆取料机构巡检标准

序号	巡检项目	巡检内容	巡检周期	巡检方法	巡检标准	巡检类型	巡检状态
1	减速箱	箱体温度外观	1周	目测、测温仪测温	温度低于85℃、外观无裂纹等异常	Z	○
2		各轴承温度	1周	测温仪测温	低于85℃	Z	○
3		油位	1周	目测	在刻度范围内	Z	○
4		泄漏	1周	目测	无泄漏	Z	○
5		异声	1周	耳听	无异声	Z	○
6	液力耦合器	泄漏	1周	目视	无泄漏现象	Z	○
7		弹性块	1周	目视	无损坏	Z	○
8		易熔塞	1周	目视	无损坏	Z	○
9	支承斗轮轴轴承座	各轴承温度	1周	测温仪测温	低于85℃	Z	○
10		声音	1周	耳听	无异声	Z	○

表 5-10　斗轮堆取料机回转机构巡检标准

序号	巡检项目	巡检内容	巡检周期	巡检方法	巡检标准	巡检类型	巡检状态
1	减速箱	箱体温度外观	1周	目测、测温仪测温	温度低于85℃、外观无裂纹等异常	Z	○
2		各轴承温度	1周	测温仪测温	低于85℃	Z	○
3		油位	1周	目测	在刻度范围内	Z	○
4		泄漏	1周	目测	无泄漏	Z	○
5		异声	1周	耳听	无异声	Z	○
6	制动器	动作情况	1周	目测	正常	Z	○
7		制动瓦磨损情况	1周	目视	在允许范围内	Z	△
8		闸瓦与闸轮间隙	1周	塞尺测量	开放间隙均匀、1±0.2mm范围内均匀接触	Z	△
9	弹性联轴器	连接螺栓	1周	目测	无松动	Z	△
10	开式大齿轮	齿轮润滑、磨损情况	1周	目测	润滑良好、无破齿、磨损	Z	△

表 5-11　斗轮堆取料机皮带机巡检标准

序号	巡检项目	巡检内容	巡检周期	巡检方法	巡检标准	巡检类型	巡检状态
1	减速箱	外观	1周	目测	外观无损坏	Z	○
2		箱体、轴承温度	1周	测温仪测温	≤85℃	Z	○
3		油位	1周	目测	在刻度范围内	Z	○
4		泄漏	1周	目测	无泄漏	Z	○
5		异声	1周	耳听	无异声	Z	○
6	制动器	工作动作情况	1周	目测	正常	Z	○
7		制动弹簧	1周	目测	无损坏	Z	△
8		制动瓦磨损情况	1周	目测	在允许范围内	Z	△
9		闸瓦与闸轮间隙	1周	塞尺测量	开放间隙均匀、1±0.2mm范围内均匀接触	Z	△
10	液力耦合器	泄漏	1周	目视	无泄漏现象	Z	○
11		弹性块	1周	目视	无损坏	Z	△
12		易熔塞	1周	目视	无损坏	Z	△
13	驱动滚筒、改向滚筒	轴承、轴承座	1周	测温仪测温	温度正常	Z	○
14		包胶	1周	目视	无脱胶、异常磨损	Z	○
15		筒体	1周	目视	无异常磨损、裂纹	Z	△

续表

序号	巡检项目	巡检内容	巡检周期	巡检方法	巡检标准	巡检类型	巡检状态
16	清扫器	刮胶	1周	目视	无变形	Z	△
17		刮煤效果	1周	目视	接触良好	Z	○
18		跑偏	1周	目视	无跑偏	Z	○
19	皮带	打滑	1周	目视	无打滑	Z	○
20		损伤	1周	目视	皮带接头、皮带边无损伤	Z	△

表5-12　斗轮堆取料机俯仰机构巡检标准

序号	巡检项目	巡检内容	巡检周期	巡检方法	巡检标准	巡检类型	巡检状态
1	液压缸	泄漏	1周	目测	无泄漏	Z	○
2		各固定螺栓	1周	轻敲	无松动现象	Z	△
3	油管	泄漏	1周	目测	无泄漏	Z	○
4	油箱	油位	1周	目测	油位正常	Z	△

表5-13　斗轮堆取料机夹轨器巡检标准

序号	巡检项目	巡检内容	巡检周期	巡检方法	巡检标准	巡检类型	巡检状态
1	液压缸	泄漏	1周	目测	无泄漏	Z	○
2		各固定螺栓	1周	轻敲	无松动现象	Z	△
3	油管	泄漏	1周	目测	无泄漏	Z	○
4	弹簧	是否损坏	1周	目测	无损坏	Z	△
5	爪钳	有无异常磨损及损坏	1周	目测	无异常磨损及损坏	Z	△
6	油箱	油位	1周	目测	油位正常	Z	△

表5-14　斗轮堆取料机电缆卷筒巡检标准

序号	巡检项目	巡检内容	巡检周期	巡检方法	巡检标准	巡检类型	巡检状态
1	减速箱	轴承温度	1周	测温仪测温	低于85℃	Z	○
2		油位	1周	目测	在刻度范围内	Z	△
3		泄漏	1周	目测	无泄漏	Z	○
4		异声	1周	耳听	无异声	Z	△

四、圆形堆取料机巡检内容

圆形堆取料机巡检包括对减速机、制动器、行走轮等部位进行检查，见表5-15、表5-16。

281

表 5-15　堆取料机取料回转机构巡检标准

序号	巡检项目	巡检内容	巡检周期	巡检方法	巡检标准	巡检类型	巡检状态
1	减速机	箱体温度外观	1周	目测、测温仪测温	温度低于85℃、外观无裂纹等异常	Z	○
2		各轴承温度	1周	测温仪测温	低于85℃	Z	○
3		油位	1周	目测	在刻度范围内	Z	○
4		泄漏	1周	目测	无泄漏	Z	○
5		异声	1周	耳听	无异声	Z	○
6	制动器	各活动销润滑情况	1周	目测	润滑良好	Z	△
7		拉杆有无损坏	1周	目测、测温仪测温	无损坏	Z	○
8		制动瓦磨损情况	1周	测温仪测温	在允许范围内	Z	○
9		闸瓦与闸轮间隙	1周	塞尺测量	开放间隙均匀、在1±0.2mm范围内均匀接触	Z	○
10	行走轮	轮体	1周	目测	无龟裂、异常磨损	Z	△
11		轴承	1周	耳听、手摸	无异声、温度不超过允许范围<70℃	Z	○、△

表 5-16　圆形堆取料机取料刮板机巡检标准

序号	巡检项目	巡检内容	巡检周期	巡检方法	巡检标准	巡检类型	巡检状态
1	减速机	箱体温度外观	1周	目测、测温仪测温	温度低于85℃、外观无裂纹等异常	Z	○
2		各轴承温度	1周	测温仪测温	低于85℃	Z	○
3		油位	1周	目测	在刻度范围内	Z	○
4		泄漏	1周	目测	无泄漏	Z	○
5		异声	1周	耳听	无异声	Z	○
6	制动器	制动瓦磨损情况	1周	目测	在允许范围内	Z	○
7	紧急制动器	液压站	1周	目视	无泄漏、液压元件良好	Z	○
8		制动器	1周	目视	动作平稳、灵活	Z	○

五、输煤皮带机巡检内容

（一）带式输送机

带式输送机巡检包括对减速机、液力耦合器、滚筒制动器、胶带、托辊、落煤管等部位进行检查，见表5-17。

表 5-17　带式输送机巡检标准

序号	巡检项目	巡检内容	巡检周期	巡检方法	巡检标准	巡检类型	巡检状态
1	减速机	机箱温度	1周	测温仪测温	小于85°	Z	○
2		轴承温度	1周	测温仪测温	小于85°	Z	○
3		振动	1周	测振仪测温	≤0.09mm	Z	○
4		油位	1周	目视	油位正常	Z	△
5		声音	1周	耳听	无异响	Z	○
6		泄漏	1周	目视	无泄漏	Z	○
7		地脚螺栓	1周	目视	无松动	Z	○
8	液力耦合器	泄漏	1周	目视	无泄漏	Z	○
9		振动	1周	测振仪测振动	无振动	Z	○
10		弹性块	1周	目视	无损坏	Z	△
11		联轴节	1周	目视	无损坏	Z	△
12	齿轮联轴器	尼龙销	1周	目视	正常	Z	△
13		半齿轮联轴节	月	目视	无损坏，磨损正常	R	△
14		内齿圈	月	目视	挡圈正常，齿轮磨损正常	Z	△
15	制动器	闸瓦	1周	目视	厚度正常，间隙正常	Z	△
16		制动轮	1周	目视	表面无严重磨损	Z	△
17		电动推杆	1周	目视	无泄漏	Z	○
18		地脚螺栓	1周	目视	无松动	Z	△
19		力矩调整弹簧	1周	目视	在刻度范围内	Z	△
20		油位	1周	测温仪测温	油窗可见油位	Z	△
21	驱动滚筒	轴承温度	1周	目视	小于70°	Z	○
22		包胶	1周	目视	未脱胶，磨损正常	Z	△
23		轴承座螺栓	1周	目视	无松动	Z	△
24	从动滚筒	轴承温度	1周	测温仪测温	小于70°	Z	○
25		包胶	1周	目视	未脱胶，磨损正常	Z	△
26		轴承座螺栓	1周	目视	无松动	Z	△
27	胶带	张力情况	1周	目视	满足皮带不打滑要求	Z	○
28		损伤情况	1周	目视	无开胶、起皮等损坏	Z	△
29		跑偏情况	1周	尺子测量	≤带宽5%（偏离头尾滚筒中心线）	Z	△
30	清扫器	清扫片	1周	目测	无松动、无脱落，磨损正常	Z	△
31		刮煤效果	1周	目测	刮煤效果正常	Z	△
32		张紧装置	1月	目测	使清扫片与皮带接触良好	Z	△
33	托辊	转动情况	1周	目测	转动正常，无卡涩	Z	○
34		声音	1周	耳听	无异响	Z	○
35		晃动	1月	目测	无晃动	Z	○

序号	巡检项目	巡检内容	巡检周期	巡检方法	巡检标准	巡检类型	巡检状态
36	落煤管	粘堵情况	1周	目测	无严重粘煤	Z	△
37		衬板磨损情况	1月	尺子测量	磨损量未达厚度60%～75%	Z	△
38		观察门	1周	目测	开关良好，无漏煤	Z	○
39		衬板螺栓	1周	目测	无松动、脱落	Z	○
40		磨损情况	1月	目视	磨损、腐蚀正常	Z	△
41		落煤管法兰	1周	目视	不漏煤，螺栓未脱落	Z	△
42	增面滚筒	轴承温度	1周	测温仪测温	小于70°	Z	△
43		包胶	1周	目视	未脱胶，磨损正常	Z	△
44		轴承座螺栓	1周	目视	无松动	Z	△
45	导煤槽	侧钢板	1周	目测	磨损正常	Z	△
46		胶皮挡板	1周	目测	无脱落，磨损正常	Z	△
47		挡帘	1月	目测	无脱落，磨损正常	Z	△
48		连接法兰	1月	目测	密封良好，螺栓无脱落	Z	△
49		后挡板	1周	目测	无脱落，磨损正常	Z	△
50		上盖	1周	目测	腐蚀正常	Z	△
51	垂直拉紧装置	配重箱	1周	目测	无锈蚀、歪斜或碰到上下极限位	Z	△
52		配重箱滑道	1周	目测	无卡涩	Z	○
53		张紧滚筒	1周	目测	正常	Z	○
54		配重	1月	目测	适中	Z	○
55	逆止器	异形块	1周	目测	磨损正常	Z	△
56		制动臂	1周	目测	固定良好	Z	△
57			1周	目测	转动灵活	Z	○
58		润滑	1周	目测	良好	Z	○

六、碎煤机巡检内容

碎煤机巡检包括对碎煤机转子、环锤、环锤轴、机体、轴承、筛板、液力耦合器等部位进行检查，见表5-18。

表5-18　碎煤机巡检标准

序号	巡检项目	巡检内容	巡检周期	巡检方法	巡检标准	巡检类型	巡检状态
1	碎煤机本体及附件	转子	1周	目测	无异常	Z	△
2		机体	1周	目测	无泄漏、腐蚀等	Z	△
3		轴承振动	1周	测振仪测振动	≤0.08mm	Z	○
4		轴承温度	1周	测温仪测温	≤80℃	Z	○

序号	巡检项目	巡检内容	巡检周期	巡检方法	巡检标准	巡检类型	巡检状态
5	碎煤机本体及附件	地脚螺栓	1周	目测	无松动	Z	△
6		圆环锤	1月	卡尺测量	未达厚度60%	Z	△
7		齿环锤	1月	卡尺测量	未达齿长2/3	Z	△
8		破碎板	1月	卡尺测量	≤60%	Z	△
9		切向孔筛板	1月	卡尺测量	≤60%	Z	△
10		窄筛板	1月	卡尺测量	≤60%	Z	△
11		环轴	1周	目测	正常	Z	△
12		调节筛板螺杆	1周	目测	正常	Z	○
13		转子轴承温升监控仪	1周	目测	监测正常	Z	○
14		转子轴承振动监控仪	1周	目测	监控正常	Z	○
15	液力耦合器	泄漏	1周	目测	无渗漏	Z	△
16		易熔塞	1周	目测	完好	Z	△
17		弹性橡胶块	1周	目测	完好	Z	△
18		联轴节	1月	目测	正常	Z	△
19		温升报警装置	1周	目测	正常	Z	△
20		液力耦合器护罩	1周	目测	完好	Z	△

七、筛煤设备巡检内容

（一）滚轴筛

滚轴筛巡检包括对减速机、联轴器、清扫板、筛轴、筛片等部位进行检查，见表5-19。

表5-19　滚轴筛巡检标准

序号	巡检项目	巡检内容	巡检周期	巡检方法	巡检标准	巡检类型	巡检状态
1	滚轴筛	运行情况	1周	目测、听声	运行平稳、出料颗粒正常符合设备	Z	○△
2	减速机	油位	1周	目测	油位正常	Z	○△
3		温度	1周	测温仪测温	正常运行温度低于85℃	Z	○△
4		轴承振动	1周	目视、听针听声	运行正常，振动正常无异声	Z	○△
5		动静密封面	1周	目测	无异常、无漏渗油	Z	○、△
6		防护罩外壳	1月	目测	完整无卡磨	Z	○
7		齿轮	1月	听针听声	无断齿、无异声、齿面接触良好	Z	○、△

序号	巡检项目	巡检内容	巡检周期	巡检方法	巡检标准	巡检类型	巡检状态
8	限矩联轴器	连接螺栓	1月	卡尺测量	完好，无松动	Z	○、△
9		对轮销	1月	卡尺测量	完好，无断裂、掉落	Z	○、△
10	筛片	出料颗粒	1月	卡尺测量	出料颗粒在正常范围内	Z	○
11		筛片	1周	目测	筛片完好，无裂纹	Z	△
12	筛轴	轴	1周	目测	无较大磨损，连接正常	Z	△
13	壳体	固定衬板	1周	目视	磨损不超过板厚60%	Z	△
14	筛片	磨损情况	1周	目视	无异常磨损	Z	△

（二）高幅振动筛

高幅振动筛巡检包括对减速机、隔振弹簧、筛网、筛轴等部位进行检查，见表 5-20。

表 5-20　高幅振动筛巡检内容

序号	巡检项目	巡检内容	巡检周期	巡检方法	巡检标准	巡检类型	巡检状态
1	高幅振动筛	运行情况	1周	目测、听声	运行平稳、出料颗粒正常符合设备	Z	○、△
2	减速机	油位	1周	目测	油位正常	Z	○、△
3		温度	1周	测温仪测温	正常运行温度低于85℃	Z	○、△
4		轴承振动	1周	目视、听针听声	运行正常，振动正常无异声	Z	○、△
5		动静密封面	1周	目测	无异常、无漏渗油	Z	○、△
6		防护罩外壳	1月	目测	完整无卡磨	Z	○
7		齿轮	1月	听针听声	无断齿、无异声、齿面接触良好	Z	○、△
8	软连接装置	软连接装置	1月	目测	完好，无松动	Z	○、△
9	筛网	出料颗粒	1月	卡尺测量	出料颗粒在正常范围内	Z	○
10		筛网	1周	目测	筛网完好，无磨损，无裂纹	Z	△
11	筛轴	轴	1周	目测	无较大磨损，连接正常	Z	△
12	壳体	固定衬板	1周	目视	磨损不超过板厚60%	Z	△
13	隔振弹簧	隔振弹簧	1周	目视	无裂纹断裂、松动情况	Z	△

八、给配煤设备巡检内容

（一）活化给煤机

活化给煤机巡检标准如表 5-21 所示。

表 5-21　活化给煤机巡检标准

序号	巡检项目	巡检内容	巡检周期	巡检方法	巡检标准	巡检类型	巡检状态
1	振动单元	电机温度	1周	测温仪测温	<85℃	Z	△
2		电机声音	1周	耳听	无异声	Z	△
3		激振弹簧	1周	目测	正常无断裂松弛	Z	○
4	料箱	振幅	1周	目测	<3/8	Z	△
5		密封装置	1周	目测	无破损漏粉	Z	△
6		隔振弹簧	1周	目测	正常无断裂松弛	Z	△
7		料箱外壳	1周	目测	无破损	Z	○
8		连接螺栓	1周	目测	无松动	Z	○
9		料斗内部衬板	1周	目测	正常磨损	Z	○
10	空压机	空气管路	1周	目测	气路软管不能与任何物品接触，并不对通道有所阻碍	Z	○
11		球阀	1周	目测	开关正常无泄漏和锈蚀	Z	○

（二）叶轮给煤机

叶轮给煤机巡检工作如表 5-22 所示。

表 5-22　叶轮给煤机巡检标准

序号	巡检项目	巡检内容	巡检周期	巡检方法	巡检标准	巡检类型	巡检状态
1	叶轮给煤机	运行情况	1周	目测、耳听	运行平稳正常，行走平稳无卡涩、无异常响声	Z	○、△
2	行走机构涡轮减速机	油位	1周	耳听	油位正常	Z	○、△
3		温度	1周	目测	正常运行温度 60℃～65℃	Z	○、△
4		轴承振动	1周	目测、听针听声	运行正常，振动正常无异声	Z	○、△
5		动静密封面	1周	目测	无异常、无漏渗油	Z	○、△
6		防护罩外壳	1周	目测	完整无卡磨	Z	○
7	行走机构摆线针轮减速机	油位	1周	耳听	油位正常	Z	○、△
8		温度	1周	目测	正常运行温度 60℃～65℃	Z	○、△
9		轴承振动	1周	目测、听针听声	运行正常，振动正常无异声	Z	○、△
10		动静密封面	1周	目测	无异常、无漏渗油	Z	○、△
11		防护罩外壳	1周	目测	完整无卡磨	Z	○
12	齿轮联轴器	齿轮	1周	听针听声	啮合正常、无异声，齿面接触良好	Z	○、△

序号	巡检项目	巡检内容	巡检周期	巡检方法	巡检标准	巡检类型	巡检状态
13		车轮	1周	目测	完好，无缺损，转动灵活，无卡涩	Z	○
14	行走轮	轮轴	1周	目测	光滑，无弯曲现象	Z	○
15		轴承振动	1周	目测、听针听声	运行正常，振动正常无异声	Z	○、△
16		声音	1周	目测	行走正常、无异常响声	Z	○
17		连接	1月	听声	固定牢靠、压板、连接板与所有连接件无松动	Z	○、△
18	行走轨道	轨距平行度	1年	测量	两轨距偏差≤2mm	Z	△
19		轨道水平度	1年	测量	水平偏差≤3mm	Z	△
20		轨道直度	1年	测量	铁轨无较大弯曲	Z	△
21		轨和轨的接缝	1年	测量	间隙≤3mm	Z	△
22		油位	1周	目测	油位正常	Z	○、△
23		温度	1周	目测	正常运行温度60℃~65℃	Z	○、△
24	圆柱齿轮减速机	轴承振动	1周	目测、听针听声	运行正常，振动正常无异声	Z	○、△
25		动静密封面	1周	目测	无异常、无漏渗油	Z	○、△
26		防护罩外壳	1周	目测	完整无卡磨	Z	○
27	叶轮拨抓	叶轮	1月	目测	无严重磨损、无裂纹、锈蚀、变形	Z	○、△
28		拨抓	1月	目测	完整，无变形、裂纹、严重磨损	Z	○、△
29	伞齿轮箱	齿轮箱	1周	目测	无异常、无漏渗油	Z	○
30		齿轮	1周	目测	啮合正常、无异声，齿面接触良好	Z	○、△
31	十字滑块联轴器	滑块	1周	目测	完好，无缺损	Z	△

（三）犁煤器

犁煤器巡检包括对犁刀、滑动架与框架等部位进行检查，见表5-23。

表 5-23　犁煤器巡检标准

序号	巡检项目	巡检内容	巡检周期	巡检方法	巡检标准	巡检类型	巡检状态
1		主犁刀	1周	目测	磨损正常，无松动	Z	△
2	犁刀	副犁刀	1周	目测	磨损正常，无松动	Z	△
3		犁头	1周	目测	磨损正常，无松动	Z	△

续表

序号	巡检项目	巡检内容	巡检周期	巡检方法	巡检标准	巡检类型	巡检状态
4	犁刀	犁刀架	1周	目测	无开焊，转动灵活	Z	○
5		驱动杆	1周	目测	转动灵活，磨损正常	Z	○
6	滑动架与框架	中辊	1周	目测	正常	Z	△
7		门架	1周	目测	无开焊	Z	△
8		连接梁	1周	目测	无开焊，牢固可靠	Z	△
9		滑轮	1周	目测	转动灵活，磨损正常	Z	○
10		滑轮支架	1周	目测	牢固可靠	Z	○

九、液压装置巡检内容

液压装置巡检包括对油箱、油泵、油缸与液压油等部位进行检查，见表5-24。

表5-24　液压装置巡检标准

序号	巡检项目	巡检内容	巡检周期	巡检方法	巡检标准	巡检类型	巡检状态
1	油箱	箱盖	1周	目测	密封良好	Z	△
2		箱体	1周	目测	无泄漏、腐蚀	Z	△
3		油位	1周	目测	规定范围内	Z	△
4	油泵	漏泄	1周	目测	无泄漏	Z	△
5		声音	1周	目测	无异常	Z	△
6		轴承温度	1周	测温仪测温	80℃	Z	○
7	油缸	缸体	1周	目测	无腐蚀、漏泄	Z	○
8		滑轮	1周	目测	磨损正常	Z	○
9	液压油管	连接头	1周	目测	无漏泄	Z	○
10		油管	1周	目测	磨损正常，无漏泄	Z	○
11	张紧小车	滚筒	1周	目测	正常	Z	△
12		行走机构	1周	目测	无卡涩、变形等	Z	△
13	钢丝绳	润滑	1周	目测	良好	Z	△
14		磨损	1周	目测	正常	Z	△
15		卸扣	1周	目测	紧固	Z	△
16	蓄能器	罐体	1周	目测	无泄漏、锈蚀	Z	○

十、含煤废水系统巡检内容

含煤废水系统巡检标准如表5-25所示。

表 5-25 含煤废水系统巡检标准

序号	巡检项目	巡检内容	巡检周期	巡检方法	巡检标准	巡检类型	巡检状态
1	泵体	泵体振动	1周	目测	≤0.08mm	Z	△
2		变速箱温度	1周	目测	≤75℃	Z	△
3		泄漏	1周	目测	无泄漏	Z	△
4		联轴器	1周	目测	无损坏	Z	△

第二节 燃料设备定期工作及要求

一、卸船机定期工作

卸船机定期工作包括卸船机大车定期润滑、大车机构定修、料斗机构定修、起升、开闭、小车、俯仰机构定修等，见表 5-26～表 5-30。

表 5-26 卸船机大车定期润滑工作

序号	设备	部位	油脂品牌	标准加油量	周期
1	大车行走机构	铰点及轴承	美孚 XHP222 二硫化钼锂基脂	挤出旧油	3个月
2	大车行走机构	防风栓	老鹰牌 KBL 抗蚀缆索油	油膜包裹丝杆	3个月
3	大车行走机构	锚定座	喷雾润滑剂	渗透各铰点不致卡涩	3个月
4	大车防风锚定装置	防风栓	（1）检查防风栓转动是否灵活； （2）检查防风栓螺纹润滑是否良好，并加油脂润滑保养； （3）检查防风栓螺纹防尘套是否完好		3个月

表 5-27 卸船机大车机构定修作业

序号	设备	部位	维护标准	周期
1	卸船机大车机构	大车液压系统	（1）液压油缸无漏油、无穿孔，擦拭油污； （2）液压站氮气在 6MPa 左右； （3）液压系统油管无漏油、渗油，接头检查紧固； （4）海陆侧液压站联轴器梅花块无磨损	3个月
2		大车夹轮器	（1）检查夹轮器无卡涩、无啃轨、间隙合适； （2）检查制动片无麻点、凹凸及无严重磨损现象，制动片磨损不超过 2/3	3个月
3		大车减速机	（1）检查减速机呼吸阀有无堵塞； （2）检查减速机油位是否正常	3个月
4		大车行走轮	（1）检查行走轮轴承润滑情况及间隙（开盖检查），轴承座加油嘴无缺失或损坏； （2）滚道完好无划痕，保持架无严重磨损，滚珠完好，无损坏迹象； （3）轴颈表面过热发蓝或拉伤深度小于 0.1mm，轴表面无锈蚀、砸伤、沟痕等缺陷； （4）轴承游隙在 0.15～0.22mm 之间，超出标准应择期更换	3个月

表 5-28 卸船机料斗机构定修工作

序号	设备	部位	维护标准	周期
1		料斗衬板检查	(1) 衬板固定螺栓无松动、裂纹; (2) 料斗衬板无剥落、裂纹,磨损不超过50%	3个月
2		料斗格栅检查	料斗格栅无变形、无脱落	3个月
3		振动给料机构衬板检查、振动给料机构三角带、吊耳检查	(1) 衬板无剥落,磨损不超过50%; (2) 振动给料器传送带松紧程度适中(检测方法为施力于皮带之中点,使其下降10~15mm为宜); (3) 皮带无老化龟裂,三角带无裂纹,张度正常; (4) 振动给料器挂钩无磨损,给料盘无积煤、倾斜	3个月
4		电动推杆、料斗门润滑	(1) 推杆上下运动灵活、无卡涩; (2) 料斗门润滑、无卡涩	3个月
5		仓壁振打器检查	(1) 防坠链有无松脱、裂纹; (2) 底座有无脱焊、螺栓有无松脱	3个月
6	卸船机料斗机构	A/C路机内皮带减速机检查、导料槽、观察门检查;滚筒、刮煤器清扫器、托辊检查	(1) 检查减速机外壳无腐蚀、损伤、各结合面无渗油、螺钉孔及平面光滑平整; (2) 检查减速机油位计无渗漏、损坏,刻度线清晰; (3) 检查减速机各轴承转动灵活、无异常; (4) 导料槽无漏粉、穿孔; (5) 观察门无脱焊、裂纹; (6) 检查滚筒表面覆胶层无严重磨损,覆胶无脱层; (7) 刮煤器圆钢无严重腐蚀,刮煤器与皮带接触良好,无间隙; (8) 清扫器防坠链无锈蚀断裂、清扫器与皮带面有良好的接触; (9) 托辊无裂纹、无变形	3个月
7		滚筒轴承检查润滑	(1) 检查滑轮轴承腔室内油脂,是否缺油,油脂是否老化,油脂内是否有金属杂质等; (2) 用塞尺测量轴承游隙并详细记录,轴承游隙<0.10mm	3个月
8		给料小车轨道、压板螺栓检查紧固,行走轮、导向轮检查润滑,减速机、联轴器检查	(1) 给料小车轨道无裂纹、无断裂; (2) 给料小车压板螺栓无断裂、松动、脱落; (3) 行走轮无啃轨、无卡涩,进行润滑; (4) 导向轮无卡涩,进行润滑; (5) 检查减速机外壳无腐蚀、损伤、各结合面无渗油、螺钉孔及平面光滑平整; (6) 检查减速机油位计无渗漏、损坏,刻度线清晰; (7) 检查减速机各轴承转动灵活、无异常; (8) 检查联轴器螺栓无松动,检查鼓形齿联轴节无缺油	3个月
9		挡风门、接料板	(1) 挡风门、接料板减速机外壳无腐蚀、无破损; (2) 挡风门、接料板钢丝绳无跳槽; (3) 挡风门、接料板减速机油位正常	3个月

表 5-29　卸船机起升、开闭、小车、俯仰机构定修工作

序号	设备	部位	维护标准	周期
1		起升、开闭、小车卷筒联轴器	(1) 鼓形齿联轴器无甩油痕迹，护罩无积油； (2) 检查鼓形齿联轴节齿厚磨损小于 20%； (3) 检查鼓形齿联轴节无缺油； (4) 联轴器端盖密封圈无老化损坏； (5) 紧固联轴器端盖螺栓无松动	3 个月
2		起升、开闭、小车、俯仰制动器检查	见第六章第一节"制动器检查定维卡"	3 个月
3		主小车行走轮、水平轮及轴承检查	(1) 主小车无啃轨，行走轮轮缘磨损＜10mm，行走轮轴承游隙＜0.150mm； (2) 检查水平轮轴承腔室内油脂，是否缺油，油脂是否老化，检查油脂内是否有金属屑等杂物； (3) 用塞尺测量轴承游隙＜0.100mm，并详细记录； (4) 检查水平轮轴承挡圈固定螺栓是否有松动，力矩达到 190N·m	3 个月
4	卸船机	主小车起升、开闭钢丝绳滑轮轴承检查	(1) 检查滑轮轴承腔室内油脂，是否缺油，油脂是否老化，油脂内是否有金属杂质等； (2) 用塞尺测量轴承游隙并详细记录，轴承游隙＜0.100mm	3 个月
5		小车轨道、压板螺栓检查紧固	(1) 轨道无裂纹、无断裂； (2) 压板螺栓无断裂、松动、脱落	3 个月
6		托绳小车行走轮、导向轮及轴承检查	(1) 检查行走轮轮缘磨损＜10mm，检查轴承腔室内油脂，是否缺油，油脂是否老化，检查油脂内是否有金属屑等杂物，用塞尺测量轴承游隙并详细记录，轴承游隙＜0.150mm； (2) 检查导向轮轴承腔室内油脂，是否缺油，油脂是否老化，检查油脂内是否有金属屑等杂物，用塞尺测量轴承游隙并详细记录，轴承游隙＜0.150mm	3 个月
7		起升、开闭、小车减速机检查	(1) 检查减速机外壳无腐蚀、损伤、各结合面无渗油、螺钉孔及平面光滑平整； (2) 检查减速机油位计无渗漏、损坏，刻度线清晰； (3) 检查减速机各轴承转动灵活、无异常	3 个月
8		俯仰机构	(1) 检查减速机外壳无腐蚀、损伤、各结合面无渗油、螺钉孔及平面光滑平整； (2) 检查减速机油尺无渗漏、损坏，刻度线清晰； (3) 检查减速机各轴承转动灵活、无异常； (4) 检查俯仰卷筒联轴器无腐蚀、损伤、各结合面无渗油、螺钉孔及平面光滑平整； (5) 检查俯仰缓冲器弹簧无变形、无破损，外壳无腐蚀、损伤，螺钉无松动	3 个月
9		主小车万向轴	检查主小车万向轴、将万向轴螺栓紧固至 280N	3 个月

表 5-30　螺旋卸煤机定维工作

序号	设备	润滑部位	油品	用油量	润滑周期
1	螺旋卸煤机	减速机	220 齿轮油	整机换油	24 个月
2		车轮装配及轴承	3 号锂基润滑脂	挤出旧油	3 个月
3		齿轮联轴器	4 号合成锂基润滑脂	挤出旧油	1 个月
4		液压推杆制动器工作液	25 号变压器油	3L	6 个月
5		制动器接头铰副	40～50 号机械油	覆盖铰副	1 个月
6		其他操纵机械活动销轴	车轴油	覆盖铰副	1 周
7		滚动轴承	3 号锂基润滑脂	挤出旧油	6 个月
8		电动机轴承	3 号锂基润滑脂	挤出旧油	5500h
9		传动套筒滚子链	68 号机械油	涂抹覆盖	1 个月
10		升降机构瓦座	68 号机械油	涂抹覆盖	1 个月
11		U 形滑道	68 号机械油	涂抹覆盖	1 周
12		U 形滑道活动轮	3 号锂基润滑脂	涂抹覆盖	1 周

二、翻车机系统定期工作

翻车机系统定期工作包括翻车机本体、重调机、迁车台、夹轮器等设备的润滑，液压油管密封圈检查、减速机联轴器检查及各部紧固螺栓、焊口及构件变形检查等，见表 5-31～表 5-35。

表 5-31　翻车机本体润滑定期工作

序号	设备	部位	油品牌号	用油量	周期
1	翻车机本体	减速机	中负荷工业齿轮油 L-CKC220	飞溅润滑	1500h
2		靠板支撑铰点	3 号通用锂基润滑脂	挤出旧油	1 个月
3		夹紧油缸铰点	3 号通用锂基润滑脂	挤出旧油	1 个月
4		靠板油缸铰点	3 号通用锂基润滑脂	挤出旧油	1 个月
5		托辊装置辊子	3 号通用锂基润滑脂	挤出旧油	1 个月
6		托辊装置平衡梁铰轴	3 号通用锂基润滑脂	人工涂抹覆盖	安装或检修时涂抹
7		齿形联轴器	3 号通用锂基润滑脂	挤出旧油	1 个月

表 5-32　重调机润滑定期工作

序号	设备	部位	油品牌号	用油量	周期
1	重调机	驱动装置开式齿轮	3 号通用锂基润滑脂	人工涂抹	6 个月
2		固定轮、弹性轮、导向轮	3 号通用锂基润滑脂	挤出旧油	1 个月
3		大臂机构	3 号通用锂基润滑脂	挤出旧油	1 个月
4		位置检测装置	3 号通用锂基润滑脂	人工涂抹	6 个月
5		减速机	中负荷工业齿轮油 L-CKC220	飞溅润滑	1500h

表 5-33　迁车台润滑定期工作

序号	设备	部位	油品牌号	用油量	周期
1	迁车台	车轮装置轴承	3 号通用锂基润滑脂	挤出旧油	6 个月
2		对位装置插座插销	3 号通用锂基润滑脂	人工涂抹覆盖	1 个月
3		滚动止挡轴承	3 号通用锂基润滑脂	挤出旧油	6 个月
4		涨轮器铰点	3 号通用锂基润滑脂	挤出旧油	1 个月
5		地面止挡轴承、铰点	3 号通用锂基润滑脂	挤出旧油	1 个月
6		齿轮联轴器	3 号通用锂基润滑脂	挤出旧油	6 个月
7		减速机	中负荷工业齿轮油 L-CKC220	飞溅润滑	1500h

表 5-34　夹轮器润滑定期工作

序号	设备	部位	油品牌号	用油量	周期
1	夹轮器	销轴	3 号通用锂基润滑脂	挤出旧油	1 个月
2		缸头	3 号通用锂基润滑脂	挤出旧油	1 个月

表 5-35　翻车机系统定期工作

序号	设备	部位	维护标准	周期
1	翻车机	液压软管检查	(1) 液压软管表面无裂纹和局部磨损现象； (2) 液压软管橡胶部分不接触钢结构； (3) 软管接头内 O 形圈无缺损、严重变形和开裂现象	1 个月
2		联轴器检查	(1) 弹性柱销联轴器弹性圈的外圈与销孔应有 0.5～1mm 的间隙，内圈与柱销应稍有紧力，柱销端部凸圆直径应比弹性圈外径小 10mm 左右； (2) 联轴器外观不能有裂纹； (3) 齿轮联轴器齿型、齿厚磨损超过原齿厚的 15%～30%应报废	1 个月
3		构架螺栓检查紧固	螺栓处于紧固状态，防松装置可靠，螺纹露出螺母 2～3 扣	1 个月
4		本体钢结构检查	(1) 钢结构无明显变形和开裂现象； (2) 钢结构连接焊口表面无裂缝	1 个月

三、斗轮堆取料机定期工作

斗轮堆取料机定期工作包括大车行走机构、主尾车、副尾车、悬臂皮带机、悬臂俯仰机构等部位的检查，以及对各滚筒轴承的润滑，见表 5-36。

表 5-36 斗轮堆取料机定期工作

序号	设备	部位	维护标准	维护周期
1	大车轨道	连接板	(1) 紧固螺栓无松动; (2) 紧固螺栓无裂纹; (3) 连接板无变形、开裂	12个月
		接头	(1) 轨道相接处的交错(上下、侧面)≤1mm; (2) 轨道相接处间隙≤5mm	12个月
		轨距	轨距偏差≤±10mm	12个月
		左右轨道顶面高差	左右轨道的高低差≤±10mm	12个月
		轨道压板	(1) 压板螺栓无松动、变形; (2) 压板无移位; (3) 螺栓及压板组件无严重腐蚀、失效	12个月
2	中心料斗下系统皮带机落煤管	导流板	(1) 焊接部位无裂缝; (2) 导流板衬板磨损未见耐磨层母板	3个月
3		衬板	(1) 沉头螺栓无松动; (2) 导流板衬板磨损未见耐磨层母板	3个月
4	副尾车下主尾车落煤管	衬板	(1) 沉头螺栓无松动; (2) 导流板衬板磨损未见耐磨层母板	3个月
5	副尾车下系统落煤管	衬板	(1) 沉头螺栓无松动; (2) 导流板衬板磨损未见耐磨层母板	3个月
6	主尾车下悬臂皮带机落煤管	导流板	(1) 焊接部位无裂缝; (2) 导流板衬板磨损未见耐磨层母板	3个月
7		衬板	(1) 沉头螺栓无松动; (2) 导流板衬板磨损未见耐磨层母板	3个月
8	斗轮导料槽	衬板	(1) 沉头螺栓无松动; (2) 导流板衬板磨损未见耐磨层母板	3个月
9	整机梯子	主尾车、副尾车、回转平台、电气房门口、悬臂、司机室	(1) 各自锁螺栓无松动; (2) 踏板无变形; (3) 栏杆无开焊; (4) 直梯安全笼完好; (5) 直梯连接良好踏条无变形开焊	6个月
10	各层平台	主尾车、副尾车、回转平台、电气房门口、悬臂、司机室	(1) 隔栅板无变形; (2) 锁紧扣螺栓无松动; (3) 隔栅板无松动,防松垫片折起; (4) 隔栅板之间对接良好间隙≤40mm; (5) 栏杆底座无脱焊; (6) 栏杆底座固定螺栓无松脱	6个月
11	悬臂俯仰机构	悬臂铰点	二硫化钼复合锂基脂,挤出旧油为止	3个月
12		俯仰液压系统油过滤器	采用清洗剂、柴油等清洗,清洗后无杂质、无堵塞、无渗漏	6个月

序号	设备	部位	维护标准	维护周期
13		滚筒轴承	二硫化钼复合锂基脂，挤出旧油为止	3个月
14		悬臂减速机端盖密封点（3个点）	红钼超润滑脂 50g/点	1个月
15	悬臂皮带机	悬臂减速机呼吸器	无堵塞和严重锈蚀、透气良好	6个月
16		悬臂皮带机强制润滑系统吸铁器	拆卸吸铁器铁芯清洗，无铁屑、无渗漏	6个月
17		悬臂皮带机强制润滑系统油过滤器	采用清洗剂清洗，清洗后无杂质、无堵塞、无渗漏	6个月
18		大车减速机端盖密封点（3个点/台）	红钼超润滑脂 30g/点	1个月
19	大车行走机构	大车减速机呼吸器	无堵塞和严重锈蚀、透气良好	6个月
20		行走轮轴承	二硫化钼复合锂基脂，挤出旧油为止	3个月
21		轮斗轴承	二硫化钼复合锂基脂，挤出旧油为止	1个月
22	斗轮堆取料机构	轮斗减速机呼吸器	无堵塞和严重锈蚀、透气良好	6个月
23		斗轮驱动强制润滑系统油过滤器	采用清洗剂清洗，清洗后无杂质、无堵塞、无渗漏	6个月
24		回转联轴器摩擦片	二硫化钼复合锂基脂，挤出旧油为止	6个月
25	回转机构	回转减速机呼吸器	无堵塞和严重锈蚀、透气良好	6个月
26		回转开式齿轮	开式齿轮润滑油脂涂抹，齿面充满油脂、磨损正常	1个月
27		滚筒轴承	二硫化钼复合锂基脂，挤出旧油为止	3个月
28	主尾车皮带机	主尾车皮减速机呼吸器	无堵塞和严重锈蚀、透气良好	6个月
29	副尾车	滚筒轴承	二硫化钼复合锂基脂，挤出旧油为止	3个月
30	司机室	铰点	二硫化钼复合锂基脂，充分润滑	3个月
31	夹轨器	铰点	二硫化钼复合锂基脂，充分润滑	3个月
32	尾车落煤管	三通挡板轴承	二硫化钼复合锂基脂，挤出旧油为止	3个月
33	副尾车压带轮	轴承	二硫化钼复合锂基脂，挤出旧油为止	3个月

四、圆形堆取料机定期工作

圆形堆取料机定期工作包括俯仰钢丝绳润滑、刮板机俯仰制动器及联轴器检查、皮带机回转轴承及取料刮板机回转轴承螺栓检查紧固等，见表 5-37~表 5-39。

表 5-37 圆形煤罐刮板机俯仰钢丝绳定期工作

序号	设备	部位	油脂品牌	标准加油量	周期
1	俯仰机构	钢丝绳	老鹰牌 KBL 抗蚀缆索油	油膜包裹绳体	3 个月
2	钢丝绳卷筒	卷筒绳槽	老鹰牌 KBL 抗蚀缆索油	油膜包裹绳体	3 个月
3	钢丝绳检查	钢丝绳断丝检查	一个捻距内断丝数量不超过 10%		3 个月

表 5-38 圆形煤罐刮板机俯仰制动器及联轴器检查

序号	设备	部位	维护标准	周期
1	圆形煤罐刮板机俯仰机构	联轴器	(1) 检查联轴器螺栓无松动、磨损； (2) 检查梅花弹性块无裂纹、变形等； (3) 护罩无变形、无破损、转向指示正确，地脚无松动	1 个月
2		制动器	(1) 检查制动器，均衡装置，制动器闸瓦磨损情况（磨损量不超过 4mm）； (2) 护罩无变形、无破损，地脚无松动	1 个月

表 5-39 圆形煤罐皮带机回转轴承及取料刮板机回转轴承螺栓检查紧固

序号	设备	部位	维护标准	周期
1	上部回转机构	螺栓	回转大齿圈螺栓紧固：使用力矩扳手（力矩设定 470kN）拧紧螺栓应在 180°方向对称地连续进行，最后通过一遍，保证圆周上的螺栓有相同的预紧力	1 个月
2	中部回转机构	螺栓	回转大齿圈螺栓紧固：使用力矩扳手（力矩设定 470kN）拧紧螺栓应在 180°方向对称地连续进行，最后通过一遍，保证圆周上的螺栓有相同的预紧力	1 个月

五、输煤皮带机定期工作

带式输送机定期工作包括液力耦合器、滚筒、减速机、刮煤器、拉紧装置、制动器等部位的检查，以及对各滚筒轴承的润滑，见表 5-40。

表 5-40 带式输送机定期工作

序号	设备	部位	维护标准	周期
1	皮带机	联轴器	(1) 检查联轴器梅花块完好，地脚螺栓无松动、磨损； (2) 检查尼龙柱销无裂纹、变形等，最大磨损量不超过原直径 20%； (3) 护罩无变形、无破损、转向指示正确，地脚无松动	6 个月
2		滚筒	(1) 检查皮带机滚筒轴承润滑情况及间隙（开盖检查），轴承座加油嘴无缺失或损坏； (2) 对拉紧滚筒轴承进行加油（油脂型号为 XHP222，加至挤出旧油）； (3) 对头部增面滚筒轴承进行加油； (4) 检查滚筒焊接部位无裂纹、锈蚀等；	6 个月

续表

序号	设备	部位	维护标准	周期
2		滚筒	(5) 检查滚筒锁紧螺栓无松动、脱落现象； (6) 检查表面包胶无脱落、无裂纹，滚筒的人字花纹橡胶磨损不超过50%； (7) 检查滚筒轴承座螺母防腐胶套无脱落、缺失； (8) 护罩、护网无变形、无破损、无松动	6个月
3		液力耦合器	(1) 拆卸耦合器护罩前做好记号，紧固螺栓保存好防止丢失，拆卸过程避免机械伤害，滑跌，工作人员互相配合好； (2) 检查液力耦合器联轴节完好； (3) 检查液力耦合器弹性梅花橡胶块完好； (4) 检查液力耦合器注油塞、易熔塞无渗漏迹象； (5) 检查液力耦合器外壳等无裂纹、变形等，转动液力耦合器检查其轴承转动平稳、无异常	6个月
4	皮带机	减速机	(1) 检查皮带机减速机外壳无腐蚀、损伤、各结合面无渗油、螺钉孔及平面光滑平整； (2) 检查皮带机减速机油尺无渗漏、损坏，刻度线清晰	6个月
5		刮煤器	(1) 检查刮煤器的刮板无变形、损坏，与胶带在整个宽度上应接触良好，其接触长度不小于宽度的85%； (2) 检查刮煤器各固定螺栓紧固、无松脱，各支撑架固定牢固，无锈蚀变形、损坏等	6个月
6		清扫器	(1) 检查清扫器的刮板无变形、损坏，与胶带在整个宽度上应接触良好，其接触长度不应小于宽度的85%； (2) 检查清扫器各固定螺栓紧固、无松脱，各支撑架固定牢固，无锈蚀变形、损坏等	6个月
7		拉紧装置	(1) 检查配重改向滚筒处钢结构有无变形、有无腐蚀； (2) 检查配重滚筒盖板上方有无积煤、积粉	6个月
8		制动器	(1) 检查制动器，均衡装置，制动器闸瓦磨损情况（磨损量不超过4mm）； (2) 护罩无变形、无破损，地脚无松动	6个月

六、碎煤机定期工作

碎煤机定期工作包括碎煤机轴承、筛板铰点螺栓螺母等部位的润滑，见表5-41，以及对碎煤机机体内部环锤轴、环锤、筛板衬板的检查，见表5-42。

表 5-41　碎煤机轴承座及铰点润滑定期维护

序号	设备	部位	油脂品牌	标准加油量	周期
1	碎煤机	主轴承	二硫化钼锂基脂	3.5kg	4个月
		筛板架铰点螺杆、螺母	二硫化钼锂基脂	加油至铰座内部旧油挤出来	4个月

表 5-42　碎煤机机体内部各部件定期检查维护

序号	设备	部位	维护标准	周期
1	碎煤机	环锤轴	环锤轴的磨损不小于原始直径的 2/3	6 个月
		液力耦合器	(1) 无泄漏； (2) 易熔塞完好； (3) 弹性橡胶块完好； (4) 联轴节完好； (5) 液力耦合器护罩完好	6 个月
		筛板	(1) 筛板厚度应不小于 15mm； (2) 筛板孔处无拆断，筛板孔无堵塞； (3) 固定螺栓无松动，无严重磨损	6 个月
		调节筛板螺杆	无弯曲变形，无严重腐蚀	6 个月
		破碎板	(1) 固定螺栓无松动，无严重磨损； (2) 左右破碎板磨损应均匀； (3) 破碎板无磨出孔洞，如有孔洞，应立即更换	6 个月
		环锤	(1) 无破裂、无裂纹； (2) 同排环锤磨损应均匀； (3) 磨损未达厚度的 60%	6 个月
		衬板	(1) 固定螺栓无松动，无严重磨损； (2) 无裂纹、无严重磨损	6 个月
		锤臂	弯曲、变形小于 10～15mm	6 个月
		锤臂衬套	与锤臂配合间隙 0.02～0.05mm	6 个月
		环锤轴	磨损量不小于原始直径的 2/3	6 个月
2	驱动机构	机体地脚螺栓	(1) 无松动； (2) 无断裂	6 个月
		轴承座地脚螺栓	(1) 无松动； (2) 无断裂	6 个月
		液力耦合器紧固螺栓	(1) 无松动； (2) 无断裂	6 个月

七、筛煤设备定期工作

(一) 滚轴筛

滚轴筛定期工作包括滚轴轴承、减速机等部位的润滑，见表 5-43，以及对滚轴筛内部衬板、筛片、清扫板的检查，见表 5-44。

表 5-43　滚轴筛定期维护项目、周期及标准

序号	设备	部位	油品牌号	用油量	周期
1	滚轴筛	滚轴筛减速机	mobilSHC460	12×1L	1.5 年
2		自由端轴承	二硫化钼复合锂基脂	挤出旧油	3 个月
3		驱动端轴承	二硫化钼复合锂基脂	挤出旧油	3 个月

表 5-44　滚轴筛内部衬板、筛片、清扫板定期维护

序号	设备	部位	维护标准	周期
1	滚轴筛	筛片	磨损均匀，无破裂、无变形	3 个月
		清扫板	无断裂、无变形，磨损正常	3 个月
		筛轴	无严重磨损、无弯曲变形	3 个月
		挡板	无异常磨损，轴光滑无裂纹，轴头键槽无扭角松动	3 个月
		内部耐磨衬板	磨损均匀，无破裂、无变形	3 个月
		减速箱	(1) 箱体外观无裂纹等异常； (2) 油位不低于观油孔高度； (3) 无泄漏； (4) 各地脚螺栓无松动现象	3 个月
		联轴器	(1) 连接螺栓无松动、无断裂； (2) 尼龙柱销无变形、磨损超过 5% 更换	3 个月
		滚轴筛外箱体	无破损及严重变形	3 个月
		减速机地脚螺栓	(1) 无松动； (2) 无断裂	3 个月
		轴承座地脚螺栓	(1) 无松动； (2) 无断裂	3 个月
		液力耦合器紧固螺栓	(1) 无松动； (2) 无断裂	3 个月

（二）高幅振动筛

高幅振动筛定期润滑、维护项目见表 5-45、表 5-46。

表 5-45　高幅振动筛定期润滑标准

序号	设备	部位	油品牌号	用油量	周期
1	高幅振动筛	激振轴轴承座	3 号锂基脂	1GK 加油量不得大于轴承座空间的 1/2	6 个月

表 5-46　高幅振动筛定期维护标准

序号	设备	维护内容	维护方法	周期
1	高幅振动筛	设备表面卫生清扫	设备表面无积粉、灰迹	2 周
2		动、静密封点擦拭	动、静密封点无油迹	2 周
3		标识牌、护罩检查完善	标识牌齐全，转动防护装置完好、无锈蚀，固定螺栓无松动、缺失，转向标识正确、清晰	6 个月
4				
5		碎煤机基础平台、碎煤机壳体、落煤筒防腐	除锈打磨、刷两遍底漆、两遍面漆，设备表面无锈蚀、掉漆缺陷	5 年
		高幅筛大盖螺栓、轴承座地脚螺栓、衬板螺栓、软连接法兰螺栓检查、紧固、防腐	螺栓无松动、脱落，无锈蚀	6 个月

续表

序号	设备	维护内容	维护方法	周期
6		报警输出接点检查	报警输出接点接线完好，动作正确	1年
		控制按钮检查	接点接触电阻小于0.5Ω，接线紧固，限位密封完好	6个月
7	高幅振动筛	筛板检查	筛板各部位紧固螺栓无松动	2周
		激振轴轴承	轴承检查时，要求轴承内圈、外圈、滚动体、保持架完整无变形，工作表面不许有暗斑、凹痕、擦伤、剥落或脱皮现象。轴承清洗后加入二硫化钼，不得超过轴承室的2/3。轴承座透盖密封盘不得有松动现象。轴承游隙在0.3~0.4mm以内	6个月
		激振轴	激振轴无弯曲变形、断裂现象	1年
		减震弹簧	减震弹簧无断裂、无裂纹	2个月
		筛条	筛条磨损不得超过1/4	6个月
		软连接及密封圈	密封圈及软连接无破损	2个月
8		落煤管衬板检查	衬板无松动、无开焊。当衬板磨损到原厚度的60%时，安排更换	2周
		箱体法兰面密封	结合面严密，不应漏粉	2周
		观察门密封检查	观察门密封胶条固定良好，无漏粉现象	2周
9		护网螺栓检查	螺栓紧固，固定装置牢固，无缺失	12个月

八、给配煤设备定期工作

（一）电机振动给煤机

电机振动给煤机定期润滑、维护项目见表5-47、表5-48。

表5-47 电机振动给煤机定期润滑标准

序号	设备	部位	油品牌号	用油量	周期
1	电机	轴承补油	二硫化钼2号润滑脂	挤出旧油，根据电机铭牌说明执行	3个月
2		轴承清洗换油	二硫化钼2号润滑脂	加至轴承腔1/2~2/3位置，根据电机铭牌说明执行	半年

表5-48 电机振动给煤机定期维护标准

序号	设备	部位	维护标准	周期
1	振动给煤机	连接螺栓	螺栓无松动	1个月

（二）活化给煤机

活化给煤机定期润滑、维护项目见下表5-49、表5-50所示。

表 5-49　活化给煤机定期润滑标准

序号	设备	部位	油品牌号	用油量	周期
1	电机	轴承补油	二硫化钼 2 号润滑脂	挤出旧油，根据电机铭牌说明执行	1 个月
2		旋转节	30 号机油	1mL	1 个月

表 5-50　活化给煤机定期维护标准

序号	设备	部位	维护标准	周期
1	活化给煤机	连接螺栓、螺母	螺栓无松动	1 个月

（三）叶轮给煤机

叶轮给煤机定期润滑、维护项目见表 5-51、表 5-52。

表 5-51　叶轮给煤机定期润滑标准

序号	系统或设备	部位	油脂标号及加油量	用油量	周期
1	叶轮给煤机	行走减速机	美孚 630 润滑油	10L	5 年
2		卧式减速机箱体	美孚 630 润滑油	400L	5 年
3		伞形齿轮减速机	美孚 630 润滑油	60L	5 年
4		行走轮	3 号锂基脂	3kg	3 个月

表 5-52　叶轮给煤机定期维护标准

序号	设备	部位	维护内容	维护标准	周期
1	叶轮给煤机	减速机	设备表面卫生清扫	设备表面无积粉、灰迹	1 周
2		减速机	动、静密封点擦拭	动、静密封点无油迹	1 周
3		标识牌、护罩、护网	标识牌、护罩、护网检查完善	标识牌齐全，转动防护装置完好、无锈蚀，固定螺栓无松动、缺失，转向标识正确、清晰	6 个月
4		构架	构架防腐	除锈打磨、刷两遍底漆、两遍面漆，设备表面无锈蚀、掉漆缺陷	5 年
5		叶爪、起落架	检查叶爪、起落架轨道的磨损量，固定牢固状况	叶爪护板磨损原厚度的 2/3 时更换叶爪，叶爪紧固螺栓牢固无松动缺失，起落架固定部位焊接牢固，无开焊现象	1 年
6		电动机	风扇叶防护罩和标示牌	电动机表面无积灰，接线盒螺栓无松动，风扇罩螺栓无松动，接地线完好，地脚螺栓无松动。风扇罩完好，无破损，外壁防腐漆无起皮、脱落现象	1 年

302

序号	设备	部位	维护内容	维护标准	周期
6	电动机	电动机	解体检查，轴承、定子、转子检查、电动机电缆绝缘及接线端子检查紧固	1. 三相电阻的不平衡度不得超过2%即（R最大－R最小）/R最大＜2%； 2. 绝缘阻值：相对地大于0.5MΩ，相间大于0.5MΩ； 3. 电动机接线盒内螺钉齐全、端子紧固，无过热，接线盒密封严密； 4. 检查电动机轴承状态及轴承润滑油脂	8年
			轴承检查	轴承检查时，要求轴承内圈、外圈、滚动体、保持架完整无变形，工作表面不许有暗斑、凹痕、擦伤、剥落或脱皮现象，不合格的更换	8年
			动力线接线检查	接线无松动，无过热，接线端子无松动，绝缘无损伤	1年
			风扇叶检查	风扇叶无裂纹、无松动，风扇罩完整无破损	1年
7	叶轮给煤机	减速机	轴承检查	轴承检查时，要求轴承内圈、外圈、滚动体、保持架完整无变形，工作表面不许有暗斑、凹痕、擦伤、剥落或脱皮现象	3年
			齿轮检查、间隙测量	齿面检查、修复。齿轮无裂纹、掉块现象，在轴上不应有松动现象。齿轮顶隙标准值为0.25～0.30mm	3年
			渗漏治理	减速机渗油端盖密封、观察孔密封、油尺密封、结合面渗油密封，无渗油现象	1年
			地脚螺栓检查	地脚螺栓无松动	1年
			油位检查	通过减速机油标尺检查减速机油位，油位在标尺标定范围之内	1周
8		联轴器	联轴器解体检修	联轴器柱销无变形，联轴器轴向、径向偏差均在0.10mm以内。尼龙柱销或胶圈磨损与柱销孔的间隙超过0.5mm，安排更换，两半联轴器之间保持5～10mm的基本间隙，联轴器端面无明显变形，与轴配合符合标准，无滚键	1年
			联轴器连接螺栓检查	连接螺栓无松动、受力切伤	1年
9		落煤筒	落煤筒衬板、筒壁检查	衬板焊接牢固、无开焊。当衬板磨损到原厚度的60%时，安排更换	1年
			落煤筒积煤清理、煤流调整挡板焊接情况检查	落煤筒无积粉，煤流调整挡板焊口无开焊，磨损严重不能起到调整煤流作用的更换	3个月

续表

序号	设备	部位	维护内容	维护标准	周期
10		后挡皮、侧板密封条	后挡皮、侧板密封条调整	挡皮及密封条外观检查良好，且与滑动面接触良好、无撒漏煤现象	3个月
			挡皮夹板检查	夹板无锈蚀、变形现象，焊接牢固无开焊	3个月
11		衬板	衬板检查	螺栓紧固牢靠，螺栓头无磨损情况，衬板磨损程度不超过原厚度的2/3	3个月
12	叶轮给煤机	行走轮	减速机	参照减速机大修工艺标准进行，减速机渗油端盖密封、观察孔密封、油尺密封、结合面渗油密封，无渗油现象。通过减速机观察孔检查减速机油位，核对油位能接触中速齿轮，并检查机内齿轮、轴承无严重磨损和损坏现象	3年
			行走轮轴承	轴承内圈、外圈、滚动体、保持架完整无变形，工作表面不许有暗斑、凹痕、擦伤、剥落或脱皮现象，不合格的更换。轴承与轴和轴承座配合紧力符合标准，不合格应进行处理	3年
			轨道	通过减速机观察孔检查减速机油位，核对油位能接触中速齿轮，并检查机内齿轮、轴承无严重磨损和损坏现象	3年
13		导料槽	导料槽侧板挡皮检查	挡皮无破损，无撒煤现象，固定销安装牢固	3个月
			导料槽挡尘帘检查	紧固螺栓无松动、脱落，挡尘帘完好无脱落	3个月
			导料槽导流板检查	导流板支腿焊接牢固，焊口无张开和裂纹，导流板磨损不应超过原厚度的1/3	3个月
			导料槽积粉清理	导料槽及风机风筒无积粉	2个月

九、含煤废水系统定期工作

含煤废水系统定期润滑与维护见表5-53、表5-54。

表5-53 含煤废水系统设备定期润滑项目、周期及标准

序号	设备	部位	油品牌号	用油量	周期
1	变速箱	轴承补油	MOBILDTE EXCEL46	加油至液压腔2/3位置	视油位
2		轴承换油	MOBILDTE EXCEL46	换油至液压腔2/3位置	半年

表 5-54 含煤废水系统设备定期维护项目、周期及标准

序号	设备	部位	维护标准	周期
1	净化器	滤帽	净化器内部螺母无污堵和损坏现象	3 个月
2		滤网	滤网无缺损，固定牢固；滤网固定架构无锈蚀和开焊现象	3 个月
3		观察孔、人孔门	各观察孔、人孔门密封良好、无泄漏	1 个月
4		取样口集水槽下水口	无堵塞	1 周
5	隔膜罐	压力表	隔膜罐压力低于 0.1MPa，应进行充气	1 年
6		上下法兰	隔膜罐各连接法兰密封良好，螺栓无松动现象	1 年
7		隔膜罐入口门	隔膜罐入口门开关自如，无泄漏现象	1 年
8	清水泵	检查叶轮的磨损及固定情况	叶轮外观检查无裂纹、掉块现象；固定叶轮的螺栓无缺损和松动现象，叶轮磨损均匀，磨损量小于 1.5mm	1 年
9		检查密封环的磨损情况	密封环光滑无缺损现象	1 年
10		检查出、入口门的严密性	阀门开、闭灵活，无内漏现象	1 年
11	煤水提升泵	联轴器弹性体检查	弹性体无裂纹、变形，表面无积油	1 年
12		提升泵轴承加油	每次加油 0.3kg，加油后牢固安装油嘴	6 个月
13		提升泵解体检修	(1) 轴承更新； (2) 叶轮无裂纹，磨损量小于 1.5mm； (3) 密封环工作面平整、光滑； (4) 壳体密封垫厚度 2mm，无缺损	3 年
14		提升泵出口止回门	(1) 止回门门杆磨损超出 3mm 进行更换； (2) 阀门密封面无缺损，橡胶无老化； (3) 阀门弹簧无断裂，锈蚀深度小于 1mm	3 个月

第六章　燃料设备检修规程相关要求

第一节　卸船机检修工序及要求

一、大车行走机构检修工艺及质量标准

1. 大车行走轮、轴承和台车检修

(1) 检修工序。

1) 制作专用的横梁，横梁用 32 号工字钢 2 根及 20mm 厚钢板制作成长度为 1800～2000mm 左右的箱形结构。

2) 用厚 50mm、长 2m、宽 1m 左右的 2 块钢板，在起顶台车的码头面铺设平台。

3) 将横梁穿过台车的空隙处，在起顶平台上安放 2 只 560t 千斤顶，并用钢板将门座架大铰耳下平面和横梁的间隙垫实。

4) 用千斤顶起顶门座架，当台车车轮刚悬空时停止起顶，并用搁凳搁稳，垫实后将千斤顶少许松一点，但要保证卸船机上部重量不在门座架大铰座边的两只销轴上。

5) 将台车的电气线全部拆除，同时将该台车的润滑油管拆除，并用回丝布包扎牢，防止灰尘进入管道内。

6) 用专用工具将 2 只铰销用 200t 千斤顶顶出。检查铰销磨损情况、锈蚀情况、严重时更换。

7) 用 16t 吊车将台车的一组吊牢，用链条葫芦将台车从门座架平衡梁中移出，并运至检修场地进行检修。

8) 拆除减速机。

9) 将行走轮轴拆除，检查，清洗行走轮轴，并对轴承进行清洗检查和更换；进行行走轮磨损测量，严重时更换。

10) 检查和测量行走开式齿轮磨损情况。

11) 根据先拆后装的顺序进行整体装复。

12) 试车。

(2) 质量标准。

1) 轴磨损量≤2mm。

2) 行走轮无异常磨损，磨损量≤1/500。

3) 轮齿接触面痕迹正常，磨损量≤10%。

4) 大车行走无异声，无啃轨现象。

2. 大车行走减速机解体检修

(参考第三章齿轮减速机检修)

3. 行走轮磨损测定

(1) 大车开至锚定位，放下锚定。

(2) 进行行走轮直径测量、轮缘宽度测量，磨损量$\leqslant 1/500$。

4. 大车行走夹轮器检查

(1) 检查清洁夹轮器本体。

(2) 液压推杆油质检查。

(3) 联系运行人员启停夹轮器，检查制动情况。

(4) 检查单向阀是否卡涩。

二、抓斗起升、开闭和小车行走机构检修工艺及质量标准

1. 起升、开闭小车卷筒联轴器解体检修

(1) 检修步序。

1) 将滚筒钢丝绳放空。

2) 拆除卷筒轴承座螺栓。

3) 拆除卷筒联轴器紧固螺栓。

4) 从侧面缓慢退出滚筒。

5) 用加热法将联轴器固定端拆除。

(2) 质量标准。

(详见第三章联轴器检修)

2. 小车牵引驱动联轴器找正

(参考第三章转动机械找中心)

3. 小车牵引钢丝绳滑轮轴承更换

(1) 滑轮拆卸。

1) 小车固定后，放松钢丝绳液压张紧装置。

2) 拆除滑轮轴压板，用千斤顶把轴顶出。

3) 拆下滑轮。

(2) 轴承安装。

1) 拆除旧轴承，检查测量滑轮孔的尺寸。

2) 安装新轴承，安装时只能使轴承外圈受力。

(3) 滑轮装复。

4. 抓斗起升开闭钢丝绳滑轮轴承更换

(1) 滑轮拆卸。

1) 放松起升开闭钢丝绳。

2) 拆除滑轮轴压板，用千斤顶把轴顶出。

3) 拆下滑轮。

(2) 轴承安装。

1) 拆除旧轴承，检查测量滑轮孔的尺寸。

2) 安装新轴承，安装时只能使轴承外圈受力。

（3）滑轮装复。

5. 起升、开闭小车牵引钢丝绳卷筒磨损测量

（1）检修工序。

1）小车开至陆侧，抓斗打开放至码头面，起升钢丝绳全部放松；检查并测量卷筒绳槽直径。

2）钢丝绳压板螺栓紧度检查。

（2）质量标准。

1）绳槽直径磨损<2mm。

2）拧紧力矩1000N·m。

3）卷筒磨损深度小于2mm。

6. 海侧小车牵引钢丝绳更换

（1）检修工序。

1）主、副小车固定。

2）安措：切断500V动力电源和大车行走电源。

3）工作场所挂好安全网、搭设脚手架。

4）导向托辊安装：主小车海侧钢丝绳下方安装2000mm皮带下托辊1只。

5）牵引卷扬机钢丝绳安装。

6）拆卸滚筒压板和叉形绳套销轴。

7）放出旧钢丝绳。

8）新钢丝绳安装。

9）叉形绳套安装。

10）试运行验收。

（2）质量标准。

前、后托绳小车不会相撞，主小车运行平稳，无啃轨。

7. 陆侧小车牵引钢丝绳更换

（1）检修工序。

1）陆侧小车固定。

2）安全措施：切断500V动力电源和大车行走电源。

3）工作场所挂好安全网。

4）拆卸压板和梨形头销轴（期间进行新绳长度测量及编头）。

5）放出旧钢丝绳：人工盘送时要一圈一圈松，不得连续几圈一起松，并且绳头用麻绳带紧。码头面需有3~4名人员整理旧钢丝绳。

6）新钢丝绳安装。

7）尾工及调试：

a. 检查设备情况，查看有无影响小车运行的杂物。

b. 恢复补偿钢丝绳液压张紧。

c. 调试，检查液压张紧位置是否正常。

（2）质量标准。

前、后托绳小车不会相撞；主小车运行平稳，无啃轨。

8. 抓斗开闭钢丝绳更换

（1）检修工序。

1）工作准备：

a. 卸船机开至锚定位锚定，抓斗关闭后放至码头面，稍稍拉紧开闭钢丝绳，拆下开闭卷筒开关。

b. 用抓斗垫把抓斗楔紧防止抓斗左右晃动，放松钢丝绳至合适位，拆下开闭连接环。

2）旧钢丝绳拆卸。

3）新钢丝绳安装，注意回装时卷筒上预留 3 圈钢丝绳并固定，作为备用。

4）调试：

a. 慢速运行各机构，检查其限位的准确性，若不准确，适当调整开关。

b. 以正常速度试运行。

（2）质量标准。

工完试运，两绳偏差＜5cm。

9. 抓斗起升钢丝绳更换

（1）检修工序。

1）工作准备：

a. 卸船机开至锚定位锚定；抓斗关闭后放至码头面，稍稍拉紧起升，拆下起升卷筒开关。

b. 用抓斗垫把抓斗楔紧防止抓斗左右晃动，稍稍放松钢丝绳，拆下起升连接环。

2）起升开闭钢丝绳必须成对更换，同时换两条起升钢丝绳或开闭钢丝绳。

3）准备好 2 条钢丝绳，一条左旋，一条右旋；一端做好锥套绳头，一端焊一个 ϕ30mm 螺母，以防止绳头的散开和便于穿绳；升降钢丝绳长 220m，开闭钢丝绳长 220m。

4）解除升降开闭限位开关。

5）拆下旧绳下端的 C 形环。

6）现场操作，将须更换的钢丝绳放下。

7）卷筒上剩有 2.5 圈（最少）钢丝绳时，检查牵引钢丝绳与旧绳的尾端是否牢固。

8）拆除钢丝绳压块。

9）一边放牵引绳，一边放卷筒，将旧钢丝绳放下。

10）将新钢丝绳与牵引绳的末端牢固连接。

11）一边收牵引绳，一边收卷筒。

12）钢丝绳到位后，用压块压紧钢丝绳，压块外端预留约15cm钢丝绳，两条钢丝绳长度差不大于10cm。

13）装回C形环。

14）将钢丝绳提升到旧绳拆下前的位置，装回限位开关。

（2）质量标准。

工完试运，两绳偏差<5cm。

10. 主、副小车行走轮、导向轮和轴承检修

（1）检修工序。

1）准备工作：

a. 小车停在合适的位置，使拆卸时工器具不会碰到小车轨道两侧的栏杆。

b. 做好安全措施，工作现场搭好脚手架。

c. 工器具送到工作现场。

2）拆除主小车行走轮。

3）拆除副小车行走轮。

4）拆除行走轮轴承。

5）轴承安装。

6）行走轮安装。

7）水平导向轮轴承更换。

8）试运转：

a. 提起抓斗，小车来回行走几次，检查主、副小车在移动时是否会与轨道发生啃轨现象。

b. 如有啃轨现象，则调整水平导向轮，消除啃轨现象。

c. 检查小车移动时是否有异声。

（2）质量标准。

1）行走轮踏面磨损<2%；导向轮无严重磨损。

2）安装轴承时行走轮温度加热不能超过100℃。

3）小车运行正常，无啃轨现象。

11. 小车轨道检修

（1）清扫干净裂缝周围的油渍，有必要则需搭建脚手架。

（2）用手提砂轮机将裂缝打出60°的坡口。

（3）坡口须打到裂缝看不到为止。

（4）用氧焊加热至300℃左右。

（5）用预热的日本EP57（相当于507）焊条焊接。

（6）再用氧焊回火，用石棉覆盖保温6h以上。

12. 抓斗检修

（1）检修工序。

1）检修项目。

a. 抓斗刃口间隙的检查。

b 抓斗打开后，斗口不平行度的检修。

c. 抓斗对称中心线与抓斗垂直中心的偏差的检查与检修。

d. 各铰点的检查及检修。

e. 滑轮的检修。

2）抓斗通用检修。

3）通常拆卸螺栓或轴时首先将抓斗闭合置于码头面，如果抓斗必须打开，比如拆卸抓斗臂上铰点轴时，必须在抓斗臂下部设置固定架防止抓斗臂转动。

4）抓斗钢丝绳应按标准及时更换。

5）刃口材料，焊接工艺不良易产生脆裂，因此要求每班都进行检查，发现裂纹要停止使用，进行修理，以防止崩飞事故。有较大变形和严重磨损的刃口应进行修理或更换。当采用焊接连接更换刃口时，要采用经试验证明保证焊接质量的焊条，并采用有关无损检测方法对焊缝进行严格的质量检查。

6）各铰点一般要求每半个月检查 1 次。当销轴磨损超过原直径的 10％，衬套磨损超过原厚度的 20％时则应更换。

7）对滑轮和滑轮轴不允许出现裂纹和裂口，否则应更换新件；当滑轮槽底的磨损量超过 5mm、槽壁磨损量超过 1.5～2.0mm 时应更换。滑轮轴的磨损量不允许超过公称直径的 3％，并保证润滑油能储存在轴孔间隙中。

8）上承梁、下承梁、撑板、颚板以及耳板孔销等，主要检查是否有裂纹或变形，一般要求校正后再进行补焊，必须保证工作灵活可靠。

9）使用中如发现有声响，说明铰轴处缺少润滑油，因此应注意抓斗的润滑，及时加油。

（2）质量标准。

1）抓斗张开后，斗口不平行差度不超过 20mm。

2）抓斗闭合时，两水平刃口和垂直刃口的错位差及斗口接触处的间隙不得大于 3mm，最大间隙处的长度不得大于 200mm。

3）抓斗起升后，斗口对称中心线与抓斗垂直中心线，无论在抓斗张开或闭合时，都应在同一垂面内，其偏差不得超过 20mm。

4）滑轮不得有裂缝，边缘不允许有毛刺和破碎现象。

5）滑轮轴及所有销轴不得有裂纹，大修后轴颈的减小不得大于基本直径的 3％。直线度为 10000∶1。

6）滑轮轴承采用衬套的滑动轴承时，其衬套外径与轴承座孔的配合采用 H8/t9，衬套内径与轴颈的配合公差为 H8/f9。

7）滑轮衬套及轴销衬套轴孔磨损后允许扩孔，另配衬套，但扩大量不得大于轴孔直径的 10％。

8）滑轮装配后，必须转动灵活，无卡阻现象，对其轴线的径向及端面跳动公差不超过绳槽底部直径的 2.25%。

13. 起升、开闭小车制动器电动液压推杆解体检修

（1）检修工序。

1）更换制动片。

2）松开锁母并逆时针旋转止动螺钉。

3）自动磨损补偿器截止使用。

4）通过逆时针转动螺母打开制动器。

5）从制动瓦上拆下两个螺钉。

6）翻转制动瓦片载体，此时瓦片朝向制动盘，以使制动器瓦片载体从楔槽上分开，通过向上推拆卸瓦片。

7）如采用烧结的制动瓦，用洗涤剂清洗新制动瓦的摩擦面；如果采用其他制动瓦，则新的制动瓦的摩擦面采用金刚砂纸清理。

8）将新的制动瓦推入楔槽上装入，用螺钉将其固定在制动瓦上；然后，调整制动器。

9）制动器只有完成试运转程序后，才可备作使用。

10）为了连接制动瓦和衬瓦载体，采用特殊的螺钉。

11）紧固定螺栓。

12）制动器的组装。

13）自动磨损补偿器首先必须截止，这是所有工作包括逆时针转动主轴所必须要的；松开螺母旋出螺钉，转动调整环限位约 90°，使自由轮与推杆转动自由。

14）将制动器滑入制动盘，制动闸压板之间的间隙必须加大，即制动器须在主轴的开位，通过转动螺母至间隙约为盘的厚度＋3mm。

15）检查摩擦面上均无油脂或其他杂物，需要时清理。

16）将制动盘滑过制动器到它的安装位置，制动盘的外径则应高出制动垫片约 5mm。

17）松弛地插入紧固螺钉至提供使用的钻孔内。

18）利用螺母顺时针转动主轴直至整个制动器垫的表面板坚实地压住制动盘为止。

19）上紧基板的紧固螺栓。

20）最后连接执行机构。

21）制动器调整。

22）确保磨损补偿器截止作用。

23）先预压制动器弹簧，通过转动螺母直到弹簧螺母顶部边缘的红色记号指到大约额定制动力的 80% 为止。

24）顺时针转动螺母到执行机构活塞杆的顶端抵达 S_1 尺寸。旋转螺母直至弹簧螺母红色标记的顶部边缘与刻度上的额定制动力矩重合为止。

25）使自动磨损补偿器恢复操作。

26）调整自由轮至推杆处，于调整环之中央，转回调整环 90°，用定位螺钉和螺母固定。

27）对执行机构通几次电直至磨损补偿器不再重新调整，执行机构上的活塞衬此时应在制动器关闭的情况下达到尺寸 S_1。

28）为了要减少制动力矩，制动弹簧上的张力必须通过逆时针调整螺母予以释放，这样便重新调整尺寸 S_1 至需要。

29）松开螺母并利用执行机构释放制动器。

30）旋转制动器螺钉直到制动器垫片与制动盘的间隙 S 各侧相同为止；最后重新紧住锁紧螺母。

（2）质量标准。

油种为液压油 DET24。加油至油位孔下 30mm。

14. 起升制动器电动液压推杆换油

（1）检修工序。

1）将抓斗放在地面或料斗上，起升钢丝绳不受力。

2）用葫芦拉紧起升钢丝绳，以防制动器打开时，产生意外。

3）清洁制动器。

4）拆除推杆与制动机构部分的连接丝杆。

5）旋开加油口塞，倾斜缸体放油。

6）用手反复移动活塞几次，尽量放空。

7）加少许新油，清洗液压缸，将油放尽。

8）装复推杆与制动机械部分的连接丝杆。

9）旋开油位孔塞，加油至油位孔油溢出。

10）旋紧油位孔塞，旋紧加油口塞。

11）制动器试转。

（2）质量标准。

加油至油位孔，有油溢出。

15. 起升制动器检查

（1）检修工序。

1）清洁制动器本体，并检查。

2）推杆油质及油位检查。

3）联系运行人员启停制动器，进行制动时间测试。

4）制动时间异常的，须进行调整。

5）推杆电动机绝缘测试。

6）工完场清。

（2）质量标准。

电动机绝缘电阻大于 $1M\Omega$。

16. 卷筒制动器检修

检修工序：

1）更换摩擦片。

2）确保无载荷失去控制的情况下，可开启制动钳。

3）使用液压站马达或手摇泵施加要求开启的压力。

4）采用5mm扳手从每个半钳上拆下护盖。

5）旋上安全螺母以使其与柱塞接触。

6）用1/2寸方扳手旋开F螺钉到离开盘的瓦片间隙为8mm。

7）旋开紧固螺钉，该螺钉将摩擦瓦片的背板与制动闸瓦固定。

8）装上更换的摩擦片。

9）上紧螺钉固定瓦片。

10）旋入F螺钉使瓦片与盘接触，然后回转到盘与瓦片之间直到正确的间隙为止（盘的每侧间隙应为1.5mm），更大的间隙会使制动力下降，未经制造厂同意不应采用。

11）液压回路卸压。

12）脱开液压管路与制动钳的连接。

13）拆下护盖。

14）松开薄垫圈后，旋开。

15）拆卸并更换柱塞。

16）利用销防止柱塞的活塞松动。

17）旋入用80mm扳手紧至力矩750N·m。

18）翻上薄垫圈的突舌。

19）重新将制动钳与液压系统连接，确保柱塞缸的放气螺钉处于顶部，将柱塞缸转至正确的位置。

20）系统加压力。

21）装复护盖，保证使液压系统和检验开关功能正常。

三、悬臂俯仰机构检修工艺及质量标准

1. 悬臂俯仰减速机解体检修

（参考第三章减速机检修）

2. 悬臂俯仰制动器检修

（参考起升、开闭和小车行走机构检修工艺"制动器"部分）

3. 悬臂俯仰卷筒联轴器解体检修

（参考起升、开闭和小车行走机构检修工艺"制动器"部分）

4. 俯仰钢丝绳滑轮轴承更换

（1）检修工序。

1）滑轮拆卸：

a. 放平悬臂，放松俯仰钢丝绳。

b. 拆除滑轮轴压板，用千斤顶把轴顶出。

c. 拆下滑轮。

2）轴承安装：

a. 拆除旧轴承，检查测量滑轮孔的尺寸。

b. 安装新轴承，安装时只能使轴承外圈受力。

3）滑轮装复。

（2）质量标准。

1）轮槽无异常磨损。

2）滑轮孔尺寸和轴承外径尺寸配合符合要求。

3）轴承安装后转动灵活。

5. 悬臂俯仰钢丝绳更换

（1）检修工序。

1）准备工作和安全措施：

a. 把大车开至锚定位，放下锚定；悬臂梁放至水平；小车开至最陆侧，把抓斗放在码头面上；悬臂俯仰钢丝绳稍微放松。

b. 切断大车行走电源。

c. 拆下悬臂俯仰卷筒开关。

2）旧钢丝绳拆卸：记录好卷筒原有钢丝绳圈数，并做好记号。

3）新钢丝绳安装：注意钢丝绳在卷筒和各处滑轮不要跳槽。

4）尾工、调试：悬臂俯仰调试，检查无异常。

（2）质量标准。

压板螺栓拧紧力矩 630N·m。

6. 悬臂俯仰钢丝绳卷筒磨损测量

（1）检修工序。

1）悬臂放至水平位；检查并测量卷筒绳槽直径。

2）钢丝绳压板螺栓紧度检查。

（2）质量标准。

1）绳槽磨损量≤2mm。

2）拧紧力矩 630N·m。

7. 悬臂俯仰驱动联轴器找正、制动器调整

（参考第三章联轴器找中心）

8. 悬臂俯仰制动器电动液压推杆换油

（参考起升制动器电动液压推杆换油检修工艺）

9. 悬臂俯仰制动器检查

（参考起升制动器检查检修工艺）

四、司机室检修工艺及质量标准

1. 行走减速机解体检修

（参考第三章减速机检修）

2. 行走轮和轴承检修

(1) 检修工序。

1) 驾驶室开至锚定位，锚定。

2) 起吊驾驶室，使行走轮、导向轮不受力。

3) 行走轮拆除，检查并测量磨损情况。

4) 行走轮齿轮拆除，检查并测量磨损情况。

5) 行走轮轴承拆除，检查磨损情况，如果有严重点蚀、锈蚀等缺陷有则更换。

(2) 质量标准。

(参考第三章轴与轴承)

五、液压系统检修工艺及质量标准

1. 夹轮器液压泵解体检修

(1) 检修工序。

1) 解体：

a. 齿轮泵外壳擦干净。

b. 拆除盖板、齿轮、侧板。

2) 检查，修理：

a. 盖板易磨损，可采用磨削或研磨方法磨平。

b. 检查侧板与齿轮相接触的工作面磨损情况，其有无沟槽、偏磨、裂纹、变形、开裂、烧蚀，如沟槽较浅，偏磨较轻，可用研磨法修复，如磨损、变形、偏磨严重，更换。

c. 检查轴承及轴承座，如已损坏，应进行更换。

d. 检查齿轮端面和齿顶的磨损，可采用镀铬或镀铁的方法修复尺寸，在齿轮泵安装时，可将两个齿轮反转180°安装，以延长泵的使用寿命。

e. 检查泵体径向间隙，超过 0.15~0.2mm 时，可采用刷镀修复工艺，对泵体端面采用磨削或研磨的方法，减小其厚度。

3) 装配：

a. 装配前零件清洗干净，修去毛刺，并进行退磁。

b. 各零件依次安装，并对端面间隙进行调整，一般在 0.02~0.06mm 之间，检查齿顶与泵体间隙。

c. 安装端盖时应一面均匀拧紧螺栓，一面检查有无转动轻重不均匀现象。

4) 试转：

a. 组装后用手转动，检查装配情况。

b. 齿轮泵试转，检查其运行是否平稳。

(2) 质量标准。

1) 泵体径向间隙不得超过 0.15~0.2mm。

2）灵活无阻滞现象。

3）在额定压力下工作，能达到规定的输油量。

2. 机卸房液压泵解体检修

（参考夹轮器液压泵解体检修工艺）

3. 小车张紧液压泵检修

（参考夹轮器液压泵解体检修工艺）

4. 夹轮器液压油更换

（1）检修工序。

1）油箱放油及滤清器清洗。

2）清洗油箱。

3）油箱加油。

4）合上夹轮器液压系统电机电源，运行配合，把夹轮器就地操作钮打至就地。

5）把液压缸上腔回油引入废油桶，运行操作夹轮器开至上极限，把回油管接好，恢复原状。

6）调整油位。

（2）质量标准。

1）液压油加至油标顶。

2）油位应在油标中间。

5. 机房液压系统油更换

（1）检修工序。

1）工作准备：

a. 悬臂放至水平位，拆下挂钩限位，下放挂钩至极限。

b. 将抓斗放在码头面上，稍稍放松钢丝绳。

c. 切断起升开闭小车悬臂控制电源，切断机房液压系统电机电源。

d. 拆下蓄能器压力开关螺钉，拔出插头。

2）系统泄压：

a. 拆下测压表表头。

b. 补偿钢丝绳液压缸泄压：把测压表快速接头端接入液压缸下腔快速接头，另一端放入油壶，直至液压缸活塞完全下放，松开快速接头。

c. 挂钩液压缸泄压：分别把测压表快速接头接入液压缸下腔和上腔，液压油从软管另一端射出，直到出油无压，拆下快速接头。

3）油箱放油及滤清器清洗。

4）清洗油箱。

5）油箱加油。

6）悬臂液压制动器放旧油及排气。

7）补偿钢丝绳液压装置放旧油及排气。

8）悬臂挂钩液压装置放旧油及排气（此步骤前，先检查油箱油位，若油位低于油标最下限则重新加油至油标上位）。

9）油位调整。

（2）质量标准。

1）液压油加至油标顶。

2）油位应在油标中稍偏上位。

6. 主小车张紧液压系统油更换

（1）检修工序。

1）工作准备：

a. 打开料斗门，提起防溢板至极限；

b. 切断小车控制电源，切断料斗液压系统电机电源。

2）系统泄压：

a. 拆下测压表表头；

b. 料斗门液压缸泄压。

3）油箱放油及滤清器清洗。

4）清洗油箱。

5）油箱加油。

6）合上料斗液压系统电机电源，运行配合把料斗液压系统就地操作旋钮打至就地。

7）料斗门液压装置放旧油及排气。

8）防溢板液压装置放旧油及排气。

9）调整油位。

（2）质量标准。

1）液压油加至油标顶；

2）油位应在油标中稍偏上位。

六、喷水系统和卷盘机构检修工艺及质量标准

1. 喷水泵解体检修

（1）检修工序。

1）泵解体检修。

a. 拆除泵和电机的联轴器。

b. 泵解体，检查测量叶轮、轴承磨损情况，有无裂纹、砂眼等缺陷；泵体有无变形、裂纹等缺陷。

c. 修复、矫正叶轮及泵体缺陷，更换轴承。

2）装复：联轴器装复，并找正。

3）调试。

a. 打开泵进水阀门。

b. 送上泵电机电源；运行人员驱动喷水泵调试，检查泵体振动情况、轴承有无异声、过热等现象，喷水是否正常。

（2）质量标准。

泵体无异常振动，轴承无异声、过热等现象，喷水效果良好。

2.动力、控制电缆卷盘驱动减速机解体检修

（1）检修工序。

1）卷缆器转矩装置的拆装和检修。

a. 拆下电卷缆盘。

b. 拆下电机的连接螺栓，向上拉出电机。

c. 从安装位拆下卷缆器转矩装置总成运到检修地点。

d. 拆开螺塞放掉箱体内的齿轮油，拆下端盖。

e. 拆下固定螺母。

f. 向上拉出蜗杆。

g. 拆开端盖和端盖的螺栓。

h. 将轴固定，拆下端盖。

i. 向左卷盘侧拉出轴总成。

j. 将轴电机端向上垂直放置，拧松转矩调整螺母，然后可以取出转矩调整螺母，及其下滚珠、弹簧压盘、弹簧。

k. 依次拉出活动压盘、蜗轮、固定压盘。

l. 轴承、蜗轮、蜗杆的检修（参考第三章通用设备的检修）。

2）卷盘的组装。

a. 将2个具有较大内径的半卷盘安放在两个支承横梁上，然后利用6枚 M12 螺栓将两个半卷盘结合为一体（倾斜侧面朝下）。

b. 准备12枚配有螺母和垫圈的 M20 螺杆，在卷盘的直径为 $\phi740\text{mm}$ 的圆周上，将螺杆嵌入安装孔内，再拧上第三个螺母和垫圈。

c. 将十二枚 M20 螺杆嵌入于卷盘直径为 $\phi1160\text{mm}$ 之处，用于支承内环。

d. 将两个拼合内环和装配到 M20 螺杆上，如有必要，应使用部分垫圈，以便使两个卷盘之间达到所需要的间隙。

e. 检查卷绕方向：在按照图纸所示要求装配内环的情况下，必须逆时针方向卷绕电缆；如果需要顺时针方向卷绕电缆，则应颠倒内环的装配位置。

f. 将具有较小内径的2个半轮盘装配到 M20 螺杆上，使倾斜侧面朝上。在继续进行组装之前，应按照图纸的要求，检查已经放置好所有必要的螺母、垫圈等。

g. 利用6枚 M12 螺栓将两个上面的半轮盘固定为一体。

h. 装配 $\phi790\text{mm}$ 的法兰。

i. 将 M20 螺母和垫圈拧紧到 $\phi740\text{mm}$ 的法兰上。

j. 用手拧紧所有外装螺母。

k. 将卷盘吊到上部部件处，确定卷盘在转矩装置法兰正面的位置。

l. 利用 6 枚 M12 螺栓，将卷盘固定到转矩装置上；利用 6 枚 M12 螺栓将卷盘固定到 $\phi210\text{mm}$ 位置；利用 12 枚 M12 螺栓将卷盘固定到 $\phi440\text{mm}$ 位置。拧紧所有螺栓和螺母。

3）卷盘间距的调整。

a. 拧松所有螺母。

b. 最少在电缆卷的 3 处测量电缆的准确直径，取三处测量结果的平均值作为标称直径。

c. 调整每一对幅轮，以便达到下列间距，S_1＝电缆直径＋10％，不过当内径的最大间距为 4mm，卷盘外缘处 S_2＝电缆直径＋2mm/＋3mm 时，应拧紧螺母（a 和 b）。

d. 欲减小间距 S，应旋入螺母。

e. 欲增大间距 S，应旋出螺母。

f. 拧紧所有螺母，然后重新检测间距。

g. 将电缆卷绕在卷盘上第一周，利用塑料带式电缆夹具，将电缆固定在内环上。

h. 以手动方式或借助于电动机，将所有电缆卷绕在卷盘上。

i. 卷缆器操作运行 100h 以后，应再次检测间距和所有螺栓与螺母的紧固程度，然后修整螺栓以防止其松动。

4）输出转矩的调整。

a. 拧下转矩调节扳手。

b. 将转矩调节扳手倒置，再重新装在转矩装置上。

c. 缓慢旋转卷盘，直到扳手全部进入孔内进入所需位置为止。

d. 顺时针方向旋转卷盘，可以增大转矩；逆时针方向旋转卷盘，可以减小转矩。采用每次将卷盘旋转半圈的方式来调整转矩。在卷盘卷满电缆时，转矩必须能够回收电缆，但在卷盘空无电缆时，不得对电缆施加过大的拉力。

e. 完成转矩调节之后，拆下调节扳手，以正确的方式重新装好。

（2）质量标准。

（参考第三章减速机检修）

七、润滑系统检修工艺及质量标准

1. 润滑泵解体检修

（1）检修工序。

1）用记号笔在强制泵端与减速端定位盘上作记号。

2）拆除电机地角螺栓，关闭减速机润滑管路主阀门，拆除泵与油管连接端螺栓，拆除泵地角螺栓。

3）将泵与密封端之间的连接螺栓拆除。将泵螺杆抽出后用内六角扳手将螺杆与轴的连接螺钉卸下。

4）将机械密封上的筒体六角螺栓拆除。

5）将机械密封拆下，更换和回装磨损备件，按拆卸的反程序安装。

（2）质量标准。

输出油压力 0.4MPa 油量。

八、钢结构检修工艺及质量标准

1. 钢结构检测、焊缝探伤

（1）检修工序。

1）卸船机停机，大车开至锚定位，锚定。

2）悬臂、拉杆、支腿、平台焊缝探伤，裂缝检查，有缺陷进行维修处理。

3）悬臂、拉杆、支腿应力检查测定。超标进行维修处理。

（2）质量标准。

1）无裂缝、无裂纹等缺陷。

2）应力测定在规定范围内。

2. 钢结构油漆

（1）检修工序。

1）表面除锈：

a. 清理钢结构表面。

b. 磨平粗糙的表面，相对湿度大于 90％、露点在 3℃ 以内不能进行除锈处理。

2）涂装底漆。

3）涂装中间漆。

4）面漆涂装：

a. 中间漆涂装后，将底面彻底清理，任何松散及剥离层必须清除，底漆如碰落必须修补好，如底面存在大量粉尘，必须彻底清除。

b. 面漆涂装。

（2）质量标准。

1）底漆干膜厚度 80/60μm。

2）中间漆湿膜厚度 170/100μm，干膜厚度 100/60μm。

3）面漆干膜厚度 80μm。

九、通用部件检修标准

1. 钢丝绳

钢丝绳按捻绕方法可分为顺绕、绞绕两种。顺绕钢丝绳是绳股的捻绕方向和由股捻成绳的方向一致。这种钢丝绳的优点是，钢丝绳为线接触耐磨性能好；缺点是，当单根钢丝绳悬吊重物时，重物会随钢丝绳松散的方向扭转。

绞绕钢丝绳是绳股捻绕方向与股绕成绳的方向相反，起吊重物中不会扭转和松散。由于绞绕钢丝绳具有这一特点，绞绕钢丝绳已被广泛用于装卸桥上。其缺点是，绞绕钢丝绳的钢丝间为点接触，因而容易磨损，使用寿命较短。

根据钢丝断面结构，钢丝绳又可分为普通型和复合型两种。钢丝绳在使用中，每日至少要润滑 2 次。润滑前首先用钢丝刷子刷去钢丝绳上的污物，并用煤油清洗，然后将加热到 180° 以上的润滑油蘸浸钢丝绳，使润滑油浸到绳芯中去。

钢丝绳的更换标准是由一捻节距内的钢丝绳断丝数而决定的，钢丝绳的更换标准见表 6-1。

表 6-1 钢丝绳更换标准

钢丝绳原有的安全系数	钢丝绳的结构型式							
	6×19+1 麻芯		6×37+1 麻芯		6×61+1 麻芯		18×19+1 麻芯	
	在一个捻距（节距）内钢丝绳报废的断裂丝数							
	绞捻	顺捻	绞捻	顺捻	绞捻	顺捻	绞捻	顺捻
<6	12	6	22	11	36	18	36	18
6～7	14	7	26	13	38	19	38	19
>7	16	8	30	15	40	20	40	20

2. 大车车轮

大车车轮通常是根据最大轮压来选择的，如表 6-2 所示。

表 6-2 大车车轮最大轮压

车轮直径（mm）	250	350	400	500	600	700	800	900
轨道型号	P11	P24	P38	QU70	QU70	QU70	QU70	QU80
最大轮压（t）	3.3	8.8	16	26	32	39	44	50

（1）车轮滚动面。圆柱形滚动面两个主动直径为 250～500mm，车轮直径偏差不大于 0.125～0.25mm；两个主动直径为 600～900mm，车轮直径偏差不大于 0.30～0.45mm。圆柱形滚动面两被动轮直径为 250～500mm，轮直径偏差不大于 0.60～0.76mm；两个被动直径为 600～900mm，车轮直径偏差不大于 0.90～1.10mm。如果圆锥形滚动面两主动轮直径偏差大于规定要求，要重新加工修理。使用过程中，滚动面剥离，损伤的面积大于 2cm²、深度大于 3mm 时，应予以加工处理。车轮由于磨损或由于其他缺陷重新加工后轮圈厚度不应小于原厚度的 80%～85%，超出这个范围应予以更换。

（2）轮缘。车轮轮缘的正常磨损可以不修理，当磨损量超过公称厚度的 40% 时，应更换新轮。在使用过程中若出现轮缘折断或其他缺陷，其面积不应超过 $3cm^2$，深度不应超过壁厚的 30%，且在同一加工面上不应多于3 处，在这一范围内的缺陷可以进行补焊，然后磨光。

（3）车轮内孔。车轮内孔不允许焊补，但允许有不超过面积 10% 的轻度缩松和表 6-3 所列缺陷。

表 6-3　车轮轮毂内孔缺陷允许值

车轮直径（mm）	面积（cm²）	深度（mm）	间距（mm）	数量
≤500	≤0.25	≤4	>50	≤3
>500	≤0.5	≤6	>60	≤3

在使用过程中，轮毂内孔磨损后配合达不到要求时，可将该孔车去 4mm 左右，进行补焊，然后按图纸要求重新加工。在车削过程中，如发现铸造缺陷（气孔、砂眼、夹杂物等）的总面积超过 2cm、深度超过 2mm 时，应继续车去缺陷部分，但内孔车去的部分在直径方向不得超过 8mm。

（4）车轮装配。车轮装配后基准端面的摆幅应符合规定要求，径向跳动应在车轮直径的公差范围内，轮缘或轮的壁厚不得大于 3mm（轮径 $D\leq$ 500mm）、5mm（轮径 $D>$ 500mm）。

3. 滑轮

在装卸桥的升降闭合机构中，滑轮起着省力和改变力的方向作用。滑轮是转动零件，每月要检修 1 次，进行清洗、润滑。滑轮检修的要求是：

（1）正常工作的滑轮用手能灵活转动，侧向晃动不超过 $D/1000$（D 为滑轮的名义直径）。

（2）轴上润滑油槽和油孔必须干净，检查油孔与轴承间隔环上的油槽是否对准。

（3）对于铸铁滑轮，如发现裂纹，要及时更换。对于铸钢滑轮，轮辐有轻微裂纹可以补焊，但必须有两个完好的轮辐，且要严格补焊工艺。

（4）滑轮槽径向磨损不应超过钢丝绳直径的 35%。轮槽壁的磨损不应超过厚度的 30%。对于铸钢滑轮，磨损未达到报废标准时可以补焊，然后进行车削加工，修复后轮槽壁的厚度不得小于原厚度的 80%，径向偏差不得超过 3mm。

（5）轴孔内缺陷面积不应超过 $025mm^2$、深度不应超过 4mm。如果缺陷小于这一尺寸，经过处理可以继续使用。

（6）修复后，用一个标准的芯轴轻轻压入滑轮轴孔内，在机床上用百分表测量滑轮的径向跳动偏差、端面摆动偏差、轮槽对称中心线偏差。径向偏差不应大于 0.2mm，端面摆动偏差不应大于 0.4mm，滑轮槽对称中心线偏差不应大于 1mm。

4. 卷筒

（1）卷筒可分为铸造卷筒和焊接卷筒，卷筒绳槽已经标准化。为使钢丝绳不致卡住，绳槽半径稍大于钢丝绳半径，一般绳槽半径 $R=(0.53\sim0.6)d$（d 为钢丝绳直径，mm）；槽深 $C=(0.25\sim0.4)d$；节距 $t=d+(2\sim4)$mm。

卷筒直径已经标准化，标准的卷筒直径为 300、500、650、700、750、800、900、1000mm。

（2）卷筒的检修内容。

卷筒既受钢丝绳的挤压作用，还受钢丝绳引起的弯曲和扭转作用，其中，挤压作用是主要的。卷筒在力作用下，可能会产生裂纹。横向裂纹允许有 1 处，长度不应大于 100mm；纵向裂纹在 5 个绳槽以上允许有 2 处，但长度也不应大于 100mm。在这范围内，裂纹可以在裂纹两端钻小孔防止裂纹继续扩展，进行电焊修补后，再进行机加工；超过这一范围的应予以更换。

卷筒轴受弯曲和剪切应力的作用，发现裂纹要及时更换，以免发生卷筒被剪断的事故。

卷筒绳槽磨损深度不应超过 2mm。如超出 2mm，可进行补焊后再车槽，但卷筒壁厚不应小于原壁厚度的 85%。

卷筒所盘的钢丝绳多是麻芯。它具有较高的挠性和弹性，并能储存一定的润滑油脂，钢丝绳受力时，润滑油被挤到钢丝绳之间，起润滑的作用。

十、钢丝绳快速接头浇铸

钢丝绳的连接方式有多种，钢丝绳快速接头的方法被广泛应用，快速接头有梨形接头和 Ling 环（也称 C 形环）。一般，抓斗开闭钢丝绳和机构开闭钢丝绳之间的连接、小车陆侧牵引钢丝绳和卸船机陆侧大梁之间的连接、海侧牵引钢丝绳和主小车之间的连接均采用梨形头连接方式。梨形头有一套严格的浇铸工艺，如果按照浇铸工艺的每个步骤和工艺认真执行，梨形头连接方式具有相当高的可靠性和安全性。梨形快速接头外形结构见图 6-1，梨形头检修工艺及质量标准见表 6-4。

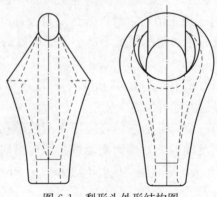

图 6-1 梨形头外形结构图

表 6-4　梨形头检修工艺及质量标准

工艺要点及注意事项	质量标准
（1）准备好钢丝绳	钢丝绳直径、捻向、长度应符合要求，钢丝绳表面无锈蚀、断丝磨损、扭曲缺陷
（2）钢丝绳散头： 1）把钢丝绳一头穿入梨形头内，钢丝绳根部用夹具固定； 2）用卷尺量出浇头钢丝绳的长度 l，$l=[L-(2\sim3)]/1.1$（L 为梨形头内腔斜面部分垂直长度）； 3）用铅丝把钢丝绳需松散的根部扎紧； 4）用螺钉刀把钢丝绳分股后，用管子套入钢丝绳单股，转动着向外拨开，直到钢丝绳每股呈喇叭状； 5）用剪刀剪去麻芯； 6）用钢丝钳打散钢丝绳每股成钢丝，使之成扫帚状	钢丝绳固定垂直； 长度符合标准； $\phi35.5$mm 钢丝绳长度为 $100\sim10$mm； 绑扎长度为 $3\sim4$ 倍钢丝直径钢丝可能有弯曲，但不能扭曲或绞在一起，钢丝束不要过分散开，一般与梨形头外形最大直径差不多为宜
（3）清洗：加热柴油至 $50℃$ 左右，然后把钢丝束浸入油内（直到用铅丝绑扎的根部），反复晃动，直到钢丝束清洗干净	要求钢丝表面光洁、无污物
（4）涂镀：把钢丝束慢慢插入合金溶液钢丝束只能浸到绑扎部位；浸入 $10\sim20$s 后，小心取出；轻轻敲打绑扎部位，去除钢丝束上多余的合金。 检查钢丝表面，如有缺陷，应重新酸洗后再涂镀	温度控制在 $330\sim350℃$ 之间； 涂镀后钢丝表面无黑点等缺陷
（5）中和：把钢丝束浸入 $3\%\sim5\%$ 的氢氧化钠溶液，中和黏附在绑扎部位和钢丝束根部的酸液	酸液必须完全中和
（6）热水清洗：用热水冲洗经碱液中和的部位，然后晾干或烘干钢丝束	钢丝表面无水迹
（7）形头固定和预热： 1）钢丝绳一端固定，梨形头与 1t 葫芦连接，把钢丝束拉入梨形头内腔； 2）钢丝绳根部用夹具固定；用石棉或围丝密封梨形头根部，防止浇铸时合金溶液流出； 3）预热形头表面和内腔	钢丝束顶部应略低于梨形头内腔顶部 $2\sim5$mm； 梨形头应垂直摆正； 预热充分、均匀，表面温度 $100\sim150℃$
（8）浇铸： 1）浇铸合金一般有高碳钢合金、不锈钢合金和镀锌钢合金等； 2）加热合金溶液到 $370\sim390℃$，去除漂浮在溶液表面的氧化物； 3）冷却溶液温度到 $300\sim330℃$ 之间进行浇铸，浇铸需一次性完成，避免多次浇铸； 4）浇铸时，梨形头内腔溶液表面会形成凹陷，必须立即补充合金溶液，防止产生缩孔	浇铸期间不可晃动梨形头，梨形头内腔溶液无泄漏
（9）固化冷却：浇铸完成后，保持梨形头不晃动，直到合金溶液固化；在空气中自然冷却到 $100℃$ 以下，可以拆除固定夹具	冷却后合金表面无缩孔
（10）涂油脂： 1）拆除梨形头根部绑扎在钢丝绳上的铅丝； 2）绑铅丝的钢丝绳表面涂钢丝绳润滑油脂	

十一、螺旋卸煤机检修项目和质量标准

（一）检查项目

（1）检查各机构制动器的制动闸瓦、制动轮和柱销磨损情况。

（2）检查液力耦合器、减速机有无渗漏情况。

（3）检查架构各连接部分及轨道有无变形、弯扭、开焊情况。

（4）检查各电阻箱、电气控制柜、电动机和电气元器件绝缘情况。

（5）检查各限位开关和安全装置的动作是否灵活可靠。

（6）检查减速箱中油质情况，如需要，更换新油。

（7）检查电动机转速是否正常。

（8）检查行走缓冲器情况。

（9）检查大车轨道是否符合轨道标准要求。

（10）检查齿轮及滚子链的磨损、啮合情况。

（11）检查各连接、固定螺栓有无松动情况。

（12）检查大车行走车轮、小车行走车轮和螺旋升降导向轮磨损情况。

（13）检查螺旋叶片磨损情况。

（二）质量标准

（1）各结构的连接和紧固螺栓，不能有任何松动，若发现松动，应及时紧固。

（2）各金属架构无开焊、变形和断裂，发现问题及时处理。

（3）套筒滚子链的链销无窜动，链片无损坏，定期润滑滚子链条。

（4）行走车轮和上、下挡轮轨道无严重磨损和变形，车轮与挡轮转动应灵活，螺旋支架应升降自如，限位开关动作良好。

（5）主梁、端梁、活动梁和平台无严重变形，无开焊、断裂，如发现问题及时校正或补焊。

（6）根据设备的大小修周期，进行金属结构防腐。如锈蚀严重，虽未到检修周期，也应该进行除锈防腐。

（7）行走机构的检修：

a. 两台电动机和制动器应同步动作，动作时检查应符合设备技术条件要求，以防止车架偏斜损坏、车轮啃轨等情况发生。

b. 车轮和轮缘内侧面上无裂纹。如轮缘磨损超过初始尺寸的 50% 则应更换。

c. 车轮与轨道的偏差（相对于车轮端面）。

垂直偏差小于 $L/400$，水平偏差小于 $L/1000$（L 为车轮在垂直方向或水平方向与轨道的理论接触长度）。

d. 对轮轴孔的锥度及椭圆度误差小于 $0.03\sim0.05$mm。

e. 行走大轮与轴承的配合间隙为 $0.12\sim0.24$mm，最大不超过 1.25mm。

f. 电动机联轴器找正不同心度和不平行度不大于 0.12mm。

g. 两半对轮螺钉孔的节距误差小于 0.20mm。

h. 轴与键的配合两侧不得有间隙，顶部一般为 0.12～0.40mm，不得用焊的方法代替键的作用。

（8）螺旋：

a. 螺旋叶片表面应无裂纹、砂眼、变形等，磨损严重时，应进行补焊或整体更换。

b. 螺旋轴垂直度及同心度偏差应不大于 0.02mm。

c. 螺旋叶片补焊或更换后应做平衡校验，重心最大允许偏心距为 25mm。

（9）螺旋升降机构和回转机构链条（或钢丝绳）无断裂，链销无松动，否则必须进行检修或更换。具体要求为：

a. 链轮链齿厚度磨损超过 25％时，应进行更换。

b. 主动链轮和从动链轮应在同一平面内，其端面偏差不应大于 1mm。

c. 链轮主轴的不平行度允许（指沿轴向）为每米 0.5mm。

d. 链条垂度为 $(0.01～0.015)L$（L 为两链轮中心距）。

e. 链轮与链条运行时，应啮合良好，运行平稳，无卡阻和撞击。

f. 链轮轴孔与齿根圆之间的径向圆跳动量不应大于 $0.0008d+0.08$mm 和 0.15mm 中的较大值（d 为齿根圆直径）。

g. 轴孔和齿部侧面的平面部分为参考的轴向跳动值不超过 $0.0009d+0.08$mm。

（10）液压推杆制动器：

a. 制动器各部分动作应灵活，不可有卡住现象。

b. 制动器的制动带应符合标准，中部磨损量不大于 1/2，边缘磨损量不大于 1/3，否则应进行更换。

c. 检修制动轮时必须用煤油清洗，以保证其摩擦面光滑，无油腻。

d. 检修调整后，两瓣制动瓦与制动轮间隙应相同，要求其间隙为 0.8～1mm。

e. 制动轮的制动面应光滑，如表面有大于 2mm 的凹陷或沟壑，则应将制动轮重新加工或更换。

第二节　翻车机系统检修工序及要求

一、翻车机检修

由于翻车机作业环境较差，且运行中不断产生撞击、振动，使得翻车机在交变载荷下工作，因此对于翻车机本体，不管是各类联系梁还是托车梁、端盘、压车臂、轨道等，经过长期运行后都会有不同程度的损坏现象。

1. 金属结构检查

翻车机金属结构件主要损坏形式有变形、裂纹、焊口开裂、疲劳断裂等，发生的部位常在应力集中处，如弯曲、铰接、铆接、焊接等部位，以及直接承受冲击载荷处。因此应检查回转盘、底梁、压车梁、平台等金属构架有无裂纹及变形，连接处有无松动并做好相应记录。

金属结构检修后，应达到如下要求：各部件无变形、开裂、锈蚀，面漆无大面积脱落，各联接部位无错动、焊缝无裂纹，连接螺栓无松动、断裂。对于端盘应检查测量并根据记录决定是否进行调整。

2. 传动装置检修工艺

（1）检查平台无杂物，将翻车机转至自由平衡状态。

（2）依次拆开电动机联轴器及齿形联轴器，然后拆卸电动机、减速机、传动小齿轮两侧轴承座，最后拆卸小齿轮。拆卸前各部件要做好位置标记。

（3）检测开式齿轮轴及轴承的使用情况。

（4）驱动装置各部件检修后，便可进行相应的安装和调整。安装应控制好齿轮与齿条的侧隙和顶隙，顶隙允差值为 6.5mm，侧隙允差值为 0.9mm。

（5）安装轴承盖时，应使加油孔与轴套润滑油孔对齐。

3. 支托轮装置拆卸、检修与安装

（1）检查非检修侧制动器的制动状态，保证制动可靠，做好防止回转措施。

（2）使用 2 个 50t 千斤顶顶起单侧端环，两个千斤顶同时使用时要求其受力相等，起升速度保持一致。

（3）底梁下侧焊接防塌陷支柱，防塌陷支柱与煤箕水平面保持垂直，支柱两端与构架焊接牢固。

（4）将支托轮从轮座上拆下，拆下托轮轴承盖、轴承和轴，并进行检查。

（5）托轮轴承转动灵活，保持架、滚动体无损伤、锈蚀剥皮，出现以上现象进行更新。

（6）检查轴承、密封的磨损情况，使用铜棒敲击法检查轴承内圈与轴的配合情况，测量轴承外圈与轮孔的配合情况，检查轴上加油通道是否畅通。

（7）轴承内圈与轴为过盈配合，间隙为 0.02～0.06mm。轴承外圈与托轮孔为过渡配合，间隙为 0～0.02mm。托轮轴加油通道畅通，内部没有铁屑等杂质，加油孔正确安装加油嘴。

（8）将检修后的轴及轴承按拆卸时的相反顺序回装到托轮孔中，轴承端盖上的密封弹簧无脱落，密封为新更换的合格产品。安装轴承端盖，均匀紧固端盖螺栓。

（9）托轮组修后就位。

1）每组支承装置两组滚轮中心线的偏差不大于 2mm。

2）两组支承装置中心线距离偏差为 ±3mm。

3）两组支承装置对角线长度偏差为 ±3mm。

4）四组滚轮回转轴轴线标高的偏差不大于 2mm。

5）每组支承装置的垂直偏斜量不大于 1mm。

（10）安装应按所标记号就位，并查位置是否符合技术要求，否则通过垫片进行调整找正，找正可按表 6-5 支托轮安装检验项目及标准进行。注意：a、b、c、d 点应该在托辊中心的连接线上，尽量靠近托辊，且 $oa = ob = ac = od$，偏差不得大于 0.5mm。

表 6-5　托辊安装检验项目及标准

检验项目	允差值
两组支托轮支承标高的偏差 A	2mm
两组支托轮中心线的偏差 B	2mm
四组支托轮支承标高的偏差 C	2mm
两组支承装置中心线距离 D 的偏差	±3mm
两对角线距离之差	≤3mm

4. 翻车机检修质量标准

（1）转子各梁及平台无开焊、裂纹、变形，各结合面不得有缝隙，高强度螺栓连接无松动。

（2）翻车机零位时，调整端盘周向止挡垫片，使端盘止挡座与地面之间保持 20mm 间隙。

（3）端盘上的周向止挡完好。

（4）托辊无裂纹，踏面磨损深度不得大于 2mm，滚轮内孔圆度不得大于 0.2mm，轮缘内侧无磨损及啃轨痕迹。

（5）托辊装置滚动轴承轴向总间隙为 0.2～0.5mm。

（6）通过垫片组调整保证所有银子均与轨道接触良好。

（7）压车臂无开焊及变形，与车帮接触部位安装的橡胶缓冲垫完好。

（8）调整垫片组，使同侧压车臂上的缓冲垫位于同一平面内，误差 3mm。

（9）靠板体、耐磨板、撑杆等无开焊及严重磨损，靠车板两端的挡板无严重磨损。

（10）靠板上的振打器完好，其振动板凸出靠板平面 20mm。

（11）在靠板面与撑杆平行的位置上，使靠板面位于与平台轨道面垂直的准垂直面上检查靠板与准垂直面的偏差 ±5mm。

（12）压车及靠车装置各铰点动作灵活，无卡阻现象，所有液压接头处均不得有渗漏油现象。

（13）齿圈、小齿轮无严重磨损，啮合良好，小齿轮齿厚磨损 15％应更换。小齿轮中心线与转子中心线平行，在任一位置两端齿侧间隙应相同，其侧隙、顶隙标准：对于 FZC1-2、FZ1-2A/B、FZ1-10、FZ2-5 型翻车机，其齿侧间隙为 1.8～3.5mm。

（14）联轴器中心找正，径向偏差＜0.05mm，轴向偏差＜0.10mm，用百分表测量。

（15）翻车机零位时，其平台上的钢轨端头与基础上的钢轨端头之间隙＜6mm，平台上轨面与基础上轨面的高低差＜3mm，横向差 3mm；两轨道之距离偏差＜3mm。

5. 翻车机试运及验收

（1）试运转一般以机旁手动为主，也可进行操作台手动调试。

（2）试运一般需经过通电前的检查，试通电，局部调整及试运转，空负荷试车，重负荷试车几个过程。由于翻车机卸车系统大量采用了液压系统，液压系统调试前的液压油循环需要电调的配合，所以液压系统调试应在电调试运转后进行。

（3）断开驱动装置的联轴器，对电动机做空负荷运转试验并确定旋转方向。要求起动运转平稳，不得有任何异常现象。

（4）连上联轴器，调好制动器进行空翻调试，先在无车辆情况下反复点动几次，仔细观察各运动构件的工作情况，特别注意转动部分与固定部分有无相碰，然后慢慢扩大范围，直至整个回转周期，同时确定限位开关位置及主令控制器的触点位置。空载试运转时不可将振动器投入，以免因空振烧坏振动器。

（5）液压系统调试可先分别对压车、靠车进行手动，看其动作是否正确，然后与翻车机一起联动，使其满足动作要求。

（6）翻车机试运转应先空载后负荷。

1）无负荷试运：无车辆进入翻车机时，用手动控制使翻车机翻转 3～5 次（175°为 1 次）。

2）空车试运：用手动控制翻转 3～5 次，使其所有动作都满足设计要求。在翻转空车时应检查系统的各种保护功能。

3）重车试运：空负荷运行后，方可进行重负荷试车。重负荷试车主要检查系统的实际工作能力，以及安全性能。带负荷试车时需记录运行液压压力、电压、电流、轴承温升振动。

（7）当手动控制无问题后，即投入自动控制。

（8）翻车机经上述运转后，符合下列要求，则为验收合格。

1）各项技术指标符合设计要求，整机运行稳定。

2）各机械部分没有干涉现象和不正常的声音。

3）平台回零位准确到位，平台道轨与进出车线道轨对位准确。

4）减速机试运正常，无异声，齿轮、齿销啮合达到标准。

5）两制动器工作可靠，松紧程度一致。

6）液压系统工作稳定、准确，无漏油现象，油温小于 60℃。

7）各轴承处温升符合要求，小于 50℃。

8）电动机电流变化正常，无异常波动等。

二、齿轮传动重车调车机检修

1. 调车机传动齿轮与地面啮合齿条的调整

调车机传动齿轮与地面齿条的啮合靠四个导向轮的调整来实现，由于地面导向块的安装误差以及地面齿条的安装误差，当四个导向轮调整不当时容易造成齿轮与齿条合间过大或过小，甚至造成传动齿轮被卡住，为此，齿轮与齿条的侧隙不按精度等级确定侧隙的大小是依靠调整偏心的导向轮来控制，由于导向轮轴相对导向轮支架中心线有 15 或 20mm 偏心，调整时只需将压铁取下，转动耳环，利用安装孔中心与导向轮轴心偏心即可完成导向轮踏面与导向轨踏面间隙、齿轮和齿条啮合间隙的调整。

技术要求：当一侧的导向轮与轨道接触时，保证另一侧导向轮与轨道的间隙为 3～5mm，保证在接合过程中最小侧为 1.95～1.85mm（将百分表直接顶在非固定面上，使齿轮从一侧接合转向另一侧接合，表上的读数差值即为偏差值）。拧紧压紧力矩为 80～100N·m。

由于地面齿条在整个长度上安装误差累计较大，在调整传动齿轮与地面齿条侧应使调车机在所有的位置上都应满足上述要求。

2. 重车调车机安装检修及质量标准

（1）车架无开焊、裂纹、扭曲及变形等缺陷，螺栓连接部位螺栓无松动。

（2）行走车轮、导向轮转动灵活、无异常响声，表面无裂纹及轮面剥落现象。

（3）导向轮磨损大于 15mm 时应更换。

（4）装配后车轮轴承轴向间隙为 0.2～0.3mm。

（5）弹性走行轮弹簧保证四个走行轮处于同一水平面内，使四个车轮踏面同时和轨道接触；同一轨道上的车轮组应位于同一平面内，允许偏差应小于 2mm。

（6）轨道无变形、松动，每段轨道及两轨之间踏面标高在每 10m 长度内偏差不应超过 ±2mm，钢轨接缝宽 1mm，轨距偏差不超过 ±2mm。

（7）导向轨全长踏面成一直线，每 10m 长度内偏差不超过 2mm，导向块两踏面相对轨道中心线对称，导向轨接缝宽度小于 1mm。

（8）齿条与导向轨踏面轨平行，相对导向轨踏面偏差在 ±0.25mm 之内，齿块周节累积公差为 ±1.5m，齿块接缝用样板调整准确。

（9）行走传动齿轮和齿条的齿厚磨损不大于 15%，传动齿轮与齿条副应平行（即上、下侧隙应相等）。

（10）摩擦片式制动器动作灵活，所有制动器摩擦片要求清洁，摩擦片在安装时应没有油脂及其他杂物，制动器之间最大力矩差<5%。

（11）片式制动器摩擦片总释放间隙大于 8mm 时须更换。更换时，打开端盖，逐片取出摩擦片，安装时内外摩擦片交替压入；制动器液压管不得有泄漏现象，油管与接头堵头连接时必须加密封圈；排油孔出现连续排油现象时，应更换密封；制动器接通前，调整其打开时间超前于动力部分的工作时间，以免动力部分损坏。

（12）大臂无开焊及变形，车钩内腔的橡胶缓冲器完好，扭簧保证钩舌能自动张开提销装置及钩舌检测装置完好。大臂油缸动作平稳无杂声，无漏油、渗油。油缸、连杆各铰接点润滑良好。通过调整支架前的螺钉调整重调机车钩工作位置的高度，保证大臂车钩中心与轨顶垂直距离为 840±5mm。

（13）调整齿条液压缸上的摇杆位置角度，保证大臂抬起到位（车臂后 0°～-3°）下落到位。

（14）电缆拖架完好，小车无脱落，拖缆钢丝绳松紧合适。滑线支架直线度偏差应小于 10mm（拉钢丝测量）。

（15）各润滑油孔畅通，并全部加注新油。

3. 重车调车机试运

试车前应检查各连接处的紧固情况，各回转处应加满润滑油（脂），立式减速机在运转前应注入规定量的、油质清洁的润滑油。先空载调试，检查各动作是否合理平稳，然后重载调试。

（1）启动油泵，调整液压系统，使所有片式制动器能同时开、闭，信号显示正确。

（2）大臂升降运动几次，观察升降过程中有无异常现象。通过反复调整压力和单向节流阀，使大臂升降速度达到规定要求。检查大臂抬落位置是否正确，若不正确，通过机械和液压的共同调整来实现，观察各位置的信号是否正确。大臂回转试验应达到如下要求大臂回转角度为 92.63°，最低位置时车中心距轨面距离为 840±5mm。大臂升降平稳，在两极限位置无冲击。

（3）将钩舌反复开、关几次，钩舌动作应灵活，无卡阻现象，钩舌的弹开应快速有力；钩舌的开、闭显示和钩销的升、降信号显示应正确无误，反之可通过调整各个限位开关来实现；提销油缸应能将车钩销顺利提起。

（4）将所有电动机逐一通电试验，确定方向一致后将联轴器联上，使拨车机往返行走 5 次，观察电动机电流是否正常，电动机内部有无异常声响，车体运行是否平稳，齿轮与齿条的啮合是否正常，四个导向轮的间隙是否合理，必要时加以调整。

（5）随着重车调车机的行走，逐一检查电缆滑架上的每个接近开关信号显示是否正确，开关位置是否合理，即重车调车机的各个停车位置或变速位置是否合理。

（6）重车调车机单机自动运行调试：选用集中手动方式，手动使重车调车机作往返运动几次，正确无误后即可单机自动试验。启动自动开关，仔细观察重车调车机的动作过程是否正确，各种信号显示是否正常。

（7）调整完毕后，进行空载试车，分别在大臂处于工作位置和升起位置时进行走行试车，先低速运行，后高速运行。重车调车机应运行平稳，无噪声和异常声响，其制动试验应灵敏平稳，无明显冲击。

（8）空载试车完毕后进行负荷试车，试车时应逐渐加载，先牵引或推送空车，然后逐渐增加被牵引车辆的总重，直至牵引4500t重车，各部分无异常情况后方可正式投入运行。

4. 验收标准

（1）传动部分安装完后应做空载试验，正反转30min，各部运转平稳，开式齿轮跑合后啮合良好，齿条和齿轮的齿顶和齿面两端无接触。

（2）空载试验时，各部件润滑油温升不超过35℃，减速机等密封处无漏油现象。

（3）制动器同时制动，力量均匀，抱闸温升不大于45℃，制动工作压力不大于4MPa，制动时间不大于0.2s。

（4）导向轮与导向轨间隙适中，在行走过程中转动灵活，不卡阻重调运行，停车、启动瞬间本体扭动小。

（5）行走轮踏面同时和轨道接触，弹性轮弹簧良好、无损伤。

（6）液压系统工作正常，噪声小、振动小，液压缸工作无发卡现象，重调大臂回转平稳，无异常冲击。

（7）车钩头部橡胶缓冲器、钩头弹簧完好，钩舌开合自如，提销装置及钩舌检测装置动作正常。摘钩工作压力为2MPa，摘钩时间不大于2s。

（8）整车启动、停止冲击小。

（9）车体下部缓冲器弹簧无断裂，缓冲轴龟缩自如，油量适当。

三、迁车台检修

1. 检查调整及检修质量标准

（1）检查调整迁车台行走轨道，轨道度偏差控制在5mm以内，轨道高低差控制在±3mm以内。

（2）检查并调整迁车台的台面轨道偏差要小于1‰车台的长度，台面轨顶标高偏差小于3mm（用水平仪测量），两轨不平行度偏差小于3mm，轨距偏差为±3mm。

（3）检查并调整对位装置插销的位置及迁车台上的轨道与地面车辆轨道位置，使台面轨道与地面轨道两轨头间隙不大于6mm，轨头横向、高低差不大于3mm。

（4）行走轮转动灵活、无异常响声，车轮踏面无裂纹，且磨损深度不大于 2mm。两主动轮或两传动轮踏面直径差不大于 1.5mm。

(5) 车轮装配时，调整端盖与轴承之间间隙：外侧为 1.3～1.5mm，内侧为 0.3～0.5mm。

(6) 行走装置装配后保证轮距偏差为±3mm，轴距偏差为 4mm；在同一轨道上的两行走轮踏面中心线应在同一直线上，其偏差值不大于 2mm。

(7) 销齿磨损不大于原直径的 1/10，销轮齿厚磨损不得超过原厚的 1/10，且无裂纹。

(8) 销齿条直线度、两排销中心距不大于 3mm，销齿顶平面度不大于 2mm，销齿和销齿轮顶隙 5±1mm。两行齿销块要平行且间距符合设计图纸的要求，偏差小于 5mm。

(9) 销齿与销齿轮润滑良好，啮合侧隙为 1.5～2.5mm，调整两条销齿条，使之与两销齿轮同时接触、啮合良好、运行平稳，调整后将销齿条与底座连接高强螺栓按力矩要求拧紧。

(10) 涨轮器连杆机构及油缸铰点润滑良好，涨紧时无擦伤车轮，动作时间符合规定。

(11) 滚动止挡的滚轮转动灵活，滚轮椭圆度不大于 0.5mm，磨损深度不大于 3mm，滚子直径磨损不大于 10mm。

(12) 检查调整平台两端滚动止挡滚子与基础侧轨的两侧间隙之和在 4～10mm 之间。

(13) 拉钢丝检查侧轨直线度不大于 3mm，侧轨中心线及标高偏差不大于 5mm，侧轨平面平直偏差小于 2mm。

(14) 对位装置液压缸、插销、插座良好；当对位装置对位偏差大于 3mm 时，应调整或更换插销装置。

(15) 调整对位装置油缸伸缩量，使之伸出后插销端部位于车架端面以外 150mm，收回后插销端部位于车架端面以内 20mm 处。

(16) 车架两侧缓冲器与基础上橡胶垫板完好。调整缓冲器的位置使之对位后与基础接触但无压缩量，并以 450N·m 的力矩拧紧高强度螺栓。

(17) 调整制动器制动力矩，并调整减速接近开关及停止接近开关的位置，使迁车台在不使用对位装置的情况下，利用制动器的作用在空车线、重车线上停止后，两轨道间对准精度不大于 5mm。

(18) 液压缓冲器动作要灵活，不漏油，活塞杆垂直于基础，加油量为缓冲器内容积的 3/4。

(19) 地面安全止挡器滚轮安装后与迁车台挡板之间活动范围为 130～150mm；弹簧弹性良好；推杆在两轨道正中位置，各摩擦结合面润滑情况良好。

2. 迁车台试运

(1) 试运转前的准备工作。

1) 关闭全部电源，检查各紧固件是否牢固，车架是否有断裂、开焊、变形之处。

2）检查减速机、联轴器是否按要求加油，各转动部位润滑点是否已加注润滑脂。

3）检查各电动机转向是否符合要求。

4）检查各种开关和制动器的安全可靠性，以及动作的准确性。

（2）空负荷试运转。

1）分部试运转。分别对涨轮器和对位装置进行试运转，应能灵活转动，无卡阻现象应无异常冲击及噪声，同时对各种限位开关、连锁开关分别进行试验。

2）在分部试运转正常情况下，进行迁车台空载联动运行试验。迁车台空载运行往返10次以上，检查联动是否正常，各种开关的位置是否恰当，讯号是否正确。

3）在空载运行试验中，如发现异常现象应查明原因及时处理，然后继续空转，直至运转正常为止。

（3）将敞车拨入迁车台进行负荷试验，各运行3～5次，检查减速机及轴承润滑、温升等情况，检查各机构是否运行平稳，有无异常振动和异常噪声。负荷运行试验中发现问题，应及时停车进行处理，直至运行试验正常为止。

3．验收标准

（1）车架无开焊及裂纹、严重变形现象。

（2）涨轮器、对位装置动作灵活、可靠。

（3）地面安全止挡器在迁车台到位后止挡能完全打开。

（4）端面滚动止挡转动灵活，与基础侧轨无卡阻现象。

（5）电缆小车无卡涩现象。

（6）制动器工作可靠，制动力均匀，迁车台撞击声小。

（7）迁车台对轨准确，符合钢轨接头要求，迁车台行走过程中晃动小。

第三节　斗轮堆取料机检修工序及要求

一、金属架构检修项目及检修工艺

1．检修项目

（1）架构的焊缝：应每年检查1次，对重点焊接部位应每季度检查1次。

（2）架构的铰接部位：需每年检查1次，对连接轴、固定挡片和固定螺栓等应详细检查。

（3）架构的整体部分：应每年检查1次，重点部位应每月检查，检查有无变形、扭曲和撞坏等。

（4）楼梯、平台和通道：要随时检查其是否完好。

2. 检修工艺

（1）对于金属架构开焊部位，要及时进行补焊。焊缝缺陷要挖尽挖透，并严格按焊接、热处理工艺进行补焊。

（2）对铰接部位的连接轴、固定板和固定螺栓，应保证完好无损，发现缺损应及时进行修复或补齐。

（3）对有缺陷的架构整体，应及时进行修复，对扭曲、变形应及时进行修整或更换。

（4）对于楼梯、平台和通道要随时检查，发现缺陷及时消除。

（5）对在检修中拆除的栏杆及平台上的开工孔洞，要采取必要的安全措施，检修后要及时予以恢复。

（6）在承载梁及架构上开挖孔及进行悬挂、起吊重物或进行其他作业时，要经有关专业工程师批准，必要时进行载荷的校核。

（7）为防止金属架构锈蚀，应每 2 年刷 1 次油漆。刷漆前要首先认真进行清污除锈，底漆刷防锈漆，面漆刷 2 遍调和漆。

二、行走机构检修项目及检修工艺

1. 检修项目

（1）检查基础及轨道，测量并调整两轨道的水平度、中心距及坡度，检查紧固螺栓，检查时采用轨距尺、水平仪、角度尺等专用工器具检查。

（2）检查行走轮、轴、轴承、轴承座、传动齿轮的磨损情况，必要时更换，采用游标卡尺、压铅丝、塞尺、涂红丹粉等办法检查。

（3）三级立式减速机解体检修。

1）检查齿轮、轴的磨损情况。

2）检查轴承的磨损情况。

3）检查、修理或更换磨损件。

4）检查柱塞泵、单向阀的磨损情况。

5）检查、补充或更换减速机内润滑油。

（4）检修减速机电动机。

（5）检修减速机传动联轴器、制动器。

（6）检查、紧固行走部分各部位螺栓。

2. 检修工艺

（1）基础无裂纹及其他明显异常，轨道螺栓紧固。

（2）检查轴承。打开轴承两端压盖，将原有润滑脂清洗干净，并用汽油或煤油冲洗干净，测量轴承间隙，检查轴承完好情况，对有缺陷或磨损超限的轴承予以更换。检查轴端螺母的紧固情况，松动的应重新紧固。检查加油嘴，不良的油嘴应更新。确认无问题后，向轴承壳内加注钙基润滑脂，紧固轴承压盖。

（3）拆检游动轮。

1）将轴承盖和内侧卡轴挡板螺栓拆掉；

2）拆除游动轮组；

3）拆开轴端紧固螺母，拆下外端透盖，用专用工具将轴压出；

4）将两盘轴承的另一个轴承压盖拆下；

5）检查轴承磨损情况，测量轴承间隙；

6）清理、疏通轴内油道；

7）清理、检查游动齿轮；

8）检查密封圈及加油嘴，向轴承内注 3/4 腔润滑脂，并按拆开的相反顺序组装。

（4）检查、清理主动车轮上的大齿圈，清理完毕后涂以干净的润滑脂。

（5）检查轴承座、轮与齿圈间的紧固螺栓情况。对磨损超限或有伤痕的部件应予以更换。

（6）检查轮缘的磨损情况。

（7）立式减速机的拆除。

1）用吊车通过减速机头部的起吊环将减速机垂直吊住，钢丝绳应微吃力。

2）拆开低速轮轴承闷盖，松开紧固螺母。

3）取出减速机耳环上的柱销。

4）将减速机从驱动轴上取下。

（8）柱塞油泵的检查。

1）检查油泵的磨块，超过极限的磨块应更换。

2）检查滤网，破损的滤网应予以更换，过滤细度一般为 80～120 目。

3）检查钢球，对已锈蚀、出现斑痕的钢球应予以更换。

4）检查各弹簧，对已变形、损伤严重或因锈蚀过度造成刚度降低的弹簧应予以更换，表面锈蚀应清除。

5）用反向灌油的方法检查钢球与密封是否漏油，若有漏油现象，用专用工具进行研磨。

（9）减速机的检修。

1）拆卸机壳连接螺栓，将机壳吊起，放于垫板上。

2）打开减速机盖，用塞尺或压铅丝的方法测量轴承间隙，并做好记录。

3）将齿轮清洗干净，用千分表和专用支架测定齿轮的轴向和径向晃动度，检查齿轮在轴上的紧固情况。

4）观察齿轮啮合情况和检查齿轮的磨损情况，有无裂纹、脱皮、麻坑、掉齿及其他异常现象。

5）用塞尺或压铅丝的方法测量齿顶、齿侧的间隙，并做好记录。

6）用齿形样板检查齿形，判断轮齿磨损和变形程度。

7）检查平衡重块有无脱落，重块位置是否正确。

（10）减速机的整体组装。

1）垂直吊住减速机，将减速机低速轴套在驱动轴上，用专用套管打入，紧固固定螺母，锁紧上退垫，减速机低速轴轴承用压盖固定。

2）将2个柱销装入耳环，减速机的垂直位置已由主动轴固定，柱销不允许减速机横向受力。

3）回装油泵输油管路，加入润滑油。

4）齿轮联轴节找中心，抱闸就位。

3. 检修技术质量标准

（1）齿轮联轴器找正，要求其不同心度、径向位移小于0.3mm，倾斜角小于0.5°。

（2）三级立式减速机各轴承的轴向间隙见表6-6。

表6-6　三级立式减速机轴承的轴向间隙

轴径（mm）	$\phi45$	$\phi60$	$\phi95$	$\phi190$
最大间隙（mm）	0.13	0.15	0.18	0.22
最小间隙（mm）	0.05	0.06	0.07	0.12
轴承型号	7509	7512	7512	7138

（3）减速机各级传动齿轮的齿侧间隙：高速齿轮0.12～0.18mm，低速齿轮0.15～0.26mm。

（4）减速机各齿间啮合情况：沿齿高方向啮合面积大于或等于45%；沿齿长方向啮合面积大于或等于60%。

（5）齿侧间隙：一级为0.12～0.20mm，二级为0.14～0.25mm，三级为0.16～0.30mm。

（6）低速轴孔与驱动轴：锥度1:10，表面粗糙度为$Ra32\mu m$，键与轴的配合为H7/h6。

（7）油泵柱塞和柱塞孔的配合间隙为0.01～0.02mm。间隙超过0.1mm时，必须更换柱塞。

（8）油泵的磷锡青铜磨块磨损超过2mm时应更换。

（9）油泵的滤网完整、清洁，进出油口无反向泄漏，喷头在运转中能正常、连续地喷油。

（10）试验要求：齿轮啮合平稳，声音正常，各处无渗漏油现象，刹车灵活可靠，减速机温度不超过60℃，振动不大于0.15mm。

（11）轨道应牢固地固定在基础上，各螺栓不应松动。轨道的普通接缝为1～2mm，膨胀缝为4～6mm，接头两轨道的横向和高低偏差均不得大于1mm，轨道的平直度应小于1/1000。

（12）主动、从动轮组和行走轮各轴承完好无损，间隙符合下列要求：3526轴承0.06～0.10mm；316轴承0.015～0.04mm。内侧轴承不应有轴向间隙，出轴侧应留有轴向间隙 1～1.5mm，两角轴承座内边的间距应保证 480mm（H8/h8）。轴承箱两支承面与车轮中心线的两垂直平面的平行度不应超过±0.08mm。

（13）装配后的车轮应转动灵活。主动车轮的轮齿啮合应符合下列标准：

1）齿顶间隙 2.5mm。

2）齿侧间隙 0.5～0.6mm。

3）啮合斑点所分布的面积：沿齿高方向大于 40%，沿齿宽方向大于60%。轮缘无局部严重磨损，且各轮缘磨损程度基本相同，轮对在运转时与其他部件不摩擦，各车轮直线偏差小于或等于 2mm。

三、夹轨器检修项目及检修工艺

1. 检修项目

检查闸瓦的损坏和螺栓的断裂情况，以及其他丝杠、套、弹簧的磨损情况，及时更换。

2. 检修工艺

（1）依次拆下防尘罩、减速电动机、限位开关，拆下架体与从动车轮上的连接螺栓，将夹轨器吊下，送至检修间。

（2）拆下主轴螺母与滑块间的四条螺栓，将钳夹取出。

（3）拆下空心螺栓，取出挡圈，从主轴上拆下伞形齿轮、手轮及主轴螺母。

（4）拆下钳夹上所有的铰接销轴，拆下闸瓦。

（5）清洗各部件。

（6）检查伞形齿轮轮齿的磨损情况，检查其键槽的完好情况。

（7）检查主轴。

1）检查轴的弯曲度。

2）检查梯形螺纹的磨损情况。

3）检查键及键槽的配合情况。

4）彻底清理、疏通空心油管。

（8）检查与主轴配合的两铜套的磨损情况。

（9）检查手轮有无裂纹，及键和键槽的配合情况。

（10）检查主轴螺母铜套螺纹的磨损情况，及主轴螺母及滚轮的完好情况。

（11）检查钳夹铰接处各销轴、销孔的磨损情况，磨损超限的销轴应更换。

（12）检查闸瓦的磨损及完好情况。

（13）检查涡卷弹簧是否有裂纹或严重脱皮，用加压法测量弹簧的刚度。

（14）清洗、检查、修理完毕后进行组装，组装和就位可按相反的拆卸顺序进行。

（15）各铰接处的销轴、销孔、涡卷弹簧、主轴螺母等在装配中应涂少量润滑脂。

（16）用涂红丹粉的方法检查伞形齿轮啮合状况。如果啮合不良，齿顶、齿侧间隙过大或过小，啮合斑点偏向大端或小端，可采用调节减速机或限位开关底座衬垫的办法解决。调节好后在轮齿上涂以润滑脂。

（17）利用手轮升降夹轨器，按要求调节限位开关的行程。

（18）通过黄油嘴向主轴螺母铜套内及主轴轴瓦腔内加注润滑脂。

（19）进行试运。

3. 检修质量技术标准

（1）伞形齿轮。

1）齿轮无裂纹，伞齿无其他明显异常，轮齿磨损应小于原齿厚的20%。

2）大端齿顶间隙为1mm，啮合线在节圆线上。

3）啮合斑点沿齿高和齿宽方向均大于40%，且啮合接触不得偏向一侧。

（2）主轴。

1）主轴的弯曲度小于全长的1/1000。

2）主轴梯形螺纹部分应完好，无断扣、咬扣、斑驳等缺陷，磨损应不大于标准规定。

3）空心油道清洁、畅通。

4）主轴与铜套的配合为D4/d4（H9/h6）。

5）主轴与手轮的配合：轴与孔 D4/gc（H9/k6），轴槽与键 Jz/d4（H8/h8）。孔槽与键 D4/d4（H9/h8）。

6）主轴与伞形齿轮的配合：轴与孔 D/gc（H7/k6），轴槽与键 Jz/d4（H9/h8），孔槽与键 D4/d4（H9/h8）。

（3）主轴螺母。

1）螺纹完好无损，磨损量小于原螺纹厚度的1/3，否则应予更换。

2）螺母衬套与螺母体配合紧密，无松动，定位销螺栓紧固，且与端面平齐。

3）螺母体应完好无裂纹，螺孔中螺纹无损伤。

4）装在螺母中间爪子上的辊子应转动灵活，且无局部磨损；销子完整无弯曲。

（4）连接主轴螺母和滑块的四条螺栓。

1）无断裂、弯曲和其他明显损伤。

2）在主轴螺母上固定牢靠，四条螺栓长短一致。

3）当螺栓头与滑块接触时，涡卷弹簧应为自由状态（无预压缩量），且弹簧上端面与主轴螺母下端面无间隙。

4）螺栓头部应涂以明显的颜色，以便检验涡卷弹簧的压缩量。

（5）钳夹各销轴应灵活而无松动，定位销牢固可靠且平整，各销轴与孔的配合均为 D4/dc4（H9/9）。

（6）两闸瓦平行且高低一致；闸瓦沿销轴应有一定的活动量，以便增加适应能力。新换的闸瓦除应满足几何尺寸外，其表面硬度应为 RC28～32。

（7）涡卷弹簧。

1）表面无裂纹，两端面平行，自由高度 h 的差小于 5mm。

2）弹簧刚度标准要求见表 6-7。

表 6-7 弹簧刚度标准

压力（N）	0	8000	15000	22000	25000
弹簧高度（mm）	118.0	115.5	93.1	85.5	84.0

（8）限位开关的调节行程应符合以下规定。将涡卷弹簧压缩 30mm 时视为下限点，将主轴螺母由下限点上行 184.9mm，定为上限点。

（9）各润滑点和防锈蚀部位全部涂注钙基润滑脂。

（10）各结合螺栓紧力均匀可靠，密封罩完整无变形，导轨槽平直光滑；行程指示牌完整、鲜明。

（11）试运。夹轨钳制动器（电动、手动）灵活可靠，限位开关动作准确，伞齿轮啮合平稳，无异常噪声。

四、油缸检修项目及检修工艺

1. 检修项目

（1）检查密封件的磨损情况，磨损严重的应更换。

（2）各部位螺栓的检查与更换。

（3）检查活塞皮碗，损坏或老化时应更换。

（4）活塞杆的检查。

（5）缸体的检查。

（6）检查轴承座，必要时进行更换。

2. 检修工艺

油缸不得漏油，油封保证完好；连接部分牢固，活塞杆不得有弯曲、损坏、裂纹；活塞与缸体表面应光滑，不得有拉毛；螺栓不得有松动，焊缝不得有裂纹；皮碗不得有纵向深槽，磨损不大于 0.5mm；活塞要保持光洁，不得有因油内杂质磨成的毛刺，粗糙度要求在 $Ra0.8\mu m$ 以下；缸体不得有明显的毛刺，粗糙度保证在 $Ra0.8\mu m$ 以下。

3. 技术标准

活塞泄油孔必须畅通；起导向作用的轴套粗糙度要求在 $Ra0.8\mu m$ 以下，活塞杆与轴套之间为动配合，其最大间隙为 0.11mm，最小间隙为 0.04mm；装配后应保证各部件运动灵活，无卡涩现象，活塞皮碗和缸体紧力不应太大；充压力油后，无内部和外部泄漏。

五、轴向泵检修项目及检修工艺

检查轴承、活塞、缸体、缸体与配流盘、卡瓦与销子、各密封件的磨损情况；蝶形弹簧及其他零件的检查。

1. 检修工艺

（1）泵体必须与主轴同心，可调整轴承垫片来保证同心度，不同心度不得大于 0.03mm，活塞和缸体的间隙为 0.02～0.03mm，不得大于 0.06mm，圆柱度不得超过 0.10mm，圆度不得超过 0.10mm。

（2）缸体与配流盘的接合面要求平整，粗糙度在 $Ra0.8\mu m$ 以下。

（3）蝶形弹簧的紧力要求压缩弹簧 0.30～0.40mm。

（4）活塞与缸体之间要求转动灵活，间隙符合标准，接触面要求均匀。

（5）各密封件应当密封完好，无泄漏。

（6）油封与转动轴相结合处的紧力不能太大，防止轴被磨损。

（7）各接合面保持平整，可用加垫片来调整，紧固螺栓用力要均匀保证不泄漏。

（8）检修完毕后，主轴能灵活转动，后泵体能左右轻微地摆动，并要求壳体内加满油，备用油泵泵体内也要注满油，以防锈蚀。

（9）联轴器的找正，对回转油泵，要求径向 0.10mm，轴向 0.18mm对斗轮油泵，要求径向 0.05mm，轴向 0.11mm。

2. 技术标准

外观整洁，无油垢和煤粉，各接合面及油封不漏油；运转声音正常振动不超过标准（斗轮油泵，≤0.03～0.06mm；回转油泵，≤0.04～0.07mm），油温不超过 60℃；不允许反向旋转。

六、液压马达检修项目及检修工艺

1. 检修项目

（1）检查和检修壳体、活塞。

（2）检查密封件及涨圈的磨损情况，磨损严重或变形时应更换。

（3）检查缸体的磨损情况。

（4）检查曲轴轴瓦的磨损情况，必要时更换。

（5）检查轴承，必要时更换。

2. 检修工艺及质量标准

（1）涨圈不得有损伤及棱角。装配时相邻两胀圈的开口位置应相错180°。

（2）活塞与活塞孔的间隙应在 0.01～0.02mm 范围内。

（3）检查活塞与活塞孔时，对拆出的液压马达要在柱塞和其孔口旁边做好对位标记。

（4）曲轴两边推力轴承的轴向间隙为 0.05～0.10mm。

（5）转阀与阀套的间隙要求在 0.015～0.025mm，转阀不得破损。

（6）十字接头两边的转阀与曲轴不能任意变换，否则将会使液压油马达出现反转现象。

（7）缸体的内表面磨损不得超过 0.05mm，且不能有沟槽。

（8）活塞与活塞杆的连接应转动平稳灵活，且无晃动。

（9）活塞杆与其下部曲轴结合处的乌金瓦应无损伤及其他明显缺陷。

（10）油封磨损后需调整缩紧弹簧时，不能紧力过大，以免磨轴，当胶圈失去弹性时应更换。

（11）各结合面应保持平整，必要时可以涂漆片。

（12）检修中必须保持清洁，不允许有任何污物落入液压马达内。

（13）检修后，油马达用手能灵活盘转，将润滑油加满。

（14）检修好的备用液压油马达，也要将油注满，以防锈蚀。

七、齿轮油泵检修项目及检修工艺

1. 检修项目

（1）检查各接合面、密封件、壳体，必要时进行修理或更换。

（2）检查轴承，必要时进行更换。

（3）检查侧板。

（4）检查齿轮。

2. 检修工艺

（1）若只有一个齿轮被磨损，进行修复时，应使两齿轮厚度差在 0.05mm 范围之内，且垂直度与平行度误差不得大于 0.05mm。

（2）齿轮的装配间隙：轴向间隙，应在 0.05～0.08mm 之间；径向间隙，应在 0.03～0.05mm 之间。

（3）要求齿顶与箱体内孔之间的间隙在 0.15～0.20mm 之间。

（4）键与链槽的配合。键与轴上键槽的配合为 H9/h9 或 N9/h9 装配时可用铜棒轻轻打入，以保证一定的紧力。键与轮毂键槽的配合应为 D10/h9 成 Js/h9，装配时应轻轻推入轮毂键槽。键装完后，键的顶部与轮毂的底部不能接触，应有 0.2mm 左右的间隙。

3. 检修质量技术标准

（1）外壳无裂纹及其他明显损伤，不漏油。

（2）密封件不渗漏。

（3）轴承不得有压伤、疤痕等缺陷。

（4）侧板的表面不能有损伤。

（5）检修后，表面应光洁，无油垢、煤粉。

（6）检修后，齿轮油泵能用手灵活转动。

（7）试转时，应确认转向正确、无噪声。

（8）振动值应不超过 0.03～0.06mm。

八、回转系统检修项目及检修工艺

1. 检修项目

（1）检查液压系统、泵、马达、管道阀门等，必要时进行更换。

（2）检查 1797/3230Gzy 推力向心交叉滚子轴承的润滑情况，必要时进行检修。

（3）检查大齿圈与啮合小齿轮的啮合、磨损情况，必要时调整或更换小齿轮。

（4）蜗轮减速机解体检修。

1）检查蜗轮减速机的啮合、磨损及润滑情况，必要时对蜗轮、蜗杆进行修理或更换。

2）检查各轴承的润滑、磨损情况，必要时更换轴承，更换减速机内润滑油。

（5）检查减速机下部开式齿轮的磨损及啮合情况，必要时进行调整或更换齿轮。

（6）检查传动轴套及轴承的润滑与磨损情况，必要时更换传动轴套及轴承。

（7）检查紧固回转系统的各部螺栓，必要时进行更换。

2. 检修工艺

（1）蜗轮减速机的拆装及工艺要求。

1）将蜗轮减速机的所有连接螺栓与液压马达的管接头拆开，用吊车将蜗轮减速机箱连同液压马达一起吊下放置在检修场地的平面上，下座用枕木垫起，避免蜗轮轴触地。

2）用吊车以适当的力吊住液压马达，拆除液压马达与蜗轮减速机壳之间的紧固螺栓，用两把改锥从接合缝处对称别撬，使液压马达与蜗轮减速机壳脱开，将马达吊至合适位置放下进行检修。

3）拆下箱盖，利用蜗轮辐板上的孔将蜗轮连同轴、轴承一同吊出，置于合适位置，检查蜗轮轮齿的磨损情况。若磨损超过规定要求，应更换齿圈。在拆装齿圈的过程中，要注意定位销的拆卸及定位孔的配制工艺。

4）检查轴承磨损、轴承内套及轮毂在轴上的紧固情况和轴承外套在孔中的配合情况。检查透盖密封毛毡的磨损情况，对磨损严重者应按规定要求进行更换。

5）拆除蜗杆。检查蜗杆齿面磨损情况，检查蜗杆轴承磨损情况。

6）清理箱体。注意，污物及棉纱头不能留在箱体内。

7）与拆除相反的顺序，回装蜗杆、蜗轮。考虑轴承的磨损，每次必须采用轴承套压铅丝的方法测量其间隙，并调整轴承套与箱壳间的垫片，以保持蜗杆两端轴承的间隙。

8）由于蜗轮下部支承轴承的磨损，可能会造成蜗轮下沉，致使蜗杆、蜗轮的轴线发生偏移，可采用样板靠在蜗轮侧面上并用塞尺测量其间隙，两边间隙应相同。如果不相同，可通过下端轴承压盖与箱壳间的垫片进行调整。轴承的轴向间隙通过上轴承盖与箱壳间的垫片进行调整。

9）蜗轮上部轴承应加钙基润滑脂，否则轴承在运转中无法得到润滑。

10）用千分表测量蜗轮蜗杆轮齿间的侧隙。将千分表磁力座固定在箱壳上，表针压在蜗杆的一端面上，卡住蜗轮不动，盘动蜗杆。蜗杆从一死点到另一死点的轴向移动量即为侧隙。可通过蜗杆转过的角度值，根据蜗杆的导程来换算侧隙值。

（2）传动套轴的拆装工艺。

1）拆下小齿轮端部压盖，用专用工具拆下小齿轮。

2）拆下轴承支座与回转平台部分的紧固螺栓，用钢丝绳吊出传动套轴。

3）将传动套轴平放，拆去两端轴承压盖，使轴从套中退出。

4）检查两端轴承，对不符合要求的轴承予以更换。

5）检查各密封件是否磨损。

6）检修完毕后进行回装，回装顺序与拆卸顺序相反，两轴承应加一定的润滑脂。

7）特别要注意两端推力轴承的安装，两个外套不能互换，安装的顺序也不同，对上端轴承应先装外套，而下端的轴承则应后装外套，并要注意调整好轴承的间隙。

8）最后将齿轮装好，压盖压牢，并检查齿轮啮合情况。

（3）推力向心交叉滚子轴承。

由于轴承转速很低，若无大的问题（如滚动有异声及滚道严重磨损），一般不需要更换，但必须对其进行定期检查维护和加油润滑。

1）清扫落在齿圈上的煤粉，清理齿上的旧黄油，并加注新的黄油，以保证正常润滑。

2）检查轴承的内、外圈紧固螺栓，若有松动要紧固牢靠。

3）检查轴承整体与转盘的固定螺栓，若有松动要予以紧固。

4）检查固定在齿圈上的密封胶皮，如有损坏或磨损，要及时更换。

3. 检修质量技术标准

（1）蜗轮蜗杆侧隙为 0.15～0.3mm。

（2）蜗轮轴承间隙为 0.10～0.2mm。

（3）蜗杆轴承间隙为 0.15～0.3mm。

（4）蜗轮蜗杆的接触面积在齿高和齿宽方向应大于或等于 55%。

（5）回转泵振动应小于或等于 0.07mm，声音正常，轴承温度小于 70℃。

（6）液压系统不漏油，油温小于 60℃。

（7）回转速度符合取料要求。

（8）换向灵活，冲击力小。

（9）传动套轴两端轴承应保证 0.2～0.3mm 间隙，轴承与轴的配合为 K6，与孔的配合为 K7。

（10）传动轴与蜗轮轴的径向偏差小于 0.5mm。

（11）转动套轴两端应留有 10mm 的间隙。

（12）小齿轮（$m=25$，$z=18$）与轴为花键配合，各个尺寸公差配合要求为 $\phi200H8$、$\phi180H12$、30D9。

（13）小齿轮与大齿圈之间接触面积在齿高方向不小于 30％，在齿长方向不小于 40％，齿侧间隙为 1.5～2mm，齿顶间隙为 6.25mm。

（14）蜗轮轮心无裂纹等损坏现象。青铜轮缘与铸铁轮芯配合，一般采用 H7/s6。当轮缘与铸铁轮心为精制螺栓连接时，螺栓孔必须绞制，与螺栓配合应符合 H7/m6。

（15）蜗轮齿的磨损量一般不超过原齿厚的 20％。

（16）蜗轮与轴的配合，一般为 H7/h6，键槽为 H7/h6。

（17）蜗杆齿面无裂纹毛刺。蜗杆齿形的磨损，一般不应超过原螺牙厚度的 20％。

（18）装配好的蜗杆传动在轻微制动下，运转后蜗轮齿面上分布的接触斑点应位于齿的中部。

（19）装配齿顶间隙应符合（0.2～0.3）m（m 为蜗轮端面模数）的计算数值。

（20）轴应光滑无裂纹，最大挠度应符合图纸的有关数值，其圆锥度、圆柱度公差应小于 0.03mm。

（21）端盖与轴的间隙应四周均匀，填料与轴吻合，运行时不得漏油。

（22）上盖与机座结合严密，每 100mm 范围内应有 10 点以上的印痕，均匀分布，未紧螺栓前用 0.1mm 的塞尺塞不进去，且结合面处不准加垫。

九、斗轮系统检修项目及检修工艺

1. 检修项目

（1）检查油泵、油马达及液压系统的其他部件，必要时进行更换。

（2）检查斗轮传动轴、齿轮的磨损及润滑情况，必要时更换齿轮或轴。

（3）检查各部轴承的磨损及润滑情况，必要时更换轴承。

（4）检查斗轮体、斗子、斗壳的磨损情况，必要时整形或挖补。

（5）检查斗齿的磨损情况，及时修理或更换。

（6）检查斗轮减速机及机壳的严密性，消除渗、漏油。

（7）检查溜煤板的磨损情况，磨损严重造成取煤量降低的溜煤板，应修补或更新。更换的溜煤板应符合图纸要求、表面平整、光滑。

2. 检修工艺

（1）将齿轮清洗干净，检查齿轮的磨损情况和有无裂纹、掉块现象，轻者可修整，重者需更换。

（2）用千分表和专用支架测量齿轮的轴向和径向晃动度。如不符合质量要求，应对齿轮和轴进行修理。

（3）转动齿轮，观察齿轮啮合情况和检查齿轮有无裂纹、剥皮、麻坑等情况，并检查齿轮在轴上的紧固情况。

（4）用塞尺或压铅丝的方法测量齿顶、齿侧的间隙，并做好记录。

（5）用齿形样板检查齿形。根据检查结果，判断轮齿磨损和变形的程度。

（6）斗子、斗壳磨损造成漏煤时，应更换；斗齿磨短时，要补齐；斗齿头部磨损超过 1/2 时，应更换。

（7）溜煤板磨损严重造成取煤出力降低时，应当修整或更换。

3. 检修质量技术标准

（1）齿顶间隙为齿轮模数的 0.25 倍。

（2）齿轮轮齿的磨损量超过原齿厚 25％时，应更换齿轮。

（3）齿轮端面跳动和齿顶圆的径向跳动公差，应根据齿轮的精度等级、模数大小、齿宽和齿轮的直径大小确定。其中一般常用 6、7、8 级精度，齿轮直径为 80～800mm 时径向跳动公差为 0.02～0.10mm；齿轮直径为 800～2000mm 时径向跳动公差为 0.10～0.13mm；齿宽为 50～450mm 的齿轮端面跳动公差为 0.026～0.03mm。

（4）齿轮与轴的配合，应根据齿轮的工作性质和设计要求确定；键的配合应符合国家标准，键的顶部应有一定的间隙，键底不准加垫。

（5）滚动轴承不准有制造不良或保管不当的缺陷，其工作表面不许有暗斑、凹痕、擦伤、剥落或脱皮现象。

（6）斗轮液压马达运转声音正常，斗轮运转平稳，轮斗内无积煤。

（7）斗轮转速达到额定转速，取煤量达到额定出力，斗轮转向正确。

（8）斗轮泵振动小于等于 0.06mm，减速机振动小于等于 0.10mm。

（9）压力保护要求动作灵敏，动作压力要求在规定范围内。

（10）溢流阀压力应在规定压力范围内。

（11）轴承温度小于 70℃，油温小于 60℃。

（12）各部连接螺栓齐全、紧固。

（13）现场要求整洁，液压系统不漏油。

（14）皮带出力达到标准。

十、阀类检修项目及检修工艺

1. 溢流阀

在泵启动和停止时，应使溢流阀卸荷。调整压力后，应将手轮位置固定，所调的工作压力不得超过系统最高压力；油液要保持清洁，防止杂质堵塞节流孔。溢流阀的使用与维修如下：

（1）溢流阀动作时会产生一定的噪声，安装要牢固可靠，以减小噪声，避免接头松漏。

（2）溢流阀的回油管背压应尽量减小，一般应小于或等于0.2MPa。

（3）油系统检修后初次启动时，溢流阀应先处于卸荷位置，空载运转正常后再逐渐调至规定压力，调好后将手轮固定。

（4）溢流阀调定值的确定。溢流阀作纯溢流时（如补油系统），系统工作压力即为调定压力。溢流阀作安全阀用时，其调定值一般按说明书规定。如说明书未做具体规定，必须掌握调定压力不得超过元件和管路所能承受的最大压力。如果系统工作压力远低于元件和管路的最大承受压力时，其调定值可按系统工作压力的1.2～1.5倍考虑。

（5）溢流阀拆开后，应检查导阀和主阀的锥形阀口是否漏油，并做压力试验，如有泄漏，必须进行研磨处理。检查弹簧是否断裂或变形，阻尼小孔是否畅通无堵；清理阀内各处的毛刺、油垢、锈蚀。安装时，各配合面涂以干净的机油。安装完毕后油口应封好，以防杂物、尘土进入阀内。

（6）溢流阀的质量标准为动作灵敏可靠，外表无泄漏，无异常噪声和振动。

2. 节流阀

（1）安装单向节流阀时，油口不能装反，否则将造成设备损坏事故。

（2）用节流阀调节流量时，应按流量由小到大的顺序进行，即按斗轮堆取料机大臂下降速度由低到高的顺序进行。

（3）当检修或拆换节流阀时，必须采取防止大臂突然下降的措施（一般可将大臂斗轮放在煤堆上或降到地面上），以防设备损坏和人身伤亡。

（4）节流阀的检修与溢流阀相同。可能发生的缺陷有：阀口损坏或结垢，弹簧发生永久变形或折断，小孔被污物堵塞，O形密封圈破损等。每次检修应认真检查，消除各部位的缺陷。

（5）节流阀检修后，应动作灵活，外观无渗漏现象。

3. 流量控制阀

流量控制阀最小流量的调节范围为公称流量的10%，压力补偿装置的压力差为0.15～0.20MPa，供调节的油量必须充足。

4. 方向控制阀

应尽量保持电压稳定，波动范围为额定电压的110%～85%；使用时应将盖密封，阀的安装方向与轴线成水平。

5. 单向阀

单向阀的构造简单，维护量小，每次拆开后应检查阀口的严密性，阀芯与阀体孔应无卡涩；清理小孔等处的积垢，检查弹簧是否断裂或变形安装单向阀时，切勿将进出口方向装反，否则将造成事故。单向阀检修后应动作灵活、可靠，外观无泄漏。

6. 换向阀

（1）运行中应保证电磁线圈的电压稳定，电压为额定电压的 85%～110%，过高或过低都可能使线圈烧损，在供电系统中最好能有稳压装置。

（2）检修中检查阀芯与阀孔的磨损情况；间隙为 0.008～0.015mm，粗糙度为 $Ra0.4\mu m$，间隙及配合面出现径向沟痕应研磨，沟痕严重时应更新。

（3）检查复位弹簧是否断裂或有无塑性变形。

（4）清洗阀体通道及阀芯平衡沟槽的油垢及杂物，清洗时要用干净的细白布擦拭，以免划伤高光洁度的配合面，单件清洗完后用压缩空气吹净。

（5）检查 O 形密封圈是否老化、破损变形，不合格的要更换。

（6）回装时在阀芯柱塞表面涂以清洁的机油。注意油口不要对错，密封圈要装好，紧固螺栓的紧力要均匀一致。

（7）组装完后的换向阀如果暂时不装回设备上时，应将各油口封严或用整块干净的白布将阀门重要零件包好并妥善保管，以防杂物或尘埃进入阀内。

（8）换向阀检修后应动作灵活、可靠，无漏油（包括不向电磁铁漏油）。

十一、斗轮行星减速箱解体检修工艺

（一）检修工艺

（1）减速器从斗轮堆取料机上整体拆除。

1）首先用 2 台 2t 手拉葫芦将斗轮堆取料机悬臂固定在地锚上，防止将减速机拆除时悬臂翘起。

2）用手拉葫芦将斗轮堆取料机斗轮固定在地锚上，防止施工时斗轮转动。

3）将斗轮堆取料机减速箱侧面的栏杆割除。

4）施工前用白色油漆将减速器外部各部位做好标记，如减速器端盖的原始位置、收缩卡盘与轴之间的原始位置等。

5）将减速器与电机连接的靠背轮保护罩拆除，用力矩扳手将连接靠背轮的螺栓拆除，并在检修卡上记录好螺栓松动时的力矩值。

6）用力矩扳手将减速器的四个地脚螺栓拆除，并记录好螺栓松动时的力矩值，将用油漆做好原始记号的减速器的两个定位销拆除。

7）用力矩扳手将收缩卡盘的连接螺栓拧松但不拆掉，以防止盘松脱时崩脱发生意外，用四块楔木塞在两收缩卡盘缝的四侧，用大锤使楔木均匀受力，使两收缩卡盘松脱。

8）将减速器底板的顶紧螺栓拧紧，使减速箱底板与斗轮堆取料机之间有所松动，以减小它们之间的摩擦力。

9）将密封端盖上的六角螺栓拆除，用顶紧螺栓将密封端盖顶出，顶紧螺栓拧紧时受力要均匀，对油封、密封套筒进行检查，并用游标卡尺和塞尺测出各部分间隙，并在检修卡上做好记录。

10）用 2 台 50t 液压千斤顶将减速器与传动轴分离，在顶升过程中，千斤顶受力一定要均匀。

11）用 8t 汽车吊将减速器吊至地面，起吊过程中，要做好防护措施，防止将别的设备碰坏。

12）用 3t 铲车将减速器运至检修车间。

（2）解体检修前准备。

1）在检修车间，将所需使用的工具及消耗性材料准备好。

2）在施工场地上敷设一层透明塑料布，然后在塑料布上铺一层 5mm 厚橡胶板，用以堆放零件，并防止油污弄脏地面，做到文明施工。

3）用行车将减速器水平吊至地面，两头用木板垫平，防止减速器倾斜。

4）用铁刷对减速器的表面进行清理，将减速器表面及顶紧螺栓孔内的杂质及气化物清除干净。

（3）拆除输入端伞齿轮。

1）用拉马将输入端伞齿轮的靠背轮拉出，将键取出放在指定地点，摆放整齐并做好记录。

2）用力矩扳手将密封端盖上的螺栓松掉，用两件 M10 螺栓拧入密封端盖的顶紧螺栓，使螺栓均匀受力，将密封端盖顶出。

3）对油封、套筒、固定套筒、轴承进行检查，并用游标卡尺和塞尺测出各部分间隙，并做好记录。

4）将减速器上部注油孔盖打开，用色印检查伞齿轮的咬合，并测量出齿轮咬合的齿侧间隙及齿顶间隙并做好技术记录。

5）将油封、轴承定位螺母、套筒定位螺栓、密封套筒拆除，放到指定地点摆放整齐并做好记录。

6）用行车将轴承座套吊出，用力矩扳手将螺栓拆除，用顶紧螺栓将轴承座套和伞齿轮整体拆除，对轴承、一级定位套筒各部位间隙进行测量并做好技术记录。

7）将伞齿轮和轴承一起从轴承座套中拆除。

（4）拆除输出端箱体和支座。

1）对输出花键轴、轴承、套筒进行检查，并测量出各部位间隙，做好技术记录。

2）用力矩扳手将输出端箱体上的螺栓拆除，用两件 M24 螺栓将输出端箱体顶出，螺栓拧紧时要均匀。

（5）行星架系统拆装。

1）割除行星架推力轴承外壳，加热内套，取出内套。

2）用内六角扳手拆除行星轮转动轴上的定位销，如果太紧，可以用烘把将定位销周围加热再松定位销，在行星架表面和转动轴的结合面做上记号，以便安装时轴和支架的定位孔在一条直线上。

3）在轴的两侧各放置 1 只 50t 液压千斤顶，均匀提升千斤顶，直到将转动轴取出，在千斤顶顶起前对转动轴周围均匀加热。

4）取出行星轮轴套和齿轮，在取出齿轮前先将齿轮拉出一部分后，用撬棒将齿轮顶起，将轴套移动使其偏离中心，将齿轮连同套环一起取出。

5）取出齿轮后，用卡环钳将定位齿轮轴承的卡环取出，再用铜棒将轴承敲出。

6）清洗齿轮，做 TV 试验检查齿轮受损情况。

（6）拆除 630V3 太阳轮轴。

1）用力矩扳手将密封端盖上的螺栓松掉，用 2 件 M10 螺栓拧入密封端盖的顶紧螺栓孔，使螺栓均匀受力，将密封端盖顶出。

2）对套筒、定位套筒轴承、轴承定位螺母、止动垫片进行检查，并用游标卡尺和塞尺测出各部分间隙，并做好技术记录。

3）将轴承定位螺母和止动垫片拆除，放到指定地点并做好记录。

4）用力矩扳手将轴承座套上的螺栓松掉，用顶紧螺栓将轴承座套、轴承一同拆除。

5）对伞齿轮、3 级定位套筒、4 级定位套筒、轴承、630A5 太阳轮、定位环进行检查，用游标卡尺和塞尺测出各部分间隙，并做好技术记录。

6）将 630V3 太阳轮轴同伞齿轮及轴承一起吊出锥齿轮传动箱体。

7）将定位套筒、定位环拆除，将伞齿轮从太阳轮轴上拆除。

（7）减速器组装。

1）用柴油对各拆除的部件进行清洗，并通知做环齿 TV 试验，对齿轮箱内部进行清洗。

2）检查各部件受损情况，要求轴承外观应无裂纹、重皮等缺陷。

3）伞齿轮、太阳轮轴、定位套筒、定位环经检查合格后，进行复装，将安装完的太阳轮轴装入锥齿轮传动箱体，将轴承座套安装就位。拧紧螺栓力矩为 1650kgf·cm（1kgf·cm＝9.8N·cm，下同），调整轴承位置，安装轴承定位螺母、止动垫片。

4）安装行星架系统时，将合格的轴承、卡环和轴套装入行星轮内。

5）将行星轮转动轴承冷却至－20℃，同时将行星架加热至 80℃，将轴装入行星架内，装入时保证轴上的定位孔和行星架上的定位孔在同一位置。

6）加热行星架推力轴承后将轴装入。

7）用色印检查太阳轮与行星轮啮合情况。

8）安装支座和输出端箱体，用力矩扳手将螺栓拧紧，力矩为 1000kgf·cm。

9）安装输入端伞齿轮，将轴承座套安装在锥齿轮传动箱体上，拧紧螺栓，力矩为 1650kgf·cm，将装配好的伞齿轮装入轴承座套里，调整伞齿轮及轴承位置。用色印检查伞齿轮啮合情况，符合要求后，将轴承定位螺母拧紧。

10）安装油封及端盖拧紧螺栓，力矩为 1650kgf·cm。

11）用铲车将减速器运至斗轮堆取料机旁，用 8t 汽车吊吊装就位，用

2 台 50t 千斤顶做推力，将斗轮转动轴承插入减速器输出花键轴内。

12）将减速器基座找正，安装定位销、地脚螺栓，恢复斗轮堆取料机栏杆，连接联轴器。

13）进行试运转。

（二）质量控制及质量标准

（1）轴承内套与轴不得产生滑动，不得安放垫片，用热油加热轴承时油温不得超过 100℃。在加热过程中轴承不得与加热容器的底接触，轴与轴封卡圈的径向间隙为 0.3~0.6mm，密封盘根应为均匀致密的羊毛毡，严实地嵌入槽内，与轴接触均匀，紧度适宜。

（2）油环应成正圆体，环的厚度均匀、表面光滑、接口牢固。油环在槽内无卡涩现象，一般油液底浸入油环直径的 1/4。

（3）装配靠背轮时不得放入垫片或冲打轴以取得紧力，两半靠背轮找中心时，其圆周及端面允许偏差值（即在直径的两端位置所测得间隙之差的最大值）达 0.04~0.06mm。

（4）用色印检查大小齿轮工作面的接触情况，一般沿齿高不少于 50%，沿齿宽不少于 60%，并不得偏向一侧。

（5）键与键槽的配合：两侧不得有间隙，顶部（即径向）一般应有 0.10~0.40mm 间隙，不得用加垫或捻键的方法来增加键的紧力。

（6）主轴承轴封的安装应符合下列要求：垫料应采用质量良好、紧密的细毛毡，厚度适宜，毛毡裁制应平直，接口处应为阶梯形，毛毡与轴接触均匀，紧度适宜。压填料的压圈与轴的径向间隙均匀，一般为 3~4mm。

（7）机盖与机械体的法兰结合面应接触严密，不得漏油。

（8）所加齿轮油约为 67L。

（9）组装后的减速机用手盘动轴，应转动灵活、轻便、咬合平稳。

（10）试运转 0.5h 后，要求减速器无异常振动、无异常温升、密封处无漏油现象。

第四节　圆形堆取料机检修工序及要求

一、金属架构检修项目及检修工艺

1. 检修项目

（1）架构的焊缝：应每年检查 1 次，对重点焊接部位应每季度检查 1 次。

（2）架构的铰接部位：需每年检查 1 次，对连接轴、固定挡片和固定螺栓等应详细检查。

（3）架构的整体部分：应每年检查 1 次，重点部位应每月检查，检查有无变形、扭曲和撞坏等。

（4）楼梯、平台和通道：要随时检查其是否完好。

2. 检修工艺

（1）对于金属架构开焊部位，要及时进行补焊。焊缝缺陷要挖尽挖透，并严格按焊接、热处理工艺进行补焊。

（2）对铰接部位的连接轴、固定板和固定螺栓，应保证完好无损，发现缺损应及时进行修复或补齐。

（3）对有缺陷的架构整体，应及时进行修复，对扭曲、变形应及时进行修整或更换。

（4）对于楼梯、栏杆、平台和通道，要随时检查，发现锈蚀、损坏等缺陷及时消除。

（5）对在检修中拆除的栏杆及平台上的开工孔洞，要采取必要的安全硬隔离措施，检修后要及时予以恢复。

（6）在承载梁及架构上开挖孔及进行悬挂、起吊重物或进行其他作业时，要经有关专业工程师批准，必要时进行载荷的校核。

（7）为防止金属架构锈蚀，应每 2 年刷 1 次油漆。刷漆前要首先认真进行清污除锈，底漆刷防锈漆，面漆刷 2 遍调和漆。

二、刮板、链条、链轮及链条张紧装置

1. 检修工艺

（1）刮板的拆除检修。

（2）链条的拆除检修。

（3）链轮的拆除检修。

（4）链条轨道检修。

（5）检查修理、更换磨损严重的销轴。

2. 检修质量标准

（1）刮板边缘无豁口，刮板无变形，刮板两侧与链条连接螺栓无严重磨损。

（2）运行中刮板与链条所在直线垂直，刮板间相互平行。

（3）运行中刮板取煤量达到额定出力，刮板转向正确。

（4）刮板螺栓紧固到所要求的扭矩后，把螺母点焊牢。

（5）链条链环无严重磨损、无变形，两条链条的总长度和链节数相同。

（6）链条的张紧力 100～160bar。油缸装配后，应保证各部件运动灵活无卡阻现象，活塞与油缸内壁的配合符合图纸要求，充进压力油后，无外部和内部的泄漏。

（7）链条在各种运行速度下无卡涩、无异响、无抖动，刮板与链条间连接牢固，在允许范围内活动灵活。

（8）链轮转动平滑，对向链轮端面互相平行。

（9）链轮与轴安装紧密，在运行中不松动。

（10）链条轨道平整，无卡涩、无塌陷。

（11）各转动设备的滚动轴承质量良好，其工作表面不许有暗斑、凹痕、擦伤、剥落或脱皮现象。

三、刮板驱动装置

1. 检修工艺

（1）刮板驱动装置：整体拆卸进行检修。

（2）电机、减速机、耦合器（参考第三章通用部分）。

2. 质量标准

（1）电机、减速机及耦合器的检修质量要符合其相应标准。

（2）滚动轴承不准有制造不良或保管不当的缺陷，其工作表面不许有暗斑、凹痕、擦伤、剥落或脱皮现象。

（3）紧箍链轮传动轴和减速机输出轴的联接胀套螺栓扭矩，必须达到厂家要求的数值。

（4）液力耦合器按要求使用 32 号汽轮机油。

（5）链轮传动轴承座必须全部注入足量新的合格润滑脂。

（6）轴承温度≤70°、油温≤60°。

（7）各部连接螺栓齐全、紧固。

（8）施工现场整洁。

四、回转装置

1. 检修工艺

（1）拆下防护罩，松开电机螺栓，将电机移位。

（2）电机、制动器、减速机、耦合器的检修工艺参照共用部分。

（3）使用棉丝、柴油或煤油清洗齿轮或其他部件的油污。将清理过的油垢、废棉丝和废油等分置到专用的容器内。

（4）检修大小齿轮。

2. 质量标准

（1）电机、制动器、减速机、耦合器等检修质量标准参照共用部分。

（2）轴承润滑正常，加足润滑油。

（3）回转齿轮无裂纹、断齿；当齿面点蚀损坏达啮合面的 30%，且深度达原齿厚的 10%时，当齿厚的磨损量达原齿厚的 30%时，应更换齿轮。

（4）各部螺栓应紧固，不得有松动现象，扭矩符合要求。螺栓的长短以外露部分超出螺母 2～3 扣为准。

（5）并恢复加油管和加油器，保证畅通、无堵塞。

五、堆料皮带机

1. 检修工艺

电机、制动器、减速机、主动滚筒、改向滚筒及托辊、皮带及保护装置的检修参照带式输送机的检修。

2. 质量标准

（1）电机、制动器、减速机、主动滚筒、改向滚筒及托辊、皮带及保护装置的检修质量标准：参照带式输送机的检修。

（2）调整电机驱动方向，使皮带转动方向与控制台的操作顺序一致。

（3）堆料皮带的张紧采用尾部螺杆张紧装置，设备检修完毕后可根据皮带的松紧程度调整螺杆以张紧皮带。

（4）调整托辊或拉紧装置等，防止皮带跑偏。

（5）清扫器的安装方向要正确，清扫胶皮和清扫块工作可靠。

（6）液力耦合器工作充油量为 10.5L，22 号汽轮机油，装配时充好油后，打上对位标记，便于现场使用。

六、行走机构

1. 检修工艺

（1）基础无裂纹及其他明显异常，轨道螺栓紧固，测量并调整轨道的水平度、圆度。

（2）打开轴承两端压盖检查轴承，将润滑脂清洗干净，测量轴承间隙，对有缺陷或磨损超限的轴承进行更换。

（3）拆检行走轮。

（4）检查轮缘的磨损情况。

（5）检修驱动装置（参考第三章减速机部分）。

2. 检修质量标准

（1）驱动部分的检修标准：参照共用部分。

（2）主动、从动轮组和行走轮各轴承完好无损。

（3）装配后车轮应转动灵活。

（4）调节车轮组调节轮和导向轮各轴承完好无损。

（5）装配后调节轮和导向轮应转动灵活。

（6）挡轮组挡轮各轴承完好无损。

（7）装配后挡轮应转动灵活。

（8）车轮无裂纹，当车轮踏面厚度磨损量达原厚度的 15%，应更换车轮。

（9）行走轮各支承轴承、随动装置调整轮及导向轮各轴承以及挡轮组各轴承必须全部注入足量新的合格润滑油。并恢复加油管和加油器，保证畅通、无堵塞。

（10）轨道轨顶面水平面偏差≤1‰长度，且全长偏差≤20mm；接头高低偏差≤1mm；接头中心偏差≤2mm；直径偏差≤50mm；接头间隙 1.5～4mm；垂直和侧面磨损不超过 10mm。

七、俯仰机构

1. 检修项目

(1) 电机、制动器、减速机等检修工艺参照共用部分。

(2) 各部螺栓的检查与更换。

(3) 卷筒的检查更换。

(4) 钢丝绳的检查更换。

(5) 钢丝绳的润滑。

(6) 滑轮检修更换。

2. 检修工艺及质量标准

(1) 电机、制动器、减速机等检修质量标准参照共用部分。

(2) 钢丝绳的长度相同，保证刮板悬臂水平。

(3) 滑轮无裂纹，当滑轮绳槽壁厚磨损量达原壁厚的 20%，滑轮槽底的磨损量超过相应钢丝绳直径的 25%，应更换滑轮。

(4) 钢丝绳磨损达到钢丝绳直径的 20%以上，钢丝绳在一捻距内的断丝根数超过 10%的应更换新钢丝绳；发现严重扭结、严重锈蚀的钢丝绳应更换。

(5) 绳槽深度磨损大于 2mm 时，应进行补焊，然后进行机加工。

(6) 当卷筒磨损壁厚达原厚度的 10%以上时，应更换卷筒。

(7) 当卷筒横向裂纹只有 1 处、长度小于 100mm，纵向裂纹不超过 2 处、长度小于 100mm，两裂纹间距在 5 个绳槽以上时，可在裂纹两端钻止裂孔，用电焊修补，然后再机加工。

第五节　输煤皮带机检修工序及要求

一、胶面滚筒及滚筒轴检修

(一) 胶面滚筒的类型

滚筒表面附着胶粘层的目的是增加摩擦系数。胶面滚筒按照花纹形式，可分为平面、人字形、菱形、平行等多种形式（见图 6-2）。

(a)　　　　　　(b)

图 6-2　滚筒形式

(a) 菱形花纹；(b) 人字形花纹

胶面滚筒的胶面可以使用黏接包胶、硫化包胶，也可以使用塑胶来制作胶面，还可以采用沉头螺钉固定挂胶的金属模块。这种使用沉头螺钉固定的胶面滚筒表面纹路以平行纹居多。

（二）胶面滚筒的力学性能

面胶：拉伸强度≥18MPa；拉断伸长率≥180％；拉断永久变形率≤25％。

底胶：拉伸强度≥30MPa，抗折断强度≥69MPa，耐热温度≥80℃，橡胶与金属黏附剥离强度≥3.9MPa。

橡胶与金属的黏附剥离强度不小于4MPa。

橡胶的邵尔A硬度：传动滚筒60～70°，改向滚筒50°～60°。

ϕ≤400的滚筒厚度一般10mm左右，ϕ＞400的滚筒厚度一般≥12mm。

（三）胶面滚筒的检修

胶面滚筒由筒皮、轮毂、辐板、轴、轴承、轴承座和胶面组成。

胶面滚筒的筒皮、轮毂、辐板若发生损坏，除选型存在偏差外，主要原因是滚筒本身的铸造偏差，如滚筒圆度或圆柱度超差、滚筒偏心距（质心到几何中心的距离）超差等。若滚筒发生损坏，应及时查明原因并按照滚筒的拆装工艺进行滚筒更换。

胶面滚筒轴承的检修方法：同通用设备检修方法。

胶面滚筒的胶面主要缺陷是胶面老化、胶面与滚筒剥离、胶面两侧磨损等。针对该类型故障，可以更换滚筒，也可以重新包胶。建议采用重新包胶。

滚筒包胶分为热胶包胶和冷胶包胶，根据现场使用情况，推荐使用冷胶包胶。具体步骤如下：

（1）剥除原有胶粘层。

（2）用角向磨光机将滚筒表面打磨出金属光泽。

（3）用清洗剂将滚筒表面清洗干净。

（4）将专用冷粘胶均匀涂刷在滚筒及预先准备的胶板表面。

（5）待第一遍彻底干燥后，涂刷第二遍。

（6）第二遍胶干燥到一定程度后，将胶板放在滚筒上面并同时用橡胶锤敲击表面，令其充分黏接牢固。

（7）最后将橡胶修补剂填充到胶板接缝处并用力压实，待其完全固化后方可使用。

（四）滚筒轴的修复

胶面滚筒轴受胶带拉紧力的影响，承受单侧力。同样由于滚筒的工作环境存在潮湿、粉尘等因素，造成轴承损坏频率高。如果维修更换不及时，容易造成轴的磨损或轴与轮毂间键的磨损。由于滚筒的直径比较大，主要是轮毂受力，轴的弯曲情况比较少见。

1. 滚筒轴的键磨损的修复

滚筒轴的键磨损的修复与一般键磨损的修复相似，即采取重新铣键槽并配键的方法进行修复。

由于滚筒轮毂重新铣键槽比较困难，而且损坏频率不高，在重新装配时，可以使用平面锁固胶进行锁固。

2. 滚筒轴的磨损和修复

滚筒轴磨损后，修复的方法比较多，大体可以使用以下几种办法：

（1）补焊：使用电焊将轴进行补焊，保温冷却后，重新车削轴颈。车削时，要保证轴径与滚筒轴线的同轴度不大于 0.1mm。为了降低车削的工艺难度，在补焊时，要把滚筒垂直放置，双人对焊，防止轴端焊接不均匀，不能损坏顶尖孔。补焊后如果出现轴端焊接不均匀，要补做顶尖孔，在车床上重新找正中心后车削轴径。

（2）喷镀：若轴径磨损量比较小（0.30mm 左右），可以采用喷镀的办法进行处理。喷镀后要退火，降低表面硬度后再进行车削。

（3）垫铜皮：紧急情况下可以采用垫铜皮的办法复装轴承，为防止继续磨损，保留 0.10～0.20mm 的间隙，并使用锁固胶锁紧。

（4）使用非金属修复剂冷修复。可以刷涂一定厚度的非金属修复剂，待凝固后，上车床车削轴颈，也可以进行修复。该项工艺可由专业厂商完成。

考虑到滚筒轴的同轴度要求，目前滚筒轴使用调心轴承的比较多。

二、托辊检修

（一）托辊类型

托辊按照执行标准分类，可分为 TD75 系列托辊、TD62 系列托辊和 DTⅡ三种主要类型。

托辊按照形状分类，可分为平托辊、锥形托辊、梳形托辊、摩擦调心托辊。

托辊按照材料分类，可分为钢制托辊、铸铁托辊、尼龙托辊、陶瓷托辊、高分子材料托辊等。

托辊按照用途分类，可分为普通托辊、调心托辊、缓冲托辊、清扫托辊、逆止托辊、立柱托辊等。

（二）托辊结构概述

托辊由筒体、轴、密封装置三部分组成，托辊轴两端装有轴承及自润滑装置。托辊轴通常为通轴，少数托辊轴分为两截以减少材料消耗。图 6-3 所示为常见轻型托辊结构，图 6-4 所示为常见重型托辊（加强型托辊）结构。

托辊密封装置以结构简单的曲路密封（迷宫密封）为主，部分类型托辊有密封圈、端盖等组成严密的轴端密封，还有一种可以加油润滑的托辊称为注油托辊。图 6-5 所示的托辊，其密封装置即为迷宫式密封。

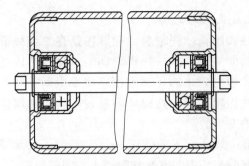

图 6-3 常见轻型托辊结构

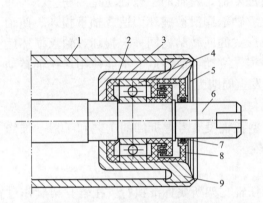

图 6-4 常见重型托辊结构

1—筒体；2—轴承座；3—后密封圈；4—轴承；
5—挡圈；6—轴；7—内密封圈；8—外密封圈；
9—外密封圈盖

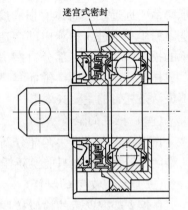

图 6-5 常见迷宫式密封装置图

常见缓冲托辊种类及结构如图 6-6 所示。

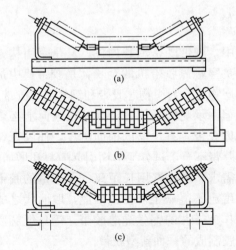

图 6-6 常见缓冲托辊种类及结构
(a) 弹簧板式缓冲托辊；(b) 橡胶圈式缓冲托辊；(c) 胶圈式缓冲托辊

（三）托辊主要失效形式

（1）托辊腐蚀和磨损：托辊腐蚀和磨损是在输煤栈桥的高粉尘、高湿度环境下表面失效的主要形式。托辊滚动轴承失效造成托辊失去转动功能时，运动的输送皮带与静止的托辊表面直接发生动静摩擦，会造成更严重的托辊磨损。铸铁托辊和钢制托辊均容易发生磨损和腐蚀现象，而且磨损和腐蚀现象是相辅发生的。

通常托辊在此失效条件下的使用寿命为 2000～10000h。目前使用的新型陶瓷、尼龙、高分子托辊的寿命期限尚未有明确规定。

（2）托辊轴承损坏：托辊轴承损坏是造成托辊的失效的主要原因，轴承寿命要远远小于筒体磨损和腐蚀寿命。托辊的工作环境是高粉尘、水冲洗，粉尘和水进入轴承内部会造成轴承润滑被破坏而造成轴承损坏，使轴承的损坏频率很高，部分自润滑形式的回转结构同样会损坏。轴承损坏后造成托辊转动不灵活，继而是磨损、跳动，最终造成不能使用。托辊转动不灵活是托辊的主要失效形式，发生周期为 2～3 年。

（四）托辊的检修

托辊在生产过程中，部分新型托辊没有考虑拆卸的工艺和手段，维修的难度比较大，一般只能换新托辊。

（五）托辊支架的检修

托辊支架变形后的检修按照托辊支架所属标准执行。托辊支架制作过程中，应采用点焊和对称焊接，防止长时间加热造成应力和变形。焊后的支架尺寸公差可以保持在 1～2mm，以不影响安装工艺要求的标准为限度。

专业厂家在制作托辊支架时，由于生产量比较大，有尺寸标准的样件控制尺寸公差，成品质量比较高。建议大批更换时使用厂家成品，不推荐自行制作。少量支架局部维修时，可以现场维修。

三、输煤胶带检修

在输煤胶带机中，胶带既是承载构件，又是牵引构件，用于载运物料和传递牵引力。它贯穿输煤胶带机的全长，是胶带机中最重要的部件。目前常用的胶带按夹层物可分为织物芯胶带和钢丝绳芯胶带。

胶带在运行过程中承受的是拉力，因此在纵向上必须使织物有足够的强度，同时必须保证胶带具有足够的横向刚度，使胶带在两支承托辊之间保持槽形，以保证胶带不至于过分变形而引起撒料和增加运动阻力。

为满足上煤量需求，现场常用长距离、大运量的胶带机输送煤流，而一般的织物芯带强度已不能满足需要，因此，取而代之的是用一组平行放置的高强度钢丝绳作为带芯的钢丝绳芯胶带。钢丝绳芯胶带是以钢丝绳作带芯，外加覆盖橡胶制成的一种新型胶带。

目前我国生产的钢丝绳芯胶带所用的上、下胶面通常采用的是天然橡胶，胶带的中间是合成橡胶和天然橡胶的混合物。

随着胶带机的长期运行，胶带不可避免地会产生不同程度的磨损甚至断裂现象，对于长距离的胶带，断裂后常常需要采取一定的工艺措施进行黏接工作。

（一）胶带黏接场地的选择

选择胶带黏接场地时，应考虑给胶带更换留下足够的空间位置。正确的选择方法是，既要使用机械或人力有施展空间，又要保证新、旧胶带又不会互相干涉。如果栈桥有外重锤悬挂，应首先考虑从重锤处铺开胶带并在该处进行置换。若使用的是牵引小车，可以考虑从胶带头部或尾部进行更换，以空间位置为第一选择要素。

（二）胶带牵引方式的选择

新、旧胶带使用机械卡子连接后，可以使用卷扬机、专用卷胶带机等外在设备进行牵引，也可以使用胶带机驱动滚筒转动来带动胶带运转，可以采用在滚筒电气回路上安装临时变频器的方法调速驱动滚筒。但要注意以下事项：

（1）使用卷扬机牵引，应注意卷扬机牵引速度，防止绳索卡塞后断裂，伤人或返工，卷扬机操作人员和现场作业人员保持好在线联系。

（2）使用驱动滚筒转动时，现场作业人员保持好在线联系。同时要防止胶带摩擦生热造成损伤。

（3）胶带黏接前的其他准备工作。

1）胶带可以在允许的情况下按照需要长度定做，可以是 200m/卷，也可以是 130m/卷。设备管理和检修人员必须熟知库存的备品输送带规格和长度是否与待换的旧输送带是否一致。

2）不同胶带有不同的伸长量，不同材质胶带的适用现场条件也不相同，选择胶带时应考虑统一型号。

3）胶带黏接前，如果条件允许，应考虑天气情况，潮湿、寒冷条件下不宜进行胶带黏接工作，室外或室内灰尘比较重的时候不宜在胶带上涂抹胶粘层。

（三）胶带的黏接工艺流程

（1）前期准备：包括胶带更换的时间、场地、胶带置换手段的选择、黏接工艺以及胶带接头位置的确定。

（2）新、旧胶带置换。

（3）胶带打口黏接。

（4）胶粘层凝固及胶带试运行。

（四）机械连接方法及工艺步骤

机械连接主要采用带扣（钩爪）连接，带扣除常见的齿形带扣外，还有很多种类型，新型专利也不断涌现，连接工艺步骤如下：

（1）裁剪胶带：沿胶带垂直方向裁剪胶带，胶带切口与胶带轴线垂直度误差小于 2mm/m。

（2）安装带扣：带扣打紧后，应确保扣钉穿透胶带，扣身与胶带连接紧密无缝隙，销轴弯曲灵活。

（3）胶带试运转：带扣试运转时，应检查是否出现单面跑偏现象或与胶带附件（如刮煤器、清扫器等）磕碰干涉。

（4）带扣的适用要求：带扣通常适用于短、窄胶带连接或临时事故处理，带扣由于对胶带存在多点穿透，在局部强度上低于胶带黏接强度（钩爪的连接低于胶带强度的 40%，带扣的连接强度一般低于胶带强度的 90%），带扣金属连接的寿命也低于黏接胶带。因为安装的带扣一般有凸起，容易与犁煤器刮碰，所以在安装有犁煤器的胶带上不宜使用带扣。不推荐把带扣连接作为胶带的标准常用连接手段。

（五）胶带硫化胶接工艺及质量标准

1. 黏接前的准备工作

（1）准确核实胶带的截断长度，使胶带黏接后拉紧装置有不少于 3/4 的拉紧行程，覆盖胶较厚的一面应为工作面。

（2）接头与胶接口制作要求及类型。

1）胶接口的工作面应顺着胶带的前进方向，两个接头间的胶带长度应不小于主动滚筒直径的 6 倍。

2）接头类型及特点。接头按照阶梯的形式大体可分为斜角形（一般为 45°左右）和直角形（注：帆布层为 4 层及以下的胶带，不宜采用直角形接头）。直角形接头在滚筒处反复弯曲，受力条件不好，而斜角型受力情况较好，但斜角型接头尖角处容易翘起。

目前电厂常用直角形接头，其主要原因是，斜角形接头裁剥难度高于直角形接头。但根据实际使用情况对比，在技术条件允许的情况下，推荐使用斜角形接头。

2. 接头准备

（1）将接头选择在易于存放并且运输方便的地点进行。在把胶带拉松固定后，拆除部分上托辊，然后在拆除的上托辊机架上密排放置方木或厚木板，然后依次放下机架、水压板、隔热板、下热板、报纸，以此作为接头作业的平台。

（2）检查硫化机设备、水压板及手压泵是否能用；机架、预紧螺栓、螺母是否齐全。热控箱一次、二次导线以及电源线是否好用；夹紧机构、钢丝砂轮机、电源及照明灯是否完好；测量工具及其他工具、消耗材料、安全器具是否齐备。

（3）胶糊制备：胶料接头使用覆盖胶和芯胶两种生胶胶片。生胶片的保存期：夏天为 3 个月，冬天为 6 个月，接头使用的胶片应在使用期限以内。

ST1250 型 1200mm 宽胶带所使用覆盖胶的尺寸：4mm（厚度）× 1260mm（宽度），胶料密度为 1100kg/m^3。

芯胶尺寸：2mm（厚度）×1260mm（宽度），胶料宽度为 1160kg/m^3。

另外要有 1mm（厚度）×1260mm（宽度）的胶料为尼龙、帆布带，在实际操作中覆盖胶也可和芯胶选用相同的材料。

3. 接头制作接头形式较多，下面推荐两种常用的方法。

（1）对接式（见图 6-7）。阶梯层数＝带芯层数－1，在接头制作方面应注意：

1）对接时的台阶倾向应按胶带运行方向确定，如图 6-8 所示。

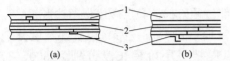

图 6-7　胶带接头方法

（a）对接；（b）搭接

1—覆盖胶；2—胶布层；3—布条

图 6-8　胶带对接时的台阶倾向

2）采用对接式时，由于胶带带芯层数的改变，使得每个台阶长度也随之改变，具体尺寸见表 6-8。

表 6-8　对接式接头尺寸参数

胶带宽（mm）	带芯层	接头台阶数	台阶长度（mm）
1000	5	4	150
1000	6	5	120
1200	5	4	180
1200	6	5	150
1400	5	4	150
1400	6	5	150

（2）搭接式。阶梯层数＝带芯层数。

搭接式接口强度比对接式高 30%，由于胶带芯层数的改变，使得每个台阶长度也随之改变，具体尺寸见表 6-9。

表 6-9　搭接式接头尺寸参数

胶带宽（mm）	带芯层	接头台阶数	台阶长度（mm）
1000	5	5	120
1000	6	6	120
1200	5	5	150
1200	6	6	140
1400	5	5	150
1400	6	6	150

4. 帆布输送接头裁剥及硫化工序

（1）接头划线裁剥。

1）将皮带沿端部割断后，按接头尺寸和形状进行画线，皮带硫化接头采用斜三角形阶梯接头。

2）将两端胶带标出胶带中心线，找出 3 个相互距离大于 1m 的带宽中心点，看是否连成一条直线，如能连成一条直线（如连不成直线，必须重新找中心点直至能连成直线），用记号笔标出胶带中心线。

3）按接头长度画出接头线，按所用硫化机平板为菱形，接头线按菱形角度划成斜形线（原则采用顺煤流左低右高），斜形线宽度为输送带带宽的 0.3 倍。接头两端角度要相符，靠皮带机尾部一头裁剥胶带工作面，靠前面一头则剥非工作面，并将两头边胶部位顺阶梯的布层顺序保留边胶。

4）将帆布层剥成阶梯形，共 4 层，1800mm 皮带每层阶梯长度分别为 350、350、350、300mm，1400mm 皮带每层阶梯长度分别为 300、300、300、250mm，皮带下层胶带的堵头在接头处缩进 50mm，上层胶带同样在接头处缩进 50mm。

5）剥头时注意不得割伤下帆布层，以免降低胶接强度。刀割接头时对下一层帆布的误割深度不得大于帆布层厚度的 1/2，每个台阶的误损长度不得超过全长的 1/10，当伤到帆布层宽度全长的 2/5 时，应重新剥头。

6）用电动钢丝砂轮机仔细打磨帆布层上的余胶，打磨深度不得超过布层厚度的 1/4，打至帆布起毛即可，并清理干净余胶，而覆盖胶及边胶打磨成粗糙面。在进行打磨时，胶带接头必须保持清洁，不得有油污粘入。

7）胶带接头先试对接，看是否符合要求。将胶接的两端带头，各找 3 个距离大于 1m 的中心点，连成中心线，对接台阶过大偏斜的需要修复，并在接口处做好标记，两接头中心线必须对中，误差不得大于 0.5mm。

（2）胶带接头硫化胶接。

1）清理干净胶带接头上的余胶等杂物，然后涂刷第一遍胶浆。待第一遍胶浆彻底晾干后，再涂第二遍胶浆，芯胶、堵头胶也同样涂 2 遍。按中心线校正胶带接头准确无误后，胶带两头用夹板牢牢固定。

2）先将堵头胶贴在皮带非工作面侧堵头，待涂刷胶浆完全晾干后，将芯胶贴在接合部的中间，用清洗剂稍微清洗后进行合头。合头前先在尾部带头一面铺上干净塑料薄膜纸进行试对，直至接头对中为止。

3）合头时要对正，从带头中部向两边压实后，贴上工作面堵头胶，堵头胶要适量，并避免流失。在装上硫化机前，硫化部位输送带上、下面各铺 1 层报纸，便于开模。然后靠近两边加挡铁即可装模，依次按序装上硫化加热板、压力水袋、铝板、横梁，穿上保险方钢，拧紧螺栓，插上水管、加热线。硫化平板长度要比硫化接头长度一边长 100mm 以上，以防接头部位拉出，宽度也要宽 50mm 以上，以便放置垫板。

4）在接通电源硫化时，要先低压预热，温度升到 80℃时，压力升至 1.0MPa。温度升至 145℃时，升至标准压力 1.2MPa；开始计算正硫化时间，正硫化时间 1800mm 皮带为 35min、1400mm 皮带为 32min。并严格执行硫化的三大要素，即适当选择温度、时间和压力。

（3）硫化机拆除及设备恢复。

1）待硫化保温完后，切断电源，待温度降到80℃以下，方可泄压拆除硫化机，并切除流失的边胶，检查接头质量是否合格。硫化接头应无起泡、明显皱纹、破洞、分层现象。

2）回装上托辊支架及托辊，回装皮带机刮煤器及导料槽后挡板，放下皮带机配重箱，并对设备损坏的油漆进行防腐作业。

3）如皮带机胶带数量大于1卷，重复上述工序。

（4）设备完工试运。

1）恢复皮带机清扫器、制动器、逆止器等设备。

2）皮带试转前检修与运行双方到现场检查无遗留工具、铁件等杂质在设备上。

3）空载及重载试运行，皮带运行无跑偏现象，停机检查胶带接口应无翘起、开裂现象。

5.钢丝带接头裁剥及硫化工序

（1）接头划线裁剥。

1）为防止胶带接头偏斜，要在每条胶带的两头标出胶带中心线。划中心线时，应根据胶带的实际宽度来测量中心点。中心线可用小刀轻轻划出或用蜡笔画出以防擦掉。然后，再把接头固定（可用铁钉钉在接头平台木板上，但须使两头中心线重合）。

2）下面按照已确定的接头形式、接头长度，在两个胶带接头上画出接头线，如图6-9所示。以ST1250型胶带为例，S为胶带搭接长度，S'约为400mm，则三级全搭接接头长度：$S=3S'+250$，即1450mm。

3）制作胶带接头时，通常两端都做成斜角。斜角的角度与硫化机加热板的角度相同，均为70°。画好斜线后，依此斜线向接头方向平移25mm；再画一条斜线，按此斜线进行切割，刀要割到钢丝绳；然后从边部起沿钢丝绳边缘向接头方向切割覆盖胶和芯胶，继续切割钢丝绳端部胶，注意钢丝绳端部处的覆盖胶应切割成30°的斜坡（见图6-10）。用钳子钳住钢丝绳端部，向外用力抽取出一定长度的钢丝绳（其长度略大于S），按同样方法和抽取长度依次抽出其余钢丝绳。

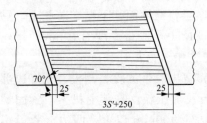 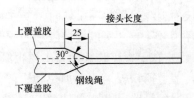

图6-9　胶带接头剥切线的画法　　图6-10　将钢丝绳端部覆盖胶割成30°斜坡

4）胶带1和胶带2采取三级全搭接，抽取钢丝绳后，按图6-11所示的截断尺寸，用压钳截断胶带1和胶带2外露的钢丝绳。

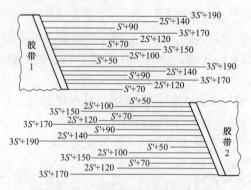

图 6-11 三级全搭接钢丝绳截断尺寸

用电动钢丝轮打磨钢丝绳所附橡胶，但应注意，尽量使钢丝绳免受损伤。具体要求是：钢丝绳根部间的橡胶面、斜坡面和邻接斜坡的覆盖胶表面，都要仔细打磨成粗糙面，且覆盖胶表面打磨宽度为 25～30mm，打磨后用刷子将杂物清除干净。

（2）胶带接头硫化胶接。

应当指出，胶带黏接工作开始前，应作黏接头的黏接试验，试验的黏接头总的扯断力不应低于原胶带总扯断力的 80%。当黏接头扯断的力符合质量标准后，就可以开始进行硫化黏接了。下面重点强调接头的硫化过程。

1）用汽油涂刷钢丝绳及打磨过的所有表面，干燥后涂刷芯胶胶糊 2 遍，第一遍干燥后再涂第二遍。

2）重新检查胶带两端中心线是否在同一直线上，若不在，应重新调整。

3）在下加热板上铺 1 层报纸，然后铺上覆盖胶胶片至斜坡面上缘。

4）用汽油涂刷下覆盖胶胶片，干燥后铺贴下芯胶胶片至斜坡面。

5）用芯胶胶糊均匀涂刷下芯胶胶片 1 遍，干燥后，选择接头形式后排列钢丝绳，要求各根钢丝绳排列均匀及伸长量一致。

6）将芯胶胶片用汽油清擦 1 遍，干燥后均匀涂刷芯胶胶糊 1 遍，干燥后将涂刷面朝下铺贴在钢丝绳上，贴至斜坡面。

7）用汽油清擦上覆盖胶胶片，干燥后将涂擦面朝下贴在芯胶上，贴至斜坡面上缘。做此项工作时，要注意 ST1250 型胶带厚度为 19mm，钢丝绳直径为 $\phi 5mm$，所以覆盖胶和芯胶厚度之和不能大于 16mm。

8）在上覆盖胶表面垫 1 层报纸，将宽出胶带的胶料割去，顶好边部垫铁，盖上薄铁板，放上加热板、隔热板及加压板，安装上机架，紧固螺钉并接通各管路，接头部边缘应距热板边缘 100mm 以上，两边夹紧板螺钉上紧。

9）垫铁厚度：垫铁用 50～75mm 宽的平铁板，厚度比冷压后带体厚度薄 0.5～1.0mm 即可。

10）冷态加压 5min，其间可升、降压 1～2 次以帮助排除接头内的空气。然后放压启开上热板检查有无缺胶等现象。如有则进行修补，再合上热板硫化。

11）接通热源硫化，先低压预热 3min（加压压力一般为 0.5MPa）后升压（一般为 1.47MPa），待温度达到标准温度后开始计算硫化时间。硫化时间及温度一般应符合表 6-10 的规定。

表 6-10 硫化时间及温度

胶带层数	硫化温度（℃）	硫化持续时间（min）
3	143	12～15
4	143	18～20
5	140	25
6	140	30
8	138	35
10	138	45
12	138	55

注 1. 温升不宜过快，根据胶带层数一般在 60～90min。
2. 硫化温度达到 120℃时，应紧一次螺钉（保持一定的夹紧力）。
3. 硫化完成后，当温度降到 75℃以下时可拆除硫化机具。
4. 若拆除硫化设备后，发现有气泡，要用锥子穿刺排气，如发现严重缺胶，则要用生胶补齐进行二次硫化。

12）采取热胶法黏接胶带的注意事项：整个硫化面硫化前应保持清洁，若有污物，附着时需用溶剂充分清洗。各胶带厂生产的胶接材料不可混用；胶料要在干燥阴凉处密封保存，过期的不能使用。

a. 热胶法的工具比较沉重，工字形铝材、加压板、加热板等虽然有各种轻小型新产品，但要注意，在加压过程中防止材料刚度不足造成的拱起变形，影响硫化质量。

b. 加热硫化过程中同样要考虑施工环境的因素，尽量避免在低温、潮湿、粉尘环境下操作。

（3）硫化机拆除及设备恢复。

1）待硫化保温完后，切断电源，待温度降到 75℃以下，方可泄压拆除硫化机，并切除流失的边胶，检查接头质量是否合格。硫化接头应无起泡、明显皱纹、破洞、分层现象。

2）回装上托辊支架及托辊，回装皮带机刮煤器及导料槽后挡板，放下皮带机配重箱，并对设备损坏的油漆进行防腐作业。

3）如皮带机胶带数量大于 1 卷，重复上述工序。

（4）设备完工试运。

1）恢复皮带机清扫器、制动器、逆止器等设备。

2）皮带试转前检修与运行双方到现场检查无遗留工具，铁件等杂质在设备上。

3）空载及重载试运行，皮带运行无跑偏现象，停机检查胶带接口应翘起、开裂现象。

6. 热胶法黏接胶带的质量标准

（1）接头强度保持率应在90%以上。

（2）平均有效间距（指接头部位相邻两钢丝间的胶厚）应大于 $0.25d$（d 为钢丝绳直径）。

（3）硫化结束后，胶带内部不应有较大气泡或较大变形。

（4）接头表面平整，不能有缺胶、多层、凸凹等缺陷。

（5）其他参见冷黏接胶带质量标准的有关部分。

（六）胶带的修补

胶带在使用过程中，可能出现边缘磨损、胶面磨损等小的缺陷，更换胶带难免费工、费时，可以使用专用的修补材料进行修补。

胶带修补时，按照如下步骤：

（1）将破损部位进行打磨处理。

（2）在预先准备好的胶条和胶带上涂抹专用修补胶。

（3）待胶干燥到一定程度后黏接胶条。

（4）驱赶气泡。

（5）在胶条周围也刷涂修补胶作封堵接口用。

（6）待晾干后即可使用。

（7）胶带修补时需要注意以下几点：

a. 修补处胶带的耐磨度与原有胶带相仿，但修补处的胶带与织物层的附着力低于原有胶带。

b. 胶带透气后修补的仅仅是橡胶层，修补处的韧度、强度远远低于原有胶带。

c. 胶带横向撕裂处不推荐修补。

d. 如出现大面积（大于破损处横截面积10%）破损，不推荐修补。

四、拉紧装置检修

胶带的拉紧装置主要有重锤滚筒拉紧、尾部小车拉紧、尾部丝杠（推杆）拉紧三种方式。

（一）重锤滚筒拉紧装置的检修

图 6-12 所示是重锤滚筒拉紧装置结构，重锤滚筒拉紧装置检修项目包括滚筒的检修、滑道（滑杆）的检修、重锤配重的调整。

（1）重锤改向滚筒的常见故障是轴承损坏，其检修方式与其他位置滚筒轴承的检修相似。

（2）滑道（滑杆）的检修。滑杆的变形会影响重锤的正常上下运动，应在变形大于2%时进行检修，校正直线度。对于滑杆本身刚度不足的，在运行过程中出现大幅度振颤的,应进行加固。重锤滑杆有的采用槽钢制作,高度高于 4m 以上,刚度明显不足,建议使用 $\phi150mm$ 左右的钢管。

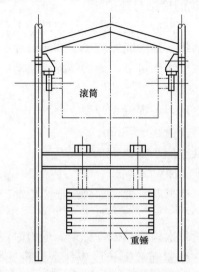

图 6-12 重锤滚筒拉紧装置结构

重锤滑杆与重锤改向滚筒之间应保持足够的距离,滑杆的刚度越差,可能造成的跑偏越严重。

(二)尾部小车拉紧装置的检修

尾部小车拉紧装置主要由拉紧小车、牵引机构、配重悬挂部分组成,如图 6-13 所示。

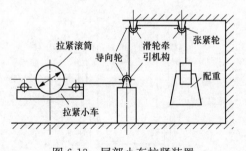

图 6-13 尾部小车拉紧装置

1. 拉紧小车的检修项目

(1)车轮及轴承的检修。

(2)轨道的检修。

2. 检修标准

(1)小车非拉紧状态下滑动无异常卡涩。

(2)轨道中心与胶带基架中心同轴度不大于 $1‰$;两轴线夹角不大于 $30'$。尾部小车拉紧装置主要由拉紧小车、牵引机构、配重悬挂部分组成,如图 6-12 所示。

（三）拉紧装置的检修与维护

1. 张紧轮和导向轮的检修与维护

（1）轮辐无裂纹，绳槽应完整无损，绳槽的磨损深度应小于 10mm。

（2）铜套与轴的磨损，最大间隙应小于 0.5mm。

（3）轴的定位挡板应牢固可靠，地脚螺栓无松动。

2. 拉紧小车的检修维护

（1）车架无明显变形，各焊缝无开裂。

（2）车轮的局部磨损量小于 5mm。

（3）轴的直线度误差应小于 0.5‰。

3. 配重装置的检修维护

（1）配重架无明显变形及开焊，地脚螺栓无松动。

（2）张紧绳和保险绳完好，每个固定绳头的绳卡子不少于 3 个，绳卡和两股钢丝绳锁紧位置每次检修后做好标记，巡检时观察是否有滑移。

（3）满载工作时，张紧绳放绳长度应保证配重底面离基础地面的距离大于 100mm；保险绳的长度应能保证张紧绳卡子在进入张紧导向轮绳槽前 100mm 时，保险绳必须受拉力。

（四）尾部丝杠（推杆）拉紧装置的调整

尾部丝杠拉紧属于无缓冲拉紧，通常用于随时调整的较短胶带的拉紧，类似装置还有定位螺栓拉紧、推杆拉紧等。

尾部推杆拉紧还可以称作即时的胶带跑偏自动调整装置。布置如图 6-14 所示。

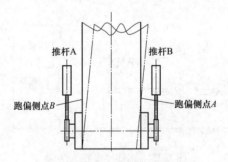

图 6-14　尾部跑偏调整器布置

跑偏自动调整原理：当测点 A 感应到跑偏后，经过延时判断信号真假，然后控制推杆 A 和推杆 B 以相反方向动作一定距离后，系统等待一段时间，判断跑偏信号是否仍然存在，若存在，继续动作。同理，测点 B 侧感应到跑偏后，执行相同程序的动作。

该方式的自动调整还可以把 A 或 B 侧改为铰接，另外一侧配置推杆。整个滚筒固定在滑座上，先通过基本的拉紧后，再通过控制推杆细微、自动调整尾部跑偏。

（五）牵引机构的检修

1. 牵引机构的检修项目

（1）定滑轮的检修。

（2）钢丝绳的维护与检查。

2. 钢丝绳的检修标准

（1）钢丝绳无死弯，锈蚀不超过钢丝直径的40％。

（2）钢丝绳断丝数在一个捻节距内超过总数的10％时，应更换。

（3）钢丝绳在更换和使用当中不允许钢丝绳呈锐角折曲，以及因被夹、被卡或被砸而发生扁平和松断股现象。

（4）钢丝绳在工作中严禁与其他部件发生摩擦，尤其不应与穿过构筑物的孔洞边缘直接接触，防止钢丝绳损坏和断股。

（5）使用的钢丝绳要定期（一般每6个月）涂抹油脂，以防止其生锈或受到干摩擦。

（6）严禁钢丝绳与电焊线接触，防止电弧烧伤。

（7）需要注意的是：若胶带长期无伸长，应定期（3～6个月）调整钢丝绳弯曲位置，防止出现永久变形。

3. 滑轮的检修质量标准

（1）铸铁滑轮轮缘完好无裂痕，铸钢滑轮无锐利突起，塑料滑轮无变形，焊接滑轮无开裂；滑轮座连接处，焊接无开焊，螺栓连接无松动；滑轮转动灵活，润滑正常；滑轮槽磨损不超过钢丝绳直径的15％。轮槽壁的磨损不应超过原厚度的1/3，否则应进行更换或经电焊修补后再机加工。

（2）滑轮的轮辐如发生裂纹，轻微时可进行补焊。但补焊前必须把裂纹打磨掉，并采取焊前预热，焊后消除应力处理，以防变形。

（3）改向滑轮的轴孔一般都嵌有软金属轴套（如钢瓦套等），其磨损的深度不应超过5mm，其损坏的面积应小于$0.25cm^2$。

（4）改向滑轮应定期检查并加油润滑（一般每月进行1次）。

（5）改向滑轮的侧向摆动不得超过D0/1000（D0为滑轮的中径）。

4. 配重悬挂部分的调整

配重悬挂部分的调整按照胶带张力计算进行调整。

五、制动器检修

（一）制动器的类型

输煤皮带机制动器是用来对皮带机停止运行时及时制动，防止胶带机惯性运转或反转的一种设备。制动器按照用途可分为停止式和调速式。按照构造特征可分为块式、带式和盘式三种。按照操纵方式可分为手动、自动和两者兼而有之。按照工作状态可分为常闭式和常开式。

一般常用的制动器有闸带制动器、盘式制动器和闸瓦制动器。

常用闸瓦制动器又分为电磁制动器、电动液压推杆制动器、液压电磁铁制动器，电厂燃料设备常用制动器为 YWZ 系列电动液压推杆制动器（见图 6-15）及 YDWZ 系列液压电磁制动器（见图 6-16）。

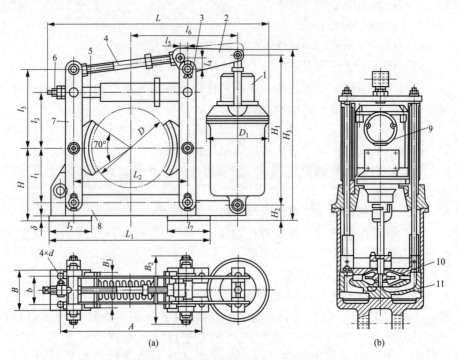

图 6-15　YWZ 系列电动液压推杆制动器

（a）制动器本体部分

1—电动液压推杆；2—杠杆；3—制动臂；4—拉杆；5—闸瓦；6—调节螺钉；7—制动臂；8—底座

（b）YT1 型电动液压推杆结构示意

1—电动机；2—离心泵叶轮；3—活塞

（二）制动器的调整

（1）调整前的注意事项。

制动器调整前，应检查制动器的中心高度是否和制动轮中心高度相同，并使其两制动臂垂直于制动器安装平面。调整过程中制动瓦片表面及制动轮表面不得粘有油污。

（2）调整步骤及方法。

1）制动力矩的调整。首先旋转主弹簧调节螺母，改变弹簧长度，从而获得不同的制动力矩。调整时应以主弹簧架侧面的两条刻线为依据，当弹簧座位于两条线中间时，即为额定制动力矩，调整时注意拉杆的右端不能顶住弹簧架的销轴。

2）制动瓦打开间隙的调整。调整时应使两侧制动瓦打开的间隙相等。若间隙不相等则应调整螺钉，如果左侧制动瓦打开间隙过大而右侧较小时，则应旋紧左边螺钉，反之则按相反的方向调整。

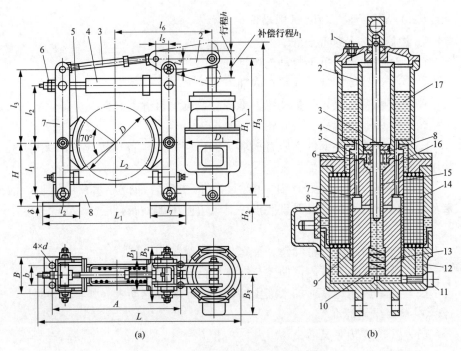

图 6-16　YDWZ 系列液压电磁制动器

（a）YDWZ 制动器本体部分

1—液压电磁铁；2—杠杆；3—拉杆；4—套板及主弹簧；5—闸瓦；

6—主弹簧调节螺母；7—制动臂；8—底座

（b）MY1 型液压电磁铁结构示意

1—加油口；2—推杆；3—活塞；4—密封圈；5、6—通油孔；7—齿形阀片；

8—钢垫片；9—钢套；10—动铁芯阀；11—放油螺钉；12—下缸体；

13—动铁芯；14—线圈；15—油腔；16—静铁芯；17—上缸体

3）调整杠杆。先旋动拉杆，使杠杆连接制动器销轴的中心线和拉杆销轴的中心线处于同一水平线上。当装上电磁液压制动器后，应检查电动液压制动器的补偿行程。

4）调整要求。检查制动器松开时，闸瓦片应均匀地离开制动轮。闸瓦与制动轮的间隙要一致，新更换的闸瓦片与制动轮的最大间隙不应超过表 6-11 的数值。

表 6-11　闸瓦片与制动轮的允许间隙

制动器型号	制动轮直径（mm）	制动瓦间隙（mm）
YWZ—300/25	300	0.7
YWZ—300/45	300	0.7
YWZ—400/90	400	0.8
YWZ—500/90	500	0.8

（三）YT1 型电动液压制动器的检修

1. 检修工艺及质量标准

（1）从制动器上拆下电动液压推杆。

（2）打开放油螺塞，放尽缸内油液。

（3）按顺序将梁、弹簧装置、推杆套及电动机拆下。

（4）拆去上盖螺栓，将叶轮与活塞拉出。

（5）检查内部各部件不应有损坏，轴承应良好，各螺栓应紧固无松动，并用煤油清洗后方可装配。

（6）各部密封应完好，损坏的密封垫应更换，油位显示窗应清晰，活塞及缸体内壁应无拉毛及严重磨损，对飞边应用细砂布打磨。

2. 组装

（1）放好密封垫，将叶轮、活塞与上盖组装为一体。

（2）将活塞推入缸内，使盖与缸体结合好，对称紧固螺栓。

（3）旋紧放油螺塞，加入液压油，按顺序装好电动机、弹簧和横梁。

3. 检修质量标准

（1）叶轮旋转应灵活。

（2）圆柱弹簧无卡涩现象。

（3）推杆及活塞上下运动无卡涩。

（4）各结合面处密封完好无泄漏，油位视窗清晰。

（5）加油标准及要求：按规定选择油种（见表 6-12）。

表 6-12　推动器选用油类

周围环境温度（℃）	推荐使用油类	周围环境温度（℃）	推荐使用油类
20～40	L-AN32 全损耗系统用油	−15	25 号变压器油
0～20	10 号变压器油	−25～−15	10 号航空液压油

（四）制动轮及闸瓦检修验收质量标准

1. 制动轮

（1）检修或更换新的制动轮，其表面硬度应达到洛氏硬度 HRC45～55，淬火层深度应达到 2～3mm。

（2）当制动轮磨损达 1.5～2mm 或是表面过于粗糙、闸带铆钉擦伤深度超过 2mm 时，必须重新进行机加工或热处理。

（3）重新加工后的制动轮其壁厚必须保证大于原厚度的 70%，否则应更换。

（4）机加工后的制动轮其表面粗糙度值应达到 $Ra1.6\mu m$。

（5）装配好的制动轮其轴向圆跳动量不得超过表 6-13 的规定。

表 6-13　制动轮装配后的跳动量

制动轮直径（mm）	≤200	>200～300	>300～800
径向跳动（mm）	0.10	0.12	0.18
轴向跳动（mm）	0.15	0.20	0.25

2. 制动瓦

（1）闸瓦磨损量超过原厚度的 50％时应更换。

（2）更换闸瓦时，首先将准备好的石棉制动带加热到 100℃左右，而后弯压在闸瓦上，并用铜钉或铝钉铆接。闸瓦与石棉制动带的接触面积应大于其全部面积的 75％，铆钉沉入瓦片的深度不小于瓦片厚度的 50％。

（3）闸瓦中心与制动轮中心误差（即同轴度）不大于 3mm。

（4）当制动器松开时，闸瓦与制动轮的倾斜度和平行度不应超过制动轮宽度的 1％。

3. 制动架

（1）制动架各部分动作要灵活，销轴不能有阻、卡现象。

（2）销轴及其他轴的磨损超过原直径的 5％，圆度误差超过 0.5mm 时，需更换。

（3）各轴孔的磨损超过原尺寸的 5％时，要重新加工孔，并配上合适的轴可继续使用，轴孔磨损量过大后，应进行补焊加工。

（4）各转动部位应定期检查，加油润滑。

（5）各部位调整螺母应紧固，不应有松动现象。

六、减速机检修

减速机是安装在原动机与工作机之间的一种用来降低转速并传递扭矩，独立的闭式传动机构。广泛应用于火力发电厂输煤胶带机上的减速机主要有：圆柱齿轮减速机、蜗轮蜗杆减速机、摆线针轮减速机、行星齿轮减速机等。

1. 结构原理

圆柱齿轮减速机主要由箱体（上箱体、下箱体）、齿轮组、齿轮轴、轴承、油位指示器、透气阀组成。

原动机（一般为电机）的转速通过联轴器传给减速机的第一级齿轮后，第一级齿轮与中间齿轮啮合，中间齿轮和第一级齿轮模数相同而齿数不同，从而使中间齿轮获得减速（或增速）。中间齿轮继续通过啮合将速度传递给二级齿轮，最终在减速机的输出轴获得需要的转速。

2. 减速机部分的大修工艺及验收标准

（1）清理现场及机壳，拆卸联轴器及放油，并做好装配印记和解体准备。

（2）做好检修前、检修后的技术记录，检修中更换的零件要详细记载，拆卸的零件要妥善保存。

（3）对轴、轴承、键和联轴器的检查修理应执行通用部分的要求（详见第三章）。

（4）做好核对图样工作，无图样的应做好测绘工作，以便制作备品。

（5）轴在发生扭曲变形时应更换，发现有裂纹时应报告技术主管进行技术鉴定，研究是否可以继续使用。

（6）对圆柱齿轮传动轴，其平行度和倾斜度，1m 内应在表 6-14 规定的范围内。

表 6-14　齿轮传动轴的安装要求

传动装置	平行度（mm）	倾斜度（mm）	传动装置	平行度（mm）	倾斜度（mm）
减速机	<0.3	<0.25	模数为 6～14	<0.8	<0.8
开式齿轮传动	<0.4	<0.3	模数为 14～20	<0.6	<0.5
模数为 6 以下	<1	<0.8			

（7）齿轮的磨损、顶隙、侧隙、啮合接触面积的检查应按通用部分规定执行（详见第三章圆柱齿轮减速机）。

（8）有下列情况，不管齿轮的磨损程度如何，应立即更换：

1）齿根有一处或几处疲劳裂纹。

2）因疲劳剥落而损坏的齿轮工作面积超过齿轮全部工作面积的 30%，以及剥落的坑沟深度超过全齿厚度的 10%。

（9）对于镶嵌式齿轮（如齿形联轴器）应检查配合的紧密性，齿圈和轮壳的固定螺钉应牢固。

（10）组装减速机时，各轴的推力侧轴承外圈应与端盖止口无间隙、紧密接触。通过增减调整隔套的厚薄来调整齿轮间隙，通过增减端盖法兰与外壳之间衬垫的厚薄来保证轴承游隙，原则上以轴的膨胀量为准。

（11）组装减速机前，应对齿轮及箱体进行最后清洗。

（12）装配箱体和箱盖时，应将上下结合面擦拭干净，不允许有旧垫的痕迹，以 0.05mm 的塞尺不得塞入为准，然后涂上油漆或其他密封液，以防漏油。

（13）新更换的齿轮组，齿轮与轴的装配间隙为 0.03mm，齿面接触均匀，接触面积应大于整个齿面的 2/3 以上，主动轮与从动轮的端面差不超过 2mm。

（14）检修及减速机定位找正时，使用的垫片不应超过 3 片（每个支点），其总厚度不得大于 2mm。

（15）加油：组装减速机时，各部轴承应加适量的润滑脂，组装后应加入充分的润滑油，油量以油位计或油标尺规定值为准，或以润滑油浸没最低齿轮一个全齿高为准。

（16）试运标准：一般减速机检修后，应空载试运行 2h，结合面应不漏油、不渗油，端盖密封处应不漏油、无杂声，温度不超过 70℃，各处振动合乎规定标准。注意事项：推力轴承侧隙的调整尤为重要，侧隙大，容易造成油封磨损；侧隙小，容易造成轴承发热。减速机推力轴承侧隙应保持 0.20mm 左右。

七、管状输送机检修

（一）检修项目

（1）标准大修项目：

1）减速机解体大修。

2）各部滚筒清理，轴承检查加油。

3）检查更换托辊，修理托辊支架及主胶带机架。

4）检查胶带接头，必要时重新胶接和硫化修补。

5）检查落煤管，修补漏点，更换挡煤皮子和防磨衬板。

6）检查修整拉紧装置、清扫器。

7）各种联轴器解体、检修、重新找正。

（2）标准小修项目：

1）检查更换减速机润滑油。

2）各滚筒轴承检查、加油。

3）检查修整拉紧装置和清扫器。

4）检查更换托辊、托辊架。

5）检查修补落煤筒。

6）胶带接头检查，必要时胶接。

7）皮带机两侧护栏及各种护罩检查、恢复，必要时更新。

（3）非标项目：

1）更换胶带。

2）更换减速机。

3）更换落煤管和导煤槽。

（二）检修工艺步骤及质量标准

1. 检修前准备工作

（1）办理热力工作票。

（2）确认安全措施正确执行。

（3）准备检修工器具、备品备件和材料。

2. 减速机检修

参考通用设备减速机检修工艺。

3. 滚筒检修

（1）用划针在滚筒轴承座和机座上做好明显标记，以保证原来的安装位置，松下轴承座与机座紧固螺栓，吊下滚筒。

（2）用敲击法检查滚筒体在轴上的固定情况，顶丝紧固情况。

（3）检查滚筒端板焊口有无裂纹，裂纹不严重的可进行焊补，裂纹严重的必须更换。

（4）滚筒胶面与滚筒黏合应严密，不得有凹凸不平，裂纹脱胶现象，否则进行更换或滚筒重新包胶。

（5）拆下轴承座，清洗轴承，轴承座、透盖闷盖等件，轴承不必从轴上取下。检查轴承的完好程度，具体方法可按滚动轴承部分执行，驱动滚筒为双列向心滚子轴承，清洗后，测量轴承径向间隙。

（6）质量标准。

1）滚筒胶面磨损≤原厚度的 2/3。

2）滚筒安装时，滚筒轴线与皮带机中心线的不垂直度≤1°。

3）其轴承原始间隙为 0.01～0.02mm，允许径向使用间隙≤0.1mm。

4）轴承加注 3 号通用锂基旨，其量为轴承座空腔的 2/3。

4. 清扫器检修

（1）清扫器有弹簧清扫器和空段 V 型、一字型清扫器三种。弹簧清扫器用来清理胶带工作面上的黏着物；空段清扫器用作清理非工作面上的黏着物及杂物。

（2）输煤系统皮带机现使用 H 型和 P 型清扫器及 O 型清扫器。对清扫器应定期检查，刮板变形或不起作用应更换。

（3）清扫器的角钢架、扁铁、平板不得有弯曲变形、开焊现象，清扫器的清扫板、橡胶弹性块损坏的应更换。

（4）头部清扫器的弹性体应无裂纹、脱落，应及时更换不起作用的清扫器。

（5）刮煤板上的固定孔应做成长孔，便于磨损后及时调整；刮煤板上的螺栓应齐全，无松动。

（6）质量标准。

1）刮板与输送带的接触长度不得小于 85%。

2）清扫板与胶带要均匀接触，无缝隙，侧压力为 50～100N。

3）刮煤板露出固定架部分不得小于 20mm。

5. 拉紧装置检修

（1）用手拉葫芦将重锤提起，并做好防落措施。

（2）退出安装螺旋拉紧器丝杆时，两丝杠应同时均匀旋出（拉紧），防止偏斜损坏螺纹。

（3）增加或减少重锤时，应使用手拉葫芦将重锤放置地面后装卸或使用机械升降设备装卸，一般情况下不允许在空中装卸。

（4）质量标准：重锤的悬挂调整螺钉露出螺母的长度不小于 20mm。

6. 落煤装置检修

（1）落煤管检查。

（2）锁气器检修。

（3）三通挡板检查。

（4）导料槽检查。

（5）质量标准

1）壁厚磨损≤原厚度的 30%。

2）锁气挡板翻转灵活。衬板磨损≤原厚度的 60%。

3）挡板平整无变形，转动灵活，不卡涩，衬板磨损≤原厚度的 60%。

4）当挡煤板在中间位置时，电动推杆应保持水平且和挡板平面垂直。

5）导料槽裙板磨损≤原厚度的 30%。

7. 制动器检修

（1）从制动器上拆下电动液压推杆。

（2）拧开放油螺栓放完内部油液。

（3）按顺序将梁、弹簧装置、电动机拆下。

（4）拆去上盖螺栓将叶轮与活塞拉出。

（5）检查内部各螺栓应紧固，无松动现象。

（6）内部不应有异物杂质，并用煤油清洗各部零件后方可装配。

（7）活塞无严重磨损。

（8）叶轮、活塞与上盖装为一体。

（9）将叶轮活塞推入缸体，使盖与缸体结合好，将垫垫好，并对称紧固螺栓。

（10）制动轮与闸瓦的检修。

（11）按顺序装好电动机，弹簧和梁。

（12）质量标准。

1）推杆及活塞上下运行无卡涩现象。

2）结合面与轴封处密封良好，无渗油。

3）制动轮磨损达 1.5～2mm 或表面不光滑，闸瓦铆钉擦伤深度超过 2mm 时应报废换新。

8. 胶带胶结准备

（1）确定胶带长度。

（2）拉紧胶带时应使用专用胶带卡子，拉紧时先将重锤提起，尽量拉至最大高度，使胶带头尽可能有余量，便于黏合，拉紧胶带时应注意两边拉力均匀。

（3）划线及剥头。

（4）打毛：其目的是，将胶带芯层上的浮胶打毛，使胶浆更好地与原皮带胶层黏接。打毛时，钢丝砂轮机应有良好的接地；工作时戴绝缘手套；钢丝轮应固定良好；钢丝砂轮对胶带打磨面的压力不可过大，将胶带浮胶打毛即可；在整个打毛过程中保持清洁，不得有油污粘入；打毛完毕后，用刷子将残留在胶带层上的残胶清扫干净，然后用二甲苯或 120 号航空汽油清理，使用吹风机将皮带烘干。

（5）质量标准。

1）皮带接头各台阶等分的不均匀度≯1mm，两半接头总尺寸的误差≤3mm。

2）割口处对下层带深的误割深度不大于带芯层的 1/2，每个台阶的长度误损量不得超过全长的 1/10。

3）钢丝砂轮清理浮胶时，对带芯层误损不得超过其厚度的 1/4，损坏面积不得大于整个接头面积的 1/10。

4）接口处胶带边缘为一条线，其不直度≤3/1000。

9. 胶带胶结

（1）涂胶。

（2）合头封口。

（3）加热、加压、恒温。

（4）拆除。

（5）质量标准

1）整个胶带结合面涂刷均匀，待充分挥发后（以胶糊不粘手为宜），在胶头接合面上铺上带 1mm 芯胶片。

2）将两头合拢，从接头的一端起由中间向两侧黏合，以便于空气排出。合头时，采用台阶缺位法，即凸半接头压凹半接头 25mm。

3）待合拢后，在上、下两接缝处，涂黑色胶浆，待胶干后，先贴带芯胶片，然后刷胶浆，干后再贴相应的覆盖胶片，即工作面贴 4.5mm 厚，非工作面贴 1.5mm 厚，然后用 1.5mm 的胶片将接缝全部包起。

4）接头摆正后，在接头上、下铺报纸，胶带边胶必须用 10mm 厚钢板夹紧，以防加热时边胶外流。

5）将加压水泵、加热板线，热电偶插入相应位置，开始加压，先加压至 1MPa 后，开始加热，将温控箱温度表温度值定在 145±5℃之间，温控开关打在自动位置，当温度升到 100℃ 左右时，继续加压至 1.5MPa，加热至规定值后，自动恒温 35min，停止加热。

6）待加热板温度降至 60～70℃之间后，即可拆除硫化机。

7）皮带负荷运行时无接口处跑偏现象。

8）皮带接口应无起泡、开裂现象；不得发生空洞、翘边等不良现象。

10. 试运

（1）检查硫化接口是否平整。

（2）检查皮带接口是否同心。

（3）皮带接口应无开裂现象。

（4）接口处胶带边缘应为一条线。

（5）皮带带负荷试运。

第六节　碎煤机检修工序及要求

一、检修项目

1. 常规检修项目

（1）更换各密封面的密封胶条。

（2）更换磨损减薄达到更换标准的上、下落煤管及落煤斗。

（3）更换损坏的除铁室的篦子。

（4）检查、修理筛板调整装置。

（5）检查、更换转子、转盘、隔套及摇臂。

（6）更换磨损超标的护板、衬板及紧固螺栓。

（7）更换磨损超标的破碎板、筛板、反击板。

（8）更换磨损超标的环锤及环轴。

（9）检查、修补有磨损的转盘。

（10）检查主轴、更换劣化不达标的主轴承。

（11）更换制垫片（性联器）或蛇形（形联轴）。

（12）解体检修液压系统油泵、阀门，更换磨损件、密封件及液压油，并调整压力。

（13）检查、紧固各部位的螺栓。

（14）转子进行找平衡。

2. 特殊项目

（1）更换转子总成。

（2）更换主轴或摇臂。

（3）更换整个机壳。

（4）整机表面进行防腐油漆。

二、检修工艺

1. 锤环组配

（1）为保证环式碎煤机的静、动平衡，避免转子因不平衡而产生振动，故在碎煤机的机盖拆卸前，先必须严格按要求进行锤环组配。

（2）首先将需要组配的锤环分别称重，在每个锤环上标明其重量，并按对称及平衡的要求将重量相等或重量相近的锤环布置好。

（3）然后分别累计一下对称两排锤环的总重量，其重量误差应小于200g。若达不到要求，则要反复平衡或通过更换锤环等方式来保证对称两排锤环达到宏观平衡，总重量差必须小于200g。

（4）在完成上述平衡调整工作后，还要对每排锤环进行平衡和重量调整，以每一排中间为基准，两侧的对应锤环找平衡。经反复计算、调整后，应使其重量尽量保持一致，最后将稍重一些的锤环放置于电机一侧。

（5）在更换装配前，应进一步校核四排锤环的重量差和平衡。在主轴长度内，以其中心为界，将四排锤环一分为二，计算其总重量及差值在不破坏每排平衡及两排对称平衡的基础上，调整到四排总体对称平衡为最佳。

2. 更换新锤

（1）拆解联轴器；拆卸碎煤机盖板上所有螺栓，吊下盖板。

（2）拆下主轴两端的侧板。

（3）配有液压开启装置的碎煤机则起用此装置自动打开前机盖。

（4）转动转子，使转子上一排锤环向上处于开口处，卡住转子，使其不能转动。

（5）再用专用吊具将这一排锤环全部夹住或吊住，拆下环锤轴末端挡盖，并将环轴取出。这样一排锤环在环轴取出过程中就逐个被吊出拆下，将已配置好的一排锤环用专用起吊工具吊起并一次吊入，将环轴穿入后，装好末端挡盖。取掉起吊工具，将一排锤环放下，至此第一排锤环更换完毕。

（6）松开转子，使第二排锤环转动至开口处，按以上方法继续更换这样逐排、逐个地将四排锤环全部拆、装完毕。

3. 更换破碎板、筛板

当破碎板、筛板的磨损量达到原厚度的 $60\% \sim 75\%$ 时，或有断裂破损时则须更换，更换程序如下：

（1）将碎煤机的电机停电，拆下机体与机盖结合面螺栓及转子轴端与机体的密封法兰、侧板。

（2）用液压开启装置将机盖顶起至 $90°$ 位置（无液压装置时直接吊出机盖），拆除转子轴承座螺栓及紧固件。

（3）将转子吊出。

（4）在煤斗上方做好防止人跌落安全措施后，检修人员进入碎煤机内拆卸破碎板、大筛板、小筛板上的紧固螺栓，用钢丝绳、起吊工具将破碎板、大筛板、小筛板逐一吊出。

（5）装复新破碎板和筛板后，紧固好螺，再按上述逆顺序回装。

4. 饰板调节机构的调整

筛板调节机构是用来调节锤环与筛板之间间隙的。因筛板和破碎板都安装在筛板支架上，筛板支架通过其调节机构进行调整。筛板与锤环之间的间隙大小决定破碎粒度的大小。适宜的间隙既可保证破碎粒度，又可减少筛板、破碎板与锤环的磨损。在碎煤机的使用过程中，可根据碎煤机出力的大小和破碎粒度的变化，随时调整锤环与筛板之间的间隙。

（1）该间隙的调整在碎煤机空载情况下进行：用专用扳手转动调整丝杠，通过蜗轮蜗杆机构使筛板支架绕其上铰支座转动。

（2）当听到机体内有沙沙撞击声后，停止调整；然后反转丝杠，退回 $1 \sim 2$ 扣即可（一般新更换板和环后，使纹外露 250mm 左右为宜）。

（3）调整后，可观察碎煤机带负荷情况下的破碎粒度是否符合要求，再做适当调整。

5. 转子轴承的检修工艺及更换要求

（1）将转子机构用起重工具吊起，并将转子垫好固定，使其两轴承座下部留有一定的空隙，以便于检查及拆装轴承座和更换轴承。

（2）拆除轴承座端盖及油封。

（3）拆除上、下轴承座固定螺栓，卸下轴承座。

（4）在更换电动机侧轴承时，需将联轴器拆除，并要先松开锁紧螺母，取下止退垫圈和定位套。

（5）拆除需更换或检修的轴承。

（6）将检修好的轴承清洗后，直立放在干净的平台上。

（7）测量更换轴承的滚子与外圈的径向间隙，将其间隙数值记录下来，以确定是否符合规范的要求。

（8）在安装新轴承前，要用干净的棉布将轴颈处和轴承内套擦拭干净。

（9）用敲击法或热装法将轴承安装在轴上。冷装时，可在装配面涂一层干净的机油。

（10）在装上锁紧螺母、止退垫圈和定位套后，一定要调整好止退垫圈与锁紧螺母的开口位置，使其相对应。

（11）轴承及锁紧螺母等定位后，撬起止退垫圈锁片，并锁入锁紧螺母槽内。

（12）安装轴承座时，一定要将座内孔、座与盖的接合面清理干净。

（13）轴承的润滑要采用二硫化润滑脂，其注入量为油腔的 $1/3 \sim 1/2$。

（14）检查油封、定位套、锁紧螺母是否齐全，对位后，装好轴承端盖。

6. 挠性联轴器的拆卸与安装

（1）拆下两半联轴器及垫圈，将其顺序和位置做好记录，以便于安装时顺序正确。

（2）拆下中间的联轴节及两端半联轴节。

（3）检查传动轴（主、从动轴）联轴器法兰内孔、键和键槽，应清洁、无毛刺，确保各配合适当。

（4）联轴器与轴的装配为过渡配合，在安装时，应当将联轴器放入油中加热后再安装，确保其整体加热，切忌局部加热安装，以防变形。

（5）装挠性联轴器时，应保证两半联轴器在径向任意位置的间距相等即保证两联轴节端面平行。

（6）检查、找正两半联轴器的同轴度、垂直度，使其误差在规定范围内。

（7）拧紧联轴器的螺栓、螺母，并注意拆前的位置及顺序。

（8）待碎煤机运转数小时后，重新检查并紧固全部螺母，防止松动。

三、检修质量标准

（1）各紧固螺栓、螺母完整、严密、牢固。

（2）各接合面、密封垫应结合严密，垫片完好，不应有漏粉、漏煤现象。

（3）联轴器锁片、护罩要紧固牢靠。

（4）空载及带负荷运转后，其振动值应在规定范围内，即垂直、水平振幅小于或等于 0.07mm（双振幅），轴向窜动小于或等于 0.03mm。

（5）碎煤机运转 4h 后，轴承温度小于或等于 80℃。

（6）碎煤机运转平稳，机体内无金属撞击声。

（7）调整筛板与锤环的间距，保证排料粒度小于或等于25mm。

（8）碎煤机轴承推荐使用锂基润滑脂，注入量应为油腔 1/3～2/3 为宜，每隔 3 个月添油 1 次，每年清洗不少于 2 次。

（9）大、小孔筛板和碎煤板的磨损量达到原厚度的 60%～75% 时必须更换。

（10）锤环的旋转轨迹与筛板的间隙应调整至 20～25mm 范围内。

（11）碎煤机主轴的轴承为双列向心球面滚子轴承，滚子与外套的径向间隙应为 0.20～0.26mm。

（12）对称转臂上的两组锤环的总重量应不大于 0.20kg，同排的各锤环间的总重量应不大于 0.17kg。

（13）挠性联轴器的角度误差及同轴度误差不大于 0.33mm。

第七节　筛煤设备检修工序及要求

一、滚轴筛

1. 检修项目

（1）检查各紧固螺栓有无松动或断裂，并进行紧固或更换。

（2）检查筛架有无变形、扭曲、脱焊的缺陷，并进行相应的修理。

（3）对驱动装置的圆柱齿轮减速机进行开盖、解体检修。

（4）对轴承齿轮箱进行开盖、解体大修，各齿轮、轴承检修安装完毕后，需对齿轮的啮合间隙进行测量和调整。

（5）检查各轴承有无异声及超温现象，并应根据实际情况及时进行更换；检查各结合面及通轴处有无渗漏并进行处理。

（6）解体检查多级纵向轴和锥齿轮的磨损、啮合情况，并进行必要的调整、修理和更换。

（7）检查筛轴有无弯曲变形情况，变形严重者应进行更换。

（8）检查、更换筛轴上的全部筛盘。

2. 滚轴筛检修工艺及质量标准见表 6-15。

表 6-15　滚轴筛检修工艺及质量标准

序号	检修项目	工艺要点及注意事项	质量标准
1	解列电动机，开启滚轴筛顶盖	（1）解列电动机。 （2）断开联轴器，拆除联轴器的螺栓，取出连尼龙柱销。 （3）解开箱体与顶盖结合螺栓，并确认无遗漏。 （4）拆去转子轴端与机体密封法兰等。 （5）用行车、手动葫芦相互配合把滚轴筛的顶盖吊离放到不阻碍工作的地板	尼龙柱销无严重磨损

续表

序号	检修项目	工艺要点及注意事项	质量标准
2	壳体检查清理	（1）壳体上固定衬板，清理，检查，测厚。 （2）各连接螺栓是否牢固	（1）衬板磨损＞50％更换。 （2）各连接螺栓无松动
3	吊出滚轴，拆卸轴承	（1）打好装配印记（打记号时应打在容易看到的侧面，不能打在工作面上）拆卸轴承端盖。 （2）拆去轴承座上盖螺母，在两轴承座上盖上做好标记，以便于安装时装回原位。 （3）提起两轴承座上盖，存放在一个干净的地方。 （4）将滚轴用起重工具吊起，并将滚轴垫好固定，使其两轴承座下部留有一定的空隙，以便于检查及拆装轴承座和更换轴承。 （5）用液压拉马或三抓拉马拆除联轴器（拆前标记好顺序和位置）	筛轴下方的清扫板工作良好，及时清理夹在筛片间的煤块等杂物
4	筛片	（1）用专用工具（卡钳）或用手锤、錾子把卡环松开取出。 （2）取出定位套，把筛片依次取出，整齐摆放好	筛片有无变形，磨损超过35％
5	清扫板清理检查	用梅花扳手松开清扫板的固定螺栓，把清扫板依次取出，并做好位置记号	（1）紧固螺钉无松动及腐蚀严重。 （2）清扫板无腐蚀严重及磨损严重
6	减速机检查	减速机按要求进行解体检查	
7	滚轴筛各部件安装	（1）轴承、联轴器、滚轴的安装。 （2）装上滚轴轴承端盖油封，新更换轴承建议使用新油封。 （3）测量更换轴承的滚子与外套的径向间隙，将其间隙数值记录下来，以确定是否符合规范的要求。 （4）安装新轴承前，要用干净的棉布将轴颈处和轴承内套擦拭干净。 （5）将液压油涂在轴颈安装平面，在轴颈部形成一层很薄的油膜。 （6）将轴承装上滚轴，并将锁紧螺母旋上。 （7）旋转锁紧螺母顶在轴承内圈上，继续移动锁紧螺母，推动轴承在主轴锥部上紧，直到径向间隙符合检修标准。 （8）拆下锁紧螺母，装上锁紧垫圈，然后重新安装锁紧螺母并拧紧垫圈螺母，调整好止退垫圈与锁紧螺母的开口位置，使其相对应。此时要注意轴承间隙符合要求（0.007～0.01mm）。轴承及锁紧螺母等定位后，撬起止退垫圈锁片，并锁入锁紧螺母槽内。 （9）使用干净的布遮住轴承外圈及锥部，防止腐蚀和污染。 （10）安装轴承座时，一定要将座内孔、座与盖的接合面清理干净。 （11）轴承的润滑采用二硫化钼润滑脂，其注入量为油腔的1/3～1/2。	

385

续表

序号	检修项目	工艺要点及注意事项	质量标准
7	滚轴筛各部件安装	（12）检查油封、定位套、锁紧螺母是否齐全，对位后，装好轴承端盖。 （13）将联轴器两轮毂放入油中整体加热（油温135～177℃）。热压安装联轴器轮毂，保证轮毂面与轴端面在同一平面。 （14）联轴器找正。 1）用等厚于 0.250mm 的定位钢筋插入两轮毂之间，用塞尺测量两轮毂径向间隙。两点定位钢筋与轮毂位间隙差标准 max0.013mm，用塞尺测两轮毂面间隙应小于 0.011mm。 2）找正合格后，用胶锤将尼龙柱销轻轻敲进轮毂里，装上固定环片，紧固螺栓轴承座封盖，上好螺栓。 （15）刮煤板的安装。 用螺栓（平垫、弹簧垫）把刮煤板安装牢固。 （16）筛片的安装。 （17）按照两头轻，中间重的原则（磨损较大的在滚轴的两边）用吊具把筛片吊装进滚轴。 （18）装进定位套，用专用工具（卡钳）或用手锤、錾子把卡环装上，直到逼紧定位套。 （19）筛片与刮煤板间隙调整。 （20）调节刮煤板的可调螺栓，调整筛片与筛刮煤板的间隙。 （21）测量间隙值。 （22）清理封盖。 （23）清理滚轴筛内部。 （24）封上顶盖，上紧连接螺栓。 （25）挡板检修。 1）将电动推杆拆下，检查修理推杆驱动齿轮、轴承、导套内侧导轨、滑座。齿面应光滑无裂纹，不得有剥皮和麻坑现象，轴承应清洁，且没明显的斑点，导套没变形扭曲，埋焊处无开裂现象。滑座与壳体配合为 D3/d3，滑座油槽处无堵塞。 2）拆下挡板、挡板轴。 3）挡板不严重磨损变形，挡板轴光滑无裂纹，轴头键槽无扭角松动。 4）轴承与轴承座配合无松动，符合标准。 5）更换密封件	
8	试运		（1）运行平稳，无相磨卡涩现象。 （2）轴承温度小于 70℃，振动小于 0.1mm；减速机温度小于 60℃，振动小于 0.08mm

二、概率筛

1. 检修项目

（1）测量筛体振幅及各减振弹簧的压缩量。

（2）检查、紧固各地脚螺栓。

（3）检查、修复筛体有无破损。

（4）检查、修复各筛条及横梁部分。

（5）检查、调整激振器的偏心块或更换激振器总成。

（6）检查、更换减振器的弹簧。

（7）更换振动部分与固定部分的弹性联结软体即尼龙帆布。

2. 检修工艺及质量标准

（1）在筛煤机的整机安装或检修过程中，须保证筛机的入料口保持水平，且四组减振弹簧应均匀受力。

（2）四组减振弹簧受力是否均匀一致，可通过测量各弹簧的压缩高度来确定。

（3）调整筛机的整体水平时，前后两组的减振弹簧须调整至相同高度，保持各自水平。但前后的弹簧高度允许有误差，即筛机整体允许有前后水平误差，不允许有左右水平误差。

（4）减振弹簧更换时须成对更换。

（5）减振系统安装或调试结束后，必须使筛机保持在自由状态，即不与其他固定部件碰触。

（6）调整同步振动概率筛的振幅时，应打开两振动电机的外罩，将装在轴上偏心块螺钉松开，改变电机两端两个偏心块的重合角度。调整时必须对两台电机上的四组偏心块同时调整且使其重合角度保持一致。在达到所需要的振幅时，再拧紧各组偏心块固定螺钉，并锁紧轴端的止退垫圈和锁紧螺母。

（7）惯性共振概率筛调整筛幅时，可直接调整两激振转盘上各组偏心块的重合角。

（8）概率筛的空载振幅一般为 4～5mm，最大振幅一般不超过 6mm。

（9）概率筛的筛面一般采用条形筛面，筛面的筛条选用轨道钢、A 钢或 20 号圆钢。

（10）各地脚螺栓无松动，惯性共振概率筛的三角带无松弛、打滑。

三、摆动筛

1. 小修基本项目

（1）驱动机构减速机旁路机构减速电动机更换新油。

驱动机构减速机采用重工业齿轮油 VG460，每半年更换 1 次，油量约 45L，实际加油以油尺为准。采用进口油，可采用 Mobil、BP、ESSO 等牌号。

旁路减速电机出厂时已注好油，运行前检查油位，每 3 个月检查 1 次油质，如有污染则应换油。润滑油采用 VG220。建议采用 Mobil、BP、ES-SO、Shell 等牌号，最好采用合成油，如果采用矿物油，最少每 1 年更换 1 次润滑油，如果采用合成油，最少每 3 年更换 1 次，换油时要在运行温度下换油，因为冷却后油的黏度增大，放油困难。

旁路减速电动机上带橡皮圈螺栓为透气阀，红色油堵为油位堵，最下端油堵为放油堵。

(2) 连杆、摇杆铰部销轴、轴承、定位套检查、清洗；更换损坏件；加油油脂，轴承润滑采用二硫化钼锂基润滑脂。

(3) 安全销、接近开关检修。

(4) 驱动机构联轴器易损柱销、弹性块检查。

(5) 曲柄销轴、轴承及辅件检查。

(6) 梳齿轴承座与驱动轴承座内轴承及辅件检查。

(7) 梳齿清污齿磨损检查，磨损到不能清除对下级梳齿侧部进行清理需补焊。

(8) 旁路机构限位开关动作检查。

2. 大修基本项目

(1) 连杆、摇杆铰部销轴、轴承、定位套拆下检查，更换损坏件。

(2) 连杆、摇杆、曲柄检查，更换损坏件。

(3) 梳齿轴组梳齿检查，当有损坏和变形进行更换。

(4) 梳齿轴承座轴承盒进行全面检查，更换损坏件。

(5) 梳齿驱动轴承座轴承及附件全面检查，更换损坏件。

(6) 梳齿驱动输入轴联轴器，更换弹性块、松动键，输出轴联轴器更换销轴和损坏附件。

(7) 梳齿驱动减速机更换新油，机内清洗干净。

(8) 更换松动键。

(9) 驱动机构、旁路减速机更换新油。

(10) 机座、机壳间密封更换。

3. 检修前准备

(1) 作业现场进行安全隔离。

(2) 检修起重工具检查。

(3) 电焊器具、火割器具准备。

4. 检修工艺及质量标准

(1) 检修工艺。

1) 梳齿轴组检修。

程序：开机壳（用钢丝绳锁住，防止机壳自行下落）→把各轴组用铁棒卡住定位（防止连杆拆除时翻转）→拆下连杆（主、从动连杆）→拆下轴承压盖→拆下轴组（移动机外地面）→检修拆下轴组或更换新备轴组，装配亦然。

2) 驱动机构检修。

程序：拆下主动连杆→拆下从动连杆→拆下曲柄→拆下传动轴→拆除联轴器→放掉减速机内润滑油、清洗内部、装上新油→检修已拆下部件（包括电机）→组装成部件，装配亦然。

（2）质量标准。

1）梳齿装配部分。

梳齿与清污齿不碰；边梳齿与机壳不碰；摇杆中平面位置度 0.2mm。

2）梳齿驱动机构。

输入端联轴器：径向跳动＜0.5mm；两半体间隙差＜1.5mm。

输出端联轴器：径向跳动＜0.6mm；两半体间隙差＜3mm。

5. 试运

（1）空载试车。

1）空载试车前先点动主机，观察有无异常。站在本机驱动机构电机一侧，观察驱动大联轴器旋转方向为顺时针。

2）经手动盘车，无异常现象后，各电动机绝缘测量合格，机旁手动启动驱动机构，运行 0.5h。

3）检测关节温升，减速机和电动机温升（40℃为限）。

4）有无异常声响出现。

5）设备运动有无水平移动现象。

6）连锁试车，检查连锁动作可靠性。

（2）带载试车。

1）经空载试车合格后，方可进行带载试车。

2）半载运行 0.5h。

3）检验项目同空载，无误后，进行 0.5h 满载试验；

4）满载试验合格（检验同空载），进行连锁运行 4h。

四、高幅筛

高幅筛检修项目工序及质量标准见表 6-16。

表 6-16　高幅筛检修项目工序及质量标准

序号	项目	工序	质量标准
1	解列电动机，开启高幅筛顶盖	（1）解列电动机。 （2）断开偏心轮软连接，拆除偏心轮软连接的螺栓。 （3）解开箱体与顶盖结合螺栓，并确认无遗漏。 （4）用行车、手动葫芦相互配合把高幅筛的顶盖吊离放到不阻碍工作的地板	（1）偏心轮软连接无裂纹、断裂。 （2）处理金属结构开焊及严重变形情况
2	壳体检查清理	（1）清理高幅筛内部筛板。 （2）各连接螺栓是否牢固	各连接螺栓无松动
3	筛条、筛网检查	（1）检查筛板固定螺栓是否断裂。 （2）检查筛条、导流板磨损情况。 （3）检查筛网磨损情况	（1）筛条磨损不得超过 1/4。 （2）筛网无磨损。 （3）筛板固定螺栓无松动、无断裂

389

续表

序号	项目	工序	质量标准
4	密封圈、减震弹簧	(1) 检查密封圈及软连接破损情况。 (2) 检查弹簧是否有断裂	(1) 密封圈及软连接无破损。 (2) 减震弹簧无断裂、无裂纹
5	偏心轮、轴承、轴承座检查、轴检查	(1) 使用专用工具拆卸偏心轮。 (2) 将拆卸下来偏心摆放在干净的地方，并依次做好记号。 (3) 使用手拉葫芦将轴吊起，并固定。 (4) 拆卸减震弹簧、轴承座。 (5) 使用工具将轴承取下，并取出轴	(1) 偏心轮无变形。 (2) 轴承无磨损。 (3) 轴无弯曲变形、断裂现象
6	高幅筛各部件安装	(1) 轴承、轴、偏心轮安装。 (2) 装上滚轴轴承端盖油封，新更换轴承建议使用新油封。 (3) 测量更换轴承的滚子与外套的径向间隙并将数值做好记录。 (4) 安装新轴承前，要用干净的棉布将轴颈处和轴承内套擦拭干净，将液压油涂在轴颈安装平面，在轴颈部形成一层很薄的油膜，组装轴承并锁紧螺母。 (5) 旋转锁紧螺母顶在轴承内圈上，继续移动锁紧螺母，推动轴承在主轴锥部上紧，直到径向间隙符合检修标准。 (6) 使用干净的布遮住轴承外圈及锥部，防止腐蚀和污染，将座内孔、座与盖的接合面清理干净，轴承室注入 3 号锂基脂。 (7) 恢复密封圈	(1) 数据对比标准，确认符合规范的要求。 (2) 注入量为油腔的 $1/3 \sim 1/2$
7	落煤管检查	更换或修补落煤管，更换磨损严重的衬板	无破损
8	试运		运行平稳，无相磨卡涩现象。轴承温度小于 70℃

第八节　给配煤设备检修工序及要求

一、电动机振动给料机

1. 检修项目

(1) 检查、更换吊钩、螺栓、减振弹簧。补焊或更换料槽。

(2) 调整给煤机运动部分与周围固定部分之间的最小间隙。

(3) 根据振动电机激振力的大小及给料情况调整偏心块的相位。

2. 检修工艺

(1) 料槽检修。

1) 检查料槽，对磨损及漏煤部位进行修补，修理后其料槽的内面（重点是底面）应平整光滑。

2) 检修连接焊缝，若焊缝有裂纹应补焊。

3) 检修中不得任意改变槽体任何部位厚度或进行加固，以免影响整机重心，并保证激振力必须通过料槽的重心。

（2）料槽的角度调整。

如需要调整料槽倾角时，可以调节吊钢丝绳长度（吊式安装）或调整支承座的高度（座式安装），即可调整其倾角，允许误差为±1°。

（3）减振系统的检修要求及调整。

1）检查前后弹簧拉杆组的弹簧刚性应符合要求，橡胶块应完好、无老化，弹簧无裂纹，吊杆是无弯曲。当需要更换弹簧时，必须整组弹簧和橡胶块全部更换。

2）在安装或检修后，必须保证四组减振弹簧受力均匀，可通过测量各弹簧的压缩高度来确定，高度应一致。

3）在调整设备的整体水平时，前面两组减振弹簧必须调整至高度一致，保持水平；同样，后面两组减振器的弹簧也必须调整至同样的高度，保持水平。但前面与后面的弹簧高度允许有误差存在。换言之，整体允许有前后水平误差，不允许有左右水平误差。

4）减振系统安装或调整结束后，必须使给煤机呈自由状态，即不与其他固定部件接触，以免影响振动效果或产生噪声。

（4）振动电机的检修及激振力的调整。

1）打开外壳，检查可调偏心块、固定偏心块。如有裂纹、断裂，应更换。

2）检查键槽、平键，如有损坏，应更换平键；键两侧与键槽配合不应有间隙，顶部应有 0.10～0.40mm 间隙。

3）检查各固定螺栓，如有移位或松动，应恢复原位并重新紧固。

4）振动电机偏心块的调整。

在调整时，要保证振动电机两端出轴上的可调偏心块向同一个方向同步调节、同角度调节，同时还要确保两台振动电机偏心块的调整位置都要一致（即两台振动电机激振力相等）。

当可调偏心块与固定偏心块之间的夹角为 0°时，激振力最大，也就是振动电机的额定激振力。当可调偏心块和固定偏心块之间的夹角分别为 60°、90°、120°时，其激振力将为最大激振力的 86.6%、70.7%和 50%（见图 6-17）。

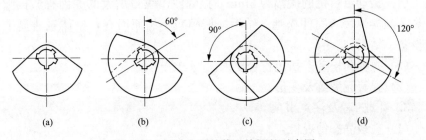

图 6-17　振动电机的偏心块调整示意图

(a) 0°；(b) 60°；(c) 90°；(d) 120°

偏心块与轴是采用平键连接，因此激振力是不能无级调节的。实际工作中采用这三个档次再加料槽倾角调节，可以满足实际生产的需要。

3. 试运行

在有条件情况下应先空载后负载进行试运。

试运行前应检查振动电机偏心块，必须保证两端对称、两台对称并紧固之。试运行几分钟后再检查并紧固一遍。

试运行中，观察振动形式如不正确，若因振动电机转向不对，应停机调整纠正。

试运中，观察给料机不得有横向摆动，振幅和电流除随电网电压波动而变化外，应该是稳定不变的，整机无异常声响。

4. 检修工艺质量标准

（1）无论是吊式安装的吊挂弹簧或是座式安装的支承弹簧，各弹簧压缩量一致，弹簧应垂直受压，悬挂安装允许弹簧外张。

（2）给煤机的运动部分与周围固定部分之间的最小间隙不小于 50mm。对于采用插入式的落料管，应保证最小间隙不小于 20mm。

（3）振动电机的固定螺栓和给煤机的各部件螺栓必须紧固不松动。

（4）两台振动电机的转向应相反。

（5）空载试运转时，给煤机运转应平稳，其振动电机轴承的温升在连续运转 4h 以后，轴承最高温度不超过 75℃。

（6）连续空载试运 4h 后，应对各部分连接螺栓重新紧固一次；然后再运转 4h 后，再紧固一次。这样反复进行 2～3 次。

（7）不得随意往机器上配置其他结构或机构。

（8）振动电机电源输入电缆不得张紧，应自然悬垂，有摆动余地。

二、活化振动给煤机

1. 检修内容

检修振动电机、加润滑油；检修激振弹簧、隔振弹簧；检查修补框架及软连接；检查紧固螺栓及扭矩。

2. 检修质量标准

（1）振动给料机的振幅为 8mm。振幅或出煤量增大的原因有激振弹簧断裂、激振弹簧紧固件松弛、结垢。振幅减小的原因有，框体触碰周围固定设备、结垢。

（2）螺栓无松动，扭矩符合要求。

（3）弹簧无裂纹及变形。

3. 调试过程及注意事项

（1）空载静态情况检查。

1）检查设备支架的水平度、隔振弹簧调整垫板厚度、焊接质量，与输送机的对中情况等。

2）检查隔振弹簧是否安装正确，簧座的对中情况，不能出现扭曲的现象，减振橡胶垫是否都已安装。

3）检查进口落煤管深入设备的距离、四边与设备内腔的间隙。

4）检查出口落煤管是否安装牢靠。

5）检查隔振弹簧压缩后的长度。

6）检查上、下软连接安装高度，该高度可以通过调整隔振弹簧调整垫板厚度进行，并检查螺栓情况。

7）检查电控部分的安装情况。

8）电机放置时间超过3个月的应进行必要的润滑脂补充，并人工对电机进行盘动，保证其轴承润滑良好，并对电机进行绝缘电阻检查。

（2）空载动态调试要点。

1）确认接入电压正常。

2）对电机进行绝缘电阻检查。

3）使用就地控制，以方便测试操作。

4）噪声、振幅检查。

（3）负载静态检查。

1）检查隔振弹簧长度，注意其最大压缩量不能超过极限值。

2）检查上下软连接的高度。

（4）负载动态调试。

1）设备运行前请确认皮带机已正常运转。

2）测量运转电流。

3）测量振幅和出力。

4）出力调整（最大和最小要求出力）。

5）设备停止时锁煤情况检查。

6）远程控制及远程出力调节测试。

三、叶轮给煤机

1. 检修项目

（1）检查叶轮转动机构的高、低速轴联轴器。

（2）对叶轮旋转机构减速器进行开盖大修，检查齿轮的磨损情况。

（3）更换轴承，并给减速器换润滑油。

（4）检查或更换锥齿。

（5）更换叶轮的轴承，检查、更换叶轮。

（6）对行走机构减速器进行开盖大修，检查各齿轮的磨损情况，对磨损严重的齿轮应成对更换。

（7）检查、更换齿轮联轴器齿轮和蜗轮联轴器的蜗轮、蜗杆。

（8）检查行走轮及其轴承的磨损情况。

（9）更换行走轮的轴承并加润滑脂。

（10）检查、修正行走机构的轨道。

（11）检查行走轮的联轴和通轴有无弯曲，有弯曲时应进行直轴或更换处理。

2. 检修工艺标准

（1）圆锥齿轮减速器的拆、装工序。

1）先打开叶轮顶部护罩。

2）拆下立轴上端的轴端挡圈。

3）拆下叶轮。

4）拆掉下方煤斗。

5）拆下尼龙柱销联轴器的尼龙柱销，或将十字滑块联轴器的十字盘转到适当位置后，再松开减速器的地脚螺栓，将减速器整体吊出进行开盖检修。

6）各传动部件及连接件的装复时按拆卸的逆顺序进行。

（2）蜗轮减速器的拆、装工序。

1）拆下齿轮联轴器的连接螺栓。

2）拆开蜗轮减速器与机架连接的安装螺栓。

3）将蜗轮减速器整体吊出。

4）各传动部件及连接件的装复时按拆卸的逆顺序进行。

3. 工艺标准

（1）叶轮给煤机各减速器的齿轮若出现严重磨损或腐蚀时，应成对更换齿轮。

（2）大修时，应检查各机构所有的轴承，凡出现点蚀或麻坑的轴承皆应更换。主要机构的轴承大修中可全部进行预防性更换。

（3）叶轮转动机构的圆锥齿轮减速器应选用 HL-30 齿轮油，其立轴颈部轴承应定期加钙基润滑脂；叶轮行走机构的蜗轮减速器应使用 HG-24 号饱和汽缸油，其他减速器可使用 20 号机油。

（4）蜗轮减速器装配时应保证蜗轮中心线与蜗杆轴线重合，公差为 0.085mm，侧隙为 0.19mm，并用涂色法检查蜗轮齿面的接触情况，接触斑点所分布的面积沿齿高、齿长均不得小于 50%。

（5）蜗轮减速器装配时应调整轴向间隙。对蜗杆上的轴承，其轴向间隙为 0.05～0.10mm，对蜗轮上的轴承其轴向间隙为 0.08～0.15mm。

四、电磁式振动给煤机

五、犁煤器

（一）检修项目

（1）推杆的检查、清洗、加油或更换。

（2）检查犁头磨损情况，磨损严重的应更换。

（3）检查驱动杆行程，变形严重的应更换。

（4）检查滑动架，变形严重应修整。

（5）检查定位轴、导套磨损情况。

（6）检查、更换长短托辊。

（二）质量标准

（1）电动推杆的解体、清洗、加油，当齿轮螺杆磨损严重时应予以更换。

（2）犁头磨损到与胶带接触面有 2～3mm 间时，应予以更换。

（3）驱动杆变形应修整，变形严重时应予以更换。

（4）弯曲变形应予以校正。

（5）滑动架变形严重时，应予以修整。滑动板要求平直，两滑动板要求平行，不平直度不得超过 2～3mm，不平行度不允许超出 3mm。

（6）定位轴与导套应伸缩灵活，无晃动。当晃动超过 0.5mm 时，应更换导套。

（7）托辊的检查。当发现托辊不转时，应打开两端密封装置，清理加油；发现轴承损坏时，应予以更换；当托辊壁厚小于原厚度的 1/3 时，应予以更换。

（8）检修质量标准：犁煤器的电动推杆驱动要灵活、可靠，同时手动用的手轮必须配备齐全；犁煤器与胶带表面应接触良好，不漏煤；犁煤器犁板必须平直，不平度不得大于 2mm。

犁煤器检修的项目及工艺要点、质量标准等见表 6-17。

表 6-17　犁煤器检修项目工艺及质量标准

序号	检修项目	工艺要点及注意事项	质量标准
1	犁煤器电动推杆的检修	（1）将电动推杆从设备上卸下。 （2）拆除电动机、限位开关和拉杆。 （3）将减速装置进行解体拆卸。 （4）检查齿轮及轴承有无缺陷及损坏，检查润滑油脂量。 （5）检查壳体内侧的导向平键有无变形扭曲，埋焊处有无开焊现象。 （6）滑座有无磨损，滑座与壳体的配合为 D3/d3，滑座油槽不堵塞。 （7）组装时应检查丝杆及螺母配合应符合规定标准，无犯卡及松动现象。 （8）各种密封件及防尘罩应完好无损	（1）各部位固定可靠，紧固件应牢固可靠。 （2）检修后的电动推杆未通电前，手动盘车运行自如，伸缩灵活。 （3）轴承及齿轮均匀涂抹二硫化钼锂基脂，以保持一定的润滑性能。 （4）推杆前端装设的防尘罩要扎好，不得有杂物、灰尘。 （5）安全开关无损坏。 （6）通电空载试运，机体内无异常噪声
2	犁煤器各构件的检修	（1）犁头及犁刀磨损到与胶带接触面有 2～3mm 间隙时应更换。 （2）驱动杆变形修正，变形严重时应更换。 （3）拉杆弯曲变形应予更换。 （4）滑动架变形严重时应予修整。移动小车轨道要求平直，两小车轨道要求平行，不平直度要求不超过 2～3mm，不平行度不超过 3mm。 （5）定位轴与导套应伸缩灵活，无晃动。当晃动超出 0.5mm 时，应更换导套。 （6）托辊的检查。当发现托辊损坏时，应进行更换。 （7）对犁煤器的各转动铰点进行除锈加油润滑	（1）犁刀与皮带相切处应平滑，无漏煤；铁板无裂纹、翘起现象，犁刀刀口未严重磨损造成尖锐过度现象，犁刀锐角倒钝 2mm。 （2）犁煤器前、后固定支架与推杆支架三者水平。 （3）行走轮与移动小车轨道无啃轨现象。 （4）犁煤器各铰点在运行中无卡涩或异响现象

第九节　除铁器检修工序及要求

一、检修项目

1. 摆线针轮减速机检修

（1）检查摆线齿轮及销轴的磨损情况，查输出轴键槽有无拐对磨损严重或因损坏而无法修复的应更换。

（2）检查轴承的磨损情况，磨损严重的应更换。

（3）检查耐油橡胶密封环的磨损及老化情况，磨损及老化严重的更换，并调整弹簧松紧度。

（4）消除机壳和轴承盖处的渗漏油。

（5）检查减速器的油量是否符合要求，对变质的润滑油进行更换。

（6）检查机壳是否完好，有裂纹等异常的需进行修复或更换。

2. 链传动组检修

（1）检查滚子链铰链的磨损情况，严重的应对滚子链予以更换。

（2）检查滚子链板及滚子表面有无疲劳点蚀和疲劳裂纹，严重时更换。

（3）检查链轮轮齿的磨损或塑性变形情况，检查轮齿孔轴配合有松动，连接键有无受剪滑移，严重时应更换。

（4）检查滚子链的润滑情况，清洗后应加新的润滑脂以确保润良好。

（5）调整链传动的松紧度。

（6）检修防护罩。

3. 弃铁胶带检修

（1）弃铁胶带接头搭接长度为 690mm，三阶梯式硫化胶接（热接），硫化温度为 140℃，硫化压力为 1MPa，硫化时间为 20min。如采冷粘方式时，要保证接口质量，接口处应平顺整齐无翘曲。也可以更换定制的环形胶带。

（2）带齿为橡胶齿时，与胶带采用冷粘胶接，胶接后带齿与胶带线不垂直度不大于 5mm；带为不锈钢时，与胶带采用铜螺钉或不锈螺钉紧固。

（3）胶带胶接后，两侧内周长误差不大于 2mm。

4. 滚筒、托辊检修

（1）检查滚筒托辊轴承的磨损情况，严重时应更换。

（2）检查滚筒筒身各焊接处有无裂纹，修复处理。

（3）每 3 个月补充一次润滑脂，1 年更换一次。

5. 油枕检修

（1）检查冷却油油位是否正常，冷却油有无变质，作补充或更换。

（2）检查硅胶干燥剂有无受潮变色，受潮则应更换。

（3）检查结合面有无渗漏现象并做处理。

6. 弃铁胶带跑偏调整

（1）胶带在工作过程中受张力作用被拉长，发生打滑或跑偏时应进行调整，以防胶带磨损而缩短使用寿命，胶带损伤时应及时修补。

（2）弃铁胶带跑偏时，可调整改向滚筒（拉紧滚筒）的栓，其调整方法同带式输送机的调整方法。

二、检修质量标准

（1）各部连接螺栓、螺母应紧固，无松动现象。

（2）各托辊及滚筒应转动灵活。

（3）主动滚筒、改向滚筒的轴线应在同一平面内，滚筒中间横截面距机体中心面的距离误差不大于 1mm。

（4）改向滚筒支座张紧灵活，弃铁胶带无跑偏现象。

（5）摆线针轮减速机空载及 25% 负荷跑合试验不得少于 2h，跑合时应转动平稳、无冲击、无振动、无异常噪声，各密封处不得有漏油现象工作时油温不得大于 65～70℃。

（6）整机运行驱动功率及温升不得超过规定值。

（7）励磁切换要准确无误，动作灵活。

（8）铁胶带旋向应正确。

第十节 除尘器检修工序及要求

一、布袋除尘器检修

（一）布袋除尘器检修项目

（1）检查、清理风机及其输风管道。

（2）检查、更换叶轮。

（3）检查、更换轴承。

（4）检查、补焊加强箱体。

（5）检查、更换滤袋。

（6）检查、更换滤杯，检查、更换压缩空气反吹管。

（7）检查、维修排灰（煤尘）用的轮和杆。

（8）检查、维修脉冲阀和控制阀。

（9）检查、更换喷吹管。

（10）检查、调整 U 形压力管。

（二）布袋除尘器检修工艺

1. 主风机

（1）清除风机及气体输送管内部煤尘、污垢和其他杂质，使其洁净。

（2）风机叶轮磨损严重时应更换。由于磨损不均匀等因素造成叶轮不顺畅。

（3）检查轴承的磨损情况，更换磨损严重的轴承并加润滑脂，使其润平衡时，应重新找动平衡，滑状况良好。

（4）紧固各密封螺钉，保持密封点不泄漏。

（5）风机安装完毕后，用手盘动转子，检查有无摩擦现象。

（6）按要求校正进风口与叶轮之间的间隙，并使轴保持水平位置。

（7）重新调整、找正主风机与电动机的同心度及联轴器两面的同心度与平行度。

（8）试运转时，风机轴承温度应不高于 80℃。

2. 除尘器主体

（1）检查并拧紧密封部位的螺钉，保持检查门、上盖活动门等处的填料及密封垫严密，损坏部分应及时进行更换。

滤袋破损要及时更换。排风口冒粉即表明滤袋有破损，应停机打料及密封垫严密，损坏部分应及时进行更换。开上盖，查出破损的滤袋进行更换。更换时还要检查框架，如有破损或腐蚀应及时修好。框架应打磨光滑后方可安装，否则易损伤滤袋，滤袋绒面朝外装好后，上口翻边在花板上面的铝短管上，用 $\phi 1.2mm$ 左右的铁丝扎紧。

（2）当煤尘湿度大时，若滤袋使用时间过长，滤袋上积尘不易吹落使袋的透气性变差，阻力增大。此时应及时清洗滤袋，保证其透气性良好。

（3）对能修补且不影响过滤面积的破损滤袋，应尽量修补后再用，即把更换下来的滤袋用压缩空气或水将煤尘清除掉，将破损处缝合，并再用新滤布缝补牢固。缝补用的材质应与原滤袋的材料的材质、强度相近。

3. 压缩空气管网

脉冲布袋式除尘器清灰用的压缩空气要干净，气包中的压力为 0.5MPa，管网要定期检查，发现漏气时应及时处理，过滤器及气包中的油水要定期排放，滤杯要经常清洗。

4. 排灰系统

检查电机及其轴承的温度，电机机体温度不得超过 85℃，轴承温度不得超过 80℃，磨损严重的蜗轮、蜗杆、螺旋叶轮应及时更换。下壳体磨损后要及时补焊。

5. 脉冲阀与控制阀

脉冲阀与控制阀是喷吹系统的关键部件，直接影响喷吹效果。可通过检查 U 形压力管的波动范围、箱体鼓出的情况或声响来判断喷吹系统是否正常。

脉冲阀正常运行的声响是短促的闷声，若喷吹时出现清脆的爆破声说明接头漏气。波形膜片和弹簧是脉冲阀的易损件，一旦发生故障，应及时更换，防止杂物进入阀内。

控制阀要定期检查，防止密封件老化、变形、密封不严，弹簧失去力或折断而导致失灵。电磁阀则要防止铁芯沾上油污或线圈烧坏、弹簧折断、不动作等缺陷。

6. 喷吹管

检查吹管受高压空气及粉尘冲刷、磨损情况，若出现破损或严重损则需及时更换或修补。

7. 除尘器滤袋通流阻力的检测

除尘器滤袋的通流阻力（透气能力）的大小反映了滤袋的工，作状况通流阻力的大小主要形压力计来检测，并依此来对除尘器进行调维修。表 6-18 所示为 U 形压力计的压差变化分析。

表 6-18　脉冲布袋除尘器压差变化分析

液柱变化情况	原因分析	检查调整
液柱压差超出限定范围	(1) 喷吹压力过低； (2) 喷吹管堵塞或喷吹系统漏气； (3) 喷吹周期长； (4) 粉尘湿度大，滤袋被糊住； (5) U 形压力计进口堵塞	(1) 调整喷吹压力在 0.4~0.5MPa； (2) 检查喷吹系统并处理； (3) 缩短喷吹周期； (4) 采取措施，防止堵塞； (5) 检查 U 形压力计进口及连接胶管
液柱压差低于限定范围	(1) 滤袋破损或脱落； (2) 含尘浓度小； (3) 滤袋的网孔过大	检查滤袋，适当调节脉冲周期
液柱压差为 0	U 形压力计进口堵塞	检查 U 形压力计进口及连接胶管

二、冲击水浴式除尘器检修

（一）冲击水浴式除尘器检修项目

1. 通风部分

(1) 检查进气管有无腐蚀穿孔，穿孔处应进行补焊或更换。

(2) 检查 S 形通道有无变形和腐蚀。

(3) 检查、修补净气分雾室与净气出口的内壁腐蚀情况。

(4) 检查、更换风机叶片和轴承；并对轴承进行加润滑脂。

2. 进水部分

(1) 检查、修理进水总阀、浮球阀、电磁阀。

(2) 检查、更换磁化管、进水管。

(3) 检查、清洗过滤器。

3. 反冲洗部分

(1) 检查、修理电磁进水阀、手动门。

(2) 检查、更换进水管。

4. 箱体部分

(1) 检查、修补外部壳体和机架。

(2) 检查、更换内部的上下叶片和挡水板。

5. 排污部分

（1）检查、更换溢流管和排污管。

（2）检查修理排污门。

（二）冲击水浴式除尘器检修质量标准

1. 通风部分

（1）进气管一般是用 3mm 的钢板卷制，腐蚀到 1mm 时就需更换。

（2）S 形通道必须完整无变形、无破损，其一般用不锈钢制作的上、下叶片构成。

（3）风机运行时的轴承温度不超过 75℃。

（4）风机叶片与壳体不应有摩擦，新更换的叶片应做平衡试验。

（5）风机运行时的振幅不应超过 0.06mm。

2. 进水部分

（1）进水总阀、浮球阀、电磁阀的密封性应良好，不应有渗漏。

（2）拆卸磁化管、过滤器并进行清洗，更换密封。

3. 反冲洗部分

（1）手动门和电磁进水阀应密封良好，无渗漏。

（2）进水管无破损、渗漏。

4. 箱体部分

（1）外部壳体和机架完好无破损，无穿漏。

（2）内部的上、下叶片构成的 S 形通道完整、顺畅。

5. 排污部分

（1）溢流管、排污管和排污门检修后应无破损，消除渗漏。

（2）排污部分在风机停止运转后能正常进行虹吸排污。

三、静电除尘器检修

（一）静电除尘器检修项目

（1）电场本体清扫。

（2）阳极板检修。

（3）阳极振打装置检修。

（4）阴极振打悬挂装置、框架及极线检修。

（5）灰斗及卸灰装置检修。

（6）壳体及外围设备、进出口喇叭槽形板检修。

（7）冲灰水系统检修。

（二）静电除尘器检修工艺及质量标准

1. 安全措施

只有在电除尘器电源完全关断的情况下，才能进入电除尘器作业。进入电场前还应用接地挂钩挂接阴极柜。内部工作人员不少于 2 人，且至少有 1 人在外监护，按有限空间作业规范执行。

2. 清灰前检查

（1）初步观察阳极板、阴极线的积灰情况，分析积灰原因，做好技术记录。

（2）初步观察气流分布板、槽形板的积灰情况，分析积灰原因，做好技术记录。

（3）极板弯曲偏移、阴极框架变形，极线脱落或松动等情况及极间跑宏观检查。

3. 清灰

（1）电场内部清灰包括阴阳极、槽形板、灰斗、进出口及导流板、流分布板、壳体内壁上的积灰。

（2）清灰时要按自上而下、由入口到出口顺序进行。清灰人员要注意工具等不要掉入灰斗中。

（3）灰斗堵灰时，应查找堵灰原因，清除积灰时，应开启排灰阀，然后用水冲洗。

4. 阳板完好性检查

（1）用目测或拉线法检查阳极板变形情况。

（2）检查极板锈蚀及电蚀情况，找出原因并予以清除。对穿孔的极板及损伤深度与面积过大造成极板变曲，极距无法保证的极板应予以更换。

5. 阳排完好性查

（1）检查阳极板排连接板焊接是否脱掉，并予以处理。补焊时宜采用直流焊机，以减少对板排平面度的影响。

（2）检查极板定位板、导向槽钢是否脱焊与变形，必要时进行补焊与校正。

（3）检查极板排下沉及沿烟气方向位移情况，若有下沉应检查顶梁吊耳、悬挂销板、固定板焊接情况，必要时处理。

（4）整个极板排组合情况良好，各极板经目测无明显凸凹现象。

6. 阳极板同极距检测

每个电场以中间部分较为平直的阳极板面的基准测量极距，间距测量可选在每间排极板的出入口位置，沿极板高度分上、中、下三点进行，极板高度明显有变形部位，可适当增加测点。每次大修应在同一位置测量，并将测量及调整后的数据记入设备档案。

7. 极板的整体调整

（1）同极距的调整。当弯曲变形较大，可通过木棰或橡皮锤敲击弯曲最大处，然后均匀减少力度向两端延伸敲击予以校正。敲击点应在极板两侧，严禁敲击极板的工作面。当变形过大，校正困难，无法保证同极距允许范围内时，应予以更换。

（2）当极板有严重错位或下沉情况，同极距超过规定而现场无法消除及需要更换极板时，在大修前要做好揭顶准备，编制较为详细的检修方案。

(3) 新换阳极板每块极板应按制造厂规定进行测试，极板排组合后平面及对角线误差符合制造厂要求，吊装时应符合原来排列方式。

(4) 检查振打锤各机构是否灵活，振打锤振打动作完成后是否能复位若振打锤不能复位，应检查电磁铁线圈内角是否有磨损，若发现内角磨损应及时更换。

(5) 检查振打线圈是否存在漏皮及其输出两条引线接头是否存在破皮现象。

8. 阴极悬挂装置检查检修

(1) 检查各个承压绝缘子是否水平放置，存在误差时调整。

(2) 检查阴极吊梁各个点之间是否在同一水平面，缘子支承法兰上螺母使各吊点保持水平。

(3) 用清洁干燥软布擦拭承压绝缘子内外表面，检查绝缘表面是否机械损伤、绝缘破坏及放电痕迹，更换破裂的承压绝缘子。绝缘部件更换前应先进行耐压试验。更换承压绝缘部件时，必须有相应的固定措施，用临时挂钩将吊点稳妥转移到临时支撑点的部件。更换后调整各吊点保持水平，应注意将绝缘子底部周围石棉绳塞严，以防漏风。

(4) 检查框架吊杆顶部螺母有无松动、移动，绝缘子两头定位元件是否脱落。

(5) 见阳极振打装置部分的 2~3 点。

9. 阴极框架的检修

(1) 检修阴极框架整体平面度公差符合要求，并进行校正。

(2) 检查框架局部变形、脱焊、开裂等情况，并进行调整与加强处理。

第十一节　含煤废水设备检修工序及要求

(一) 检修项目

(1) 清水泵解体检修。

(2) 煤水提升泵解体检修。

(3) 过滤水箱检修。

(4) 隔膜罐检修。

(二) 检修工序及质量标准

1. 清水泵检修准备

(1) 准备工器具，运至检修现场；布置现场、检查安全措施的落实情况。

(2) 质量标准：安全措施准确、全面，现场工具、用具摆放整齐。

2. 清水泵轴承检修

(1) 解体回用水泵，拆卸轴承端盖检查轴承的磨损情况。

（2）质量标准：轴承内外圈、滚动体和保持架均不应有裂纹、麻点、起皮或锈蚀现象；轴承内孔和外表面不应有相对滑动的痕迹；球轴承若超过原始间隙 2/3 应更换新轴承。

3. 清水泵轴的检修

（1）拆卸水泵在机床上进行检验。

（2）质量标准：在车床上校正轴弯曲是否符合要求，轴的弯曲不得超过 0.06mm，否则要进行校直。

4. 轴径检测

（1）使用百分表测量轴径的圆锥度是否符合要求，目测检查轴径表面的老化程度，检查轴上螺纹及键槽的磨损情况。

（2）质量标准：轴径面应光滑无腐蚀磨损凹凸不平现象，轴上螺纹完好，键槽无损坏。

5. 泵壳与叶轮的检修

（1）检查导水槽内部有无砂眼及结垢情况；检查导叶和叶轮密封环是否磨损，检查叶轮前后隔板，叶片的磨损及裂纹；检查叶轮轴孔、轴套孔、键槽的腐蚀和磨损情况；泵壳、导叶及叶轮应完好，无水垢磨损厚度超过 1/2 时应更换，更换的新叶轮要校静平衡。

（2）质量标准：导水槽内部无严重锈蚀、砂眼；导叶和叶轮密封环磨损小于 3mm，叶轮前后隔板，叶片无磨损和裂纹；叶轮轴孔、轴套孔、键槽无腐蚀、磨损；泵壳、导叶及叶轮完好。

6. 测量转子晃动度和叶轮出水槽中心

（1）将清理好的轴、叶轮、轴套、平衡盘及盘根一级一级组装起来，以两端轴承，轴径为基准，逐级测量口环、轴套、平衡盘的径向晃动，测量记录叶轮出水槽间的中心距。

（2）将各部件清洗修整后按拆卸的相反顺序进行泵体组装；泵体组装完毕后，要测泵转子的总窜动量，叶轮的出口中心是否对准了导叶轮水槽中心，如有不符，要进行调整。

（3）装上轴承座，轴封水管，平衡管及泵体其他零件。

（4）质量标准：

1）叶轮出水槽间的中心距不大于 3mm。

2）转子的总窜动量小于 0.80mm。

3）叶轮的出口中心与导叶轮水槽中心偏差小于 2mm。

7. 电机就位、试运

（1）吊运电机就位，连接对轮螺栓，联系电工接线；清理现场，准备试转。

（2）质量标准：电机振动值小于 0.10mm。

8. 煤水提升泵检修准备

准备工器具，运至检修现场；布置现场、检查安全措施的落实情况；

安全措施准确、全面，现场工具、用具摆放整齐。

9. 电机拆线，拆卸电机地脚螺栓

(1) 电机拆线，使用250mm活扳手拆卸地脚螺栓。

(2) 质量标准：拆线原始记录整齐、准确；电机地脚螺栓摆放整齐、妥善保管。

10. 联轴器拆卸

(1) 拆卸煤水提升泵护罩及联轴器柱销，用拉子拔下联轴器。

(2) 质量标准：联轴器拆卸时使用火焰加热要均匀，温度小于150℃。

11. 提升泵解体

(1) 将泵体内的水放净，用记号笔做好装配标记，拆卸轴承室端盖螺栓，测量螺栓尺寸，做好原始记录，将轴承室连同叶轮一起拆下，放在胶皮上定置摆放。

(2) 质量标准：拆卸零件前做好位置标记；检修原始记录整齐、全面、真实。

12. 联轴器解体

联轴器、连接系统管路的拆除，并测量联轴器原始中心距。

13. 叶轮检查

(1) 松开叶轮固定螺母，拆下叶轮，收好固定键；机械密封拆卸。

(2) 质量标准：做好原始记录，叶轮表面无裂纹，厚度磨损小于3mm，直径磨损小于2mm。

14. 轴承的检查

(1) 检查轴承内圈、外圈、滚动体及保持架；更换磨损严重的轴承，轴承更换时，需要用油加热；用铜棒将轴承从轴承室敲出，并检查轴承损坏情况。

(2) 质量标准：

1) 轴承内外圈、滚动体和保持架均不应有裂纹、麻点、起皮或锈蚀现象；轴承内孔和外表面不应有相对滑动的痕迹。

2) 需加热拆卸轴承时必须放在热油中进行，油温不大于100℃，且轴承不准触及加热容器。

15. 泵体组装

(1) 清理水泵拆下的各零部件；按拆卸的相反顺序进行回装，使用热油加热轴承进行回装，待轴承降温后进行机械密封的回装。

(2) 质量标准：

1) 水泵拆下的零部件无锈蚀、裂纹和缺损现象，表面防腐漆完好。

2) 轴承回装加热温度小于100℃，且轴承不宜触及加热容器。

3) 安装机械密封前去掉轴的端部尖角；机械密封安装前，动环、静环表面应保持干净。

16. 叶轮安装

（1）将轴上平键修正就位，叶轮套入轴上，使用铜棒轻轻敲击计进入。

（2）质量标准：

1）叶轮安装位置准确。

2）叶轮固定平键键侧与叶轮键槽无间隙，键顶有 1mm 间隙。

3）叶轮固定螺母紧固，防松装置可靠。

17. 联轴器找中心

（参考第三章联轴器找中心）

18. 轴承室加油，送电试运

（1）轴承室加入 3 号锂基润滑脂，联系运行人员送电试运，使用测振仪检查泵体、电机的振动情况。

（2）质量标准：

1）轴承室加入润滑脂 0.5kg，为轴承室空间的 2/3。

2）电机、泵体振动值小于 0.10mm。

19. 隔膜罐检查

（1）检查项目：

1）检查隔膜罐罐体压力表压力指示，达到额定压力，如压力再有下降，应检查是否胶囊损坏。

2）检查隔膜罐上、下法兰的严密性，如胶囊损坏，应及时更换。

3）检查隔膜罐入口门的严密性，发现渗漏及时修复，必要时更换。

（2）质量标准：

1）隔膜罐压力低于 0.1MPa，应进行充气。

2）隔膜罐各连接法兰密封良好，螺栓无松动现象。

3）隔膜罐入口门开关自如，无泄漏现象。

第十二节　岗位标准作业流程

一、岗位标准手册

（一）岗位权限

检修工岗位权限见表 6-19。

表 6-19　检修工岗位权限

序号	内容	权限						
		享有	建议	监护	审核	批准	操作	指挥
1	《劳动法》《劳动合同法》《工会法》《安全生产法》等国家法律所赋予公民的权利	√						
2	公司规章制度所授予本岗位的权利	√						

续表

序号	内容	权限						
		享有	建议	监护	审核	批准	操作	指挥
3	拒绝执行各级违反安全管理规定的文件、指令	✓						
4	所辖设备点检标准、检修规程、定期工作标准、检修文件包等检修文件	✓		✓	✓			
5	对所辖设备状况进行评价并提出持续改进的意见	✓	✓					
6	负责所辖设备安全稳定运行和现场维护检修的安全文明生产	✓	✓					
7	所辖设备检修计划管理	✓	✓	✓	✓			
8	所辖设备检修质量验收							
9	设备日常维护、消缺，定期检修、计划检修、抢修	✓	✓					
10	检修工作的安全、技术措施及方案	✓		✓	✓			
11	设备变更管理	✓	✓	✓				
12	检修费用管理	✓	✓					
13	重大技改、重大修理及非标、小型技改项目管理	✓	✓					
14	物资及备品备件管理	✓	✓					
15	现场安全文明生产	✓	✓					
16	外委项目管理	✓	✓	✓				
17	对本人绩效、行为表现进行自评价	✓	✓					
18	执行上级安排的工作任务	✓	✓					
19	生产管理制度及流程完善	✓	✓					
20	承包商管理	✓		✓				

（二）日常工作

检修工岗位日常工作见表 6-20。

表 6-20　检修工日常工作内容及标准

班长□　　技术员□　　检修工☑			
序号	工作内容	本岗工作	工作标准
1	定期巡查自己所辖设备	✓	发现问题或缺陷，及时处理并汇报；每日上班后查阅缺陷记录、运行记录、定期维护记录，掌握生产事件、缺陷情况等
2	班组班前会	✓	接受分配的工作任务，熟悉安全技术措施，需要注意的事件和原因
3	安全用具的使用	✓	工作前检查安全用具，不使用不合格工具，正确使用个人安全防护用品
4	设备检修工作	✓	监督审核所辖设备检修工作票、安全分析单的安全措施完整性、正确性。严格执行检修工作规定和检修质量标准，保证检修质量，做到工完、料净、场地清，检修原始记录完好

班长□　技术员□　检修工☑		
5	所辖设备日常消缺工作	√	设备日常消缺的消缺率、消缺及时率符合部门要求，异常、障碍不高于部门标准；分析产生异常及事故的原因，及时汇报发生异常及事故的类型、原因，并制定相应的处理措施，组织实施
6	制订所辖设备检修方案、措施	√	提出自己所辖设备检修方案、措施制订的建议，并上报；编制"三措"并组织技术方案论证，确保方案、措施正确性、可行性；对机组设备存在的问题，及时提出原因分析和改进措施建议，必要时提出设备变更进行整改
7	参加输煤系统主要设备大小修、临时检修、事故抢修、重要设备检修工作	√	服从指挥和安排，保质保量按时完成任务；根据机组参数变化、设备异常情况正确分析、判断设备缺陷和事故的发生原因并及时采取合理措施，保证机组运行的安全
8	配合搞好技术台账，健全原始记录	√	认真如实填写各项记录；完成每周的定期工作，并及时上报。整理、填写所辖设备技术台账，并提出执行中存在的问题及整改意见
9	班组班后会	√	汇报当天工作完成情况
10	星级班组建设	√	按照《星级班组建设考评管理标准》完成本人所负责星级班组建设工作版块
11	技术监督管理工作	√	按照公司监督工作安排，落实技术监督方面的具体工作
12	承包商管理	√	对检修技术标准、检修文件（包括安全措施）等执行情况检查、监督
13	生产项目招投标	√	编制招标文件，参加招投标
14	外委加工修理	√	提出外委加工需求并履行审批手续，参与外委加工费用合理性的审核
15	事故调查	√	参与所辖设备的事故调查，配合安健环监察主管撰写事故报告，制定防范措施并跟踪落实
16	重大修理、技术改造项目	√	进行全过程跟踪检查、配合和指导，并对现场不合理性提出改进建议
17	设备检修质量验收	√	执行设备验收流程，对设备检修质量负责
18	创建、签发工单	√	创建定修、消缺、计划检修工单，并审核安全措施无误后签发
19	备品、备件及材料验收	√	参加备品、备件及重要材料到货验收
20	物资采购计划	√	编制所辖设备的物资采购计划，保证计划的及时性和准确性

（三）定期工作

检修工岗位定期工作见表 6-21。

表 6-21　检修工岗位定期工作内容及标准

班长□　技术员□　检修工☑				
序号	工作内容	周期	本岗工作	工作标准
1	班组安全活动	每周	√	分析自己在日常检修工作中所发生不安全事件及行为，学习事故通报，吸取教训、制定防范措施，防止同类事故重复发生

续表

班长□	技术员□	检修工☑		
2	培训	每月	√	定时参加班组培训、班务会、政治学习等活动，考试合格
3	合理化建议	每月	√	以降本增效为原则，提出合理化建议，讲究实效性
4	绩效评价	每月	√	对本人当月绩效、行为表现进行自评价，做到客观、公正
5	技术监督检查	半年	√	配合完成
6	季节性安全检查	每年	√	配合完成
7	设备定期检修	依据检修计划	√	执行检修工作规定和检修质量标准，保证检修质量；负责所修设备区域安全文明生产工作，做到工完、料净、场地清；检修原始记录完好，如实记录设备修前、修后数据，工作完成后填写验收单，由质量验收人员签字备案
8	安全性评价、安全质量标准化检查	每年	√	配合完成

（四）工作目标

检修工岗位工作目标及考核项目见表6-22。

表6-22　检修工岗位工作目标及考核项目

主要业务	工作目标	绩效考核项目	指标性质		标准
			定量	定性	
安全管理	杜绝人为不安全因素	人身轻伤及以上事故	√		0
		人为责任事故	√		0
		人为责任异常及以上事件	√		不发生
设备管理	提高设备可靠性	设备检修工作	√		所辖设备不欠修，不过修，应修必修、修必修好
		设备检修质量优良率	√		设备检修质量优良率96%以上
		缺陷消除及时率	√		缺陷消除及时率100%
	降低生产成本	设备检修成本		√	合理使用检修材料，杜绝浪费
		备品备件		√	提出备品备件需求
品质管理	个人素质提升	综合素质		√	具备上一级岗位备岗条件
		技能等级	√		满足并高于任职资格要求
		技术水平		√	取得相关职业资格
				√	
	团队高效运作	团队文化		√	符合公司团队文化精神
		团队绩效	√		个人绩效评价结果B级以上

（五）知识管理

检修工岗位知识管理见表6-23。

表 6-23　检修工岗位知识管理

序号	内容	存储形式及位置		职责			
		纸质	电子版	记录	编写	检查	存档
1	公司、部门、班组管理制度	班组	岗位配置电脑				
2	热力机械安全工作规程	班组	岗位配置电脑				
3	设备检修规程	班组	岗位配置电脑				
4	设备运行规程	班组	岗位配置电脑				
5	设备图纸清册	班组	岗位配置电脑				
6	检修设备台账	班组	岗位配置电脑		√		
7	工器具台账	班组	岗位配置电脑		√		
8	热力机械工作票	班组	岗位配置电脑		√		
9	动火票	班组			√		
10	安全学习记录	班组					
11	培训资料及记录	班组	岗位配置电脑				
12	设备变更申请单	班组	岗位配置电脑				
13	设备变更记录	班组	岗位配置电脑	√			
14	检修技术记录	班组	岗位配置电脑				
15	定期工作记录	班组	岗位配置电脑				
16	设备巡检记录	班组	岗位配置电脑	√			
17	检修原始记录	班组	岗位配置电脑	√			
18	设备缺陷分析	班组	岗位配置电脑				
19	设备异常分析	班组	岗位配置电脑				
20	合理化建议	班组	岗位配置电脑		√		
21	技术专题分析	班组	岗位配置电脑				
22	各类会议资料	班组	岗位配置电脑				

（六）岗位关键业务流程节点控制

检修工岗位关键业务流程节点控制见表 6-24。

表 6-24　检修工岗位关键业务流程节点控制

序号	关键业务流程	关键节点													
		汇报	配合	监视	检查	分析	通知	填写	操作	执行	监护	许可	审核	批准	组织	命令
1	班组安全管理									√						
2	设备定检、定修									√						
3	检修规程、文件包									√						
4	技术方案、措施									√						
5	缺陷处理流程									√						
6	设备变更流程									√						
7	设备异常管理	√														
8	异常及事故处理	√														
9	事故调查		√													

续表

序号	关键业务流程	关键节点														
		汇报	配合	监视	检查	分析	通知	填写	操作	执行	监护	许可	审核	批准	组织	命令
10	A/B/C/D级检修计划									✓						
11	重大技改、重大修理计划									✓						
12	安措、反措									✓						
13	物资需求流程															
14	预算管理		✓													
15	招投标管理		✓													
16	外委流程		✓													
17	承包商管理										✓					
18	一级动火票							✓								
19	二级动火票							✓								
20	热机工作票							✓								
21	申请票						✓									
22	应急预案启动		✓													
23	事故演习		✓													

（七）岗位资源

检修工岗位资源见表 6-25。

表 6-25　检修工岗位资源

序号	类别	内容	选项	性质
1	技术资料	燃料检修工培训教材	✓	公用
		检修规程	✓	公用
		点检标准	✓	公用
		定期工作标准	✓	公用
		运行规程、系统图	✓	公用
		电力安全工作规程（热机）	✓	个人
		电力安全工作规程（电气）	✓	公用
		职业技能鉴定（中级工）	✓	个人
		职业技能鉴定（高级工）	✓	个人
		点检定修导则	✓	公用
		电力技术标准汇编（汽轮机部分）	✓	公用
		电力技术标准汇编（锅炉部分）	✓	公用
		电力技术标准汇编（电气部分）	✓	公用
		技术监督标准汇编	✓	公用
		公司管控体系	✓	公用
		部门规章制度	✓	公用

序号	类别	内容	选项	性质
2	办公设备	电脑	√	公用
		打印机	√	公用
		电话	√	公用
		资料柜	√	公用
		更衣柜	√	个人
		办公桌椅	√	公用
3	办公用品	计算器	√	公用
		U 盘	√	公用
		笔记本（中号）	√	个人
		笔记本（小号）	√	个人
		黑色水笔、笔芯	√	个人
		档案盒	√	公用
4	个人工器具	手电	√	个人
		听针	√	公用
		盒尺（5m）	√	个人
		测振表		公用
		测温仪		公用
5	劳保及防护用品	工装（冬季、夏季）	√	个人
		安全帽	√	个人
		手套	√	个人
		耳塞	√	个人
		绝缘鞋		个人
		雨衣、雨鞋	√	个人
		口罩	√	个人
		防酸碱工作服	√	个人

（八）岗位培训

检修工岗位培训见表 6-26。

表 6-26 检修工岗位培训

序号	培训内容	培训性质			培训标准	主办单位
		必备	在岗	提升		
1	燃料检修专业知识培训	√			考试合格	公司内部
2	计算机知识培训		√		证书	国家技能培训中心
3	职业技能鉴定中级工	√			取得合格证	集团公司
4	职业技能鉴定高级工		√		取得合格证	集团公司

续表

序号	培训内容	培训性质			培训标准	主办单位
		必备	在岗	提升		
5	职业技能鉴定技师				取得合格证	集团公司
6	职业岗位鉴定点检中级				取得合格证	集团公司
7	职业岗位鉴定点检高级				取得合格证	集团公司
8	压力容器取证培训		√		取得合格证	地方政府
9	消防知识培训		√		取得合格证	地方政府
10	金属及焊接知识培训		√		掌握相关知识	公司内部
11	应急管理培训		√		取得证书	行业协会/公司
12	紧急救护培训		√		取得合格证	行业协会/公司
13	事故调查与分析		√		考试合格	行业协会/公司
14	点检定修培训班				取得证书	行业协会
15	专业及技术监督会				拓宽专业视野	行业协会/公司
16	检修管理专题调研				拓宽专业视野	公司内部
17	管理技能培训				考评合格	公司内部
18	电工进网许可证培训				取得合格证	网省公司
19	计量培训		√		取得合格证	地方电科院

二、检修标准化管理基本规范及标准要求

（一）设备检修全过程管理

1. 检修管理表

检修工岗位火电设备检修全过程管理见表6-27。

表 6-27　火电设备检修全过程管理控制表

阶段	序号	项目	执行部门	工作内容与要求
（一）检修前准备阶段	1	设备检修项目及组织管理体系策划	生产技术部门、检修维护部门	（1）编制设备检修准备工作计划（检修准备任务书）。 （2）建立检修管理组织体系，明确设备检修负责人，成立各专职小组，并明确职责和分工。 （3）完成设备检修项目计划编制。确保： 1）项目正确齐全，有审批手续。 2）"两措"和重大设备缺陷、科技、节能、更改项目已列入计划中。 3）技术监督项目已落实。 4）项目具有可操作性
	2	提报材料、备品配件计划	设备管理部门、物资部门	（1）有详细的名称、规格、型号、数量及技术参数等。 （2）审批手续齐全
	3	编制工时、费用预算	生产技术部门、检修维护部门、合同管理部门	根据标准项目和特殊项目编制工时及费用预算

续表

阶段	序号	项目	执行部门	工作内容与要求
（一）检修前准备阶段	4	签订外包合同	合同管理部门、生产技术部门、检修维护部门、安全管理部门	（1）外包单位资质符合要求。 （2）检修项目无漏项。 （3）洽谈、签订外包合同。 （4）签订外包安全协议。 （5）外委承包商项目管理人员到现场收资，进行详细的项目交底，确保承包商项目负责人对项目工程量、检修工艺标准、检修工期、进度等有详细的掌握。一般计划检修开工前1个月，外包承包商具备开工条件
	5	修前诊断	生产技术部门、运行部门、检修维护部门	（1）对燃料设备缺陷进行一次精细检查，提出修前评估和检修项目增补清单。 （2）明确设备修后性能指标值及对标值。 （3）完成修前检查或性能试验。 （4）修前数据测量、记录
	6	制订特殊、非标项目技术方案、措施	生产技术部门、检修维护部门	（1）特殊、非标项目有措施（包括启动、调试），有充分的立项依据。 （2）对高危作业有工作安全风险分析及预控措施。 （3）有详细的技术方案、安健环预控措施和质量标准。 （4）有备品配件、材料、工器具清单及工时估算和进度要求，审批手续。 （5）明确H、W、R点，风险控制S/M的设置。 （6）组织对特殊非标项目方案的专题讨论并完成审批手续
	7	编制标准项目检修作业文件	生产技术部门、检修维护部门	（1）内容完整，格式规范。 （2）具有可操作性。 （3）审批手续齐全。 （4）明确H、W、R点，风险控制S/M的设置。 （5）对高危作业有工作安全分析及预控措施
	8	编制质量监督计划书	生产技术部门、检修维护部门	（1）设置合理，无漏项。 （2）有安全、工艺要求，质量标准。 （3）质量验收人员资格确认、验收程序设定符合业主、外委单位各方三级验收标准。 （4）有审批手续
	9	办理设备异动审批手续	生产技术部门、检修维护部门、运行部门、安全管理部门	办理异动申请和审批手续
	10	物资、外包检查	生产技术部门、合同管理部门、物资部门、检修维护部门	检查物资采购及外包施工的各项准备工作情况
	11	开工条件检查	生产技术部门及相关部门	检修准备完成情况进行盘点
	12	编制建立规划	生产技术部门	编制监理大纲和监理策划（如有监理）

阶段	序号	项目	执行部门	工作内容与要求
（一）检修前准备阶段	13	发布检修管理文件（检修策划书）	生产技术部门	计划检修前2个月开始编制检修管理文件（策划书），在检修开工前1个月完成检修管理文件（策划书）的编制、审批工作，内容不限于以下方面： （1）检修组织措施。 （2）检修目标及对标目标。 （3）检修工期目标管理控制办法。 （4）检修费用管理办法。 （5）检修奖励分配考核办法。 （6）质量监督和质量保证及安全、文明生产保证措施及考核办法。 （7）检修运行保障措施。 （8）检修作业文件包（指导书、工序卡）、方案。 （9）检修项目计划任务书。 （10）"两措"实施项目清单。 （11）技术监督项目清单。 （12）检修单项重大项目节点进度。 （13）检修计划进度网络图。 （14）质量、安全监督计划书。 （15）检修现场定置方案。 （16）其他
	14	安全工器具、检修专用工具、起重设备、电梯的检查、试验，检修现场的照明和检修电源检查和修理	检修维护部门、安全管理部门、生产技术部门	（1）按规定进行了检查试验，能满足检修需要。 （2）有试验、验收人员的签字。 （3）不合格的已作处理。 （4）临时增设固定检修电源点及方案确定、审批并敷设
	15	检测仪器仪表、量具试验设备的检查	检修维护部门	（1）定期进行了标定检查和试验，在有效期内，能满足检修需要。 （2）有检验合格证。 （3）有验收人员签字
	16	召开修前准备会议	生产技术部门	（1）通报修前准备情况。 （2）结合修前诊断完善检修项目计划。 （3）检查检修各类技术文件的准备工作
	17	检修作业人员、特殊工种人员培训、厂内允许考试	检修维护部门、生产技术部门、安全管理部门	（1）特殊工种（如高压焊工、热处理人员、起重工等）已落实，并有合格证。 （2）外借人员已落实。 （3）人员（包括外借、外包人员）已进行了技术培训（包括安规考试并合格）。 （4）完成外委队伍焊工施工前厂内允许资格考试
	18	完成向上级单位开工报告的申报及其他有关事项上报	生产技术部门	（1）开工报告申请。 （2）修前诊断情况。 （3）设备修前主要经济指标分析及修后额定工况主要经济指标目标值、对标值。 （4）设备修前性能试验报告。 （5）检修计划进度网络图、检修单项重大项目节点进度

阶段	序号	项目	执行部门	工作内容与要求
（一）检修前准备阶段	19	承包商办理入厂申请	检修维护部门、生产技术部门、安全管理部门、合同管理部门、财务部门、办公室	申请条件逐项确认
	20	修前安全技术交底	检修维护部门、生产技术部门、安全管理部门	项目班组技术员对参加检修的人员进行相应安全技术交底，包括检修文件包、质量标准、策划文件、"三措"、风险评估等相关技术资料的交底学习，使参加检修的人员充分了解、掌握检修项目、任务、工艺要求、质量标准、安全注意事项、工期要求及检修管理办法
	21	现场标识、封闭和隔离准备	检修维护部门、生产技术部门	完成检修组织机构、网络图、定置图、宣传栏、宣传标识等现场布置工作；完成解体后的设备、管道、孔洞、沟道的封闭和隔离程序
	22	安排落实生活后勤工作	后勤生活部门	安排落实检修期间的食宿、交通、现场供水等生活后勤工作
	23	检修工作票准备完成	检修维护部门、运行部门	完成检修工作票的签发，运行人员审核完毕
	24	召开检修动员会	生产技术部门	（1）介绍设备检修情况及主要工期控制节点、检修质量管控及相关检修期间事宜要求。 （2）对现场安健环管理做具体要求
	25	设备停运准备	生产技术部门、运行部门、检修维护部门	制定设备停运计划，并做好设备停运相关试验准备工作
	26	许可开工	生产技术部门、检修维护部门	开工条件逐项审核、逐级确认，办理项目开工报告
（二）检修阶段	27	检修项目执行	检修维护部门	（1）保证检修作业指导书和方案执行的严肃性，对具体执行情况进行检查。 （2）项目不能漏项。 （3）项目如有变更则必须办理更改手续并批准
	28	检修协调会	生产技术部门、检修项目负责人	定期召开设备检修协调例会
	29	解体报告会	生产技术部门	分析解体中发现问题，并制定下一步对策、计划
	30	H、W、R点及风险控制S/M检验和项目质量验收	生产技术部门、检修维护部门	（1）按计划进行，做一项验收一项，不搞突击，上道工序验收不合格，不能进行下道工序工作，发现不合格按"不合格项管理程序"处理。 （2）达不到标准和工艺要求的，行使质检"否决权"。 （3）按检修作业文件进行验收和监督。 （4）记录完整、清晰、规范，符合要求

续表

阶段	序号	项目	执行部门	工作内容与要求
（二）检修阶段	31	现场检修管理	安全检查部门、生产技术部门、保卫消防部门、检修维护部门	（1）重大、高风险项目作业、操作，执行相关领导及技术人员到场制度。 （2）安全、健康、环保、消防、保卫等防护、隔离措施切实可靠
	32	设备修后整体验评	生产技术部门、各相关部门	（1）检修工作已全部结束，项目全部完成（质监计划、技术监督、质量验收、各项试验）。 （2）技术资料（质量验收、H、W、R点、风险控制S/M检验、试验报告、现场记录等）全部按要求完成。 （3）照明已恢复。 （4）现场文明卫生已达到标准。 （5）已向运行人员作检修情况交底，异动执行报告已全部送交运行。 （6）不合格项已全部做了处理。 （7）安全措施已恢复，电气设备符合要求。 （8）保温齐全完整。 （9）阀门手轮完整，标识标牌正确、齐全。 （10）消防设施完整可用
	33	及时向上级管理单位提交相关检修文档	生产技术部门	（1）设备检修周报。 （2）发现影响检修工期的问题，应及时办理延期申请，设备重大问题逐级报送至火电中心。 （3）解体检修报告。 （4）验评总结
（三）试运及启动阶段	34	设备启动试验方案、整体启动方案	运行部门、生产技术部门、检修维护部门	（1）设备启动试验方案编写完整，审批手续齐全。 （2）设备整体启动方案编写完整，审批手续齐全
	35	设备单体试转及分步试运	运行部门、生产技术部门、检修维护部门	（1）设备标识标牌完好，完成设备完整性确认。 （2）设备单体试转（试验）合格。 （3）完成系统分步试运
	36	设备整套启动试运行	运行部门、生产技术部门、检修维护部门	对设备做全面检查，运行正常，报复役
（四）运行阶段	37	申报设备检修竣工	检修维护部门	按规定向相关单位填报设备检修竣工报告单
	38	检修整体初步评价	生产技术部门	完成简短文字整体评价
	39	编制检修费用报告	检修维护部门	（1）设备检修实耗工时和费用统计。 （2）实际外委项目数和外委队伍数。 （3）实际外委费用

续表

阶段	序号	项目	执行部门	工作内容与要求
（四）运行阶段	40	验评和总结	生产技术部门、各相关部门	（1）完成检修记录、技术资料、检修总结（包括专题、专业、综合、技术监督及锅炉压力容器检验总结或报告）并进行技术资料整理、归类、汇编。 （2）有检修后存在问题的分析报告和准备采取的措施。 （3）修前、修后经济效益分析，试验报告（主要参数、指标分析比较）。 （4）文明卫生符合要求。 （5）总体评价（有检修质量、进度、安全、材料、工时、费用、调试、试运情况）。 （6）检修作业文件和检修规程的修订完善建议。 （7）检修费用报告。 （8）备品备件供应报告
	41	资料整理与归档	各部门	完成检修资料的归档
	42	做好检修后续工作	各部门	（1）完成检修规程、运行规程、图纸的修改工作。 （2）完成检修作业文件的修编。 （3）完成设备技术台账的整理、录入。 （4）对设备检修后额定工况主要经济指标是否达到检修制定的目标值及与对标值的差距等进行分析。 （5）完成设备检修后评价。 （6）完成奖励的兑现

2. 检修组织机构

企业应成立设备检修领导小组和检修现场协调小组，配备各类管理和专业检修人员，各司其职，确保各部门、专业之间协同配合，高效安全完成各项检修任务。

图 6-18 为设备检修管理组织体系典型框图。

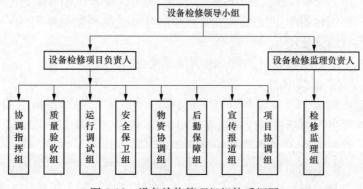

图 6-18　设备检修管理组织体系框图

（二）检修准备管理

修前准备工作是企业设备检修管理标准化的基础。修前管理工作主要包含：设备检修计划准备、操作文件准备、检修物资准备、工器具准备、检修人员准备、检修技术资料准备、修前设备评估、修前安全文明生产评价、修前性能试验等。

1. 检修计划内容

一般包含标准项目、一般特殊项目、重大特殊项目、技改项目等。项目策划要结合各分项目的检修作业文件，编制质量监督计划，制定工程质量检验的见证点（W点）、停工待检点（H点）、风险见证（S/M）、文件见证点（R点）等验收点，要求设置合理、无漏项，并有工艺要求和安全、质量标准，有审批手续。

2. 检修作业文件准备

设备检修前30天标准项目应制定检修作业技术标准和检修作业指导书，技改等特殊项目应制定技术方案及施工方案，文件应具有针对性和指导性，并经过各级审批后使用。

针对高风险项目，企业或承包商应按集团公司双重预防机制标准化有关要求，编制并落实专项作业标准，包括专项施工方案、专项应急预案（一般风险应编制应急措施或现场处置方案），并按规定完成开工前演练。属于重大工程或极高风险项目，应按国家和集团有关规定编制《专项安全技术方案》并在开工前进行论证。

重大复杂项目施工，企业在开工前应编制专门总体或单位工程《项目施工组织设计》，外包的由项目组成员配合施工单位编制。《项目施工组织设计》应包括项目概况、施工部署、施工进度计划、施工准备与资源配置计划、主要施工方案、施工现场平面布置、标准化施工管理等。

3. 检修物资准备

物资供货周期及要求：

（1）进口备件检修前8个月、国产备件检修前6个月做好采购计划。

（2）由于现场检修需要而补报的采购计划，必须在工作开展前补报完成。

（3）物资计划的申报必须与设备检修计划及物料预算相对应，避免库存积压及超预算使用。

（4）不定期开展物资供货、到货情况检查。

4. 检修工器具准备

设备修前30天，检修维护部门及检修单位应根据设备检修的标准项目、特殊项目（包括技术改造、安反措等）、安全技术措施、劳动保护要求等内容，对照本企业工器具管理标准要求，检查检修工器具，主要包括安全工器具、起重工器具、计量工器具、电气工器具等。在设备检修开工阶段做好工器具入场检查、检验、校验，不合格工器具严禁进入检修现场。

检修工器具的检查要做到：

（1）检修准备时，对配置的工器具进行检修。

（2）每次检修工作前，对需要使用的工器具进行使用前的必要检查。

（3）检修中工器具如损坏，修复后还要对其进行相应的检验、校验等工作。

5. 检修人员准备

设备修前 60 天内应完成合同签订，检修开工前发电企业要组织对承包商人力资源准备情况进行检查，确保满足检修实际需求。

而对于实施检修作业的个体，应做好技能培训、安全管理与基本的后勤生活保障工作。具体应做好以下几项工作：

（1）应组织检修作业人员、特殊工种人员包括外借、外包人员进行技术培训和安规考试。

（2）特殊工种人员如高压焊工、热处理人员、起重工、高处作业、高低压电工、驾驶员等应持证上岗，外委队伍高压特种焊工在施工前必须通过本企业的内部测试、考试。

（3）组织检修作业人员包括外委人员进行修前技术、安全交底工作，标准项目按作业标准和作业指导书进行，特殊项目按技术方案进行，使参加检修的作业人员明确检修项目、任务、技术措施和工艺要求、质量标准、安全措施和注意事项、工期要求等具体事项。

（4）安排落实设备检修期间检修人员，包括外委人员的食宿、交通、医疗、现场供水、休息等生活后勤工作，创造良好的作业与起居环境。

（5）对外委检修队伍的劳保用品配置和使用提出要求，并检查是否处于完好状态。

（6）审核外委检修队伍年龄、职业禁忌情况；检修队伍的车辆、专用工具是否符合标准及现场要求；检修队伍的应急预案的合理性及演练情况。

6. 检修技术资料准备

检修技术资料准备主要包括以下内容：

（1）电气、热控专业的接线图、逻辑图。

（2）热力、电气等系统图。

（3）机械专业装配图、零件图、系统图。

（4）设备技术说明书、使用手册、定值单。

（5）系统、设备的原理图，设备部件的结构图。

7. 修前设备评估

设备检修前，运行人员、点检人员（设备专工）应对系统或设备进行一次全面检查，全面梳理系统或设备存在隐患和缺陷，提出设备修前评估，并完善和增补检修项目。修前评估报告主要包括：设备概况、主设备和辅助设备存在的缺陷及隐患，修前设备参数与设计值对比、缺陷发生情况及处理建议、同类型设备发生的问题及建议、目前设备的设备状况及建议、设备进行检修中应关注的问题及建议等。

8. 修前安全文明生产评价

生产技术部门应在设备检修前，结合火电、水电、风电、光伏现场安全文明生产标准化管理的基本规范及标准要求，就现场安全标准化及设施配置、现场卫生及作业环境、设备无泄漏三方面完成设备修前安全文明生产评价报告。评价报告至少包括：安全文明生产存在主要问题、特种设备检查表、安全防护装置检查表、标识标牌检查表、现场照明检查表等。制定整改计划，明确责任人和标准目标。

9. 修前检查、性能试验

企业应开展设备修前性能试验，掌握修前设备主设备性能参数，评估并确定检修质量目标。

（三）检修现场管理

检修现场管理主要包括：安全管理、定置管理、检修作业区域隔离管理、检修看板管理、文明生产管理、职业健康管理等。

1. 检修现场安全管理

企业应采用有效的措施加强对现场作业过程、作业现场风险进行有针对性地预控。包括大量交叉作业、高处作业、动火作业、有限空间作业、起重作业以及高处坠落、高处落物、触电、火险、机械伤害、起重伤害、危化放射等风险。

（1）现场安全管理重点要求。

企业根据风险辨识结果，将检修作业项目按作业过程存在的风险大小，根据集团公司有关双重预控工作机制标准化要求，进行公司级、部门级、班组级、员工级管控。采取相应的风险控制措施，实现对施工人员作业行为、现场作业环境、所使用工机具、安全设施和防护用品、现场组织管理等风险进行有效控制。

企业应对高温、高压、带电、有毒有害等环境，以及动火、高处、起重、有限空间等高风险作业，制定系统完整的典型安全作业标准，重点进行管控。

1）高风险项目的确定。

企业修前分管领导应组织直接实施部门或项目部门，结合现场实际情况，对照本规范有关要求，评估检修项目存在的风险，并确定具体高风险项目清单。高风险项目应办理评估审批单，经本单位主管领导审批后下发执行。

2）高风险项目作业文件。

高风险项目的危险有害因素辨识与控制应由企业、施工方、监理方共同进行。按照项目工艺流程和风险管控标准化要求，进行作业重点步骤工作安全分析，辨识作业风险和职业健康危害，确定风险控制措施、编制项目专项施工方案、应急预案等作业标准。属于重大项目的还应按有关规定编制专项安全技术方案、施工组织设计方案等。

高风险项目方案需报相关安全管理部门对安全技术措施部分进行复审或按有关规定进行论证。每一名高风险项目作业人员应进行项目有关方案的教育培训。

3）交叉作业安全生产管理协议。

涉及两个及以上施工单位在同一区域进行施工，可能危及对方生产安全的，企业应要求各方签订交叉作业安全生产管理协议，明确各自的安全生产管理职责和应当采取的安全措施，并指定专职安全生产管理人员进行安全检查与协调。签订的安全生产管理协议必须报企业安全监察部门备案同意。

4）高风险项目的视频监控。

高风险项目开工前，企业应根据影响范围对作业区域进行隔离，并设有警示标识。同时确定高危作业视频安装位置、数量，通过视频对检修点作业进行全方位监控，并报本单位安全监察部备案。视频监控应覆盖以下范围：

a. 设备各级别计划检修现场高风险项目。

b. 设备日常消缺维护中所涉及的高风险项目。

c. 重大技术改造项目实施过程中所涉及的高风险项目。

d. 基建项目土建、安装及调试等阶段所涉及的高风险项目及重大施工节点。

e. 各单位根据现场实际情况认为需要安全视频监控的项目。

对固定视频设备不能覆盖区域实施的高风险项目，应采用移动视频设备进行监控。

企业应建立、健全安全视频监控系统管理制度、值班制度及日常维护工作制度，并设置运行维护日志，确保视频能实时监控、设施完好。

5）高风险项目的应急演练。

企业应就高风险项目风险评估、应急预案、专项安全技术措施等对作业人员进行培训，记录培训情况，并组织相关人员进行事前演练。

企业应根据现场实际，建立逃生通道并保持畅通。

6）高风险项目开工审批。

高风险项目应严格执行"六不开工"的要求：

a. 危险有害辨识不清，不开工。

b. 未制定完善的安全技术防范措施，不开工。

c. 安全技术防范措施准备执行不到位，不开工。

d. 安全技术措施交底不清，不开工。

e. 应到位人员未到位，不开工。

f. 未编制应急预案并进行培训、演练，不开工。

高风险项目开工前应由项目负责人办理《高风险项目开工审批单》，并由主管生产副总经理/生产副厂长或总工程师签发，项目负责人凭批准后审批单下发《高风险项目开工通知单》。开工报告不得替代《高风险项目开工审批单》和《高风险项目开工通知单》。

7）高风险项目安全技术交底。

项目每次开工前应结合当日工作内容进行安全、技术交底，作业人员确认签字并保存记录。工作负责人每次开工前，应结合项目内容做好安全设施、工器具、安全措施的检查、气体检测等工作。

（2）现场安全管理基本要求。

1）检修电源管理。

a. 检修电源与临时检修电源箱、柜实行统一管理。任何单位的检修用电一律在专门检修电源箱接驳，非检修电源箱不得擅自接驳检修用电。

b. 需要临时在现场敷设、增设检修电源的，应履行申请审批许可手续，申请写明使用地点、需要的负荷量、使用时间、申请使用单位及特殊要求。施工过程要办理工作票，增设完毕应进行验收并确保合格。

c. 除在就地专门检修电源箱接驳外，外委单位其他任何使用的检修电源箱、电源控制柜实行统一的入厂检查准用制。即企业对外委单位送交的经过自检合格的检修电源箱进行核查，合格的在原合格证旁张贴专用"临时电源使用准用证"示例。

d. 在运行管辖的 MCC 配电盘、备用开关、插座电源开关箱等设备上驳接临时检修电源的，应由增设负责人向运行当值提出申请并获许可后，方可进行敷设、增设工作。并在该开关上设置"＊＊临时检修电源"标志牌示例。

e. 临时检修电源使用完毕，使用负责人应及时通知原增设负责人进行拆除。在运行管辖的设备上拆除临时检修电源的，应当按工作票程序进行，征得运行同意并由运行拉电后方可进行工作。

f. 使用时，插座电源（380、220V）应当使用相应的插头，严禁用导线直接插入孔内获取电源或私自直接接在开关端子上。任何人不得将接地装置拆除或对其进行任何工作。

g. 工作负责人应每天在开工前对临时电源线及箱体进行检查，如有电源线护套破裂、绝缘损坏、保护线脱落、插头插座松动、开裂，或其他有隐患的不安全情况发生时，工作负责人应当及时停止使用，并及时与敷设人员联系进行修理，在未修理前不得继续使用。

h. 每日使用结束时，工作负责人应当及时关闭临时电源箱中的总进线开关，分开各支路开关及拔掉所有插头，锁好箱门。

i. 户外的临时电源箱或其他易被水淋到的区域，工作负责人还应增加对电源箱的防雨、防水、防风等措施，在输煤、制粉系统、除灰系统及其他环境恶劣区域，还应做好防尘等措施。

j. 临时电源线不准接触热体，不准放在潮湿地上。外接临时电源时，应使用箱体上的外接插座，确需电源箱内部接线的，必须从检修电源箱下部穿线孔进出线。所有临时电源必须使用插头。

k. 临时电源线一律使用胶皮电缆线，严禁使用花线和塑料线。电缆线一般应架空，不能架空时应放在地面上，做好防止碾压的措施。架空时，室内架空高度应大于 2.5m，室外架空高度应大于 4m，跨越道路架空高度应大于 6m，严禁将导线缠绕在护栏、管道及脚手架上。

l. 现场用电设备的电源引线长度不得大于 5m，距离大于 5m 时应设规范的电源连接盘，其连接盘至固定式开关柜或电源箱之间的引线长度不得大于 50m。所有的电源连接盘必须配备触电保安器并张贴绝缘合格、漏电保护开关合格证和入厂准用证，"三证"缺一禁止使用。

2）电焊机、电气工器具管理。

a. 检修所使用的电焊机、电气工器具应检验合格，贴有检验合格证，并在有效期内。

b. 检修外委单位携带进入本厂使用的电焊机、电动工器具，实行入厂检查准入制度。

外委单位携带的焊机、电动工器具入厂时，必须先自行（或委托有资格检验单位）检验合格，并标识完好。

c. 外委单位在开工前应提前向电厂申请办理焊机、工器具入厂准入手续。

d. 在办理入厂准入手续时，外委单位应把需要入厂使用的焊机、电动工器具一次性统一运到电厂，并向电厂提交所有被检工器具清册。清册中应标明各工器具的名称、规格、数量、检验单位、最近一次检验日期及有效期等。

e. 企业应根据外委单位提交的焊机、工器具清册进行核对和必要抽检，抽检时，各类型按比例一般不小于 30%，最少不少于 10 件，不足的进行全部抽检。抽检中如发现有不合格的，一律清退出厂；如发现有被抽焊机、工器具的一半以上不合格的，本批次所有焊机、工器具一律清退出厂，由外包单位重新自检合格后，方可再次办理。焊机入厂检查时，应同时提交焊接线、焊把钳等辅助工具。

f. 凡由企业抽检合格的批次焊机、工器具，由企业统一发放电气工器具"准入证"。准入证张贴在原检验合格证旁，准入证的检验有效期应为其本次检修使用周期，但不得超过原外委单位检验有效期。

g. 电焊机、电气工器具安全标志齐全完好，按照国家、行业安全工作规程规定规范使用。

h. 电焊机的二次回路接地线应接在需焊接的同一设备上，距离不超过 1m，特殊设备、区域需要集中接地的，必须向安全监察部门申请备案；禁止用铁棒等金属物代替，禁止就近在格栅、栏杆、钢梁等设施上接地。

3）火险管控。

a. 动火作业。

动火作业必须办理动火工作票，工作票"三种人"、消防监护人员认真履行好各自的安全职责。

a）一级动火应按规定编制动火方案，方案中要明确动火设备隔离、介质置换、对动火设备和动火环境可燃气体定期检测等措施。动火前，工作负责人要逐项落实并确认方案中的安全措施内容，并向动火人员实施好安全交底工作。

b）焊接、气割特种作业人员必须持有效证件，动火前，动火工作负责人必须对焊接、气割作业人员的持证情况进行检查、确认。

c）动火点下方必须落实严密的防火措施，严禁有火星溅落。凌空、临边设备动火，动火下方应搭设脚手架，脚手架上铺满防火毯；如作业点小、零散的，则动火下方应放置接火盆，接火盘上铺防火毯。

d）动火点附近电缆桥架、电气设备、控制柜、皮带等易燃及重要设备上应铺上防火毯，覆盖范围应大于动火范围。

e）使用切割机、磨光机等火星飞溅范围广的作业，周围必须设置挡火星的措施；在格栅上切割、打磨材料的，格栅上要落实防火星溅落的措施。

f）动火作业前，动火工作负责人应对动火区域进行检查，及时清理动火点下方、四周火星可能溅到区域的易燃物，动火下方有易燃及重要设备且不能转移的，则在落实好防火星溅落措施的同时，派专人监护。

g）动火作业前，动火工作负责人应检查电焊机及其引线导线无裸露、接地线按规定接好；氧气、乙炔瓶的皮管应无老化、断裂、泄漏，连接应牢固；乙炔瓶出气皮管应装设回火阻止器，表计应准确可靠；导线、皮管不得互相纠缠在一起；氧气、乙炔瓶应分开放于指定位置，并与固定构件捆绑牢固（见图6-19）。

图6-19　氧气、乙炔放置防火图例

h）现场放置的乙炔、氧气瓶上必须有防火、防晒措施，使用中两瓶距离不得小于5m，与明火距离不得小于10m。

i）严格执行动火工作票押回制度，工作许可人做好对押回工作票重新许可前工作条件的确认工作。

j）动火工作结束后，动火工作负责人和动火监护人必须认真清理动火现场，消除火险隐患，并与运行许可人共同确认一切正常后才能离开动火现场。

k）在氢站、氨区、油库的地点工作时，工作许可人、动火工作负责人和动火监护人定期对现场可燃气体浓度进行检测。

l）禁止在装有易燃物品的容器上或在油漆未干的结构或其他物体上进行焊接。

m）对于存有残余油脂或可燃液体的容器，必须打开盖子，清理干净。

对上述容器所有连接的管道必须可靠隔绝并加装堵板后，方准许焊接。

n）在风力超过 5 级时禁止露天进行焊接或气割。但风力在 5 级以下 3 级以上进行露天焊接或气割时，必须搭设挡风屏以防火星飞溅引起火灾。

o）在可能引起火灾的场所附近进行焊接工作时，必须备有必要的消防器材（见图 6-20）。

图 6-20　使用切割机防火措施图例

b. 防腐作业。

a）卸船机、斗轮堆取料机、圆形煤罐堆取料机等设备防腐作业必须办理单独的工作票。

b）承担防腐施工的队伍应持有施工资质证书和安全生产许可证书，必须配置专职安全员。

c）防腐作业人员应了解所使用防腐材料的特性和防火防爆规则，掌握消防灭火技能，熟悉现场的逃生通道。如动火工作票已许可的，防腐作业不得开展，待动火工作票终结后，方可开展防腐工作票许可。

d）同一设备、同一区域内，防腐作业和动火作业严禁同时进行。防腐作业工作票许可前，运行人员必须对防腐作业设备及区域内设备动火票办理情况进行检查，如动火工作票已许可的，防腐作业工作票许可前，动火工作票必须终结。

e）防腐作业工作票许可后，同一设备、同一区域内严禁许可动火工作票。防腐工作结束后，同一设备、同一区域需要动火的，则在满足动火条件的情况下，按照工作票管理制度办理相应等级的动火工作票。

f）防腐作业期间施工方应根据作业点配置专职防腐监护人进行全过程监护，直至防腐涂层完全凝固后方可离开，监护人随身携带灭火器。

g）防腐作业区域内温度、湿度、可燃气体浓度应间隔 4h 定期检测。

h）防腐施工点要悬挂"防腐施工，严禁动火！"醒目的警告标识。

i）作业现场防腐材料应一日一清，严禁堆放防腐材料。

4）起重伤害管控。

a. 起重人员（指挥、司索、司机）必须持有效证件，必须经专业培训、考核取得特种设备作业证。

b. 起重机械及配件应当具备生产（制造）许可证、产品合格证，必须经过特种设备安全检验部门检验合格，取得检验合格标志。

c. 起重负责人在作业前应组织对起重机具进行检查。如：限位器、制动器、液压系统和安全装置、吊钩、钢丝绳、夹头、卡环等，确保其安全性和可靠性。使用电动葫芦前，必须检查拖挂线、按钮等的绝缘情况，确认行走方向、上下方向及限位装置是否正确后方可使用。如有问题，应及时向许可人反映、修复。

d. 起重作业过程中，应当严格遵守《起重机械安全规程》（GB 6067）及《电业安全工作规程　第1部分：热力和机械》（GB 26164.1）中关于起重相关内容。

e. 起重作业应专人指挥，指挥信号执行《起重机　手势信号》（GB 5082）。当指挥人员不能同时看清司机和负载时，必须增设中间指挥人员进行传递信号。起重指挥应佩戴专门起重指挥袖标，穿反光马甲、防砸鞋、工作服，戴安全帽、防穿刺手套（见图6-21）。

图 6-21　起重作业图例

f. 大型设备或技术难度较大的起重吊装工作应指定具备一定起重经验的专业起重工负责进行，设专门起重指挥人员，并编制《起重作业指导书》或在文件包中详细规定起重操作步骤及安全要求。

g. 起重作业前，应建立起重作业区，按检修作业区设置要求进行管理。无法建立起重作业区时，应设专人监护，禁止无关人员进入作业现场。

h. 起重作业行走前应选择行走路线。行走路线应选择在无重要设备、无人员作业区域；行走时，由指挥人员跟随起重行车或车辆协调、指挥；大件应用绳索进行牵引。

i. 在架空电力线路或裸露带电体附近进行起重作业，起重机械设备（包括悬臂、吊具、辅具、钢丝绳）及起吊物件等与带电体最小的安全距离符合安全工作规程，带电设备应停电。

j. 起重作业时，严禁在吊物下方站人、行走或通行；严禁吊物长时间停在空中，设备起吊状态下进行检测、找中心等工作，下方必须设置牢固支撑。

k. 使用手拉葫芦作业时，起吊支承点承重应符合荷重要求，管道、栏杆、脚手架、设备底座、支吊架等禁止作为起吊支承点。

l. 电梯、吊笼、炉内升降平台必须按规定使用，并设专人操作，吊笼严禁载人。

m. 生产现场起重设备使用完毕应及时切断电源，把吊钩升至安全位置，手操柄归位于专用手操箱内，并对电源箱和手操柄箱进行闭锁。

n. 在吊运有油、水、泥沙的设备、管道前，应先对设备进行清洗和封堵，不得随处抛洒滴漏，污染设备和地面。

5）高处坠落管控。

a. 高处作业。

高处作业的基本类型主要包括：洞口、临边、攀登、悬空、交叉五种类型。

a）高处作业人员必须取得《中华人民共和国特种作业操作证》后，并且证书在有效期内，方可上岗作业。从事高处作业期间，应按要求定期接受体检、培训、复审，感觉身体不适时，严禁进行高处作业。

b）高处作业应正确使用安全防护用品，高处作业必须穿防滑鞋、设专人监护。在不具备挂安全带的情况下，应使用防坠器或安全绳。

c）高处作业的工作面应设有合格、牢固的防护栏，防止人员失误或倚靠坠落。作业面应能满足实际工作需要，应满铺架板，并有效固定。

d）高处作业使用的支撑架、脚手架、吊篮等应按标准搭设，经验收合格后方可挂牌使用，并定期进行检查。任何情况下不得超载使用，以防架体坍塌、坠落，发生人员踏空或失稳坠落。

e）登高作业应使用两端装有防滑套的合格梯子，梯阶间距离不应大于40cm，并在距梯顶1m处设限高标志。使用直梯工作时，梯子与地面的角度60°为宜。梯子应有人扶持，以防失稳坠落。

f）检修人员需在强度不足的作业面（如石棉瓦、铁皮板、采光浪板、装饰板等）作业时，必须采取加强措施，以防踩踏坠落。

g）遇6级以上大风或暴雨、雷电、冰雹、大雾等恶劣天气，应停止室外高处作业。紧急情况下，确需在恶劣天气进行抢修时，应加强组织协调，制定有效安全措施，经分管生产领导或总工程师批准后方可进行。

h）高处作业时，必须做好防止物件掉落的防护措施，下方设置警戒区域，并设专人监护，在明显处设置"当心落物""当心坠落""施工现场禁止通行"等标志牌，任何人不得在工作地点下面通行和逗留。上、下层垂直交叉作业时，中间必须搭设严密牢固的防护隔板、罩栅或其他隔离设施。

i）高处作业传递材料和工具应使用专用袋，工具袋应拴紧系牢，上下传递物件时，应用绳子系牢物件后再传递，严禁上下抛掷物品。

j）高处作业时工器具应绑扎使用，物品、物件应放置牢固。较大的工器具应用绳拴在牢固的构架上，不准随便乱放，以防止高处坠落。

k）高处临边不得堆放物件，空间小如需堆放时，必须采取防坠落措施，高处场所的废弃物应及时清理。

l）在屋顶、杆塔、吊桥及其他危险临边高处作业时，临空作业的一面按要求装设安全网或防护栏杆。

m）在没有脚手架或者在没有栏杆的脚手架上工作，高度超过 1.5m 时，作业人员必须使用安全带。安全带使用注意事项：①必须根据作业人员的作业需要和性质选择符合标准的安全带产品，如架子工、油漆工、电焊工种选择悬挂作业安全带。②使用前应检查安全带的部件是否完整、有无损伤，金属配件不得是焊接件，边缘应光滑，产品上应有合格证、安监证，应在使用期限内。③不得私自拆除安全带上的各种配件。应采用高挂低用或水平悬挂的使用方式，并防止摆动、碰撞，避开尖锐物质。④不能将安全带打结使用，以免发生冲击时安全绳从打结处断开。应将安全钩挂在连接环上，不能直接挂在安全绳上。⑤使用 3m 以上的长绳时，须使用缓冲器。必要时，可以联合使用缓冲器、自锁钩、速差式自控器。

b. 脚手架管理。

a）脚手架是为施工而搭设的上料、堆料与施工作业用的临时结构架。生产现场高度 1.5m 以上长时间工作的场所应搭设脚手架。搭拆脚手架必须在专人的统一指挥下，由具有合格资质的专业架子工进行。

b）脚手架（移动脚手架）的搭设和拆除必须符合《电业安全工作规程》和《电力建设安全工作规程》的要求。

c）扣件钢管脚手架的搭设必须按《建筑施工扣件式钢管脚手架安全技术规范》（JGJ 130）要求执行。

d）超高、超重、大跨度的脚手架搭拆应编制专项安全专项施工方案。

e）脚手架整体应稳固，在电气线路和设备附件搭设应采取安全措施，保持足够的安全距离。

f）脚手架的外侧、斜道和平台应搭设由上而下两道横杆及围栏组成的防护栏杆，上杆离架子底部高度 1.05～1.2m，在其下部加设 18cm 高的护板，护板与脚手板之间无间隙。

g）采用垂直爬梯时梯档应固定牢固，间距不大于 30cm。爬梯时落实好防坠落措施，不得在梯子上运送、传递材料及物品。

h）脚手架应满铺，不得有空隙和探头板。脚手架与墙面的距离不得大于 20cm。脚手架作业平台脚手板材质宜采用冲压钢脚手板，钢脚手板应用厚 2～3mm 的 Q235-A 级钢板，规格长度宜为 1.5～3.6m，宽度为 230～250mm，单块脚手板的重量不宜超过 30kg，板面应有防滑孔，凡有裂纹、扭曲的不得使用。

i）在光滑的地面上搭设脚手架，必须铺设胶片等措施防滑。在格栅平台上搭设脚手架应铺设防止塌陷的平板。在较松软的地面搭设时（如泥土地、碎石地面等）应事先夯实、整平。

j）脚手架整体应稳固，独立搭设的脚手架要设置剪刀撑以加强架体稳固性，剪刀撑与地面的夹角不得大于 60°。

k）脚手架搭设人员根据使用部门的要求，按照脚手架搭设标准进行搭设（见图 6-22），需要设置安全网的应设置安全网（高处作业脚手架或悬吊架必须设置安全网），脚手架各类安全设施应齐全完整，符合《发电企业安全设施配置规范手册》的要求。

图 6-22　脚手架搭设图例

l）脚手架搭设完毕后，由搭设部门（单位）自检合格，填写脚手架搭设信息标牌（合格证，见图 6-23）相关内容，签署自检意见，签字后联系使用部门进行验收。使用部门验收合格后，确认脚手架搭设信息标牌（合格证）相关信息，签收验收意见。高度超过 6m 的脚手架（包括炉膛内脚手架、升降平台），还需要公司级验收，安全管理部门全程参与验收、监督。

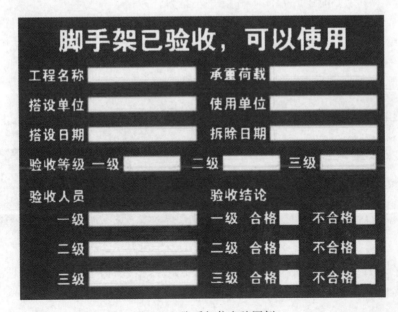

图 6-23　脚手架信息牌图例

m）工作负责人在脚手架使用前，应对脚手架进行认真检查，确认合格并能满足工作需要，在验收合格证上签字方可开始工作。

n）脚手架信息标牌（合格证）由搭设部门悬挂，信息标牌应固定牢固，防止松动或被风吹落伤人。使用部门（单位）在工作中注意维护，确保处于完好状态。

o）脚手架立杆防滑垫统一、规范，尽量使用专业的落地承压标（见图 6-24）。

p）检修现场人行通道边搭设的脚手架（2m 以下）横杆设置架空防撞标（见图 6-25）。

图 6-24　脚手架专用落地承压标图例　　图 6-25　脚手架专用架空防撞标图例

q）脚手架钢管为镀锌管或单色油漆钢管，搭设简易承重架及用作临时安全措施的钢管油漆成红白相间色。

r）脚手架拆除作业区域用临时围栏封闭，高处作业脚手架拆除时，作业区域下方须临时围栏封闭，并设专人监护。

s）脚手架材料须堆放在规定的放置点，放置点内铺上橡皮垫，材料分类、整齐放置，严禁将材料直接放置在地面或钢格栅上，区域内保持干净，见图 6-26。

图 6-26　脚手架材料堆放点图例

t）检修工作结束后，脚手架使用部门联系搭设部门按照安全管理要求拆除脚手架，收回脚手架信息标牌。

6）机械伤害管控。

a. 机械操作人员必须经过专业技能培训，并掌握机械（设备）的现场操作规程和安全防护知识，经岗位培训合格后方可上岗。

b. 机械操作人员必须穿好工作服，衣服、袖口应扣好，不得戴围巾、领带，长发必须盘在帽内，操作时必须戴防护眼镜、戴防尘口罩、穿绝缘鞋。操作钻床时，不得戴手套，不得在开动的机械设备旁更衣。

c. 机械设备各转动部位（如传送带、齿轮机、齿轮箱高速轴刹车盘、联轴器、飞轮等）必须装设防护装置。机械设备必须装设紧急制动装置，并要实现一机一闸。周边必须画警戒线，工作场所应设人行通道，照明必须充足。

d. 输煤皮带的转动部分及拉紧重锤必须装设遮栏，加油装置应接在遮栏外面。皮带两侧必须装设高于皮带托辊的固定防护栏杆，并沿皮带全长装设紧急停止拉线开关。

e. 未停电皮带上严禁站人，不允许在非通道处越过、爬过及传递各种用具。皮带运行过程中严禁清理皮带、构架、滚筒上任何杂物。

f. 严禁在运行中清扫、擦拭、维护设备的旋转和移动部分。严禁将手伸入栅栏内。严禁将头、手脚伸入转动部件活动区内。

g. 给料（煤）机在运行中发生卡、堵时，应停止设备运行，做好防止设备转动措施后方可清理堵塞物，严禁用手直接清理堵塞物。钢球磨煤机运行中，严禁在传动装置和滚筒下部清除煤粉、钢球、杂物等。

h. 转动设备检修后试转前，检修人员必须全部脱离设备，运行人员必须到现场检查确认后方可进行送电操作。试转设备时，观察人员不允许身体任何部位触及转动部分。试转设备需继续检修时，必须重新履行工作票程序。

7）有限空间作业管理。

a. 有限空间是指封闭或者部分封闭，与外界相对隔离，出入口较为狭窄，作业人员不能长时间在内工作，自然通风不良，易造成有毒有害、易燃易爆物质积聚或者含氧量不足的空间。主要包括炉膛、烟风道、沟道、池、井、塔、容器、罐体、蜗壳、除尘器、电缆隧道、大型输送管道内等作业场所。

b. 有限空间作业应严格遵守"先通风、再检测、后作业"并"准入许可"的原则。检测指标包括氧浓度、易燃易爆物质（可燃性气体、爆炸性粉尘）浓度、有毒有害气体浓度。检测应符合相关国家标准或者行业标准的规定。

c. 进入有限空间内施工前，应用鼓风机向内进行强制通风，并保持空气持续循环流动。人员进入前，应先检测，确保有限空间内有毒有害气体含量不超标，氧气含量应保持在 $19.5\% \sim 21\%$ 范围内。人员所需的适宜新风量应为 $30 \sim 50 m^3/h$，采用机械通风的通风换气次数不能少于 $3 \sim 5$ 次/h。

d. 有限空间内工作期间，保持良好通风，严禁关闭盖板或人孔门。

e. 在有限空间内作业，人孔门处应设专人连续监护，并设有出入有限空间的人、物登记表，记录人、物数量和出入时间。在有限空间出入口处挂"有人工作"警告牌。进入有限空间作业人员应与监护者间有切实可靠的通信工具，双方事先约定必要的、有效的安全、报警、撤离等双向交流信息。有限空间入口处应设有出入有限空间的《出入登记表》（见表6-28）。

表 6-28　×××（位置）出入登记表（示例，参考使用）

序号	姓名	进出时间	工作任务	带入工器具	带出工器具	作业小组组长签名

f. 地下工作点（室）至少打开2个人孔门，人孔门上要放置通风筒或导风板，一个正对来风方向，另一个正对去风方向，以保证通风畅通。

g. 井下或池内作业人员必须系好安全带和安全绳，安全绳的一端必须系在井外、池外监护人手能触及的牢固构件上，工作人员感到身体不适时，必须立即撤离工作现场。

h. 在有限空间内作业，工作前和工作结束后均应清点人员和工具，按照登记记录进行核对。在关闭工作点盖板、人孔门时，必须确认要封闭点内部无人，应对内喊话确认，并清点工作人数，防止有人或工具留在有限空间内。

i. 禁止在有限空间内同时进行电、气焊作业。

j. 在有限空间内电焊作业时，应站在具有阻燃性能和绝缘性能的垫子上，戴绝缘手套。

k. 有限空间内作业，应使用安全电压照明，装设漏电保护器，漏电保护器、行灯变压器、配电箱（电压开关）应放在有限空间的外边。

l. 所有与有限空间有联系的系统阀门必须关闭严密，必要时加盲板隔离，所有阀门操作手柄必须机械闭锁并悬挂"禁止操作"标示牌；所有电气回路电源全部切断，并悬挂"禁止合闸有人工作"标示牌。

m. 对容器内的有毒有害气体置换时，吹扫必须彻底，不应有气体残留，防止人员中毒。进入容器内作业时，必须做好逃生措施，并保持通风良好，严禁向容器内输送氧气。容器外设专人监护且与容器内人员定时喊话联系。

n. 进入原煤斗内部检修时，原煤入口必须用盖板有效隔离，防止误上原煤，危及人员安全。

o. 进行衬胶、涂漆、刷环氧玻璃钢等工作应强力通风，符合安全、消防规定方可工作。

p. 在工作结束后应当将有限空间人孔门关闭，悬挂"禁止入内"警告牌。如需通风不能关闭人孔门应设置密目网，悬挂"禁止入内"警告牌。

q. 在有限空间内作业，应落实好紧急情况下的应急处置措施。应对参与有限空间作业的人员进行紧急情况下救援培训和演练，避免盲目施救扩大事故后果；在有限空间外配置正压式空气呼吸器、防毒面具等紧急救护设备，确保有限空间外监护人员能熟练掌握使用技能。

r. 作业人员进入有限空间前，应对有限空间内有害因素进行检测、评价，作业过程中持续或定时监测有限空间环境（作业人员宜随身携带气体检测报警仪），检测、采样方法按相关规范执行。检测使用仪器须根据作业空间的有害因素针对性地选择便携式测氧仪、多功能气体检测仪和有毒气体检测仪器等检测设备。检测顺序及项目应包括：

a）测氧：正常时氧含量为19.5%～21%，缺氧的有限空间应符合《缺氧危险作业安全规程》（GB 8958）的规定，短时间作业时必须采取机械通风。

b）测爆：有限空间空气中可燃性气体浓度应低于爆炸下限的10%。

c）测毒：有毒气体的浓度须低于《工作场所有害因素职业接触限值化学有害因素》（GBZ 2.1）所规定的浓度要求，如果高于此要求，应采取机械通风措施和个人防护措施。进入作业前，除进行气体检测外，还应按有关规定采取活体小动物试验。

8）作业环境风险控制。

a. 上下交叉的作业，应按照上方作业保护下方的原则，设置隔离层，隔离层应严密、牢固，确保物件不会坠落至下方作业区域。

b. 在同一设备或同一系统上相互有影响的不同专业同时开工的专业交叉作业（如热控与机务，电气与机务），应充分评估专业交叉作业有可能带来的对他方或己方风险影响并采取分开作业或其他隔离措施。

c. 无法隔离的交叉作业应设置专人协调，采用分区错开作业或错开作业时间等方法，降低作业环境存在的风险。

d. 现场栏杆、护栏、楼梯、格栅等设施严禁随意拆除。因工作需要，确需拆除时，必须办理《安全设施改变、移动申请表》，做好临时措施，修后及时恢复原状。

e. 作业区域照明充足，照明不足时，须另行配置照明，严禁用碘钨灯作为照明。

f. 井、坑、孔、孔洞应装设牢固、可靠的盖板，盖板表面刷黄黑相间的安全警示标识。掀开的孔洞应装设牢固稳定的刚性防护栏杆，防护栏杆上除安全标示牌外不得拴挂任何物件。

g. 井、坑、孔、洞等临边应装设临时遮拦或固定遮拦，遮拦须用搭挂密目网，防止人员穿越栏杆，并悬挂安全警示标识。夜间及照明不充足区域还应装设警示红灯，以防止人员失足坠落。

h. 格栅楼梯开孔工作，应采取特别措施，除楼梯进出口两端设置能防止人员穿越的隔离措施、醒目的"禁止通行"外，还应在孔洞处再设置一道隔离措施。

i. 孔洞防护除符合集团公司《发电企业安全设施配置规范手册》的要求外，还需遵循以下要求：

a）孔洞短边（直径）尺寸小于 25cm 但大于 2.5cm 的孔口，必须用坚实的盖板盖住，盖板应防止挪动移位。

b）孔洞短边（直径）尺寸为 25～50cm 的洞口，四周须设临时防护遮栏。检修工作中断时必须用竹、木等作盖板盖住洞口，盖板四周搁置须均衡，并有固定其位置的措施。

c）孔洞短边（直径）尺寸为 50～150cm 的洞口，四周须设固定防护遮栏。检修工作中断时必须用竹、木、铁板等作盖板盖住洞口，盖板四周搁置须均衡，并有固定其位置的措施。

d）短边（直径）尺寸在 150cm 以上的洞口，四周除设固定防护遮栏外，洞口下方须张设合格的安全软网，并且固定牢固。

e）井、坑、孔、孔洞临边固定防护遮栏应装设有 $\phi 48mm \times 3.5mm$（直径×管壁厚）的钢管搭设并带有中杆的防护栏杆，并应装设挡脚板，以防止作业人员行走踏空坠落（见图 6-27、图 6-28）。

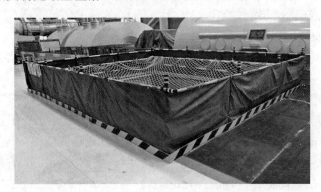

图 6-27　井、坑、孔、洞固定遮栏图例

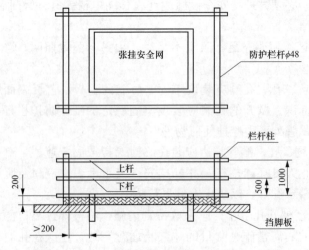

图 6-28　井、坑、孔、洞固定遮栏规格要求图例（单位：mm）

2. 检修现场定置管理

（1）现场定置图绘制。

定置图是对生产现场所有物品进行定置管理，并通过调整物品来改善场所中人与物、人与场所、物与场所相互关系的综合反映图，各作业区域应根据人、机、料、法、环等要素设置定置图。定置图的绘制要求如下：

1）现场中的所有物均应绘制在图上。

2）定置图绘制以作业功能分隔、简明、扼要、完整、协调并兼顾高效为原则，物形为大概轮廓，相对位置要准确，区域划分清晰鲜明。

3）生产现场暂时没有，但已定置并决定制作的物品，也应在图上标识出来，准备清理的无用之物不得在图上出现。

4）定置图应有明确的通道及进出口、必要安保管控等设置，包括应急出口。

5）定置物可用标准信息符号或自定信息符号进行标注。

（2）定置管理的实施。

1）定置管理实施的步骤。

定置实施是定置管理工作的重点，必须做到：有图必有物，有物必有区，有区必挂牌，有牌必分类。包括以下三个步骤：

a. 清除与生产无关之物。现场布置前，对区域进行检查，与生产无关之物，都要清理干净。

b. 按定置图实施定置管理。各参修单位都应按照定置图的要求，将设备、器具等物品进行分类并定位，定置的物品要与定置图相符，位置要正确，摆放要整齐，储存要有器具，可移动物品，如推车等，也要定置到适当位置。

c. 放置标准信息铭牌。放置标准信息铭牌要做到牌、物、图相符，放置后不得随意挪动。

2）定置管理实施的要求（见图 6-29、图 6-30）。

图 6-29 检修零件摆放图例

图 6-30 检修工器具摆放图例

a. 所有拆下的零部件不准直接放置在地面上，应放在事先准备的橡胶垫或其他垫物上，对于可能有油类或其他脏物漏出的零部件，应在橡胶垫下铺置塑料薄膜。

b. 在平台格栅上进行检修作业，作业区域必须铺设橡胶垫或铁板，以防零部件掉落伤人或损坏。

c. 轴承和其他易滚动、易倾倒的零部件，放置时应使用道木或木板垫好，防止滚动。

d. 螺栓、螺母等小零件应使用专用盘或容器收好，以免丢失，大的螺栓、螺母应整齐排列在橡胶垫上并防止碰伤螺纹。

e. 卷扬机、千斤顶、手动葫芦、滑轮及其他大型工器具，在生产现场放置时，应事先在地面上铺上橡皮垫，常用工具应整齐地排列在白布或薄膜上，或者排放在专用盘上，禁止乱扔乱放。

f. 现场所使用工具箱应摆放整齐，所有暂时不用的工器具必须按规格、品种进行分类存放在工具箱，工具箱应放置在封闭区域内。

3. 检修作业区隔离管理

(1) 设置作业隔离区的范围。

1) 运行设备与检修设备的隔离。把运行设备与检修设备进行物理隔离，确保能防止检修人员误入运行区域，同时合理设置运行通道和应急通道。

2) 运行区域内放置的检修设备与运行设备的隔离。检修设备区域应封闭施工，运行区域内临时放置检修设备应封闭隔离，隔离措施与设施应符合安全文明生产标准化及安全设施配置规范的有关要求。

3) 涉及到脚手架（升降平台）搭、拆等立体工作，应在脚手架（升降平台）的下方设置隔离区。

4) 较小容器内的工作，应将整个容器设置为独立的作业区域。

5) 涉及2个及以上单位的工作，或者在同一区域或设备进行平面交叉作业的，应设置隔离区。

6) 进入带电设备区域作业，应办理工作票，采取可靠安全措施，对裸露的带电部分要用网状围栏隔离，并挂安全警告标志牌。

7) 起吊、交叉作业、高处落物等危险区域应强制隔离，并设专人安全监护。

8) 检修现场具备设置作业隔离区条件的工作场所。

(2) 隔离区设置的条件和要求。

1) 隔离区使用统一的信息牌，悬挂在隔离区醒目位置。

2) 严格按照现场平面布置图摆放主要部件。

3) 隔离区内外整齐、清洁。

4) 使用专用盖板、堵板封堵。

5) 隔离区内检修平台、格栅铺设胶皮或垫板。

6) 检修作业区应根据检修总平面布置图和工作需要布置在承载区以

内，并不得大于规定承载量；如果布置在非承载区，其荷重必须低于非承载区最大载荷量。

7）做好防止高处落物措施。

8）硬质隔离围栏应符合集团公司《发电企业安全设施配置规范手册》的要求。

9）围板式隔离围栏制作应符合以下要求（见图6-31）：正面均为蓝色底面，中间为集团公司标志，标志两侧可布置企业宣传照片。围栏反面为发电企业名称及现场宣传图片、标语等，宣传图片、标语可自行设计。围栏材质宜为不锈钢，分低围栏和高围栏两种（见图6-32、图6-33），可根据现场的不同需求布置。

图 6-31　围栏图例

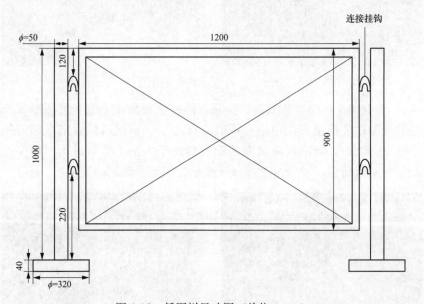

图 6-32　低围栏尺寸图（单位：mm）

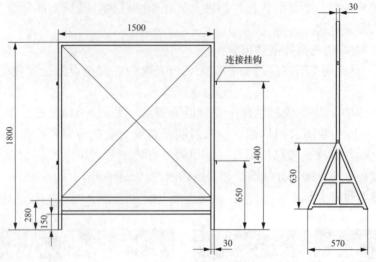

图 6-33　高围栏尺寸图（单位：mm）

（3）隔离区布置。

1）作业隔离区用围栏、安全警示带、安全旗绳等规范布置，并尽可能使用硬质围栏，汽轮机运作层应采用围板式围栏，见图 6-34。

图 6-34　作业区域隔离图例

2）作业隔离区形状应规则、美观，围栏摆放要成直线，见图 6-35。旗绳等软质围栏应拉紧，四角用专用的立杆固定，不得斜拉固定在邻近的设备或管道等物上。隔离区应留有活动出口便于人员、物料进出。相关设施设置符合集团公司《发电企业安全设施配置规范手册》的要求。

图 6-35　检修作业区隔离图例

3）隔离区地面敷设必要的地革、胶皮垫、防水材料、吸水材料等。工具、材料的存放应定置管理。

4）在检修作业区出入口处挂"从此进出"标志牌，并根据需要设置警告、禁止、提示、指令类安全标志牌，所设安全设施符合集团公司《发电企业安全设施配置规范手册》的要求。

（4）隔离区文明卫生要求。

1）工作负责人应确保作业隔离区内的场地文明卫生，作业开始前应充分估计到作业期间可能产生的油污、报废材料、疏排废液、建筑垃圾等对现场整洁度造成直接影响的情况，准备充分的防护措施应对这些情况，特别对于油系统、有积水的管道的检修，工作负责人应准备充分的容器、疏排软管等。

2）在作业隔离区内，工作负责人应根据场地条件和用途划分作业区域，如：工具区、设备检修区、材料区等小区域，各个区域内整齐摆放工具、材料和零部件。材料、工具等物件不允许在区域外零星、随意放置。

3）区域内地面上铺设的橡皮垫、塑料布、白布等，干净无破损，不允许物件直接放置在地面上。

4）对应无法形成规范的作业隔离区场所，如作业区过于狭窄、高处作业等，工作负责人应时刻提醒工作人员对自己的工具和使用的材料做到心中有数，保护设备及其周围的其他设施。

4. 检修看板管理

检修看板管理就是围绕现场作业这个中心，针对"以人为本，关爱生命"核心理念，实施现场作业"精细化管理"，从规范作业行为，控制工作质量为出发点，使现场作业的每一个环节都达到现场程序化，最大限度地避免违章，确保企业安全生产。

（1）检修作业隔离区均需实施看板管理。

（2）检修的看板信息可包括：甲乙方组织机构及人员信息、管理目标、现场定置图、项目进度表、安全风险管控表等。

（3）看板应在工作票许可前布置完毕并放置作业区内，工作票终结后，方可撤离看板。

检修看板边框宜采用不锈钢材料，看板规格要求可参见图 6-36、图 6-37。

图 6-36　检修看板图例

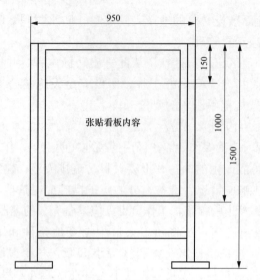

图 6-37　辅机设备检修看板规格样图（单位：mm）

5. 检修文明生产管理

（1）检修作业基本要求。

检修作业要执行文明生产"六三制"要求：

三净：开工现场净，工作中现场净，收工现场净；

三无：无污迹，无积水，无积灰；

三严：严格执行配合协作，严格执行安全规程，严格执行现场制度；

三条线：工具摆放一条线，零件摆放一条线，材料、备品摆放一条线；

三不乱：电线不乱拉，设备不乱拆，工具不乱用；

三不落地：使用工具、量具不落地，拆下零件不落地，油污、脏物不落地。

（2）电线布置。

1）现场所有电线应直线、靠边敷设。

2）电线过通道应使用专用电缆槽（见图 6-38）。

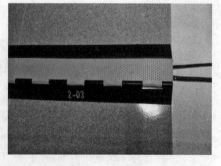

图 6-38　电线布置专用电缆槽图例

3）电线架空搭设应使用临时支架或专用挂钩（见图 6-39）。

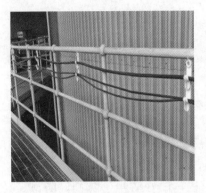

图 6-39　电线布置专用挂钩图例

（3）成品保护。

1）检修中露天放置的设备、管材、钢材等做好防雨措施，防止腐蚀。

2）检修中拆除的设备各类标识牌要妥善保管，没有拆除的要做好防撞、防污措施。设备上的铭牌油漆时要粘贴保护材料，防止涂盖油漆。

3）解体后的设备、管道、法兰等开口处须用木板、铁皮、塑料等硬质材料封盖，并粘贴检修封条，必要时设置警示标志。

4）风机、泵类设备解体后在易受污染的场所盖油布或棉布，上方有落物可能时搭钢管保护棚。

5）阀门的电动执行机构和气动执行机构拆除后须盖油布或棉布，有碰撞风险区域须安装保护罩。

6）穿越人行通道上的设备、保温管道须进行包扎防护，并粘贴明显的保护标识，防止人为碰撞损坏，严禁在保温上人为踩踏。

7）检修中拆除的零部件须分类整齐放置，大型螺栓螺纹处戴好保护罩，精加工面用橡胶或木板保护，并牢固包扎。

8）露天焊接的管子焊口检验合格后进行表面防腐保护（除不锈钢管子焊口）。

9）检修中拆除的电缆接口处应包扎防护，在易受损伤的场所设置警示标志（见图 6-40）。

图 6-40　成品保护图例

10) 在易受损伤场所的热工仪表和测点须装防护罩、设置警示标志，必要时搭保护棚。

11) 在易受损伤、易受污染的盘柜须包裹防护、设置警示标志，必要时搭保护棚。

12) 脚手架搭设时，与脚手架管接触的有防腐保护的围栏管道须用橡胶板或棉布包裹，防止油漆损伤。

13) 对于有防腐的设备和管道起吊时，不能直接用钢丝绳捆绑，防止损坏油漆及防腐，应用麻绳或套有布或塑料的钢丝绳捆绑。

14) 对现场重要设备，设保护围栏，做好防尘、防雨、防潮、防火、防碰撞及防污染措施。

15) 施工过程中要防止二次污染，油漆施工时需做好周围设备的保护。

16) 设备检修和试运行操作时，严禁踩踏管道和设备。

(4) 废弃物管理。

1) 废弃物的概念。

废弃物是指企业在生产经营活动中产生的不可再使用的物质。按是否有危险性，可分为危险废弃物和一般废弃物；按是否有残余价值，可分为有价废弃物和无价废弃物。

2) 废弃物的分类。

设备检修过程中产生的废弃物主要分类有：

a. 危险废弃物：指具有腐蚀性、急性毒性、浸出毒性、反应性、传染性、放射性等一种及一种以上危害特性的废物。如废弃保温材料（石棉）、废石棉防火毯及其他石棉制品、废弃交换树脂、废弃油漆桶（罐）、废油（EHC油、润滑油、绝缘油、柴油、润滑油脂等）、废蓄电池或超级电容。

b. 一般固体废弃物：指危险废弃物以外的其他固体废弃物。如废保温棉（硅酸铝棉）、检修金属废料、金属废弃件、检修废弃电线、检修塑料废弃件等。

3) 废弃物的处置。

a. 危险废弃物。

a) 严禁将危险废弃物提供或者委托给无经营许可证的单位从事收集、储存、利用、处理的经营活动。禁止将危险废弃物混入非危险废弃物储存。

b) 收集、储存危险废弃物，必须按照危险废弃物特性分类进行。禁止混合收集、储存、运输、处置性质不相容而未经安全性处置的危险废物。

c) 现场产生的危险废弃物要随时处理，由产生单位填写《危险废弃物处置通知单》后，移交对应处置责任部门。

d) 企业宜设置"危险废弃物堆场"，用于暂存危险废弃物，危险废弃物堆场内应做到暂存物质分类、分区、隔开或隔离存放，并做好危险废弃物的标识标志（见图 6-41）。

图 6-41　检修废弃物临时堆放区域图例

e）企业处置责任部门根据库存情况，及时提出处置申请，并组织处置工作。

b. 一般固体废弃物。

a）设备检修时，企业应临时在厂房外划定"检修废弃物临时堆放区域"，根据需要可设置金属废弃物、废保温棉、一般废弃物的暂存点。

b）设备装运木箱拆除后废弃木材，因体积大且无法按照垃圾处理流程处理，可在厂区开阔地方设置暂存点，检修结束后集中处理。

c）建筑废弃物可由项目实施部门在签订合同时明确由施工单位外运处置，现场不设暂存点。当天外运确实有困难的，项目实施部门应向安监部门提出申请，由安监部门指定临时暂存点，暂存点时间不能超过 1 周。

d）临时堆放区域应采用钢管或围栏隔离，形状应规则、美观，留有专门出口便于人、物料进出。

e）每个暂存点要根据废弃物的种类落实管理部门对废弃物的处理。金属废弃物按照有价废弃物处理流程处理，其他一般废弃物按照垃圾处理流程处理。

4）废弃物的运输。

a. 临时堆放区域内废弃物的清运需每日进行，特殊情况下须适当增加清运次数。

b. 废弃物装运后，堆放区域及时整理、打扫。

c. 运输车辆设置统一醒目标志，运输过程中挡盖应严密，不得撒漏、渗漏。

6. 检修职业健康管理

企业应按照集团公司职业健康管理标准化有关要求，进行检修粉尘控制、有害物质控制、个体防护。

（1）粉尘控制。

1）作业人员应佩戴防尘口罩。

2）进行焊接、打磨等含有大量粉尘的检修工作，应事先做好控制措施，使用伸缩式排烟管道等通风排烟设施，将烟尘引至通风口，保证工作环境空气良好。

3）排烟管应整齐摆放，避免堵塞通道。

4）排烟管需要穿越通道时，应在管道上装设临时梯步，以方便检修人员通过。

5）进行喷漆、防腐、喷砂除锈等工作时，应使用彩条布将门、孔洞等部位包裹严密，避免粉尘外泄。也可错峰安排工作时间，以减少对工作人员的危害。

6）开展粉尘较大的工作前，应打开通风系统，减小粉尘危害。

（2）有害物质控制。

1）检修现场禁止使用含石棉成分的保温材料、阻燃材料及密封材料等，原使用含石棉的材料在拆除、更换过程中做好防止扬尘措施及个人防护措施，尽量减少有害物质对人体的伤害。

2）在有毒、有害气体、液体容器内作业，除按要求置换清理干净气体或液体后，工作前必须测量气体和液体的含量，符合要求后再进行工作（见图 6-42）。

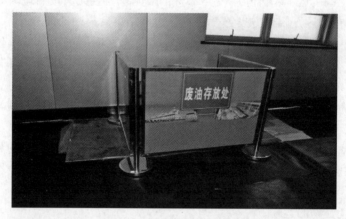

图 6-42　临时危化物放置图例

3）射线探伤拍片。

a. 金属射线探伤拍片必须办理工作票，工作内容附上"计划探伤工程量"清单。

b. 工作票许可前，射线探伤人员设置警戒区，区域中心设声光报警，并清退区域内的所有作业人员。运行人员现场确认警戒区的布置情况（见图 6-43）。

图 6-43　金属射线探伤警戒区图例

c. 未进行拍片期间工作票必须押回运行处，须进行拍片时，由工作负责人向运行人员履行许可手续，同时向运行人员提交一份包括本次拍片的设备、区域、时间等信息的资料。

d. 射线探伤人员提供的信息及时公布在检修信息栏上，施工单位负责人从信息栏或协调会上获得的拍片信息及时通知到施工人员，严禁靠近拍片区域。

e. 探伤工作人员劳动防护用品应符合射线探伤工作要求。

f. 拍片工作结束，探伤人员及时将射线源撤离现场。

（3）个体防护。

a. 工作服。

a）进入生产现场检修人员的着装必须符合《电业安全工作规程》（GB 26164.1—2010）的规定，各检修单位的工作服须统一且有明显标识。

b）从事检修作业的人员必须按规定穿连体服。

c）从事酸碱作业，在易爆场所作业，必须穿专用防护工作服。进入液氨泄漏的场所作业时，作业人员必须穿好防化服。

d）工作服、专用防护服根据产品说明或实际情况定期进行更换。

e）工作服及时清洗，保持干净、整洁，出入证统一挂在工作服上口袋左侧。

b. 安全帽。

进入生产现场的所有人员均必须佩戴统一且有明显本单位标识的安全帽。安全帽使用过程注意以下问题：

a）应使用在有效期内的安全帽，在使用之前应检查安全帽上是否有裂纹、碰伤痕迹、凹凸不平、磨损（包括对帽衬的检查），如存在明显缺陷应及时报废。

b）不能随意在安全帽上拆除或添加附件。

c）使用时应将安全帽戴正、戴牢，不能晃动，要系紧下颚带。

d）不能私自在安全帽上打孔，不能随意碰撞安全帽。

e）受过一次强冲击或做过试验的安全帽不能继续使用，应予以报废。

c. 呼吸器官防护。

呼吸器官防护用具按防护用途分为防尘、防毒和供氧三类。使用时应注意：

a）必须根据实际的作业环境选择正确的呼吸防护用具。进入粉尘较大的场所作业，作业人员必须戴防尘口罩。进入存在有害气体的场所作业包括液氨区域，作业人员必须佩戴防毒面罩。进入酸气较大的场所作业，作业人员必须戴好套头式防毒面具。

b）在危害环境作业的人员应始终佩戴呼吸防护用品（见图6-44）。

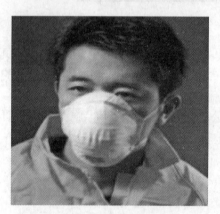

图6-44　防尘口罩、过滤式防护面罩用品正确使用图例

c）使用前应认真检查，了解防护用具剩余使用时间，查看呼吸防护用品是否在有效期内，隔离式面具及防毒面具应进行气密性检查。

d）在使用过程中，使用者感到头晕、刺激、恶心等不适症状时，应立即离开危害环境。

d. 听觉器官防护。

a）通用的防护用品有耳塞、耳罩和防噪声帽（盔）三大类，最常见的是耳塞和耳塞。

b）进入生产现场的作业人员要根据作业环境的噪声大小，确定是否佩戴耳塞，一般在噪声大于85dB的工作场所须佩戴耳塞。佩戴耳塞要注意以下注意事项：①在噪声超标的环境中使用耳塞不能间断。②在插戴耳塞时，要先将耳廓向上提拉，使耳甲腔呈平直状态，然后手提耳塞柄，将耳塞帽体部分轻轻推向外耳道内，尽可能地使耳塞体与耳甲腔相贴合。③戴后感觉隔声不良时，可将耳塞缓缓转动，调整到效果最佳位置为止。如果经反复调整效果仍然不佳时，应考虑改用其他型号、规格的耳塞。④佩戴泡沫耳塞时，应将圆柱体搓成椎体后再塞入耳道，让塞体自行回弹，充满耳道。⑤佩戴硅橡胶自行成形的耳塞，应分清左、右塞，不能弄错。插入外耳道时，要稍作转动调整位置，使之紧贴耳甲腔。⑥使用切割机、滤油机及气动工具噪声较大时，应戴防护耳塞。⑦作业应控制噪声的产生。如使用风管时，应将管接头与风包、风管连接紧密，避免漏气产生噪声。

e. 眼（面）部防护。

设备检修人员的眼（面）部防护用品的使用要求必须符合《电业安全工作规程》和《国家能源投资集团有限责任公司电力二十五项重点反事故措施》的规定。眼面部的防护用品主要有各种防护眼镜、防护眼罩、防护头盔、电焊面罩等。明确要求防护的有：①带电断、接空载线路；②装-卸高压熔断器；③低压不停电工作；④用凿子凿坚硬物体；⑤使用砂轮、切割机；⑥使用移动式吹灰器；⑦观察炉膛火焰；⑧检查液态除渣的出渣口；⑨烟道、风道工作；⑩粉（煤）仓清理；⑪化学试验、开启强酸强碱溶液；⑫电焊。

焊接用眼护具有防护眼镜和防护面罩两类，防护面罩有适用于高处作业的头盔式电焊面罩和地面作业用的手提式电焊面罩，手持式电弧焊中要根据作业时接触弧光强度选用相应遮光度的滤光镜（见图 6-45）。

图 6-45　面部防护眼镜、防护面罩正确使用图例

f. 足部防护。

设备检修期间常用的足部防护用品有：绝缘鞋、防砸鞋、防水鞋（靴）、防酸碱鞋（靴）、防寒鞋（靴）等，选用时应注意以下几点：

a）应根据作业条件和作业性质的不同分别予以选用。

b）应掌握鞋子的质量标准，包括鞋的加工质量和安全保护质量标准。

c）特殊防护鞋应按产品说明书中要求来选择和使用，以免发生意外。鞋形要与脚形相适应，采用低跟，鞋跟形要宽大，以便在工作中稳定不易疲劳。

g. 手（臂）部防护。

设备检修期间常用的手（臂）部防护用品有：焊工手套、绝缘手套、耐酸碱手套、一般用途手套等，在检修工作中使用时应注意以下几点：

a）选择大小合适的手套。

b）明确防护的对象，根据用途仔细选用。

c）天然橡胶手套在使用时不得与酸碱油类长时间接触。

d）所有橡胶、乳胶、合成橡胶手套颜色必须均匀，表面要光滑，薄厚要均匀。

e）按不同种类手套的使用说明使用，以防失去保护。

（4）职业中毒防护。

a. 有毒液体、气体防护。

a）使用带电清洗剂、香蕉水等易挥发的有毒液体时，工作人员应佩戴防毒面具，戴橡胶手套。

b）进行渗透探伤作业时，工作人员应佩戴防毒面具。

c）作业过程中会产生有毒有害气体的工作，应保证空气流通，佩戴防毒面具，减少危害。

b. 有毒固体防护。

a）在有害物质工作场所工作的人员，应穿戴防护服、防护面具、防毒面罩、防尘口罩等个人防护用具。

b）加强对有害物质的检测，控制有害物质的最高浓度低于国家有关标准。

c）对接触职业病危害因素的相关人员定期进行职业病体检。

（5）振动作业防护。

在作业过程中使用电钻、冲击钻、大锤、风动工具等产生较大振动源的工器具时，振动通过振动工具传向操作者的手和前臂。

a. 在具备条件的振动作业的地板及设备地基采取隔振措施（橡胶减振动层、软木减振动垫层、玻璃纤维毡减振垫层、复合式隔振装置）。

b. 涉及振动作业时，要正确佩戴个人防护用品，如防振保暖手套等。

c. 建立合理劳动制度，坚持工间休息及定期轮换工作制度，以利各器官系统功能的恢复。

d. 加强技术训练，减少作业中的静力作业成分。

e. 坚持就业前体检，凡患有就业禁忌症者，不能从事该做作业；定期对工作人员进行体检，尽早发现受振动损伤的作业人员，采取适当预防措施及时治疗振动病患者。

第七章　燃料设备常见故障及处理

第一节　卸船机常见故障判断与处理

一、抓斗卸船机常见故障判断与处理

卸船机常见故障判断与处理方法见表7-1。

表 7-1　卸船机常见故障及处理

序号	故障现象	原因分析	处理方法
1	减速器整体振动且有异常声响	（1）齿轮轮齿磨损严重，接触不均匀； （2）联轴器中心不正； （3）减速器轴承损坏； （4）减速器底脚螺栓松动	（1）齿轮更换； （2）联轴器中心找正； （3）轴承更换； （4）底脚螺栓紧固
2	设备停止运行时，制动器不能及时刹车，滑行距离过大	（1）制动器各铰接部位润滑不良或脏污，转动不灵活； （2）制动毂（盘）有油污； （3）电动液压推杆故障； （4）闸瓦磨损严重，制动力矩变小	（1）清理各铰销脏污，润滑铰销； （2）清理制动毂（盘）油污； （3）电动液压推杆修理； （4）更换闸瓦，制动器调整
3	制动器松开不够或松不开，当电机转动时制动毂（盘）冒烟、有异臭	（1）液压推杆没带电； （2）制动器各铰销缺油或脏污，转动不灵活； （3）制动器间隙调整过小，制动闸瓦与制动毂（盘）相擦； （4）电动液压推杆故障	（1）电气检查电缆接头； （2）清理各铰销脏污，润滑铰销； （3）制动器重新调整； （4）电动液压推杆修理
4	夹轮器不能完全打开或停机后夹钳夹不住	（1）各铰接部位润滑不良，或被异物卡住； （2）电磁阀堵塞或线圈损坏； （3）夹紧楔块处卡涩； （4）夹轮器夹钳和轨道中心不正	（1）清除异物，铰销润滑； （2）电磁阀清洗和更换线圈； （3）润滑和调整； （4）找正
5	轴承过热，有异常声响	（1）轴承润滑不良或有脏物； （2）装配不良； （3）轴承磨损严重，损坏	（1）加强润滑或清除脏物； （2）轴承重新装配； （3）轴承更换
6	行走轮啃轨	（1）轨道变形，不平行； （2）轨道面有油污或结冰； （3）行走轮轴承坏或轴承座底脚螺栓松动； （4）两侧主动轮直径不等，使左右行走速度不等	（1）轨道校正； （2）油污或结冰清除； （3）行走轮轴承更换或轴承座底脚螺栓紧固； （4）两侧主动轮更换
7	行走过载	（1）行走轮被异物卡住； （2）行走轮轴承损坏； （3）行走轮轴承座螺栓松动； （4）行走减速器损坏； （5）行走制动器未打开	（1）清理异物； （2）行走轮轴承更换； （3）轴承座螺栓紧固； （4）减速器修理； （5）制动器检查、修理

续表

序号	故障现象	原因分析	处理方法
8	皮带跑偏	(1) 皮带机头尾滚筒和皮带的中心线不对正； (2) 皮带机支架变形； (3) 托辊损坏； (4) 滚筒安装倾斜或滚筒表面粘煤； (5) 落料管、导料槽积煤； (6) 皮带胶接头歪斜或老化变形； (7) 皮带下积煤碰到皮带，皮带背面潮湿、结冰等	(1) 滚筒中心和皮带中心找正； (2) 皮带机支架校正； (3) 损坏托辊更换； (4) 重新安装滚筒或粘煤清理； (5) 积煤清理； (6) 皮带接头重新胶接； (7) 皮带下方积煤清理
9	皮带打滑	(1) 料斗内煤过满，皮带过载； (2) 驱动滚筒表面或皮带背面积水、结冰、油渍等； (3) 皮带张紧力不够； (4) 滚筒等机件损坏	(1) 减少煤量； (2) 保持空皮带运行，待皮带干燥或清理结冰、油渍； (3) 调节张紧螺杆，增加张紧力； (4) 损坏机件修理或更换
10	皮带机过载	(1) 料斗内煤过满； (2) 落料管、导料槽堵煤； (3) 清扫器太紧； (4) 托辊损坏较多； (5) 导料槽处被大块异物卡住	(1) 减少煤量； (2) 清理堵煤； (3) 清扫器调整； (4) 损坏托辊更换； (5) 清理导料槽大块异物

二、螺旋卸船机常见故障判断与处理

螺旋卸船机常见故障判断及处理方法见表 7-2。

表 7-2　螺旋卸煤机常见故障及处理方法

序号	零部件	故障现象	故障原因	处理方法
1	螺旋	(1) 过分磨损及卷边； (2) 螺旋不转动； (3) 升降不灵活	(1) 螺旋损坏； (2) 轴承损坏或链条断； (3) 制动器过紧，上、下挡轮轴承损坏	(1) 更换螺旋； (2) 更换轴承或连接链条； (3) 调整制动器抱闸，更换轴承
2	减速机	(1) 外壳特别是轴承处发热； (2) 润滑沿剖分面流出； (3) 减速机在架上振动	(1) 轴承发生故障、轴颈卡住、齿轮磨损、齿轮及轴承缺少润滑油； (2) 机构磨损，螺栓松动； (3) 联轴器和轴颈损坏	(1) 更换脏油，注满新油，检查轴颈是否正常及轴承情况； (2) 拧紧螺栓或更换涂料。用醋酸乙酯和汽油各 50% 洗刷原涂料，洗净后重涂液态密封胶，若机壳变形则重新刮平； (3) 拧紧螺栓安档铁
3	联轴器	(1) 在半联轴器体内有裂缝； (2) 连接螺栓孔磨损； (3) 齿形联轴器磨损	(1) 联轴器损坏； (2) 开动机器时跳行：切断螺栓； (3) 齿磨坏，螺旋脱落或进给机构停止前进	(1) 更换联轴器； (2) 加工连接螺栓孔，更换螺栓，如孔磨损很大，则补焊后重新加工； (3) 在磨损超过 15%~25% 原齿厚时更换

450

续表

序号	零部件	故障现象	故障原因	处理方法
4	滚动轴承	(1) 轴承产生温度； (2) 工作时轴承响声大； (3) 轴承部件卡住	(1) 缺乏润滑油； (2) 轴承中有污垢； (3) 装配不良，使轴承部件发生损坏	(1) 检查轴承中的润滑油量，使其达到标准规定； (2) 用汽油清洗轴承，并注入新润滑脂； (3) 检查装配是否正确并进行调整，更换轴承
5	车轮	行走不稳及发生歪斜	(1) 主轮的轮缘发生过度的磨损； (2) 由于不均匀地磨损，车轮直径具有很大差别； (3) 钢轨不平直	(1) 轮缘磨尺寸超过原尺寸的50%时应更换车轮； (2) 重新加工车轮或者换新车轮； (3) 校直钢轨
6	液压推杆制动器	(1) 制动器失灵； (2) 抱不住闸； (3) 溜车； (4) 制动器抱闸失灵； (5) 制动器打不开闸； (6) 通电后推杆不动作； (7) 电动机工作时发出不正常噪声； (8) 刹车常磨损过度，发出焦味制动垫片很易磨损	(1) 推杆或弹簧有疲劳裂纹； (2) 小轴或芯轴磨损量达公称直径3%~6%； (3) 制动轮磨损1~2mm； (4) 退矩和弹簧调整不当滚子被油腻堵住，失去自调能力制动轮上有油，自动轮磨损，主弹簧损坏，推杆松动； (5) 滑道和方轴严重磨损； (6) 推杆卡住，电压低于额定电压的85%，严重漏油； (7) 定子中有错接的项，定子配合不紧密，轴承磨损过载工作，电压过低； (8) 制动器失灵，闸块没有和制动轮离开	(1) 更换推杆或弹簧； (2) 更换小轴或芯轴； (3) 更换制动轮； (4) 清除油腻，调整限矩、除油、更换； (5) 更换滑道和方轴； (6) 清除卡涩，提高电压，补充油液修理密封； (7) 查接线系统并改正，更换轴承改变工作状态测量电压，电压低于额定电压10%，应停止工作； (8) 更换，调整闸瓦与制动轮间隙

第二节　翻车机系统常见故障及处理

翻车机系统设备包括翻车机、重调机、夹轨器迁车台、空车调车机等一般常见故障见表7-3~表7-7。

表7-3　翻车机常见故障处理

序号	故障现象	原因	处理方法
1	翻车机不翻转或翻转中停止	连锁条件不具备，如无靠车信号无压紧信号，油温过高或过低。光电管不导通，重调机大臂在翻车机内	根据情况，检修调整检测元件或与其相应的装置
2	翻车机靠板不动作	(1) 靠板原位信号丢失； (2) 油缸不动作或推力不够	(1) 检修或调整限位开关； (2) 检修液压系统

序号	故障现象	原因	处理方法
3	翻车机压车梁不动作	(1) 压车梁原位信号丢失; (2) 油缸不动作或油压不够	(1) 检修或调整限位开关; (2) 检修液压系统
4	翻车机平台对位不准	(1) 主令控制器动作不准确; (2) 制动器失灵	(1) 调整主令控制器; (2) 调整制动器
5	翻车机翻转到某个角度停止	(1) 压车力不够; (2) 靠车信号丢失; (3) 粉尘过大,光电管不导通	(1) 检修液压系统; (2) 检修靠车限位开关; (3) 改善抑尘效果
6	翻车机靠板倾斜移动	油缸动作速度不一致	调节节流阀,使四个靠板油缸速度一致
7	停运时压车梁自动缓慢下降	压车梁液压缸内漏	更换液压缸密封

表 7-4 重调机常见故障处理

序号	故障现象	原因	处理方法
1	重调机挂重车后不行走	(1) 制动器未打开或制动器打开后,其信号未发出; (2) 连锁条件不具备,如无迁车台对轨信号,无翻车机原位信号,无翻车机靠板、无压车原位信号,无重挂钩信号,无夹轮器松开信号	(1) 检修液压系统和限位开关; (2) 根据情况查处相应信号开关,进行排除
2	重调机接车不动作	(1) 重调机大臂未落到位; (2) 电气线路发生故障	(1) 检查大臂落臂到位信号; (2) 检查电气线路
3	重调机重钩摘钩不前行	重钩舌开接近开关无信号	检查重钩舌开接近开关
4	重调机不返回	重调机抬臂到位接近开关无信号	检查抬臂到位接近开关
5	重调机不能自动摘钩	(1) 钩头销子坏; (2) 摘钩油缸或电磁换向阀坏	(1) 更换钩头销子; (2) 检查与摘钩油缸有关的液压系统
6	重调机行走时振动大	(1) 行走轨道不平或有异物卡涩; (2) 减速机故障; (3) 导向轮调整不当,间隙太大或太小; (4) 弹性行走轮调整不当造成车体不平衡; (5) 大臂橡胶缓冲器损坏	(1) 联系检修处理; (2) 检查减速机; (3) 调整导向轮间隙; (4) 调整弹性行走轮; (5) 更换大臂橡胶缓冲器
7	重调机大臂降不到位	(1) 蓄能器压力高; (2) 摆动油缸故障; (3) 电磁换向阀损坏	(1) 调整压力; (2) 更换齿条液压缸; (3) 手动换向实验或更换新电磁换向网
8	重调机大臂抬不起来	(1) 齿条液压缸故障; (2) 蓄能器油压低; (3) 溢流阀溢流故障; (4) 电磁换向阀损坏; (5) 泵无压力输出或联轴器损坏	(1) 更换齿条液压缸; (2) 调整压力; (3) 调整或更换溢流阀; (4) 手动换向实验或更换新换向阀; (5) 更换油泵或联轴器

序号	故障现象	原因	处理方法
9	重调机大臂起落速度太慢	单向节流阀故障	调整或更换单向节流阀
10	重调机行走时电源跳闸	重调机行走过位	检查重调机行走过位原因，恢复限位开关

表 7-5　夹轨器常见故障处理

序号	故障现象	原因	处理方法
1	夹板夹紧车轮两板不一致	偏心未调好	重新调整偏心轴，使两夹板运动轨迹一致
2	油缸不动作	液压失灵	检查液压系统油路，消除故障
3	夹轮器不动作	(1) 夹轮器原位信号丢失； (2) 油缸不动作	(1) 检修或调整限位开关； (2) 检修液压系统
4	夹轮器夹力不足	油压低、油少或油脏	调整油压、补油或换油
5	夹轮器张开不灵活或不动作	(1) 油路问题； (2) 机械卡死； (3) 限位开关有故障	(1) 检查液压系统； (2) 撬杆拨动； (3) 检查或调整限位开关

表 7-6　迁车台常见故障处理

序号	故障现象	原因	处理方法
1	迁车台不行走	(1) 连锁条件不具备，如：无重调机到位信号，无对位插销缩回信号，无夹紧（重车线）或松夹（空车线）信号，无光电管导通信号； (2) 机械抱闸未打开	(1) 根据情况检修调整一次检测元件或相应的装置； (2) 检查制动器
2	迁车台在行走过程中有异声	(1) 迁车台行走轨道不正或有异物； (2) 迁车台行走轮不转； (3) 迁车台滚动止挡滚轮不转或间隙过小	(1) 检查迁车台行走轮轨道并进行调整； (2) 检查迁车台行走轮轴承是否损坏，并进行更换； (3) 检修滚轮，调整滚动止挡
3	迁车台轨道对位不准或冲击大	(1) 制动器失灵； (2) 液压推杆制动间隙不恰当； (3) 停止或减速限位开关位置不恰当	(1) 调整制动器； (2) 检修液压推杆制动器； (3) 调整限位开关位置

表 7-7　空车调车机常见故障处理

序号	故障现象	原因	处理方法
1	空调机不行走	(1) 制动器未打开或打开后无信号； (2) 无原位信号； (3) 连锁条件不具备； (4) 迁车台不到位或无到位信号	(1) 检修液压系统或限位开关； (2) 调整限位开关； (3) 检查程序及限位； (4) 调整处理到位信号

序号	故障现象	原因	处理方法
2	空调机行走轮行走不平稳并发生歪斜	(1) 车轮轮缘过度磨损； (2) 不均匀地磨损，使车轮的直径有很大的差别； (3) 轨道不平直	(1) 更换新轮； (2) 重新加工或更换新轮； (3) 校正钢轨

第三节　斗轮堆取料机常见故障及处理

一、斗轮堆取料机常见故障及处理方法

斗轮堆取料机各机构包括减速机、悬臂皮带机、大车机构、回转机构故障及处理方法见表7-8。

表 7-8　斗轮堆取料机常见故障及处理方法

序号	故障现象		原因分析	处理方法
1	减速器整体振动且有异常声响		(1) 齿轮轮齿磨损严重，接触不均匀； (2) 联轴器中心不正； (3) 减速器轴承损坏； (4) 减速器底脚螺栓松动	(1) 齿轮更换； (2) 联轴器中心找正； (3) 轴承更换； (4) 底脚螺栓紧固
2	液力耦合器故障	温升高，受载侧转速低或喷油	(1) 液力耦合器内缺油； (2) 受载侧过载或被异物	(1) 液力耦合器加油至标准位； (2) 减少流量或清除异物
		振动及异常响声	(1) 各连接螺栓松动； (2) 联轴器中心不正	(1) 各连接螺栓紧固； (2) 联轴器重新找正
3	设备停止运行时，制动器不能及时刹车，滑行距离过大		(1) 制动器各铰接部位润滑不良或脏污，转动不灵活； (2) 制动毂有油污； (3) 电动液压推杆故障； (4) 闸瓦磨损严重制动力矩变小	(1) 清理各铰销脏污，润滑铰销； (2) 清理制动毂油污； (3) 电动液压推杆修理； (4) 更换闸瓦，制动器调整
4	制动器松开不够或松不开，当电机转动时制动毂冒烟、有异臭		(1) 液压推杆没带电； (2) 制动器各铰销缺油或脏污，转动不灵活； (3) 制动器间隙调整过小，制动闸瓦与制动毂相摩擦； (4) 电动液压推杆故障	(1) 电气检查电缆接头； (2) 清理各铰销脏污，润滑铰销； (3) 制动器重新调整； (4) 电动液压推杆修理
5	夹轨器不能完全打开或停机后夹钳夹不住		(1) 各铰接部位润滑不良，或被异物卡住； (2) 电磁阀堵塞或线圈损坏； (3) 夹轨器夹钳和轨道中心不正	(1) 清除异物，铰销润滑； (2) 电磁阀清洗和更换线圈； (3) 找正
6	轴承过热，有异常声响		(1) 轴承润滑不良或有脏物； (2) 装配不良； (3) 轴承磨损严重，损坏	(1) 加强润滑或清除脏物； (2) 轴承重新装配； (3) 轴承更换

续表

序号	故障现象	原因分析	处理方法
7	行走轮啃轨	(1) 轨道变形，不平行； (2) 轨道面有油污或结冰； (3) 行走轮轴承损坏或轴承座底脚螺栓松动； (4) 两侧主动轮直径不等，使左、右行走速度不等	(1) 轨道校正； (2) 油污或结冰清除； (3) 行走轮轴承更换或轴承座底脚螺栓紧固； (4) 两侧主动轮更换
8	行走过载	(1) 行走轮被异物卡住； (2) 行走轮轴承损坏； (3) 行走轮轴承座螺栓松动； (4) 行走减速器损坏； (5) 行走制动器未打开	(1) 清理异物； (2) 行走轮轴承更换； (3) 轴承座螺栓紧固； (4) 减速器修理； (5) 制动器检查，修理
9	回转过载	(1) 回转时斗轮与煤堆相碰； (2) 回转制动器未完全打开； (3) 联轴器中心不正； (4) 回转轴承润滑不良或损坏； (5) 回转减速器损坏； (6) 小齿轮和大齿轮中心不正	(1) 使斗轮与煤堆离开； (2) 制动器检查、修理； (3) 联轴器中心找正； (4) 回转轴承润滑和修理； (5) 回转减速器修理； (6) 小齿轮和大齿轮中心找正
10	皮带跑偏	(1) 皮带机头尾滚筒和皮带的中心线不对正； (2) 皮带机支架变形； (3) 调偏托辊组损坏，调偏不灵； (4) 托辊损坏； (5) 滚筒安装倾斜或滚筒表面粘煤； (6) 落煤点不正或落煤筒积煤； (7) 皮带胶接头歪斜或老化变形； (8) 皮带下积煤碰到皮带，皮带背面潮湿、结冰等	(1) 滚筒中心和皮带中心找正； (2) 皮带机支架校正； (3) 调偏托辊组修理； (4) 损坏托辊更换； (5) 重新安装滚筒或粘煤理； (6) 落煤点调整或积煤清理； (7) 皮带接头重新胶接； (8) 皮带下方积煤清理
11	皮带打滑	(1) 煤流太大，皮带过载； (2) 驱动滚筒表面或皮带背面积水、结冰、油渍等； (3) 皮带张紧力不够； (4) 滚筒等机件损坏	(1) 减少煤流； (2) 保持空皮带运行，待皮带干燥或清理结冰、油渍； (3) 增加配重； (4) 损坏机件修理或更换
12	皮带机过载	(1) 煤流太大； (2) 落煤筒堵煤； (3) 清扫器太紧； (4) 托辊损坏较多； (5) 导料槽处被大块异物卡住； (6) 制动器未完全打开或闸瓦间隙过小	(1) 减少煤流，按规定运行； (2) 清理堵煤； (3) 清扫器调整； (4) 损坏托辊更换； (5) 清理导料槽大块异物； (6) 制动器调整
13	撒煤严重	(1) 导料槽裙板橡皮磨损或松； (2) 裙板橡皮破损或跌落； (3) 落煤筒堵煤； (4) 煤流过大，煤溢出； (5) 清扫器失灵或损坏	(1) 裙板橡皮更换或固定螺栓； (2) 裙板橡皮更换； (3) 清理落煤筒； (4) 减少煤流； (5) 清扫器调整或更换
14	清扫器振动严重，有异声	(1) 清扫器紧度不当，角度不适； (2) 刮板有异物卡涩； (3) 皮带破损； (4) 清扫器变形，损坏	(1) 清扫器重新调整； (2) 刮板处异物清理； (3) 检查皮带，补损； (4) 清扫器更换

二、液压马达故障及处理方法

斗轮堆取料机液压马达常见故障判断及处理方法见表 7-9。

表 7-9 液压马达常见故障及处理方法

序号	故障	故障原因	处理方法
1	转速低转矩小	(1) 油泵供油量、供油压力不足； (2) 液压马达内泄漏严重； (3) 液压马达外泄漏严重	(1) 检查处理油泵； (2) 拆开液压马达，检查柱塞，配油轴间隙； (3) 检查密封件，接合面对称均匀牢固
2	噪声严重	(1) 液压马达内空气未排净； (2) 相位未对准； (3) 转子内衬位移； (4) 斗轮的斗子粘煤不均，过度偏重； (5) 滚轮内滚针轴承损坏； (6) 液压马达固定不牢固	(1) 通过系统中排气装置继续排除空气； (2) 转动调相螺钉，至最佳声音锁紧； (3) 拆开液压马达，用专用工具回位，加定位螺钉； (4) 清理斗子上的粘煤； (5) 更换滚针轴承； (6) 检查固定架，紧固马达
3	温度过高	(1) 内泄漏严重，相对运行件磨损； (2) 油的黏度过低； (3) 油脏，造成配油轴硬性磨损； (4) 进排油管与配流轴刚性连摆轴与转子不同心	(1) 检查相对运动件配合间隙更换过量磨损件； (2) 更换合适的液压油； (3) 换油消除造成的磨损； (4) 进排油管采用浮动连接

三、轴向柱塞油泵常见故障及处理

斗轮堆取料机轴向柱塞油泵常见故障判断及处理方法见表 7-10。

表 7-10 轴向柱塞油泵常见故障及处理

序号	故障	故障原因	处理方法
1	泵排不出油	(1) 油泵主动轴旋转方向错误； (2) 补油系统故障； (3) 油的黏度过高； (4) 主动轴断	(1) 改变液压马达转向或调节变量机构； (2) 消除补油系统故障； (3) 改换黏度合适的液压油； (4) 拆开油泵，更换已损坏零件
2	压力上不去	(1) 因上述原因油泵不能排油； (2) 配流阀缸体柱塞孔磨损； (3) 溢流阀故障或压力调整太低； (4) 系统（油缸或液压马达等）有泄漏； (5) 换向阀故障； (6) 系统空气未排净	(1) 按上述办法进行消除故障； (2) 拆开油泵，修理或更新零件； (3) 修理或调整溢流阀； (4) 对系统依次检查，消除泄漏； (5) 消除换向阀故障； (6) 继续排除空气
3	排油量不足	(1) 斜盘缸体摆角过小； (2) 内部磨损严重，内泄漏过大； (3) 变量机构失灵； (4) 油的黏度太低； (5) 配流盘与缸体的预压紧力不够； (6) 变量机构的差动活塞磨损严重，间隙过大	(1) 调节变量机构，加大摆角； (2) 拆开油泵，检查修理； (3) 拆开变量机构，检查处理； (4) 更换合适的液压油； (5) 调节螺栓，保证预紧力； (6) 更换活塞，保证活塞与孔的配合间隙在 0.01～0.2mm

四、液压系统油路常见故障及处理

斗轮堆取料机液压系统油路常见故障与处理方法见表 7-11。

表 7-11　液压系统油路常见故障及处理

序号	故障	故障原因	处理方法
1	过度发热	(1) 油的黏度过高或过低； (2) 不正常的磨损； (3) 工作压力过高； (4) 环境温度过高	(1) 更换合适的液压油； (2) 拆开油泵检查； (3) 检查溢流阀和压力表，使其保证准确度； (4) 冷却器加入可循环的冷水
2	发出噪声	(1) 从进油管吸入空气； (2) 系统空气未排净； (3) 油黏度过高，或油温太低； (4) 补油系统故障； (5) 管路固定不牢； (6) 换向阀动作不稳定； (7) 泵与液压马达轴安装不同心	(1) 拧紧接头； (2) 继续排除空气； (3) 更换合适液压油，或用加热器使油温上升； (4) 消除补油系统故障； (5) 加固管路； (6) 修理换向阀； (7) 重新找正，达到标准要求
3	操作杆停不住	(1) 伺服阀芯对阀套油槽的遮盖量不足； (2) 伺服阀芯卡死； (3) 伺服阀芯端部拉断； (4) 活塞及阀芯磨损严重	(1) 检查阀套位置； (2) 拆开清洗，必要时更换阀芯； (3) 更换伺服阀芯； (4) 更换伺服阀芯或差动活塞

第四节　圆形堆取料机常见故障判断与处理

圆形堆取料机常见故障判断与处理方法见表 7-12。

表 7-12　圆形堆取料机常见故障及处理

序号	故障现象		原因及可能后果	处理方法
1	行走机构	行走轮脱轨	车轮直径不相等，车轮线速度不等，致使车体组出力不均	更换车轮
2			传动系统偏差过大	使电动机，制动器合理匹配，检修传动轴，键及齿轮
3			行走机构连接松动，位置偏移	按照轨道直径调整行走机构，重新固定
4			轨道安装误差过大	调整轨道，使其直径、圆度、标高等符合要求
5			轨道顶面有油污或冰霜	清除油污或冰霜

续表

序号	故障现象		原因及可能后果	处理方法
6	齿轮	齿轮轮齿折断	在工作时跳动，继而损坏机构	更换齿轮
7		齿轮磨损	齿轮转动时声响异常有跳动现象	齿厚超过规定值时，更换齿轮，详见第三章齿轮减速机
8		齿轮轮辐、轮缘和轮毂有裂纹	齿轮损坏	更换齿轮
9		键损坏，齿轮在轴上跳动	断键	换新键，保证齿轮可靠地装配于轴上
10	轴	轴上有裂纹		更换新轴
11		轴弯曲	导致轴颈磨损	校正直线度小于 0.5mm/m
12		键槽损坏	不能传递转矩	重新洗槽或换轴
13	联轴器	半联轴器内有裂纹		换新件
14		联轴器内螺栓孔磨损	在机构运行时跳动、切断螺栓	可重新扩孔配螺栓，严重者更换
15		齿形联轴器齿磨损或折断	在机构运行时跳动、切断螺栓	更换新件
16		键槽磨损		可补焊磨损外，并在与旧键槽相距90°的地方重新开键槽
17	减速机	周期性的颤动声响发生	齿轮周节误差过大或齿侧间隙超过标准，引起机构振动	更换齿轮
18		发生剧烈金属摩擦，引起减速器振动	通常是减速机高速轴与电动机轴不同心或齿轮轮齿表面磨损不均，齿顶有尖锐边缘所致	检修、调整同轴度，或修整齿轮轮齿
19		壳体，特别是安装轴承处发热	轴承安装不良或滚珠破碎，或保持器破碎，轴颈卡住，轮齿磨损，缺少润滑油，润滑不良，润滑油变质	更换轴承，修整齿轮，更换润滑油
20		润滑油沿剖分面外漏	密封环损坏，减速器壳体变形，连接螺栓松动	更换密封圈，将原壳体洗净后涂液体密封圈，检修减速器壳体，剖分面刮平，开回油槽，紧固螺栓
21		减速机整体振动	减速机固定螺栓松动，输入或输出轴与电动机不同心，支架刚性差	调整减速机传动轴的同轴度，紧固减速机的固定螺栓，加固支架，增大刚性

续表

序号	故障现象		原因及可能后果	处理方法
22		断电后，不能及时刹住，滑行距离较大	杠杆系统中的活动关节有卡阻现象	检查有无机械卡阻现象并用润滑油活动关节
23			润滑油滴入制动轮的制动面上	用煤油清洗制动轮及制动瓦
24			制动瓦磨损	更换制动瓦
25			液力推动器运行不灵活	检查推动器或其他电气部件，检查推动器油液使用是否恰当
26	制动器	不能打开	制动瓦与制动轮胶粘	用煤油清洗制动轮及制动瓦
27			活动关节卡住	检查有无机械卡阻现象并用润滑油活动关节
28			液力推动器运行不灵活	推动器油液使用是否恰当，推动器叶轮和电气是否正常
29		制动瓦上发出焦味或磨损	制动时制动瓦不是均匀地刹住或脱开，致使局部摩擦发热	检修并调整
30		制动瓦易于脱开	调整没有拧紧的螺母	按调整的位置拧紧螺母
31		达不到额定转速	电动机有故障或连接不正确，工作机卡死	检查电动机的输出电流、转速和功率。检查工作机，消除卡死原因
32			充液过多，无法达到额定转速	检查充液量，放出适量的油
33	耦合器		充液太少	检查充液量，按规定充液
34			耦合器漏油	更换密封，拧紧螺栓
35		易熔塞经常熔化	充液量太少	按规定量充液
36			耦合器漏油	按规定量充液，更换密封，拧紧螺栓
37		运动不平稳	安装不当，不对中	重新找正
38		轴承运动偏心	轴承损坏	根据噪声和振动判断轴承是否损坏，如损坏则更换轴承
39			基础松动	检查并拧紧基础螺栓
40	轴承	轴承产生高温	缺少润滑油或安装不良	检查轴承中的润滑油量，使其适量
41			轴承中有油污	清洗轴承后注入新润滑油
42		工作时轴承响声大	装配不良，使轴承卡煞	检查轴承装配质量
43			轴承部件损坏	更新轴承

续表

序号	故障现象		原因及可能后果	处理方法
44	胶带机	胶带跑偏	胶带支承托辊安装不正	用调心托辊调整，逆胶带运动方向观察，如向左跑偏，可把托辊支架左端前移，或右端后移
45			传动滚筒与尾部滚筒不平行	调整滚筒两端支架，使张紧力相同
46				
47			滚筒表面有煤垢	去煤垢，改善清扫器作用
48			胶带接头不正	重新黏接
49			给料不正	调整落料装置，使落煤正对胶带机中心
50		胶带打滑	胶带与滚筒摩擦力不够，滚筒上有水	增加张紧力，干燥滚筒后起动
51			胶带张紧行程不够	重新黏接胶带
52	电动机	整台电机过热	工作制度超过额定值而过载	减少工作时间
53		定子铁芯局部过热	在低压下工作，铁芯矽钢片间发生局部短路	当电压降低时，减少负荷。清除毛刺或其他引起短路的地方，涂上绝缘漆
54		转子温度升高，定子有大电流冲击，电机在不能达到全速额定负荷下	绕线端头中性点或并联组间接触不良	检查所有焊接接头，清除外部缺陷
55			绕组与滑环连接不良	检查绕组与滑环的连接状况
56			电刷器械中有接触不良	检查并调整电刷器械

第五节 输煤皮带机常见故障及处理

一、输送带跑偏

（一）普通带式输送机

按输送胶带机使用规范要求，输送带允许跑偏量为输送带宽度的5%。当跑偏量超过5%带宽之后，即要采取调偏措施。输送带跑偏会使输送带与机架、托辊支架相摩擦，造成边胶磨损。若滚筒两端周围有凸起的螺钉头、清扫器挡块等物或机架间隙过小，均有可能引起输送带纵向撕裂、覆盖胶局部剥离、划伤等事故。由于跑偏会导致输送机停车而影响生产，跑偏还可能引起物料外撒，使输送机系统的运营经济效益显著下降，因而要注意预防和及时纠正输送带跑偏。

1. 故障分析

引起输送带跑偏的原因很多，它与输送机及输送带的制造质量、安装质量、操作水平、使用工况等有关，归纳起来主要有下列因素：

（1）机架、滚筒安装质量不高。设备制造、安装质量是引起输送带跑偏的重要因素。首先要重视设备制造以及安装质量，机架安装时，对其直线度、水平度以及托辊架安装精度都有严格规定。施工中应按机架中心线直线偏差 Δs、机架同一横截面内机架水平度 H、承载托辊支架孔距及对角线公差、滚筒水平度及轴线垂直度等要求进行检查验收。

（2）机架基础出现不均匀沉降。不能因为输送机单位长度负荷轻而忽视基础处理的重要性，实践证明，架设在软基上的输送机，应对机架基础进行预压。

（3）输送带质量不好。输送带机械性能的一致性、直线度及厚薄公差都是输送带质量的重要指标，在购买输送带时最好对各厂产品进行比较，胶带的伸长率不均匀、输送带不直都将引起胶带的跑偏。此外输送带存放、保管不善，也会使输送带出现缺陷，引起跑偏。

（4）输送带的接头不正。输送带接头需在现场硫化，距离越远，硫化接头越多。如，有一条 1.5km 的输送带，接头数达 12 个之多。实测结果表明：12 个接头中，由于有 1～2 个接头不垂直，输送带回转一圈跑偏量达 9cm，可见输送带接头量是引起跑偏的重要原因之一。

（5）输送带成槽性差，不能与槽型托辊充分接触。

（6）输送带出现局部损伤。

（7）给料位置不正即落料点不正。输送机转载溜槽处给料不正是引起输送带跑偏的重要原因，为防止物料偏置于输送带上，在转载溜槽处设可调节导料板，以调节物料落点。

（8）输送带清扫器性能不佳，以致滚筒、托辊表面黏附物料。

（9）移动式卸料小车歪斜。

（10）风、雨对物料输送过程的影响。

（11）使用维修不好以及调速不当。

2. 跑偏处理

跑偏的原因有多种，需根据不同的原因区别处理。

（1）调整承载托辊组。输送带在整个输送机的中部跑偏时可调整托辊组的位置来调整跑偏。在制作安装时，托辊机架两侧的安装孔都加工成长孔，以便进行调整。具体方法是输送带偏向哪一侧，托辊组的哪一侧朝输送带前进方向前移，或另外一侧后移。

（2）安装调心托辊组。调心托辊组有多种类型，如中间转轴式、四连杆式、立辊式等。其原理是，采用阻挡或托辊在水平方向转动阻挡或产生横向推力，使输送带自动向心，达到调整输送带跑偏的目的。一般，在胶带输送机总长度较短时，或胶带输送机双向运行时，采用此方法比较合理，原因是，较短输送胶带更容易跑偏并且不容易调整。而长输送带运输机最好不采用此方法，因为调心托辊组的使用会对输送带的使用寿命产生一定的影响。

（3）调整驱动滚筒与改向滚筒位置。驱动滚筒与改向滚筒的调整是输送带跑偏调整的重要环节。因为一条输送带运输机至少有 2～5 个滚筒，所有滚筒安装后的轴线必须垂直于输送胶带机长度方向的中心线，若偏斜过大必然发生跑偏。其调整方法与调整托辊组类似。头部滚筒输送带如向滚筒右侧跑偏，则右侧的轴承座应向前移动；输送带向滚筒的左侧跑偏，则左侧的轴承座应当向前移动，相对应地也可将左侧轴承座后移或右侧轴承座后移。尾部滚筒的调整方法与头部滚筒刚好相反。经过反复调整直到输送带调到较理想的位置。在调整驱动或改向滚筒前最好准确安装其位置。

（4）张紧处的调整。输送带张紧处的调整是输送带运输机跑偏调整的一个非常重要的环节。垂直滚筒式重锤张紧装置上部的两个改向滚筒除应垂直于输送带长度方向的中心线以外，还应垂直于铅垂线，即保证其轴中心线水平。使用螺旋张紧或液压油缸张紧时，张紧滚筒的两个轴承座应当同时平移，以保证滚筒轴线与输送带纵向方向垂直。具体的输送带跑偏的调整方法与滚筒处的调整类似。

（5）调整物料转载处的落料点位置。转载处的落料点位置对输送带的跑偏有非常大的影响，尤其在两条输送带在水平面的投影成垂直时影响更大。通常应当考虑转载处上、下两条输送带的相对高度。相对高度越低，物料的水平速度分量越大，对下层输送带的侧向冲击也越大，同时物料也很难居中。使在输送带横断面上的物料偏移，最终导致输送带跑偏。如果物料偏到右侧，则输送带向左侧跑偏，反之亦然。在设计过程中应尽可能地加大两条输送带的相对高度。在受空间限制的移动散料运输机械的上下漏斗、导料槽等件的形式与尺寸方面应作相应的考虑，一般导料槽的宽度应为输送带宽度的 2/3 左右比较合适。为减少或避免因落料点不正致使输送带跑偏故障的发生，可安装导料挡板调整、改变物料的下落方向及落点，也可安装锁气器，使物料通过锁气器后在输送带上居中。

（6）双向运行输送带跑偏的调整。双向运行的输送机胶带跑偏的调整比单向输送机胶带跑偏的调整相对要困难许多，在具体调整时应先调整某一个方向，然后调整另外一个方向。调整时要仔细观察输送带运动方向与跑偏趋势的关系，逐个进行调整。重点应放在驱动滚筒和改向滚筒的调整上，其次是托辊的调整与物料的落料点的调整。同时应注意输送带在硫化接头时应使输送带断面长度方向上的受力均匀，在采用导链牵引时两侧的受力尽可能地相等。

（7）清除托辊及滚筒上粘煤。由于湿煤黏附在滚筒、托辊表面后很容易引起胶带跑偏，故一般通过在头部滚筒处安装清扫器及在回程段安装清扫器，清除未落尽和洒落在回程段胶带上的煤，有效防止胶带因托辊、滚筒表面粘煤而造成跑偏故障。

（二）管状带式输送机

1. 管状带跑偏定义

重载段皮带边缘与上中心线夹角超过 60°，回程段皮带边缘与下中心线夹角超过 60°，即左右超过标准线 30°，即可定义管状带处于跑偏状态，如图 7-1 所示。

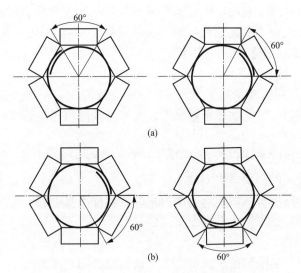

图 7-1　管状带式输送机跑偏示意图

(a) 重载；(b) 回程

2. 管状带跑偏调整

管状带的跑偏与平皮带跑偏调整方法一致，卷起段跑偏受托辊影响因素较大，发生跑偏时按照下述方法进行调整。假如重载皮带边缘向下跑偏时（见图 7-2），具体调偏方法及注意事项如下：

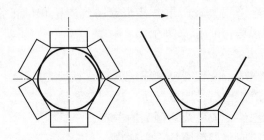

图 7-2　管带机跑偏调整示意图

（1）管状带运行状况受托辊的影响非常敏感，且管状带价值昂贵，所以调偏时必须按以下标准进行：

调整间距：>50m；

调整数量：<5 组；

调整幅度：5mm。

即每次最多调整 5 组托辊，每组最多调整 3 个托辊、每个托辊最多垫起 5mm。

（2）当完成一次调整后，必须经过皮带空载、重载试验确认调整效果后方可进行下次调整；下次调整点距上次调整点必须大于 50m 间距。

（3）当按上述调整经过试验仍旧力度过大时，则采取每次 3 组托辊、每组 1～2 个托辊、每个托辊 5mm 的标准，并将调整间距扩大至 200m。

（4）一般，当平直的皮带机需要采取托辊架垫垫片的方式进行校正时，也应该按照上述标准稳妥进行，即一次只调整 3～5 组托辊，每个托辊只调整 5mm，逐步观察进行。

二、输送带打滑

输送机胶带打滑会造成严重堵煤，甚至磨断胶带等设备事故。

1. 原因分析

（1）输送机胶带在运行过程中，由于非工作面与滚筒间进水或进油后使滚筒与胶带间的驱动摩擦力减小。

（2）胶带使用日久后伸长，而拉紧装置行程不足。

（3）拉紧装置失效或重锤配重过轻。

2. 预防措施

（1）防止、清除输送机胶带非工作面与滚筒间进水或油。

（2）胶带使用日久后伸长而拉紧装置行程不足时，应及时驳接胶带进行缩口。

（3）修复拉紧装置或重新调整配重块。

三、输送带撕裂

由于胶带特别是钢丝绳芯带单价高，在日常运行中，一旦输送带被撕裂，往往造成的经济损失较严重，甚至威胁到向锅炉的正常供煤。胶带撕裂一般是由于尖锐异物卡阻造成的。

1. 故障分析

（1）导料槽钢板、清扫器碰刮输送带。

（2）托辊脱落或输送带跑偏严重，碰到支架。

（3）煤中大铁件、大块杂物砸刮输送带。

（4）拉紧滚筒或尾部滚筒扎入尖硬物。

（5）输送带接口或输送带欠头处碰刮。

（6）犁煤器犁刀磨损或犁刀落下卸料时夹卡住了异物。

（7）落煤管、导料槽内卡住铁件，碰刮输送带。

2. 预防措施

（1）加强运行监视，如发现输送带撕裂，立即停机，查找原因，防止输送带撕裂程度加大。

（2）清除输送机中的碰刮部位。

（3）发现托辊脱落，要及时装复托辊。

（4）胶带跑偏时要及时纠正跑偏，防止胶带跑偏后被托辊支架碰刮、撕裂。

（5）要及时清除输送带上大块杂物。

（6）对于接口质量不良处应重新胶接或者割除接头。

（7）发现犁煤器犁刀磨损，要及时更换犁煤器犁刀。

（8）及时清除卡入落煤管、导料槽内的铁件和异物。

四、驱动装置故障

输送带的驱动装置有两种形式，即电动机和减速器组成的驱动装置和电动滚筒装置。电动机和减速器组成的驱动装置，由电动机、液力耦合器、减速器、传动滚筒、制动器、低速端联轴器、逆止器、机座等组成。

驱动装置的故障主要集中在电动机和减速器上。

1. 故障分析

（1）电动机振动异常及嗡嗡异响。

1）电动机的地脚螺钉松动。

2）电动机侧的联轴节螺钉、橡皮圈磨损。

3）电动机轴的找正不符合质量标准。

4）电动机的轴承缺油或碎裂。

5）电动机的轴承间隙过大。

6）电动机的轴承安装不符合要求。

7）电动机的机体部分不平衡。

（2）电动机过热。

1）电动机的负荷过大。

2）电动机的电压低。

3）电动机的静动之间相碰。

4）电动机的轴承故障。

5）电动机的润滑油老化失效。

（3）电动机缺相（两相）运行。

1）电源线路开关或熔丝断了一相。

2）电动机的定子线圈断了一相。

（4）减速器强烈振动、异常声响。

1）减速器的地脚螺钉松动。

2）减速器侧的联轴节螺钉松动或橡皮圈严重磨损。

3）减速器输出、输入轴的找正不符合质量标准。

4）减速器的轴弯曲或齿轮折断、严重磨损。

5）减速器机内有杂物。

6）减速器的轴承损坏。

（5）减速器漏油。

1）减速器的箱体结合面加工粗糙，达不到加工精度要求。

2）减速器的壳体经过一定时间运行后，发生变形，因而结合面不严密。

3）减速器的箱体内油量过多。

4）减速器轴承盖漏油是轴承盖与轴承座孔之间的间隙过大或垫片破损造成的。

5）减速器端盖的轴颈处漏油的主要原因是轴承盖内的回油槽堵塞或毡圈、油封等磨损使轴颈与端盖间有一定的间隙，油会顺着这个间隙流出。

6）减速器的观察孔结合面不平，观察孔变形或螺栓松动，或原来在结合面上加的纸垫经过几次拆装后，纸垫损坏，密封不严、漏油。

2. 故障处理

（1）电动机振动超标的处理方法。

1）电动机振动强烈时，应立即停止运行，查明原因。

2）如果电动机的地脚螺钉松动，应进行紧固。

3）由于电动机轴承故障导致振动的，应更换电动机轴承。

4）因联轴器找正不合格的，应重新进行找正处理。

（2）电动机过热的处理方法。

1）电动机负荷过大时应减少负荷。

2）电动机的电压低时应进行相关稳压处理。

3）如果电动机的静动之间相碰，则应检修电动机。

4）若电动机的轴承故障，可以检修轴承即可。

5）润滑油变质老化的情况下应更换润滑油。

（3）电动机两相运行的处理方法。

1）发现电动机缺相运行时，应立即停止运行进行检查。

2）若为电动机绕组线圈断相，则应更换电动机或修复线圈。

（4）减速器有强烈振动、异常声响的处理方法。

1）紧固地脚螺钉。

2）紧固联轴器螺钉或更换弹性柱销联轴器的弹性圈。

3）重新对联轴器进行找正。

4）检查、校正齿轮轴，更换磨损严重的齿轮。

5）更换失效的轴承。

（5）造成减速器漏油的处理。

1）刮研减速器壳体结合面，使其结合良好。

2）在减速器壳体轴承座孔的最低部位开回油孔，以便将润滑油回流到箱体中。

3）采用密封胶和密封圈。结合面漏油一般采用密封胶来解决，动密封处漏油采用橡胶密封圈密封效果较好。

4）排出过多的润滑油。

5）更换漏油结合面处破损的垫片。

第六节 碎煤机常见故障判断与处理

碎煤机常见故障判断与处理方法见表 7-13。

表 7-13 碎煤机常见故障判断与处理

序号	故障现象	故障原因	处理方法
1	轴承温度过高（≥80℃）	（1）轴承保持架、滚珠或锁套损坏； （2）轴承的装配力过紧； （3）轴承游隙过小； （4）润滑脂过少或污秽	（1）更换轴承或锁套； （2）整装配紧力； （3）更换大游隙轴承； （4）清洗轴承，更换、填注润滑脂
2	振幅超标（≥0.10mm）	（1）锤环及轴失去平衡或转子失去平衡； （2）铁块及其他坚硬杂物进入碎煤机，未及时排除； （3）轴承游隙大或装配过松； （4）联轴器与主轴、电动机轴的不同轴度过大； （5）给料不均造成锤环不均匀磨损，失去平衡	（1）更换锤环并找平衡； （2）停机清除铁块及杂物； （3）更换轴承或重新调整紧力； （4）重新调整、找正； （5）调整导流板并更换锤环，找平衡
3	排料粒度大于规定值	（1）环与筛板间隙过大； （2）筛板的筛孔有折断处； （3）环或筛板磨损过大	（1）调整筛板调节机构，保证环锤与筛板间的间隙合适； （2）更换筛板； （3）更换环锤或筛板
4	碎煤机内产生连续撞击声	（1）有坚硬的杂物进入碎煤机内； （2）筛板衬板松动，与锤环撞击； （3）除铁室内金属杂物过多，未及时清理； （4）环轴窜动或磨损过大	（1）停机，清理杂物； （2）停机，重新紧固螺栓； （3）停机，清除铁块、杂物； （4）更换环轴或紧固两端的止退挡圈
5	停机后惰走时间过短	（1）机内阻塞或卡阻； （2）轴承损坏或润滑脂变质； （3）转子不平衡	（1）清除机内的卡阻物； （2）更换轴承或润滑脂； （3）重新配环锤并找平衡
6	出力明显降低	（1）筛板的栅孔部分堵塞； （2）入料口部分堵塞； （3）给料不足	（1）停机，清理筛板栅孔； （2）停机，清理入料口； （3）调节给料装置
7	启动后转动缓慢或堵转，电流值最大不回落	（1）机内有杂物卡死； （2）煤堵塞破碎室	（1）停机，清理杂物； （2）停机，清除堵煤
8	电流摆动	给料不均匀	调整给料

第七节　筛煤设备故障判断与处理

一、滚轴筛常见故障判断与处理

滚轴筛常见故障判断与处理方法见表 7-14。

表 7-14　滚轴筛常见故障判断与处理

序号	故障现象	故障原因	处理方法
1	滚轴筛堵煤或过载跳闸	（1）筛轴被大件杂物卡住使转速减慢或多个联轴器柱销被剪断； （2）筛面有杂物堆积影响煤流通过； （3）煤流量过大或煤黏度过大； （4）传动轴或齿轮、轴承损坏	（1）停机处理大件杂物，更换柱销； （2）停机处理筛面或筛轴上杂物； （3）掺入适量干煤，减少负荷； （4）检修传动轴
2	筛分效率低	（1）人筛物料不均匀； （2）积煤造成筛孔堵塞	（1）调整出力，均匀入料； （2）停机清理
3	异常噪声	（1）筛轴箱体地脚螺钉松动或断掉； （2）筛轴断裂； （3）传动轴承缺油脂	（1）紧固地脚螺钉或更换； （2）更换筛轴； （3）添加油脂
4	筛下物料粒度明显增大	筛片磨损超限	更换筛片
5	筛轴运行中突然停止不转（卡轴）	（1）电动机的热保护动作； （2）煤量过大，严重超出额定出力； （3）煤质不好造成筛面大量堆煤； （4）下方落煤管反向堵煤； （5）筛轴被杂物卡住； （6）联轴器上的尼龙柱销被剪断	（1）电气检查处理； （2）停机清理积煤，再次启动时减少负荷，调整煤质； （3）停机疏通落煤管； （4）在保证安全的条件下，用专用工具清除筛轴之间的积煤、杂物，合理使用反转清理卡死杂物，检修更换尼龙柱销
6	轴承温度高	（1）润滑油过多或不足； （2）轴承内套与轴、轴承外套与轴承座之间相对运动； （3）轴承损坏	注意观察温度变化情况，超过 80℃时应立即停机，检修检查处理
7	减速电机异常振动、响声或出现过热现象	（1）减速电机地脚固定螺栓松动； （2）过负荷运行； （3）减速电机自身故障	减少系统出力并注意观察，严重时立即停机，检修检查处理

二、高幅振动筛常见故障判断与处理

高幅振动筛常见故障判断与处理方法见表 7-15。

表 7-15　高幅振动筛常见故障判断与处理

序号	故障现象	故障原因	处理方法
1	接通电源筛机不启动	(1) 电源线路不通； (2) 电机卡阻； (3) 负荷过重	(1) 检查三相电源是否缺相； (2) 消除卡阻； (3) 轻负荷启动
2	筛下物料大于正常粒度	(1) 筛网磨损严重； (2) 筛框连接部位磨损	更换筛网、筛框
3	异常噪声逐渐明显	(1) 紧固螺栓松动； (2) 轴承缺脂或损坏； (3) 筛板骨架断裂	(1) 紧固螺栓； (2) 轴承加脂或更换； (3) 筛板修复或更换
4	筛机振动异常	隔振弹簧断裂	更换减振弹簧

第八节　给配煤设备常见故障判断与处理

一、电机振动给煤机

电机振动给煤机常见故障判断与处理方法见表 7-16。

表 7-16　电机振动给煤机常见故障判断与处理

序号	故障现象	主要原因	处理方法
1	接通电源后给煤机不启动	(1) 电源线路不通； (2) 电机卡阻	(1) 检查三相电源是否断相和电压与标牌相符； (2) 打开电机支架，排除卡阻现象
2	振动后，振幅小且横向摆动，物料走偏	(1) 两台电机同向运转； (2) 两台电机中有一台不工作	(1) 调换一台电机任意两相接线保证两台电机反向运转； (2) 其中一台电机损坏，应立即拆换
3	激振器温升过高	(1) 轴承损坏，油盖与轴摩擦； (2) 轴承腔内缺脂油或油过多	(1) 调整或更换轴承； (2) 按标准注油处理断相
4	电流增大	(1) 两台电机中有一台工作； (2) 负荷过大； (3) 轴承卡死或缺润滑油	(1) 修理电机及线路； (2) 减小料层厚度； (3) 更换轴承或加注润滑油
5	声音异常	(1) 激振器油池内有金属杂物混到轴承腔内； (2) 轴承损坏； (3) 激振器地脚螺栓松动； (4) 焊缝开裂	(1) 清除杂物； (2) 更换轴承； (3) 紧固螺栓； (4) 重新焊接裂缝
6	激振器漏油	(1) 出气孔喷油雾； (2) 轴伸端出油	(1) 油量过多，按标准注油； (2) 更换密封圈

二、活化振动给煤机

活化振动给煤机常见故障判断与处理方法见表 7-17。

表 7-17　活化振动给煤机常见故障判断与处理

序号	故障现象	主要原因	处理方法
1	振幅或出煤量增大	(1) 激振弹簧断裂； (2) 激振弹簧紧固件松弛； (3) 框体重量超出设计重量或检修不当	(1) 更换新的激振弹簧； (2) 紧固螺母至推荐扭矩； (3) 检查框体有无杂物或检修
2	振幅减小	(1) 振动电机偏心块失效； (2) 框体碰触周围固定设备	(1) 调整偏心块夹角并紧固； (2) 检查框体与四周的间距
3	出煤偏向一侧	(1) 隔振弹簧断裂； (2) 紧固件松动	(1) 更换新的隔振弹簧； (2) 紧至适当扭矩
4	停止出煤或出煤量偏小	(1) 框体内物料阻塞； (2) 变频失效； (3) 振动电机偏心块失效	(1) 清除堵塞物料； (2) 调整变频到所需； (3) 调整偏心块夹角
5	噪声	(1) 紧固件松动； (2) 弹簧断裂或松弛； (3) 碰触周围固定物体或设备； (4) 电机轴承磨损	(1) 紧至推荐扭矩； (2) 更换新的弹簧； (3) 提供合适的间距； (4) 更换轴承
6	振动电机加电后无动作	(1) 接入电压不正确； (2) 电缆接线或控制箱问题； (3) 输入缺相； (4) 振动电机故障； (5) 变频器故障	(1) 按额定电压供电； (2) 重新接线，检查过载保护器； (3) 检查电缆、电线和电缆连接； (4) 维修或更换振动电机； (5) 检查或更换
7	出力不可调	(1) 偏心块损坏； (2) 变频器故障	(1) 更换偏心块； (2) 维修或更换

三、叶轮给煤机

叶轮给煤机常见故障及处理方法见表 7-18。

表 7-18　叶轮给煤机常见的故障及处理方法

序号	故障现象	产生原因	处理方法
1	按启动按钮，主电动机不动作	(1) 未合电源开关； (2) 熔断器损坏； (3) 控制回路接线松动； (4) 电机缺相或短路	(1) 合上隔离开关开关； (2) 更换熔断器； (3) 检查、修复接线； (4) 检查、修复电机
2	合上滑差控制开关，指示灯不亮	(1) 220V 电源未接通； (2) 控制器内部熔断器损坏； (3) 指示灯损坏； (4) 组合插头式电子线路板插座接触不良	(1) 检查电源接线； (2) 更换内部熔断器； (3) 更换指示灯； (4) 检查、修复插头和插座
3	调节主令电位器时，叶轮无转动，转速表无指示	(1) 控制器输出端接线松动； (2) 控制器本身故障	(1) 检查、修复线路； (2) 逐级检查控制器
4	转速失控	(1) 晶闸管击穿； (2) 电位器损坏； (3) 电子线路板插座接触不良	(1) 更换晶闸管； (2) 更换电位器； (3) 检查、修复线路板插座

序号	故障现象	产生原因	处理方法
5	转速摆动	(1) 励磁线圈接线接反； (2) 微分电路损坏	(1) 检查、调换接线； (2) 检查、更换线路板
6	按前进或后退按钮，叶轮给煤机行车不动作	(1) 行车电机熔断器坏； (2) 热继电器动作未复位； (3) 回路接线松动或断线	(1) 更换熔断器； (2) 按热继电器复位按钮； (3) 检查、修复回路接线
7	圆柱齿轮减速器转动正常而锥齿轮减速器不转动	尼龙柱销联轴器的尼龙柱销剪断	(1) 检查叶轮工作面有无卡阻； (2) 对尼龙柱销联轴器的两半轮重新进行找正； (3) 更换剪断的尼龙柱销

四、电磁式振动给煤机

电磁式振动给煤机常见故障判断及处理方法见表 7-19。

表 7-19　电磁振动给料机常见故障判断及处理

序号	故障现象	主要原因	处理方法
1	接通电源后电振机不振动	(1) 熔丝熔断； (2) 控制箱无输出； (3) 线圈开路或引线折断	(1) 更换熔丝； (2) 检修控制箱； (3) 重新接好出线
2	调节电位器，振动微弱，对振幅反应小或不起作用	(1) 晶闸管击穿，失去整流作用； (2) 控制箱输出偏小； (3) 更换线圈后，极性接错； (4) 气隙堵塞	(1) 更换晶闸管； (2) 检修控制箱； (3) 更换线圈连接极性清除异物
3	机器噪声大，调整电位器振幅反映不规则有猛烈的撞击声	(1) 螺旋弹簧有断裂； (2) 激振器与槽体连接螺栓松动或断裂，铁芯和衔撞击	(1) 更换新弹簧； (2) 拧紧或更换螺栓，适当增大气隙
4	电振机间歇地工作或电流上下波动	(1) 线圈损坏； (2) 控制箱内部接触不良	(1) 修理或更换线圈； (2) 检查焊点或更换性能不良元件
5	工作正常但电流过大	气隙太大	适当减少气隙
6	空载试车正常负载后振幅降低较多	料仓排料口设计不当，使料槽承受料柱压力过大	重新设计或改进料仓口设计减少料柱压力

五、犁煤器

犁煤器常见故障判断与处理方法见表 7-20。

表 7-20　犁煤器常见故障及处理

序号	故障现象	原因分析	处理方法
1	犁煤器升降不灵	电动机烧坏	更换电动机
		电动推杆机械部分损坏	检修推杆
		连杆机构卡涩	消除卡涩、松动润滑
		支架变形	校正支架
		控制器接触不良	电气检修控制器

续表

序号	故障现象	原因分析	处理方法
2	犁煤器严重撒漏煤	犁口严重磨损或卡有杂物	更换犁口或清除杂物
		犁口不直或与皮带表面接触不良	调整犁头与皮带接触良好
		犁煤器下降不到位或歪斜	调整限位、调整犁头
		副犁磨损严重	更换副犁
		犁口尾部倒角太大	减小倒角
		皮带边胶磨损严重	更换皮带
		水平托辊不平或间距过大	调整或增加托辊
		锁气料斗积煤	清理积煤
		皮带向卸料侧跑偏	调偏
3	犁煤器犁口和皮带异常磨损	犁煤器与皮带的压紧力过大	调整限位，减小压紧力
		犁口与皮带间卡有铁件等杂物	清除杂物
		犁刀头磨损锋利	打磨犁头，锐角倒钝2mm
		下平行托辊不转	更换托辊
		犁口使用材料不当	选用合适的材料
		两台或多台犁煤器同时使用	只能使用一台犁煤器，其他抬起
		皮带接头质量不好	皮带重新胶接

第九节　除铁器常见故障判断与处理

除铁器常见故障与处理方法见表7-21。

表7-21　带式电磁除铁器常见的故障

序号	故障现象	故障原因	处理方法
1	接通电源后启动除铁器不转动，无励磁	（1）分段开关未合上； （2）热继电器动作未恢复； （3）控制回路熔断器熔断	（1）合好分段开关； （2）恢复热继电器； （3）更换熔断器
2	接通电源后启动除铁器转动但给上励磁后自动控制开关跳闸	（1）硅整流器击穿，电压表指示不正常； （2）直流侧断路，电流指示不正常	（1）更换硅整流器； （2）检查直流励磁回路
3	接通电源后启动除铁器转动但励磁给不上	（1）温控继电器动作； （2）冷却风机故障； （3）励磁超温	（1）检查温控继电器； （2）检修冷却风机； （3）待绕组冷却后，恢复温控继电器

续表

序号	故障现象	故障原因	处理方法
4	常励和强励切换不正常	(1) 金属探测器不动作； (2) 金属探测器误动作； (3) 时间继电器定值不好； (4) 时间继电器故障	(1) 检修金属探测器； (2) 调整金属探测器灵敏度至金属探测器动作正常； (3) 核对时间继电器定值； (4) 更换时间继电器
5	电动机、减速箱温升高，声音异常	(1) 电动机过载或轴承损坏； (2) 减速箱内部件损坏； (3) 减速箱缺油	(1) 检查皮带是否被杂物卡住，更换轴承； (2) 修减速器； (3) 减速箱加油至正常油位

第八章 燃料设备检修危险源辨识与防范

根据《生产过程危险和有害因素分类与代码》(GB/T 13861),危险和有害因素是指可对人造成伤亡、影响人的身体健康甚至导致疾病的因素。危险有害因素是指可能导致人身伤害和(或)健康损害、财产损失、工作场所环境破坏的因素,包括根源、状态、行为,或其组合。按类型分为人的不安全行为、物的不安全状态、环境的不良条件及管理失误或缺失四个方面。

参照《企业职工伤亡事故分类》(GB 6441),综合考虑起因物、引起事故的诱导性原因、致害物、伤害方式等,将危险因素分为物体打击、车辆伤害、机械伤害、起重伤害、触电、淹溺、灼烫、火灾、高处坠落、坍塌、冒顶片帮、透水、放炮、火药爆炸、瓦斯爆炸、锅炉爆炸、容器爆炸、其他爆炸、中毒和窒息、其他伤害 20 类。

危险源是指可能导致伤害或疾病、设备损坏、工作环境或自然环境破坏和其他财产损失以及这些情况组合的根源或状态。

危险源辨识是指识别危险源的存在并确定其特性的过程。

第一节 卸船机系统检修危险源辨识与防范

一、卸船机系统检修的主要工序

(1) 作业环境风险评估;

(2) 安全措施执行;

(3) 工作准备及现场布置;

(4) 拆卸 C 型连接环;

(5) 卷扬系统钢丝绳更换;

(6) 梨形绳套浇铸;

(7) 抓斗及大车、小车行走机构检修;

(8) 液压系统检修;

(9) 设备试运;

(10) 检修工作结束。

二、卸船机系统检修的危险源辨识

卸船机系统检修时的危险源有:作业人员、煤粉、转动的减速机、转动的行走轮转动的行走电机、临时电源及电源线、吊具、手动工具、电动工具、行车、重物、孔、洞、脚手架等。

三、卸船机系统检修的风险控制

卸船机系统检修工序、相对应的危险源、危害后果及控制措施见表8-1。

表8-1　卸船机系统检修的风险控制

工序	危险源	危害因素	危害后果	作业标准
1. 作业环境评估	煤粉	未戴防尘口罩	尘肺病	作业时正确佩戴合格防尘口罩
	孔洞	盖板缺损及平台防护栏杆不全	高处坠落	做好防护隔离措施
	吊具起吊物	在大于6级及以上的大风以及暴雨、打雷、大雾等恶劣的天气露天作业	高处坠落	(1) 遇有6级以上大风时，不准露天进行起重工作； (2) 遇有大雾、照明不足、指挥人员看不清各工作地点或起重驾驶人员看不见指挥人员时，不准进行起重工作
2. 确认安全措施正确执行	转动减速机	工作前未核实设备运转状态和标识	机械伤害	(1) 工作前核对设备名称及编号； (2) 检修工作开工前工作负责人与工作票许可人共同确认所检修设备已断电
		工作前所采取的安全措施不完善	机械伤害	检修工作开工前工作负责人与工作票许可人共同检查确认所检修设备的安全措施正确完备，且已全部执行到位
3. 准备工作及现场布置	临时电源及电源线	电源线悬挂高度不够	触电	临时电源线架设高度室外不低于4m
		电源线、插头、插座破损	触电	(1) 检查电源线外绝缘良好，无破损； (2) 检查电源盘合格证在有效期； (3) 检查电源插头插座，确保完好； (4) 不准将电源线缠绕在护栏、管道和脚手架上
		未安装漏电保安器	触电	(1) 检查电源盘合格证在有效期； (2) 分级配置漏电保安器，工作前试漏电保护器，确保正确动作
		检修电源箱外壳未接地	触电	(1) 检查电源盘合格证在有效期； (2) 检查电源箱外壳接地良好
	磨削机具	角磨机、砂轮机、切割机电源线、电源插头破损	触电	(1) 检查角磨机、砂轮机、切割机电源线、电源插头完好无缺损； (2) 检查合格证在有效期内
	锉刀、手锯、螺丝刀、钢丝钳	手柄等缺损	刺伤	锉刀、手锯、螺丝刀、钢丝钳等手柄应安装牢固，没有手柄的不准使用
	手拉葫芦	链条有裂纹、链轮转动卡涩、吊钩无防脱保险装置	起重伤害	(1) 检查链条葫芦检验合格证在有效期内； (2) 使用前应作无负荷起落试验一次，检查链条是否有裂纹、链轮转动是否卡涩、吊钩是否无防脱保险装置，以确保完好

续表

工序	危险源	危害因素	危害后果	作业标准
3. 准备工作及现场布置	吊具、起吊物	吊索具损坏或选择不当	起重伤害	所选用的吊索具应与被吊工件的外形特点及具体要求相适应，在不具备使用条件的情况下，绝不能强行使用
	高处作业人员	作业时未正确使用防护用品	高处坠落	高处作业人员必须戴好安全帽，穿好工作服、防滑鞋，正确佩戴安全带
4. 拆卸C型连接环	高处作业	工器具掉落	物体打击	高处作业一律使用工具袋。较大的工具应用绳拴在牢固的构件上，不准随便乱放，以防止从高处坠落发生事故
		工器具上下投掷	物体打击	不准将工具与材料上下投掷，要用绳系牢后往下或往上吊送，以免打伤下方工作人员或击毁脚手架
5. 卷扬系统钢丝绳更换	手拉葫芦	滑链	起重伤害	使用前应作无负荷起落试验一次
		手拉葫芦超载荷使用	起重伤害	使用手拉葫芦时工作负荷不准超过铭牌规定
	起吊物	斜拉	起重伤害	不准使吊钩斜着拖吊重物
		绑扎不牢固	起重伤害	起重物必须绑牢，吊钩应挂在物品的重心上
		起重区域未隔离	起重伤害	（1）在起重作业区周围设置明显的起吊警戒和围栏；（2）无关人员不准在起重工作区域内行走或者停留
		吊装作业区域无专人监护	起重伤害	吊装作业区周边必须设置警戒区域，并设专人监护
	高处作业人员	作业时未正确使用防护用品	高处坠落	高处作业人员必须戴好安全帽、防滑鞋、正确佩戴安全带
		人员有高处禁忌证	高处坠落	（1）从事高处作业的人员必须身体健康；（2）患有精神病、癫痫病以及经医师鉴定患有高血压、心脏病等不宜从事高处作业症的人员，不准参加高处作业
	张紧钢丝绳	钢丝绳突然弹出	起重伤害	解绳工作必须由专业起重工进行，其他人员不得进行
6. 梨形绳套浇铸	锡基合金融化	人员站位不对	烫伤	（1）试加热锡基合金时工作人员不得疏忽大意，人员始终站在上风口；（2）从电炉加热锅内向梨形绳套加注锡基合金时，工作人员应戴石棉手套，拿稳拿牢，防止锡基合金洒落烫伤
	梨形绳套固定不牢	操作不当	物体打击	梨形绳套与台钳固定时应夹紧，确认无松动风险方可使用手拉葫芦拉紧

续表

工序	危险源	危害因素	危害后果	作业标准
7. 抓斗及大车、小车行走机构检修	大锤手锤	单手抡大锤	物体打击	抡大锤时，周围不得有人，不得单手抡大锤
		戴手套抡大锤	物体打击	打锤人不得戴手套
	手拉葫芦	链条有裂纹、链轮转动卡涩、吊钩无防脱保险装置	起重伤害	(1) 检查链条葫芦检验合格证在有效期内； (2) 使用前应作无负荷起落试验一次，检查链条是否有裂纹、链轮转动是否卡涩、吊钩是否无防脱保险装置，以确保完好
	煤油	工作场所储存过量的煤油	火灾	不准在工作场所存储过量的煤油
	高处作业人员	作业时未正确使用防护用品	高处坠落	高处作业人员必须戴好安全帽、防滑鞋、正确佩戴安全带
		人员有高处禁忌症	高处坠落	(1) 从事高处作业的人员必须身体健康； (2) 患有精神病、癫痫病以及经医师鉴定患有高血压、心脏病等不宜从事高处作业病症的人员，不准参加高处作业
	手动扳手	使用扳手不当或用力过猛致伤	磕碰、扭伤	(1) 在使用梅花扳手时，左手推住梅花扳手与螺栓连接处，保持梅花扳手与螺栓完全配合，防止滑脱，右手握住梅花扳手另一端并加力； (2) 禁止使用带有裂纹和内孔已严重磨损的梅花扳手
	转动的行走轮	未采取防转动措施	机械伤害	转动设备检修时应采取防转动措施
8. 液压系统检修	润滑油	使用明火	火灾	加油时，周边禁止动火作业
		加油及操作中发生的跑、冒、滴、漏及溢油	滑倒	杜绝储油器溢油，对在加油及操作中发生的跑、冒、滴、漏及溢油，要及时清除处理
	照明灯具	照明不足	触电	现场照明不充足时，加装临时照明灯
	手锤	锤把上有油污	物体打击	锤把上不可有油污
9. 设备试运	转动的减速机	肢体部位或饰品衣物、用具（包括防护用品）、工具接触转动部位	机械伤害	(1) 衣服和袖口应扣好、不得戴围巾领带、长发必须盘在安全帽内； (2) 不准将用具、工器具接触设备的转动部位； (3) 不准在转动设备附近长时间停留； (4) 不准在靠背轮上、安全罩上或运行中设备的轴承上行走和坐立
		试运行启动时人员站在转机径向位置	机械伤害	转动设备试运行时所有人员应先远离，站在转动机械的轴向位置，并有一人站在事故按钮位置
10. 检修工作结束	检修废料	检修后，检修废料没有及时清除干净	环境污染	工作结束后，及时清理工作现场

第二节　斗轮堆取料机系统检修危险源辨识与防范

一、斗轮堆取料机系统检修的主要工序

(1) 作业环境风险评估；

(2) 安全措施执行；

(3) 工作准备及现场布置；

(4) 轮斗及驱动机构检修；

(5) 悬臂皮带机、尾车皮带机检修；

(6) 回转机构及驱动装置检修；

(7) 行走机构检修；

(8) 液压系统检修；

(9) 设备试运；

(10) 检修工作结束。

二、斗轮堆取料机系统检修的危险源辨识

斗轮堆取料机系统检修时的危险源有：作业人员、煤粉、转动减速机、电、临时电源及电源线、吊具、手动工具、电动工具、行车、重物、孔、洞、脚手架等。

三、斗轮堆取料机系统检修的风险控制

斗轮堆取料机系统检修工序、相对应的危险源、危害后果及控制措施见表 8-2。

表 8-2　斗轮堆取料机系统检修的风险控制

工序	危险源	危害因素	危害后果	作业标准
1. 作业环境评估	煤粉	未戴防尘口罩	尘肺病	作业时正确佩戴合格防尘口罩
	孔洞	盖板缺损及平台防护栏杆不全	高处坠落	做好防护隔离措施
	吊具起吊物	在大于 5 级及以上的大风以及暴雨、打雷、大雾等恶劣的天气露天作业	高处坠落	(1) 遇有 5 级以上大风时，不准露天进行起重工作； (2) 遇有大雾、照明不足、指挥人员看不清各工作地点或起重驾驶人员看不见指挥人员时，不准进行起重工作
2. 确认安全措施正确执行	转动减速机	工作前未核实设备运转状态和标识	机械伤害	(1) 工作前核对设备名称及编号； (2) 检修工作开工前工作负责人与工作票许可人共同确认所检修设备已断电
		工作前所采取的安全措施不完善	机械伤害	检修工作开工前工作负责人与工作票许可人共同检查确认所检修设备的安全措施正确完备，且已全部执行到位

续表

工序	危险源	危害因素	危害后果	作业标准
3. 准备工作及现场布置	起重机	起重机安全保护装置缺损	起重伤害	各式起重机的齿轮、转轴、对轮等露出的转动部分，均应安设保护装置
		信号装置失灵	起重伤害	驾驶室内应装设音响或色灯信号装置，以备操作时发出警告
	吊具、起吊物	吊索具损坏或选择不当	起重伤害	所选用的吊索具应与被吊工件的外形特点及具体要求相适应，在不具备使用条件的情况下，绝不能强行使用
	高处作业人员	作业时未正确使用防护用品	高处坠落	高处作业人员必须戴好安全帽，穿好工作服、防滑鞋，正确佩戴安全带
	手拉葫芦	链条有裂纹、链轮转动卡涩、吊钩无防脱保险装置	起重伤害	(1) 检查链条葫芦检验合格证在有效期内； (2) 使用前应作无负荷起落试验一次，检查链条是否有裂纹、链轮转动是否卡涩、吊钩是否无防脱保险装置，以确保完好
	电焊机	电焊机电源线、电源插头、电焊钳破损	触电	(1) 电焊机电源线、电源插头、电焊钳等焊接设备和工具完好无损； (2) 电焊机的裸露导电部分和转动部分以及冷却用的； (3) 风扇均应装有保护罩
		焊机外壳不接地	触电	电焊机金属外壳应有明显的可靠接地，且一机一接地
		焊机、焊钳与电缆线连接不牢固	触电	(1) 电焊工作所用的导线，必须使用绝缘良好的皮线； (2) 电焊机、焊钳与电缆线连接牢固，接地端头不外露； (3) 连接到电焊钳上的一端，至少有5m为绝缘软导线
		一闸接多台电焊机	触电火灾	(1) 电焊机必须装有独立的专用电源开关，其容量应符合要求； (2) 焊机超负荷时，应能自动切断电源，禁止多台焊机共用一个电源开关
	乙炔、氧气瓶	减压表失效	爆炸	减压表应经检验合格，并在有效期内
		橡胶软管破损	火灾、爆炸	(1) 乙炔橡胶软管发生脱落、破裂时，停止供气，需更换合格的橡胶软管后再用； (2) 漏气容器要妥善处理，修复、检验后再用
		气瓶阀门漏气	火灾、爆炸	如发现气瓶上的阀门缺陷时停止工作，进行修理
		使用没有回火阀的溶解乙炔瓶	爆炸	不准使用没有回火阀的乙炔瓶
		使用没有防震胶圈和保险帽的气瓶	爆炸	不准使用没有防震胶圈和保险帽的气瓶

续表

工序	危险源	危害因素	危害后果	作业标准
3. 准备工作及现场布置	乙炔、氧气瓶	使用中氧气瓶与乙炔气瓶的安全距离不足	爆炸	使用中氧气瓶和乙炔气瓶的距离不得小于 5m
	割炬	割炬回火装置失灵	火灾	使用检验合格的割炬
	临时电源及电源线	电源线悬挂高度不够	触电	临时电源线架设高度室内不低于 2.5m
		电源线、插头、插座破损	触电	(1) 检查电源线外绝缘良好，无破损； (2) 检查电源盘合格证在有效期； (3) 检查电源插头插座，确保完好； (4) 不准将电源线缠绕在护栏、管道和脚手架上
		未安装漏电保安器	触电	(1) 检查电源盘合格证在有效期； (2) 分级配置漏电保安器，工作前试漏电保护器，确保正确动作
		检修电源箱外壳未接地	触电	(1) 检查电源盘合格证在有效期； (2) 检查电源箱外壳接地良好
	大锤、手锤	锤头与木柄的连接不牢固、锤头破损木柄未使用整根硬质木料	砸伤	检验大锤的锤头与木柄连接牢固、木柄整根无损坏、锤头无破损
4. 轮斗及驱动机构检修	高处作业	工器具掉落	物体打击	高处作业一律使用工具袋。较大的工具应用绳拴在牢固的构件上，不准随便乱放，以防止从高处坠落发生事故
		工器具上下投掷	物体打击	不准将工具及材料上下投掷，要用绳系牢后往下或往上吊送，以免打伤下方工作人员或击毁脚手架
	高处作业人员	作业时未正确使用防护用品	高处坠落	高处作业人员必须戴好安全帽、防滑鞋，正确佩戴安全带
	煤粉	未正确使用防护用品	尘肺病	作业时正确佩戴合格防尘口罩
	脚手架搭设	脚手架搭设后未验收	高处坠落	(1) 搭设结束后，必须履行脚手架验收手续，填写脚手架验收单，并在"脚手架验收单"上分级签字； (2) 验收合格后应在脚手架上悬合格证，方可使用
5. 悬臂皮带机、尾车皮带机检修	大锤手锤	单手抡大锤	物体打击	抡大锤时，周围不得有人，不得单手抡大锤
		戴手套抡大锤	物体打击	打锤人不得戴手套
	起重机	未得到司机的同意，人员登上起重机或起重机的轨道	起重伤害	没有得到司机的同意，任何人不准登上起重机或起重机的轨道

续表

工序	危险源	危害因素	危害后果	作业标准
5. 悬臂皮带机、尾车皮带机检修	起重机	在起吊大的或不规则的构件时，未在构件上系以牢固的拉绳	起重伤害	起重机在起吊大的或不规则的构件时，应在构件上系以牢固的拉绳，使其不摇摆不旋转
		工作中停电	起重伤害	(1) 在工作中一旦停电，应将起动器恢复至原来静止的位置，再将电源开关拉开；(2) 设有制动装置的应将其闸紧
		起重机超载	起重伤害	起重机械和起重工具的工作负荷，不准超过铭牌规定
	起吊物	斜拉	起重伤害	不准使吊钩斜着拖吊重物
		绑扎不牢固	起重伤害	起重物必须绑牢，吊钩应挂在物品的重心上
		起重区域未隔离	起重伤害	(1) 在起重作业区周围设置明显的起吊警戒和围栏；(2) 无关人员不准在起重工作区域内行走或者停留
		吊装作业区域无专人监护	起重伤害	吊装作业区周边必须设置警戒区域，并设专人监护
	张紧钢丝绳	钢丝绳突然弹出	起重伤害	解绳工作必须由专业起重工进行，其他人员不得进行
	手拉葫芦	滑链	起重伤害	使用前应作无负荷起落试验一次
		手拉葫芦超载荷使用	起重伤害	使用手拉葫芦时工作负荷不准超过铭牌规定
	润滑油	加油及操作中发生的跑、冒、滴、漏及溢油	滑倒	杜绝储油器溢油，对在加油及操作中发生的跑、冒、滴、漏及溢油，要及时清除处理
6. 回转机构及驱动装置检修	吊具、起吊物	斜拉	起重伤害	不准使吊钩斜着拖吊重物
		绑扎不牢固	起重伤害	起重物必须绑牢，吊钩应挂在物品的重心上
		起重区域未隔离	起重伤害	(1) 在起重作业区周围设置明显的起吊警戒和围栏；(2) 无关人员不准在起重工作区域内行走或者停留
		吊装作业区域无专人监护	起重伤害	吊装作业区周边必须设置警戒区域，并设专人监护
	角磨机	作业时未正确使用防护用品	机械伤害	操作人员必须正确佩戴防护面罩、防护眼镜
	润滑油	加油及操作中发生的跑、冒、滴、漏及溢油	滑倒	在加油及操作中发生的跑、冒、滴、漏及溢油，要及时清除处理
		工作结束后，废品乱扔	火灾、环境污染	不准将油污、油泥、废油等（包括沾油棉纱、布、手套、纸等）倒入下水道排放或随地倾倒，应收集放于指定的废油箱，妥善处理，以防污染环境

工序	危险源	危害因素	危害后果	作业标准
6. 回转机构及驱动装置检修	热辐射	气焊气割火焰高温	烧伤烫伤	（1）动火人员穿帆布工作服，戴工作帽，上衣不准扎在裤子里，裤脚不得挽起，脚面有鞋罩； （2）气割火炬不准对着周围工作人员
	强光	切割时火焰产生强光	视力受损	操作工需佩戴合格的护目镜，保护眼睛免受切割的火焰放出的强光伤害
	积煤	焊接产生明火	火灾爆炸	（1）工作前将动火区域内煤粉清扫干净； （2）动火时搭设防火隔离层或铺设防火毯
7. 行走机构检修	角磨机	作业时未正确使用防护用品	机械伤害	正确佩戴防护罩、防护眼镜
	大锤手锤	单手抡大锤	物体打击	抡大锤时，周围不得有人，不得单手抡大锤
		戴手套抡大锤	物体打击	打锤人不得戴手套
8. 液压系统检修	润滑油	使用明火	火灾	加油时，周边禁止动火作业
		加油及操作中发生的跑、冒、滴、漏及溢油	滑倒	杜绝储油器溢油，对在加油及操作中发生的跑、冒、滴、漏及溢油，要及时清除处理
	手锤	锤把上有油污	物体打击	锤把上不可有油污
9. 设备试运	转动的减速机、油动马达	肢体部位或饰品衣物、用具（包括防护用品）、工具接触转动部位	机械伤害	（1）衣服和袖口应扣好、不得戴围巾领带、长发必须盘在安全帽内； （2）不准将用具、工器具接触设备的转动部位； （3）不准在转动设备附近长时间停留； （4）不准在联轴器上、安全罩上或运行中设备的轴承上行走和坐立
		试运行起动时人员站在转机径向位置	机械伤害	转动设备试运行时所有人员应先远离，站在转动机械的轴向位置，并有一人站在事故按钮位置
10. 检修工作结束	检修废料	检修后，检修废料没有及时清除干净	环境污染	工作结束后及时清理工作现场

第三节　输煤皮带检修危险源辨识与防范

一、输煤皮带检修的主要工序

（1）作业环境风险评估；

（2）安全措施执行；

（3）工作准备及现场布置；

（4）减速机、联轴器、制动器、液力耦合器、逆止器检修；

（5）带机滚筒、托辊及支架检修更换；

（6）皮带胶面、清扫器检查调整；

（7）落煤管检查补焊；

（8）皮带张紧机构检修；

（9）三通挡板、锁气器检查调整；

（10）导料槽滑板检查；

（11）设备试运；

（12）检修工作结束。

二、输煤皮带机检修的危险源辨识

皮带检修时的危险源有：作业人员、煤粉、转动减速机、电、临时电源及电源线、吊具、手动工具、电动工具、行车、重物、清洁剂、孔、洞等。

三、输煤皮带机检修的风险控制

输煤皮带机检修工序、相对应的危险源、危害后果及控制措施见表8-3。

表 8-3　皮带机检修风险及控制措施

工序	危险源	危害因素	危害后果	作业标准
1. 作业环境评估	煤粉	未戴防尘口罩	尘肺病	作业时正确佩戴合格防尘口罩
	噪声	进入噪声区域时、使用高噪声工具时未佩戴耳塞	噪声聋	进入噪声区域、使用高噪声工具时正确佩戴合格的耳塞
2. 确认安全措施正确执行	转动减速机	工作前未核实设备运转状态和标识	机械伤害	(1) 工作前核对设备名称及编号；(2) 检修工作开工前工作负责人与工作票许可人共同确认所检修设备已断电
		工作前所采取的安全措施不完善	机械伤害	检修工作开工前工作负责人与工作票许可人共同检查确认所检修设备的安全措施正确完备，且已全部执行到位
	相邻转动的皮带机	未与运行中转动设备进行有效隔离	机械伤害	在运行中转动皮带机附近工作时应对转动设备进行可靠遮拦
3. 准备工作及现场布置	角磨机	角磨机电源线、电源插头破损、防护罩破损缺失、磨片破损	机械伤害	(1) 检查角磨机的电源线、电源插头完好无缺损；(2) 防护罩、角磨片完好无缺损；(3) 检查合格证在有效期内
	孔、洞	吊装孔盖板打开后未设置临时防护措施	高处坠落	在检修工作中打开吊装孔盖板后，必须设有牢固的临时围栏，并设有明显的警告标志，不准使用麻绳、尼龙绳等软连接代替防护围栏
	电焊机	电焊机电源线、电源插头、电焊钳破损	触电	(1) 电焊机电源线、电源插头、电焊钳等焊接设备和工具完好无损；(2) 电焊机的裸露导电部分和转动部分以及冷却用的；(3) 风扇均应装有保护罩

续表

工序	危险源	危害因素	危害后果	作业标准
3. 准备工作及现场布置	电焊机	焊机外壳不接地	触电	电焊机金属外壳应有明显的可靠接地，且一机一接地
		焊机、焊钳与电缆线连接不牢固	触电	(1) 电焊工作所用的导线，必须使用绝缘良好的皮线； (2) 电焊机、焊钳与电缆线连接牢固，接地端头不外露； (3) 连接到电焊钳上的一端，至少有5m为绝缘软导线
		一闸接多台电焊机	触电火灾	(1) 电焊机必须装有独立的专用电源开关，其容量应符合要求； (2) 焊机超负荷时，应能自动切断电源，禁止多台焊机共用一个电源开关
	锉刀、螺丝刀、钢丝钳	锉刀手柄等缺损	刺伤	锉刀、手锯、螺丝刀、钢丝钳等手柄应安装牢固、没有手柄的不准使用
	临时电源及电源线	电源线悬挂高度不够	触电	临时电源线架设高度室内不低于2.5m
		电源线、插头、插座破损	触电	(1) 检查电源线外绝缘良好，无破损； (2) 检查电源盘合格证在有效期； (3) 检查电源插头插座，确保完好； (4) 不准将电源线缠绕在护栏、管道和脚手架上
		未安装漏电保安器	触电	(1) 检查电源盘合格证在有效期； (2) 分级配置漏电保安器，工作前试漏电保护器，确保正确动作
		检修电源箱外壳未接地	触电	(1) 检查电源盘合格证在有效期； (2) 检查电源箱外壳接地良好
	乙炔瓶、氧气瓶	减压表失效	爆炸	减压表应经检验合格，并在有效期内
		橡胶软管破损	火灾爆炸	乙炔橡胶软管发生脱落、破裂时，停止供气，需更换合格的橡胶软管后再用
		气瓶阀门漏气	火灾爆炸	如发现气瓶上的阀门缺陷时停止工作，进行修理
		使用没有回火阀的溶解乙炔瓶	爆炸	不准使用没有回火阀的溶解乙炔瓶
		使用没有防震胶圈和保险帽的气瓶	爆炸	不准使用没有防震胶圈和保险帽的气瓶
		使用中氧气与乙炔瓶的安全距离不足	爆炸	使用中氧气瓶和乙炔气瓶的距离不得小于5m
	割炬	割炬回火装置失灵	火灾	使用检验合格的割炬

续表

工序	危险源	危害因素	危害后果	作业标准
3. 准备工作及现场布置	大锤、手锤	锤头与木柄的连接不牢固、锤头破损、木柄未使用整根硬质木料	砸伤	检验大锤的锤头与木柄连接牢固、木柄整根无损坏、锤头无破损
	吊具、起吊物	吊索具损坏或选择不当	起重伤害	所选用的吊索具应与被吊工件的外形特点及具体要求相适应，在不具备使用条件的情况下，绝不能强行使用
	手拉葫芦	链条有裂纹、链轮转动卡涩、吊钩无防脱保险装置	起重伤害	(1) 检查链条葫芦检验合格证在有效期内； (2) 使用前应作无负荷起落试验一次，检查链条是否有裂纹、链轮转动是否卡涩、吊钩是否无防脱保险装置，以确保完好
	撬杠	撬杠强度不够	其他伤害	必须保证撬杠强度满足要求
4. 减速机、联轴器、制动器、液力耦合器、逆止器检修	大锤、手锤	单手抡大锤	物体打击	抡大锤时周围不得有人，不得单手抡大锤
		戴手套抡大锤	物体打击	打锤人不得戴手套
	吊装减速机、液力耦合器	斜拉	起重伤害	不准使吊钩斜着拖吊重物
		绑扎不牢固	起重伤害	起重物必须绑牢，吊钩应挂在物品的重心上
		起重区域未隔离	起重伤害	(1) 在起重作业区周围设置明显的起吊警戒和围栏； (2) 无关人员不准在起重工作区域内行走或者停留
		吊装作业区域无专人监护	起重伤害	吊装作业区周边必须设置警戒区域，并设专人监护
	电动葫芦	钢丝绳磨损严重、吊钩无防脱保险装置、制动器失灵、限位器失效、控制手柄破损	起重伤害	(1) 由特种设备作业人员或操作人员检查电动葫芦的钢丝绳磨损情况，吊钩防脱保险装置是否牢固、齐全，制动器、导绳器和限位器的有效性，控制手柄的外观，吊钩放至最低位置时，滚筒上至少剩有5圈绳索； (2) 检查电动葫芦检验合格证在有效期内
	润滑油	加油及操作中发生的跑、冒、滴、漏及溢油	滑倒	在加油及操作中发生的跑、冒、滴、漏及溢油，要及时清除处理
		工作结束后，废品乱扔	火灾环境污染	不准将油污、油泥、废油等（包括沾油棉纱、布、手套、纸等）倒入下水道排放或随地倾倒，应收集放于指定的废油箱，妥善处理，以防污染环境

续表

工序	危险源	危害因素	危害后果	作业标准
5. 皮带机滚筒、托辊及支架检修更换	传动滚筒	斜拉	起重伤害	不准使吊钩斜着拖吊重物
		绑扎不牢固	起重伤害	起重物必须绑牢，吊钩应挂在物品的重心上
		起重区域未隔离	起重伤害	(1) 在起重作业区周围设置明显的起吊警戒和围栏； (2) 无关人员不准在起重工作区域内行走或者停留
		吊装作业区域无专人监护	起重伤害	吊装作业区周边必须设置警戒区域，并设专人监护
	手拉葫芦	滑链	起重伤害	使用前应作无负荷起落试验一次
		手拉葫芦超载荷使用	起重伤害	使用手拉葫芦时工作负荷不准超过铭牌规定
	煤油	工作场所储存过量的煤油	火灾	不准在工作场所存储过量的煤油
6. 皮带胶面、清扫器检查调整	皮带刀	刀口正对工作人员	割伤	(1) 皮带刀口不要正对工作人员； (2) 皮带刀使用后要及时入鞘
	手动扳手	使用扳手不当或用力过猛致伤	磕碰扭伤	(1) 在使用梅花扳手时，左手推住梅花扳手与螺栓连接处，保持梅花扳手与螺栓完全配合，防止滑脱，右手握住梅花扳手另一端并加力； (2) 禁止使用带有裂纹和内孔已严重磨损的梅花扳手
7. 落煤管检查补焊	行灯	将行灯变压器带入金属容器内	触电	禁止将行灯变压器带入金属容器内
		使用行灯电压等级不符	触电	(1) 电压不得超过 36V； (2) 在金属容器和金属管道内使用的行灯，其电压不得超过 12V
	热辐射	气焊气割火焰高温	烧伤烫伤	(1) 动火人员穿帆布工作服，戴工作帽，上衣不准扎在裤子里，裤脚不得挽起，脚面有鞋罩； (2) 气割火炬不准对着周围工作人员
	强光	切割时火焰产生强光	视力受损	操作工需佩戴合格的护目镜，保护眼睛免受切割的火焰放出的强光伤害
	积煤，积粉	焊接中产生明火	火灾	(1) 工作前将动火区域内煤粉清扫干净； (2) 动火时搭设防火隔离层或铺设防火毯
	动火作业	电焊线缠绕在身上	触电	作前将电焊线布置好，在人员通道上架空 2m 高，地面敷设做好防护措施
		在金属容器内焊接作业未穿绝缘鞋	触电	在金属容器内焊接作业穿绝缘鞋，铺绝缘垫
		未正确使用面罩、电焊手套、白光眼镜等防护用具	灼烫伤	正确使用面罩；戴电焊手套；戴白光眼镜；穿电焊服

续表

工序	危险源	危害因素	危害后果	作业标准
7. 落煤管检查补焊	动火作业	利用厂房的金属结构、管道、轨道或其他金属搭接起来作为导线使用	触电	不准利用厂房的金属结构、管道、轨道或其他金属搭接起来作为导线使用
		准备移动消防器材不合格	火灾	电焊作业现场必须准备合格的、充足的灭火器等移动消防器材
	焊接尘	通风不良	尘肺病	焊接工作场所应有良好的通风
		未正确使用防尘口罩	尘肺病	作业时正确佩戴合格防尘口罩
	焊渣	高温焊渣飞溅	火灾	(1) 动火工作区域周围设置防护屏，防止其他人员被飞溅的焊渣烫伤，地面铺设防火布； (2) 火焊人员必须穿戴好工作服戴好手套和带鞋盖劳保鞋等
	火种	焊接工作结束后，现场有遗留火种	火灾	焊接作业结束后全面清理工作区域，做到不留任何火种
8. 皮带张紧机构检修	张紧滚筒	斜拉	起重伤害	不准使吊钩斜着拖吊重物
		绑扎不牢固	起重伤害	起重物必须绑牢，吊钩应挂在物品的重心上
		起重区域未隔离	起重伤害	(1) 在起重作业区周围设置明显的起吊警戒和围栏； (2) 无关人员不准在起重工作区域内行走或者停留
		吊装作业区域无专人监护	起重伤害	吊装作业区边必须设置警戒区域，并设专人监护
	手拉葫芦	滑链	起重伤害	使用前应作无负荷起落试验一次
		手拉葫芦超载荷使用	起重伤害	使用手拉葫芦时工作负荷不准超过铭牌规定
9. 三通挡板、锁气器检查调整	高处作业人员	作业时未正确使用防护用品	高处坠落	高处作业人员必须戴好安全帽、防滑鞋、正确佩戴安全带
		人员有高处禁忌症	高处坠落	(1) 从事高处作业的人员必须身体健康； (2) 患有精神病、癫痫病以及经医师鉴定患有高血压、心脏病等不宜从事高处作业病症的人员，不准参加高处作业。凡发现工作人员精神不振时，禁止登高作业
	大锤、手锤	单手抡大锤	物体打击	抡大锤时，周围不得有人，不得单手抡大锤
		戴手套抡大锤	物体打击	打锤人不得戴手套

续表

工序	危险源	危害因素	危害后果	作业标准
10. 导料槽滑板检查	行灯	将行灯变压器带入金属容器内	触电	禁止将行灯变压器带入金属容器内
		使用行灯电压等级为24V	触电	使用行灯电压等级为24V
11. 设备试运	转动的减速机	肢体部位或饰品衣物、用具（包括防护用品）、工具接触转动部位	机械伤害	（1）衣服和袖口应扣好、不得戴围巾领带、长发必须盘在安全帽内； （2）不准将用具、工器具接触设备的转动部位； （3）不准在转动设备附近长时间停留； （4）不准在靠背轮上、安全罩上或运行中设备的轴承上行走和坐立
		试运行启动时人员站在转机径向位置	机械伤害	转动设备试运行时所有人员应先远离，站在转动机械的轴向位置，并有一人站在事故按钮位置
12. 检修工作结束	检修废料	检修后，检修废料没有及时清除干净	环境污染	工作结束后及时清理工作现场

第四节　碎煤机检修危险源辨识与防范

一、碎煤机检修的主要工序

（1）作业环境风险评估；

（2）安全措施执行；

（3）工作准备及现场布置；

（4）松螺钉、开启机盖；

（5）吊转子、更换环锤；

（6）更换破碎板、筛板、耐磨衬板；

（7）转子轴承清洗检修、液力耦合器检修；

（8）筛板间隙调整，合扣机盖紧固螺钉；

（9）设备试运；

（10）检修工作结束。

二、碎煤机检修的危险源辨识

碎煤机检修时的危险源有：作业人员、煤粉、转动的转子、转动的电机、临时电源及电源线、吊具、手动工具、电动工具、行车、重物、脚手架等。

三、碎煤机系统检修的风险控制

碎煤机系统检修工序、相对应的危险源、危害后果及控制措施见表8-4。

表 8-4　碎煤机系统检修的风险控制

工序	危险源	危害因素	危害后果	作业标准
1. 作业环境评估	煤粉	未戴防尘口罩	尘肺病	作业时正确佩戴合格防尘口罩
	噪声	入噪声区域时、使用高噪声工具时未佩戴耳塞	噪声聋	进入噪声区域、使用高噪声工具时正确佩戴合格的耳塞
2. 确认安全措施正确执行	转动的电机及转子	工作前所采取隔离措施不完善	触电	与运行人员共同确认现场安全措施、隔离措施正确完备
		未采取防转动措施	机械伤害	转动设备检修时应采取防转动措施
3. 准备工作及现场布置	行车	行车未经检验合格	起重伤害	检查行车检验合格证在有效期内
		信号装置失灵	起重伤害	驾驶室内应装设音响或色灯信号装置,以备操作时发出警告
	撬杠	撬杠强度不够	砸伤	必须保证撬杠强满足要求
	电焊机	电焊机电源线、电源插头、电焊钳破损	触电	(1) 电焊机电源线、电源插头、电焊钳等焊接设备和工具完好无损; (2) 电焊机的裸露导电部分和转动部分以及冷却用的风扇,均应装有保护罩
		焊机外壳不接地	触电	电焊机金属外壳应有明显的可靠接地,且一机一接地
		焊机、焊钳与电缆线连接不牢固	触电	(1) 电焊工作所用的导线,必须使用绝缘良好的皮线; (2) 电焊机、焊钳与电缆线连接牢固,接地端头不外露; (3) 连接到电焊钳上的一端,至少有 5m 为绝缘软导线
		一闸接多台电焊机	触电火灾	电焊机必须装有独立的专用电源开关,其容量应符合要求。焊机超负荷时,应能自动切断电源,禁止多台焊机共用一个电源开关
	大锤、手锤	锤头与木柄的连接不牢固、锤头破损、木柄未使用整根硬质木料	人身伤害	检验大锤的锤头与木柄连接牢固、木柄整根无损坏、锤头无破损
	手拉葫芦	链条有裂纹、链轮转动卡涩、吊钩无防脱保险装置	起重伤害	(1) 检查链条葫芦检验合格证在有效期内; (2) 使用前应作无负荷起落试验一次,检查链条是否有裂纹、链轮转动是否卡涩、吊钩是否无防脱保险装置,以确保完好
	锉刀、螺丝刀、钢丝钳	手柄等缺损	刺伤	锉刀、手锯、螺丝刀、钢丝钳等手柄应安装牢固、没有手柄的不准使用

续表

工序	危险源	危害因素	危害后果	作业标准
4. 松螺钉、开启机盖	手动扳手	使用扳手不当或用力过猛致伤	磕、碰、扭伤	(1) 在使用梅花扳手时，左手推住梅花扳手与螺栓连接处，保持梅花扳手与螺栓完全配合，防止滑脱，右手握住梅花扳手另一端并加力； (2) 禁止使用带有裂纹和内孔已严重磨损的梅花扳手
	不合格脚手架	脚手架搭设后未验收	高处坠落物体打击	(1) 搭设结束后，必须履行脚手架验收手续，填写脚手架验收单，并在"脚手架验收单"上分级签字； (2) 验收合格后应在脚手架上悬挂合格证，方可使用
5. 吊转子、更换环锤	行车	制动器失灵	起重伤害	安排维护人员在行车顶部监护，发现行车溜钩立即紧固抱闸
		起重机超载	起重伤害	起重机械和起重工具的工作负荷，不准超过铭牌规定
	吊装碎煤机转子	斜拉	起重伤害	不准使吊钩斜着拖吊重物
		绑扎不牢固	起重伤害	起重物必须绑牢，吊钩应挂在物品的重心上
		起重区域未隔离	起重伤害	(1) 在起重作业区周围设置明显的起吊警戒和围栏； (2) 无关人员不准在起重工作区域内行走或者停留
		吊装作业区域无专人监护	起重伤害	吊装作业区周边必须设置警戒区域，并设专人监护
	大锤、手锤	单手抡大锤	物体打击	抡大锤时，周围不得有人，不得单手抡大锤
		戴手套抡大锤	物体打击	打锤人不得戴手套
6. 更换破碎板、筛板、耐磨衬板	动火作业	电焊线缠绕在身上	触电	工作前将电焊线布置好，在人员通道上架空 2m 高，地面敷设做好防护措施
		在金属容器内焊接作业未穿绝缘鞋	触电	在金属容器内焊接作业穿绝缘鞋，铺绝缘垫。大锤手锤
		未正确使用面罩、电焊手套、白光眼镜等防护用具	灼烫伤	正确使用面罩；戴电焊手套；戴白光眼镜；穿电焊服
		利用厂房的金属结构、管道、轨道或其他金属搭接起来作为导线使用	触电	不准利用厂房的金属结构、管道、轨道或其他金属搭接起来作为导线使用
		准备移动消防器材不合格	火灾	电焊作业现场必须准备合格的、充足的灭火器等移动消防器材
	焊接尘	通风不良	尘肺病	焊接工作场所应有良好的通风

续表

工序	危险源	危害因素	危害后果	作业标准
6. 更换破碎板、筛板、耐磨衬板	焊接尘	未正确使用防尘口罩	尘肺病	作业时正确佩戴合格防尘口罩
	焊渣	高温焊渣飞溅	火灾	(1) 动火工作区域周围设置防护屏,防止其他人员被飞溅的焊渣烫伤,地面铺设防火布; (2) 火焊人员必须穿戴好工作服戴好手套和带鞋盖劳保鞋等
	火种	焊接工作结束后,现场有遗留火种	火灾	焊接作业结束后全面清理工作区域,做到不留任何火种
7. 转子轴承清洗检修、液力耦合器检修	转动的转子	未采取防转动措施	机械伤害	转动设备检修时应采取防转动措施
	煤油	工作场所储存过量的煤油	火灾	不准在工作场所存储过量的煤油
	润滑油	加油及操作中发生的跑、冒、滴、漏及溢油	滑倒	在加油及操作中发生的跑、冒、滴、漏及溢油,要及时清除处理
		工作结束后,废品乱扔	火灾环境污染	不准将油污、油泥、废油等(包括沾油棉纱、布、手套、纸等)倒入下水道排放或随地倾倒,应收集放于指定的废油箱,妥善处理,以防污染环境
8. 筛板间隙调整,合扣机盖紧固螺钉	手动扳手	使用扳手不当用力过猛致伤	磕碰扭伤	(1) 在使用梅花扳手时,左手推住梅花扳手与螺栓连接处,保持梅花扳手与螺栓完全配合,防止滑脱,右手握住梅花扳手另一端并加力; (2) 禁止使用带有裂纹和内孔已严重磨损的梅花扳手
9. 设备试运	转动的电机	肢体部位或饰品衣物、用具(包括防护用品)、工具接触转动部位	机械伤害	衣服和袖口应扣好、不得戴围巾领带、长发必须盘在安全帽内;不准将用具、工器具接触设备的转动部位;不准在转动设备附近长时间停留;不准在靠背轮上、安全罩上或运行中设备的轴承上行走和坐立
		试运行起动时人员站在转机径向位置	机械伤害	转动设备试运行时所有人员应先远离,站在转动机械的轴向位置,并有一人站在事故按钮位置
10. 检修工作结束	检修废料	检修后,检修废料没有及时清除干净	环境污染	工作结束后及时清理工作现场

第五节　滚轴筛检修危险源辨识与防范

一、滚轴筛检修的主要工序

(1) 作业环境风险评估;

（2）安全措施执行；

（3）工作准备及现场布置；

（4）解列电动机、减速机，开启滚轴筛顶盖检查清理；

（5）拆卸轴承、筛片、清扫板清理检查；

（6）设备试运；

（7）检修工作结束。

二、滚轴筛检修的危险源辨识

滚轴筛检修工序、相对应的危险源、危害后果及控制措施见表 8-5。

表 8-5 滚轴筛系统检修的风险控制

工序	危险源	危害因素	危害后果	作业标准
1. 作业环境评估	煤粉	未戴防尘口罩	尘肺病	作业时正确佩戴合格防尘口罩
	噪声	进入噪声区域时、使用高噪声工具时未佩戴耳塞	噪声聋	进入噪声区域、使用高噪声工具时正确佩戴合格的耳塞
2. 确认安全措施正确执行	转动减速机	工作前未核实设备运转状态和标识	机械伤害	（1）工作前核对设备名称及编号；（2）检修工作开工前工作负责人与工作票许可人共同确认所检修设备已断电
		工作前所采取的安全措施不完善	机械伤害	检修工作开工前工作负责人与工作票许可人共同检查确认所检修设备的安全措施正确完备，且已全部执行到位
3. 工作准备及现场布置	角磨机	角磨机电源线、电源插头破损、防护罩破损缺失、磨片破损	机械伤害	（1）检查角磨机的电源线、电源插头完好无缺损；防护罩、角磨片完好无缺损；（2）检查合格证在有效期内
	锉刀、手锯、螺丝刀、钢丝钳	手柄等缺损	刺伤	锉刀、手锯、螺丝刀、钢丝钳等手柄应安装牢固、没有手柄的不准使用
	临时电源及电源线	电源线悬挂高度不够	触电	临时电源线架设高度室内不低于 2.5m
		电源线、插头、插座破损	触电	（1）检查电源线外绝缘良好，无破损；（2）检查电源盘合格证在有效期；（3）检查电源插头插座，确保完好；（4）不准将电源线缠绕在护栏、管道和脚手架上
		未安装漏电保安器	触电	（1）检查电源盘合格证在有效期；（2）分级配置漏电保安器，工作前试漏电保护器，确保正确动作
		修电源箱外壳未接地	触电	（1）检查电源盘合格证在有效期；（2）检查电源箱外壳接地良好
	行灯	行灯电源线、电源插头破损	触电	（1）检查行灯电源线、电源插头完好无破损；（2）行灯的电源线应采用橡套软电缆

续表

工序	危险源	危害因素	危害后果	作业标准
3. 工作准备及现场布置	大锤、手锤	锤头与木柄的连接不牢固、锤头破损、木柄未使用整根硬质木料	砸伤	检验大锤的锤头与木柄连接牢固、木柄整根无损坏、锤头无破损
	吊具、起吊物	吊索具损坏或选择不当	起重伤害	所选用的吊索具应与被吊工件的外形特点及其具体要求相适应，在不具备使用条件的情况下，绝不能强行使用
	手拉葫芦	链条有裂纹、链轮转动卡涩、吊钩无防脱保险装置	起重伤害	(1) 检查链条葫芦检验合格证在有效期内； (2) 使用前应作无负荷起落试验一次，检查链条是否有裂纹、链轮转动是否卡涩、吊钩是否无防脱保险装置，以确保完好
	撬杠	撬杠强度不够	其他伤害	必须保证撬杠强度满足要求
4. 解列电动机、减速机，开启滚轴筛顶盖检查清理	大锤、手锤	戴手套抡大锤	物体打击	(1) 禁止戴手套抡大锤； (2) 抡大锤时保证人员距离，防止误伤
		单手抡大锤	物体打击	打锤人不得戴手套
	手动扳手	使用扳手不当或用力过猛致伤	磕碰扭伤	(1) 在使用梅花扳手时，左手推住梅花扳手与螺栓连接处，保持梅花扳手与螺栓完全配合，防止滑脱，右手握住梅花扳手另一端并加力； (2) 禁止使用带有裂纹和内孔已严重磨损的梅花扳手
	吊装减速机	斜拉	起重伤害	不准使吊钩斜着拖吊重物
		绑扎不牢固	起重伤害	起重物必须绑牢，吊钩应挂在物品的重心上
		起重区域未隔离	起重伤害	(1) 在起重作业区周围设置明显的起吊警戒和围栏； (2) 无关人员不准在起重工作区域内行走或者停留
		吊装作业区域无专人监护	起重伤害	吊装作业区边必须设置警戒区域，并设专人监护
	手拉葫芦	滑链	起重伤害	使用前应作无负荷起落试验一次
		手拉葫芦超载荷使用	起重伤害	使用手拉葫芦时工作负荷不准超过铭牌规定
5. 拆卸轴承、筛片、清扫板清理检查	角磨机	作业时未正确使用防护用品	机械伤害	操作人员必须正确佩戴防护面罩、防护眼镜
		更换砂轮片未切断电源	机械伤害	更换砂轮片前必须切断电源
	手动扳手	使用扳手不当或用力过猛致伤	磕碰扭伤	在使用梅花扳手时，左手推住梅花扳手与螺栓连接处，保持梅花扳手与螺栓完全配合，防止滑脱，右手握住梅花扳手另一端并加力，禁止使用带有裂纹和内孔已严重磨损的梅花扳手

续表

工序	危险源	危害因素	危害后果	作业标准
5. 拆卸轴承、筛片、清扫板清理检查	煤油	工作场所储存过量的煤油	火灾	不准在工作场所存储过量的煤油
	行灯	将行灯变压器带入金属容器内	触电	禁止将行灯变压器带入金属容器内
		使用行灯电压等级不符	触电	(1) 电压不得超过 36V； (2) 在金属容器和金属管道内使用的行灯，其电压不得超过 12V
6. 设备试运	转动的减速机	肢体部位或饰品衣物、用具（包括防护用品）、工具接触转动部位	机械伤害	(1) 衣服和袖口应扣好、不得戴围巾领带、长发必须盘在安全帽内； (2) 不准将用具、工器具接触设备的转动部位； (3) 不准在转动设备附近长时间停留； (4) 不准在靠背轮上、安全罩上或运行中设备的轴承上行走和坐立
		试运行起动时人员站在转机径向位置	机械伤害	转动设备试运行时所有人员应先远离，站在转动机械的轴向位置，并有一人站在事故按钮位置
7. 检修工作结束	检修废料	检修后，检修废料没有及时清除干净	环境污染	工作结束后，及时清理工作现场

第六节　除尘器检修危险源辨识与防范

一、除尘器检修的主要工序

(1) 作业环境风险评估；

(2) 安全措施执行；

(3) 工作准备及现场布置；

(4) 风筒清理修整；

(5) 检查喷头、喷管、挡水板、水箱以及附属配件；

(6) 检查风机风叶磨损，进水门、排污推杆；

(7) 设备试运；

(8) 检修工作结束。

二、除尘器检修的危险源辨识

除尘器检修时的危险源有：作业人员、煤粉、转动的叶轮、临时电源及电源线、吊具、手动工具、电动工具、脚手架等。

三、除尘器检修的风险控制

除尘器检修工序、相对应的危险源、危害后果及控制措施见表 8-6。

表 8-6　除尘器检修的风险控制

工序	危险源	危害因素	危害后果	作业标准
1. 作业环境评估	照明	现场照明不充足	其他伤害	增加临时照明
	煤粉	未戴防尘口罩	尘肺病	作业时正确佩戴合格防尘口罩
2. 确认安全措施正确执行	转动的风机、挡板	工作前所采取隔离措施不完善	触电	与运行人员共同确认现场安全措施、隔离措施正确完备
		未采取防转动措施	机械伤害	转动设备检修时应采取防转动措施
	有害气体	未进行通风、检测	中毒窒息	打开所有通风口进行通风置换、检测；必要时采取强制通风措施
3. 准备工作及现场布置	电焊机	电焊机电源线、电源插头、电焊钳破损	触电	(1) 电焊机电源线、电源插头、电焊钳等焊接设备和工具完好无损；(2) 电焊机的裸露导电部分和转动部分以及冷却用的风扇，均应装有保护罩
		焊机外壳不接地	触电	电焊机金属外壳应有明显的可靠接地，且一机一接地
		焊机、焊钳与电缆线连接不牢固	触电	(1) 电焊工作所用的导线，必须使用绝缘良好的皮线；(2) 电焊机、焊钳与电缆线连接牢固，接地端头不外露；(3) 连接到电焊钳上的一端，至少有5m为绝缘软导线
		一闸接多台电焊机	触电火灾	电焊机必须装有独立的专用电源开关，其容量应符合要求。焊机超负荷时，应能自动切断电源，禁止多台焊机共用一个电源开关
	割炬	割炬回火装置失灵	火灾	使用检验合格的割炬
	临时电源及电源线	电源线悬挂高度不够	触电	临时电源线架设高度室外不低于4m
		电源线、插头、插座破损	触电	(1) 检查电源线外绝缘良好，无破损；(2) 检查电源盘合格证在有效期；(3) 检查电源插头插座，确保完好；(4) 不准将电源线缠绕在护栏、管道和脚手架上
		未安装漏电保安器	触电	(1) 检查电源盘合格证在有效期；(2) 分级配置漏电保安器，工作前试漏电保护器，确保正确动作
		检修电源箱外壳未接地	触电	(1) 检查电源盘合格证在有效期；(2) 检查电源箱外壳接地良好
	手拉葫芦	链条有裂纹、链轮转动卡涩、吊钩无防脱保险装置	起重伤害	(1) 检查链条葫芦检验合格证在有效期内；(2) 使用前应作无负荷起落试验一次，检查链条是否有裂纹、链轮转动是否卡涩、吊钩是否无防脱保险装置，以确保完好

续表

工序	危险源	危害因素	危害后果	作业标准
3. 准备工作及现场布置	大锤、手锤	锤头与木柄的连接不牢固、锤头破损、木柄未使用整根硬质木料	砸伤	检验大锤的锤头与木柄连接牢固、木柄整根无损坏、锤头无破损
4. 风筒清理修整	高处作业	工器具掉落	物体打击	高处作业一律使用工具袋。较大的工具应用绳拴在牢固的构件上，不准随便乱放，以防止从高处坠落发生事故
		工器具上下投掷	物体打击	不准将工具及材料上下投掷，要用绳系牢后往下或往上吊送，以免打伤下方工作人员或击毁脚手架
	高处作业人员	作业时未正确使用防护用品	高处坠落	高处作业人员必须戴好安全帽、防滑鞋、正确佩戴安全带
	煤粉	未正确使用防护用品	尘肺病	作业时正确佩戴合格防尘口罩
	不合格脚手架	脚手架搭设后未验收	高处坠落物体打击	（1）搭设结束后，必须履行脚手架验收手续，填写脚手架验收单，并在"脚手架验收单"上分级签字；（2）验收合格后应在脚手架上悬挂合格证，方可使用
5. 检查喷头、喷管板、水箱以及附属配件	大锤、手锤	单手抡大锤	物体打击	抡大锤时，周围不得有人，不得单手抡大锤
		戴手套抡大锤	物体打击	打锤人不得戴手套
	手动扳手	使用扳手不当或用力过猛致伤	磕碰扭伤	（1）在使用梅花扳手时，左手推住梅花扳手与螺栓连接处，保持梅花扳手与螺栓完全配合，防止滑脱，右手握住梅花扳手另一端加力；（2）禁止使用带有裂纹和内孔已严重磨损的梅花扳手
	行灯	将行灯变压器带入金属容器内	触电	禁止将行灯变压器带入金属容器内
		使用行灯电压等级不符	触电	（1）电压不得超过36V；（2）在金属容器和金属管道内使用的行灯，其电压不得超过12V
6. 检查风机风叶磨损，进水门、排污推杆检修	手拉葫芦	滑链	起重伤害	使用前应作无负荷起落试验一次
		手拉葫芦超载荷使用	起重伤害	使用手拉葫芦时工作负荷不准超过铭牌规定
	转动的叶轮	未采取防转动措施	机械伤害	转动设备检修时应采取防转动措施
	吊装风机叶轮	斜拉	起重伤害	不准使吊钩斜着拖吊重物
		绑扎不牢固	起重伤害	起重物必须绑牢，吊钩应挂在物品的重心上

续表

工序	危险源	危害因素	危害后果	作业标准
6. 检查风机风叶磨损，进水门、排污推杆检修	吊装风机叶轮	起重区域未隔离	起重伤害	(1) 在起重作业区周围设置明显的起吊警戒和围栏； (2) 无关人员不准在起重工作区域内行走或者停留
		吊装作业区域无专人监护	起重伤害	吊装作业区周边必须设置警戒区域，并设专人监护
7. 设备试运	转动的减速机	肢体部位或饰品衣物、用具（包括防护用品）、工具接触转动部位	机械伤害	(1) 衣服和袖口应扣好、不得戴围巾领带、长发必须盘在安全帽内； (2) 不准将用具、工器具接触设备的转动部位； (3) 不准在转动设备附近长时间停留； (4) 不准在靠背轮上、安全罩上或运行中设备的轴承上行走和坐立
		试运行起动时人员站在转机径向位置	机械伤害	转动设备试运行时所有人员应先远离，站在转动机械的轴向位置，并有一人站在事故按钮位置
8. 检修工作结束	检修废料	检修后，检修废料没有及时清除干净	环境污染	工作结束后及时清理工作现场

第七节　带式除铁器检修危险源辨识与防范

一、带式除铁器检修的主要工序

（1）作业环境风险评估；

（2）安全措施执行；

（3）工作准备及现场布置；

（4）解列电动机、减速机，开启滚轴筛顶盖检查清理；

（5）拆卸轴承、筛片、清扫板清理检查；

（6）设备试运；

（7）检修工作结束。

二、带式除铁器检修的危险源辨识

带式除铁器检修时的危险源有：煤粉、噪声、转动减速机、滚筒、角磨机、大锤、手锤等。

三、带式除铁器检修风险控制

除尘器检修工序、相对应的危险源、危害后果及控制措施见表 8-7。

表 8-7 带式除铁器检修的风险控制

工序	危险源	危害因素	危害后果	作业标准
1. 作业环境评估	煤粉	未戴防尘口罩	尘肺病	作业时正确佩戴合格防尘口罩
	噪声	进入噪声区域时、使用高噪声工具时未佩戴耳塞	噪声聋	进入噪声区域、使用高噪声工具时正确佩戴合格的耳塞
2. 确认安全措施正确执行	转动减速机、滚筒	工作前未核实设备运转状态和标识	机械伤害	(1) 工作前核对设备名称及编号; (2) 检修工作开工前工作负责人与工作票许可人共同确认所检修设备已断电
		工作前所采取的安全措施不完善	机械伤害	检修工作开工前工作负责人与工作票许可人共同检查确认所检修设备的安全措施正确完备,且已全部执行到位
3. 准备工作及现场布置	临时电源及电源线	电源线悬挂高度不够	触电	临时电源线架设高度室内不低于 2.5m
		电源线、插头、插座破损	触电	(1) 检查电源线外绝缘良好,无破损; (2) 检查电源盘合格证在有效期; (3) 检查电源插头插座,确保完好; (4) 不准将电源线缠绕在护栏、管道和脚手架上
		未安装漏电保安器	触电	(1) 检查电源盘合格证在有效期; (2) 分级配置漏电保安器,工作前试漏电保护器,确保正确动作
		检修电源箱外壳未接地	触电	(1) 检查电源盘合格证在有效期; (2) 检查电源箱外壳接地良好
	角磨机	角磨机电源线、电源插头破损、防护罩破损缺失、磨片破损	机械伤害	(1) 检查角磨机的电源线、电源插头完好无缺损; (2) 防护罩、角磨片完好无缺损; (3) 检查合格证在有效期内
	锉刀、手锯、螺丝刀、钢丝钳	手柄等缺损	刺伤	锉刀、手锯、螺丝刀、钢丝钳等手柄应安装牢固、没有手柄的不准使用
	手拉葫芦	链条有裂纹、链轮转动卡涩、吊钩无防脱保险装置	起重伤害	(1) 检查链条葫芦检验合格证在有效期内; (2) 使用前应作无负荷起落试验一次,检查链条是否有裂纹、链轮转动是否卡涩、吊钩是否无防脱保险装置,以确保完好
	撬杠	撬杠强度不够	其他伤害	必须保证撬杠强度满足要求
	大锤、手锤	锤头与木柄的连接不牢固、锤头破损、木柄未使用整根硬质木料	砸伤	检验大锤的锤头与木柄连接牢固、木柄整根无损坏、锤头无破损

续表

工序	危险源	危害因素	危害后果	作业标准
4. 减速机检修	手拉葫芦	滑链	起重伤害	使用前应作无负荷起落试验一次
		手拉葫芦超载荷使用	起重伤害	使用手拉葫芦时工作负荷不准超过铭牌规定
	吊装减速机	斜拉	起重伤害	不准使吊钩斜着拖吊重物
		绑扎不牢固	起重伤害	起重物必须绑牢，吊钩应挂在物品的重心上
		起重区域未隔离	起重伤害	(1) 在起重作业区周围设置明显的起吊警戒和围栏； (2) 无关人员不准在起重工作区域内行走或者停留
		吊装作业区域无专人监护	起重伤害	吊装作业区周边必须设置警戒区域，并设专人监护
	角磨机	作业时未正确使用防护用品	机械伤害	操作人员必须正确佩戴防护面罩、防护眼镜
		更换砂轮片未切断电源	机械伤害	更换砂轮片前必须切断电源
	润滑油	加油及操作中发生的跑、冒、滴、漏及溢油	滑倒	在加油及操作中发生的跑、冒、滴、漏及溢油，要及时清除处理
		工作结束后，废品乱扔	火灾环境污染	不准将油污、油泥、废油等（包括沾油棉纱、布、手套、纸等）倒入下水道排放或随地倾倒，应收集放于指定的废油箱，妥善处理，以防污染环境
5. 弃铁皮带检查或更换	皮带刀	刀口正对工作人员	割伤	(1) 皮带刀口不要正对工作人员； (2) 皮带刀使用后要及时入鞘
	手动扳手	使用扳手不当或用力过猛致伤	磕碰扭伤	(1) 在使用梅花扳手时，左手推住梅花扳手与螺栓连接处，保持梅花扳手与螺栓完全配合，防止滑脱，右手握住梅花扳手另一端并加力； (2) 禁止使用带有裂纹和内孔已严重磨损的梅花扳手
6. 滚筒、托辊检修更换	转动的滚筒	未采取防转动措施	机械伤害	转动设备检修时应采取防转动措施
	角磨机	作业时未正确使用防护用品	机械伤害	操作人员必须正确佩戴防护面罩、防护眼镜
	大锤、手锤	单手抡大锤	物体打击	抡大锤时，周围不得有人，不得单手抡大锤
		戴手套抡大锤	物体打击	打锤人不得戴手套
	煤油	工作场所储存过量的煤油	火灾	不准在工作场所存储过量的煤油

工序	危险源	危害因素	危害后果	作业标准
7. 设备试运转	转动的减速机	肢体部位或饰品衣物、用具（包括防护用品）、工具接触转动部位	机械伤害	（1）衣服和袖口应扣好、不得戴围巾领带、长发必须盘在安全帽内； （2）不准将用具、工器具接触设备的转动部位； （3）不准在转动设备附近长时间停留； （4）不准在靠背轮上、安全罩上或运行中设备的轴承上行走和坐立
		试运行启动时人员站在转机径向位置	机械伤害	转动设备试运行时所有人员应先远离，站在转动机械的轴向位置，并有一人站在事故按钮位置
8. 检修工作结束	检修废料	检修后，检修废料没有及时清除干净	环境污染	工作结束后及时清理工作现场

第八节 相关事故案例

一、案例综合分析

自 1995～2020 年间共发生燃料系统区域共发生人身死亡事故 74 起，死亡 101 人，伤 11 人，共计伤亡 112 人。从人员构成来看，其中外委单位死亡人数较多，为 84 人，占比 75%，其他为全民员工，占比 25%。由作业区域及性质进行分析，输煤皮带机、堆取料机（斗轮堆取料机）、筛、碎煤机因粘煤、积煤堵塞清理作业造成人员伤亡事故 20 起，占比 27%。各类型煤仓清理粘煤及清拱（蓬）煤作业造成人员伤亡 14 起，占比 19%。燃料系统各类型检修、维护、技改作业造成人员伤亡事故 27 起，占比 36%。煤场储存及倒运车辆作业造成人员伤亡事故 9 起，占比 12%。燃料系统运行人员作业造成人员伤亡事故 4 起，占比 6%。

燃料专业发生的事故外委施工人员占比达 75%，主要因为外委单位人员构成复杂，素质参差不齐，安全意识淡薄，对现场的危险性、危险点及防范措施不了解，对电力安全规程掌握不全面，业主方开展安全教育不到位，作业现场监护人、工作负责人履职不到位；对作业人员违反安全规程、违反"三措两案"行为没有及时制止；工作人员图省事、抢工期、存在侥幸心理，穿越或跨越存在安全风险的设备、安全设施等。安全措施落实不到位或未采取有效的安全措施如设置固定的、牢固的安全围栏导致人员高处坠落。作业前对使用的安全工器具检查不到位，没有使用合格的安全工器具，安全工器具未发挥有效作用，安全工器具配置不合理。施工区域与非施工区域没有进行有效隔离或隔离效果差，导致人员误入间隔。燃料系统存在粉尘大、噪声大、照明不足等影响人员判断力的不安全因素。大型、一、二级有限空间作业"三措两案"编制不到位，各级人员风险辨识不全，对于各种作业没有组织专业人员在开工前进行全面、彻底地对作业环境、作业范围、作业行走线路、高处落物、滑跌、触电、高处坠落等存在的不可见安全风险进行分析并制定相关的防范措施。存在无票作业或未采取防止转动设备启动的措施即进行工作；随意更换工作组成员，且未对工作票中的危险及控制措施进行学习即加入工作。为抢工期进度，存在非必要的情况下进行夜间工作、人员疲劳作业的情况。

二、重点管控措施及注意要点

（一）人的不安全行为方面

（1）从燃料专业发生的事故情况来看，人员能力和综合素质是造成事故的主要原因，业主方对外委单位开展的安全培训一定要到位，制作与施工范围工作涉及机械伤害、高处坠落、物体打击、错入间隔等相关的事故案例警示视频，组织施工人员观看并吸取事故教训，形成"我应该做什么、什么是我不能做"的理念。为保证效果需观看事故案例2～3次；重点对安全规程中关于燃料系统作业要求进行学习，对其施工范围内的危险点及控制措施进行全面的培训。

（2）每天班前会业主带班人员重点强调并考问危险点及防范措施合格方可开展工作。

（3）配置足够的有经验、有资质的监护人员，具有能够发现施工中发现问题并及时制止的能力及责任心。

（4）对于外来人员进行现场调研的人员必须有专人陪同才能进入生产现场，无人陪同的情况下禁止擅自行动。

（5）项目负责人、业主带班人员、班组长要掌握外委单位或班组成员身体状况、精神状态，通过问询的方式掌握人员状态，作出相应的调整。

（6）项目负责人或工作负责人对施工项目进度及可能产生的问题提前进行预判，合理安排人员及施工时间，尽可能避免疲劳作业、连续作业。

（7）修改现场清扫管理制度，对于转动设备的清扫工作要明确要求禁止对燃料系统设备运行中的设备进行清理工作。禁止单人进行清扫作业，需进行一般地面清扫时，需联系班长组织人员进行有效的监护方可进行清扫工作，发现者应从重处罚，并在班组班前会上进行检讨以吸取教训。对于设备安全围栏内的积煤、洒煤清理工作应开具工作票，确保防止设备转动措施落实后方可进入开展清理工作。

（8）拆卸碎煤机、筛煤机人孔门或压力容器、管道法兰、应采取对称拆卸，先保证螺栓拆卸3～5扣，观察有无压力及介质，再对称松动螺栓，直至安全拆卸。对有介质、压力的应使用排气、卸荷阀进行泄压。观察压力表、排气阀、排水阀等，确认压力介质放净后，方可进行工作。

（二）物的不安全状态方面

（1）完善燃料系统、堆取料机、采样机转动部位防护设施（安全围栏、保护罩等）所有防护装置采用菱形钢丝网（30mm×30mm）进行隔离并设置防止清扫人员不使用工具的锁止装置，确保人员、工具无法自行进入。

（2）对燃料系统、采样机、翻车机、堆取料机区域照明不足的部位进行普查，补充灯具，确保照明无死角。

（3）增加皮带机通行桥数量，减少通行桥间隔，避免人员因通行桥距离过远偷懒跨越皮带机。

（4）铁路货车运行区域装设语音及声光报警系统，7×24h 运行，保证声、光无死角传递，提醒警示人员不能为抄近路而穿越铁路线或由铁路货车车厢间跨越跳车通过。

（5）对于设置瞭望平台的采样机外部平台安装防止人员跨越的金属网状防护罩，通行门上锁并进行双人管理。

（6）采用无线或有线网络技术利用视频监控、无线传输、远程操作、机器人等方式对采样机操作、翻车机摘钩及监护、堆取料机运行操作等实现无人值守，尽可能实现人机分离，以确保人身安全。

（7）采取措施避免煤仓积煤、粘煤。采用高低频振打器等措施定期进行清理，避免煤仓大面积积煤，在易发生煤仓积煤、蓬煤的煤仓安装振动器、振打锤、棒。

（8）进入存在高处坠落风险的有限空间作业必须佩戴检查合格的全身式安全带并配置安全绳，安全绳承重力要大于 250kg，安全绳固定在牢固的结构上。全身式安全带必须与速差式防坠器共同使用。

（9）压力管道加装堵板必须采取与管道相同材质的材料，堵板的厚度为 3 倍管道厚度，焊缝高度与管道厚度相同。

（三）作业环境方面

（1）对于燃用褐煤的机组的燃料系统及堆取料机安装干雾抑尘或其他除尘设备，有效降低燃料系统输煤栈桥、卸储煤系统翻车机、堆取料机煤场粉尘浓度。现有除尘设备必须保证运行可靠性。

（2）对燃料系统皮带机、采样机及卸储煤系统采样机、堆取料机、翻车机现场各种声光报警器进行检查，确保其发挥警示作用。声光报警器安装位置应确保输煤栈桥内部各部位均能有效发挥作用。

（3）利用检修时间对皮带机、翻车机、堆取料机、采样机的易发生洒煤、漏煤的导料槽、落煤筒、皮带机胶带跑偏期间进行治理，减少清扫工作量。

（4）翻车机本体、推车机、拨车机需抬高本体作业时必须采取双支撑固定。千斤顶必须使用枕木垫平，禁止采用焊接方式固定。

（5）对相对封闭的煤仓、碎煤机室、活化给煤机内部等，人员进入前必须使用风机进行通风并确保风机连续运行，方可进入。

（6）在堆、取自燃煤或发热煤的过程中，现场操作人员使用正压式空气呼吸器。

（7）对生产车辆安装语音提示（如倒车请注意）、安装倒车视频监控、倒车雷达等装置。设置充足的限速、警示标志，主要路口设置减速带，行驶视线不佳的路口设置反光镜，完善主要通道视频监控系统。有条件的工作场所要设置人员和非机动车专用通道并使用钢制防护网进行隔离，实现人车分流。

（四）作业组织方面

（1）在煤场煤堆边缘设置醒目的警戒线，防止车辆驶入危险区域。煤场存储过程中需逐层对原煤进行压实，再进行下一层的堆放。

（2）完善工作票试运内容，增加安全监察人员签字确认环节。

（3）制定节假日、夜间加班、抢修管理制度，按照要求确保各级人员到岗到位，发挥监督作用。

（4）进入一、二级有限空间作业，必须进行有毒有害气体检测，确定氧气浓度。

（5）油管路吹扫使用蒸汽后进行水力吹扫，方可检测油气浓度。

（6）可能发生倾覆的大部件安装工作要事先预判可能倾覆的方向、波及区域，实施硬质隔离防止人员及车辆进入。

（7）尽可能避免人员进入有限空间进行清拱、清煤作业，如必须进入煤仓内工作，工作人员不超过2人。

（五）风险辨识方面

（1）编制"三措两案"工作应由专业人员及有相关工作经验的人员进行现场踏查后进行编制。

（2）风险辨识工作应由上至下进行辨识，首先辨识上部有无高处落物的风险、高处作业的风险、踏空风险及上部支撑的承重情况；其次辨识地面有无滑跌、绊倒、跨越等风险；最后辨识下部有无塌方、淹溺、踏空等风险。

（3）有限空间的有毒有害气体、氧气含量等。

（4）对转动设备在停电的情况下有无发生倒转、位移，进行辨识。

（5）人员精神状态、健康状况需进行询问及辨识。

（6）管道切除、断开工作应对管道断开后是否可能发生位移进行辨识。

（7）皮带机胶带进行高处作业时，周边的防护栏杆能否满足防止人员高处坠落的风险辨识。

三、燃料专业案例

（一）输煤皮带作业

（1）2019年4月19日，辽宁省某电力工程有限公司对皮带机上积煤、粘煤进行清理工作，2名工作人员赵某某、刘某某在未开具工作票与操作票的情况下，擅自开展工作。在热电公司3号输煤乙皮带上进行清煤作业时，皮带突然启动，二人随皮带以2.5m/s的速度向前运行，与皮带改向滚筒相撞并跌落至地面，跌落高度 2m，造成 1 人死亡 1 人重伤。

(2) 2019 年 1 月 13 日，新疆维吾尔自治区某煤电开发有限公司发生人身伤亡事故，外包单位工作人员刘某某负责清理输煤系统 1 号皮带机漏煤，在进煤仓输煤皮带头部位置清理地面洒煤过程中，未执行工作票制度，违章翻越皮带机护栏，并且在没有工作监护人的情况下，进入 1 号乙皮带头部下部清煤，被皮带甩至回程支撑滚筒前方地面，导致头部受伤，造成 1 人死亡。

(3) 2017 年 8 月 11 日，广东省某电厂外部物资供应人员 3 人在未执行工作票制度的情况下，私自进入煤场，测量 5 号 A 输煤皮带机槽架尺寸数据。抵达工作现场后，无视现场"禁止跨越"安全标识，擅自跨越安全护栏，站在皮带机上，进行测量工作。随后，因皮带机启动，导致其中 1 名人员被拉倒，被甩落至皮带机对侧地面上。其他 2 人立即拉断皮带机的拉线开关，将伤者送往医院。后经抢救无效死亡。

(4) 2017 年 5 月 26 日，宁夏某公司在 2 号甲输煤皮带积煤清理过程中，1 名工作人员在清理积煤工作中严重违章，在电厂 2 号甲侧皮带机靠北墙侧尾部滚筒防护栏处，将上半身探入回程皮带与滚筒间，右手持弯曲的钢筋清理滚筒下部积煤。随后，皮带与滚筒下部的积煤清理松动，2 号甲带沿输煤正常运行方向串动，带动尾部滚筒转动，将该名工作人员挤在回程皮带和尾部改向滚筒间，受皮带弹性张力左右，皮带回弹，造成二次挤压，将其上半身挤压在滚筒下，造成 1 人死亡。

(5) 2016 年 6 月 6 日，某公司外委单位作业人员在湖北省某热电厂燃料系统 6 号转运楼外墙粉刷作业过程中，1 名施工人员在脱离监护的情况下，独自攀爬室内固定爬梯上屋顶，查看下一步墙面粉刷工作如何开展时。在攀爬过程中，身体重心失稳并本能地抓住爬梯附近的 12 号电动葫芦电缆线管，线管松脱后，死者因惯性坠入旁边的吊装孔，最后跌落至 0m 地面。造成 1 人死亡。

(6) 2015 年 12 月 31 日，江苏省某发电公司 1 名劳务派遣人员作业人员前往 71 号输煤皮带进行清理工作时，走错工作位置，从防护栏杆横杆中去拆除 72 号皮带挡煤的胶皮。拆除过程中，72 号皮带机启动运行，该名工作人员未能看到闪光警告灯，导致其将拆除的挡煤胶皮扔到台阶准备下来时，身体某处被皮带牵拉，倒向皮带，防护栏杆掉落，随即被皮带卷入、挤压致死。

(7) 2015 年 8 月 13 日，宁夏某公司热电运行部输煤运行值班员李某在清理输煤系统 6 号甲皮带散落的燃料煤作业过程中，在无安全监视人员的情况下，独自开展散煤清理工作，在其低头清理皮带积煤时，因现场环境噪声较大，人员注意力不够集中，未发现运行中的除铁器靠近，不慎被除铁器撞倒并挤压到 6 号甲侧皮带防护栏杆上，随后经抢救无效死亡。

(8) 2014 年 11 月 29 日，辽宁省某科技开发有限公司某工作人员在该省内某热电厂检测输煤皮带等设备的工作数据。在未办理工作票且无其他人员监视的情况下，该名工作人员擅自开展工作。随后，原本停止的燃料输煤皮带突然启动，导致该名作业人员从燃料输煤皮带四段尾部地面不慎跌入下层皮带上，因身体某处被皮带牵拉，随即被带入转向滚筒中，造成1人死亡。

（9）2014年7月24日，上海某外委单位工作人员在某发电有限公司进行皮带清扫作业。外委人员在清扫作业前未进行安全教育，工作开展前未进行安全交底，且工作现场未设立安全监视人员。当其中1名外委人员清扫输煤皮带机的散煤时，为抄近路，翻跨处于运行状态的输煤皮带机，随即失去重心、站立不稳，跌落在输煤皮带上，被卷入皮带中挤压，造成1人死亡。

（10）2014年9月23日，某环保股份有限公司在湖北能源集团鄂州发电厂新码头工程输煤皮带安装施工过程中，未按工作规程，在高处作业佩戴安全带。并且在无安全监视人员的情况下，独自在12m高处开展散煤清理工作。在其清理皮带积煤时，人员注意力分散，不慎失去重心、站立不稳，导致作业人员从12m处高处坠落至零米地面，造成1人死亡。（高处坠落）

（11）2013年4月30日，河南省某电厂的工作人员进行输煤皮带监视工作，现场工作人员赵某某在巡视到输煤二段头部落煤斗附近时，有类似擦拭运行皮带滚筒附近下部皮带动作。在此过程中，赵某某的身体某处被运行中皮带滚筒绞住，随即被牵拉跌倒在皮带上，因附近无其他工作人员，无法立即施救，导致赵某某顺着皮带卷入落煤斗内，造成1人死亡。

（12）2014年4月28日，山东某公司在进行皮带尾部滚筒包胶工作时，在工作票尚在办理过程中、安全措施尚未实施、工作尚未许可的情况下，外包施工负责人薛某志私自安排薛某波去4C皮带拉紧间做准备工作，当薛某波准备将倒链挂钩挂在拉紧装置滚筒轴上时，4C皮带突然启动，倒链挂钩被滚筒甩起，击中薛某波头部，薛某波摔倒在地，致使1人死亡。

（13）2006年3月9日，内蒙古某发电公司在进行输煤系统检修过程中，在未经批准情况下，因随意更换检修班作业组成员、设备传动试验不押票，从设备试运转到再次转入检修状态也没有采取安全措施。此外，没有许可就开始作业，斗轮堆取料机司机在没有确认斗轮中紧固螺栓的2名工作人员是否已离开便自行启动斗轮堆取料机，导致一起机械伤害事故发生，造成1名外委检修人员死亡。

（14）2003年8月31日，上海某电厂更换1号卸船机机内皮带过程中，工作人员陆某在距离地面4.8m处未佩戴安全带的情况下进行割除卸船机机内皮带工作，在割除旧皮带2/3后准备退出工作地点。随后，该名工作人员因未注意脚下路线，右脚不慎踩在一根电缆管上，突然电缆管的接线盒断裂，陆某重心不稳且无其他安全措施，导致其从4.8m高坠落造成重伤。

（15）1996 年 2 月 27 日，辽宁省某发电厂燃料分场在清理皮带滚筒地面积煤过程中，现场某公司外委人员无视安全警示标识，安全意识淡薄，为图省事抄近路，躲避安全监护人员视线，违章翻跨栏杆，导致其上身在穿过尾部滚筒栏杆时，手臂被处于运行状态的皮带卷入，由于牵扯力度较大，造成头部朝下、脚朝上夹在上下皮带之间，随后，头部撞到尾部滚筒，造成 1 人死亡。

（16）2005 年 11 月 16 日，河北省某热电厂检修人员人为更换输煤皮带打开配重间吊孔（标高 25m），仅用一条尼龙绳作为简易围栏。工作负责人刘某带领赵某等人到达配重间，进行疏通落煤筒工作，随后发现起吊孔未设围栏，也无其他保护措施，便开始作业。1 名工作人员用大锤砸落煤筒时，另外 1 名工作人员为躲避大锤后退，从起吊孔坠落至地面（落差25m），后经抢救无效死亡。

（二）皮带头尾部

（1）2019 年 1 月 5 日，某劳务有限责任公司人员在某发电厂进行输煤系统清理堵煤作业时，在控制室未确认落煤管内是否有人作业的情况下，远程启动皮带，并依次启动一级碎煤机 B 和滚轴筛 B，导致正在落煤管内进行清理作业的苏某某随即被启动的滚轴筛 B 卷入，造成 1 名人员死亡。事故原因：一是主值李某在启动设备前，未经确认现场工作人员是否离开就启动设备；二是清理人员苏某某未办理工作票，严重违章冒险作业；三是当班人员未按规定在作业前，将控制箱打至"就地"状态；四是现场其他 3 名清理人员未制止苏现青危险行为，事发后未采取有效急救措施。

（2）2018 年 8 月 31 日，贵州省某厂发生人身伤亡事故，死亡 1 人。某外委单位作业人员在该省热电有限公司 1 号输煤转运站 2 号皮带尾部进行落煤管脚手架拆除作业过程中，委施工单位作业人员李某某未经许可，未办理工作票，且在高处作业未系安全带的情况下擅自开展工作。在拆除脚手架 2.5m 高度时，不慎失去重心，从高处坠落至地面，头部先着地，随即送往医院抢救无效死亡。

（3）2017 年 9 月 19 日，山西省某劳务公司派遣劳务人员在某煤电有限责任公司进行皮带机上积煤、粘煤进行清理工作。在处理 4 号乙皮带尾部积煤过程中，在现场工作现场无监护人员的情况下，1 名工作人员独立进行清煤作业，在清理过程中，人员注意力不够集中，站立不稳、失去重心，不慎跌落被夹在 5 号管状带尾部旁路倒三通挡板处，造成 1 人死亡。

（4）2016 年 10 月 7 日，内蒙古某发电公司工作人员赵某某在输煤皮带机上进行积煤、粘煤的清理工作。在无安全监视人员的情况下，独自开展积煤清理工作，且在高处作业未扎安全带。当其低头专心清理皮带积煤时，赵某某因注意力不够集中，站立不稳、失去重心，不慎跌倒。此时该皮带机突然启动，赵某某未掌握平衡时，顺着皮带机被带走，随后被挤压在 3 号甲侧输煤皮带尾部清扫器上，造成 1 人死亡。

（5）2015 年 7 月 8 日，河南省某外委单位派遣人员处理某电厂输煤皮带积煤堵煤问题，在处理 C-3 输煤皮带头部落煤斗堵煤过程中，1 名外委作业人员不听指挥违章作业，擅自钻入落煤斗下部捅煤，经过一段时间疏通，煤层开始逐渐松动。随后，堵煤突然从煤斗高处塌落，此时该名外委人员仍然站立在煤斗下方捅煤，因躲避不及时，将其压在煤下造成窒息，后经医院抢救无效死亡。

（6）2008 年 7 月 7 日，河南省某电厂检修人员刘某某在处理输煤皮带间消防水管焊口断裂缺陷时，在未开具工作票，未请示相关负责人批准且无安全措施的情况下，私自打开消防水阀门进行通水试验。因水压过大，导致消防水管焊口爆裂，一节铁管蹦出，直接砸向检修人员刘某某面门，刘某被砸伤倒地。附近工作人员听到异响赶来救援。后经医院抢救无效死亡。

（7）1999 年 1 月 15 日，黑龙江省某发电厂检修班组进行 7 路甲皮带更换作业，在工作过程中不慎将一处起吊孔的围栏碰坏，因现场工作未结束，暂时用一条尼龙绳将起吊孔四周围起，做临时围栏，但未做其他防护或警告措施。当天，另一组作业人员处理落煤管堵煤，1 名工作人员为躲避同组工作人员抡大锤向后退时，不慎从起吊口坠落，落差 25m，经抢救无效死亡。

（8）1995 年 8 月 29 日，天津某发电公司作业组人员进行更换输煤系统皮带落煤管作业，工作现场用 5 号输煤皮带头部的吊装孔运输所需物料。1 名参与现场工作人员包某违章作业，跨越临时围栏，停留在起吊重物下方指挥工作。在吊装过程中，一处吊绳崩断，导致电动葫芦减速器从上方落下，下落过程中砸中工作人员包某的头部，附近人员立即将其送往医院，后经抢救无效死亡。

（9）2016 年 1 月 26 日，山西省某煤电有限责任公司 1 号碎煤机发生煤蓬堵现象，工作现场立即组织人员进行处理，其中 1 名工作人员在清理粗筛时，无视安全警示标识，安全意识淡薄，为图省事抄近路，躲避安全监护人员视线，由筛煤机去往碎煤机落煤斗时违章翻跨，不按正规路线前往。随后，因站立不稳，失去重心，不慎坠落煤斗仓，经抢救无效死亡。

（三）煤场

（1）2020 年 9 月 25 日，上海某公司在某发电公司煤场封闭工程项目中，专业分包单位的 1 名作业人员在拆解用于桁架提升的专用提升架时，在未采取安全措施，且无人员监护的情况下，进行无证违章动火作业。导致在液压提升装置与平行四边形钢结构分离时，钢结构失稳侧倾，砸压位于侧下方的该名工作人员，当场死亡。（该提升架为用于桁架提升的专用机具，下部为平行四边形钢结构，重约 5t，上部为液压提升装置，上、下两部分以焊接连接。）

（2）2019 年 10 月 22 日，河南省某电力有限公司发生人身死亡事故，造成 2 人死亡。EPC 总承包的施工分包单位作业人员，在从事煤场环保封闭升级及北扩项目施工作业时，违反停工令，未经批准，擅自更换杆件，致使已稳固的网架失稳，发生高处坠落，落差距离 28m。网架坠落时，下方 2 名工作人员经过，被上方下坠的网架砸中头部，随后立即送往医院抢救，经救治无效死亡。

（3）2011 年 6 月 7 日，甘肃省某发电厂进行煤场挡风抑尘墙钢结构吊装工作，现场开具了工作票并进行了安全交底工作。随后，工作人员开始组装自制吊篮。组装完成后，工作组成员张某、王某某立即爬上吊篮开始工作。两个半小时以后，悬吊吊篮的南侧钢丝绳拉断、北侧钢丝绳也随即拉断，吊篮从约 16m 高处坠落到地面，现场人员立即将伤者送往医院，经救治无效死亡。

（4）2014 年 11 月 10 日，安徽省某公司项目部现场施工人员进行卸煤棚西侧端部顶棚浇筑混凝土作业。在作业过程中，扣件式钢管脚手架支持体系不符合规范要求，水平向未设置剪刀撑；纵、横向剪刀撑设置不足，扫地杆设置高度偏高；立杆对接头未按规定错开，均在一个平面内；底部伸出钢管长度超过 300mm 时未采取可靠措施固定；钢管壁厚不足，扣件重量偏轻，导致发生支撑脚手架坍塌事故，坍塌建筑高度约 10m，造成 7 人死亡。

（5）2006 年 7 月 4 日，湖南省某火电建设公司电厂扩建工程中，拆卸一台 60t 龙门式起重机的准备阶段时，现场作业人员违章作业，未按规程操作，在工作未结束时，提前拆除了龙门式起重机主梁与刚性腿连接螺栓，导致龙门式起重机各支架受力不一致，物理重心失稳。随后引发支腿偏斜而倒塌，造成附近工作人员 7 人死亡、9 人受伤。

（四）翻车机

（1）2019 年 9 月 25 日，某热电有限公司发生人身死亡事故，1 人死亡。外委单位长春市永泰电力设备自动化有限公司 1 名挂车摘钩作业人员，在电力投资集团有限公司所属某热电有限公司卸煤区域进行铁路翻车机挂钩摘钩作业过程中，违反操作规程中关于先摘钩后启动牵车之规定，先启动牵车信号，车辆运行过程中进行摘钩，导致铁路货车车辆挂钩连杆撞击胸腹部，造成 1 人死亡。

（2）2014 年 1 月 3 日，某发电厂燃运分场燃料运行人员姜某某翻车机系统运行过程中，违反翻车机室内通行规定，为节省时间，避免绕路通行，采用在进行卸车作业的两节铁路货车中间跳过的方式行进，在登上铁路货车的过程中，由于手滑没有抓牢铁路货车爬梯扶手，该燃料运行人员身体失去重心滑倒在铁路货车车辆连接处，受铁路货车被牵引发生的纵向力挤压至胸部，经抢救无效造成 1 人死亡。

（3）2015 年 12 月 6 日，某热电有限责任公司燃料分场 1 名工作人员在前往处理皮带跑偏情况时，为节省时间，避免绕路通行，采用在进行卸车作业的两节铁路货车中间跳过的方式行进，在跨越铁路货车的过程中，没有确认翻车机系统是否在作业，跨越过程中发生因翻车机牵车运行，铁路货车随之前进，人员处于两节铁路货车连接钩头中间，铁路货车被牵引发生的纵向力挤压，经抢救无效造成1人死亡。

（4）2014年12月26日，某热电厂翻车机压车信号不到位，需清理翻车机内铁路货车上部积煤，值班员郑某某攀上铁路货车进行清理，清理完毕准备返回过程中，控制室内赵某某在没有确认清煤人员是否撤离的情况下，违章指挥翻车机操作见习人员沃某某进行压车操作，致使处于铁路货车车厢上沿与翻车机压车机构压车梁间的郑某某被下降过程中的压车梁压住，被压人员解救下后经抢救无效死亡。

（5）2005年9月28日，某电厂翻车机卸车作业过程中发生翻车机煤斗因原煤潮湿造成下煤不畅，燃料车间运行班长通知，外委单位某公司负责清车底人员进行粘煤清理，专业人员违章由底部皮带机与翻车机煤仓结合处入口门进入翻车机煤仓下部由下向上使用铁钎进行清理，煤仓壁积煤在受力后突然坍塌，该外委单位清理人员瞬间被埋，立即组织救援，急送医院，经抢救无效死亡。

（6）2001年1月15日，河北某热电厂发生人身伤亡事故，1人死亡。河北邯郸热电厂燃料车间电工班副班长安排检修电工李某某，带领李某去现场继续查找两台电机电流不平衡原因。2人下到迁车台机坑底查看迁车机抱闸情况，并通知翻车机值班员贾某某开车，检查过程中，准备停车，迁车台机方向接触器机械闭锁卡涩，造成迁车台机接触器断开迟延，使迁车机无法正常行走、停止，迁车台机经惯性行走后，李某某躲闪不及，被迁车台机平台与西沿缓冲器挤住胸部，急送医院，抢救无效死亡。

（五）煤场车辆

（1）2019年1月10日，河北省某发电企业一辆运煤车完成机械煤质采样后，驾驶员刘某某驾驶该车辆自西向东驶向清苑热电汽车煤卸煤区域，刘某某违章作业，自卸车厢边走边起，导致车辆向驾驶员侧发生侧翻，溢撒的煤将由南向北按照正常线路骑行三轮车，到卸煤区域附近倾倒废弃煤样的宋某某压埋。救援人员将宋某某救出后立即送往医院救治，经抢救无效死亡。

（2）2019年1月1日17：00左右，内蒙古某电厂在煤场卸煤过程中，一辆拉煤车停在地煤沟东侧进行卸煤，拉煤车司机负责打开煤车马槽，后勤公司驻电厂的推煤司机郑某看到该煤车两侧马槽已经全部打开，并看到一名拉煤车司机示意可以推煤后，开始驾驶推煤机卸煤。在即将推完煤时（该车共3节车厢），拉煤司机挥手制止推煤，称与其同行1人失踪。卸煤班长韩某听到消息后立刻组织人员约10人开始挖煤寻找，最终在拉煤车的第二节车厢附近挖出被埋的1人，后经抢救无效死亡。

（3）2018年12月10日，辽宁某热电厂厂区内发生一起交通事故，造成 1 人死亡。一辆承担该热电厂煤炭运输的协议车队重型自卸车，地磅称重后，在无其他人员进行安全监督的情况下，长距离违章倒车。因瞭望不足，车辆较大，在倒车过程中将在厂区内主干道正在进行清运垃圾的外委保洁人员徐某（女性）碾压。救援人员将徐某救出后立即送往医院救治，经抢救无效死亡。

（4）2017 年 4 月 20 日，山东省某有限公司在一发电企业进行备用煤场平整作业时，工作人员张某某在监护人员未赶到现场的情况下，违规驾驶装载机沿 3.7m 宽的煤堆道路上煤堆作业，装载机宽度 2.8m，当行驶到距地面垂直高度 5.5m 处，由于煤堆道路西侧因取煤呈峭壁状，且边缘松软，路基承载力不够，致使西侧路基坍塌，装载机从煤堆边缘翻落，翻转 270° 后落至地面，驾驶室严重挤压变形，作业人员被卡在推煤机驾驶室内，造成张某某死亡。

（5）2017 年 3 月 14 日，内蒙古某电厂一期南煤场西侧，装载机司机岳某某驾驶装载机在推土机库外北侧场地掉头时，未按操作规程操作，掉头时鸣笛，看后视镜，将准备前往北煤场指挥煤车卸煤的劳务工胡某某撞倒，碾压骨盆部位，胡某某立即用对讲机呼救，两名煤场员工听到呼救立即救援，后经抢救无效死亡。经现场调查发现，卸煤员工胡某某在装载机启动掉头时，未与装载机保持安全距离。

（6）2016 年 11 月 21 日，贵州某热电有限公司 1 名煤场装载机驾驶员沈某某在推卸煤作业过程中，安全意识不强，麻痹大意，违章作业，盲目驾驶装载机进入危险区域，违规驾驶装载机行驶煤堆边缘，作业时距离煤堆边缘低于 1.5m 以上的安全距离。导致压垮煤堆引起装载机侧翻，造成装载机驾驶室严重变形，作业人员被卡在推煤机驾驶室内，驾驶员沈某某经抢救无效死亡。

（7）2014 年 3 月 25 日，山东省某电厂工作人员金某某驾驶工程车穿越厂区时，途经电厂二期铁路西侧一处急转弯，该地点转弯较急，坡度较陡，下坡路线长，加上路旁树叶遮挡司机视线，开车视线不够清晰，且未设立安全提醒标识牌。该名工作人员在驾车路过该区域时，车速较快，人员注意力不够集中，并且路况不好，在急转弯处发生翻车，造成 1 人死亡。

（8）2013 年 11 月 16 日，宁夏某物业服务有限公司作业人员在宁夏某发电有限公司煤场巡检过程中，1 名驾驶员正在驾驶装载机进行推卸煤工作。当装载机行驶到煤堆边缘时，因煤堆道路边缘松软，路基承载力不够，致使下方塌陷，装载机发生侧翻。此时，该名外委工作人员金某某正在装载机附近巡查煤场，且未与这辆装载机保持足够安全距离，当车辆侧翻时，被挤压死亡。

（9）2007 年 1 月 23 日，河南省某热电公司燃料管理部职工王某某，到车库将 2 号推煤机开出，准备到煤垛上对汽车进行整形工作。在推煤机即将行驶到煤垛顶部时，道路右侧（斗轮堆取料机侧）发生煤垛坍塌、致使推煤机倾斜翻入煤堆下面，落差约 6m，推煤机翻倒后，坍塌下来的煤将推煤机埋在下面。推煤机司机王某某由于严重外伤和窒息，后经送医抢救无效死亡。

（六）堆取料机

（1）2017 年 3 月 18 日，山东省某电厂 2 号斗轮堆取料机堆煤过程中堆煤结束后，输煤主控值班员联系斗轮堆取料机司机薛某停运设备，电话无人接听。值班员王某和齐某分别到 2 号斗轮堆取料机寻找薛某，发现 2 号斗轮堆取料机仍在运行，但未见薛某，齐某现场停运 2 号斗轮堆取料机。燃料管理部组织多人现场查找，随后发现值班司机用铁锹清理旋转平台洒落的积煤时，被卷入附近辊筒与皮带之间，造成 1 人死亡。

（2）2016 年 3 月 15 日，吉林省某发电公司作业人员对 100MW 机组斗轮堆取料机和 200MW 机组斗轮堆取料机进行设备检查。工作人员周某某在没有与斗轮堆取料机司机取得联系的情况下，独自对斗轮堆取料机悬臂进行巡检，在巡检过程中其部分肢体探入改向滚筒前皮带夹层内。恰好斗轮堆取料机司机李某某在监护人未到场情况下擅自启动斗轮堆取料机作业，导致周某某被卡在悬臂头部滚筒与皮带之间，经抢救无效死亡。

（3）2013 年 12 月 8 日，陕西省某发电有限公司进行铁路煤场清扫、汽车煤接运及煤场卫生清扫工作。工作人员宫某发现 1 号斗轮堆取料机尾车料斗堵板皮子外翻，煤撒落至地面，便不打招呼、不采取可靠的安全措施，不经批准擅自爬上停运的皮带上处理斗轮堆取料机尾车料斗堵板皮子外翻撒煤问题。几分钟后，燃运程控启动该皮带，该作业人员被滚筒挤压，造成 1 人死亡。

（4）2013 年 12 月 20 日，黑龙江省某公司在进行堆取料机轮斗积煤清理时，非作业组人员孙某，擅自进入堆取料机轮斗清理积煤作业现场，并在设备即将试运时走近堆取料机滚轮。工作负责人参与清理作业，设备试运时监护出现间断，且在没有再次对试运设备及周边状态确认的情况下，便开始下达设备试运指令，导致孙某卡在取料机滚轮和弧形挡板之间，造成 1 人死亡。

（5）2013 年 2 月 10 日，吉林省某公司劳务派遣人员在某电厂清理煤场斗轮堆取料机时，清理完毕后为未按规定押回工作票，只是和运行人员口头联系，试运斗轮堆取料机。试运过程中，发现斗轮堆取料机仍有缺陷，未按规定重新履行工作票手续，只是给司机打个手势要求停止斗轮堆取料机运行。斗轮堆取料机停止后，未做安全防护措施，便立即进入斗轮堆取料机的轮斗内处理缺陷。随后，因轮斗内站立不稳，卡在轮斗和圆弧衬板之间，发生挤压事故，造成 1 人死亡。

（6）2007 年 5 月 8 日，甘肃省某电厂发生斗轮堆取料机清理皮带尾部现场撒煤，经铃声预警后，现场人员启动皮带。在皮带启动瞬间，正在进行加油工作的梁某顺着改向滚筒与斗轮堆取料机高低压配电室外墙空隙坠落至回程皮带上，人体随运行中的回程皮带移动，在移动至回程皮带调心托滚支架与回程皮带间隙处，受到强烈挤压。随后救援人员将梁某救出后立即送往医院救治，经抢救无效死亡。

（7）2006 年 3 月 9 日，山西省某发电公司在一期输煤系统 A 斗轮堆取料机检修过程中，检修队伍未经批准随意更换检修班组成员；在设备传动试验过程中不按规定押回工作票；当传动过程中再次处理设备缺陷时，仍不履行重新办理工作许可手续；运行人员在现场设备启动过程中不认真检查等，这一系列违反"两票"管理制度的行为造成 1 名检修工作人员死亡。

（8）1996 年 8 月 13 日，山西省某公司燃料运行民工班班长武某带领本班四人前往 8 号输煤皮带尾轮处清理轨道两侧通道上的积煤。在武某通往工作地点途中，当斗轮堆取料机行走至控制电源箱处时，其间距较小，武某心存侥幸，硬从其间通过，正好被斗轮堆取料机爬梯护栏挤压在控制箱电源箱上。随后，作业组成员赵某某发现武某躺在斗轮堆取料机控制电源箱靠西侧地面上，立即将其送往医院救治，经抢救无效死亡。

（七）油库区域

（1）2015 年 10 月 10 日，某电力检修有限责任公司在内蒙古京隆发电有限责任公司 1 号油罐焊接作业时，作业人员走错间隔至 2 号油罐焊接，引起 2 号油罐爆炸起火，造成 4 人死亡。2015 年 10 月 10 日，中电国际神检修公司京隆项目部承担京隆发电公司（内蒙古丰镇市，京能集团控股管理）2 台 600MW 机组检修维护工作，原计划进行燃油罐区 1 号油罐爬梯焊接作业，作业人员走错到 2 号油罐进行焊接，引起油罐爆炸起火，造成 4 名劳务派遣人员死亡。

（2）2001 年 3 月 8 日上午，某发电有限公司发生人身伤亡事故，5 人死亡。江苏常熟发电有限公司燃料部机械二班在输油码头（趸船）上的重油输油管道入口处安装流量计。4 名工人在输油管内蒸汽吹扫后没有实施泄压措施、没有办理动火工作票、没有落实任何安全防范措施的情况下，就贸然通知焊工到禁火区域内用气割切割输油管法兰螺钉。上午 9：45 左右，输油管内油气及残油喷出遇到明火酿成火灾事故，在作业现场的 5 名工人没能及时疏散，全部被烧致死。

（八）采样机区域

（1）2020 年 12 月 24 日，某电力有限公司外委单位，接电厂输煤运行值班员电话通知 1～4 号皮带已停运，检查积煤情况，外委单位在清理完毕上述地点积煤后询问 5B-9B 号皮带能不能检查，输煤运行值班员告知，B 侧皮带停运，外委单位对 7B、8B 皮带落煤管积煤检查清理。工作人员刘某文打开正在运行的 8A 皮带头部采样机观察口，上半身探入采样机内检查落煤管堵煤情况，被运行中的采样机采样头夹挤在采样头与采样机内壁之间，后经抢救无效死亡。

（2）2019 年 12 月 13 日，内蒙古某煤电有限公司发生人身重伤事故，1

人重伤。华润电力内蒙古某煤电有限公司入厂煤采样机运行过程中，采样机接料斗因冬季煤炭冻结造成粘煤堵塞，采样机作业人员在清理采样机接料斗过程中没有采取对入厂煤采样机进行停电的措施，对运行中的入厂煤采样机接料斗进行清理，清理过程中右手碰触旋转中的螺旋钻头，造成右手绞伤断离。

（3）2018年1月14日，某发电有限责任公司输煤系统入厂煤采样机故障，外委单位江西中电夜间值班负责人安排现场值班人员孔某某到现场进行故障排查。值班人员孔某某一人前往现场进行排查，在排查过程中，该检修值班人员没有对采样机运行情况确认，未采取有效地防止采样机运行的措施，趴到1B皮带机上部将头部探入采样头内进行观察，采样头动作击中检修人员头部，导致死亡。

（4）2017年1月20日，某公司燃料质检部员工李某某、郑某某（死者，男，52岁）二人共同到2号火车采样机对火车来煤进行采样。李某某在操作间内负责操作，郑某某在其身后瞭望平台上进行瞭望。工作人员郑某某在采样机随时启动情况下，擅自打开瞭望平台护栏入口门，站立在可能被水泥立柱挤碰的危险位置。采样机启动后，郑某某被卡在采样机与水泥柱之间，后坠落至距采样机操作间4m的地面处，造成1人死亡。

（5）2016年5月29日，某公司在进行采样机采样工作中，工作人员罗某某进行操作采样机作业。在采样工作程序尚未完成、采样机仍在卸样的情况下，罗某某违章离开采样操作室，进入采样机行程范围，违规站在平台最外侧（采样机原始位置附近）并紧贴栏杆探身指挥，被挤压在采样机与露天平台护栏之间（采样头底部与栏杆间顶部距离约10cm左右），致其死亡。

（6）2012年3月9日，某电力工程有限公司在华润电力某电厂进行火车煤采样机维修改造过程中，在安装机械采样头和采样料斗过程中，采用起重机进行吊装作业，因吊点设置不平衡，在对机械采样头和采样料斗整体（重量约1.5t）吊装过程中，机械采样头和采样料斗整体失去平衡，机械采样头和采样料斗整体脱落，施工人员砸伤，导致机械伤害事故，造成1人死亡。

（7）2012年2月12日，某电力设备有限公司在宁夏中宁发电厂有限责任公司进行皮带入炉煤采样机改造工作，原皮带入炉煤采样机拆除，入炉煤采样机共分3层安装，采样机平台设有斗提机安装孔，由于安装孔尺寸较小，施工单位仅设置由警戒带组成的安全线，未设置固定围栏，安全措施不到位。施工单位安装人员在经过该孔洞时失足跌落，导致人员高处坠落事故，造成1人死亡。

（九）煤仓

（1）2020年6月23日，宁夏某热电有限公司在储煤筒仓空气炮改造过程中，外委单位河北某重工有限公司工作负责人张某某违反《宁夏某热电公司外包工程安全管理规定》《两票三制管理制度》，在未经宁夏某热电公司许可、未办理作业手续的情况下，违反有限空间作业规定，擅自组织作业人员施工，导致 2 名外包单位工作人员在筒仓内外壁夹层施工时，因有害气体中毒死亡。

（2）2020 年 2 月 25 日，某公司公用工程部热电厂 2 号 130t/h 锅炉原煤仓出现蓬煤，公用工程部部长朱某某和输煤工段长唐某某违反关于煤仓清理作业执行双重保护之规定，仅佩戴安全绳，未佩戴防坠器进入原煤仓内进行处理，处理过程中朱某某脚下煤堆发生坍塌，唐某某和原煤仓外监护人员戴某某拉拽保护绳未能成功，朱某某被埋在煤堆中。随后，在煤仓出料口救出朱某某，经抢救无效死亡。

（3）2018 年 6 月 5 日，某热电有限公司进行煤仓清理作业。未执行"先通风、再检测、后工作"的原则，在煤仓内原煤下降至接近煤斗位置时，1 名工作人员发现下面突然冒出一股热气，顿觉身体异样，随即跑往人孔口被救出。另 1 名工作人员立即进入仓内抢救其他 3 名工作组成员，但被气体熏晕，倒在煤仓，随后 4 名人员相继被救出送往医院抢救，但最终经抢救无效 4 人死亡。

（4）2017 年 12 月 17 日，贵州某公司作业人员在国家电投集团所属的贵州金元股份有限公司纳雍电厂（一厂）燃料卸煤沟协助清拱作业时，劳务人员在协助"清拱"作业、传递工器具过程中，作业人员张某某（死者）严重违章，从卸煤沟内 B 侧 7 号仓往 A 侧 6 号仓移动过程中，行走至横梁之间误踏虚拱，失足滑落到卸煤沟底部，被垮塌的积煤掩埋，经抢救无效死亡。

（5）2017 年 9 月 8 日，某电力工程有限公司在京能集团所属内蒙古京海煤矸石发电有限责任公司 1 号机组检修期间清理锅炉原煤仓贴壁积煤时，积煤清理项目总指挥蒋某违章指挥、违章作业，未执行清理积煤作业"三措一案"中清理积煤时必须从上而下清理。带领作业班人员从下而上清理，积煤坍塌埋压正在施工的 3 名工作人员，其中蒋某由于埋压较深造成窒息，经抢救无效死亡。

（6）2016 年 1 月 25 日，某热电厂在汽车卸煤沟开展清理内部蓬煤作业。清煤作业阶段性完成，张某、胡某撤离作业现场，运行人员启动叶轮给煤机进行清煤。随后，宗某因事离开工作现场，离开前强调在其未返回前作业人员禁止进入卸煤沟。10min 后，工作人员发现赵某某失踪，查找发现赵某某未系安全带掉入卸煤沟内被煤掩埋，后经抢救无效死亡。

（7）2015 年 11 月 17 日，某有限公司在大唐国际发电股份有限公司张家口发电厂 4 号机组 4 号煤仓进行清煤作业时，现场 6 名人员，其中 2 名监护人员、4 名工作人员。4 名工作人员进入原煤仓内进行清煤工作，其中 1 人负责监护工作，在清煤过程中，违反"由上向下逐步清理"的工序要求，导致煤仓上部侧壁存煤坍塌，1 名作业人员被埋，经抢救无效死亡。

(8) 2014 年 3 月 20 日，某有限公司作业人员在河南华润古城电厂进行原煤仓清理的工作时，煤仓疏通清理方案存在严重缺陷，未安排作业人员依次从东西南北四个方向进煤口进入原煤仓进行清理作业，仅从南侧口进入，由于作业范围大，致使安全绳不能时时处于紧张状态，并且未佩戴防坠器，未起到应有保护作用。煤堆坍塌，1 名作业人员被埋，经抢救无效死亡。

(9) 2013 年 12 月 15 日，某热电二厂 4 号给煤机入口多次发生下煤不畅，外委施工单位河北中昌建筑工程有限公司对 4 号煤仓进行清煤作业时，未执行清理积煤作业"三措一案"中清理积煤时必须从上而下清理的相关规定。由下至上进行原煤仓积煤清理工作，并未采取对临近 3 号原煤仓进行有效隔离的措施，相邻的 3 号煤仓突然落煤，1 名清煤人员被落煤掩盖，经抢救无效死亡。

(10) 2006 年 12 月 28 日，某热电有限责任公司 4 号炉 A 侧原煤斗堵塞，该厂燃料部 5 名员工进行处理时，未开具工作票，未进行有效的风险辨识，对原煤仓内存在的危险因素没有进行全面的分析并制定相关的防范措施，未设置有资质的安全监督人员，在没有进行通风并对现场可能存在的有毒有害气体进行检测的情况下，违章进入煤仓作业，造成一氧化碳中毒，致使 4 人死亡。

(11) 2005 年 9 月 28 日，某发电厂在清扫煤斗工作中，发生一起煤层塌陷导致的掩埋窒息事故，造成 1 名临时工死亡。王某系好安全带（加长绳约 6m），未佩戴防坠器班长王某将加长安全绳缠绕在邻近水泥柱上一圈用手拉紧后，让外委单位人员王某慢慢进入煤斗，用铁铲进行清掏，在清掏过程中，煤斗壁北侧积煤突然向南塌陷，将农民王某埋入煤中，经抢救无效死亡。

(12) 2001 年 4 月 24 日，上海某发电厂燃运三班薛某、徐某和谢某进行原煤仓清仓工作，徐某下仓工作，薛、谢分别在煤仓平台人孔门和监视孔处监护，谢拉绳。过程中二人听到异声，二人未做任何个人安全防护措施下煤仓，站在煤层上。当时，谢看到徐已半身埋入煤中，薛、谢二人试着将徐拉出煤层，没有拉动。薛随即命谢出煤仓通知锅炉运行停给煤机。此时，谢再次进入煤仓时看到薛正站在煤层上徐已被煤埋到胸口。薛又命谢快去联系打开煤斗下的人孔门，放煤。此时薛仍站立在煤层上，徐已被煤埋到胸口以上，随后二人全部埋入煤中。抢救无效窒息死亡。

第九节　燃料系统火灾和爆燃隐患及防止方法

一、燃料系统煤自燃和煤粉爆燃的危险区域和风险

(1) 煤堆的自燃。

(2) 卸煤地下硐室积煤积粉的自燃。

（3）煤棚内和地下硐室煤尘的爆炸。

（4）皮带廊积煤积粉的自燃。

（5）皮带廊煤尘爆炸。

二、燃煤（煤粉）自燃的火灾隐患分析

（1）锅炉用煤的无覆盖裸露堆放使煤与空气具有良好的接触条件，使煤氧化发热和自燃，造成煤块碎裂、风化、热值降低。

（2）煤的自燃机理是煤氧复合作用的结果，当煤与空气接触后，氧便经过吸附进入煤内部，发生化学反应等变化，并产生并放出热量。

（3）煤氧化释放的热量聚集使煤体温度上升最后导致煤体发生自燃。

（4）煤自燃发生与水分、空气中的氧气及散热条件的有直接关系。煤中一定量的水分对煤的自燃起到催化作用，它可以促使煤各种放热反应的进行。水分造成硫分的酸化等会产生大量的热量使氧化反应的过程加快，煤的自燃进程也加快。

（5）煤中水分超过 12% 时，水分的大量蒸发带走热量，煤的自燃会被抑制。

（6）潮湿空气中的水分增强煤对氧的吸附能力会促进煤的自燃。

（7）煤炭中挥发分为低分子烃类，如甲烷、乙烯、丙烯、一氧化碳、二氧化碳、硫化氢等，会使自燃温度降低。

（8）热风管道的热辐射和泄漏的热风会对积煤积粉被烘干，挥发分快速析出而引燃煤炭。

（9）皮带与积煤积粉的摩擦生热。

三、燃煤和煤粉自燃的防止措施

（1）加强对挥发分较高的煤监控。在同样条件下的露天存储的高挥发分煤发生自燃的概率也要比挥发分较低的煤大 1 倍。干燥基挥发分大于 28% 以上时，当温度达到 50～60℃ 时，一两天内便会发生自燃。对高挥发分煤提前入炉掺烧，及时测温。

（2）加强多高硫煤监控。二氧化硫会生成稀硫酸，这一系列化学反应过程为放热过程，从而提高了煤堆中温度，含硫量高的煤更容易自燃，尽可能缩短堆放的时间。

（3）根据煤热值确定煤堆放时间。一般无烟儿煤和品煤的存放时间可稍长一些，但不宜超过 4 个月为宜。长焰煤、不粘煤、弱粘煤和褐煤，堆存时间以不超过 1 个月为宜。

（4）选择合适的堆煤场地。堆煤的场地应选择水泥地面为最好，可以有效防止空气穿过地面渗入煤堆中。堆煤地面不要铺垫空隙度较大的炉渣等物，以防空气由此进入。

（5）场地四周设有排水沟与煤泥沉淀池，以排除堆场积水和回收煤泥。

（6）煤堆的地势比四周高一些，以保证排水的畅通和减少积水，以有效控制进入煤堆的水分。

（7）做好煤堆的整形和维护。煤堆部分采煤后，对煤堆顶部出现凹陷填埋恢复，以减少与空气接触面积和阳光的照射。

（8）日常加强对煤堆温度的监控，可采用测温探杆插入煤堆内部测温。

（9）煤堆温度偏高的处理方法。发现煤堆内温度持续上升及时使用灌水降温法降低煤堆内的温度，并使其保持在较低的状态。

（10）储煤场布置足够的水喷淋装置，以在煤堆自燃或温度异常上升时降温。

（11）煤堆长期不用的可以在煤堆上铺覆一层黏土，夏季时可以在煤堆上喷洒一层石灰水，以空气吸附氧化发热。

（12）块煤和沫煤分开储存，控制堆煤高度，相邻领煤堆之间还应留有一定的防火间距。

（13）建立健全煤场化学监督与安全监测仪器管理台账，包括化验分析设备，煤场测温设备等，定期校验和维护，确保其在使用期间内测量数据的准确性和有效性。

（14）燃料堆场管理人员培训到位，职责明确，在日常巡视、监督管理上做到严尽其责，发现隐患及时报告，并组织人力、动用机械设备及时处理。

（15）组织制定煤堆或粉堆自燃应急预案。

1）煤堆由于储存时间太长而产生大面积的自燃时的处理措施。

要求隔离处理，用铲车断开一道4～5m宽的壕沟，防止自燃的蔓延。对自燃煤散堆处理，灭火降温尽快入炉使用。

2）表层和局部深度不超过1m的煤层发生自燃时处理措施。

直接用水喷淋降温扑灭，并用温度探杆测量各处温度，确认温度降到50℃左右，外观检查无烟气溢出为合格。

3）煤堆较深部位的煤层自燃和频繁自燃的处理措施。

镀锌管儿直接插入煤层深部直接用水灌注，同时煤堆表面淋水减温。

4）淋水和用水灌注无法解决煤堆自燃时可采取的处理措施。

用铲车或推土机进行翻堆处理，并用水喷淋降温，这是大面积煤堆自燃的有效方法之一。

5）沫煤自燃的处理措施。沫煤由于是粉状物料，在冲击下容易飞扬，引起粉尘爆炸，所以处理沫煤自燃要求用水雾消防，严禁水射流直接冲击，引起二次扬尘造成爆炸。铲车翻动时小幅度轻翻和轻轻移动，同时配合水雾降尘，消除自燃后用测温探杆进行测温，确保火源绝对被扑灭。

四、煤尘爆燃条件和防止爆燃的措施

1. 煤尘爆炸的四个条件（煤粉的爆炸浓度）

（1）煤尘本身具有爆炸性。

（2）煤尘必须悬浮于空气中形成粉尘云，并达到一定的浓度，下限为 $30g/m^3$，上限为 $1500 \sim 2000g/m^3$。

（3）存在能引燃煤尘爆炸的高温热源，引起煤尘爆炸的高温火源 $650 \sim 900℃$。

（4）一定浓度的氧气，氧的含量大于 18%。

2. 爆炸的特征

可燃物（煤气、煤粉、苯类）与空气混合，在较小范围内着火迅速燃烧，在瞬间内放出大量。

热量，造成温度和压力急剧升高，火焰传播速度达每秒几百米，甚至几千米，这种现象称为爆炸。

爆炸必须具备的三个条件：

（1）有爆炸性物质：能与氧气（空气）反应的物质，包括气体、液体和固体。气体：氢气、乙炔、甲烷等；液体：酒精、汽油；固体：粉尘、纤维粉尘等）。

（2）有氧气：有足够的空气。

（3）有点燃源：包括明火、电气火花、机械火花、静电火花、高温、化学反应、光能等。

3. 预防措施

（1）限制粉尘的堆积：定期检查和清理设备内、管道中以及周围环境中的粉尘等。采取这类预防性措施可以有效地降低粉尘爆炸发生的频率，并且在大多数情况下较易于执行且成本较低。

（2）控制点火源：

1）粉尘环境采用防爆电气设备，对防爆电气设备加强维护和保养，以降低产生电气火花的可能；

2）严格管理热源，对粉尘处理设备及时维护保养，以消除设备的过热、禁止吸烟等；

3）粉尘危险的区域或设备上采用泄爆、隔爆、抑爆的手段，把粉尘爆炸发生时将其带来的危害以安全的方式降至最低。例如爆炸区域门和窗户向外开，设置泄爆门、防爆隔离墙等。

4）加强动火作业管理

a. 动火前办理工作票和动火作业票，燃料系统办理一级动火作业票，有效期24h；

b. 动火作业区域水雾降尘并清扫积煤积粉；

c. 燃料系统有限空间作业完成清理后测量煤粉浓度，取样应具有代表性，检测仪器在有效期内；

d. 粉尘浓度检测时间距离动火作业开始时间不应超过2h；

e. 一级动火作业中，应每间隔 $2.0 \sim 4.0h$ 检测现场粉尘浓度是否合格；

f. 严禁火种和易燃品带入动火现场，包括火机、火柴和其他易燃品等；

g. 现场备好消防水带压接引到现场，水枪开关关闭状态并随时可以打开喷射；

h. 现场备好干粉灭火器或二氧化碳灭火器，用于扑灭可能发生的动火作业电焊机火灾；

i. 动火作业人员严禁穿化纤工作服进行燃料系统粉尘环境作业，以免产生静电；

j. 动火区域与周围做好隔离，严禁动火时火种外逸或外部粉尘飘入动火区；

k. 动火作业尽量不发生钢铁件撞击，以免产生火花，如果需要敲击作业，用铜制工具或钢铁质工具涂抹黄甘油；

l. 现场备接火盘，严禁火种落入煤粉区或堆煤区；

m. 作业人员做好防护工作，确保身体不受粉尘伤害；

n. 作业人员熟悉消防器材使用并掌握应急措施；

o. 作业完毕后"工完、料净、场地清"，并经过验收后终结工作票和动火票。

第九章　应急救援与现场处置

应急救援的基本任务：

（1）立即组织营救受害人员。组织撤离或者采取其他措施保护危害区域内的其他人员，抢救受害人员是应急救援的首要任务。在应急救援行动中，快速、有序、有效地实施现场急救与安全转送伤员，是降低伤亡率、减少事故损失的关键。

（2）迅速控制事态。对事故造成的危害进行检测、监测，测定事故的危害区域、危害性质及危害程度，及时控制住造成事故的危险源是应急救援工作的重要任务。

（3）消除危害后果，做好现场恢复。针对事故对人体、动植物、土壤、空气等造成的现实危害和可能的危害，迅速采取封闭、隔离、洗消、监测等措施，防止对人的继续危害和对环境的污染。

（4）查清事故原因，评估危害程度。事故发生后应及时调查事故发生的原因和事故性质，评估出事故的危害范围和危险程度，查明人员伤亡情况，做好事故原因调查，并总结救援工作中的经验和教训。

第一节　应急救援的基本原则

应急救援应坚持以人为本、快速反应、科学施救、全力保障的原则，对险情或事故做到早发现、早报告、早研判、早处置、早解决。

一、以人为本

把保障人民群众的生命安全和身体健康、最大程度地预防和减少安全生产事故灾难造成的人员伤亡作为首要任务。切实加强应急救援人员的安全防护，充分发挥人的主观能动性，充分发挥专业救援力量的骨干作用和人民群众的基础作用。

二、快速反应

为尽可能降低重大事故的后果及影响，减少重大事故所导致的损失，要求应急救援行动必须做到迅速、准确和有效所谓迅速，就是建立快速的应急响应机制，迅速准确地传递事故信息，迅速地调集所需的大规模应急力量和设备、物资等资源，迅速地建立起统一指挥与协调系统，开展救援活动。

三、科学施救

采用先进技术，充分发挥专家作用，实行科学民主决策。采用先进的

救援装备和技术，增强应急救援能力。依法规范应急救援工作，确保应急
预案的科学性、权威性和可操作性。

四、全力保障

企业应从专（兼）职应急救援队伍、应急专家队伍、应急物资和装备、
应急经费、应急技术、应急通信与后勤、应急协调机制等方面全力保障各
项应急资源。

第二节　信息报告

突发事件发生后，按照有关制度和预案要求，在规定时间、按规定程
序向上级单位、当地政府及行业主管部门报告信息，不得迟报、瞒报、谎
报和漏报。事件（事故）报告分为初报、续报、结果报告、补报。

一、初报

企业发生事件（事故）后，应在 1h 内上报子分公司，子分公司接到报
告后，应在 1h 内报告集团公司总调度室、电力产业管理部及有关部门。事
件（事故）初报应包括下列内容：

（1）事件（事故）单位详细信息（单位全称、隶属关系、现场负责人、
单位负责人等）。

（2）事件（事故）发生的时间、地点以及现场情况。

（3）事件（事故）简要经过。

（4）事件（事故）已经造成或者可能造成的伤亡人数（包括下落不明
的人数）。

（5）事件（事故）原因初步分析，初步估计的直接经济损失和事故
等级。

（6）已经采取的措施。

（7）报告地方政府及行业监管部门的情况。

（8）舆情及其他应当报告的情况。

二、续报

完成初报后，如果伤亡人数、事态发展未出现新情况，从事故发生直
至应急救援结束，企业应每 8h 进行一次续报。续报应包括事故发展、处置
进展、进一步原因分析和损失情况，以及有助于分析事故原因、现场处置
的支撑材料，例如：事故单位证照情况、现场照片、示意图和系统图等。

三、结果报告

突发事件处理结束后，企业应报告处置结果，结果报告应包括：应急

处置措施、事件（事故）救援过程、初步调查情况、潜在或间接危害、善后处理、社会影响、遗留问题等情况及相关支撑材料。

四、补报

自事故发生之日起 30 日内，如果伤亡人数、事态发展出现新的变化，企业应及时补报。发生道路交通事故、火灾事故 7 日内，如事故造成的伤亡人数发生变化，应及时补报。补报应执行初报流程和时限要求。

企业行政管理区域内，或对外承接的工程建设或生产服务项目发生事故时，必须履行事故报告程序。

第三节　现场处置注意事项

一、佩戴个人防护器具方面的注意事项

（1）进入生产现场抢险人员必须戴安全帽，着装符合电力安全生产规程要求。

（2）在高处工作，抢救时必须采取防止伤员高处坠落的措施；救护者也应注意救护中自身的防坠落、摔伤措施，登高时应随身携带必要的安全带和牢固的绳索等。

（3）如事故发生在夜间，应设置临时照明灯，以便于抢救，避免意外事故，但不能因此延误进行急救。

二、使用抢险救援器材方面的注意事项

（1）脊柱有骨折伤员必须硬板担架运送，勿使脊柱扭曲，以防途中颠簸使脊柱骨折或脱位加重，造成或加重脊髓损伤。

（2）用车辆运送伤员时，最好能把安放伤员的硬板悬空放置，以减缓车辆的颠簸，避免对伤员造成进一步的伤害。

（3）伤员搬运与转运时的注意事项：

1）根据伤员的病情和搬运经过通道情况决定搬运的方法和体位。重伤员运送应使用担架，腹部创伤及脊柱创伤者应卧位运送，颅脑损伤一般采取半卧位，胸部受伤者一般采取仰卧偏头或侧卧位，以免呕吐误吸。

2）担架搬运时一般病人脚向前，头向后，医务人员应在担架的后侧，以利于观察病情，且不影响抬担架人员的视线。

3）伤员一旦上了担架，不要再轻易更换，尤其脊柱受伤人员，不要随便翻动或移动，以免增加病人不必要的损伤和痛苦。

4）担架上救护车时，一般病人的头向前，减少行进间对头部的颠簸和利于病情的观察。

5）在搬运的过程中，要严密观察病人的病情变化，如有意外情况，随

时停车进行处理。

三、采取救援对策或措施方面的注意事项

（1）伤员如神志清醒者，应使其就地躺平，严密观察，暂时不要站立或走动。

（2）伤员如神志不清者，应就地仰面躺平，且确保气道通畅，并用5s时间，呼叫伤员或轻拍其肩部，以判定伤员是否意识丧失，禁止摇动伤员头部呼叫伤员。

（3）需要抢救的伤员，应立即就地坚持正确抢救，坚持分秒必争和不断地进行，同时及早与医疗部门联系，争取医务人员接替救治。在医务人员未接替救治前，不应放弃现场抢救，更不能只根据没有呼吸或脉搏擅自判定伤员死亡，放弃抢救。

（4）发现有人触电，应立即切断电源，使触电人脱离电源，并进行急救。救护人员在抢救过程中应注意保持自身与周围带电部分必要的安全距离。

（5）遇有电气设备着火时，应立即将有关设备的电源切断，然后进行救火。扑救可能产生有毒气体的火灾（如电缆着火等）时，扑救人员应使用正压式呼吸器。

四、现场自救和互救注意事项

（1）现场自救及施救人员要做好自身防护，要在保护人员安全的情况下开展施救，不得扩大事故范围，加重人员受伤程度。

（2）事故发生后，对事故现场警戒，设立事故区域，未经同意不得进入事故现场。

（3）事故后有威胁人身安全的紧急情况时，与应急处理无关的人员立即撤离事故现场。

（4）应急救援人员在处理过程中发现设备异常或其他险情应及时将情况上报，绝不能盲目处理。

（5）应急救援人员在实施救援前，要积极采取防范措施，做好自我防护，防止发生次生事故。

（6）在急救过程中，遇有威胁人身安全情况时，应首先确保人身安全，迅速组织脱离危险区域后，再采取急救措施。

（7）救护人员在进行人员救治时，必须进行伤员伤情的初步判断，不可直接进行救护，以免由于救护人员的不当施救造成伤员的伤情恶化。

五、应急救援结束后的注意事项

现场作业人员应配合安监人员做好现场的保护、拍照、事故调查等善后工作。现场的事故处理工作完毕后，应急行动也宣告结束，事故的调查

和处理工作属正常工作范围。事故应急处理后运行人员、检修现场作业人员应将事故发生的现象、时间、处理过程如实记录，并以书面形式上报安全生产技术部。

第四节　事故应急处置措施

企业突发事件发生后，一旦运行值长（值班负责人）接到报警，应立即担任起企业现场最初应急总指挥责任，组织开展最初应急反应，直到有更高级别的人员来替代。同时，各级值班人员应按照最初应急反应体系要求，担负相应的应急小组功能职责，直到按应急预案规定的负责人到岗后交接，以保证任何时候接到报警并立即展开行动，预防事故升级和最大限度地降低事故的后果。

当突发事件涉及到人员伤亡，要立即组织相关人员营救受伤人员，疏散、撤离、安置受到威胁的人员。同时，做好设备的先期应急处置，控制危险源，标明危险区域，封锁危险场所等，防止事态的进一步发展和扩大。

一、分级响应

突发事件发生后，企业应急领导小组应根据相关突发事件（事故）的影响程度和相关应急响应分级标准，立即启动相应级别的应急行动，开展应急救援和处置工作。包括：

（1）按照应急组织体系要求，成立现场应急指挥部，召集成立各应急处置功能小组，组织、指挥、协调各应急处置功能小组及时采取有效预防控制措施，避免和最大限度减少突发事件可能造成的损失。

（2）根据现场情况，制定和调整现场救援方案，保持与上级单位、地方政府及有关部门的联系、协调与配合等。

（3）迅速救援受害受困人员，隔离设备系统，控制危险源，并防止事件扩大和次生、衍生事故发生。

（4）及时疏散受到威胁的人员。

（5）整合现场应急资源，根据需要调集人员、物资、交通、通信、消防、急救等物资装备。

（6）按照有关规定，随时将有关情况及时向上级单位、地方政府及行业监管部门报告。

二、分级响应的调整与解除

企业应研判突发事件危害及发展趋势，根据突发事件发展情况和危害程度及时调整和解除应急响应。包括：

（1）如未能对事件进行有效控制，事件发展速度较快并可能造成更为严重的后果时，应进一步提升应急行动级别。必要时，并按相关规定接受地方政府或行业主管部门的统一协调和指挥。如地方政府接管应急处置工作，企业应急指挥部应向其移交应急指挥权，服从和配合地方政府开展应急救援工作。

（2）如突发事件得到有效控制，事态发展逐渐向好，企业可根据实际情况调整应急响应级别。

（3）突发事件威胁和危害得到控制或消除后，企业应按规定解除应急状态。

三、处置要求

应急响应程序启动后，企业应急救援队伍、负有特定职责的人员履行各项应急行动职责。

（一）设备紧急处置

突发事件发生后，应迅速采取必要的隔离措施，对系统运行方式进行调整，控制险情和危险源，防止事件扩大。包括：

（1）隔离故障设备设施，必要时，立即解列故障机组、集电线路。

（2）迅速查清故障性质、原因、影响范围。

（3）做好系统运行方式调整，确保其他机组、设备的正常稳定运行。

（4）做好防事故扩大化的事故预想，加强重要负荷、设备及其他非故障设备检查、监视，并做好设备设施加固措施。

（5）组织开展故障设备抢修，消除影响，减少损失。

（6）其他设备紧急处置措施。

（二）人员救护与搜救

突发事件发生后，如危及到人身安全时，应立即组织疏散；如已发生人员伤亡、失踪，应组织进行人员救护与搜救工作。包括：

（1）有组织地转移、疏散或撤离可能受突发事件危害的人员和重要财产，疏散过程中防止发生踩踏和混乱，根据实际情况启用应急避难场所，并对相关人员进行妥善安置，确保其基本生活保障。

（2）在应急响应的处置与救援中，现场应急指挥部应根据事发现场的风险评估结果，组织成立搜救队伍，采取有效安全防范措施，开展搜寻和营救行动。搜救行动中应时刻保持通信畅通，出现直接威胁救援人员生命安全或容易造成次生或者衍生事故等情况时，现场应急指挥部可以决定暂停应急处置和救援；在险情或衍生事故隐患消除后，现场应急指挥部确认恢复施救条件的，再继续组织应急处置和救援。

（3）对请求周边救援力量参加事故救援的，应派专人到路口接应救援队伍，确保救援队伍快速到达事故现场。

（4）如发生人员受伤，应组织医疗救护人员携带相关药品、医疗器材到达事故现场，开展救护工作，确保现场受伤人员得到及时救治。现场不具备条件的，经先期处置后立即送往附近医疗机构。

（三）现场保护与警戒

应急救援过程中，应急处置人员应严格执行安全操作规程，配备必要的安全设施和防护用品，保证应急行动过程中人身安全和财产安全，同时应做好现场保护与警戒工作：

（1）对危险场所，建立应急处置现场警戒区域，进行出入管制，设专人维持现场秩序，在相关道路实行交通管制，并根据需要设置应急救援绿色通道。

（2）事故发生后，企业应妥善保护事故现场及有关证据。任何单位和个人不得破坏事故现场、毁灭事故证据。因抢救人员、防止事故扩大以及疏通交通等原因，需要移动事故现场物件的，应当做出标记，绘制现场简图并做记录，妥善保存现场痕迹、物证。同时，对事故现场进行摄影、摄像，并详细记录说明。

（四）安全防护与环境监测

1. 安全防护

企业应提供相应的应急安全防护用品和应急救援设施，救援过程中，参与应急救援的人员应做好安全防护措施，规范佩戴、使用应急安全防护用品和救援设施。

组织评估现有应急处置措施是否得当、安全防护是否有效，确保救援过程安全。

2. 环境监测

为防止次生、衍生事件（事故）发生，企业应对事故现场及其周边环境进行观察、分析或监测，对事故波及的重要设备、重要设施以及重点部位进行巡视检查，评估事故影响范围和变化趋势，为应急处置收集信息。包括：

（1）建/构筑物：结构变形、承重情况。

（2）气象信息：水情、雨情、风向、冰冻、气温。

（3）工作环境：有毒有害气体、易燃易爆气体、危化品泄漏量等。

（4）生态环境：大气、水体、土壤等。

（5）地质：位移、沉降变形、垮塌等。

（五）舆情监测与发布

企业应加强网络、社会舆情监测、分析，及时发出预警，采取应对措施。包括：

（1）及时发布舆情信息，根据现场实际情况、应急阶段性特点，随时跟踪、分析，及时更新信息。

（2）应加强与新闻媒体、事件相关方的沟通协调，根据现场应急指挥部的授权，及时、准确对外发布突发事件信息，正确引导社会和公众舆论，减少突发事件带来的负面影响。

第五节 火灾应急处置措施

一、火灾理论基础介绍

（一）燃烧与火灾定义

（1）燃烧：是指可燃物与氧化剂作用发生的放热反应，通常伴有火焰、发光和发烟现象。

（2）火灾：《消防词汇第1部分：通用术语》（GB/T 5907.1）将火灾定义为在时间和空间上失去控制的燃烧所造成的灾害，通常会造成财产损失和人员伤亡。

（3）物质燃烧（火灾）发生的必要条件。

物质燃烧的基本条件：必须同时具备氧化物、可燃物、热源（温度、点火源）。从现代燃烧理论的角度分析，燃烧必要条件除了燃烧三要素外，还必须保持参与燃烧物质的链式反应（活性基因）未受到抑制。在火灾防治中，只要具备消防四个必要条件之一就可以扑灭火灾。

（二）火灾分类

根据《火灾分类》（GB/T 4968—2008）火灾可分为以下六类：

A类火灾：固体物质火灾。这种物质通常具有有机物性质，一般在燃烧时能产生灼热的余烬，如木材、棉、毛、麻、纸张火灾等。

B类火灾：液体或可熔化的固体物质火灾，如汽油、煤油、柴油、原油、甲醇、乙醇、沥青、石蜡火灾等。

C类火灾：气体火灾，如煤气、天然气、甲烷、氢气火灾等。

D类火灾：金属火灾，如钾、钠、镁、钛、锆、锂、铝镁合金火灾等。

E类火灾：带电设备火灾。物体带电燃烧的火灾，如发电机、电缆、家用电器等。

F类火灾：烹饪器具内的烹饪物（如动植物油脂）火灾。

（三）灭火器

1. 灭火剂

灭火剂是能够有效地破坏燃烧条件，中止燃烧的物质。一切灭火措施都是为了破坏已经产生的燃烧条件，并使燃烧的连锁反应中止。灭火剂被喷射到燃烧物和燃烧区域后，通过一系列的物理、化学作用，可使燃烧物冷却、燃烧物与氧气隔绝、燃烧区内氧的浓度降低、燃烧的连锁反应中断，最终导致维持燃烧的必要条件受到破坏，停止燃烧反应，从而起到灭火作用。

（1）水和水系统灭火剂。

水是最常用的灭火剂，既可以单独用来灭火，也可以在其中添加化学物质配制成混合液使用，从而提高灭火效率、减少用水量。这种在水中加入化学物质的灭火剂称为水系统灭火剂。水能从燃烧物中吸收很多热量，使燃烧物的温度迅速下降，使燃烧终止，水在受热汽化时体积增大 1700 多倍，当大量的水蒸气笼罩于燃烧物的周围时，可以阻止空气进入燃烧区，从而大大减少氧的含量，使燃烧因缺氧而窒息熄灭。再用水灭火时加压水能喷射到较远的地方具有较大的冲击作用，能冲过燃烧表面而进入内部，从而使未着火的部分与燃烧区隔离开来，防止燃烧物继续分解燃烧，同时水能稀释或冲淡某些液体或气体，降低燃烧强度，能浸湿未燃烧的物质，使之难以燃烧，还能吸收某些气体、蒸汽和烟雾，有助于灭火。

不能用水扑灭的火灾主要包括：

1）密度小于水和不溶于水的易燃液体的火灾。如汽油，煤油，柴油等，苯类醇类，醚类，酮类，酯类等大容量储罐，如用水扑灭，则水会存在液体下沉，被水加热后引起爆沸，形成可燃液体的飞溅和溢流，使火势扩大。

2）遇水产生燃烧物的火灾，如金属钾、钠、碳化钙等不能用水，而应用沙土灭火。

3）硫酸，盐酸和硝酸引起的火灾。不能用水流冲击，因为强大的水流能使酸飞溅，流出后遇可燃物质，有引起爆炸的危险，酸溅在人身上，能灼伤人。

4）电气火灾未切断电源前不能用水扑救，因为水是良导体容易造成触电。

高温状态下，化工设备的火灾不能用水扑救，以防高温设备遇冷水后骤冷引起形变或爆裂。

（2）气体灭火剂。

气体灭火器的使用始于 19 世纪末期，早期的气体灭火剂主要采用二氧化碳，由于二氧化碳不含水、不导电、无腐蚀性，对绝大多数物质无破坏作用，所以可以用来扑救精密仪器和一般电气火灾，它还适于扑救可燃液体和固体火灾，特别是那些不能用水灭火以及受到水、泡沫、干粉等灭火剂的玷污容易损坏的固体物质火灾。但是二氧化碳不宜用来扑灭金属钾、镁、钠、铝等及金属过氧化物、有机过氧化物、氨酸盐、硝酸盐、高锰酸盐、亚硝酸盐、重铬酸盐等氧化剂的火灾。因为二氧化碳灭火器中喷射出时温度降低，使环境空气中的水蒸气凝聚成小水滴，上述物质遇水即发生反应，释放大量的热量，同时释放出氧气，使二氧化碳的窒息作用受到影响，因此上述物质用二氧化碳灭火效果不佳。七氟丙烷属于含氢氟烃类灭火剂，具有灭火浓度低，灭火效率高，对大气无污染的优点，由于其是由氮气、氩气、二氧化碳自然组合的一种混合物，平时以气态形式储存，所以喷放时，不会形成浓雾或造成视野不清，使人员在火灾时能清楚地分辨逃生方向，且它对人体基本无害。

（3）泡沫灭火剂。

泡沫灭火剂有两大类型，即化学泡沫灭火剂和空气泡沫灭火剂。化学泡沫是通过硫酸铝和碳酸氢钠的水溶液发生化学反应，产生二氧化碳，而形成泡沫。空气泡沫是由含有表面活性剂的水溶液在泡沫发生器中通过机械作用而产生的，泡沫中所含的气体为空气，空气泡沫也称为机械泡沫。

空气泡沫灭火剂种类繁多，根据发泡倍数的不同，分为低倍数泡沫、中倍数泡沫和高倍数泡沫灭火剂。高倍数泡沫灭火剂的发泡倍数高（201～1000倍），能在短时间内迅速充满着火空间，特别适用于大空间火灾，并具有灭火速度快的优点。低倍数泡沫则与此不同，它主要靠泡沫覆盖着火对象表面将空气隔绝而灭火，且伴有水渍损失，对液体烃的流淌火灾和地下工程、船舶，贵重仪器设备及物品的灭火无能为力。高倍数灭火剂在油罐区，液化烃罐区、地下油库等场所扑救失控性大火作用明显。

（4）干粉灭火剂。

干粉灭火器是由一种或多种具有灭火能力的细微无机粉末组成，主要包括活性灭火组分、疏水成分、惰性填料，粉末的粒径大小及其分布对灭火效果很大，影响窒息、冷却、辐射及对有焰燃烧的化学抑制作用是干粉灭火效能的集中体现，其中，化学抑制作用是灭火的基本原理，起主要灭火作用。干粉灭火器中的灭火组分是燃烧反应的非活性物质，当进入燃烧区域火焰中时，捕捉并终止燃烧反应产生的自由基，降低了燃烧反应的速率。火焰中干粉浓度足够高，以火焰的接触面积足够大，自由基中止速率大于燃烧反应生成的速率，链式燃烧反应被终止，从而火焰熄灭。

2. 灭火器种类及其使用范围

灭火器由桶体气头喷嘴等部件组成，借助驱动压力，可将所充装的灭火器喷出，达到灭火目的。灭火器由于结构简单，操作方便轻便灵活，使用面广，是扑救初级火灾的重要消防器材。灭火器的种类很多，按其移动方式分为手提式，推车式和悬挂式。按驱动灭火器的动力来分，可分为储气瓶式，储压式，化学反应式，按所充装的灭火器，则又可分为清水、泡沫、酸碱、二氧化碳、卤代烷、7150等。

（1）清水灭火器。

清水灭火器充装的是清洁的水，并加入适量的添加剂，采用储气瓶加压的方式，利用二氧化碳钢瓶中的气体做动力，将灭火器喷射到着火物上，达到灭火的目的。

（2）泡沫灭火器。

泡沫灭火器包括化学泡沫灭火器和空气泡沫灭火器两种。泡沫灭火器适合扑救脂类、石油产品等B类火灾以及木材等A类物质的初期火灾，但不能扑救B类水溶性火灾，也不能扑救带电设备及C类和D类火灾。化学泡沫灭火器内充装有酸性和碱性两种化学药剂的水溶液，当使用时，两种溶液混合引起化学反应生成泡沫，并在压力的作用下，喷射出去灭火，按使用操作可分为手提式、舟车式、推车式。

空气泡沫灭火器充装的是空气泡沫灭火剂，具有良好的热稳定性，抗烧时间长，灭火能力比化学泡沫高 3～4 倍。他可根据不同需要分别充装蛋白泡沫、氟蛋白泡沫、聚合物泡沫，清水泡沫和抗溶泡沫等，用来扑救各种油类和极性溶剂的初起火灾。

（3）酸碱灭火器。

酸碱灭火器是一种内部装有 65％的工业硫酸和碳酸氢钠的水溶液做灭火剂的灭火器。使用时两种药液混合发生化学反应，产生二氧化碳压力，气体灭火器在二氧化碳气体压力下喷出进行灭火。A 类灭火器适用于扑救 A 类物质的初期火灾，如木、竹、织物、纸张等。燃烧的火灾。不能用于扑救 B 类物质燃烧的火灾，也不能用于扑救 C 类可燃气体或 D 类轻金属火灾，同时也不能用于带电场合火灾的扑救。

（4）二氧化碳灭火器。

二氧化碳灭火器是利用其内部充装的液态二氧化碳的蒸汽压将二氧化碳喷出灭火的一种灭火器具，其利用降低氧气含量，造成燃烧区窒息和灭火。一般当氧气的含量低于 12％或二氧化碳浓度达 30％～35％时，燃烧终止。1kg 的二氧化碳液体在常温常压下能生成 500L 左右的气体，足以使 $1m^2$ 空间范围内的火焰熄灭，由于二氧化碳是一种无色的气体，灭火不留痕迹，并有一定的电缆绝缘性能等特点，因此更适宜于扑救 600V 以下带电电器、贵重设备、图书档案、精密仪器仪表的初期火灾以及一般可燃液体的火灾。

（5）干粉灭火器。

干粉灭火器以液态二氧化碳或氮气做动力，将灭火器内干粉灭火器喷出进行灭火，该类灭火器主要通过抑制作用灭火，按使用范围可分为普通干粉和多用干粉两大类，普通干粉也称 BC 干粉，是指碳酸氢钠干粉、改性钠盐、氨基干粉等，主要用于扑救可燃液体、可燃气体和带电设备的火灾还适用于扑救一般固体物质火灾，但都不能扑救轻金属火灾。

3. 灭火器灭火机理

（1）冷却灭火：灭火剂直接喷射到燃烧物上，以降低燃烧物的温度。

（2）隔离灭火：着火的物体和区域与周围的物体隔离或移开，因可燃物质缺失而停止。

（3）窒息灭火：阻止空气流通或用不燃物质稀释空气，使燃烧物得不到氧气而熄灭。

（4）抑制灭火：化学灭火剂参与燃烧反应，使燃烧链终止，从而使燃烧终止。

二、火力发电厂火灾风险评估

火力发电厂生产用可能引起发火灾的主要原材料有：燃煤、0 号轻柴油、氢氧化钠、液氨、联胺、各类油品、化学药剂等，它们大多是易燃、易爆，物料在使用、储存、运输过程极易导致火灾、爆炸事故的发生。

（一）火灾所在作业场所或分布区域（装置/设备/工序/单元名称）

办公区域、变压器、档案室、电缆、员工宿舍、发电机、锅炉燃油系统、集控室、计算机房、加油站、煤场、燃油罐区、食堂、输煤皮带、物资仓库、蓄电池、圆形煤罐、制粉系统、制氢站、电子间、升压站、开关室、储能电站等。

（二）事故前可能出现的征兆

（1）易燃物附近存在明火作业或其他点火源。

（2）在禁火区违章作业而又不采取合理的消防措施。

（3）氨泄漏，遇火源可能造成火灾。

（4）建筑物未达到规范规定的耐火等级。

（5）电气火灾。

1）在生产过程中存在着大量的用电设备，如配电装置、电气线路、电动机等，极有可能发生电气火灾事故。

2）电缆中间接头制作不良、压接头不紧，接触电阻过大，长期运行造成电缆接头过热烧穿绝缘。

3）外来因素破坏如电气焊火花、小动物破坏引起电缆火灾。

4）由于电气设备短路、过载、接触不良、散热不良等原因导致电气设备过热，设备周围如果存在可燃物质，易引起火灾。

5）电缆短路或过电流引起火灾。

6）电缆的各种保护措施不到位；消防设施没有安装或失效，引起电缆火灾或使火灾扩大、蔓延。

7）当建筑物和电气线路遭受雷电袭击时，由于避雷装置失效，避雷接地断裂等，能引起电气设备发生火灾。

8）电火花和电弧温度很高，不仅能引起绝缘物质的燃烧，而且可以引起金属熔化、飞溅，它是构成火灾、爆炸的危险火源。

9）在生产场所多有易燃物质，如果电器打火、雷击、设备防静电接地失效打火或其他点火源产生时有发生火灾、爆炸的可能。

（三）可能造成的危害程度

设备、财产损毁，甚至导致人员伤亡。

三、火力发电厂火灾类事故现场处置措施及注意事项

（一）输煤皮带火灾事故现场处置措施及注意事项

1. 事故风险描述

在输煤皮带机有电缆短路、现场积煤、浮煤过多，皮带转动摩擦起火或者煤粉遇明火发生爆燃等现象均可能使胶带发生火灾。如不及时处理，将严重威胁现场作业人员生命安全、烧毁输煤皮带机设备设施及输煤系统安全运行，严重时影响机组供煤导致非停。

2. 应急处置措施

（1）任何员工发现火灾，应就近取用灭火器材迅速扑救控制火势蔓延。并立即向消防队及值长/班长报火警。

（2）值长/班长和相关人员前往扑救并将火警报告给应急总指挥，设立警戒线，禁止无关人员进入危险区域，根据实际情况组织进行初期灭火。

（3）远方或就地紧急启动自动消防喷淋装置扑救火灾。

（4）迅速查明发生火灾的部位和原因，在专业队伍没有到来之前应以自救为主。

（5）值长/班长及时核查区域作业人数，使用应急广播对该区域进行呼叫，要求作业人员立即撤离相关区域，并组织清点作业人数。

（6）现场救援开始前应清点救援人数，根据现场情况组织采用灭火器、消防水、冲洗水等不同器材进行灭火，灭火时应在火势的下方，倾斜皮带应站在皮带的尾部方向，防止皮带间形成烟囱效应或是向上蔓延把人烧伤。

（7）对于火灾初期需要进行人员救援等工作，运行人员需戴好正压式空气呼吸器，并两人同行。如发现有人受伤及时拨打急救电话求救。

（8）当火势无法控制，人员无法进入皮带栈桥内，发展下去有可能烧毁皮带栈桥时，应立即停止其他皮带和所有设备的运行，并断电隔离，组织现场人员撤离至安全区域，等待消防队救援。

3. 注意事项

（1）报警时，报警人应详细准确报告：出事地点、单位、电话、事态现状及报告人姓名、单位、地址、电话；报警完毕报警员应到路口迎接消防车及急救人员的到来。

（2）在急救过程中，遇有威胁人身安全情况时，应首先确保人身安全，迅速疏散人群至安全地带，以减少不必要伤亡。

（3）使用二氧化碳器灭火时应做好防冻伤和防中毒保护措施。

（4）火灾扑灭后，应保护好现场接受事故调查，并如实提供火灾事故情况，协助消防部门认定火灾原因，核定火灾损失。

（二）煤场自燃着火事故现场处置措施及注意事项

1. 事故风险描述

煤炭在存储过程中因氧化产生热量，当热量达到足够多时煤炭就会燃烧。煤炭自燃受多种因素影响，燃煤存储时间过长、煤场清场不彻底、燃煤挥发分过高、气温过高等因素都可能导致或加速燃煤自燃，煤场自燃可能导致煤场大面积着火，严重时可能危及整套燃料系统设备安全，导致机组供煤中断而造成机组停机，处置不当可能造成人身伤亡。

2. 应急处置措施

（1）煤堆出现明火，经初步处理仍有扩大趋势。

（2）燃料管理根据煤场煤堆着火情况，及时向工作组组长汇报启动本处置方案。

（3）立即组织使用消防栓对着火点进行灭火，不利于用消防水灭火的区域可用煤场水喷淋、冲洗水灭火。当煤堆出现明火面积超过 $500m^2$（煤堆长度 20m 左右）时，应通知消防队参与灭火，燃料部配合。

（4）通知保安人员、救护车及医护人员立即赶到现场待命。

（5）对着火区域进行隔离。燃料部使用煤场水喷淋、冲洗水对着火区域周围煤堆进行隔离。当煤堆出现明火面积超过 $1000m^2$（煤堆长度 40m 左右），火势蔓延迅速，短时间内无法扑灭时，应扩大隔离范围，燃料部利用煤场水喷淋、冲洗水对临近着火区域的斗轮堆取料机、输煤皮带等设备进行保护，防止发生次生灾害。

（6）对煤场设备进行转移，离开着火区域。燃料部将斗轮堆取料机开至远离着火区域的位置，停止相关设备运行，并将煤场挖掘机、推土机等车辆开至着火区域附近挡煤墙内的安全位置待命，待煤堆明火扑灭后对高温煤堆进行翻凉或倒垛。

（7）当煤堆出现明火面积超过 $1000m^2$（煤堆长度 40m 左右），火势蔓延迅速，短时间内无法扑灭时，燃料部将着火煤场挡煤墙内待命的所有车辆撤出煤场，待煤堆明火扑灭后再进入煤场作业，保安队对隔离区内人员进行疏散。

（8）加强信息沟通，保障机组安全运行。如影响上煤系统运行，无法供煤，需向当值值长汇报，由值长酌情调整机组运行方式。

（9）煤堆明火扑灭后，推扒机班用挖掘机、推土机等车辆对高温煤堆进行翻凉或倒垛，防止煤堆再次出现明火。

3. 注意事项

（1）进入事故现场的救援人员，均应穿好个人防护用品。

（2）预案启动后，保安队协助封锁煤场四周道路及相关路口，防止无关人员和车辆进入现场，保证消防车、救护车顺利通行，协助对下风口可能受到浓烟影响的区域进行隔离。

（3）灭火过程中所有救火人员站在着火区域上风口进行灭火。

（三）圆形煤罐火险事故现场处置措施及注意事项

1. 事故风险描述

圆形煤罐日常存煤量过高、存储时间过长、清场不彻底、燃煤挥发分过高、气温过高等因素都可能导致或加速燃煤自燃，圆形煤罐内燃煤自燃处理难度较大，可能导致燃煤大面积自燃，造成设备损坏，严重时可能危及整套燃料系统设备安全，导致机组供煤中断而造成机组停机，且圆形煤罐内毒气体超标，处置不当可能造成人身伤亡。

2. 应急处置措施

（1）圆形煤罐内煤堆出现明火，经初步处理仍有扩大趋势。

（2）燃料管理根据圆形煤罐煤堆着火情况，及时向工作组组长汇报启动处置方案。

（3）立即使用圆形煤罐环梁或堆取料机上的消防水炮将煤堆明火扑灭。

（4）保安人员、救护车及医护人员立即赶到现场待命。

（5）如果是煤堆边上燃煤自燃，通知推扒机班值班人员到现场处理高温点。使用铲车将高温点全部铲出到罐内空地进行翻晾，较高煤堆用铲车处理高温点时应由专人监护。人员进入圆形煤罐作业前应对圆形煤罐内有毒气体进行检测，作业人员应佩戴必要的安全防护装备（防毒面具、正压式空气呼吸器等），作业车辆应保证空调正常使用，防止人员中暑。

（6）如果是1号圆形煤罐靠墙处燃煤自燃，浇灭后通过1号刮板机和4号斗轮堆取料机将高温煤转运至7、8号煤场进行倒垛降温处理；如果是2号圆形煤罐靠墙处燃煤自燃，浇灭后用2号刮板机将高温煤直接取用加仓，并联系值长尽快燃用，取煤过程中要加强输煤皮带检查。

（7）如果圆形煤罐内煤堆出现大面积明火，短时间内无法扑灭，可能危及设备和人身安全，由消防队（佩戴专业防护装备）到现场进行灭火，燃料部义务消防人员在专业消防队指挥下利用水喷淋、冲洗水等圆形煤罐周边可利用水源对临近着火区域的设备设施进行保护，防止发生次生灾害。燃料部将着火区域内待命的所有车辆撤出，待煤罐煤堆明火扑灭后再进入煤罐作业，保安队对隔离区内人员进行疏散。同时救护车及医护人员立即赶到现场待命。

（8）加强信息沟通，保障机组安全运行。如影响上煤系统运行，无法供煤，需向当值值长汇报，由值长酌情调整机组运行方式。

（9）降温处理后的煤堆尽快安排燃用，同时加强煤堆温度监测，避免再次出现高温。

（10）向当值值长汇报圆形煤罐火险处理情况及加仓情况。

3. 注意事项

（1）进入事故现场的救援人员，均应穿好个人防护用品。

（2）预案启动后，保安队协助封锁煤场四周道路及相关路口，防止无关人员和车辆进入现场，保证消防车、救护车顺利通行，协助对下风口可能受到浓烟影响的区域进行隔离。

（3）灭火过程中所有救火人员站在着火区域上风口进行灭火。

（4）圆形煤罐内高温煤处理过程中要加强罐内有毒气体的监测，并加强罐内通风，保障作业人员安全。

（四）燃油罐区火灾事故现场处置措施及注意事项

1. 事故风险描述

油罐或油管道漏油遇火源、静电或雷击会引发火灾、爆炸，动火作业、外来人员携带火种或者其他火灾引燃导致的油库着火，油库着火危害极大，导致油库本体及周边设备损毁、人员伤亡。

2. 应急处置措施

（1）任何人发现油罐区燃油泄漏、着火，应立即向消防队报警，同时报告运行当值值长，当值值长应即刻报告公司紧急应变总指挥，应急管理办公室和各应变工作组组长，由总指挥向全公司启动公司紧急应变程序。

（2）组织查找油泵房区域内泄漏点和泄漏原因，并对泄漏点进行隔离。

（3）用干砂覆盖泄漏的燃油。

（4）将流入污油回收池内的燃油进行处理。

（5）关闭油罐区内排水闸门，根据漏油扩散情况在排水渠出口装设围油栏。

（6）启动泡沫灭火系统灭火。

（7）停运燃油泵。

（8）按照分工对油系统进行机械隔离。

（9）将油库设备停电隔离。

（10）关闭油罐区内排水闸门，并根据情况组织人员封堵油罐区排水沟。

（11）启动油罐消防冷却水对油罐表面喷水冷却。

（12）根据现场情况向指挥组提出疏散人员。

（13）消防队按制定的《油库灭火作战预案》进行扑救。

（14）根据指挥组要求向地方消防队报警、请求增援。

（15）保安队协助执行组封锁油库四周道路及相关路口。根据指挥组要求组织人员疏散。

（16）救护车及医护人员到现场待命。

3. 注意事项

（1）正确佩戴防毒面具及正压式呼吸器。

（2）使用铜扳手对油管道进行隔离。

（3）灭火时应使用泡沫液灭火。

（4）应注意做好油库的隔离，防止燃油泄漏，造成火灾扩大。

（5）指挥员要注意观察风向、地形、火情，从上风或侧上风接近火场，选择正确停车位置，提高预防爆炸、烧伤和中毒的警惕性。当火情加大蔓延时，应根据风向、地形、火情及时扩大警戒区域，减少人员数量，将消防车阵地后撤至安全区域，避免人员伤亡。

（6）警戒区域要最大限度地减少人员数量。

（7）正确选择消防车停车位置利于进攻和撤退。

（8）发现火险时报警要及时、准确、全面。

（9）信息发布要及时、主动、客观、准确。

（五）电气设备及电缆火灾事故处置措施

1. 事故风险描述

电气设备及电缆出现绝缘老化、长期过负载运行、受外力损坏、受周边热力管道、油管道、易燃或腐蚀性介质影响或表面粉尘自燃均可能导致电气设备或电缆着火。小范围电缆着火可能导致某些运行参数显示异常或某些设备停运，如电缆火势持续蔓延，烧损大量动力电缆和控制电缆，波及旁边的设备及所在厂房,甚至可能导致人员伤亡。

2. 处置措施

(1) 工作人员现场发现电缆夹层间内有火苗或烟雾时,在保证自身安全的情况下立即使用电缆夹层间内的干粉灭火器进行灭火,电缆桥架着火时,应选择就近的干粉灭火器或二氧化碳灭火器进行灭火,并将火灾情况和消防设施投入情况汇报值长,值长马上通知消防队和维护部相关专业人员,同时派巡操人员就地查看情况。维护部专业人员马上到现场确认电缆运行情况,确认电缆火苗或烟雾来源,必要时协助运行人员隔离着火电缆连接的设备。

(2) 消防装置报警或动作后,值长应该马上派巡操人员到就地查看情况,巡操人员到达现场后,确认消防报警或动作原因,如现场确实有火苗或烟雾,运行人员在保证自身安全的情况下立即使用就近的干粉灭火器或二氧化碳灭火器进行灭火,并将火灾情况和消防设施投入情况汇报值长,运行监盘人员监测机组各运行参数是否有异常,并根据火灾情况决定停电范围,紧急停运设备。

(3) 消防队接到报警后,5min 内赶到着火现场,消防人员到达现场了解情况后,所有现场无关人员撤离火灾现场,将火灾现场交给消防队扑救,有义务消防队员资质的人员留下配合灭火,由消防队长指挥义务消防队员配合的具体工作。

(4) 根据火灾情况,应急人员积极开展人员紧急救助、疏散工作,并保障救火资源。医护人员开展受伤人员现场救护、救治,必要时紧急送医院治疗。

(5) 根据具体情况执行其他应急处置措施,启动关联预案。

(6) 灭火工作完成后,各部门或各专业队伍应该马上清点人数。

3. 注意事项

电缆夹层和电子间是密闭空间,电缆火灾时如果里面的烟络烬气体动作,很短时间内将消耗内部空间所有氧气,因此禁止普通工作人员在没有佩戴专业设备的情况下进入该区域进行灭火,应该由专业消防人员佩戴正压式呼吸器进行灭火。

第六节 人身伤害事故应急处置措施

一、人身伤害事故安全基础理论介绍

(一) 人身伤害事故定义

依据《企业职工伤亡事故分类》(GB 6441—1986)将人身伤害事故定义为企业职工在生产劳动过程中,发生的人身伤害(以下简称伤害)、急性中毒(以下简称中毒)。

(二) 人身失能伤害分类

依据《企业职工伤亡事故分类》(GB 6441—1986)标准人身失能伤害

分为三类：

1. 暂时性失能伤害

指伤害及中毒者暂时不能从事原岗位工作的伤害。

2. 永久性部分失能伤害

指伤害及中毒者肢体或某些器官部分功能不可逆地丧失的伤害。

3. 永久性全失能伤害

指除死亡外，一次事故中，受伤者造成完全残废的伤害。

（三）伤害事故类别

根据《生产过程危险和有害因素分类与代码》（GB/T 13861），危险和有害因素是指可对人造成伤亡、影响人的身体健康甚至导致疾病的因素。危险有害因素是指可能导致人身伤害和（或）健康损害、财产损失、工作场所环境破坏的因素。按类型分为，人的不安全行为、物的不安全状态、环境的不良条件及管理失误或缺失四个方面。

依据《企业职工伤亡事故分类》（GB 6441—1986），综合考虑起因物、引起事故的诱导性原因、致害物、伤害方式等，将事故类别分为 20 类，即物体打击、车辆伤害、机械伤害、起重伤害、触电、淹溺、灼烫、火灾、高处坠落、坍塌、冒顶片帮、透水、放炮、火药爆炸、瓦斯爆炸、锅炉爆炸、容器爆炸、其他爆炸、中毒和窒息、其他伤害。

二、火力发电厂人身伤害事故风险评估

火力发电厂生产运行与检修维护中使用的设备设施众多，其中涉及的特种设备：锅炉、压力容器、压力管道、起重机、电梯、厂内机动车辆等。火力发电系统的管理、运行、维护又需要有高素质的各类工作人员，其中涉及到的特种作业有：电工作业、金属焊接切割作业、起重机械（含电梯）作业、厂内机动车辆驾驶、登高架设作业、锅炉作业（含水质化验）、压力容器操作等。在生产过程中存在物体打击、车辆伤害、机械伤害、起重伤害、触电、灼烫、火灾、高处坠落、坍塌、锅炉爆炸、容器爆炸、中毒和窒息等伤害。

（一）人身伤害所在作业场所或分布区域（装置/设备/工序/单元名称）

锅炉、汽轮机、发电机、电除尘器、卸船机、斗轮堆取料机、堆取料机、输煤皮带机、碎煤机、磨煤机、给煤机、风机、空压机、变压器、泵类、起重机、行车、升降机、升降平台、电梯、电动葫芦、叉车、运输车辆、碱储存罐、酸储存罐、污水处理装置、污油处理装置、脱硫脱硝设备、脱水仓、沉淀池等。

（二）事故前可能出现的征兆

1. 触电事故伤害

（1）电击。

1）电气线路或电气设备在设计、安装上存在缺陷，或在运行中，缺乏

必要的检修维护，使设备或线路存在漏电、过热、短路、接头松脱、断线碰壳、绝缘老化、绝缘击穿、绝缘损坏、PE线断线等隐患；

2）未设置必要的安全技术措施（如保护接零、漏电保护、安全电压等电位联结等），或安全措施失效；

3）电气设备运行管理不当，安全管理制度不完善；没有必要的安全组织措施；

4）专业电工或机电设备操作人员的操作失误，或违章作业等。

（2）电伤。

1）带负荷（特别是感性负荷）拉开裸露的隔离开关开关；

2）误操作引起短路；

3）线路短路、开启式熔断器熔断时，炽热的金属微粒飞溅；

4）人体过于接近带电体等。

2. 有限空间事故伤害

（1）未制定受限空间作业职业病危害防护控制计划、受限空间作业准入程序和安全作业规程。

（2）未确定并明确受限空间作业负责人、准入者和监护者及其职责。

（3）未在受限空间外设置警示标识，告知受限空间的位置和所存在的危害。

（4）未在实施受限空间作业前，对空间可能存在的危险有害因素进行识别、评估，以确定该密闭空间是否可以进入并作业。

（5）未提供合格的受限空间作业安全防护设施与个体防护用品及报警仪器。

3. 锅炉压力容器伤害事故

（1）压力容器存在设计、制造缺陷。

（2）压力容器超压、超温使用。

（3）压力容器不定期进行检验，腐蚀、材质发生变化。

（4）安全阀、压力表、液位计等安全附件失效。

（5）操作人员不按操作规程进行操作。

4. 电梯伤害事故

（1）连锁装置失灵发生人员被挤压、剪切、撞击和发生坠落。

（2）设备维修缺失，电气裸露，人员被电击，甚至触电。

（3）控制系统失灵轿厢超速度、超越极限行程发生撞击。

（4）乘客明显超载，导致断绳造成坠落。

（5）由于材料失效、强度丧失而造成结构破坏。

5. 危险化学品泄漏伤害事故

（1）存储不当，存储不稳固，未放置在专用位置。

（2）现场控制措施失效，比如围堰。

（3）人员操作失误、违章作业等。

（4）搬运、运输过程中处置不当等。

6. 机械伤害事故

防护罩设计不合理，或由于各种原因被损坏、拆除，未及时修复或补全，使旋转运动部件全部或部分暴露。

7. 物体打击伤害事故

（1）高处掉落的物体打击中人体。

（2）操作或检修时，因用力过猛，工具或部件在惯性力作用下飞出击中人体。

（3）违章操作，带压检修，零部件在压力的作用下飞出击中人体。

（4）检修工具及设备的附件等，若使用不当或放置不牢固，致使工具意外飞出、附件意外坠落，可能造成物体打击。

8. 车辆伤害事故

（1）运行中车辆存在机械故障或维护检修不到位。

（2）厂区道路不顺畅，路面不平；积雪结冰、存水等。

（3）厂区道路转弯半径不足、路面宽度不够。

（4）驾驶员麻痹大意、违章操作。

（5）人员密集或人行频率较高路段没有或缺少警告标志和声光报警信号。

9. 高处坠落伤害事故

（1）高处作业安全防护设施存在缺陷，例如作业面没有防护栏杆、作业平台狭窄、安全带、安全绳存在缺陷或不佩戴安全带等。

（2）操作人员违反安全操作规程。

（3）操作人员作业中麻痹大意，不遵守劳动纪律，比如上岗前喝酒、吃嗜睡药，不按规定佩戴劳动保护用品等。

（4）操作人员身体原因不适合从事高处作业，例如患有恐高症或其他禁忌证。

（5）高处作业现场缺乏必要的监护。

10. 中毒伤害事故

短时间内吸入较高浓度本品可出现眼及上呼吸道明显的刺激症状、眼结膜及咽部充血、头晕、头痛、恶心、呕吐、胸闷、四肢无力、步履蹒跚、意识模糊，长时间吸入会令人窒息昏迷，甚至死亡。

11. 高温中暑伤害事故

高温中暑是在气温高、湿度大的环境中，从事重体力劳动，发生体温调节障碍，水、电解质平衡失调，心血管和中枢神经系统功能紊乱为主要表现的一种综合征。病情与个体健康状况和适应能力有关。

12. 灼烫伤害事故

（1）热力汽水管道，由于管道、阀门因腐蚀等造成爆管泄漏或因材质不满足要求，安全余度不大而运行中引起高温蒸汽或热水泄漏，造成作业人员灼烫。

（2）热力站换热设备、热水或蒸汽输送管道等发生爆裂，可能造成灼烫事故。

（3）危险化学品飞溅到操作人员身上造成的灼烫。

（三）可能造成的危害程度

导致人员伤亡。

三、火力发电厂火灾类事故现场处置措施及注意事项

（一）机械伤害事故现场处置措施及注意事项

1. 事故风险描述

机械设备运动（静止）部件、工具、加工件直接与人体接触引起的夹击、碰撞、剪切、卷入、绞、碾、割、刺等形式的伤害。各类转动机械的外露传动部分（如齿轮、轴、履带等）和往复运动部分都有可能对人体造成机械伤害，造成休克、颅脑损伤，脊椎受伤，手足骨折、创伤性出血严重者出现死亡。

2. 应急处置措施

（1）发生机械伤害事故应立即切断动力电源，首先抢救伤员，观察伤员的伤害情况，如手前臂、小腿以下位置出血，应选用橡胶带或皮带或止血纱布等进行绑扎止血。

（2）对发生休克、颅脑损伤，脊椎受伤，手足骨折、创伤性出血的伤员的处理方法与高处坠落或物体打击事故相同。

（3）动用最快的交通工具或其他措施，及时把伤员送往临近医院抢救，运送途中应尽量减少颠簸。同时密切注意伤者的呼吸、脉搏、血压及伤口的情况。

（4）当机械发生重大事故时，必须及时上报有关单位或组织抢救，保护现场，设置危险区域，专人监护，拍摄事故现场照片。

（5）报警时，报警人应详细准确报告：出事地点、单位、电话、事态现状及报告人姓名、单位、地址、电话；报警完毕报警员应到路口迎接消防车及急救人员的到来。

（6）在急救过程中，遇有威胁人身安全情况时，应首先确保人身安全，迅速疏散人群至安全地带，以减少不必要伤亡。

（7）使用二氧化碳器灭火时应做好防冻伤和防中毒保护措施。

（8）火灾扑灭后，应保护好现场接受事故调查，并如实提供火灾事故情况，协助消防部门认定火灾原因，核定火灾损失。

3. 注意事项

（1）现场施救人员应具备相应知识和能力，确保救治得体有效，应急药品要确保齐全、有效。

（2）进入现场必须确认现场是受控的、人员安全防护措施足够，防止

事故再次发生。

（3）疑有脊椎骨折时，禁忌一人抬肩一人抱腿的错误方法。

（4）救援人员要做好自身防护措施，高处救援正确使用防坠落工具。

（5）应急救援结束后对事故进行"四不放过"处理原则进行处理。

（二）物体打击事故现场处置措施及注意事项

1. 事故风险描述

物体在重力或其他外力作用下产生运动，打击人体造成的人身伤害。

2. 应急处置措施

（1）一旦有事故发生，首先要高声呼喊，通知现场人员，马上拨打120急救电话，并向上级领导及有关部门汇报。

（2）做好人员分工，在事故发生的时候做好应急抢救，如现场包扎、止血等措施，防止伤者流血过多造成死亡。

（3）重伤人员应马上送往医院救治，一般伤员在等待救护车的过程中，门卫要在大门口迎接救护车，有序地处理事故，最大限度地减少人员和财产损失。

3. 注意事项

（1）现场施救人员应具备相应知识和能力，确保救治得体有效，应急药品要确保齐全、有效。

（2）进入现场必须确认现场是受控的、人员安全防护措施足够，防止事故再次发生。

（3）疑有脊椎骨折时，禁忌一人抬肩一人抱腿的错误方法。

（4）救援人员要做好自身防护措施，高处救援正确使用防坠落工具。

（5）应急救援结束后对事故进行"四不放过"处理原则进行处理。

（三）高处坠落事故现场处置措施及注意事项

1. 事故风险描述

由于高处作业引起的高处坠落事故。

2. 应急处置措施

（1）发生高处坠落事故后，现场人员应立即根据伤者受伤情况，组织对受伤人员急救。并向上级报告。

（2）发生肢体骨折，应尽快固定伤肢，减少骨折断端对周围组织的进一步损伤。

（3）检查呼吸、神志是否清楚，若心跳、呼吸停止，应立即进行心肺复苏。

（4）如有出血，立即止血包扎。

（5）如果患者出现意识不清或痉挛，这时应取昏迷体位。在通知急救中心的同时，注意保证呼吸道畅通。

3. 注意事项

（1）当发生高处坠落事故后，抢救的重点放在对休克、骨折和出血上进行处理。

（2）如需把伤员搬运到安全地带，搬运时要有多人同时搬运，禁止一人抬腿，另一人抬腋下的搬运方法，尽可能使用担架、门板，防止受伤人员加重伤情。

（3）应保护好事故现场，防止无关人员破坏事故现场，以便有关部门进行事故调查。

（四）起重伤害事故现场处置措施及注意事项

1. 事故风险描述

操作人员无证上岗、违规操作、起重机械设计不规范、质量缺陷等可能对工作人员造成巨大伤害。

2. 应急处置措施

（1）当发现有人受伤后，应立即停止起重机械运行，现场有关人员立即向周围人员呼救，同时向企业应急领导小组报告。

（2）立即对伤者进行包扎、止血、止痛、消毒、固定临时措施，防止伤情恶化。

（3）如受伤人员有骨折、休克或昏迷状况，应采取临时包扎止血措施，进行人工呼吸或胸外心脏按压，尽量努力抢救伤员。

3. 注意事项

（1）受伤者伤势严重，不要轻易移动伤者。

（2）去除伤者身上的用具和口袋中的硬物，注意不要让伤者再受到挤压。

（五）车辆伤害事故现场处置措施及注意事项

1. 事故风险描述

企业机动车辆在行驶中引起的对人体直接撞击、坠落和物体倒塌、挤压伤亡事故。主要有车辆伤害受伤（轻伤、重伤）和车辆伤害死亡两种。

2. 应急处置措施

（1）当发生车辆伤害后，熄灭汽车发动机，转移受伤员工，把抢救的重点放在对颅脑损伤、胸部骨折和出血上进行处理。

（2）对心跳呼吸停止者，现场施行心肺复苏。对失去知觉者宜清除口鼻中的异物、分泌物，随后将伤员置于侧卧位以防止窒息。

（3）对出血多的伤口应加压包扎，有搏动性或喷涌状动脉出血不止时，暂时可用指压法止血；或在出血肢体伤口的近端扎止血带，上止血带者应有标记，注明时间，并且每20min放松一次，以防肢体的缺血坏死。

（4）立即采取措施固定骨折的肢体，防止骨折的再损伤。

（5）遇有开放性颅脑或开放性腹部伤，脑组织或腹腔内脏脱出者，不应将污染的组织塞入，可用干净碗覆盖，然后包扎；避免进食、饮水或用止痛剂，速送往医院诊治。

（6）当有异物刺入体腔或肢体，不宜拔出，等到达医院后，准备手术进再拔出，有时戳入的物体正好刺破血管，暂时尚起填塞止血作用，一旦现场拔除，会招致大出血而不及抢救。

（7）若有胸壁浮动，应立即用衣物，棉垫等充填后适当加压包扎，以限制浮动，无法充填包扎时，使伤员卧向浮动壁，也可起到限制反常呼吸的效果。

（8）若有开放性胸部伤，立即取半卧位，对胸壁伤口应行严密封闭包扎。使开放性气胸改变成闭合性气胸，速送医院。

3. 注意事项

（1）在伤员救治和转移过程中，采取固定等措施，防止加重伤员的伤情。

（2）在无过往车辆或救护车的情况下，可以动用肇事车辆运送伤员到医院救治，但要做好标记，并留人看护现场。

（3）保护好事故现场，依法合规配合做好事件处理。

（4）现场应急处置能力确认和人员安全防护等。

（5）应急救援结束后的隐患排查。

（六）缺氧、中毒窒息事故现场处置措施及注意事项

1. 事故风险描述

进入受限空间内部检修或清理作业时，由于内部含氧量不足或有毒气体，会造成人员窒息、中毒。

2. 应急处置措施

（1）患者出现头晕、晕倒等现象，应立即并采取急救措施尽快使伤者脱离危险区。并呼叫现场其他人员向上级汇报。监护人员不可盲目进入受限空间内，应设法帮助内部人员迅速逃离现场，对伤者进行现场急救。

（2）应将伤员转移至通风处，松开衣服。当伤者呼吸停止时，施行人工呼吸；心脏停止跳动时，施行胸外按压，促使自动恢复呼吸。

（3）应马上送往医院救治，一般伤员在等待救护车的过程中，门卫要在大门口迎接救护车，有序地处理事故，最大限度地减少人员和财产损失。

（4）需要进入受限空间内部施救时，立即向本单位主要负责人报告，由主要负责人宣布启动专项应急预案。

3. 注意事项

（1）在有限空间作业时监护人等发现事故，不能贸然下去抢救，必须立即采用通风设施、防毒面具、绳索、梯子等。

（2）首先向容器内进行强制通风，佩戴防毒护品并携带防毒面具给伤员佩戴，尽快使伤员脱离危险区域。要注意救护过程中，搬运时动作要轻柔，行动要平稳，以尽量减少伤员痛苦。

（七）触电事故现场处置措施及注意事项

1. 事故风险描述

线路破损、绝缘损坏、接地不良、短路、漏电保护器失效或缺失。

2. 应急处置措施

（1）发现有人触电，首先要使触电者尽快脱离电源。并报告上级组织抢救。

（2）对触电后神志清醒者，要有专人照顾、观察，情况稳定后，方可正常活动；对轻度昏迷或呼吸微弱者，可针刺或掐人中、涌泉等穴位，并送医院救治。

（3）对触电后无呼吸但心脏有跳动者，应立即采用口对口人工呼吸；对有呼吸但心脏停止跳动者，则应立刻进行胸外心脏按压法进行抢救。

（4）如触电者心跳和呼吸都已停止，则须同时采取人工呼吸和俯卧压背法、仰卧压胸法、心脏按压法等措施交替进行抢救。

（5）在就地抢救的同时，尽快拨打 120 求救。

3. 注意事项

（1）若现场无任何合适的绝缘物（如，橡胶，尼龙，木头等），救护人员亦可用几层干燥的衣服将手包裹好，站在干燥木板上，拉触电者的衣服，使其脱离电源。

（2）救护者一定要判明情况，做好自身防护。

（3）在触电人脱离电源的同时，要防止二次摔伤事故。

（4）如果是夜间抢救，要及时解决临时照明，以避免延误抢救时机。

第十章　职业危害因素及其防治

第一节　粉尘的危害及其防治

一、粉尘的定义

粉尘是指直径很小的固体颗粒物质，是一种空气污染物，可以是自然环境中天然产生，如火山喷发产生的尘埃，也可以是工业生产或日常生活中的各种活动生成，如矿山开采过程中岩石破碎产生的大量尘粒。生产性粉尘就是特指在生产过程中形成的，并能长时间飘浮在空气中的固体颗粒。随着工业生产规模的不断扩大，生产性粉尘的种类和数量也不断增多，同时，许多生产性粉尘在形成之后，表面往往还能吸附其他的气态或液态有害物质，成为其他有害物质的载体。生产性粉尘的产生不仅造成作业环境的污染，影响作业人员的身心健康，而且由于它们常常会扩散到作业点以外，还会污染厂矿周围的大环境，直接或间接地影响周围居民的身心健康，带来严重的环境污染问题。生产性粉尘污染的产生与技术水平、生产工艺和防护措施等因素有关，可以通过采取适当的措施降低和防止其产生。

二、粉尘对健康的主要危害

所有粉尘对身体都是有害的，不同特性，特别是不同化学性质的生产性粉尘，可能引起机体的不同损害。如可溶性有毒粉尘进入呼吸道后，能很快被吸收入血流，引起中毒作用；具有放射性的粉尘，则可造成放射性损伤；某些硬质粉尘可机械性损伤角膜及结膜，引起角膜浑浊和结膜炎等；粉尘堵塞皮脂腺和机械性刺激皮肤时，可引起粉刺、毛囊炎、脓皮病及皮肤皲裂等；粉尘进入外耳道混在皮脂中，可形成耳垢等。粉尘对机体的损害是多方面的，尤其以呼吸系统损害最为主要。

三、粉尘危害的防治措施

目前，粉尘对人造成的危害，特别是尘肺病尚无特异性治疗，因此预防粉尘危害，加强对粉尘作业的劳动防护管理十分重要。粉尘作业的劳动防护管理应采取三级防护原则。

（一）一级预防

（1）主要措施包括：主要是以工程防护措施为主的综合防尘，即改革生产工艺、生产设备，尽量将手工操作变为机械化、自动化和密闭化、遥控化操作；尽可能采用不含或含游离二氧化硅低的材料代替含游离二氧化硅高的材料；在工艺要求许可的条件下，尽可能采用湿法作业；使用个人防尘用品，做好个人防护。

（2）定期检测，即对作业环境的粉尘浓度实施定期检测，使作业环境的粉尘浓度达到国家标准规定的允许范围之内。

（3）健康体检，即根据国家有关规定，对工人进行就业前的健康体检，对患有职业禁忌证、未成年、女性职工，不得安排其从事禁忌范围的工作。

（4）宣传教育，普及防尘的基本知识。

（5）加强维护，对除尘系统必须加强维护和管理，使除尘系统处于完好、有效状态。

（二）二级预防

主要措施为：建立专人负责的防尘机构，制定防尘规划和各项规章制度；对新从事粉尘作业的职工，必须进行健康检查；对在职的从事粉尘作业的职工，必须定期进行健康检查，发现不宜从事接尘工作的职工，要及时调离接尘岗位。

（三）三级预防

主要措施为：对已确诊为尘肺病的职工，应及时调离原工作岗位，安排其合理治疗或疗养，尘肺病患者的社会保险待遇，应按国家有关规定办理。

第二节 有毒有害化学物质的危害及其防治

有毒有害化学物质是指在一定的条件下，较小剂量即可引起机体暂时或永久性病理改变，甚至危及生命的化学物质，也称毒物。机体受毒物作用后引起一定程度损害而出现的疾病状态称为中毒。职业性化学中毒是指劳动者在生产过程中由于接触生产性化学毒物而引起的中毒。生产性毒物是指生产劳动过程中产生的、存在于工作环境中的化学物质。化学毒物在职业病危害诸多因素中也称之为化学因素。随着生产力的提高以及科技的迅猛发展，新的化合物正以每年数以千计的速度不断问世，劳动者发生重大中毒事故的潜在威胁逐步增大。我国职业病发病率居高不下，职业危害形势依然严峻，其中职业性化学中毒所占的比例比较高。各类重大职业性急慢性化学中毒事件严重威胁着人民群众的生命安全和身体健康，影响社会的和谐稳定。

一、有毒有害化学物质的危害

化学毒物主要通过呼吸道、皮肤、消化道进入人体，从而对人体造成伤害，严重时威胁到人的生命。

1. 呼吸道

呼吸道是气体、蒸气、雾、烟、粉尘形式的化学毒物进入人体内最重要的途径。大部分职业中毒都是化学毒物通过呼吸道进入人体，然后进入血液，并蓄积在肝、脑、肾等脏器中。其特点是作用快，毒性强。

2. 皮肤

皮肤是人体面积最大的器官，完整的皮肤是很好的防毒屏障。但有些化学毒物可通过完整的皮肤，或经毛孔到达毛囊，再通过皮脂腺而被吸收，一小部分化学毒物可通过汗腺进入体内，如有机磷农药、硝基化合物等；还有一些对皮肤局部有刺激性和损伤性作用的化学毒物，如砷化物等，可使皮肤充血或损伤而加快化学毒物的吸收。若皮肤有伤口，或在高温、高湿度的情况下，可增加化学毒物的吸收。

3. 消化道

正常情况下也可经由污染的手，或被污染的水杯、器皿等，将化学毒物带入消化道，主要由小肠吸收。如进食被化学毒物污染的食物或饮用水、误服毒物等也可导致中毒。有些化学毒物可由口腔黏膜（及食管黏膜）迅速吸收而进入血循环。如有机磷酸酯类、氰化物等。

二、有毒有害化学物质的防治措施

（1）改革工艺过程，消除或减少职业性有害因素的危害。如在职业中毒的预防时，采用无毒或低毒的物质代替有毒物质，限制化学原料中有毒杂质的含量。油漆生产中可用锌白或钛白代替铅白；喷漆作业采用无苯稀料，并采用静电喷漆新工艺；在酸洗作业限制酸中砷的含量；电镀作业采用无氰电镀工艺等。在铸造工艺中用石灰石代替石英砂，并采取湿式作业。在机械制模型制造时，采用无声的液压代替噪声高的锻压等。

（2）生产过程尽可能机械化、自动化和密闭化，减少工人接触化学毒物、粉尘及各种有害因素的机会。加强生产设备的管理和检查维修，防止化学毒物的跑、冒、滴、漏和防止发生意外事故。

（3）加强工作场所的通风排毒除尘。厂房车间是相对封闭的空间，室内的气流影响毒物、粉尘的排除，可采用局部抽出式机械通风系统及除尘装置排除化学毒物和粉尘，以降低工作场所空气中的化学毒物和粉尘浓度等。

（4）厂房建筑和生产过程的合理设置。在进行厂房建筑和生产工艺过程设备设施建设时，应严格按照《工业企业设计卫生标准》（GBZ1）建设。有生产性化学毒物逸出的车间、工段或设备，应尽量与其他车间、工段隔开，合理地配置，以减少影响范围。厂房的墙壁、地面应以不吸收化学毒物和不易被腐蚀的材料制作，表面力求平滑和易于清理，以便保持清洁卫生等。

第三节　噪声的危害及其防治

噪声是声音的一种，具有声音的物理特性。从卫生学的角度，凡是使人感到厌烦或不需要的声音都称为噪声。除了频率和强度无规律的组合所形成的使人厌烦的声音以外，其他如谈话的声音或音乐，对于不需要的人来说，也是噪声。生产性噪声是指生产过程中产生的声音，频率和强度没有规律，听起来使人感到厌烦，称为生产性噪声或工业噪声。除此以外，还有交通噪声和生活噪声等。噪声除了对一般人群产生影响外，还对劳动者、办公楼、写字楼等地点的工作人员产生影响，造成职业危害。

生产性噪声的分类方法有很多种，按照来源可分为以下 3 种：

（1）机械性噪声：机械的撞击、摩擦、转动所产生的噪声，如冲压、打磨发出的声音。

（2）流体动力性噪声：气体的压力或体积的突然变化，或流体流动所产生的声音，如空气压缩或释放（汽笛）发出的声音。

（3）电磁性噪声：如变压器所发出的嗡嗡声，在大型变电站更加明显。

根据噪声随时间分布情况，生产性噪声可分为连续噪声和间断噪声。连续噪声按照随时间的变化程度，又可分为稳态噪声和非稳态噪声。随着时间的变化，声压波动<3dB 称为稳态噪声，否则即为非稳态噪声。间断噪声是指在测量过程中，声级保持在背景噪声之上的持续时间≥1s，并多次下降到背景噪声水平的噪声。此外，还有一类噪声称为脉冲噪声，是指声音持续时间<0.5s，间隔时间>1s，声压有效值变化>40dB 的噪声。

一、噪声的主要危害

早期人们只注意到长期接触一定强度的噪声，可以引起听力的下降和噪声性耳聋，火药发明后就有关于爆震聋的记载。后经过多年的研究证明，噪声对人体的影响是全身性的，除了对听觉系统影响外，也可对神经系统、心血管系统、内分泌系统等非听觉系统产生影响。

（一）听觉系统

听觉系统是感受声音的系统，噪声危害的评价以及噪声标准的制定主要以听觉系统的损害为依据。外界声波传入听觉系统有两种途径：一是通过空气传导，声波经外耳道进入，引起鼓膜振动，通过中耳的听骨链（锤骨、砧骨、镫骨）传至内耳，从而使基底膜听毛细胞感受振动，经第八对脑神经传达到中枢神经系统，产生音响感觉；二是骨传导，即声波由颅骨传入耳蜗，再通过耳蜗传入内耳。这两种途径对于听力测量和噪声性耳聋的诊断、鉴别诊断等方面均有重要价值。噪声引起听觉系统的损伤变化一般由暂时性听阈位移逐渐发展成为永久性听阈位移。

1. 暂时性听阈位移

暂时性听阈位移是指人或动物接触噪声后所引起的听阈变化，脱离噪声环境后经过一段时间，听力可以恢复到原来水平。

短时间暴露在噪声环境中，感觉声音刺耳、不适，停止接触后，听觉系统敏感性下降，脱离噪声接触后对外界的声音有"小"或"远"的感觉，听力检查听阈可提高 10～15dB，离开噪声环境数分钟之内可以恢复，这种现象称为听觉适应。听觉适应是一种生理保护现象。

较长时间停留在噪声环境中，引起听力明显下降，离开噪声环境后，听阈可提高 15～30dB，需要数小时甚至数十小时听力才能恢复，称为听觉疲劳。一般在十几小时内可以完全恢复的属于生理性听觉疲劳。在实际工作中常以 16h 为限，即在脱离接触后到第二天上班的时间间隔。随着接触噪声的时间不断增加，如果前一次接触引起的听力变化未能完全恢复又再次接触噪声，可使听觉疲劳逐渐加重，听力不能恢复，变为永久性听阈位移。永久性听阈位移属于不可恢复的改变。

2. 永久性听阈位移

永久性听阈位移是指噪声或其他因素引起的不能恢复到正常水平的听阈升高。出现这种情况时听觉系统已发生器质性的变化，通过扫描电子显微镜可以观察到听毛细胞倒伏、稀疏、脱落，听毛细胞出现肿胀、变形或消失等现象。通常，这种情况的听力损失不能完全恢复，听阈位移是永久性的。

根据损伤的程度，永久性听阈位移又分为听力损失或听力损伤以及噪声性耳聋。

噪声引起的永久性听阈位移早期常表现为高频听力下降，听力曲线在 3000～6000Hz（多在 4000Hz）出现"V"形下陷（又称听谷），此时患者主观无耳聋感觉，交谈和社交活动能够正常进行。随着病情加重，除了高频听力继续下降外，语言频段（500～2000Hz）的听力也受到影响，出现语言听力障碍，表现为高频及语频听力都下降。

高频（特别是在 3000～6000Hz）听力下降，是噪声性耳聋的早期特征。对其发生的可能原因有以下几种解释：

（1）耳蜗接受高频声波的细胞纤毛较少且集中于基底部，而接受低频声波的细胞纤毛较多且分布广泛，故表现为高频听力下降。

（2）内耳螺旋板接收 4000Hz 的部位血液循环较差，且血管有一个狭窄区，易受淋巴振动的从而引起损伤，三块听小骨对高频声波所起的缓冲作用较小，故高频部分首先受损。

（3）共振学说则认为外耳道平均长度为 2.5cm，根据物理学原理，对于一端封闭的管腔，波长是其 4 倍的声波能引起最佳共振作用。对于人耳来说，这一长度相当于 10cm，3000Hz 声音的波长为 11.40cm，因此，能引起共振的频率为 3000～4000Hz。

3. 噪声性耳聋

长期接触高强度的噪声可以引起不同程度的听力下降甚至耳聋。职业性噪声聋是指劳动者在工作场所，由于长期接触噪声而发生的一种渐进性的感音性听觉损伤。职业性噪声聋是噪声对听觉系统长期影响的结果，是法定职业病。

《职业性噪声聋的诊断》（GBZ 49）首先要求要有连续 3 年以上的职业性噪声作业史，出现渐进性的听力下降、耳鸣等症状，经纯音测听检查为感音神经性聋，并结合职业健康监护资料和现场的职业卫生学调查综合分析，排除其他致聋原因（如药物中毒性耳聋、外伤聋、传染病聋、家族性聋、突聋等）以后才可以诊断。职业性噪声聋的诊断分级和临床上听力损失的分级略微有一点不同，职业性噪声只有三个等级，轻度停留在 26～40dB 之间，中度就是 41～55dB 之间，≥56dB 属于重度。

4. 爆震性耳聋

在某些生产条件下，如进行爆破，由于防护不当或缺乏必要的防护设备，可因强烈爆炸产生的冲击波所造成急性听觉系统的外伤，引起听力丧失，称为爆震性耳聋。这种情况根据损伤程度不同，可出现鼓膜破裂、听小骨损伤、内耳组织出血等，同时伴有脑震荡。患者主诉有耳鸣、耳痛、恶心、呕吐、眩晕，听力检查结果是严重障碍或完全丧失。轻者听力可以部分或大部分恢复，重者可致永久性耳聋。

（二）神经系统

听觉器官感受到噪声后，经听神经传入大脑，引起一系列神经系统反应。可出现头痛、头晕、心悸、睡眠障碍和全身乏力等神经衰弱综合征。有的表现为记忆力减退和情绪不稳定，如易激怒等。检查可见脑电波改变，主要为 a 节律减少及慢波成分增加。此外，可有视觉运动反应时潜伏期延长，闪烁融合频率降低，视力清晰度及稳定性下降等。自主神经中枢调节功能障碍主要表现为皮肤划痕试验反应迟钝。

（三）心血管系统

心率可表现为加快或减慢，心电图 ST 段或 T 波出现缺血型改变。血压变化在早期可表现为不稳定，长期接触较强的噪声可以引起血压持续性升高。脑血流图呈现波幅降低、流入时间延长等特点，提示血管紧张度增加，弹性降低。

（四）内分泌及免疫系统

有研究显示，在中等强度噪声 70～80dB（A）作用下，肾上腺皮质功能增强；大强度噪声 100dB（A）作用下，肾上腺皮质功能减弱。接触较强噪声的劳动者或实验动物可出现免疫功能降低，接触噪声时间越长，变化越显著。

（五）消化系统及代谢功能

可出现胃肠功能紊乱、食欲差、胃液分泌减少、胃紧张度降低、胃蠕动减慢等变化。有研究显示，噪声可引起人体脂肪代谢障碍，血胆固醇升高。

（六）生殖功能及胚胎发育

国内外大量的流行病学调查表明，接触噪声的女性有月经不调现象，表现为月经周期异常、经期延长、血量增多及痛经等。月经异常以年龄为

20～25 岁，工龄为 1～5 年的年轻女性多见。接触高强度噪声，特别是 100dB（A）以上噪声的女性中，妊娠恶阻及妊娠高血压的发病率明显增高。

（七）工作效率

噪声对日常谈话、听广播、打电话、阅读、上课等都会带来影响。当噪声达到 65dB（A）以上，即可干扰通话；噪声达 90dB（A），即使大声叫喊也不易听清楚。

在噪声干扰下，人们会感到烦躁，注意力不集中，反应迟钝，不仅影响工作效率，而且降低工作质量。在车间或矿井等工作场所，由于噪声的影响，掩盖了异常信号或声音，容易发生各种工伤事故。

二、防止噪声危害的主要措施

（一）控制噪声源

根据具体情况采取技术措施，控制或消除噪声源，是从根本上解决噪声危害的一种方法。采用无声或低噪声设备代替发出强噪声的设备，如用无声液压代替高噪声的锻压，以焊接代替铆接等，均可收到较好的效果。在生产工艺过程允许的情况下，可将噪声源，如电机或空气压缩机等移至车间外或更远的地方，否则需采取隔声措施。此外，设法提高机器制造的精度，尽量减少机器零部件的撞击和摩擦，减少机器的振动，也可以明显降低噪声强度。在进行工作场所设计时，合理配置声源，将噪声强度不同的机器分开放置，有利于减少噪声危害。

（二）控制噪声的传播

在噪声传播过程中，应用吸声和消声技术，可以获得较好效果。采用吸声材料装饰在车间的内表面，如墙壁或屋顶，或在工作场所内悬挂吸声体，吸收辐射和反射的声能，使噪声强度降低。具有较好吸声效果的材料有玻璃棉、矿渣棉、棉絮或其他纤维材料。在某些特殊情况下，为了获得较好的吸声效果，需要使用吸声尖劈。消声是降低动力性噪声的主要措施，用于风道和排气管，常用的有阻性消声器、抗性消声器，消声效果较好。还可以利用一定的材料和装置，将声源或需要安静的场所封闭在一个较小的空间中，使其与周围环境隔绝起来，即隔声室、隔声罩等。在建筑施工中将机器或振动体的基底部与地板、墙壁连接处设隔振或减振装置，也可以起到降低噪声的效果。

（三）制定职业接触限值

尽管噪声对人体产生不良影响，但在生产中要想完全消除噪声，既不经济，也不可能。因此，制定合理的卫生标准，将噪声强度限制在一定范围内，是防止噪声危害的主要措施之一，我国《工作场所有害因素职业接触限值 第 2 部分：物理因素》（GBZ 2.2—2007）规定，噪声职业接触限值为每周工作 5 天，每天工作 8h，稳态噪声限值为 85dB（A），非稳态噪声等效声级的限值为 85dB（A）；每周工作日不足 5 天，需计算 40h 等效声级，限值为 85dB（A）。

（四）个体防护

当工作场所的噪声强度暂时不能得到有效控制，且需要在高噪声环境下工作时，佩戴个体防护装备是保护听觉系统的一项有效的防护措施。按照传统的分类方法，护听器可分为耳塞、耳罩和防噪声头盔（噪声帽）三大类型。耳塞是一种插入耳道，或置于外耳道入口，能和耳道形成密封的护听器，大致分为泡棉耳塞、预成型耳塞、免揉搓泡棉耳塞等。耳罩是由围住耳廓四周而紧贴在头部并遮住耳道的壳体组成。壳体又称为耳罩的杯罩部分，外壳通常由硬质塑料制成，内置海绵等发泡材料。壳体和头部接触的部分为填充海绵、液体或凝胶等材质的柔软垫圈，起到和耳周密封并提高舒适性的作用。防噪声头盔（噪声帽）耳罩的两个杯罩不直接相连，而是卡接到安全帽上配合使用。

（五）健康监护

定期对接触噪声的劳动者进行健康检查，特别是听力检查，观察听力变化情况，以便早期发现听力损伤，及时采取有效的防护措施。从事噪声作业劳动者应进行就业前检查，取得听力的基础资料，凡有听觉系统疾患、中枢神经系统和心血管系统器质性疾患或自主神经功能失调者，不宜从事噪声作业。噪声作业劳动者应定期进行健康体检，发现有高频听力下降者，应及时采取适当的防护措施。对于听力明显下降者，应及早调离噪声作业并进行定期检查。

（六）合理安排劳动和休息

对从事噪声作业劳动者可适当安排工间休息，休息时应脱离噪声环境，使听觉疲劳得以恢复。应经常检测工作场所的噪声，监督检查预防措施的执行情况及效果。

第四节　高温的危害及其防治

高温作业是指在生产劳动过程中，工作地点湿球黑球温度指数≥25℃的作业。湿球和黑球温度指数是指湿球、黑球和干球温度的加权值，也是综合性的热负荷指数。

按照气象条件的特点，可将高温作业分为下面三个基本类型：

1. 高温、强热辐射作业

工作环境的气象特点是：气温高、热辐射强度大，相对湿度较低，形成干热环境。例如，冶金工业的炼焦、炼铁、轧钢等车间；机械工业的铸造、锻造、热处理等车间；陶瓷、玻璃、搪瓷、砖瓦等工艺的炉窑车间；火力发电厂和轮船的锅炉间等。

　　2. 高温、高湿作业

　　工作环境的气象特点是：高气温、气湿，而热辐射强度不大。高湿环境的形成，主要是由于生产过程中产生大量的水蒸气或生产工艺要求车间内保持较高的相对湿度所致。例如，印染、缫丝、造纸等工艺，车间气温可达35℃以上，相对湿度达90％以上；有些潮湿的深矿井中气温在30℃以上，相对湿度可达95％以上，也形成了高温、高湿环境。

　　3. 夏季露天作业

　　夏季气温较高时，从事室外作业，如农田劳动、建筑、搬运等露天作业，人体除受太阳的直接辐射作用外，还受到加热的地面和周围物体的二次辐射，且持续时间较长，形成温度高、强热辐射的工作环境。

一、高温作业对人体生理功能的影响

　　高温作业时，人体会出现一系列生理功能的改变，主要表现为体温调节、水电解质代谢、循环系统、消化系统、神经系统、泌尿系统等多个方面。

　　1. 体温调节

　　人体体温相对恒定，可以保证机体新陈代谢的正常进行。当周围环境的温度发生变化时，人体温度感受器感受到的温度信息传递到下丘脑的体温调节中枢，通过调节机体的产热和散热，来维持体温的相对恒定。

　　2. 水电解质代谢

　　出汗量是高温作业受热程度和劳动强度的综合指标。工作场所的环境温度越高，劳动强度越大，人体出汗量则越多。汗液的有效蒸发率在于热、有风的环境中高达80％以上。在湿热、风小的环境中有效蒸发率常常不足50％，汗液往往以汗珠的形式淌下来，不能有效地散热。汗液的主要成分是水、盐、Ca^{2+}、K^+、葡萄糖、乳酸、氨基酸等，这在制订防暑降温措施时应该加以考虑。一个工作日出汗量为6L是生理最高限度，失水不应超过体重的1.5％，否则可能导致水电解质代谢紊乱。有调查显示，从事高温作业劳动者一个工作日出汗量为3000～4000g，经汗排出盐量为20～25g，故大量出汗可导致水盐代谢紊乱。

　　3. 循环系统

　　血液供求矛盾使得循环系统处于高度应激状态。一方面，高温作业环境下从事体力劳动时，心脏不仅要向扩张的皮肤血管网输送大量血液，以便有效地散热，而且还要向工作肌输送足够的血以保证工作肌的活动和维持正常的血压。另一方面，由于机体不断出汗，大量水分丢失，可导致有效循环血容量的减少。心脏向外周输送血液的能力取决于心排出量，而心排出量又依赖于心率和有效容量。如果高温作业劳动者在劳动时已达最高心率，且机体热蓄积不断增加，则不可能通过增加心排出量来维持血压和肌肉的灌流，可能导致热衰竭。

4. 消化系统

高温作业时，机体的血液重新分配，消化系统血流减少，常导致消化液分泌减少，消化酶活性和胃液酸度（游离酸和总酸）降低；胃肠道收缩和蠕动减弱，排空的速度减慢。这些因素均可引起食欲减退和消化不良，导致胃肠道的疾患增加。

5. 神经系统

高温作业可对中枢神经系统产生抑制作用，出现肌肉工作能力降低。从生理学的角度可把这种抑制看作是保护性反应，但由于注意力、肌肉工作能力、动作的准确性、协调性及反应速度等降低，易发生工伤事故。

6. 泌尿系统

高温作业时，大量水分经汗腺排出，肾血流量和肾小球滤过率下降，经肾脏排出的尿液大量减少，有时达85％～90％。此时，如不及时补充水分，则血液浓缩可使肾脏负担加重，引起肾功能不全，尿中可见蛋白、红细胞、管形等。

中暑是高温环境下由于热平衡和（或）水电解质代谢紊乱等而引起的一种以中枢神经系统和（或）心血管系统障碍为主要表现的急性热致疾病。致病因素为工作环境温度过高、湿度大、风速小、劳动强度过大、劳动时间过长是中暑的主要致病原因。过度疲劳、未经历热适应、睡眠不足、年老、体弱、肥胖易诱发中暑。按照发病机制重症中暑可分为三种类型：热射病、热痉挛和热衰竭。

二、主要预防措施

1. 技术措施

（1）合理设计工艺流程。合理设计工艺流程，改进生产设备和操作方法是改善高温作业劳动条件的根本措施。例如钢水连铸、轧钢、铸造、瓷等生产自动化，可使劳动者远离热源，减轻劳动强度。

热源的布置应符合下列要求：①尽量布置在车间外面；②采用热压为主的自然通风时，尽量布置在天窗下面；③采用穿堂风为主的自然通风时，尽量布置在夏季主导风向的下风侧。此外，温度高的成品和半成品应及时运出车间或堆放在下风侧。

（2）隔热。隔热是防止热辐射的重要措施，可以采用水或导热系数小的材料进行隔热。首先要对热源采取隔热措施；热源之间设置隔墙（板），使热空气沿着隔墙（板）上升，经过天窗排出，以免热的气体扩散到整个车间。

（3）通风降温。根据实际情况选择通风方式，主要有：①自然通风：热量大、热源分散的高温车间，每小时需换气30～50次以上，才能使余热及时排出。进风口和排风口配置合理，可充分利用热压和风压的综合作用，使自然通风发挥最大的效能；②机械通风：在自然通风不能满足降温需要或生产上要求车间内保持一定的温度、湿度时，可采用机械通风。

2. 保健措施

（1）供给饮料和补充营养。高温作业劳动者应补充与出汗量相等的水分和盐分。一般每人每天供水 3～5L，盐 20g 左右。8h 工作日内出汗量超过 4L 时，除从食物摄取盐外，尚需通过饮料补充适量盐分。饮料的含盐量以 0.15％～0.20％为宜，饮水方式以少量多次为宜。

高温作业人员膳食中的总热量应比普通劳动者高，最好能达到 12600～13860kJ。蛋白质增加到总热量的 14％～15％为宜。此外，还要注意补充维生素和钙等营养素。

（2）个人防护。高温作业劳动者的工作服，应以耐热，导热系数小而透气性能好的织物制作。为了防止辐射热对健康的损害，可用白色帆布或铝箔制的工作服。目前，我国现行隔热服的国家标准是《防护服装隔热服》（GB 38453）。隔热服是指按规定的款式和结构缝制的以避免或减轻工作过程中的接触热、对流热和热辐射对人体的伤害为目的的工作服。该标准适用于作业人员为了避免环境中高温物体、高温热源所产生的接触热、对流热和辐射热造成的伤害所使用的防护服。不适用于消防用隔热服和熔融金属及焊接用防护服。此外，根据不同高温作业的需求，可提供给劳动者工作帽、防护眼镜、面罩、手套、鞋套、护腿等个体防护装备。特种作业人员如炉衬热修、清理钢包等，需佩戴隔热面罩和穿着隔热、阻燃、通风的防护服，如喷涂金属（铜、银）的隔热面罩、铝膜隔热服等。

（3）体检。对高温作业劳动者应进行就业前和入夏前体格检查。凡有心血管、呼吸、中枢神经、消化和内分泌等系统的器质性疾病、过敏性皮肤瘢痕患者、重病后恢复期及体弱者，均不宜从事高温作业。

3. 组织措施

要加强领导，改善管理，严格遵守我国高温作业卫生标准和有关规定，搞好厂矿防暑降温工作。必要时可根据工作场所的气候特点，适当调整夏季高温作业的劳动和作息制度。

参考文献

［1］ 中国安全生产科学研究院. 安全生产管理［M］. 2022 版中级. 北京：应急管理出版社，2022.

［2］ 《火力发电职业技能培训教材》编委会. 燃料设备检修［M］. 2 版. 北京：中国电力出版社，2020.

［3］ 《火力发电工人使用技术问答丛书》编委会. 燃料设备检修技术问答［M］. 北京：中国电力出版社，2023.